Teſtamento dedit legauit Fulienſi
Monaſterio SS. Angelorum Cuſtodum
nobiliſſimus iuxta ac piiſſimus D. Fran-
ciſcus Clauſſe de Marchaumont. Obijt
Pariſijs 18. Decembris 1641.
Orate pro eo.

Cy commence le liure des ruraulx prouffitz du labour des champs Le quel fut compile en latin par Pierre des crescens bourgois de Boulongne la grasse. Et depuis a este translate en francoys ala requeste du roy Charles de france le quint de ce nom. Et premierement sensupt le prologue de lacteur du liure.

Comme par la vertu de prudence qui entre bien et mal subtillement considere et congnoist lhumain courage et entendement des choses et enseigne la congnoissance du bien prouffittable et delectable et ayme et esmeult les cuers a les poursuiure. et pource que les biens yssans de terre sont tresdoulx et prouffittables plai-

sans et delectables a humaie na
ture on se doit ozdonner cleremēt
a enquerir par raison les choses
qui naiscent sur terre· Et quant
on a trouue la science bien doibt
estre côme tresoz inestimable et
pzecieux ioupau a grant humili
te et pacience tresdiligēment gar
dee· Car lamour de dieu et sa be-
nigne et excellente grace est legeremēt appellee et enclinee ala vie
humaine· En donnāt grant abô-
dance et multitude de biens au
pzouffit de ceulx qui desiuent a faire et a sauoir choses qui luy sont
agreables· maiz tousiours gens
de mauuaiz afaire point ne quierent ne ne demandent telles scien
ces· aincops se tiennent par leur
ozgueil ou autre vice faulx et de-
testables qui destruisent defren-
chent et guerroient tout le tēps
de leurs vies· Et pource leur foz
tune semble aucuneffoiz bône et
bien eureuse en aulcun temps·
toutesuoies esse perist et ne vient
point a ses fins ne ala moitie de
son temps· maiz les bons humbles et paisibles combiē q aucuneffoiz ilz semblēt estre bleaez et
greuez· et veritablement aucuneffoiz le sont par quoy ilz en sôt
bien humiliez et en viuet mieux
et sen trouuent plustost deuant
dieu et deuant le monde en acque
rant tousiours grace· et finablement viuent et demeurent en la
possessiô de leritage des mauuaiz
pecheurs· Et pource ie pierre des

crescens bourgops et citoyen de
boulongne qui des le temps de
ma iennesse ap en logique medicine et science naturelle trestout
occupe et plainemēt espādu mon
temps· Et finablemēt ala noble
sciēce des loix ap grandemēt tra-
uaille· côme celluy qui estoit en-
nupe de paisible estat Et apres le
piteux discozd et la douleureuse
dissenciô de celle noble cite de bou-
lôgne qui par vray et propre nom
est appellee boulongne· Car en
luy fait bon· et pourtant est ap
pellee en latin bononia· quasi bo
num per omia· et ainsi le dit len
par toutes les parties du monde
Et ainsi que ie euz congnoissance
que ie estoye eslongne et remue
de vraye vnite et depaisible estat
en discencion haine et enuie et q
ce nestoit pas iuste chose q ie men
tremisse des besognes de celle per
uerse discencion· Alozs te men
allay par lespace de trente ans et
enuironnay diuerses prouinces
en apprenant les gouuernemēs
dicelles· en donnant volentiers
aux petiz subietz iustice deue· et
aux gouuerneurs ioy et conseil·
et en gardāt tout mon pnoir
les citez et leurs dzoitz et estas
paisibles cômel apartenoit· En
ce temps ie vy plusieurs liures
des anciēs et des nouueaux mai
stres et docteurs et p leu entiere-
ment· et p trouuay de diuerses
oeuures et operaciôs de ceulx qui
cultiuent et labeurent les chāps

prologue·

finablemēt par la grace diuine quant ie euz auirōne les citez et billes.aux qlles ie auoye este et demoure qui anciēnemēt estoiēt reformees ie me prins a enuuyer et trauaillr du large circuite et long enuirōnement que ie auoye chemine et pour la franchise du repos q iauoye perdue ie men re tournay en mon pays en regar dant que de toutes les choses des qlles on acquiert prouffit il nest rien meilleur que du champ la-bourer · rien nest plꝰ plantureur rien nest plus doulx · riē nest plꝰ digne que lhōme franc cōme dit tulius · Et quant ie cōgneuz que le labourage du champ estoit le-gerement trouue estant paisible coy et attrempe · Et estoit oisiue-te recueillie en icellup et les dou-leurs des laboureurs escheuees et encores plus que ie beope que le labour du champ est cestui du quel par la doctrine legeremēt et abondāment prouffit est acquis et delectacion procree · car se negli gēment et sans certain art est de laissee · petit prouffitte · et riens ne porte que orties et espines · et se par diligence et bonne estude chune partie du chāp est par ma-niere acoustumee labouree et oz donnee de bonnes personnes qui de la possession de leurs rentes sans aultres reuenues veullent iustemēt biure moult grāt prouf fit leur en bient · et a bon droit le doiuēt desirer · Ce pource ie trā

portay mon cuer et pensee a cōn siderer et estudier du labour deu au champ · Et de laide de dieu le tout puissant appelle de grāt cuer le fait et le prouffit du champ et de chune maniere de champs de plantes de bignes et de bestes · et la doctrine des aultres obscure-ment et imperfectmēt baillee et moult oubliee et descōgneue des personnes qui biuent en la seu-le fiance de la bonte du tresdoulx iesuchrist trescherement reclame tant selon les sentences des sa-ges et naturelle philosophie et raisons approuuees cōme des ex periēces esprouuees propose de les bailler en escript selon la forme qui sensuit ·

¶ Lordonnance des Liures ·

E liure des prouffitz cham
pestres et ruraulx cõtient
.vii. liures. dõt le premier
parle des lieux hitables esfire et
des couzs et des maisons et aussi
de faire les choses qui sont necef
saires pour habitacion. et cõtiẽt
douze chapitres.

E second liure traicte de la
nature des plantes. et de
toutes choses communes au la
bour de chũn champ. et contient
xpix. chapitres.

E tiers liure traicte du la
bourage et cultiuemẽt def
champs. et du prouffit de chũne
sciencẽ en ensuiuant lozdze del A
B C. et contient .xpiii. chapitres.

E quart liure traite des vi
gnez et du labouz qui leuz
apartient. et de la nature et du
prouffit du fruit qui vient dicel
les. et contient .plvi. chapitres.

E cinquiesme liure traicte
des arbzes poztans fruitz
et de la nature et prouffit de leurs
fruitz. Et aussi des arbzez qui ne
poztent point de fruit et du prouf
fit qui en vient. et contient .lvii.
chapitres.

E sixziesme liure traicte
des vertus de toutes les
herbes qui sont semees et labou
rees pour la nourreture des cozpf
humains. et semblablement de
cclles qui sans semer ne labou
rer viennẽt et croissent de leur na

ture par la vertu du soleil et auf
si de leurs vertus qui peuẽt ay
der et nupre aux ditz cozps hu
mais. et cõtiẽt. C. xppv. chap.

E septiesme liure contient
deux parties. En la pmier
est traicte des przes et du prouffit
qui en vient. En la secõde partie
est traicte des bois et fourestz et
du prouffit qui en vient. et con
tient cinq chap.

E huptiesme liure traicte
des vergers iardins et cho
ses delectables. et des arbzes des
herbes et de leurs fruitz. et com
mẽt ilz doiuent estre demenez par
art. et contient. viii. chap.

E neufuiesme liure trai
cte du prouffit qui vient de
toutes les bestes q on nourrist
Et aussi des volaillez et mouches
a miel. et du prouffit qui en viẽt
Et contient. C. v. chap.

E dixziesme liure traicte
cõment on doit prendze les
oiseaulx de proie et autres et auf
si les bestes sauuages et poissõs
et def diuers et subtilz ẽgins qui
sõt ace necessares. et cõtiẽt. xpix.
chapitres.

E .xi. liure traicte les ma
tieves des riglez et traictz
de to° les dix liures pzedens. Et
pozte chũn liure sa table.

T au douziesme liure est
faicte vne sommiere som
memozaciõ de toutes les choses
q len doit faire es chãps en chũn
mois de lan

Œ naturelle inclinació et desir est
q pource q le cul-
tiuement et la-
bour du champ
po^r les trauaulx
qui sont continuelz souueraine-
ment requiert force des habitãs
pour tant mest il aduis que est
chose conuenable de bailler en ce p^re-
mier liure la doctrine des choses
qui appartiennēt et sont conuenables au sauuemēt du lieu habitable et daucūes choses necessai-

a·i·

tes a hitaciõ · Je dirap donq̃s p̃-
mieremẽt de la cõgnois̃sãce et de
la bonte du lieu hitable en gene
ral et ceste est attẽdue en cĩq cho
ses · Cestassauoir en la purte de
lair en la foꝛce de vens · en la bõte
des eaues · en la qualite du fiege
et en la bõte plãtureuse de la ter
re dont les quatre sõt traictez ou
p̃mier liure et le quit est traictie
ou secõd liure · ¶On doit biẽ toutes ces choses cõsiderer par grant
diligẽce auãt que on face son lieu
hitable afin q̃ par trop grant ha
ste aꝑs le fait ne seſuiue dure pe-
nitẽce et dõmage des persones ou
de biens la q̃lle len nesperoit pas
quant on edifioit ·

¶De lair et cõmẽt on cõgnoist sa
bonte et malice ·   ii · Chap ·

NOus lisõs selon auicẽne q̃
lair est lun des elemẽs et
son lieu naturel est enuirõ leaue
et est enuirõne de lelemẽt du feu
et est sa nature chaulde et moiste
suppose q̃ nulle cause ne lup aduiengne par dedens qui en aucũe
maniere le conuertisse et mue Et
son essence quant elle est bõne el
le aide aux princes et aux gẽs de
noble nature en les clarefiant et
font en coꝛps et en ẽtendemẽt ale
gez et en hault esleuez · ¶Il est
donc necessite de considerer pour a
uoir bõ air quil ne soit pas pour-

rp ne trop chault ne trop froit, ne
moiste outre mesure ne ausi trop
sec car lair pourri pouꝛziſt les hu
meurs et fait pourrir lumeur
qui enuironne le cuer car il lup
apꝛouche et vient moult pꝛes Et
lair qui est trop eschauffe lasche
les ioinctures et resolt et emeut
les humeurs et affeblie et resolt
lesperit et toute la vertu · et si
croist la soif et affeblist la digestion pouꝛce quil dissoult la chaleur naturelle qui est liſtrumẽt
de vie et de vertu et dõne couleur
iaune pouꝛce q̃ il dissoult les humeurs sãguines qui font auoir
couleuꝛ vermeille car pouꝛce quil
fait la cole surmonter les autres
humeurs et eschauffe le cuer du
ne estrãge chaleur et fait les humeurs fluer · et les pourriſt et
transpoꝛte aux cõcauitez et aux
febles membꝛes Il nest pas bon
aux coꝛps sains maiz en aucune
maniere il aide aux pẛopiques
et aux paralitiques et a ceulx
qui sont trop moistes en nerfz et
en veines · Sauoir pouez que laiz
froit fait retouꝛnez la chaleur na
turelle au par dẽns toutesuoies
il cause reume et affeblist les
nerfz et fait la voix enrouee Il
empesche grandement et fait bõne digestion et enfoꝛce les operacions secretes de nature et reueil
le lapetit et le dõne bõ et finable
mẽt il ẽ pl9 cõuenable aux coꝛps
sais q̃ nest laiz tꝛop chault et laiz
moiste est bon aplusieurs cõple-

pions il donne bonne couleur et rēd le cuir bel et mol et fait auoir les conduiz ouuers maiz il tenð a corzupcion et putrefaction et le sec air luy est contraire·ꝗ Veues et considerees les choses dessusdittes œst certain que la moienne atrem pance de lair est quant il est cler et pur et net et tel ðoit il estre quis et esleu car lair se il est bon et cler et atrempe a qui substance quelconq estrange ala complexion ðe lesperit ou contraire nest point meslee mais qui ðonne sante ou sauuement aux habitans et les garðe Et aussi les plantes et arbzes selon albert propozciōnelmēt en valent et fructifient mieulx· œstup est eslisable a choisir·Et se il est mauuais et quil p ait vapeurs ðe mauuaises eaues cōme ðestangs mares ou fossez ðozmans il fait tout le contraire et trouble tout et fait la personne triste et courrou cee et mesle les humeurs et coz rompt les plantes·et pourœ les vens arðans et bzuines mortistans bleœnt cozrompent et occient les fruiz ðes arbzes et ðes plātes Si concluð auicenne en sōme que tout air qui est tost refroiði aps le tour ðu soleil et qui legeremēt sef chaufe quant le soleil retourne est bien subtil et œllui qui fait au cō traire si lui est contraire·finable ment œllui est le pire ðe tous qui estrait le cuer et estoupe et restrait lattraiement ðe lair quant a aspi rer et respirer·ꝗ Oz ðit paladius

pour œste cause que la sāte ðe lair ðeclairēt les lieux frās et eslōgnez ðe basses valees et ou il np a pas grosses nues ne obscures·et la cō sideracion ðes cozps et ðes comple xions ðes habitans cest assauoir silz ont bōne couleur et visue fer me et nete atrempance ðe teste bon ne et clere veue et les peulx netz se ilz oent clerement et entendent bien ·se ilz ont bonnes arteres en la pettrine·œst a ðire que ilz aient nete voix et bōne·ꝗ vous pourrez par œs signes sauoir la bonte et sante ðe lair car le mauuais air fait tout le contraire·

¶ Des vens et ðe la congnoissan ce ðe leur bonte et malice·iii·chap

Ꝺ E traicter ðes vens selon a uicenne est pourœ que les vens et leur cause viennent et sōt engenðzez en ðeux manieres·lune est generale a tous vens et lau tre qui est propre au vent ðune ci te ou ðug lieu ou ðaure·et gene ralment il est verite que le vent ðe miði selon plusieurs lieux et citez est chault et moiste·il est chault pourœ quil vient ðe la partie ðu so leil·et moiste pourœ que en plu fieurs lieux nostre ðemeure est ðe uers miði si enuoie le soleil fozt les vapeurs qui se meslent auec ques le vent ¶ Et pourœ le vent ðe miði lasche la fozœ et amolie et oeuure les conðuitz et trou ble les humeurs et les traict

a·ii·

de dedens le corps au par dehors
et cause pesante griefte es vielles
gés et corrompt les humeurs qui
doyuent estre et telz vens font
rencheoir es maladies et affebli-
ent et engendrent epilence et apesá
tissent et font dormir et causét fie
ures pourries mais ilz ne ennu-
pent point ala gorge·Certaine cho
se est que les vens de septentrion
que len appelle galerne sont froiz
pource quilz passét par dessus môtaignes et terres froides ou il ya
moult de neges et sont secqs pour
ce que en eulx ne se ioignent pas
moult de vapeurs car en la partie de septentrion na pas grant re
solucio et le pl9 ilz passent par des
sus eaues gelees et par desers et
pource le vent enforce et endurcist
et defend cleremét les choses qui
fluent et clost les conduiz et fait
forte la vertu digestiue et estraint
et endurcist le ventre et fait vriner
et net pe lair de pourreture et de pestilence et lyguerit·Mais quát le
vent de septentrion ensuit le vent
de midi il aduiét du vent de midi
flux et du vent de septentrion es-
preuite par dedens et pource sont
multipliees reumes ou chief et
maladies de pectrines·¶ Comme
doit donques desirer le vent doziét
car il estatrempe entre chault et
froit·et sont les vens dorient plus
secqs que eulx doccident·Ceulx de
septentrion vers oriét ont moins
de mer q ceulx de septétrion vers
occidét·Les vens dorient se ilz vé

tent ala fin de la nuit et au cômen
cement du iour ilz venront de lair
qui ia est atrempe et pour le soleil
assoutilie et espure et sô humeur
est ia appetice·et pource ilz sont
plus secqs et plus subtilz·et se a
la fin du iour et au cômencement
de la nuit ilz ventent ilz font tout
le contraire·Et touteffoiz general
ment valent mieulx les vens do
rient q les vens doccident·Chas-
cun peut clerement apparceuoir q
les vens doccident sont grandement plus moistes que eulx dorient car ilz passent par dessus la
mer et se ilz ventent ala fin de la
nuit et au cômencement du iour
ilz viennent de lair ou le soleil na
point ouure et seront plus gros et
plus espes·Et se ilz ventent ala
fin du iour et au cômencement de
la nuit il auédra tout le cotraire
Toutesuoies on doit sauoir q les
iugemés deuát diz se muent aucuneffoiz pour autres causes car
en aucunes citez et en plusieurs
lieux les vens de midi sont plus
froiz quant il ya montaignes par
deuers le midi esquelles montaignes il ya vignes et les vens pas
sent par dessus les vens de midi
se conuertissent en froidure pour
les môtaignes sur lesquelles ilz
passent·Et aussi il aduiét que les
vens de septétrion sont pl9 chaulx
que eulx de midi quát ilz passent
par les desers ou ilz sont ars et
bruslez.

¶ De leaue conuenable a la Bie ôe lomme et pour congnoistre sa bô te ou malice. iiii·chap·

Leaue sicomme ôit auicêne est lun ôes elemens ou se il nest pur element cest lun ôes engê ôzez ôes elemês Et son propze lieu naturel est que elle enuironne la terre et que elle est enuironnee ôe lair quant elle ôemeure en son pro pze siege naturel· et est froiôe et moiste se autre nature côtraire ne lui Bient par ôeôens·Cest elemêt cy pzeste es choses qui sont ça Bal engenôzees grant aiôe a figurer fozmes· Car combien que choses moistes perdent legerement les fi gures engenôzees et empzaintes toutesuoies elles les recoiuent le gerement ainsi côme le cozps ôur ôe terre les recoit ôurement aussi les retient il plus ôurement· Et pource que le moiste ôe nature ôa ue et sec terrean sont atrempez en semble le secq acquerra ôu moiste si que il receura tost les fozmes fi gurees· et le moiste acquerra ôu sec que il les retiengne fozmêt·et ce lui aôuient ôe rectificacion et pa reille equacion aôiustement et fi guracion·Et pour le moiste le sec ê retenu quil ne se separe·et pour le sec le moiste est ôefenôu quil ne sefflue et ôequeure· ¶ La consiôe racion ôes eaues en ceste sciêce est ôouble·Car lune est bône pour hô mes et laboureurs·et lautre est bonne pour les plantes · Et pze

mierêment ôe celle qui est bonne aux hômes ie parleray·Selon a uicenne les eaues qui sont meil leures que les autres sont eaues ôe fontaines ôe terre franche·en la quelle terre nulle ôisposicion ôes estranges qualitez a quelconque seigneurie·Ou les eaues qui sont pierreuses car elles sont plus net tes et mieuly ôefêôues q ôessoubz la terre elles ne pourrissent·Tou tesuoies celles qui sont ôe franche terre sont meilleures que les pier reuses mais quelles soient cou rans et ôescouuertes au soleil et aux Bens car ôe ces poins elle ac quiert la noblesse Et fôt plusieurs eaues courâs qui ne sont pas ôes couuertes·Celle eaue qui cueurt sur boe franche qui nest pas puâ te ne ozôe côme ôes mares Bault mieuly que la pierreuse car celle boe netoye leaue et lui oste les cho ses et qualitez estrâges qui p esto ient meslees et si la coule·et les pierres nont pas telle Bertu·Et se il aôuiêt que celle eaue soit grâ ôe et queure fozt par la fozce ôe son cours ce qui est meslse en elle est cô uerti en sa nature et que ôe son fil elle têô et queure Bers oziêt cest la meilleur ôes eaues·Et ôe tant plus se eslongne ôe son cômêncê mêt et ôe sa source et ôe tant plus est meilleur·Et apzs ceste celle qui Ba a septentrion Bault le mieuly mais celle qui Ba ôoccidêt a mi ôy est mauuaise et par especial quant les Bens ôe miôi Bentent·

a ·iii·

Et celles qui descendent de lieux
haulx auecqз les autres bontez
sontles meilleures et sont comme
doulces et legieres en pois et de leger est eschaufee et aussi de leger
refroidie pource q̃lle est resolue et
en nature purifiee et est froide en
yuer et chaulde en este et q̃ en elle na saueur ne oudeur surmõtãt
et ce qui est cuit en icelle est tãtost
cuit et de leger resolue et dissolt.
Maiz nous deuons sauoir q̃ le pois
est des experimẽs qui aident a cõgnoistre la disposicion de leaue car
leaue qui est plus legere en plusieurs disposicions est la meilleur
et le pois est congneu par la mesu
re. On la cõgnoist aussi se len prẽt
deux eaues diuerses et len y moil
le deux pains dun mesme pois. et
puis quilz soient sechez formẽt et
apres soiẽt pesez leaue dont le pain
sera plus leger sera la meilleure.
Sublimacion distillacion et decoc
tion si rectifient et amendent les
mauuaises eaues car leaue cuite
est de mendre enfleure que lautre
selon les sages medicins pource q̃
la cuiture fait la substance plus
subtille et 3 parce clarifiee par des
sus et le gros terrestre demeure ou
fons embas pource que les cõmix
tions terrestres descendent legerement de substance subtille et nom
pas de la matiere grosse espesse uis
q̃use et glueuse. Entre les eaues
qui sont aloer les eaues de pluies
sont bonnes et par especial celles
qui uiennent en este quant il ton-

ne formẽt. mais toutes uoies a
ceste eaue de pluie uient plus souuent pourreture et corrupcion que
aux autres combiẽ quelle soit la
meilleur. et la cause si est pource
quelle est la plus subtille et la pl9
pure. car toute substãce corporelle
de tant q̃lle est plus subtille de tãt
prent elle plus tost aucune passiõ.
celle eaue pourrie empesche la uoix
et le pis car elle corrompt et pourrist les humeurs. Et se il aduiẽt
que len prengne trop deaue depluie
corrompue et quelle griefue quãt
len mẽgue choses aigres elles cõ-
trarient ala corrupcion et donnent
seurte cõtre lempeschemẽt de celle
eaue. mais les eaues des puis et
des conduiz sont mauuaises au re
gard de leaue des fõtaines car les
eaues des puis sont eaues restrai
tes et de long temps encloses qui
receiuẽt terre estroite et grosse matiere des eaues qui passent par les
cõduiz de plomb il cõuient quelles
tiengnent aucune chose de la natu
re du plomb et pource engendrent
souuent flux de uentre. mais leaue de palus et de mares uault pis
q̃ celle des puis car leaue du puis
sourt continuelmẽt et est purifiee
et amendee de ce que len en sache
et traict hors dont son mouuement est continue et nest pas la
clousture cõtrainte si longuemẽt
ne elle ne gist pas longuemẽt sur
sa source mais leaue de palus et
de mares se pourrist en gisant et
dormant sur la terre pourrie et

corrompue Les eaues des mares
sont mauuaises et pesans car en
puer elles ne sont point resfroidi
es fors que pour les neges qui y
cheent et pource elles engendrent
fleume·et aussi pource qlles sont
eschauffees en este elles engendrent coles et pour leur espesseur
et ce qlles sont meslees auecquez
terrestreite et pour leur resolucio
subtille sont engedrees en ceulp
qui les boiuent douleur et enfleu
re de rate et de cuer et en sont les
entrailles enflees et egrossies et
deuiennent les extremitez seches
et maigres et les espaules et le
col et leur bient trop fort desir de
boire et de menger et sont leurs
bentres restrains et a grans peine peuent eulp bomir·et aucune
foiz aduient quilz cheent en pdro
pisie pource q laquosite et la gros
se substance de leaue demeure en
eulp·Et aussi leur bient aucune
foiz apostume ou polmõ ou en la
rate et leur bient grat flup debe
tre et en est leur foie affebly et en
encourent en plusieurs aultres
grans maladies · Et les femes
en plusieurs manieres en sot en
flees et nen concoiuet pas si bie
et en sot moins parfaictemet en
groissees et enfantet aplus grat
douleur et a plusgrant peril·et si
enfantent enfans pleins dapostu
mes et de rancle et dordure et de
diuerses maladies ·Et leur bient souuent one maladie appellee mola qlles cuidet estre gros-

ses et si ne le sont pas et sont sou
uent leurs enfans maligeup·et
es bielles gens bienent fieures
de grat ardeur pour cause de la se
cheresse de leurs natures et de leurs bentres ·Et les eaues esql-
les e meslee substace de metaulp
ou autre chose seblable et eaues
sansuelles sont mauuaises de cõmun cours combie qlles donnet
aide a aucues maladies car leau-
e ou la bertu du fer a seigneurie aide a ce que les entrailles sopent plus fortes et bault contre
flup de bentre et en croissent les
bertus apetitiues·Les eaues de
neges et de glaces sot grosses car
la nege et leaue de glace se elle est
nete et ne soit point meslee a autre chose qui ait mauuaise bertu
se elle est dissoulte et en soit faite
eaue ou se de elles mesmes sont
muees en eaue elle sera bonne·
maiz elle nuist a ceulp qui õt dou
leurs es nerfz et quat on la cuist
elle retourne a sa bonte·Et se lea
ue glacee e de mauuaise eaue ou
ait este neige tenant en sop mau
uaise bertu et estrage pour cause des lieup ou elle est cheue et de
sce due elle sera mauuaise Leaue
de froidure atrempee est la meilleure de toutes combien quelle
blesse les nerfz et ceulp qui ont a
postumes es entrailles car elle
fait lestomac fort et si donne apetit · Leaue chaude corrompt la
digestion et fait la biande nager
en lestomac et aussi aucuneffoiz

a ·iiii·

est cause de pdzopisie et de ethiq et
degaste le corps Mais leaue chau
fee qui est tiede engendze abhomi
nacion destomac et fait Vomir et
se on la chaufe plus que tiede et
on la boit souuent a ieun elle lau
ue lestomac et amolie le Ventre
mais la boire souuent nest pas
bon pource qlle affeblist la Vertu
de lestomac Et telle qui est mólt
chaulde resolue la colique etbzise
les Ventofites de la rate mais le
aue falee fait le corps amesgrir
et secher et pour la force delle qui
rese et trenche elle restraint a la
fin pour la secherefse de sa natu
re et corrompt le sang et engēdze
gratelse rougne et opilacions· et
pour ce apzes eaue falee len doit
mēger chofes qui appellēt et pzo
uoquent lappetit et laschent· cō
bien que aucuneffoiz elle aide bi
en a ceulx qui ont le Ventre mol
pour ce que les eaues grosses et
pefans demeurent plus longuemēt ou corps et ne descendēt pas
si toft· Le triacle et remede cōtre
telles eaues est de przē dze doulces
chofes et Virtueufes· Les eaues
plenes dalun ne seuffrent pas q
les superfluitez auxfēmes queu
rent trop fort ne q elles craichent
sang et defendēt de ce qui Viēt des
emozrídes maiz mainēt mal les
corps qui font enclins a fieures·
Et les eaues ferrees resoluēt la
rate et aident a ceulx qui ne peuent faire fait de mariage·mais
celles qui tiennēt nature darain

font proufitables a cozrupcion de
complexion et peuent estre amen
dees par estre fort coulees et cuites pour ce que par les couler la
substance de leaue est dessevree de
ce qui est mesle auec elle · et sur
tout le meilleur est de la distiller
en sublimant · Boire eaue auecques Vin est bon pour ce que elle
en ofte la malice qui est de la nature de petite penetracion et tref-
percēment·Boire Vng petit deaue
auecqs Vin aigre est chofe atrem
pee pour le buuant par especial
en este car elle ofte lardeur de trop
boire·Eaue falee se peut boire a-
uecqs Vin aigre et auec sirop ace
teux ou il p aura trempe sozbes
feues chiches et telles chofes·Et
apzes eaue pleine dalun et ponti-
q len doit boire ce qui dissolt nature et le Vin est propzemēt ce qui
plus p peut faire et Valoir quāt
on le boit·Et sur eaue amere len
doit donner chofes doulces et Vn
ctueufes·mais auant q len boiue eaue dozmant depalus ou il p
a cozzupcion et pourreture len ne
doit point boire ne mēger chofes
chauldes et nourrissās mais cho
fes agues et aceteufes et fruiz
froiz et coinges et pōmes macien-
nes et aigres Our eaues grosses
et troublees len doit Vfer de aulx
et est bon alun de iame car il les
clarifie. et aussi oignons est Vne
des chofes qui plus ofte les mali
ces de plufieurs eaues car ilz fōt
cōme triacle a celles malices · et

propriement ciboules et oignons
auecq. vin aigre et aulx aussi. et
quât aux choses froides lectues
le sont. Aucuneffoiz aussi il ad
uient côme dit paladius que la
plus certaine nature des eaues
fait vne secrete greuance qui ne
se peut cognoistre par les raisons
dessusdittes et pource nous lapre
drons a cognoistre par la disposi
cion des habitans et des persônes
qui en vsent en côsiderant leurs
faces quant a sante et a couleur
et a la seurete de leurs chiefz et se
ilz ont point douleur ou angoisse
ou polmon ou en la poictrine ou
ou ventre ou es entrailles ou es
reins ou se ilz sont point enflez se
ilz ont aucun mal en la vessie et
telles besongnes. et se tu vois i-
ceulx habitâs e sein et hettiez si
naies point de souspecon ne de lair
ne des fontaines ne des eaues.

Des cours hostelz et combles
que len doit diuersement faire et
en diuers lieux. .v. chapitre
Le siege des habitaciôs et des
terres a deux regars. lun
qui regarde le salut et la sante
des habitâs. et lautre qui regar
de la plante et la bonte de la ter
re pour mieulx fructifier. premi
erement nous dirons de la natu
re côuenable au premier regard.
nous deuons donques scauoir q
selon auicenne les disposiciôs des
lieux habitables et cours sôt di
uersifiees pour cause des haultes
ses et pour cause des parfôdes va

lees et aussi pour cause de la dis
posicion de la terre selle est boeuse
moite ou tenât ou argilleuse ou
se il pavertuf de miniere ou mul
titude deaues ou peu deaues ou
pour la disposicion des choses pro
chaines côme darbres ou riuie
res ou de fosses ou charongnes
ou de sêblables choses. Et de mô
taignes ou de mers qui sôt prés
diceulx lieux. les lieux habita
bles chaulx multiplient les che
ueulx et font crespes et quant il
y aura en ces lieux grans reso
lucions et lumeur sera amenui
see la vieillesse sauancera et ven
dra tost sicôme il est en la terre
des mores de moziene. car aceulx
qui demeurêt la la vieillesse leur
vient a .xxx. ans et sont leurs
cuers paoureux pour ce que les
esperis sont moult resolus maiz
es lieux hitables froiz les corps
et les cuers sont de plusgrât har
diesse et digerent mieulx leur vi
ande. et se les personnes sont moi
stes et ilz demeurêt en telz lieux
ilz seront gras et charnus et biê
habundans en sang et en gresse
et seront les veines parfondes et
mucees et serôt blans et têdres
Et ceulx qui demeurent en lieux
moistes ont belles faces et ten
dres cuirs et quât ilz labourent
ilz sôt tost traueillez ne leur este
ne les eschaufe pas moult ne ly
uer aussi ne les refroide gueres
et leur viennent fieures de lôgue
demeure et douleurs ou ventre.

et aux fēmes habondance de grā
de purgacion et aux gens moult
de flux demorroides · et en ces par
ties a grant nombre de gens qui
cheent depilence · En lieux habita
bles secqs les côplexions des ha
bitans font feches et fe defeche et
engroffit leur cuir · le cœruel leur
feche et ē leur efte moult chault
et leur puer moult froit es lieux
haulx les habitans font feins et
fors et peuent affez de labour et
viuent longuement es lieux ha
bitables parfons ceulx qui y de
meurent font en grant vapozofi
te et acquierent feblesse de fope et
habondent en eaues qui pas ne
font froides par efpecial fe elles
font cotes et dormans côme font
eaues de mares ou deftangs et ē
leur air mauuaiz · Quāt eft des
lieux habitables qui font plainf
de pres et defcouuers leur air en
efte eft moult chault et en puer
tres froit et font les corps des hī
tās durs et fermef et ont moult
de cheueulx et font fors et de for
tes ioinctures et apparans et a
leur fechereffe dômiaciô en leur
complexion et font monlt efueil
lez et peu dormans et auffi font
de mauuaifes meurs et manie
re et inobediens et font fors a ba
taille et fubtilz et agus en plufi
eurs ars · Des lieux qui font es
môtaignes pleines de neges au
tel en eft le iugement côme des
autres terres froides et fôt leurf
terres pleines deVent · et tant cōe

les neges y font les vens y font
bons · mais quant la nege fe re
met et diffolt fil pa montaignes
qui defendēt les vens il pa grās
vapeurs · Es lieux habitables
pres de mer la chaleur et la froi
dure font atrempez pour fon hu
meur et fon inobedience encôtre
paffions · mais habiter es lieux
de feptentrion ie repute vng mef
me iugement comme des citez et
temps froiz ou font multipliees
maladies de reftraindre et de im
preffions car la font multipliees
humeurf affemblees fecretemēt
ou corpf et toutefuoies ilz ont bô
ne digeftion et viuēt longuemēt
et en leur corps eft toft guerie rô
gne et rancle pour leur force et la
bonte de leur fang · et pource auf
fi quil npa par dehors caufe qui
les lafche ou qui les defqueuure
mais pour la grant chaleur de
leurs cuers ilz ont meurs et cô
dicions de loupe · De ceulx qui ha
bitent en lieux vers midi les iu
gemens en font telz côme les iu
gemēs des terres et tēps chaulx
et eft falee et enfouffree la greig
neur partie des eaues qui font en
ces parties · et font les teftes de
ceulx qui demeurēt ceftepart plei
nes de moiftes matieres · car le
midi leur fait ce auoir et oeuure
ainfi en eulx · et font leurs ven
tres molz et lafches pource que
leur defcend de leurs chiefz en le
urs eftomacs leurs mēbres fôt
lafchef et febles et leurs fens fôt

griefz et pesans et leurs desirs de
boire et de menger sont feibles ilz
sont engendrez et nourriz de vin et
pource sont feibles leurs chiefz et
leurs estomacz et sont a grãt peine gueries ne mollifiees leur ron
gne et gratelle · Aux femmes aduient grandes purgacions et maladies et sont a grant peine bien
restraintes et souuenteffoiz elles
fõt aboztif et auortõ pour la grãt
multitude de leurs maladies Aux
hõmes aduient quil leur pst de
leurs ventres flux de sang et emor
roides et si ont obtalmie et mala
die es peulx moiste qui de leger
est guerie · Aux vielz qui ont passe
cinquãte ans il leur vient parali
sie pour leur reume et commune-
ment leur vient cõme a tous pour
ce que leur chief est plein de reume
et de froidure et ont petit esperit fe
blesse et epilence · Et leur aduiẽt q̃
fieures ou chaleur et froidure sõt
assemblez et fieures longues et
puernales et par nuit · mais peu
leur aduient fieure ague pource q̃
leurs ventres sont lasches et nõt
pas estrains et sont les subtilles
humeurs dissoltes ¶ Des lieux
ozientelz hitables deuons sauoir
que la cite qui est ouuerte vers o-
riẽt et qui de droit le regarde en op
posite est saine et de bon air car le
soleil au cõmancemẽt du iour se
eslieue dessus et clareste lair et pu
is laisse lair clarifie et sen depart
et viennent vens subtilz sur elle
lesquelz le soleil lui a enuoiez et

puis si les ensuit et conuiennent
les mouuemẽs des vens et du so
soleil · Mais des lieux habitables
doccidẽt est asauoir que la cite qui
est descouuerte vers la partie doccident et couuerte contre ozient le
soleil ny vient fozs que tart et si
tost cõme il y vient il se cõmance a
eslongner car il ny vient pas en
approchant et pource ne assoutille
point lair ne desseche mais le lais
se gros et moiste · et se il leur enuoie vens il leur enuoie doccident
et de nuit · Donques leur iugemẽt
est le iugemẽt des citez moistes et
de moistes cõplexions qui ont gros
se chaleur et grossemẽt atrempee
et se ce nestoit pource quil vient de
lespesseur de lair leur nature seroit cõme semblable ala nature
de printemps mais il ya moins de
sante en telz lieux q̃ es terres dorient pour la tresgrande diminu-
tion de bonte dair · Et pource qui
veult eslire lieux pour habiter il
doit cõgnoistre la terre la cite et le
lieu pour plus hault habiter et cõ
ment la disposicion en est sa haultesse et sa parfondeur et ouuerture et couuerture et aussi la disposi
cion de leaue et sa substance et cõ
ment elle est selon sa couuerture
et ouuerture et son siege et sa par
fondesse et se elle est exposee a vens
ou en terre parfonde · Et si doit on
cognoistre les vens qui y ventent
se ilz sont sains et froiz et aussi q̃l
voisinage elle a ou de mer ou dea
ue ou de montaignes et minieres ·

Et si doit on sauoir q̃lle soit la ter
re et le siege quant asanté et quãt
a maladies et q̃lles maladies ad
uiẽnent cõmunement a ceulx qui
y demeurent·Et auecq̃s ce doit on
sauoir de quelle force sont les habi
tans et leurs desirs et leurs dige
stions et la bonte de leur nourre
ture et quelz edifices ilz ont et aus
si quelle encauite ala cite et se elle
est grãt et large ou se les entrees
sont estroites et se les portes et se
nestres sont orientales et septen
trionales·Et entre les autres cho
ses i? doit auoir diligence de biẽ re
garder que les vens doriẽt y puis
sent venter et entrer en leur habi
tacion et que le soleil y puisst ẽtrer
au matin en aucun lieu car cest
cellui qui adresse et purifie lair Et
quil y ait voisinage deaues doul
ces nobles courãs et netes qui so
iẽt froides en puer et chauldes en
este et quelles soient biẽ disticteec
de celles qui sont mussees et coies
car cest vne chose biẽ couenable et
proufitable·¶ Du siege de la ville
et de la maiso escript mõlt noble
mẽt varrõ et en especial tãt pour
raison des hãitans cõme pour frui
tages et dit que ville doit estre edi
fiee par especial en tel lieu quil y
ait riuiere dedẽs la ville et se faire
ne se peut aumoins quelle ait ea
ue biẽ prochaine qui queure con
tinuellemẽt ou quelle soit nee · et
se il npa eaues vifues len doit fai
re cisternes dessoubz les maisons
ou dedẽs et marchetz afin que les

hõmes aient leur eaue dune part
et les bestes dautre part · Et par
especial on doit biẽ auoir regard
de faire edifier ville s aux racines
des mõtaignes pleines de bois qui
faire le peut afin que les laboura
ges soiẽt molz et les pastures laf
ches et aussi ou les vens bons et
prouffitables et sains puissent vẽ
ter et que le soleil y viengne egal
ment et plus de par deuers orient·
Et se tu es cõtraint de edifier pres
daucun fleuue garde que tu ne le
mettes encontre toy car en puer
il te seroit ouitrageusement froit
et mal sain en este· Len doit aussi
sauoir q̃ sil pa aucũ palus ou au
tre chose qui le baille pource quilz
peuẽt secher et pors y naissent au
cunes petites bestes menues et si
petites que a peines les peut on
veoir a loeil et volent parmi lair
et entrẽt dedens les corps des gẽs
par la bouche et par les narilles
et engẽdrent fortes maladies dont
dit vne sentence diuerse · Len doit
escheuer et garder que la ville ne
tende vers la partie ou le pl⁹ grief
vent a acoustume de venter et q̃
le ne soit pas en vne fondue valee
mais en hault lieu pource quelle
en vault mieulx et plus saine
mẽt essoree et sil y suruenoit au
cune chose contraire elle en seroit
plustost chassee· et auecques ce le
lieu ou le soleil fiert tout le tour
en est plus sain et se aucunes be
steletes nuisans naissent pres de
ce lieu ou se elles y viennẽt ou sot

transportees de leger elles en sont
chacees ou meurēt la tantost. De
pluies ou fleuues ou ruisseaulx
descendent soudainemēt ceulx qui
sont en Balee en sont pluſtoſt greuez que ceulx qui ont leurs edifices en haulx lieux. et auſſi les lieux haulx ſont plus ſeurs contre
les larrōs et pilleurs que les bas
¶ Es Billes on doit faire eſtables
et abuuroirs qui en puer puiſſēt
eſtre chaulx et celliers en lieu plai
pour mettre Bin et huile en Baiſ-
ſeaulx. et greniers pour garder
fruiz ſechement et grains et foing
et lieux ou la famille ſe puiſt recueillir et repoſer apres le labour
en temps chault et froit. Et eſt cō
uenable a celui qui eſt garde de la
Bille dauoir Bne chambre pres de
la porte afin quil ſaiche qui y entre ou pſt de nuit ou que len appor
te ou emporte par eſpecial ſil npa
point de portier determine. Chaton
eſcript Bille courtoiſe eſtre edifiee
pour habondāce en bon lieu pour
ce que ſe tu edifies en bon et gra-
cieux iardin les gens y Bendront
plus Boulentiers le fons en ſera
meilleur tu y Benras plꝰ ſouuēt
et plus Boulentiers et ſi en recœu-
uras plus de fruit et en Benderas
mieulx et plus legeremēt tes cho
ſes a tes Boiſins tu en auras pluſ
toſt ouuriers et a meilleur marchie pour faire ton labour et le te
feront mieulx.

¶ De la diſpoſicion de la court et
habitaciō de par dedens. Bi. chap.

LEs cours et des combes q̄
len doit faire ou chāp. pour
habiter le ſeigneur et ſes gens et
ſeruiteurs et pour heberger les
fruiz et nourrir les beſtes ſōt plu
ſieurs conſideracions. Car le lieu
ou tu Beulx faire ta court eſt aſſiz
entre autres maiſons ou il eſt eſ-
longne des autres. Apres il eſt en
terre plaine ou en montaignes ou
en lieu ſeur ou en lieu perilleux.
De il eſt entre les autres maiſōs
de la Bille il na pas meſtier de ſi
grāt force ne de cloſture pource que
il neſt pas ſi leger a eſtre piſte ne
robe pour la cauſe des Boiſins. Et
ſe il eſt loing de gens et de maiſōs
on le doit ceindre et enuironner de
foſſez de riues de murs et de haies
Et ſe il eſt en plaine terre qui ne
ſoit pas trop baſſe len doit par tou
te la terre de la court metre autre
terre par deſſus que len y apporte-
ra pour la haulſer afin q̄ len np
entre pas ſi aiſe et que pluies ou
aultres eaues np deſcourēt et pour
riſſent le lieu. Et ſe il eſt en montaigne ou il ne ſe puiſſe garnir de
foſſez plains deaue len doit eſlire
lieu ou par certaine ordōnance il
y ait forte montee et aſpre ace que
ce qui par foſſez ne ſe peut ſeure-
mēt garder ſoit mis a ſeurete par
fortes aduenues et ētrees Et ſe le
lieu eſt ſeur et nait ennemis qlz-
cōques il ſouffiſt quil ſoit garnp
en telle maniere quil nait garde
des larrons qui de tant plus ague
tent comme len cuide le pais eſtre

plus seur · Et se le pais est peril
leux en aucune partie ou pȝ dau
cuns ennemis fors mieulx vault
que le lieu demeure desert et le de
laisser que mal sagement soy ex
poser a peril de mort · se aĩsi nestoit
que aucun vaillant hõme y voul
sist faire edifier vng tresfort et in
expugnable chastel par le moien
de tresgrant puissance dart ou dar
gent et finance · Et sil aduient que
aucuns febles et petiȝ aduersai
res assaillissent aucuneffoiȝ ces
parties et despoullassẽt len doit œi
dre la court daucun mur cõuena
ble ou daucun paliȝ · et se le seig
neur nest pas asses puissant a ce
faire si face aucũe forteresse de fos
seȝ en aucun des quignes ou riues
de la court et face la aucune tour
nelle ou eschiffe pour se retraire et
garder ses choses ¶ Ces cõsidera
cions icy faictes len doit eslire le
lieu de la court en la plus cõuena
ble partie des champs et en soit la
grandeur ala proporcion des terres
que len doit labourer et ala mesu
re · et soit enuironnee de tous costeȝ
de larges fosseȝ parfons ala moi
tie du large dieeulx fosseȝ · Et en
uiron de toutes pars len plantera
en temps deu et conueneble côme
en octobre en nouẽbre en feurier
ou en mars Saux peupliers et
ourmes ala distãce lun de lautre
de cinq pies ou de moins · et puis
les fossoieurs pourfuiuront et fe
ront les ossez et mettront toute
la terre au par dedẽs de la combe

et laisseront emprez le fosse vuid
et descouuert terre ferme le large
dun pie prez du fosse · ou par em
prez es aucũs des diȝ mois ilȝ met
tront plantes despines gisans et
la mettront de la terre et enduirõt
sur les pies des espines et ferõt de
pieux ou de bastons et autres espi
nes vne haye et quant elle sera
creue vng pie en hault ilȝ replan
terõt des autres espines audessus
et enduiront de la terre comme de
uant et les combleront de terre et
ainsi le feront et continueront ius
ques ace quilȝ viengnent au som
met de la riue · et peut on esdittes
riues mettre ais et planches ou
espines sicõe le seigneur vouldra
et se len se doubte et il ya haste le
pourra en lieu despines ou être les
plãches mettre sur les riues mot
tes de herbe vert · et soient les plã
tes des espĩes vers se len les peut
auoir car elles poignent fort et au
bespĩe pruniers sauuages rosiers
sauuages ou blans rosiers frãcs
Et combien que len en face forte
haie aux chãps toutesuoies quãt
elles sont grandes elles destruisẽt
toutes les autres plantes et pour
ce telȝ rosiers francs ne me plai
sẽt poit qui en pourroit auoir dau
tres · Et se doit on bien garder q̃ en
tre les haies de ces espines len ne
plante point arbres portans fruiȝ
car les gens pour le desir du fruit
destruiroient les fosseȝ · Et se il y
a aucunes plantes qui ne soient
pas fructueuses on ne les doit pas

laiſſer croiſtre pource que par leur
acroiſſement la garde des eſpines
periroit pour cauſe des ombzes di
ceulx arbzez ou pour cauſe de leurſ
racines ou au moins les eſpines
en ſeroient domagees et les foſſez
auſſi Et ſi conuient que ou pmier
et ſecond an les plantes de ces eſpi
nes ſoient chun mois deſte netoie-
es des herbes qui y croiſſent ace q̃
par leurs racines lumeur ne ſoit
attraicte et que les eſpines ne de-
uiengnẽt ſeches par faulte de nour
riſſement · Les plātes dont iay par
le deuāt de ſaulx de peuplier de our
me et telles doiuent eſtre plantees
ſur la riue du foſſe et enhault loig
des murs ſur le bozt dudit foſſe et
queſles aient aſſez autour de elles
de terre neuſue et freſche et par
leurs racines doit deſcendze et paſ
ſer eaue craſſe qui viengne de la
court es foſſez et ainſi croiſtront
merueilleuſemẽt · Apres ſicomme
faire ſe pourra que len face one ha
pe ſur les foſſez au par dhozs ou
ſeiche ou des eſpines que len y met
tra nouuellemẽt qui ſeront dzues
et eſpeſſes et de plātes et de arbzes
et par eſpecial de peupliers qui y ſo
pent fichez car quant ilz croiſtront
et ſeront greigneurs et par trenchees et diuers pliz ilz feront plus
eſpes et feront one hape cõme ſe
ainſi feuſſent plantez la quelle du
rera par long temps mais toutes
uoies tu ne laiſſeras point croiſtre
les ſouches diceulx arbzes audeſ-
ſus de dix piez de hault car ilz poz-

tent preiudice ala court qui demā
de bon air pour la ſante des habitans pource quilz oſteroiẽt le bene
fice du ſoleil et des vens · Tant pa
q̃ a chun quignet des combes tu
peux laiſſer one arbze croiſtre tant
hault q̃lle pourra pource quilz ẽbe
liſſent et ne peuẽt pozter piudice et
auſſi tu en laiſſeras deux deuant
chune pozte croiſtre ſoubz leſq̃lles
les gẽs ſe repoſerõt en lõbze quāt
il fera grāt chault par ces choſes
cy ſagemẽt ozdõnees ſans grans
deſpens la court enuirõnee par hapes deſpines et ceinte de fozte garni
ſõ darbzes par fozme deue le prouf
fit des habitās ſera ſeuremẽt gar
de · Ou ſõmet des mõtaignes len ſe
ra entour les maiſõs haies de plā
tes de põmes grenates car elles ne
doubtent point aſpres lieux et il
ſouffira biẽ car on en peut biẽ fai
re haie fozte et eſpeſſe pour les get
tons qui pſſent des racines et qui
epeſchera aſſez qui y boulzroit paſ
ſer pour les eſpies qui en ſõt poignans et auec ce elles donnent bon
fruit et plaiſāt par chun an · gras
arbzes ne viẽnent pas bien en tel
les places pource quil leur fault
trop grant nourreture et en telz
lieux ilz ne le peuent auoir pour
la terre qui eſt trop pleine de pierres ¶ Touteſuoies es coſtieres
des mõtaignes ou il y a terre craſſe et plantureuſe len peut bien
planter telz arbzes et par eſpecial
ourmes et eſpines mais non pas
ſaulx ne peupliers ſe ilz ne ſont

pres & ruiſſeaulx deaue et de ſa-
blõ ou terre moult moiſte car autrement ilz ne croiſtroient point ·
et ſe le lieu eſt de ſi froide nature q̃
põmiers de grenate ny puiſſent bi
ure len doit en lieu de grenatiers
cloxxe deſpines et de telz arbxes poi
gnãs telz que len peut bonnemẽt
recouurer pour le defendxe · Et cõ
choſes cy quant au pxeſent pxopos
peuent ſouffire pour faire pxouffit
tablement les cloſtures et garniſons des cours Maiz des nobles et
mer ueilleuſes garniſons et des
cours a lenuiron des cours et des
arbxes cõment on les doit par art
oxdonner ie men tairay iuſq̃s au
huittieſme liure cy apxes ·

¶ Encoxes de la diſpoſicion de la
court et habitacion au par dedens ·
Vi · chaṗ ·

LA court ſoit par dedens diſpo
ſee en œſte maniere Ou mi-
lieu de la face de la bope qui eſt deuant on fera lentree large de douze piez atout le moins et fera len
lyſſue de lautre part dauteſſe largeur pour aller aux chãps et aux
bignes par derriere car œſte largeur ſouffiſt pour paſſer charetes
chargeez de foing ou de miſſe ou au
tres telz choſes et la ſoient faictes
foxtes poxtes riches ou cõmunes
ala boulente du ſeigneur mais q̃
elles puiſſent ouurir de iour et fer-
mier de nupt pour la ſeurte · et que
la deſſus ſoit faicte bne couuertu
re ou maiſon pour garder lentree

plus necte et plus ſeche et que les
poxtes ne pourriſſent par pluyes
et rouſees · La moitie de la partie
de la court qui eſt de lũe partie des
poxtes ſoit par le ſeigneur diſpoſee
en œſte maniere Ceſtaſſauoir que
par la bope qui diuiſe la court ſoit
miſe et faicte la maiſon du ſeigneur qui tiengne longue faœ dco
ſte la bope et tende bng petit par
derriere · et œ que la maiſon ne cloz
ra deura eſtre ſupplope de hayes
deſpines bien haultes ou de mur ·
Et ſoit la maiſon grant ou petite
garnie de murs ou non mais tou
teſuoies bien couuerte de tuilles
ou autre couuerture ſelon le pouoir et le plaiſir du ſeigneur · Et
empxes les riues des combes contre les ſoliers len plantera de belles bignes et autres choſes · et
quant elles ſeront eſleuees de huit
ou de dix piez de hault elles embeli
ront le lieu et loſtel · Apxes par ciq
ou ſix piez dedens la court len plan
tera tout autour petiz arbxes poztans fruitz cõme figues et põmes
grenates ſe lait du lieu le peult
ſouffxiz ou noiſilles de couldze, cois
neffles et telz petiz arbxes · et par
le milieu dicelui lieu põmiers periers et autres grãs arbxes loing
lun de lautre par · yy · piez au moins et ſeröt chũn an oxdonnez par
treſdiligẽte cure ſelõ œ q̃ le tẽps le
requerra · et le bin et les fruiz des
arbxes ſeront gardez ſeurement
pour le ſeigneur par bonnes cloſtures afin q̃ les billains gloutõs

papsans ne les degastent·et fera
len la dedens ung bel verger & bô
nes herbes aromatiques et souef
flairans et ung ioly iardin pour
le seigneur et de bons vaisseaulx
de mousches a miel et en bon nô
bre bien seurement gardeez·Et la
aura côninz lieures turtres et au
tres telles choses plaisans selon
la maniere q len dira aps · mais
en lautre moitie de la court len fe
ra maisons et apentiz tout entouz
decoste la riue qui occuperôt lune
partie ou deux selon le nombre de
la famille et des laboureurs et
aussi des bestes q len aura a nour
rir·Et demourra la court vuide
ou millieu et feront les meilleurs
hostelz pour les laboureurs et les
autres pour les bestes . Decoste
les maisons des papsans qui nau
ra fontaine len fera fosses et puis
selon la meilleur forme et manie
re que len pourra · toutesuoies q
le puis soit fait loing des fossez de
la court et des palus afin q la cor
rupcion des fossez et du degout ne
corrôpe le pups par lexaltacion de
la terre En lautre part par deuers
les maisôs des bestes len fera vne
palus pour metre et mener le fiês
des bestes et soit fait le plus loing
de lostel du seigneur q len pourra
Et sil aduient que les seigneurs
soient si grâs et si nobles quilz ne
daignent demourer en vne mesme
court auecqs leurs laboureurs
ilz pourrôt en celle court faire estre
et demourer le chastellain ou gar

de du lieu et en vne autre partie
faire leur lieu fort et bel plain de
palais et de tours et de vergiers si
côme il leur appartêdra et plaira
Et au surplus pour ozdonner faire
des greniers celliers a vin coulô
biers poulailliers estables et grâ
ches pour foings et fourraiges
garder il en sera dit et demôstre cy
apzes de chûn en son lieu ainsi que
il appartendra. ·

De faire pups et fontaines et cô
ment leaue sera trouuee et espzou
uee.   vii·chap̃.

Ombien que puis soit bien
conuenable en court de seig
neur côme lê dit toutesuoies pour
plusieurs prouffitz du cômun et
laisemêt des laboureurs et aussi
que len ne treuue pas eaue en la
court et en lieu prouchain et seelle
pest qūe ne soit entechee du degout
et corrompue pour quop il côuien
gne faire puis es châs par dehoze
ie vueil dôner vng experimêt pour
trouer eaue ou millieu des châps
et ou elle sera plus pzes du plain
de la terre·¶ Si duez sauoir q ou
mois daoust ou au mois de septê
bre ou doctobre lê doit faire et fou
pr les puis pource q ou len trou
uera eaue en lun de ces mois len
ne fauldra a en trouuer en quel
conque autre temps·donques se
lon ce que dit paladius len ira au
lieu ou len veult querir eaue a
uant soleil leuant bien dispose de
                              ß·i.

chief et de cuer et la se besser le chef
en terre et regarder côtre orient et
la ou on verra et apparœura par
vne tressoutille nue aeir crespe leuer et soy espandre côme rousee so
pez certain que en ce lieu combien
quil soit secq quil ya eaue mussee
mais tu dois bien considerer la na
ture de la terre afin que tu puisses
bien iuger de la tenuete et humeur
et habondance car crope a tenues
veines et pareillemêt elles ne sôt
pas de tresbône saueur. et ou il ny
a point de sablon il ya petites eaues mal souefues et lymôneuses
et la fault ferir et querir plus en
parfond. Noire terre ou il ny a pas
humeurs ne grans degoux de plu
ues mais ya aucune liqueur elle
doit estre de noble saueur. Terre
glaireuse moiennement a veines
non pas trop espesses ne trop dures mais elles sont de tresparfai-
te souefuete. Sablon cailloux gra
uelle et telles choses ont telles vei
nes espessee et drues et pleines
deaues. En cailloux rouges ya bônes eaues et habondâs mais len
doit prendre garde quant on les a
trouuees quelles ne sen refuient
par les creueures. Aux piez des
montaignes et es roches a bônes
eaues froides et souefues et agrât
habondance. et es lieux champestres a eaues salees tiedes et mal
souefues et pesans le plus souuêt
Et se par aucûe auêture elles fôt
de bonne saueur sachez certaine-
ment qlles viennêt de par dessoubz

terre et sourdêt principalmêt dau
cune montaigne mais ou milieu
des champs len trouuera la souef
uete des fontaines des môtaignes
et les poursuiura len se on la cueure daucuns petiz arbres ¶ Pour
auoir congnoissance de leaue q len
doit querir les signes sont cy aps
declairez et les tenons pour vraiz
De leaue nest lymôneuse ne boeu
se ne que acoustumeemêt il ny gi-
se aucune humeur ne ionc tenue
ny est enracine ne saulx ne aulnes
ne roseaulx ne canne ne perre ne
telles choses qui sont engendrees
dumeur pleine deaue elle est bône.
et ou lieu ou tu trouueras les cho
ses dssusdictes qui sont bônes tu
peuz fouyr tout seurement trois
piez de large et cinq piez en parfôd
et puis en la partie deuers soleil
couchant len mettra vng vaissel
darain ou dstain poly par dedens
et quil soit mis a lenuers le poly
vers la terre fossopee et pardessus
vng instrument fait de verges et
dosiers et de la terre dessuz en telle
maniere que toute lespace soit cou
uerte et le laisser ainsi iusques au
lendemain et se len treuue lendemain q en icelluy vaissel il y ait
sueurs ou goutes soies certain q
la tu trouueras de leaue Sembla
blemêt se vng vaissel de terre de
potier qui soit secq et non pas cuit
est mis en telle maniere et ainsi
couuert se il ya veine deaue len
trouuera au iour ensuiuât le vais
sel remis par la mistete de leaue.

Item se len prent vne toison de lai
ne et quelle soit ainsi mise et cou
uerte se elle prent tât de humeurs
que leaue en saille par espraindre
sachiez quil ya grant habondance
deaue · Item se vne lampe pleine
duile alumee est ainsi mise et cou
uerte et on la treuue lendemain
estaite il y aura eaue car lumeur
surmonte la vertu de luile · Item
se en ce lieu tu fais vng feu et la
terre donne euaporacion et moiste
fumee et nubileuse pleine de nues
sachies quil ya eaue. Et apres ces
choses ainsi experimentees et que
par ce tu seras certain quil y au
ra eaue si y fouiz seuremêt et qui
ers le chief de leaue · et se il en ya
plusieurs tu les feras venir a vng
toutesuoies en la partie septentrio
nale len doit qrir les eaues soubz
les racines des montaignes car el
les habondent en telz lieux et sont
les meilleures celles qui y naissêt
mais a fouir les puis len doit biê
garder et escheuer lez perilz des fos
soieurs pource que aucueffoiz len
treuue en terre alun soulphre ou
ciment qui enuoient corrupcion et
pestilence et occupêt tantost si fort
les narilles de ceulx qui en sôt at
tains que la vie en est en peril se
len ne sen fuit bien tost · et pource
auant que len descende ou parfond
len y doit aualer vne chandele alu
mee et se elle ne si destaint si naies
point de paour et se elle destaint len
doit doubter le peril car il peut e
stre mortel (Le puys q len veult

foupr doit auoir huit piez de large
ou sept combien que on le puisse fe
re plus ou moins large selon ce q
plus ou moins de gens y veulent
puiser et aussi selon ce que les vei
nes sont larges ou estroites plai
nes ou vuides · Se leaue est lymõ
neuse elle sera corrigee qui gettera
du sel dedens et quant len foupra
le puis se la terre ne se peut tenir
pource qlle soit trop mole et mal
entretenant len metra tables dres
sees contre tous les coustez et se
ront soustenues a lypens ace que
la terre ne chee sur les fossoieurs
aussi len peut bien en tel lieu be
songner sâs leperil des fossoieurs
Cestassauoir que len face de bônes
aeiz vne double roue et forte selon
la largeur du puys sur la quelle
on face vng mur du hault dung
point auât que len cômence a fou
pr le puys Apres le fossoieur estât
ou millieu cômencera a fouir des
soubz le mur a vng instrumêt de
fer et le face descendre iusques ala
qualite de la terre et puis reface
vng autel mur et apres fouisse la
terre et le côtinue ainsi tousiours
iusques ace que le puis soit par
fait · mais se il ya en hault aucûs
conduiz ou trouz ou au puis ou il
ait eaue ilz peuent descendre iusqs
aual en guise de fontaine se la na
ture de la valee soubite le veult
soufrir. ¶ On pourra esprouuer
leaue du puys nouuel par la ma
niere qui sensupt · Tu en gette
ras aucunes goutes en vng vais-

fel darain en les espandant et se
elles np font poit de tache elle est
bone. Item se on la cuit en vng
vaissel darain et elle ne laisse poit
de lymon au fons ou de grauois
elle est bone Item se on p peut bie
tost cuire pois ou semblables cho
ses dures ou se elle est de tresclere
couleur et np ait point dordure ou
grains ne autre tache de quelconques
polucio estrage elle est bone·

¶ Des conduiz et chemin de leaue
viii·chap·

Palladius dit que leaue que
len veult amener ou il la
fault faire venir par aucune forme
de edifice par conduiz de plomb
par cannes de boys et goutieres
ou par tuiaulx de terre·Se on la
maine par aucune forme de edifice
on doit bien soulder le chanel q
leaue ne sen fuie par les fentes et
creuaces et doit estre grat selon ce
quil ya plus ou mois deaue·et se
leaue passe par plaie place len doit
icellui edifice encliner entre cent ou
soyxante piez par le bas de six piez
afin q leaue queure mieulx·et se
il ya aucune montaigne ou chemin
len fera leaue passer par les
coustez ou len fera trenchee en la
motaigne par ou leaue passera·et
sil ya aucunes fallaises ou gras
valees len fera arches ou on leue
ra pieux et merrien asupporter les
conduiz de ledifice selon le hault q
il p appartient·ou len fera coduiz
de plomb par ou leaue descedra et

remotera sas issir Et qui mieulx
veult faire et pl⁹ prouffitablemet
len peut faire tuyaulx de terre espes
de deux dois et agus dun coste
par lespace dune paulme pour entrer
lun en lautre·et cela on soulderra
de chaulx viue et applaniera
len dicelle mais auant q len p lais
se courir leaue par iceulx conduiz
on laissera couler flameches par
my auecqs aucun peu de liqueur
meslees pource que au passer elles
estouperot les creuaces et pertuiz
sil p en a aucunes·La derreniere
forme est par conduiz de plomb et
iceulx icy font que les eaues sont
mal saines car la ceruse est nee et
faite de plob et nuist moult a corps
humain·Si doit len diligemment
forger les coduiz et les vaisseaulx
pour receuoir leaue afin q par petiz
conduiz habondance en puisse
estre donnee·

¶ Des cisternes et cisternelles·
ix·chap·

Et se en aucu lieu a deffault
deaue len fera vne cisterne
conuenable et souffisant pour la
delectacion de lostel en la qlle leaue
qui descendra de toutes les couuertures
et tectz des maisos dope
venir et doit estre bien pauee de bo
ne matiere et aplaniee et enduite
dargille par dessus et de bon cimet
et fort par tout et tresdiligemment
estoupee et ointe et frotee continuellemet
de bon lart cuit afin q les
creuaces soient estoupees et q air
ne eaue ne puist passer parmy·et

que pour leaue les creuaces ne se
fendēt ne les parois ne se trenchēt
Et apres ce que bien et lōguemēt
elle aura este afermee et sechee on
p fera descendre leaue et quelle soit
la hebergee bien et netement · Et
en hault ou milieu len fera Ong
puis et toutes les concauitez dentour le puis serōt remplies de pierres de riuieres et de caillou caffez
et ou milieu du fablon et en hault
Et se len ne peut auoir pierres de
riuieres ou de fleuues len prendra
pierres de fournaise · En aucuns
lieux len fait pauement dune ma
niere de crope la quelle quant elle
est moiēnemēt espandue elle se fer
re ensemble et chauche tellement
par tout quelle recoit et retiēt tref
bien leaue qui est mise deffus et la
pouldre et garde netement · Et ilec
len mettra couenablemēt et prouf
fittablemēt des anguilles et poiffons de riuieres pour p paistre et e-
stre nourris afin q par leur mou
uement leaue qui est cope prengne
aucunemēt plufgrant legerete et
ensuiue aucunement la nature de
leaue courant · Et quant aux creuaces fentes et pertuiz des cifternes pups et pifcines nous les ra-
mēderons et estouperōs en la ma
niere qui senfuit · Tu prendras de
la poix clere et autāt de sein ou de
suif et cuiras tout ēfemble en ō-
ne paielle iufqs a tāt quil escume
ra et puis tu losteras hors du feu
et quant œ fera refroidie tu p ad-
iousteras de la chaulx petit a petit

et mesleras trefbiē tout ensemble
et quāt œ fera cōme ciment tu le
mettras es lieux percez fenduz et
brifez et la le bouteras et chauche
ras treffort tāt que tu pourras et
ainfi lestouperas · ¶ Des lieux
auffi ou il ya eaues de fleuues on
fera petites cifternes et foffes arti
ficielles par œfte maiere afin que
leaue p puift estre mieulx clarifiee
Len fera ōng grāt baiffel de terre
cōme ōne bupre ou cruche mis en
ōng lieu froit foubz fablon et fur
œstup aura ōng baiffel de boys
ou de terre biē cuite qui soit de bōe
largeur et ait ōng petit pertuiz ou
milieu du fons et ōne cheuille dedens qui soit esleuee du fons du
hault dun doit et que deffus la che
uille soit mis ōng hanap adente et
puis quil soit emply de fablon iuf
ques au milieu et quant tu boul-
dras auoir eaue clere gette de leaue du fleuue qui est trouble la dedes et elle se diftillera par le fablō
et defcendra tout doulœmēt par la
cheuille dedens le baiffel sauaf et
la tu la garderas netement · Et se
tu beulx auoir greigneur cifterne
tu pourras faire tant deffoubz cōme deffus receptacle de marbre ou
de pierres et ciment a pauement
de argille cupte comme deffus est
dit et de tefte forme et maniere cō
me il te plaira et bon te semblera

¶ Des matieres des maisons.

Dixziesme chap.

Nous auons par deuant fait
mencton des maisons et edi
fices Si voulons faire côsideraciõ
des matieres quelles il les fault
aux murs et des mesriés et quel
les matieres il côuient aux fonde
mês moistes et quelz aux autres
Palladius dit que les fondemens
doiuent estre fermes fors et dura
bles et pource doiuent estre larges
plus que les murs de demp pie de
chûne part. Et se len treuue argil
le ferme et forte la quinte ou six
ziesme partie de la haultesse de par
dessus terre sera deputee aux fonde
mens Et se la terre est plus mole
et de plusgrant haultesse soit arra
see iusques ace quelle soit nete et
sans souspecon de fumer on treu
ue argille bône et nete et se len nê
treuue point si quiere len dedens la
terre areneuse et poudzeuse qui
quant on la prent en la main gre
zille vng peu elle est bône et prouf
fitable aux feures. Item se on la
met en dzap blanc ou en toile blã
che et elle ny fait point de tache et
ny laisse point dordure elle est tref
bonne mais se le grauois naura
este mol et flexible de fleuue ain
cois soit net et bon len le prendza.
La grauelle et araine de la mer est
plus forte a secher et pource on ny
doit pas continuelemêt mais par
diuers temps faire ne construire
edifices ne aussi la prendze pour e
difier ace que se elle est trop pesan
te elle ne corrompe loeuure et auf

si par fô humeur salee elle corrôpt
le toit et les couuertures des chã
bres et des lis maiz la matiere sei
che y est plº prouffittable et la ter
re mole de doulce nature est meil
leure quant elle est nouuellement
traicte que quant elle est longue
ment gardee mais se il est necessite
de ouurer de grauois de la mer on
le doit pmierement plunger en ea
ue doulce ou en aucun mares afin
que par ce il perde le vice de son sel.
Q La chaulx nous la faisons en
cuisât pierres et durs cailloux et
blãs deaue courât en deux pars de
grauois lê met vne part de chaulx
et qui en sablon deaue courant ad
ioustera la tierce partie de pouldzes
de tuillez il donra trefferme cymêt
et trefbon Et se len met chaulx et
sablon autant de lun côme de lau
tre ce sera treffozt cpment et nen
doit on point maisonner en temps
de gelee pource que quât le chault
vendzoit il se dsioindzoit et dissol
dzoit Q Ou mois de nouêbze quât
la lune descroist le merrien est fozs
bon a abatre et tailler pource que
fozs par le temps dautômpne qui est
passe et par laage de la lune et le
froit present de lair lumeur sen
fuit auecques la chaleur naturel
le de larbze par dedens les racines
dedens le ventre de la terre qui est
chault pour fozs maiz les arbzes
q̃ len vouldza abatre il est bon de
les coper fozs iusq̃s ala moele et
puis les laisser vng peu de têps en
estant afin q̃ se il ya êcoze aucune

humeur es veines q́lle dequeure
par la copeure. ¶ Les arbzes prou
fitables sont sapin car il est leger
et roide et bię durable en oeures
seches. Saulx selon ce que dit pa
ladius est tres prouffitable car se
tu en faiz tables et les ataches
ou front et es extremitez des cou
uertures des maisons elles dõnęt
defense côtre feu pource quelles ne
recoiuent point de flambe et ne fõt
point de charbon si côme il dit. Le
chesne est moult fozt et durable et
a grant fozce tãt dessoubz terre cõ
me dessus auecq̃s maconnage de
terre et de pierre. Le chasteignier
pour sa merueilleuse fermete est
moult durable en champs en cou
uertures et en toutes oeures hozs
et ens. Lif est bon en lieu sec et est
tost cozrompu en lieu moiste. Peu
plier est bon pour fozmer et tailler
ymages. Cipzes est noble bois.
Pin et perier ne durent point se ce
nest en lieu sec. Cedze qui nest gre
ue daucune humeur dure moult
longuemęt. Tous arbzes qui sõt
taillez de la partie vers midi sont
prouffitables Mais ceulx qui sõt
taillez deuers septentrion ilz sont
longs et beaulx mais ilz se cozrõ
pent legerement.

¶ De loffice de celui qui garde la
Ville. ·vj· chap·

Celui qui a la ville en gar
de que len appelle le maire
doit vser de bonne discipline et gar
der les foires et les festes et soy te
nir de nuire a aultruy. et doit dili

gemment garder ce qui luy appar
tient et escheuer les plais et noi
ses de ses gęs et se aucun fait fau
te si lamende en bonne maniere et
veste bien sa famille quelle ne lui
faille pour le froit et quil loccupe
en besongne honneste car ainsi la
pourra il mieulx retraire de mal.
et que pour leur bien fait les re
mercie gracieusemęt afin que les
autres en soient esmeuz a bię fai
re. Le maire ne doit pas estre trop
courant par la ville. et doit tous
iours estre sobze abstinent et côti
nent. Au soir quil soit bien hante
de sa famille et soit diligent de pro
curer que ce que son seigneur a cõ
mãde soit fait et quil ne cuide en
riens estre plusgrãt que son seig
neur et que les amis de son seig
neur il tięgne pour ses amis. Au
cõmãdement du seigneur ne croie
a autre mais requiere et demãde
que le seigneur croit tient et veult
Ne baille a quelconque persõne le
gaige de son seigneur ne des biens
du seigneur ne marchande et quil
nachate riens de son argent sans
son sceu. et ne doit vouloir riens
celer a son seigneur. Toute oeure
de champs soit par luy procuree a
faire et que lui mesme le face auf
si bien souuent afin que quant sa
famille len verra lasse et traueille
quilz en besongnent de meilleur
cuer et sachent quilz doiuent faire
et se ainsi le fait la chose en vaul
dza mieulx. Il doit estre le pmier
leue et le dernier couche il doit estre

b·iiii·

le premier a visiter se la ville est bie
chose et se chun de ses gens entes
bien a besongner et se les bestes
sont bie fermees et repeues Il doit
auoir grat cure des beufz et tenir
bon bouuier afin quil netoie bien
les piez et ongles des beufz et quil
entende diligement ala charue et
au harnois et quil garde les che-
naulx de rogne et aussi les iumes
et regarde au soir que tout soit a-
compli et se le feurre lui fault qui
prengne des fueilles de bois pour
les lictieres des beufz et des brebis
et face quil ait vng grant fumier
ou tout le fies soit mis et retrait
et quil adiouste du feurre ou autre chose pour pourrir auecqs · et
se garnisse de fueilles de peupliers
de ormes et de chesnes selo le teps ·
Et aussi quil se garnisse en temps
conuenable de foing et le face secher apres la pluie en autompne
et aussi que apres la dicte pluie de
autompne il seme aucuns fruitz
selon la nature du pais ·

De loffice du pere et seigneur de
la famille coment il doit achater
le champ et enquerir de loeuure a
son sergent et rendre raison ·

vii · chap ·

Caton escript en son liure q
quat tu achates aucu ma-
noir tu dois peser que tu ne lacha
tes trop couuoiteusement et aussi
que tu ne laisses pas ton entente
et quil ne te soit pas ennuy de la-
ler veoir et visiter aucueffoiz · car

sil est bon touteffoiz que tu le ver
ras il te embelira et te plaira mieulx · et te aduise de la condicion et
couenance du voisinage · et regarde et considere bien les entrees et
par ou len y peut entrer et pssir et
se il est bien couuert et en bon regard du ciel · Se il est en bone terre et de bone vertu · se il est en lieu
froit et en lieu sain · et se il pa copie et habondance de ouuriers · Se
il est assiz proprement en bon chastel · Se il pa assez eaues · Se il pa
champs qui ne remuent pas souuent seigneurs · Se il pa en la con
tree et en celle terre aucun champ
vendu dont le vendeur se repente ·
Se lostel est bien edifie · Et garde q
tu ne condampnes folement la doctrine et discipline dautrui · et est
le meilleur dachater du meilleur
laboureur et du meilleur ouuriez
Quant tu venras en la ville regarde et considere les vaisseaulx
les pressouers et les tonneaulx se
il en pa grant copie et sil pa sans
ce assez de instrumes car par ce tu
sauras la raiso des fruiz et se lair
y est bon ou pesant · Quant le
seigneur ancien de lostel vient ala
ville il doit se il peut enuironer sa
terre en celui mesmes iour ou le
iour ensuiuant afin quil saiche co
ment le fons se porte et coment il
est laboure et quelles oeuures p
sot faites ou a faire · et aps il doit
appeller son maire et luy deman-
der quelle chose il a faicte et que il
fault pl'a faire et se il pa encores

assez temps pour l'oeuure parfaire
ou trop peu·et combien il a de vin
et de forment et aussi des autres
choses et lui tenir raisō de son oeu
ure et de ses iournees et des ouuri
ers·et se il lui semble que son oeu
ure ne se monstre pas biē et le mai
re lui dit quil ny ait point de frau
de ne de barat mais que la tempe
ste a tout gaste et que les sergens
sen sont fouiz et plusieurs autres
causes·Lors il doit dire et ozdōner
ce que len doit faire par tel temps
et quant pluies et tempestes sur
uiennent·En temps de pluie len
peut faire lauer tonneaulx et au
tres vaisseaulx et aussi netoier la
ville et purger l'ostel·remuer le
forment et transporter le ble·get
ter le fiens hozs des estables et le
pozter ou fumier·netoier les ozdu
res et ourdir et faire de nouuelles
cozdes et faire netoier les priuees
par ses menues gens quāt ilz nōt
que besongner et emplir les viel
les fosses·garnir les voies cōm u
nes retrēcher les haies et buissōs
foupr le iardin·netoper les przes·
lper balais et verges et refaire
les haies et cloustures·Et quant
les sergens et seruiteurs sont ma
lades il ne leur fault pas liurer
tant de viande cōme aux sains et
fozs·et aussi doit il parler des au
tres oeuures afin quelles soient
parfaictes·et se aucune chose de
meure a faire en vne ānee ou sai
son quelle soit faicte en l'autre pzo
chaine ensuiuāt·et sil est demeure

par dessus aucune chose quelle soit
vendue·et sil est besoing de louer
aucune chose quelle soit louee·Et
apzes quil cōmande a faire ce quil
fault faire et quil l'escripue et bail
le par escript·Item il doit confide
rer tout son bestail l'uile le vin le
ble beufz beaulx vaches bzebis
laines les peaulx le charrop et au
tres choses·et que ce qui sera trop
il vende et se deliure de viel char
rop et des sergens vielz et mala
des et quil vende ce quil fait a vē
dze selon le temps·et aussi quil a
chate en temps deu·et se doit deli
urer de choses qui ne se peuēt gar
der·et quant les choses sont che
res il les doit vēdze·Aucuneffoiz
les choses qui sont bien et longue
ment gardees doublent le pzouffit
Et pource est bon de aucūeffoiz at
tendze iusques au temps cōuena
ble pour vendze et pour achater·

¶ Cy fine le pzemier liure des pzouf
fiz champestres et ru raulx·

¶ Cy apzes sensupt
le second liure·

Cy comence le secõd liure des proẜffiz champestres et ru
raulx de maistre pierre des crescẽs
ou ꝗl est traictie de la nature des
plãtes et des choses cõmũes au la
bour en chũne maniere de champ.
Leꝗl cõtient·xxix·chap·dont le prmier traicte des choses qui sõt cõ
uenables et appartiennent a tou
tes plantes·

Le second de la diuersite de la gene
racion des plantes·

Le tiers de la naissance substãce et
operacion des plantes·

Le quart de la diuision des plãtes
par ses parties inegales·

Le quint de la diuersite des partief
simples et materielles des plãtes
et de la cause de leur accroissemẽt

Le vie·de la generacion et nature
des fueilles fleurs et fruiz·

Le viie·de la cõiuction vnite et di
uision des plantes·

Le viiie·de la trãsmutacion de lu
ne plante en lautre·

Le ixe·de la diuersite des alteraci
ons qui sont faittes es plantes·

Le xe·de la diuersite des plantes
prinse selõ la diuerse production
et generacion des fruiz·

Le xie·des choses qui sont necessai
res a toutes plantes·

Le xiie·des choses qui sont ala ge
neracion et croissance des plantes

Le xiiie·du fiens et de la pourretu
re et nourreture des plantes·

Le xiiiie·de leaue cõuenable a me
ner le fiens et au nourrissement
des plantes·

Le xve·du prouffit de arer labou
rer et fossoier la terre·

Le xvie·du labourage des chãps
semables·

Le xviie·de la maniere et medicie
pour faire le champ semable ferti
le et plantureux·

Le xviiie·du labourage du chãp
ou il ya montaignes et valees·

Le xixe·du labourage du champ
nouuellement seme·

Le xxe·du tẽps et de la maniere de
dissiper et oster les mauuaises
herbes·

Le xxie·de la maniere generale de
semer·

Le xxiie·des manieres de plãter et
de esslire les plantes·

Le xxiiie·des maieres de enter ar
bres et de cõuertir les sauuaiges
plantes en bonnes et franches·

Le xxiiiie·des lieux cõuenables et
non conuenables ala generacion
des plantes·

Le xxve·des disposiciõs esquelles
peuẽt estre trãsmuees les plãtes·

Le xxvie·de la cõgnoissãce des ter
res et se elles sont brehaignes ou
plantureuses·

Le xxviie·du siege cõuenable au
champ pour habundance et bien
fructifier·

Le xxviiie·des garnisons et proui
siõs pour vignes iardins et chãps

Et le xxixe·traicte de la prouision
et defense cõtre les eaues fleuues
et ruisseaulx·

A pres ce q̃ nous auons dit et declaire ou p̃mier liure des choses qui sõt neceʃʃaires a ceulx qui ont terres et champs Il conuiết aps declairer et eʃcripre des oeuures qui sont a faire en Villes et en champs Et pource que ceʃt fort & parfaictement congnoiʃtre toutes les choses qui pappartiennết pource q̃ les labours se Variết selon la diuerʃite des plãtes et des

lieux et aussi des téps qui sõt for
tes choses a bič congnoistre pource
no° en voulõs traictez en œ psent
secõd liure· et pource q aucūes cho
ses sõt cõmunes atoutes plantes
no° parlerõs pmieremét cõmét el
les appartiénét a toutes plātes·

De la generaciõ de toutes plā
tes selõ œ q dit frere albert
sont requises sept choses sans les
qlles nulle plāte ne naist desqlles
les trois sõt cõmunes de cause effi
ciét. La pmiere est la chaleur du
cercle du ciel qui est le pmier com
méœmét de la vie des plantes· La
secõd est la cõuenable chaleur du
lieu car se froidure pa vertu elle
moztifiera les plātez et sil est trop
chault la terre sera sablõneuse et
secherõt les plātes Et la tierce est
la cõuenable chaleur des plantes
qui est en la matiere seminale sãs
la quelle la plāte ne receuroit poit
lautre chaleur ou selle la reœuoit
elle ne la retêdroit poit· et ainsi ou
elle ne naistroit poit ou ne croistroit
ou ne porterit· Et pource en aucu
nes plātes il cõuiét atrêper la for
ce du soleil quãt elles sõt têdres et
nouuelles et leur faire aucuṇ vm
bre sicõme quãt le cppres ou le fi
guier cõmencét a venir Mais il pa
trois autres choses qui amenui
sét et diminuét la matiere substã
ciele· Desqlles la pmiere si est hu
meur naturelle qui est dedens œ
qui se fozme en plāte et en semblā
œ darbze qui premier pst hozs eṇ
germāt et puis sespāt sur terre et

aīsi lumeur naturelle se fozme en
brāches et fueilles de plātes et par
la chaleur sespāt apzes es racines
La secõde chose est lumeur qui ad
mistre ala plāte sa nourreture cõ
me la marris de la femelle admi
nistre aœ qlle a cõœu en la formacion
des bestes Et la tierce si est lu
meur des pluies rousees et autres
eaues qui viêt en terre de par dess°
cõme nourreture et cõme la viāde
de la mere va ala nourreture de lê
fant· Et la septiesme si est lair cõ
uenable qui est requis aux plātes
car sil est bõ il garde la plāte et sil
est mauuaiz il la corrõpt et pource
lair trop aere trop chault et sec et
la bruine et les nieules si ardêt se
chêt et destruisét les plātes et lair
qui est biê atrêpe si les faict belles
et fructifiãs ¶ Les arbzes sont en
leurs espeœs chaulx et moistes·
la chaleur leur euure les cõduiz et
p trãsporte lumeur et lumeur ad
mistre la matiere moiste et habon
dāt qui se fozme tātost eṇ brāches
et croist enhault par raiœaulx et
verges · ¶ De la diuersite
de la generaciõ des plātes·ii·chap·

Il cõuiêt aps principalemét
considerer la diuersite de la
generacion des plantes et biê cõg
noistre toute leur nature sicomme
len peut et de œlle diuersite ie ne
treuue es anciens autre chose que
œ que aristote en dit Car des ar
bzes et plantes les aucunes re
uiennent par planter vne bzanche
aucunes viênent de semeœ et les

aucunes par elles mesmes en la
terre par la vertu des corps du ciel et des elemens par proporcionee
cõmixtion ·Et quant len trait de
terre vne plante auec sa racine et
le remet on en terre ce nest pas plã
tacion mais est transplãtacion·
Et de cestes les aucunes sont trãs
plãtees toutes entieres et les aucunes pour la durete de leur substãce et de leur escorce il les cõuiẽt
aucunement retrencher et enciser
par aual afin quelles attraient a
elles plus legerement leur nour-
reture·¶Apres des arbres que len
plante par parties les aucũs sont
plantez en terre sicõme la vigne et
les aultres sont plãtez en autres
arbres et sõt appellez entes·¶Des
plantes les aucunes ont semence
qui peut prouffiter a generaciõ et
les autres nont point de semence
semblable a celle dont elles sõt ve-
nues·et si font les aucunes meilleur semẽce·et les autres pieur et
aucuneffoiz des pires semẽces viẽ
nent les meilleurs arbres·et aus
si au contraire sicõme des amandes ameres dont viennent alman
diers qui portẽt les amãdes doulces et aucuneffoiz au contraire·
¶Il est aucunes plantes q̃ quant
leur semence est feble pour cause
du lieu ou de lair non conuenable
leur generacion si fault en ce lieu
mais ce nest pas pour la semence
aincois est pour aucune autre plã
tacion de ramceaulx ou de racines
Et ce peut on congnoistre par espe-

cial es palmiers figuiers põmiers
& grenate et aussi es sapins car
leur nature fait semence de vertu
si efficaix quilz ne peuent pas por
ter fors a tart car le palmier si
bourgõne de sa semẽce et le cipres
aussi·et par espal le palmier naist
quant plusieurs semences sõt mises et conioinctes ensemble et peu
ou neant naist dune simple et seule semence·mais le cypres et le figuier si bourgõnẽt dun seul grai
seme et viennent p̃mierement en
maniere de herbe et croissent petit
a petit·Et combien q̃ aucuneffoiz
viengne bon arbre de mauuaise se
mence si nauiẽt il pas pource sou-
uent·Mais en la generacion des
bestes il aduiẽt plus souuẽt pour
la diuersite des habitacions et de
lair et des vens et nourretures·
Car les bestes sont de plus legere
alteracion et pour ce la semẽce du
ne beste de mauuaise complexion
est de ces choses alteree et faicte pi
re·et selon ce la beste engẽdree est
pire ou meilleure·Et de ce nous ve
ons q̃ les bestes priuees sõt moult
differentes des sauuaiges en quã
tite et en couleur·et ce nest fors
pour la grãt diuersite du nourris
sement et les diuerses manieres
de leurs necessitez cõme pour esta-
?les fourrages et des lieux ou elles habitent·et pource sont leurs
chars moult differentes de celles
des bestes sauuages en goust et
en saueur·mais il np a pas telle
diuersite es plãtes pource quil np

a pas telles differēces desdes leurs
racines qui sōt en terre et aussi el
les ne muent point leurs lieux ne
leur nourreture.

⁋ De la substance naissance et ope
racion des plantes.　　iii·chap·

LE lieu ou la plante est nee
est ainsi cōme la marris es
bestes et lumeur naturelle propoz
ciōnee en ce lieu est ainsi comme le
sang es marris des bestes dont
leur fruit a sa nourreture dedens
le corps dicelles Et la vertu du ciel
est ainsi cōme vertu non distinttee
et nō determinee a vne espece maiz
se determie a chūne selon sa natu
re par la vertu de laqualite conte
nue en chūne plāte· Les oeuures
des plantes en tant qlles sont plā
tes sont trois receuoir nourreture
engendrer et croistre·Elles traiēt
leur nourreture pure et conuena
ble pour elles et apres se conuer
tist en la substāce de la plante par
la vertu des corps de lassus et se
transporte es rainceaulx·et pour
ce quelles nont ne vētre ne veines
mais petiz et subtilz pertuis im
perceptibles la terre leur est pour
vētre et laissent dedens toute leur
ozdure et ipurte soit seche ou moi
ste Et fichent en terre leurs raci
nes pareilles a leurs bouches des
quelles elles succent leurs nour
retures et adressent leurs racines
contreval en parfond et les plus
grandes le plus et aussi au lieu

plus chault de la terre ou la cha
leur peut mieulx digerer la nour
reture·Se aucunes grans plan
tes espandent leurs racines en la
pleine de la terre ou aucunement
par dessus et non pas en parfond
elles sont tātost sechees et la nour
reture qui ou plain de la terre sen
va a neant par la force de la cha
leur du soleil et na qui le contrai
gne de entrer es racines·Aucuns
dient que les plantes peuent croi
stre sans fin et sans terme tant cō
me les racines sont en terre pour
ce que nature a donne a chūne cho
se certain terme et certaine quan
tite entre deux termes de tresgrāt
a trespetite mesure et de certain
croissement·car sicōme dit aristo
te toutes choses ont raison de leur
grandeur et de leur acroissement.
Et combien que les plantes soiēt
formees de naturelle humeur et
en recoiuent leur acroissemēt.tou
tesuoies la partie qui doit receuoir
la nourreture se peut si fort ēdur
cir par le proces du temps quelle
ne se peut estendre en grandeur ne
en largeur et ainsi lacroissement
ne monte plus et le fault arrester
⁋ Plusieurs choses sont dittes de
loeuure des plantes et de leur ge
neracion es autres lieux Et pour
ce souffise a psent de sauoir q̄ leur
nourreture et acroissement leur
vient et le succent par les subtilz
pertuis et porres et le traient de la
racine es brāches et est esleuee en
hault par vne maniere subtille et

lespirituele vertu du corps du ciel

¶De la diuision des plantes par
ses parties inequales· iiii·chap·

Apres il couient determiner
des parties des plãtes croif
sans et multiplians et des choses
qui leur appartiennent par nature et non pas pour cause du fruit
car de leur fruit et de leur laboura
ge ten diray apres· Premieremẽt
nous deuons sauoir que ainsi cõme il est es bestes aussi est il es
plantes que aucunes choses sont
en puissance destre vne partie de
la plante et sont appellees ius et
such et aucune chose qui est defait
vne partie de plante sicõme la raci
ne et le rainceau des arbres et plã
tes et telles choses· Le ius si est v-
ne humeur atraite par les subtilz
pertuiz qui est distribuee a nourrir toutes les parties de la plante
par la vertu nutritiue et doit estre
semblable en nature ala chaleur
digestiue qui lassemble et vnit a
la plante et le attrait a la comple
xion de larbre· et de ce il appert car
lumeur nutritiue de la plante est
au cõmencemẽt destrange saueur
et selon ce qlle se transporte plus a
uant es branches et se eslongne de
la racine elle acquiert saueur con
uenable et semblable ala plante·
et ainsi prent saueur espesseur et a
guisement· et est tout ce par la ver
tu de la chaleur se il npa aucun ẽ-
peschement accidental·Et en aucu

nes plantes par leuaPacion de la
chaleur il aduient grant humeur
terrestre visqueuse et reluisant et
est de bonne oudeur par la vertu de
la chaleur pource que ce qui est di
gere en la plante est aromatique
et quant il se corrompt il sent mal
Et quãt la chaleur euure les subtilz conduiz ceste humeur pst hors
et quant le froit vient elle seche et
est gõme· et aucuneffoiz ce aduiẽt
pour aucune taille ou incision de
fer faicte en la plante et est aussi
gõme mais elle nest pas de si grãt
vertu Les parties de la plãte qui
sont de fait plante sont diuisees en
deux manieres· Les vnes sont ain
si cõme les membres officiers es
bestes et aucunes sont cõme semblables car les neulz les ioinctes
et les voies par maniere de veines
estendues et les racines sont ain
si cõme les mẽbres officiaulx et
seruans a loffice du nourrissemẽt
maiz le bois en celles qui ont bois
si est la char herbue ¶Et en celles
qui nont point de bois cest ainsi cõ
me membre semblable es bestes
et en ceste maniere est il des aultres manieres et parties de plantes maiz ce qui est appellé la moel
le est fait de nature et est en elle le
ius et prent en soy la plusgrãt vigueur dont le signe si est que quãt
len entre ou rainceau dun arbre
sauuage culte le milieu si que la
moele soit trechee et puis q̃ len le
lie et afferme la malice du fruit
sera atrempee et sera amendee la

saueur·et la cause si est pource q̃
le cõduit recuert et retourne quãt
il treuue son nourrissemẽt et sen
mõte par le tronc il p̃ demeure pl⁹
longuemẽt et se digere en mieulp
et se transporte en fruit·Et ce na
uient pas proprement es choses de
tendze nature et de doulce substãce
qui ont grãdes moeles ou qui sõt
cõcauees et longues sicõme est la
Vigne et Vitioelle et cucurbite et
roseaulp et les bleʒ formens seigles orges et auoines ꝗ Apzes les
plantes ont les racines semblables ala bouche quant ala traite-
mẽt de la nourreture·et selon Vne
autre maniere elles ont similitude
et effet de cuer·car quãt le nourris
semẽt est atraict le cuer donne cha
leur qui Viuisie·par quop il se cõmence a mouuoir es membzes et
aussi fait la racine es plantes car
la chaleur est donnee de la racine
aup bzanches et aussi la forme de
Vie en est donnee a toute plante et
puissance par la quelle elle est trãs
portee a toutes les partieʒ de la plã
te·ꝗ Des plantes il en pa aucũes
qui sont dictes demourans et les
autres abstinens pour les cõtraires dispoficions de leurs racines
qui sõt deliees et pertuisees et aus
si celles qui sõt chauldes si ont pl⁹
de nourreture ꝗ la racine ne peut
cõuertir en sop et lors l'arbze portera fruit pourrp et plain de Vers
se par suer ou par autre emission
de superfluite elle ne se purge·Et
ce aduient principalmẽt en ieunes

plantes·et pource aucuns les percent emps les racines et en pst lu
meur par Vne maiere cõme seguee
Et se les plãtes qui ont chauldes
racines sont en terre seche ou il ne
pleut pas souuẽt et quãt il ppleut
l'eaue p chet par grant Violence et
treffozt et en grant habondance si
cõme il est ou second climat et ou
tiers et par aduenture ou quart
pour aucune partie de lui·Et celle
racine par plusieurs reposees et di
uerses foiʒ trait a sop grant nour
reture de celle habondance de pluie
qui ainfi p suruiẽt et en attendãt
l'autre pluie a Venir elle renuope
celle nourreture aup bzãches den
hault et se parfait la digestion a-
complie et pource les plantes mises en telʒ lieup si flozissent plustost et plus souuent Et cest la cau
se pour quop les arbzes flozissent
plustost en la terre des mozes de
mozienne et par plusieurs foiʒ en
Vng an·et aussi se fait aucũeffoiʒ
en noʒ climatʒ cõbien que noʒ arbzes ne poztẽt ꝗ Vng peu de fleurs
quant aps le temps dõste pluie up
qui est moiste sensuypt le tẽps dau
tompne chault et secq·Aucunes
autres plãtes sont moistes et ont
moeles pleines deaue et en quelcõ
ꝗs maniere quelles soient fichees
en terre elles gettent tantost raci
nes et prouffitent·et aussi sont au
cunes dures pour la semblãce du
bois et de la racine et du cozps du
bois de la plante sicõme du bois fi
chie en terre il se reprent et croist

legerement · et en aucunes ne se peut
faire pource que la nature du bois
est faible et destituee en eulp auant
q̃lle puist former racines ou pour
cause que le bois nest pas subtile-
mēt pertuise et porreup ou pource
q̃ il na pas souffisãt chaleur pour
attraire la nourreture ala racine
et pource il seche auant quil puist
faire racine · Ceulp qui ont assez
chaleur si croissent cõme bouis sa
uinier et plusieurs autres · et celles qui sont moles au tast si sont
nourries et emplies de lumeur de
la terre sicõme saulp et tilh. Mais
les arbres qui nont ne lun ne lau
tre si sechent souuent quãt len en
met les branches en terre · Et a
proprement parler les plantes nõt
pas veines de fait ne par moult
grant semblance mais elles ont
bopes de nourrissement en lieu de
veines et ces bopes croissent aucuneffoiz en montant contremõt
tout droit et lors la plante croist
aussi cõme par vne maniere de costes moles cõme herbe et aucunemẽt de nature a bois et fust et sõt
vne sur autre et ont escorces et au
cuneffoiz sont tortues de trauers
et lors sont les arbres pleins de
neuz · Aucuneffoiz aussi ces boies
sont espandues par vne maniere
de roies en la plãte et va la nourreture par droittes boies et est retenue par trauersaines boies et se
remet celle nourreture es parties
de la plante Aucuneffoiz ces boies
viennent de la racine en montant

en hault et aucuneffoiz de la moele de la plante viennent au dehors
comme plusieurs lignes viennēt
dun centre · et est telle la disposiciõ
des boies des plantes mais les
moeles des plãtes semblent estre
ainsi comme le sperme es bestes
et passe plus de lesperit de la plante par la moele des arbres que par
q̃lconque autre bope et en la moe
le est la bigueur espirituele de la
plante car autrement les parties
de la plante qui sont loing de la ra
cine ne seroient pas bien biuifiees
et formees ala nature de la plante
et pource les plantes ont naissance et leur commencement de leurs
rainceaulp qui sont nez des corps
des plantes de la moele comme du
bicaire de la racine · Et quant on
les trenche elles sont pour leur se
cheresse mises en parfont continu
ellement insques ala moele et ne
va len prouffittablement plus en
parfont fors atart Mais les plantes qui sont nourries de la moele
par les cõduiz qui võt de trauers
ont plusgrant moele · Et celles
qui sont nourries par conduiz mõ
tans contremont de droicte ligne
ont plus petites moeles et aucuneffoiz il semble que elles naient
goute de moele par especial quant
elles sont grans Et pource les escorces dempres la plante qui sont
enuirõnees des autres les estraig
nent et font la boie des moeles
ainsi comme miserable Et pource
est cause semblable de berite que

c·i·

pour ceste cause les grans arbres
sont souuent cozrompus par dedes
car lesperit de Bie enclos en la moe
le est estaint par dedens pource quil
est empsse par la grossece du bois
de la plante qui ainsi lestraint car
la substace de la moele est ainsi côme Ong purgement colerique qui
est et pst hozs des ozeilles des bestes et cest pour la chaleur de lespe
rit et le mouuemet qui est fait en
la moele et le signe si est car pzes
que toutes les moeles des parfaic
tes plantes si sont trouuees blan
ches et moistes au cômencement
de leur iennesse et quant elles Bôt
en acroissant elles iaunissent et se
chent. Et sont aucunes plâtes qui
ont ainsi côme toute leur substâce
moeleuse côme le sehuz et pebles
et ont telles plâtes plusieurs neuz
et sont nourriz de la moele si fault
quelles aient grans moeles et ce
Beons nous en la Bigne maiz elle
a moins de moele que le sehuz ne
les pebles mais nous trouuons
aucunes autres plantes du tout
concauees côme sont cannes et ro-
siaux et la cause si est pource qlles
ont mestier de grant esperit frâc et
fumeux qui est esleue en la concauite de ces plantes par le nourrisse
ment montant par les bzoiz conduiz des coustez des plantes. Et a-
pzes les escozces sont es plantes
ainsi côme le cuir e es bestes fozs
que tant que lescozce ne tient pas
si fozt a larbze comme le cuir fait
aux bestes et aussi côme aucune

partie du cuir de la beste quant il
est escozchie du lôg ou au trauers
le lieu nest pas tost sane ne repare
quil ny ait trace aucune et ainsi e
il des escozces des arbzes et plâtes
et pour ce les plantes sechent souuent quât on leur oste lescozce den
tour la souche iusques ala char de
la plante Et nest pas lescozce de la
purte des Beines comme le cuir est
es bestes mais elle est de la matie
re terrestre de la plante qui est Bou
tee hozs delle Elles ont double escozce lune dedes qui est la pl̃ mole et plus doulce et lautre de hozs
qui est plus dure et plus aspze.

¶ De la diuersite des parties sim
ples et materielles des plantes.
B. chap̃.

Insi côme es bestes les ti-
tillacions des Beines par de
dens sont les supploiemes des sim
ples parties qui sôt en la char en
ceste maniere il ya es plantes les
lignes et parties herbeuses qui sôt
simples et materielles et par lac-
croissement desquelles la plante
croist et aussi par leur secheresse
la plante seche et sont telles parties pzopzement dictes simples et
materielles pource que elles in-
fluent par le nourrissement et de-
cheent par la secheresse des plantes tout ainsi comme les supplie
mes materielz es bestes. Et cest
par Bne commune et Bsee ana-
thomie et distinction de diuerses
parties congneue et apperceue es

grãs ortiez et cheneuis et lin et en
plusieurs autres qui ont moult
fortes ropes et veines visqueuses et glueuses et drcittes quant
leur char materielle est pourrie en
qlque eaue et puis sechee et apres
est batue et frotee et en chet le dur
et demeurent les veines ainsi com
me laine qui est longue mole et
blanche pour la substãce visqueu
se et glueuse qui est en elles et de
ce fait on toiles et draps · Et ceste
maniere souloient auoir les anciens philosophes es corps des hom
mes et des autres bestes car ilz
les lioient contre le cours de leaue
fort courant et ainsi leaue leur o-
stoit la char materielle et mole et
leur demouroit ainsi comme vne
roiz de nerfz et de veines et en ce
monstroit on la diuision et distinc
ciõ des veines et des nerfz es corps
des bestes et aisi cõme il est en lor
tie et ou cheneuis et ou lin ainsi
est il sans point de doubte es autres plantes combien que le ma-
teriel ne puist pas ainsi estre oste
des parties officieres ne estre sema-
re·¶La partie non simple es plãtes si est celle qui est composee de
plusieurs parties simples cõme
les racines et les rainceaulx¶La
plante selon la sentence de platon
est la figure dun hõme rëuerse ce
dssoubz dessus car les racies ont
la substance semblable ala bouche et se dilatent de toutes pars a-
fin dauoir leur nourreture de plusieurs lieux et aisi se dilate la plã

te et espant par aual mais elle se
dilate et espant par aual par raice
aulx quelle espant qui se multipli
ent pour deux causes Lune si est
materielle qui est habondant de
nourreture Et lautre est efficient
qui est la chaleur du soleil qui de
toutes pars touche larbre et fait
bouillir le ius et lumeur dedns et
latrait aux parties par dehors et
pource le multiplie ainsi en rainceaulx au dessus ou elle est plus
restrainte par la digestiõ plus sub
tille·Et le signe si est de ce que les
plantes qui sont enuironnees dau
tres arbres sicõme il est es grans
forestz et bois espes si croissét droit
en hault et ne multipliet pas tãt
de rainceaulx ne leurs tiges ne?
cressent pas si fort pource que le so
leil nataint pas si bien larbre en
toutes ses parties dentour et pour
ce il ne fait pas si fort bouillir lumeur de la plante ne aussi il ne la
trait pas au dehors a grant souf-
fisance maiz le froit de lombre si en
clot la chaleur par ddns et quãt
elle y est multipliee elle enchace et
fuit sõ cõtraire et se trait en hault
et ainsi par le nourrissemêt trait
en hault et le froit demourãt aual
en lombre qui de sa nature têd au
centre·Le chault du soleil ne sarre
ste pas en la tige ne es rainceaulx
mais trait en hault et pource larbre croist hault a pou de branches

¶De la generacion et nature des
fueilles fleurs et fruitz·

c·ii·

iij·chap·

Ie dy que la nature de fueil
les en toutes plâtes est hu
meur pleine deaue qui nest pas biē
digeree et de secheresse qui est ter
restre et qui nest pas bien pur
gee de lordure terrestre et en au
aucune maniere meslee et actain
te vng peu de soleil et la finale in
tencion de la fueille est de couurir
et purger le fruit pource que natu
re a mestier de purgaciō pour oster
la superfluite de lumeur qui y est
et pource cōme sage elle vse de celle
mesmes purgacion · La matiere
des fueilles et du fruit est vapeur
mais vapeur est double·lune est
moiste et pleine dumeur·et lautre
est seche et vēteuse·la vapeur moi
ste est la nature des fueilles et cel
le qui est seche et vēteuse est la ma
tiere du fruit et pource le fruit est
de nature venteuse Et combiē que
la fueille par vmbre attrempee re
straigne lardeur du soleil toutes
uoies le fruit qui est engendre par
la grāt force du soleil nest pas pour
ce du tout empesche de sa digestion
par la fueille pour aucune distan
ce du fruit ala fueille mais les
fleurs sont de la plus subtille hu
meur qui pmierement boult et la
chaleur du soleil et pour la grant
habondance qui y est elle est dila
tee par dessus·et pource q̃ celle hu
meur est plus cuite et digeree elle
est bien odozant·la quelle chose ne
pozroit estre se elle nauoit humeuz
digeree et subtille en soy ainsi cō

me elle a terrestre matiere qui est
tres subtille et tres meslee auec̃
q̃s lumeur car le fruit qui est de
vapeur terrestre et venteuse et pa
aucune subtille nature de vng pe
tit dumeur de mendre terrestreite
qui est enforcee par chaleur dige
rant et si est de plusgrant vapeur
que le remenant qui est eṇ la sub
stance de la plâte et pource elle pst
p̃ mierement hozs du bourgoṇ ou
doit estre le fruit et est par la ver
tu du soleil qui la forme en fleur
et de ce se prennent et forment les
fermes du miel et la cire·(¶ Cest
donq chose certaine que la substan
ce des fleurs est de matiere subtille
et moiste meslee auecques subtile
terrestreite qui de sa nature est pl̃
fozmable en fleur par figure q̃ en
grosseur de fruit·Et pource en pzin
temps les fleurs sont pmieres et
auant que les fueilles ne le fruit
et aussi sont elles plustost blecees
du froit et flairent moult souef·
Et lumeur est au pmier plus ver
te et ague et a mestier de plusgrāt
digestion et est le derrenier parfait
en larbre·Et quāt les fruiz cheet
ilz ne prennent plus leur nourre
ture de la char de larbre maiz de la
terre·et le signe est en ce que quāt
len veult semer et len oste toute
la char denuiron le fruit la semen
ce en germe mieulx q̃lle ne feroit
a tout la char·Et aps la nourre
ture des fruiz pourrit legerement
pource q̃ nature na forme les fruiz
fozs q̃ pour pouzzir quāt la semēce

seroit acomplie et quant il cherroit ou lieu de la semence il pour-
riroit et seroit humeur et moisteur ou la semence seroit mieulx
confortee et sen metroit plus legeremet agermer Et le signe des villains est que quat ilz veulent faire leurs vignes bie portas ilz les
fument des fueilles et du marc et
des pepins quilz recueillent dicelles vignes Et aussi nous veons
en nature que pource que la char
du fruit ne vault riens a faire fructifier la semence puis que nature
ne fault iamaiz e necessite la char
du fruit se rompt et la semence se
depart de la char du fruit qui chet
et appert ce q dit est en toutes oeuures de nature et le veons car la
corrupcion de la char sur la terre
vault a faire porter larbre come
fait fies. ¶Il aduiet aucuneffoiz
q le fruit perit plus tost et pl⁹ souuent q la fleur ou pour cause q les
plantes sont grandes et mettent
leur humeur en nourreture de la
qlle humeur le fruit deuroit estre
forme mais la subtille matiere
qui se transporte en forme de fleur
nest pas bien incorporable ala plate et ainsi le fruit perist et non pas
la fleur. Une aultre cause pa pour
ce q la grosse matiere ne peut pas
estre si tost menee et vnie ala plate come la subtile humeur et lors
par aduiture ilz portent fruit le se
cond ou le quart an. Et la tierce
cause si est quat la vertu ne peut
pas attraire e hault la grosse dur-

te des racines et lors par aduiture
re elle attrait bie nourreture souffisant pour le fruit si aduient quil
ne se peut pas si tost couertir lors
que par aduenture apres deux ou
trois ans quat la nourreture sera assemblee en la plante auecqs
humeur souffisant car lors il fructifie et non es autres ans Luile et
loliue le mostret pource q il fault
au fruit grande humeur et grasse
et grant chaleur digerant et pour
ces causes elle est souuent empeschee de fructifier.
¶De la coniuction vnite et diuision des plantes.   vii.chap.

Il est vne maniere dassem-
bler et ioindre plantes ense-
ble qui est par incision et trencher
et ainsi vne plate est ioincte a lautre sicome vne souche est ioincte a
la racine ou vng raincel a la souche et y est ente si tres fermement
come se cestoit tout dune plante et
toutesuoies ilz sont de diuerses especes et la plate qui est entee trait
si grant nourreture de larbre ou
quel elle est entee que elle prent de
la racine en bas ce dont elle gette
ses branches ses fueilles et fruit
de sa propre nature et nullemet de
larbre ou ql elle est etee car le get
ton ete est forme en vng neu gros
come vne vessie ou vne bosse et par
ce nous apparceuos deux digestios
en larbre cobie qltes soiet moult
pareilles dot lune en est en la racine et lautre en la souche et es bra-

ches · et pource bault il mieulx en
ter en bas que en hault car de tãt
quelle ſera plus bas entee le fruit
en ſera de meilleure ſaueur · et de
tant côme elle ſera plus hault en
tee le fruit en ſera plus ſauuage ·
et encores pa bne plus merueilleu
ſe choſe car la char du fruit eſt ſe
lon la nature et la bertu de la di
geſtiõ du raincel ente et la ſaueur
du noiel et ſa bigueur ſôt ſelon la
bertu et la nature de la racine · et
la cauſe ſi eſt car la maſſe de la
char du fruit flue et bient de lieu
prouchain et la ſubſtance du noiel
ne peut pas fluer de pres mais pro
prement de la partie ou eſt le cuer
de la plante de laquelle bertu tout
larbre eſt forme et ceſt la racine ·
Semblablement eſt il des beſtes
car la ſemence pour la pluſgrant
partie bient du ceruel des beſtes et
en eſt extraitte par tout le corps et
en prent ſa bertu · et auſſi les noi
aulx ſont traiz et biennent du pre
mier membre de larbre afin quil
prengne la bertu de tout et par eſ
pecial de la racine la quelle donne
la bertu a tous les corps des plã
tes · Mais aucuns font doubte ſur
ce pource q̃ les beſtes qui ſont diui
ſees par mẽbres et par pieces pour
quoy les mẽbres et les pieces nôt
bigueur et force ainſi cõme ont les
pieces des arbres · et apres la plan
te par ſemblance de ſes parties de
tous coſtez tout ainſi côme par b
ne bouche elle ſucce et prẽt la nou
rreture et en ſoy ainſi côme en bng

bentre et beines la digere et parce
elle a force et bertu et croiſſance
mais es beſtes combien q̃ en plu
ſieurs choſes il y ait ſemblãce des
corps et pource quãt ilz ſont diui
ſez ilz tiennent en chũne partie ſes
et mouuement · touteſuoies au
cuns membres diuiſez du reme
nant du corps combien quilz aiẽt
la forme ſi nont ilz pas bie nacroiſ
ſement et ne peuent prendre nour
reture ne les autres parties auſſi
ne peuent ſans eulx · En telles di
uiſiõs ceulx qui ſôt les plus lõges
et pl⁹ moiſtes ſi croiſſẽt le mieulx
ſilz ne ſont de trop tendre ſubſtãce
bignes et ſaulx ſe preuuent car
quant on les tord et taille leurs
raiceaulx retiẽnẽt par aual leurz
conduiz ouuers et les boies entie
res par deuers la nourreture · Et
pource ſi toſt côme ces boies ſi at
taignẽt la nourreture elles ſe prẽ
nent a le receuoir et ſuccer · et ſe
prent la plante a croiſtre · quãt on
les trẽche lors les cõduiz ſe adreſ
ſent par droit poit ala nourreture
et nõ pas ala croiſſãce ne ala lon
gement des brãches et par telle inci
ſiõ faicte en la plãte toute la dicte
plante en eſt hurtee et les conduiz
dicelle en ſôt eſmeuz pour le hurt
et pource ilz deuiennẽt ſouuẽt ſecs
quãt on les trẽche lors q̃ la bigne
et le ſaulx et bault mieulx les trẽ
cher au trauers que au long et ſi
bault mieulx q̃ la playe ſoit bng
petit longue que ronde pource que
elle en a les conduiz mieulx ou

uers vers la nourreture et quelle
ne aille pas trop sur le rond·Et le
signe si est car quãt on fend les ra
cines des anciens arbzes vng petit selon le long ilz en sõt plusgrãt
et meilleur fruit· et qui dzoitemẽt
les trencheroit en parfont larbze
periroit· et aussi la trẽche du long
nẽpesche pas la nourreture mais
la trẽche et la diuision autrauers
lempescheroit et aussi la trẽche au
long ne mue point la saueur du
fruit quãt la plaie est guerie maiz
la trenche au trauers iusqs ala
moele du milieu si gaste tout·Au
cuneffoiz aussi il aduiẽt que lune
bzanche de larbze perdza sa racine
et en sera diuisee et de la souche il
sauldza vne nouuelle racine et get
tera des autres rainceaulx et sou
ches et fructifiera·

il De la trãsmutacion de lune plã
te en lautre.   viii·chap·

Ne maniere de transmuta-
cion de plantes est car il aduient peu q̃ len puisse trencher vne
fozest de chesnes ou de fresnes et
dautres arbzes parfaiz et quilz re
uiẽngnent en telle espece cõme deuant mais quãt lesdiz arbzes sõt
coupez il en reuiẽt bien aucũs qui
ne sont pas si nobles q̃ les pmiers.
et la cause si est pource q̃ les racines des vielz arbzes sont fermes
et dures et ne peuent bourgonner
ne faire si bons arbzes cõme dauãt
et par auant q̃ leurs tiges sõt cop
pees pource q̃ leurs conduiz sont

cloz maiz par la vertu du soleil ilz
font autres plãtes moins nobles
et aucũeffoiz nen font riens il a-
pzes il ya vne maniere qui est diuisee en plusieurs cõme il est espzouue de vray·Car quãt vng ar
bze poztant fruit est trenche en la
souche et le tronq daual demeure
en terre ainsi cõme len fait en lincision dune ente et on met la vne
bzãche il pozte fruit qui nest de tel
le figure ne de telle nature et saueur que lautre Cõme qui y met
troit rainceaulx de pzuniers peschers ou cerisiers ou dautres arbzes dont les fruiz ont pierres et
os loz il en vẽdzoit fruit qui nau
roit ne pierre ne os·et aussi qui me
troit en la semẽce ou en la souche
de la vigne vne cerise ou vne põme
ou vne poire len trouuera les gra
pes de vigne meures quant les ce
rises ou les põmes ou poires serõt
meures et telles imutacions mer
ueilleuses se monstrẽt a ceulx qui
sestudiẽt a faire diuerses entes et
colligacions de arbzes·Itẽ cest
vne chose espzouuee que quãt len
ente vng greffe ou vne verge de
pescher ou tronq dun pzin ou decin
la nature du greffe et la nature
du tronq seront muees par la per-
mutacion des deux et en fourdzõt
nefles qui serõt plus grãs et plus
grosses que autres neffles et aus
si pl⁹ molces Et aduiẽt en ce cõme
en aucũes bestes car par la cõmix
tiõ de leurs natures et semẽce en
vient vne espece qui nest sẽblable

                                    c·iiii.

na luŋ na lautre côme de lafne ou
de la iumêt et du cheual et de laf-
neffe quant ilz côuiennent enfemble il en Bient Bng mulet ou mu-
le qui ne fôt pareilz na luŋ na lau
tre·Et auffi les pefches qui ne fôt
pas moult diffemblables du pzin
ou du cin et que ces arbzes font de
deliee fubftance ilz cômuent leur
Bertu enfemble et ou lieu de linci-
fion ou le greffe eft affis le ius et
lumeur des deux arbzes fe mixtiô
ne efemble et ce qui Biêt audeffus
fe mue petit a petit eŋ autre efpece que lune des deux et deuiêt nefflier car par la figure des fueilles
len peut affez congnoiftre que le
nefflier a aucune femblâce a pzin
ou a cin et auffi par les os et nopaulx ficôme le dit maiftre albert·
Sans ces mutaciôs merueilleufes il ya Bne autre mutacion car
dune efpece fauuage on en fait Bn-
ne domefche et de la domefche on
en fait Bne fauuage Et pour en fa
uoir la maniere ceft chofe certaine
que toute plante que len ne labou
re ne cultiue fe par auât elle eftoit
domefche elle fe affauuagift·et fe
la fauuage eft labouree et culti-
uee elle deuient domefche·La plan
te qui eft fauuage·a cômunement
plus de fruit q la domefche mais
il eft mendze et plus aigre et la do
mefche par le contraire a moins de
fruit et eft plus doulx·Pour fai
re deuenir la plante domefche fau
uage la maniere fi eft de lup foub
ftraire le labourage et lumeur et

endurcir la terre ou elle eft côme
par p metre fablô ou araine deaue
car ce empefche que la nourreture
naiffe a larbze et par ce deuiêt larbze fec et mefgre et en eft le fruit
petit aigre et fauuage·Et la maniere côment la plâte fauuage eft
faicte domefche eft ainfi côme en
trois chofes lune fi eft felon la na
ture de la terre·lautre felon la na
ture de la plante·et lautre felon
lombze et le foleil·pzemierement
il fault egreffer et lier la terre en
la remuant tât que ce ne foit pas
fablon ne pouldze et la fermer par
mefure en telle maniere qlle puift
bien reccuoir la roufee et la pluie
et getter hozs fes Bapeurs détour
les racines et retenir auffi ce q lui
eft neceffaire et p côuiêt metre ter
re graffe et côuenable felon les cô
plexions des plantes·Secondemêt
quât aux plantes il les conuient
côfidrer et tailler les rainceaulx
efpineux et fauuages et les autres fuperffluitez et aucueffoiz les
oindze pour adoulcir et amolier et
aucuneffoiz les trencher et ouuriz
afin que la plante Biengne plus
groffe·Et quant on Beult domef-
cher la fauuage fe len p fait inci-
fion len p doit mettre·Bng greffe
·Bicelle plâte ou dun autre qui eft
fauuage·ou que aucune bzanche
dudit arbze foit fichee ou il fera i-
cife ou quil foit percie autrauers
iufques oultre la moele et foit la
·bien lie pource que par telle manie
re il retient mieulx fa chaleur na-

turelle pour sa fermete. Ainsi com
me la pierre eschaufee garde plus
longuement sa chaleur naturelle
pour sa fermete que ne fait le boif
lumeur aussi si tient plus lo(n)gue
ment et p est mieulx digeree pour
la tortuosite et fors le fruit en est
plus doulx(/) Apres aussi il con
uient bien considerer les umbres et
les regars du soleil pource que au
cunes choses ne croissent et ne fru
ctifient point bien fors en lombre
sicome la cucurbite et courges et
telles choses. et les autres ne croif
sent et ne portent fors q au soleil
treschault come la vigne. et les
autres veulent chaleur atrempee
La cause pour quoy les arbres do
mesches portent moins de fruit q
les sauuages si est pour labonda(n)
ce de lumeur nourrissant et domef
che et pource quilz nont pas habo(n)
dance de sec aigre et sauuage le sec
se diuise en plusieurs pource que
le sec et laigre ne sentretiennent
point.

(/) De la diuersite des alteracions
qui sot faictes es pla(n)tes. ix. chap

Il y a aucueffoiz diuersitez es
plantes par alteracio(n)s pour
cause de ce que aucune alteracion
engendre diuerse generacion et de
ce ont parle les ancie(n)s qui ont dit
q larbre pour cause de la froideur
du lieu ou il est et de son ancienne
te est endurcy et se entrasemble et
a une tortuosite qui enclot les co(n)
duiz de la racine par lesquelz elle

doit attraire sa nourreture. et se
on treche la racine et par especial
es gros rainceaulx principaulx et
len met une pierre en la trenche a
ce q(ue)lle ne se recloe trop tost elle se
raferme et se pre(n)t a traire sa nour
reture par les conduiz des parties
trechees et se repre(n)t a porter fruit
et en telle maniere larbre brehai
gne peut estre fait bon et bie(n) por
tant fruit. et aussi aucu(n)s arbres
sont ditz masles et aucuns femel
les et les congnoist on ace que le
masle porte plustost et gette plus
tost ses bourgons pource q sa ver
tu est plus fort mouua(n)t. et aussi q
ses fueilles sont plus courtes et
plus estroites pour la secheresse de
lui et appert ce que dit est en plu
sieurs plantes et par especial ou
palmier car le raicel du masle ou
la poudre dicelluy mis sur les rai
nceaulx de la femelle si uault ala
generacio(n) ou ala meurete du fruit
de la femelle. et auta(n)t uault se len
pla(n)te le masle sur la femelle afin
que loudeur du masle par le bene
fice du vent soit transporte ala fe
melle. et par autelle maniere est
il des pommes puniques se elles
sot plantees sur les oliues ou deco
ste afin que la vapeur des fleurs
et des fruitz uiegne sur les oliues
pource quil leur prouffite Et aussi
aucunes autres plantes mises de
coste les autres les empeschet en
leur generacion et en leur fruit. si
comme lecozillus qui empesche la
vigne. et le noier aussi qui e(m)pesche

les autres plâtes dêpzes lui pour
la merueilleuse amertume de lui
¶ Il aduient aussi aucuneffoiz q̃
pour alteracion ou pour froidure
vne plante est alteree et est muee
en aultre espece soit darbre ou de
plante aucuneffoiz en partie et au
cuneffoiz du tout · et en ceste ma
niere le calment est mue en men
te · et aussi aucuneffoiz le forment
est mue en seigle ou autre ble bas
tard · et aucuneffoiz seigle est mue
en forment · Et se font ces altera
ciôs pour la nourreture pour le la
bourage ou pour le lieu · Alman
diers pômiers de grenate et aucu
nes autres plâtes sont legeremẽt
changez et muez de leur nature ·
pômiers de grenate se ilz sont fu
mez de fiente de porc et de eaue froi
de ilz en valent mieulx · Les amẽ
diers se ilz sont aucuneffoiz percez
dune tariere ou se len fiche vng
clou par le milieu en telle maniere
que les superfluitez ou la gomme
en pssent ilz en valêt trop mieulx
et aussi en amẽdẽt toutes autres
plantes qui portent fruit vermi
neux Mais les villains ny font q̃
vng trou par le quel la superflui
te sen depart · et quant elle en est de
partie ce qui y demeure en ẽ mieulx
digere pour la chaleur complexion
nelle · et par ce benefice les plantes
des bois sauuages sont faictes do
mesches et franches car par ce on
leur sache lumeur aigre et par le
labourage elles se affranchissent
côme par vne medicie Le lieu aussi

et le labour artificiel si y prouffi
tent moult et par especial a telles
alteracions et singulierement
quant elles sont faictes en temps
deu · Et sont aucunes plantes qui
ne peuent amender se elles ne sont
transplantees · ¶ Pour planter le
meilleur en est au cômencemẽt de
printemps quât toute la vertu est
encores en la plante et qui la trâs
plante lors elle en amende pource
quelle attrait a soy lumeur et la
chaleur dont elle bourgône et si est
aidee du froit ace que la chaleur et
lumeur ne sesuanouissent pour se
uapozacion · Mais les plâtes sont
transplantees en puer car la plan
tacion ou lincision ya ta este faite
et est depuis accreue et pource vault
mieulx lors q̃lle ne feroit en prin
temps · La chaleur naturelle est en
close en puer es racines des plan
tes et la chaleur qui est en terre
fait aler la vapeur et la subtille
chaleur ala racine dicelles plâtes
qui est fichee ou lieu chault de la
terre dont les plantes sont confoz
tees et en valêt mieulx car le cuez
de la terre est plus chault en puer
que en qlconque autre tẽps de lan
et quant le cuer et la racine de la
plante sont ainsi rêplis de lumeur
euapozante elle se engroisse contre
le soleil quât̃il lapzoche et bour
gonne et fait fruit · et est la cause
pour quoy les plantes qui sôt par
sôt en terre prouffitẽt grandemẽt
en puer · Mais ou temps dautôp
ne len scet peu ou neant planter

arbres pource que en ce temps lu
meur est euanoye et est la chaleur
reboutee en terre et est tout rame
ne côme a cendre froide par la cha
leur de leste et pource lors de par la
plâte ne de par la terre elle ne peut
prouffiter. En este aussi il ne fait
pas bon planter pour le chault et
pour le sec qui font euanouir la vi
gueur et la vertu des plantes et
par especial quât le soleil est en lef
creuice ou au lyon quant lestoile
canine regne car lors tout art et
font les plantes trop arses et se
ches et font les vertus des arbres
febles et a perdu la terre lumeur
de sa nourreture · toutefuoies en
aucun peu de lieux len plâte en ce
temps pource que ces lieux sôt au
cunement atrempez en chaleur si
côme est ung lieu que len appelle
corona qui e tres froit et tres moi
ste pour cause quil est pres de mon
taignes ou quil approche ala par
tie daquilon ·

¶ De la diuersite des plantes se
lon la diuerse production et gene
racion des fruiz.   v·chap·

A Vcuns arbres font fruit en
ung an et se reposent lau
tre ensuiuât et prennêt leur nour
reture et en treuue len plusieurs
telz et par especial grâs arbres cô
me sôt periers et palmes et leurs
semblables lesqlz combien quilz
gettêt rainceaulx et fueilles pour
couuerture toutefuoies pa il peu
ou neant de fruit en iceulx mais
en lautre an on y treuue habon

dance de fruit car lun an il croist
et lautre il porte sicôme grans be
stes qui metent moins en semêce
que les petites · Et aussi aucuns
arbres font brehaings en leur ien
nesse qui en leur vieillesse portent
moult de fruit sicôme la vigne qui
porte meilleur fruit vieille q ienne
et aussi plus se ce nest quelle soit
par trop vieille car lors elle deuient
brehaigne pour la froideur et seche
resse qui habondêt en elle · et aussi
aucûs autres arbres portêt plus
de fruit et meilleur en leur iennes
se quilz ne font en leur vieillesse si
côme les amandiers et periers ·

¶ Des choses qui font necessaires
a toutes plantes·   vi·chap·
T Oute plâte a mestier en tou
tes ses parties de cinq cho
ses côme chûne beste a cestassauoir
de humeur de semence de lieu côue
nable de humeur nourrissant et de
air naturel et proporciône et se ces
choses sont es plantes elles nai
stront et croistront et se aucunes
y defaillêt tout va a neant.

¶ Des choses qui font ala genera
cion et croissement des plantes ·
                        vii·chap·
L Es herbes et toutes choses
qui croissent de terre par ra
cine si ont mestier de lune ou de plu
sieurs de cinq choses qui sont hu
meur pourreture semence eaue et
plantacion qui est quât vne plan
te est faite sur lautre. De ces cinq

choses la semence a en soy vertu
formatiue de plante et a en soy la
matiere et lefficiet tout ensemble
la pourreture prent vertu et formacion des vertus des estoiles lu
meur qui est meslee des elemens
est la viande et matiere tant de la
generacion côme de la chose engen
dree et de la plâte car cest ce que la
plante trait premierement a soy de
la terre et se prent quant lumeur
est purifiee et digeree en soy Leaue
est tout ainsi es plantes côme es
autres choses qui ont nourreture
car elle ne sert dautre chose si non
de transporter la nourreture pour
ce q̃ la viande nproit point a prouf
fit se leaue ne la transportoit car
leaue qui ne se laisse point ardoir
retient la viande q̃ la chaleur ne
larde et la transporte aux parties
des plâtes et des bestes. Et la plâ
tacion est quât vne plante est entee sur vne autre plâte pource que
la plante a pourreture et humeur
dedens soy la quelle par la vertu
du soleil q̃ ce vne expacion de lu
ne en lautre et ainsi naist et croist
lune de lautre. Et seruêt ces trois
choses ala generacion des plantes
et les autres deux valet ala nour
reture car ala generacion valent
semêce pourreture et plâtacion et
conuient ala generacion des plan
tes q̃lles aient forme de leurs espe
ces et cest la vertu formatiue et
des choses daual est la semence et
de la vertu de pardessus est la pour
reture en la vertu du soleil. Ces

deux choses sont simplemêt requi
ses ala generacion des plâtes et la
transplantacion p vault moult.
Et deux autres choses ala viande
dicelles plantes car lumeur est la
substance de la viande et leaue dône le mouuemêt et trâsporte icelle
viande aux parties des plantes.
¶ Auecq̃s les choses dessusdites il
ya encores autre chose qui aide biê
ala generacion des plantes et au
nourrissemêt dicelles et dont il est
fait mencion cy dessus côme lieu
côuenable et air bien proporcionne
Et ne sont pas ces choses quant a
lestre des plantes mais elles valent et prouffitent ala bonte dicelles et si ne seruent fors ala pourre
ture et a la semence ou aux humeurs qui sont choses bien atrê-
pees de lieu et de air côuenables et
naturelz aux plâtes car vng mes
me air côuient ala plante pour la
côfermer et engluer et assembler
lumeur de la semence de la pourre
ture et de la viande dicelle sicôme
il aduient es bestes.
¶ Du fiens et de la pourreture et
nourreture des plantes. viii. chap

Combien q̃ nature soit seule
mêt le cômencemêt des cho
ses naturelles toutesuoies en tou
tes choses es quelles la substance
est transmuable art donne grant
aide et labourage aussi car par art
elles sôt transmuez ou en mieulx
ou en pis Donq̃s nous parlerons
des châps et de leurs labourages

et aussi des iardins et des arbres
et de tout ce ou len seult planter et
de afranchir les plãtes sauuages
et den oster hors la sauuagine · Et
en ce sont a considerer la biande le
fossage et le labourer le semage et
lenter par incision Et doiuẽt auoir
tous les laboureurs regard a ces
choses ¶ La biande nest point ung
seul element aincops cõuient quil
p ait mixtion car ainsi comme la
plante est cõposee de plusieurs elemens aussi doit estre sa nourreture composee de plusieurs · Et aussi
nest pas la biãde chose qui par soy
puist estre transportee aux membres et pource doit estre la biande
des plantes arrousee ainsi comme
les bestes boiuent pour arrouser
la biande et pour mieulx transporter la nourreture aux membres
Et donqs la propre biande des plan
tes est chose cõposee et moiste maiz
icelle chose moiste demourãt en son
enterinete et en sa sauue substãce
nest pas en boie de mutacion a au
tre chose aincois est sauuee en soy
mesme et par ainsi les plantes ne
sont pas nourries de la biande sau
uee et demourãt en son estre et en
son espece maiz il fault quelle soit
auant corrompue et qlle soit muee
de son estre naturel et hors elle est
enuolee ace qui en doit estre nour-
rp Et pource nature a donne aux
bestes bentre ou la biande est corrompue et ou elle se digere dont la
pure moisteur est le nourrissemẽt
et le sec et dur qui est superflu sen

pst hors et pource la fiente est bien
tost conuertie en cẽdre et pouldre
Et les plãtes ont la terre pour bẽ
tre et pource autour des racines il
pa corrupcion et putrefactiõ dont
les plantes traiẽt a elles leur biã
de et substance qui est la pure humeur · Et appert ce q dit est par ce q
les billains fument leurs terres
et mettent du fiens aux racines
des arbres et si ne ba point aux ra
cines si non q pluie rousee ou autre eaue le transporte Et la grosse
bapeur est traicte hors par la ber
tu du soleil et la deliee demeure
qui nourrist les racines Et pour
ce que les plãtes sont plus dures
et plus seches que les bestes elles
ont mestier de biandes plus dures
et plus terrestres que les bestes ·
Et la derreniere biande nourrissãt
est ensemble et auecques la chose
nourrie · et ce est apparant par les
plantes qui sont bien nourries de
trop gras fiens si attraiẽt a elles
gresses et nourretures ou pourretures de nulle balue · Et les plantes qui ont fiens bien proporciõne
en humeur terrestre sont bõnes et
belles et bien fructifians et font
bons fruitz et prouffitables et de
bõne nature · Et par semblable se
elles ont fiens trop gras et trop
plein deaue elles en traient trop et
deuiennẽt trop grasses et trop plei
nes et font trop de faulx bourgõs
et de fueilles et peu ou neãt defruit
et qui bauldra peu car il sera plei
deaue et pource fiẽte doit estre chau

de et onctueuse dont paladitus dit
que la fiente des opseaulx qui ne
sot pas de riuiere et par especial des
coulons est bonne pour les terres
et aussi est la fiente de cheuaulx de
asnes de brebis de vaches et de che
ures pource que ces bestes ont la
digestion seche et pour ceste cause
la fiente des pourceaulx ny vault
riens et vault mieulx la fiete en
sa moyenne chaleur que quat elle
est seche et en pouldze car la sueur
donne nourreture aux plantes et
aussi vault mieulx le fiens qui
nest pas trop chault ne trop sec q̃
trop nouuel il est couenable dun
an ou des trois pars dun an et pour
ceste cause aucũs sages phisiciẽs
comandent que les habitaciõs des
gens malades tous secs soiẽt fai
tes empres telz fumiers et dient
que lair et la vapeur diceulx fu
miers leur rend aucune char par
les subtilz conduiz du corps et en
deuiennẽt moins secs et plus moi
stes Et au fi lapprenuent les al
kimiens qui font aucunes opera
cions en la chaleur du fiens quilz
appellent le four ou le ventre du
cheual·et quant len fume les ter
res de fiens sec elles sechent qui ne
les arrouse moult souuent et ain
si le nourrissemẽt ne mue point la
nature de la plante non plus q̃ la
viande mue la nature de la beste·
Apres come nous auons dit par
auant la terre est le ventre de la
plante et la est pmieremẽt receue
la viande et digeree ala semblãce

de la plãte et dela est traicte la mu
tacion pour nourrir la plante car
les vertus de la terre sont les pri
cipales vertus de la plante Et se
lon les mutacions de la terre les
plantes se muent et ny a chose si
aidant ala mutacion de la nature
de la plante come la mutacion de
la terre et laide du fumager nous
auons dit par dessus quil nya pas
tant digestions es plantes come
es bestes et est certain que es cho
ses semblables la mutaciõ est pl9
legere quelle nest es choses dissem
blables et pource nous veons au
cuneffoiz que aucunes plãtes sot
muees nõ pas seulemẽt en fruit
ou en oudeur mais en autre espece
de plante pour la continuacion de
la viande et du fiens Et aussi par
art se aucun perce vne plante en
la tige parmy tout oultre pres des
raicaulx ou il y aura fruit pẽdãt
et mette pouldze despices bie et lar
gement dedens le pertuis et puis
lestoupe de forte cire et dautre cho
se q̃ loudeur ne sen departe le fruit
sera aromatiq et de saueur despices
et les flairera et en retendza la sa
ueur Et par plus forte raison du
fiens et se doit len garder de fumer
terres de fiens sec car pource q̃
aucuneffoiz les plantes en meu
rent et aucuneffoiz en perdẽt par
tie de leurs branches ainsi comme
les gens et les bestes sont corrom
pus de mauuaise oudeur car nous
auons esprouue que vignes soubz
lesquelles il pa serment et pistes

ou coquilles oeufz en sont empirees et aucuneffoiz leurs fleurs
ou leur fruit en perissent et en sot
les aucunes perdues et aussi telles choses nuisent aux personnes
et plus aux hômes que aux femmes pource que la nature de lôme
est plus tendre Et ce que len gette
des arbres et des herbes se il demeure emps ce dôt il est oste il cor
rompt treffort Et pource le doit on
mettre et getter loing. Aussi no⁹
conuient il sauoir q̃ pour celle cau
se len doit faire palus et marcheiz
pour pourrir le fuerre et les pailles et poulties car les pailles seches les seremens et les fientes
des bestes ne se peuct pas bie meu
rer delles seules sans eaue qui
en fait la pourreture Et se elles de
meurent seches elles corrompent
tout par la fumee q̃ elles gettent
et quât elles sont amoisties elles
en sont plustost côuerties en nour
reture et en entrêt plustost ala ra
cine de larbre pource que lumeur
transporte mieulx la viande Et ne
va point au contraire ce que nous
veons aucuns villains preparer
les lieux de leurs labourages par
aucuns bois quilz ardent dessus
leurs terres dont elles fructifient
mieulx et les plâtes aussi et nest
pas ponr fumer la terre maiz pour
atremper la double malice dicelle
car aucuneffoiz la terre est froide
et par la chaleur que dit est elle cô
coit la semêce qui est gettee dedes
et en a meilleure vigueur Et au-

cuneffoiz la terre est trop moiste et
est amendee par mettre cendre dedens ¶ Par les choses dessufdictes
appert que la fumacion de la terre
est principalement requise pour la
fructification des plantes et q̃ cest
ce qui plus aide a muer la sauuagine dune plante en franche et do-
mesche car la sauuagine nest fors
que negligence de labourage et aigreur du fruit qui nest pas bie cô
uenable pour vser a gens Et larb-
bre franc est pour le bon labourai-
ge dont le fruit vient doulx plaisant et delitable Et ce veons nous
es gens et es bestes que la viande
mue les complexions ¶ Palladius
dit que len doit ordonner vng lieu
pour y assembler la fiente des bestes car elle se degasteroit en plusieurs lieux et feroit hozzeur aux
regardans et greueroit de son oudeur pour labondant humeur et
tant que se loudeur en feroit la se
mence des herbes ou des espines el
les pourriroiêt. La fiête des asnes
est tresbonne et apzes le fiente des
brebis des cheures des vaches et
des iumens. mais la fiente de porc
est tresmauuaise mais les cêdzes
en sont bônes. La fiente de coulôs
est tresardant. et la fiente des autres opseaulx est bonne et prouffit
table fors des opseaulx de riuiere.
¶ Cassibus dit que la fiente de coulomb est la meilleur apes la fiente
de lôme. Le fiês de cheual ne vault
fors aux prez Varron dit quil doit
auoir deux fumiers pres de lostel

ou de la ville afin que quãt len le
uera lun q̃ lautre soit frez ou quil
y en ait ung qui en ville deux et
que len garde q̃ trop fort soleil ne
larde et aussi q̃ on ne la laisse trop
longuemẽt secher et pource le doit
on faire en lieu ou il puist aller de
leaue aucuneffoiz Et sicõme dit pa
ladius Len doit fumer en la mon
taigne plus espes q̃ ou plein chãp
et quant la lune est en decours la
fumeure en vault mieulx · En
ung iournal de terre en mõtaigne
souffiroiẽt vingt et quatre charges
de fiens et en la valee dishuit · Les
villains de boulogne y en mettẽt
le double et plus maiz ilz nen met
tent pas tãt en tuscane · et doit len
mettre dessus des rainceaulx dar
bres et de vignes afin que le soleil
ne lempire par succer la substance
et le dessecher · En chune partie de
lpuer len doit mettre hors le fiens
et qui ne le pourra faire en temps
deu si le face len auant que len se
me et quil soit gette par les chãps
cõme semẽce et par especial les cro
tes de cheure y soient gettees ala
main cõme semence · et ne vault
riens fumeure en printẽps · Le chãp
moiste et plain deaue demãde plus
de fiens que le sec · Et qui na assez
fiens croie et terre argilleuse va
lent es lieux sablonneux par espe
cial aux blez et aux vignes · Et
aussi lupins semez en aoust valẽt
fiẽs en terre et les doit len recueil
lir en auril et en may et dure leur
gresse par deux ans seulemẽt · En

tuscane les villains semẽt les lu
pins en terre biẽ labouree ala cha
rue et les gettẽt en la fi de iuillet et
au cõmẽcemẽt daoust et les cueu
urent ala charue maiz les autres
y semẽt diuerses choses et quant
elles sont parcreues ilz les retour
nent en terre et par leur pourretu
re les terres sont fumees · Les au
tres quãt leurs terres sont seches
et ne portent point de fruit ilz les
arrousent par conduiz quilz font a
ler par toute la terre et ainsi les
engressẽt et y vault mieulx leaue
trouble et pleine de terre que la cle
re et ce prouffite biẽ et par especial
en este quant le soleil fiert aps des
sus · Ceulx de milan cõmunement
sement lupins ou ilz doiuẽt semer
lin maiz auant quilz semẽt le lin
ilz retournent les lupins en terre
soient grans ou petiz car ilz ren
dent la terre plantureuse · et enco
res vauldroit mieulx se ilz les ar
rousoient et trempoient par auant
et accordent que de toutes cendres
peut estre fait ainsi et pource ilz ar
dent le fiens et puis le sement ala
main et apres ilz arent la terre et
la tournent ce de dessus dessoubz ·
¶ Len doit fumer terres champs
vignes et iardins des kalendes de
septembre iusques au mars prou
chainemẽt ensuiuãt et par treffor
te gelee et en temps de gelee peut
on bien mettre du fiens sur les
blez · Toutesuoies vous deuez sa
uoir que de une chariotee de mille
len peut faire six charioteez de fiẽs

Et souffist une fumure de bon fiens
de bestes iusqs a six ans·Et aussi
deues sauoir que sans fiens de bestes len peut bien faire bonnes fu-
mures par autre maniere car en
puer len doit getter hors le fuerre
et autres poutpes es voies boeu-
ses et moistes·par ou passent gens
et charrop ou en fossez et apres ce
quilz y auront este quize iours ou
enuiron et quilz seront deffoulez
les assembler en ung large mont
qui soit creux afin quil puist receuoir et retenir la pluie et les con-
royer et confire par temps conuenable la ou ailleurs et apres sen-
aider pour fumer en temps deu·

De leaue conuenable a meuer
le fiens et au nourrissement des
plantes.   ·viii·chap·

Leaue de palus est conuenable pour meuer le fiens qui
est nourreture des plantes car lea
ue courant ne le meut pas bien et
si narrouse pas bien la plante a
prouffit pource que par sa froidure
elle restraint les conduiz des plan
tes et des racines et aussi du fiens
et ne laisse pas venir la chaleur
moiste et naturelle iusques ala su
perficie de la pleine terre et nenuoie
point la viande ala racine aincois
ne le fait que lauer·Et pource no[us]
ne beons pas comunement plantes naistre en eaue fort courant
car lumeur terrestre sen va auec
ques leaue et ne demeure que pier

res dures et froides ou la plante
ne peut prouffitter Mais leaue ar
restee qui se tient en une place si
meure bien le fiens et la nourreture car elle recoit la chaleur du
soleil et par le rap du soleil este oeu
ure les racines des plantes pour p
eter la nourreture et les fait fruc
tifier et par especial celle qui vient
des plupes et des nues pource q[ue]lle
est chaulde et vaporable·Et se lea
ue vient de fontaine ou dautre part
il fault que elle sente le rap du so
leil auant quelle soit mise sur le fi
ens Mais leaue de neges griefue
merueilleusemet aux plates pour
sa grant froidure se elle nest par a
uant bien eschaufee du soleil Car
sa froidure si est mortelle aux racines dont larbre nest pas legerement guerp Et appert assez ce que
dit est par ce que terres comunement pleines de neges napportent
que peu ou neant derbe·mais leaue de pluie combien quelle soit froi
de toutefuoies elle est de leger eschaufee du soleil et si a chaleur de
la nue dont elle descend·Leaue de
rousee est chaulde et moiste et doul
ce et est de leger transportee aux me
bres des plantes et leaue de palus
dont dessus est faicte mencion nest
pas seche empres les plantes et se
les plantes en sont trop chargees
elles en sont empeschees mais se
elles en ont par mesure elle leur
prouffitte moult grandement·
Et pource est bon de tenir le fiens proprement en la plushaul-

g·i·

te partie du courtil ou du champ
afin que la vertu et la nourreture
du fiens sespande aux racines des
plātes quāt elle descendra en bas
auec les eaues des pluies · Eaues
maigres et qui descendent trop im
petueusement font les terres par
ou elles passēt brehaignes · Et les
eaues terreuses et grasses qui viē
nēt de palus et de pluies chauldes
font les terres par ou elles passēt
bien fructifier et porter · Et leaue
des mares prent sa chaleur du soleil et sa vertu et dicelle chaleur el
le cuit les herbes qui sont dedens
et les pourrist au fons et pource le
fiens prins es fons des palus est
moult bon nourrissemēt aux plā
tes et par especial quant il est attrēpe en humeur mais eaue salee
leur est cōtraire cōme venin pour
ce quelle seche et art tout et empes
che toute pourreture et norrisse-
mēt et pource quelle ne se peut con
uertir ne adoulcir elle estoupe les
conduiz et art tout · Aucūes eaues
aussi qui passent par minieres de
metaulx ne valent riens aux plā
tes pource q̄ de la nature des diz me
taulx elles ont vertus corrosines
et puissance de runger plus que de
nourrir · Et par ce q̄ dit est peut as
sez apparoir q̄lle eaue est bonne et
prouffittable pour les plantes et
la q̄lle p est meilleur et aussi la q̄l
le p est mauuaise et cōtraire ·

¶ Du prouffit du labourage des
champs semables.   xv · chap ·

Quatre prouffitz sont de arer
fouyr et labourer la terre
dont lun est de ouurir la terre · Le
second ouurir et aplanyer la terre
Le tiers si est pour mesler la terre
et le fiens ensemble · Et le quart si
est pour faire la terre plus deliee
menue et cōuenable ¶ Il est premieremēt de necessite que la terre
soit ouuerte pource q̄ autremēt el
le ne pourra receuoir la semēce qui
y seroit gettee et nenuoieroit point
de fruit sur la terre selon la vertu
quelle a en soy et pource il cōuient
ouurir la terre en toute mutaciō
de plante quāt len veult la plante
sauuage faire deuenir frāche pour
ce q̄ le marchemēt des gens et des
bestes et leaue qui est cheue dessus
la terre est si endurcie q̄ nulle bon
ne influence ne douly air ne semen
ce ny sont peuz entrer et par ce nen
peut yssir rien de bon fors choses
sauuages et pour ces causes est il
necessaire de ouurir la terre · Apres
aussi il cōuient que la terre soit a-
ree et labouree ace quelle soit on-
nie et pleine pource que se elle estoit
haulte dun coste et basse de lautre
leaue den hault descendroit en bas
et ainsi la terre demourroit maigre et seche dun coste et trop moiste et trop grasse de lautre et par
lun fruit seroit sauuage et lautre
gras ou plain arbre de fueilles sās
fruit la q̄lle chose sera amēdee par
biē arez et labourez la terre et aus
si elle en recoit mieulx lifluēce du
ciel et le benefice des raiz du soleil

Tiercement il est necessite q̃ la terre soit aree et labouree pour aonnir et mesler ensemble la terre et le fiens ou autrem̃t il ny au roit pas lieu propre pour la genera cion des plãtes pource quil ny au roit point de equalite des qualitez requises a leur generacion cõme chaleur froideur humeur et seche resse et pource est bon de les mettre a equalite par le labourage. Il cõ uient aussi brifer la terre et faire subtille et menue afin q̃ la viande puisse venir ala racine et que les racines se puissent espandre par la terre sans presser. Et pource dit pa ladius que quant la terre est aree par temps de pluie et que la terre est moiste le labour nen est pas si couenable que par temps sec pour ce que par temps moiste la terre ne se peut pas si bien amenuiser et pouldroier cõme par temps sec et demeurẽt les motes toutes entie res et sans prouffit. Et dient les sages q̃ len doit labourer le chãp cru par trois ou quatre foiz pource q̃ la secõde croist le fruit dune part et la tierce lautre et la quarte lau tre et souffisẽt ces quatre foiz et se par ces quatre foiz les motes ne stoiẽt assez amenuisees on les doit casser a vng maillet fort et pesant mais se la terre du champ est de bõne nature et assez deliee il souf fit de la labourer vne foiz ou deux Et pource dit paladius q̃ len doit cõsiderer la nature de la terre car se la despense du labour passe le

prouffit de ce quelle rapporte on la doit laisser. et se le prouffit passe la peine et despense on y doit bien entẽ dre. Ilz sont aucunes terres q̃ il cõuiẽt labourer par soupr et nõ par arer pource que la gresse de la terre est si en parfond q̃ la charue ny pourroit atta indre Nous veõs aussi q̃ les bestes de eaue qui sont engendrees en parfont dedens terre cõme en mares soubz terre sõt ve nimeuses tãt cõme elles sõt loing de la lumiere et nourries de gros ses vapeurs et aisi est il de la gref se de la terre quant elle demeure en parfont elle ne vault riens et pour ce la fault trãsporter a lair et q̃lle sente la vertu du soleil et du ciel Ilz sont aussi aucuns champs quil ne cõuient point arer ne fouir car quant les egipciens orent fait distinction des champs par mesu re et geometrie ilz trouuerẽt quil estoit quatre manieres de champs esquelz les plantes sort franchies et domeschies par labour cestaf fauoir cellui que len seme cellui qui est bien garny et aourne dar bres fructifians cellui ou les be stes paissent et cellui ou croissent les nouuelles moissons. De ces quatre manieres de champs ilz en labouroiẽt et foupssoient les deux cestaffauoir le pmier et le derrenier dont le pmier estoit laboure chũn an vne foiz ou plusieurs et le derre nier q̃ lẽ appele noual estoit labou re vne foiz en deux ans ou en trois ans ou en quatre ou en cĩq et a u-

d.ii.

cuns en sept ans vne foiz mais le second ou les bestes paissent on ne le foyssoit point et aussi ilz ne foissoient point le garny darbres fors q vng pou entour les racines des arbres.

// Du labourage des champs semables.   vi.chap.

Le champ semable et le champ ou les nouuelles moissons croissent sont diuersifiez car le semable est de si grant vertu a fructifier q sil nestoit cueilli cotinuellemet il est de si grant gresse quil epurieroit et porteroit estranges fruiz et bastars de diuerses herbes q len ne pourroit pas bonnement oster sans grat peine ou par aduenture quil getteroit si tresgrandes humeurs q la semece qui y seroit gettee seroit toute plungee en gresse et perdroit sa vertu. et se il est de si bone terre q len ne le puisse garder de faire estrages plates il le cōuiet semer tous les ans et paraduenture en vng an y mettre plusieurs semences pour ce q la terre est trop chaulde et trop moiste car telz chaps ainsi moistes sont exposez ala chaleur du soleil en teps equinoctial quat les iours et les nuiz sont egaulx et pour ce en fructifiet plus car la chaleur attrait lumeur de leger et par ce sont bōs et de peu de labour et sot telz chaps proprement appellez semables. Et se le soleil en degastoit si fort lumeur que la terre en sechast ilz ne vauldroiet riēs et aussi se aucūs

chaps sont si froiz q la chaleur du soleil ne puist traire lumeur du parfōt de la terre ilz ne valēt riēs car ilz ne feront fors fruit sauuage et ny prouffittera ia semece. et le fruit qui en viēt est de la nature et a la maniere des arbres du bois qui ont leur racine si en parfont q len ne la pourroit attaindre ne par arer ne par fossoier Et les chāps arables ont leur vertu en la plaine de la terre et peu en parfōd et sont chaulx et moistes par en hault et pource dit paladius q len doit eslire champs gras deliez et tendres qui soient arrousez par chaleur et nō pas dissolz ne noiez Le chāp aussi qui est gras et espes est bon apres cellui q dit est car se il est espes il sera fait bon par labourer souuēt puis quil sera gras et qui le labourera a grāt diligēce il en receura grāt prouffit. et pource q ces deux manieres de champs sont bonnes au labour cellui qui est gras delie et tendre par mesure si est le meilleur et le plus cōuenable pour les vignes qui sont de deliee nature quāt au bois et pource q les vignes requierēt grant chaleur elles ne pourroient pas si bien transporter lumeur en hault de terre espesse comme de tendre et deliee mais la terre grasse et forte est bonne pour les blez qui requierēt ferme nourreture. et la terre seche et maisgre ne vault na blez na vignes mais elle peut bien valoir aux bois qui ont leurs racines

en parfōd et ne fōt poīt de fruit et ē
telle terre les plātes ne peuēt estre
afrāchies ne domeschees Et la ter
re qui par trop grāt ardeur est se
che est la pire de toutes pource q̄lle
na humeur nen parfōd nen la plei
ne superfice et pource elle ne Vault
riēs fors pour aucū hermitage et
pour solitude·pour ces causes dit
paladius le souuerain docteur en
ce q̄ la terre seche et espesse maigre
et froide ne Vault riēs q̄lzconques
et est la pire de toutes·

¶ De la maniere et medicine pour
faire le chāp semable bon et plan
tureux.   p Vii·chap·

ILz sont aucūs chāps qui sōt
brehaings par froidure ou
par humeur lesq̄lz par le p̄mier la
bourage recoiuēt medicine et puis
p̄ naissēt tresbōnes plātes et par
espāl blez·Et en telz chāps il con
uiēt mettre terre argilleuse es fos
ses de la terre froide car la terre ar
gilleuse qui est chaulde et seche et
de nature masculine eschaufe la
terre froide et moiste et aisi est faic
te atrēpee et portera fruit tāt com
mē la nature de largille lup dure
ra et sera faicte de sauuage frāche
et se la terre est seche et amere elle
ne prēdra iamais medicine pource
q̄ tout ce q̄ len p̄ met se cōuertit en
secheresse et saliue Et pource selon
les fables des poetes la terre si cria
a iupiter en sop cōplaignāt & lar
sure pheton et ne se cōplaignp poit
de la froidure de saturne pource q̄l
le sauoit q̄lle pouoit biē estre gue

rie de la gelee et nō pas de lardeur
qui est seche et salee Et se la ter
re est brehaigne pour trop grant
humeur elle peut estre guerie par
la soupr et fossoper de trauers car
par ce lumeur en peut biē descēdre
et pource en chūn chāp de telle na
ture len doit faire Vne fosse au pl⁹
bas ou leaue et lumeur puissēt de
scēdre car ainsi cōme la persōne est
malade ou la beste par estrāge qua
lite ou par aucūe humeur aussi est
la terre Si doit le laboureur cōside
rer la maladie et selon ce q̄rir la
medicine maiz la terre froide et des
esperee est ainsi cōme la beste mor
te et encēdree et par telle maniere
est faict fructifiāt le chāp semable
et par espāl quāt aux blez et mois
sōs et quāt no⁹ parlerōs des chāps
ou il pa arbres nous parlerōs des
Vignes ¶ Et deuōs sauoir q̄ en ter
res froides len se doit auācer de se
mer afin q̄ en puer les plātes aiēt
aucune Vertu ou autremēt elles
mourroient de la gelee et ne porte
roient point de fruit et par especial
es terres qui sont froides et seches
et qui ne sen auāce tout ne Vault
rien et qui se auāce trop de semer
en terres grasses et bōnes elles se
hasterōt et porterōt plātes sauua
ges et quāt elles aurōt mis leur
substāce en herbes et le p̄rintēps
Vendra les bonnes semences se
ront maigres et chetiues et se la
semēce p̄ est gettee et mise tard le
froit ne la pourra greuer pour la
chaleur et moisteur de la terre ain

d·iii·

coís fera nourrie et engreffee et le
froit épefche q̃ les mauuaifes her
bes np biengnẽt .pour nuire aup
plãtes .⸿ Len doit auffi confiderer
les chãps froiz et moiftes qui font
entour mares et palus et ne les
doit lé pas femer en autõpne pour
ce q̃ la femẽce cherroit trop en par
fõd et feroit trop greuee de humeuz
froide et ne baul droit riens mais
qui les feme en printemps ilz ont
chaleur et euaporaciõ et prouffit
tẽt pour la chaleur du foleil qui ef
chaufe la terre et traict lumeur a
mont. Et lepẽple fi eft car no9 beons q̃ quãt les chãps fõt tous fecz
et lef bones herbes feches et arfes
ces herbes demeurẽt verdes cõme
font feues ou lin. et fe aucuneffoiz
ilz ne portẽt fruit pour trop grant
humeur on les doit fouir et remu
er la terre et la tourner ce deffus
deffoubz. Et fi doit len faire diligẽ
ce q̃ telz chãps foiẽt aidez et fecou
ruf par foffoier et ouurir et retour
ner la terre pour la deffecher et q̃
par les cõduiz et boies leaue et lu
meur decourẽt aup parfõdes foffes
qui doiuẽt eftre faictes es eptremi
tez et aup boutz des chãps en telle
maniere q̃ le corps du chãp demeu
re tout fec au mieulp q̃ len pourra
Et ficõme il eft dit deffus terres fe
ches et ameres et falees cõme fõt
terres pres de la mer ne peuent e-
ftre gueries par medicine qlcõques
ne par fumer ne labourer bien eft
brap q̃ aucuneffoiz la mer qui flue
et reflue peut admener fur telles

terres aucun aide maiz ceft par ac
cidẽt car elle fe trãfporte es doulces riuieres et en traict a foy aucũe doulce terre qlle eporte et puis
la gette a riue fur la terre feche ou
elle demeure et quãt cecp aefte fait
par plufieurs et par lõg tẽps celle
terre ainfi apportee qui eft doulce
de fa nature et eft fur la feche et
mauuaife terre porte bié et largemẽt et par efpecial blez mais non
pas arbzes filz ne fõt petiz pource
qlle ne peut porter arbres a lõguef
racines et parfõdes et la preuue fi
eft pource q̃ la mer flue et reflue
en telz chãps et la terre de la mer
qui ne fe mue ne remue fi eft du
tout brehaigne.

⸿Du labourage de champ ou il pa
mõtaignes et balees .p.biii.chap

[L]Es chãps qui fõt affiz es fõ
metz des mõtaignes font le
plusfouuẽt fecz et maigres pource
q̃ lumeur qui p eft ou peut eftre fi
defcẽd es balees et pource font les
balees trefgraffes et les mõtaignes tres maigres et feches et ne
peuẽt pas les plãtes aifieemẽt e-
ftre domeftiqs efdictes mõtaignef
par labourage. fi cõuient ficher de
gros pieup au trauers des chãps
dicelles mõtaignes pour arrefter
lumeur quelle ne defcende embas
quant on les labourera Aucuns
fement fur la terre dure fans a-
rer et puis eflieuent la terre fur la
femence ala charue ou ala befche
et ne la labourent q̃ bne foiz lan
et ne froiffẽt pas les groffes mo-

tes & terre a ce quelles ne soient conuerties en pouldre et que quât il
plouuera quelles boiuêt leaue et
q̃ par ce la semence en ait et boiue
et touteffoiz quelq̃ labour qui p̃
soit fait le fruit nen peut estre que
mesgre et meschant · et pour fumer es môtaignes len ne doit pas
mettre le fiês soubz la terre maiz
dessus a ce quil ne coule trop legere
ment ala balee et en doit len plus
mettre es sômetz des montaignes
que es costieres maiz aual peu ou
neant pource que la gresse des môtaignes descend tousiours es balees mais les fruiz des montaignes sont meilleurs que es balees
parce que le regard du soleil y est
plus fort et lumeur qui y est atrê-
pee obeist mieulx ala digestion et
aussi sont les môtaignes plus ba-
poreuses qui aide ala chaleur · Et
pource ie conclus que tous arbres
portans fruiz & grans oudeurs et
aromatiques doiuêt mieulx estre
plantez es montaignes que es balees pour cause de la chaleur et secheresse et ceulx qui ont le fruit ferme et moiste sôt les meilleurs es
balees q̃ es montaignes · Et pour
ces causes les bignes qui portent
bins bons et aromatiques sont
meilleurs es môtaignes q̃ es balees · Les blez formens et orges
balent mieulx es balees q̃ es môtaignes pource que leurs grains
sont fors et fermes et les seigles
et auoines peut len semer en montaignes costieres balees et pleines

Apres len doit faire ou milieu des
balees bng grât fosse et plusieurf
petiz ca et la qui descendent dedens
le dit fosse par lesq̃lz petiz la biolê-
ce des humeurs descendêt ou grât
afin que les semences nen soient
épirees et gastees et quât le châp
est laboure par telle maniere les
semences ont nourreture naturelle et si y est faicte la plante sauuage naturelle et frâsche pource quil
digere la biande naturelle et ce qui
y est colerique et sec il fait deuenir
fleumatiq et sanguin et puis par
la disposicio de la biande le corps
qui en est nourri est altere et toute la substance des plâtes car ainsi côme les sages phisiciens font
par leur art et sciêce que les corps
humains acquierent bônes disposicions et quilz côuertissent la biâde en bonne complexion Ainsi fait
le bon laboureur la terre et apres
la plante qui y est pource quil pa-
bne mesme operaciô entre la marriz de la femme et lenfant côme entre la terre et la plante · Et côbien
que es fêmes louurie· si est la semêce de lôme qui meut et fourme
le fruit en la marriz · toutesuoies
le sang du corps de la fême si est
trâsporte ala nourreture du fruit
en son bêtre et de necessite il ensuit
la disposiciô de la marriz · maiz es
plâtes il ny a pas masle et femelle et ny a q̃ la plante et la terre et
louurier ·

¶Du labourage du champ nouuellement seme · xix·chap·
                             d·iiii·

Es champs des nouelletez selon les anciens ont este ainsi appellez pour deux causes. lu ne pource quilz sont ainsi nouelle mēt ramenez a labourage. et lau tre pource quil les cōuient aucu neffoiz reposer et puis renouuellez cōme le champ q̄ len laboure deux ans et apres se repose le tiers le quart le quit et le sixziesme ou le septiesme car nous auons trouue que iusq̄s a ce terme les champs peuent estre diuersifiez. Et le chāp qui aps ce quil a este laboure vng an et seme se veult reposer deux ans ou trois ou quatre ou plusi eurs si ne vault riens. ¶ La pre miere occupacion que len doit fai re ou champ de nouuellete est de ex tirper les arbres et herbes sauua ges ou autrement ilz succeroient et attrairoient a eulx toutes bon nes humeurs et nourretures de la terre et par ainsi ce que len y se meroit ne pourroit venir a bon fruit et pource ne doit pas tel chāp estre seme de diuerses semences a ce que lune semēce ne seche et arde lautre en luy soubz traiāt sa viā de. Quant les faulses herbes sōt extirpees et le labour fait len se me le champ et puis on y met le fiens quant len le veult faire lon guemēt fructifier et se il nest tres gras il le cōuient aucun an repo ser pour mieulx retenir par espe cial pource que les plātes semees soubz la terre herbue sont arra chees auecq̄s ces herbes quant on

les oste et ainsi le champ demeure sec et vuid sans gresse et sans ver tu au regard du soleil Mais apres deux ou trois ans q̄ le champ au ra ainsi repose pour repn̄dre vertu de germer et fructifier par la ver tu du soleil et quil aura recouure vertu et esperit de vie et q̄ lumeur y est restituee il est lors a bon pōit renouuelle Ainsi cōme la femme qui apres ce quelle a enfāte sest re posee par aucun tēps en est mieulx dispposee a cōceuoir et est vng chāp plustost prest q̄ lautre selon ce quil est meilleur et lappelle len champ nouual pource que par repos il est renouuelle a sa pmiere vertu. Et qui les voul droit tous les ans se mer sans repos ilz venroient a ne ant et seroient par ce brehaings et corrompuz Mais toutesuoies les champs qui sont cōtinuellement semez si portent quant ilz ont cha leur et humeur mais le chāp qui est couuert de grosse humeur par les deux parties de lan cestassauoir en yuer et en printemps quant il doit getter et en autompne quant len doit semer et quil est plein de froide humeur et grosse il ne vault riens sicōme le dirent les egipciēs et ne doit point estre appelle champ semable ne champ nouual car en este il est sec et fendu et plein de cre ueures grandes et ouuertes et se en tel champ il vient aucunes plā tes elles sont sauuages pource q̄l les nont point de subtille humeur dont les fruiz et les semences sont

nourriz et auffi pourœ q le temps
defte neft pas pour germer mais
pour meurer et pour fecher · Les
maiftres des laboourages ont dit q
tel champ doit eftre du tout delaif
fe pourœ quil nen vient fruit qui
vaille et auffi q plantes ny peuet
eftre franches · (Il est une autre
maniere de chap qui est plein duiles
le ql ne fe peut mediciner pour
œ que huile qui est feche fi feche et
fait tout tourner en poulde et
pourœ ne arbe ne plante ny peut
faire bonne fin car les plates veu
let terre ferme et cotinuee ou elles
fenracinent et luile ne le peut fouf
frir pour fa feche poulde et pourœ
on le doit du tout laiffer mais les
autres diet que la terre huileufe
est tous temps moifte et q leaue
ne peut eftre feparee de telle terre
et que luile est ainfi come la natu
relle humeur fuperflue de la terre
et qui iamaiz ne fe depart dicelle co
me accidet infeparable Et femble
que paladius fe accorde a cefte opi
nion car il dit q qui feme forment
en terre huileufe il est mue en fei
gle apres la tierœ femee et aduiet
œ plus pour caufe dumeur q pour
fecheresse et le dit paladius en plu
fieurs autres lieux Et a œ faccoz
de varron et plufieurs autres qui
en ont traictie.

(Du temps et de la maniere de
diffiper et ofter les mauuaifes her
bes. vy·chap.

Les champs gras et fecs en
lieux arables peuent eftre

arez et detrechez ou mois de iauier
ou en feurier et es lieux atrempez
et moiftes ou mois de mars ou en
auril quant lumeur fuperflue est
degaftee et oftee de la terre ou qfte
est venue a equalite entre humeur
et fecheresse Les champs gras qui
tiennet longuemet leur eaue foiet
arez et detrenchez en auril et en
may quant ilz auront gette tou
tes leurs herbes et que les fem
œs dicelles herbes ne foient pas
encores meures et œulx qui font
fecs peuent eftre arez lors la feco
de foiz · Les champs moiftes dont
nous auons cy deuant parle qui
doiuent eftre arez et trenchez en
mars auril et may fi doiuent e
ftre arez la feconde foiz ou mois de
iuing ou en iuillet · Et auffi les
champs gras doiuent eftre arez la
feconde foiz ou mois daouft mais
non pas la tierœ· (Ou mois de
feptembe le champ gras et qui a
acouftume de tenir loguemet fon
humeur doit eftre are la tierœ foiz
et le chap moifte et plein doit eftre
are et feme enfemble Les beufz
fot mieulx ioins et attelez par les
colz que par les teftes Et fe ilz ne
fe accordent et viennent enfemble
le charruper les doit retraire et re
tenir et les mettre hors de la cha
rue afin q les colz leur refroident
Le trait de la terre pour arer au
long felon lopinion de paladius ne
doit point eftre plus loing q de fix
vingts piez Mais felon la couftu
me des laboureurs de romaniole

et de lombardie il sestend bien ius ques a deux cens piez et plus · La terre glueuse doit estre aree plus en parfond que la poul dreuse Et doit len garder q entre les roieres la terre ne demeure sãs estre remuee et les doit on aincois froisser a maillies ou a pieux ou autres instrumens et quãt len aura are tout du long on doit apzes arer au trauers des ropes et qui le fait ainsi souuãt il oste tous les epeschemes Et aussi se doit len garder que le champ qui est boeux et plein de boe ne soit are ne aussi le champ qui est souuent arrouse de legere eaue apzes longues secheresses pource que la terre que len are quãt elle est boeuse ne vauldra riés de tout lan mais celle qui est doulcemet arrousee et moiste et seche dessoubz est selon la comune opiniõ bzehaigne par trois ans et pource le champ qui est mo pennemet moiste et qui ne soit ne sec ne boeux doit estre are ala charue de long trauers Et se cest en costieres il doit estre are de trauers par les costieres et par especial au semer · ¶Qui veult ouurir et la bourer vng champ il doit consi derer se il est moiste ou sec et se il pa herbes comues ou autres herbes espines ronces ou chardons et se il est moiste on doit faire fossez de to9 costez pour le bie essecher Les fos ses ouuertes sont assez bien cong neues mais aucunes autres ter res ne sont pas faictes de ceste ma niere car on y fait roieres parfon des tout au trauers du champ par fondes de trois piez et puis len met des pierres dedes iusqs au milieu ou on les remplist de terre sablon neuse iusques ala moitie et apzes on les paremplist de la terre mes mes mais les boutz et chiefz desdi ctes ropes si requierent vne fosse principale en la quelle les fossez et roies des costieres puissent enuoier leur eaue et par ainsi lumeur en pstra hozs et ne serõt pas perdues les espaces et places des champs et sil estoit ainsi que pierres faul sissent que len y meist du serment et sont ces choses bien cõuenables a faire ou mois de may et es au tres mois selõ la qualite de la ter re gastee · Et se le champ est plein de bois si en soient ostez des arbzes largemet en peu laissant aucuns et puis soit laboure · Et se le chãp est plein de pierres quelles soiet o stees et assemblees par mõceaulx Et les terres ou il y aura iones feucheres et autres herbes feront ostees et surmontees par les sou uent arer · et ou il y aura feuche res qui y semera feues ou lupins bien souuent et q len oste les poin tures croissans et qlles soient vne foiz coupees ala faucille elles se ront extirpees dedens bzief temps et pour propzemet oster et extirper feucheres iones et roseaulx il con uient oster lerbe ou mois de iuillet auant les iours chiennins quant le soleil sera ou signe de lescreuice et que la lune soit ou signe de ca-

pzicozne et les racines ne getteront
iamais riens selon la sentence des
grecs.

¶ De la maniere generale de se-
mer·   ppi·chap·

Nous auons dit par auant
de la nature et vertu de la
semence. Et neantmoins deuons
sauoir que toute semence contient
deux choses lune si est la vertu foz
matiue quelle a du ciel de la chaleur et de lesperit qui sõt declairãs
les instrumens de la vertu fozma
tiue Car la chaleur digere et de
part le pur du gros et le assubtille
et lesperit le trãspozte·Lautre cho
se que la semece cõtient est la substance fozmelle la quelle par la cõ
mixtiõ de lumeur recoit la fozma
cion et figuracion de la plãte et des
parties dicelle· ¶ Oi est bien a cõsiderer quant len veult semer que
len seme ou temps qui y est plus
propice au regard et a laide du ciel
et cest quãt la chaleur et lumeur
et la lumiere viuifiant du soleil y
aident· Et aussi de la lune qui est
pres de terre car elle aide a toutes
les choses qui sourdent de terre et
les gouuerne pource que elle atrē
pe la chaleur du soleil de qui elle a
sa vertu de lumeur delle et en oste
lardeur et ainsi elle donne aide aux
nouuelles plãtes et aux semeces
en les rafreschissãt et nourrissãt
Et ne cõuiēt point auoir de regard
aux autres estoiles pource q̃ leur
vertu si est cõmuniee et acõmaig
nee ala vertu et lumiere du soleil

et de la lune et est par lapplicacion
de la lumiere diceulx qui est appli
quee a tous les regards du soleil
et de la lune en chũn mois par aller et venir·et pource les sages an
ciens appellerēt la lune ropne du
ciel au cheualier et a dpane la lã
pe de voirre Et la raison de ces nõs
si est pource que la lune qui nous
ē prouchaine voisine si a plusgrãt
influence sur les productiõs de ter
re que na quelcõques autre vertu
du ciel et si se appliq̃ ace en lespace
dun mois car elle parfait en vng
mois et en chũn mois ce q̃ les autres parfont en plusieurs ans Et
pource le souuerain philosophe ari
stote dit que la lune fait en vng
mois ce que le soleil fait en vng
an car elle fait les quatre temps
puer este autompne et pzintemps
Cestassauoir quelle est en son com
mēcemēt et pmier quartiez chaul
de et moiste cõme pzintemps et de
la dimidiacion iusq̃s ace quelle est
pleine elle est chaulde et seche cõme
este Et de sa plenitude iusques ala
moitie ou tiers quartier elle est
froide et seche cõme autõpne· et du
tiers quartier iusques ala fin elle
est froide et moiste cõme lyuer et
est lozs cozrõpue de froide humeur
vile et fleumatiq̃ Et pource se len
seme ou temps quelle est chaulde
et seche la semence sechera et ven
ra a neãt la subtille humeur qui
deuroit estre nourreture de la plan
te·Et se len seme quãt la lune est
froide et seche la chaleur de la semē

œ naura point aide et ne prouffittera point · Et se len seme quāt la
lune est froide et moiste la semēce
se corrompra et pourrira mais ou
pmier quartier quant la lune est
chaulde et moiste lors fait il bon
semer · ¶ On lappelle aussi la lampe de voirre dpane. Les poetes dīt
que dpane est la deesse de lair le ql
est en tous les corps des choses vi-
uās · Et la lune qui a sa clarte du
soleil bien atrempee si la gette et
transporte es corps ou dpane dōne
lair et leur donne vertus et mouuemēt aux naturelles operaciōs
lesquelz corps se le soleil leur don-
noit vertu tout par soy ilz ardro-
pent tous · et la lune qui est froide
si les garde de gaster pource quelle
mesle sa froidure et humeur auec
lardeur du soleil et se monstre mieulx œ que dit est es plantes que
es bestes qui ont sentemēt. Aussi
conuiēt il bien cōsiderer la quarte
partie du cercle ou les lumieres
ont leur mouuemēt qui sont cause de la vie des choses terrestres
car ou cercle declinant est faicte la
generacion et corruption des choses croissans mais œ nest pas en
chune partie dicellui cercle mais
proprement en la partie qui est du
signe du mouton iusqs au signe
de lescreuice Et toute semaille est
parfaicte auant que lesoleil soit ou
mouton car les semences sont en
leurs marriz et lors lesoleil les ap-
pellera et les mouuera de sa lumiere viuifiāt · Les semēces gettees

en autompne seront bien enracinees et se mouueront en deue quātite de leur substance et en fleurs
et cōuenable forme. Mais les semailles de printemps si seront en
terre cōme en leur marriz et bour-
gonnerōt et getterōt par la vertu
du soleil qui est atrempe auant q
le temps sec viengne Et nest pas
moult grande necessite de regarder
quel vent vente. car combien q le
vēt de midi soit bon touteffoiz au
tompne se il nest trop grandement
sec et froit et mortifie retient la semence afin q par trop grāt vapeur
elle ne se esgecte et desflue maiz len
se doit biē garder que en vng chāp
len ne seme diuerses semēces tout
ensemble car il aduient souuēt q
vne semēce attraict plus que lautre et ainsi lune seche lautre et aucuneffoiz au contraire lune empesche si fort lautre q les deux ne valent riens car nous veons que la
plante assise emps eleborus ou e-
pres scamonee attraict a soy les
proprietez Aussi broe et purare mi
se empres le ble fourment si lart
tout et aussi cholz et plusieurs au
tres herbes mises emps la vigne
si la sechēt et ainsi de plusieurs au
tres plantes · Et par telle maniere
diuerses semences gettees en vng
champ destruisent lune lautre · Et
ainsi que les bestes de diuerses especes ne font semēce ne fruit lune
de lautre mais vne tierce aussi aucunes semēces aident lune a lautre cōme qui semeroit arroches es

pinoches fenoil lectues persil sarriete bectes et bourraches dôt les
vnes croistroiêt plustost q̃ les au
tres et aussi les cueilðroit len pl⁹
tost· et se elles estoiêt trop espesses
on les sarcleroit· Aussi peut len se
mer ensemble forment et espeau-
tre mil et pãnil et aussi orge et for
ment· Et aussi en vng champ qui
seroit trop sec et mesgre qui p semeroit trop de semêce elle ne prouf
fitteroit point· mais qui seme selon la proporcion du chãp et q̃ les
racines se puissent espanðre et dilater il prouffite bien· Q̃ Len ðoit
aussi bien prenðre garðe que la semence soit bonne et nõ corrompue
et a ce propos ðit palaðius que len
ne seme point de semence pl⁹ vieille
q̃ ðun an pource q̃ autremêt elle
seroit trop seche et ðe peu ðe prouffit et aussi len ðoit querir et prenðre semence qui soit creue en la cõ
tree et region et ou pays ðe la terre ou on la veult semer pour la cõ
uenience et experiêce ðe la terre car
len ne ðoit pas mettre toute son es
perance en nouuelle maniere ðe semence qui ne laura esprouuee par
auant· Et sachez que semêces forlignent et se auortent plustost en
terres moistes que en seches· Selon les grecs to⁹ potages ðe grain
ðoiuent estre plantez en terre seche
fors les feues qui ðemanðent terre
moiste Et combien que en chãps
atrêpez len ðoie semer toutesuoies
en temps sec et longuemêt semen
ce qui p seroit gettee si pourroit gaz

der cõme en vng grenier· Et se necessite côtraint ðauoir esperãce en
terre salee len p ðoit semer ou plã
ter apres autompne afin q̃ la ma
lice ðe la terre soit ostee ou appetissee par la pluye ou se len p faict
preaulx ou vergiers on ðoit faire
quil p ait ðe la terre ðoulce ou que
eaue ðoulce ðecoure parmy maiz
en lieux huileux chetifz et froiz ou
obscurs qui p veult semer len p
ðoit semer en septembre vers le
temps equinoctial quãt le temps
est serain afin q̃ les racines soyêt
parfaictes auant puer· Et en autres terres len peut bien attenðre
a semer longuemêt mais que len
nattenðe pas iusqs aux fortes ge-
lees· Apres ilz sont aucunes femê
ces ðesqlles viennêt tant ðe semêce cõme ðe fruit ðe brãches et ðe lõ
gues racines que quãt elles crois
sent en hault elles se transportent
en autres lieux et faisêt ailleurs
q̃elles ne furent plãtees ou semees
et pource telles semêaz ðemãðêt
telle terre cõme il est ðit et escript
ou prouchain traictie· Varron ðit
que les choses gettees en la terre
quant elles sont neez et pssues ði
celle terre se la terre et le pays sõt
froiz et les choses sõt moles ðe nature on les ðoit couurir ðe feurre
ou ðautre chose pour la bruine et
que sil p a pluye quelles nen soiêt
greuees car leaue leur est venin
aux racines pour leur tenðreur a
la gesfee et ðessoubz terre et ðessus
et les racies ðe puer ou ðautõpne

font mieulp nourries foub3 terre
q̃ deffus car elles prouffitēt foub3
la couuertuxe de la terre et elles fe
roiēt œintes et enuirōnees de froit
en lair par deffus terre et œ peut
on Beoir es Bois et es chofes fauuages car elles cōmencēt au premier a naiftre et ne durent fors q̃
pour le temps q̃lles ont le foleil·

¶ Quant aup racines aucūs ar
Bres les font plus longues q̃ les
autres pourœ q̃ la terre leur faict
mieulp Boie par fa legerete et fe
aucuns arbres montent en hault
on les doit apuier de cofte et dautre
pour fouftenir les Branches ou le
fruit eft· Chaton efcript q̃ la terre
de telle femœ doit eftre telle cōme
les Branches le demandēt Et fi dit
que les gettons et Branches ne doi
uēt apparoir que trois dois par def
fus la terre et que les fometz doiuēt eftre enduiz et couuers de fiēs
de Bache et de terre·

¶ De la maniere de plāter et defti
re les planœs·   ypii·chap·

Deuns arbres font fruit et
fi ont la femœ eclofe foub3
la char du fruit· et fi en eft aucūs
qui ne font q̃lconque fruit ou len
puift trouuer femœ dont puift Be
nir arbre femblable· Des arbres
qui font fruit et femœ les aucūs
font petite femœ et tendre· et les
autres font groffe femœ et forte
et enclofe en dure efcaille· Les ar-
Bres qui fōt petite femœ et tēdre
ont Bertu generatiue efpādue tāt
en la femœ cōme es raiceaulp et

pourœ lef peut on planter et femer
et peuent ainfi prouffitter cōbien q̃
a les femer il cōuiengne attendre
grant et long temps et fi fera la
plāte qui en Benra fauuage maiz
plāter les rainœaulp eft chofe pl'
haftiue et meilleur car qui prent
rainœau de plante franche il Benra et fera franc· De œfte maniere
font pōmes dozenge et pōmes grenates coings figues et plufieurs
autres qui ne fōt pas fortes femē
œs Mais les plantes qui ont fortes femenœs fi ont leur Bertu generatiue dedens la femœ mieulp
quilz nont es Branches ficōme fōt
noip chaftaignes pefches alman-
des glans et plufieurs autres· Et
les plātes qui ne fōt point de fruit
ont leur Bertu generatiue es rain
œaulp en leurs Brāchef et greffes
pourœ que nature na point ozdōne
en telles plātes de lieu efpecial ou
leur femenœ foit recueillie fi le reprennēt en racines ou en Brāches
fans racines et par efpecial œlles
qui ont conduiz ouuers et grande
moele par ou elles ont nourreture
et cōment quil en foit on les doit
garder tant quelles font tendres
pour les Beftes et autres ēpefche-
mens et les doit on mettre en terre doulœ auecq̃s Bng petit de fiens
et les lier et apuper et par efpecial
quāt elles font nouuelles on les
doit leuer en hault et lier loing lu
ne de lautre a Bng pie ou a deup
car ainfi peut on plāter œulp qui
ont forte femenœ cōme noip et al-

mandes mais se ilz ont tendre se
mence come vignes pomes grena
tes et palmiers on les mettra
trois ou quatre ensemble afin que
lun aide a lautre · et puis que len
y face espesses haies et fossez pour
les saulver et que len ny laisse ve
nir nulles herbes et aussi q̃ nulle
autre chose ny soit semee·Et q̃ en
temps de grãt chaleur que on les
arrouse et q̃ leaue ne soit pas froi
de qui viengne tout droit de puys
ou de fontaine mais de piscines ou
de palus descendens de fiens ou de
fosses corrompues Et se il la fault
prendre en puys ou en fontaines
quelle soit laissee eschaulffer par
aucun temps au soleil·Et se tu y
gettes aucun fiens et lengresses
et remues souvent il y vauldra et
prouffittera moult Et quãt le so
met de ces arbres sera eschape et q̃
la plante aura este deux ans ou
trops sur terre sans dõmage on
la pourra traire et sacher hors de
terre auecques toutes ses racines
et la transporter au lieu ou on la
vouldra ordonner pour demourer
tout son tẽps et lapuyer dun pieu
fichie en terre et lenuirõner despi
nes silen est mestier · Et se le lieu
est clos et seur des bestes des le cõ
mencement on y peut getter sa se
mẽce ou mettre ses plãtes ou ses
rainceaulx et les y laisser sans le
uer ou les transplãter ailleurs et
leur aider cõme dit est·et soiẽt gar
dees entre les arbres et vignes cõ
uenables espaces selon la quãtite

qui y est ordonnee et acoustumee·
Et aussi soient faictes les fosses
bien larges et parfondes selon la
quãtite et grandeur des plãtes et
de leurs racines maiz toutesuoies
len doit planter en terre seche et ar
ce plus en parfond q̃ en terre moi
ste et es terres moiẽnes moienne
mẽt·Se la terre est pleine de crope
on mettra fiẽs et sablon mesle ẽ
semble et soit mis en terre mesgre
plus de fiens que en la grasse · et
se la terre est sablonneuse que len
y mette de la crope et du fiẽs mes
le ensemble·¶ Quant len trans
plantera vne plãte de place en au
tre soit plante franche ou sauuage
len doit remettre la partie dicelle
qui aura este deuers midy aussi de
uers midy et la signer au leuer
daucune chose ace quelle ait autel
regard au ciel quelle auoit par a
uant Et quant tu mettras la plã
te en la fosse se il ya aucune partie
de sa racine blece tu la retailleras
Et doit on bien garder que la terre
ou len plãte ne soit trop moiste ne
trop seche quant on y met la plan
te pource que se elle estoit trop moi
ste elle ne se appliqueroit pas bien
aux racines Et se la terre est trop
seche elle dessechera et ardera les
moistes racines Et est bõne la mo
pene qui se peut pouldroper et ioin
dre aux racines et la doit on fou
ler aux piez aucun pou et non pas
trop et se la terre est trop moiste
ou trop seche len doit emplir la fos
se tout autour des racines de bõne

terre et couenable. ¶ Qui veult
planter en lieux secs on y doit plã
ter en octobre et nouēbre et aussi
en lieux chaulx et en montaignes
afin q̃ la plante soit confortee par
lumeur de liuer. Et qui veult plã
ter en lieu froit et moiste et en va
lees il y fait bon en feurier et en
mars afin que la froidure de liuer
nestaigne la chaleur naturelle de
la plante. Et en lieux atrempez il
y fait bon en ces deux temps tant
pour planter cõme pour transplã
ter Mais quant aux semēces des
plantes on les doit mettre en ian
uier de quatre doiz en parfont et nõ
plus afin que quãt la semēce sera
enflee et que ou mois de feurier el
le sentira la chaleur du soleil les
corce se oeuure et se preigne a bour
ionner. et se le lieu estoit moult
chault on le pourroit biē faire en oc
tobre ou en nouēbre. Et qui veult
planter rainceaulx des arbzes on
le doit faire ou mois de mars et
prendre le rainceul vert en larbre et
incontinēt le planter. toutesuoies
aucunes telles plantacions peuēt
estre faictes en octobre en lieux
chaulx quãt laut õpne a este moi
ste et que lumeur de larbre et lespe
rit de sa vie nest pas encores retour
ne en la racine ainsi quil est de cou
stume es plãtes en temps de puer
Et ne doit len point tourner torbre
ne moult remuer les rainceaulx q̃
len veult planter ne aussi greuer
ne traueiller la partie dont len pẽ
se que la racine doie venir et par es

pecial es plãtes qui ont larges cõ
duiz naturelz ou qui sont tendres
ou qui ont grans moeles comme
sont saulx vignes et telz arbres.
Maiz en ceulx qui sõt secs et durs
cõme sont bops sauigner et telles
autres plãtes on les peut biē tor
dre et est bon de les fẽdre par aual
et mettre en la fente vne pierrete
afin que lumeur de la terre se bou
te plus aise dedens et monte contre
mont pour nourrir la plãte. et aus
si la partie qui se boute dedens ter
re ne doit pas estre trenchee ronde
mẽt maiz de trauers ou arrachee
et sachee hors de larbre sans cou
tel et sãs fer afin quil ait mieulx
les conduiz ouuers pour prẽdre sa
nourreture. Et me semble bon q̃
en toute plantacion len face apres
puer en lieux secs et chaulx fosses
autour et que len mette dedens au
cun bon fiens mesle auec la terre
et q̃ lesdittes fosses en soient ẽpli
es iusques au rez de la terre et la
plãte soit arroufee par dessus vng
peu de lumeur du fiens et non pas
trop ace que la terre ne se cõpresse
trop et que la fosse ne demeure au
cunement vuide et que en temps
chault leaue y demeure qui atrem
pe lexcessiue chaleur. Mais es plã
tes qui sont faictes deuãt puer est
bon de assembler la terre autour
et la chaucher afin que trop grãt
humeur ne si assemble qui leur ẽ
pesche la digestion Les rainceaulx
q̃ len veult planter sõt meilleurs
dun puer que de plus long temps

fozs des Bignes et aucuns autres
qui Balent mieulp de plus dun an
Et doit len eflire telz rainœaulp
qui foiêt plaifâs et clers et pleins
de moele et qui apêt plufieurs get
tons et a gros oeilles et en plufieurs len coppe le fômet denhault
et np eft point determine qlle quan
tife·

¶ Des manieres de enter arbzes
et de côuertir les fauuages et Baf-
tardes plantes en Bonnes et fran-
ches·   ppiii·chap·

Es tailles en plantes font
faictes en plufieurs manie
res Mais œlle qui plus pzouffitte
aœ q la plante foit muee de fauua
gine en frâchife et en difpoficiô cô
uenable pour Bfage de creature hu
maine fi eft que len ête de femblable fur femblable comme de perier
fur perier et de pômier fur pômier
Combien quil ne foit pas neœffite
q le perier ou fe pzent le greffe et le
perier ou len Beult enter foient du
ne efpeœ côme dangoiffe fur âgoif
fe · Mais qui enteroit arbzes trop
diuers lun de lautre ifz ne reœuro
pent pas biê leur nourreture aincois gafteroit lun lautre ou leftrã
geroit ficôme deffus eft dit · Entre
toutes chofes qui ont Bie il a grât
côueniêœ et femblablete dune plã
te a autre· Car combiê que Bng ar
bze foit diftigue en lefpeœ dun au
tre arbze toutefuoies il pa grât fê
blanœ de lun a lautre· et la caufe
fi eft pourœ q la fozme fubftãciele
des plâtes entre toutes les chofes

qui ont ame eft la plus âneyee et
ioincte ala matiere et ainfi côme
neant efleuee fur elle et pourœ eft
la Bie des plâtes moult muffee et
pour œfte caufe la nourreture dun
arbze fi a la pzemiere nourreture
fouffifant pour nourrir Beftes Et
quât la fecôde digeftiõ qui p eft ad
ioufte par lautre conuertit le ius
en la faueur et figure du fruit fe-
lõ œ qlle Bient ala fecôde et pourœ
quât diuerfes plâtes fôt êtees enfêble auẽeffoiz elles pzouffittent
toutefuoies la meilleure incifiô fi
eft de femblable en femblable côme deffus eft dit·Et encozes felon
Barrõ œft mieulp fait de êter fur
arbze franc q fur fauuage pourœ
quil pozte meilleur fruit et pourœ
q toute maniere de êter eft par ficher le greffe dun arbze en Bng au
tre et puis les lper êfemble de fozte lpeure fi q le greffe efpant ainfi
côme radicables Beines fans nô-
bze dedens larbze ou il eft ente·Et
par tele maiere larbze qui eft mol
et qui feroit pluftoft caffe que fiche ne peut eftre ente en quelconque plante et pourœ auffi les herbes qui ont les tiges moles côme
cholz et autres herbes têdzes ont
leurs bzanches trop tendzes et ne
peuêt eftre êtees en qlconqs plâte
tant côme elles font telles et auffi
telles plantes moles de herbes fi
croiffêt to' les ans et fe pourriffêt
en la tige et ne peuêt eftre êtees en
raiœaulp pourœ q quât elles font
entees elles ne fe enracinent point

e·i·

Bien toſt ou elles ſont entees aincois cōuient attendze le pzoces du
temps afin q̄lles ſoient confoztees
et cōtinuees auecq̄s larbze ou elles ſont entees Et par ce appert q̄
plante mole ne peut eſtre entee en
plante dure ne̅ plante mole ſemblable ne diſſe̅blable · Len ne doit
pas auſſi enter ſur arbze qui eſt
trop dur pource quil ne recoit pas
legereme̅t la nourreture pour ſa
ſechereſſe et eſt dur a percier ſi nauient pas ſouue̅t q̄ telles entes facent ia bien Et pource doit len que
rir nouuelles et iennes bzanches
et tendzes ou il y ait humeur et
qui ſe puiſſe̅t ioindze et coupler au
greffe et de leger ouurir et receuoiz
la chaleur et qui recoiue̅t la nour
reture et lozſ elles croiſſe̅t mieulx
q̄ ſe elles eſtoient fichees en terre·
Et ne doit on pas enter de greffes
flouriz ne poztās pource quilz met
troie̅t toute leur ſubſtā̄ce ou fruit
et ne croiſtroient plus mais quilz
ſoient nouueaulx et quilz aie̅t plu
ſieurs oeille̅z pour getter et auſſi
quilz ſoie̅t gros et eſpes ou il y ait
habondā̄ce de bertu generatiue et
quilz ſoient pzins en la partie de
larbze qui eſt par deuerſ ozie̅t pour
ce quil ya en celle partie pl⁹ de cha
leur et dumeur que es autres par
ties de larbze· ¶Nous deuons ſa
uoir quil eſt pluſieurs manieres
de enter par quop la plante ſauua
ge eſt faicte franche · La pmiere ſi
eſt q̄ la bzā̄che de larbze q̄ len beult
faire frā̄c ſoit trē̄chee au trauers

oultre par le milieu de la moele et
puis q̄ on lpe ce qui ſera trenchie
ainſi que len a de couſtume de lper
plapes et quil ſoit enuirōne de cire
ou dargille pour le defendze de la
pluie et dece qui p pourroit nuire et
tenir la choſe ferme et ſeure pour
les bens et aultres hurz et ne chā̄
ge point ceſte maniere leſpece de la
plante maiz elle lafrā̄chiſt·¶La ſe
conde maniere ſi eſt que bng arbze
ſoit trē̄chie ou tronc et q̄ de celluy
meſme arbze on pzengne bng getton de̅hault et quil ſoit fichie en
la trenche et puis lpe et ozdōne cō
me deſſus et il poztera fruit dautre
espece en ſaueur et quā̄tite quil
ne faiſoit par auant et a eſte par ce
ſte maniere faicte la diuerſite en
pōmes en poires en pzunes et en
autres fruiz car la foze du ius eſt
ſi grā̄de en la cōuerſion et ouuertu
re des conduiz naturelz q̄ lumeur
retenue par auant es neuz et es cō
duiz ilz adzeſſent en autre plante·
¶La tierce maniere a eſte trouuee
en la bigne et en autres arbzes
qui croiſſe̅t de moele et eſt que len
trenche bng getton de bigne iuſq̄s
ala moele et p fait on parfōde plape et puis lē̄ met au trauers bng
getton ou lieu du pmier et les con
uie̅t bie̅ aſſe̅bler et pzopremen̅t et
bien lier et eſtouper et lozs il croiſtra et poztera fruit · Et pourroit
on bien en autres arbzes faire ce
que dit eſt Mais il a eſte eſpzouue
en la bigne ce dit frere albert ¶Et
la quarte maniere ſi eſt q̄ len pzē̄t

Bng greffe dun arbre et le ente len
en Bng autre arbre et croist et porte fruit mais il Vault mieulx en
semblable arbre q en dissembla-
ble. et est ceste maniere bône en ar
bres qui prennent leur nourreture par conduiz de droittes lignes et
par cotes de bops Venans de racines Et a en ceste derreniere maniere plusieurs manieres particulie-
res Lune si est quât le getton est fi
chie dedens lescorce sans la rompre
Lautre si est quant len fiche le get
ton dedens le bois trenchie. La tier
ce si est faicte en maniere dun emplastre. La quarte qui est dicte côme Bng morcel. La quinte en Bne
perche de saulp Verd en forme de ha
mede. Et Bueil dire de ceulp cp par
ordre. ¶ De la pmiere cest quant
le getton est assiz entre lescorce et
le bois par ceste maniere. Len tren
che le tronc du bois au trauers
tout oultre dune cpe de bon trenchant et puis on cpe le tronc dun
fort drapel par dessus lescorce et a-
pres le lie len treffort de Verges do
sier de saulp ou de ourme et la entre lescorce et le bois on boute Bng
coing de fer ou de os bien fait en a-
guisant Vers lun des boutz et rôd
dune part et plain de lautre ainsi
cône du lôg de trois doiz et le doit
len mettre doulcemêt afin q lescor
ce ne rompe. et si tost cône len oste
le coing len doit ficher dedens le get
ton qui doit estre taillie dune part
iusques ala moele et sans la blecer. et de lautre part len oste la pel

de dehors et laisse len la couertu-
re et lescorce moienne si que la trê
che du gettô se tiengne et ioingne
tresbiê au bops du trôc et q le get
tô demeure par dessus le trôc cône
quatre ou six ou huit dois. et peut
len mettre plusieurs gettons en
Bng tronc selon ce que il est gros.
et doit auoir entre les gettons lespace de quatre doiz ou plus et cueu
ure len le dessus de boe ou de terre
côuenable et aussi le doit len bien
couurir daucune piece de cupr ou
dautre chose par dessus et est ceste
maniere bône et bien prouffittât
mais on ne le peut bien faire fors
que en mars et en auril quât lesc
corce se depart le mieulp du bois et
le plus aisiement. et si ne se peut
faire fors q en tronc gros ou moiê
et es arbres qui ont grosse et graf
fe escorce cône figuiers pômiers
periers et en chastaigners et telz
arbres. et est bon a le faire pres de
terre et aussi se peut faire ceste ma
niere de enter en telle autre partie
de la souche que len Bouldra et es
grosses brâches. et doit estre soustenue atachee liee et aidee iusqs a
deux ou trois ans pour le peril des
Bens. ¶ La secôde maniere si est q
len cpe le tronc et aplanie cône des
sus est dit en la partie qui est plus
moiste et ou il pa plus bois entre
lescorce et la moele et lie len bien
fort le tronc par dessoubz la trenche deux ou trois dois et puis len
fend le troncq dun coustel deux
dois ou moins et trenche len le

e·ii·

getton dune part et dautre ſans
bleſer la moele et euure lẽ le tronc
a vng coing et p boute lẽ le gettõ
doulcement ſi que leſcozœ du tronc
et du getton ſoient enſemble et ſe
il pa mouſſe lẽ loſte et apzes on
ſache hozs le coing ſi q̃ le bois du
tronc et cꝰlui du getton ſe ioignẽt
enſemble et puis lẽ met de leſcoz-
œ du bops ou daucun dzap linge
ſur les trenches et de la terre glai
ſe ou de la croie et ſoit lpe treſſozt
bien ſe peut faire de cire mais iap
eſpzoue plus de mil foiz q̃ la ſeule croie eſpeſſe deſtrẽpee ſouffiſoit
car il eſt fait pour garder la tendzeur contre le chault et contre la
pluie et le vent·et afin que la vapeur qui mõte de la racie enhault
pour nourrir ſon nouuel filz ne pſ
ſe dehozs et quil perde ſa nourretu
re·⁋ Et doit on ſauoir q̃ ceſte maniere contient pluſieurs diuerſitez
pour cauſe de la groſſeur ou men-
dzeur de la ſouche et auſſi du gref
ſe et du coing car ſe la ſouche eſt
trop groſſe elle peut eſtre trenchee
en deux manieres pourœ que lẽ
peut bien fendze le tronc dune par
tie de leſcozœ iuſques a la moele et
non plus et p mettre vng greffe·
ou lẽ peut fẽdze le tronc tout oul
tre et aſſeoir deux greffez aux deux
boutz de la fente ou vng qui veult
et faire cõme deſſus eſt dit·Se la
ſouche eſt vng petit plus groſſe q̃
le greffe on la fend par le milieu
et p met lẽ vng greffe ſeulement
Et doit lẽ fozmer le coing en telle

maniere que en la taille de chũne
part la tierœ partie demeure auecques leſcozœ cõuenant Mais en la
partie qui ſera fichee en la ſouche
il ne doit riens demourer de leſcoz-
œ et doit eſtre biẽ tenue par deuers
la moele du tronc·Et ſe lẽ p doit
mettre deux greffes lẽ doit faire
le coing large aux deux coſtez par
deuers leſcozœ et tenue ou milieu
par deuers la moele maiz ſe la ſou
che et le greffe ſont dune groſſeur
lẽ doit faire que leſcozœ du greffe
ſoit des deux pars et le coing a la
fourme et doit lẽ garder les plaies
cõme deſſus eſt dit·Ceſte fourme
peut bien eſtre faicte emps terre
et enhault et en chũne partie de laz
bze es bzanches et ſe peut faire en
feurier en mars et en auril·et eſt
bon de cueillir le getton auãt que
il bouriõne et q̃ on le mette en ter
re par aucun temps en lieu froit
et vmbzage ſans moiller le bout
denhault·Lẽ peut faire auſſi telles entes ou mois de iãuier par au
cũe eſchaufoiſon de feu atrẽpee par
le moien de la qſte lumeur ſe peut
cõ glutiner et dõner nourreture·
⁋ Jap fait au cõmẽœmẽt daouſt
entes de põmiers des greffes qui
eſtoiẽt nez œſte annee meſmes et
meurs et vindzẽt a pzouffit Maiz
lẽ doit faire en œ tẽps telle ẽte pzeſ
de terre ou deſſoubz terre afin q̃le
ſoit gardee et defendue de lardeur
du chault par laſſẽblee de la terre
et p peut pzouffitter que elle ſoit
arrouſee auneffois par terre

ou que len y mette aucunes chofes qui y facent vmbze ou que len
y pende aucun vaiffel qui degoute
eaue. ficõme dit varron len peut
bien ainfi enter en efte quãt le foleil eft au plufhault et par efpecial en figuiers cõme il dit en fon
tractie quil fift de enter les figuiers. Len peut faire entes en telle
maniere en terre et vng petit fur
terre et entour terre ou les rainœaulx qui font entez croiffent pour
œ que le boys et lefcozœ croiffent
par le benefice du foleil mais fe la
plante eft moyénement grande il
vault mieulx la tailler ou elle eft
plus moifte et lefcozœ plus clere q̃
emps terre pour le peril des beftes
et pource que fon fruit en feroit re
tarde plufieurs annees. Et toutef
uoies de tant que lente fera entee
plus bas le fruit en fera plᵘ franc
et meilleur maiz fe larbze eft grãt
et quil y ait plufieurs bzãches il
neft riens meilleur que de trécher
dicelles bzanches des plus reluifans et vertes et la ſter telz gref
fes cõme len veult. et fe larbze e-
ftoit fi viel que les efcozœ fuffét
toutes ridees et dures et fans humeur len doit laiffer tel arbze iuf
ques a lan enfuiuant fans le trécher et fans enter et lozs on y entera les gettons qui feront nez en
œlle annee qui feront ace plus cõuenables et foient mis en la bzan
che de larbze qui fera ace plus pzo
piœ et que les autres bzãches den
tour foiét toutes retréchees. La

maniere de enter que paladius ap
pella emplaftre ou maniere depla
ftre eft telle Len pzent vng getton
nouuel de belle bzanche nouuelle
et reluifant et bien poztant et pzêt
on le getton de la meilleure appa-
rêce que faire fe peut et foit figne
tout entour deux doiz quarrez afin
quil foit affiz ou milieu et leuera
len lefcozœ fi fubtillement dun a-
gu coutel q̃ le getton ne foit point
blecie et ainfi de larbze ou on le
veult enter. et auffi quant len labourera le getton len appliquera
lemplaftre auecques le gettõ mis
et affiz en lieu net et plantureux
et fera ferie iœllui emplaftre cõuenablement entour le getton et fera lpe de foiz lyens et fera côtrait
de foy ioindze fãs blecier le germe
fi q̃ le greffe qui fera affiz et mis
enclozza le lieu du pzemier getton
et lozs on lenduira et fera couuert
de boe ou de terre et laiffera lez le
getton franc. et feroit bon de y me
tre vne piece de aucũe chofe et de la
cire fur la ioincture et fur les cre-
uaœs des efcozœs. pour les defendze des chofes qui leur peuét nuire et pour retenir la nourreture de
lente. et aps len tréchera les bzãches de deffus et les rainœaulx afin
que la mere qui voulbza nourrir
fes pzopzes efans ne delaiffe œllui
q̃ on lui aura baillé pour fõ bié et
q̃lle ne lui ofte fa nourreture pour
enoier aux autres et quãt vingt
iours ferõt paffez et lé defliera les
liés lé trouerale bouriõ deftrãge

germe par grant merueille estre
translate en membre destrãge arbre. Ceste maniere de enter peut e-
stre faicte ou mois de iuing cõbien
que selon aucuns len le puist bien
faire vng peu auant ou peu apres
mais que len treuue greffe cõuenable. mais la maniere q̃ len appelle cõmunement au morcel qui
est en plusieurs choses semblable
a ceste derreniere maniere est faicte
en la maniere qui sẽsuit. Len prẽt
vng petit morcel ou vne petite pie
ce du gros dun polce long aueq̃s
le getton estant ou milieu dicelle
piece et nouuellemẽt trenchie et le
met on tantost en vne autre bran
che nouuelle et fresche et dautelle
grosseur car len fend lescorce en
trois ou en quatre parties et le ioint len estroitement au bois de la
souche si que le morcel entre de dens
lescorce de lautre et que lescorce du
morcel ne soit poĩt ostee. et se le get
ton mis sur le lieu de lautre gettõ
oste y est mis ou non si vendra il
a bien sans autre lieure et sãs au
tre aide Et doit len retrẽcher tous
les autres gettons afin quilz nẽ-
peschent la nourreture dicelle ente
Toutesuoies il seroit bon se lescor
ce pendant iusques a la grosseur de
la moitie dun polce estoit trenchee
ou quelle feust tellement entamee
que a lescorce demourant de la sou
che le morcel adiouste soit fait e-
gal soubtillemẽt et pareil et y soit
vne piece dessus pour le lier et puis
que on y meist de la crope espesse-
ment destrẽpee sur les ioinctures
et creuaces et la lier tresbiẽ sur le
morcel mais q̃ le getton soit franc
seulemẽt. et apres afin q̃ la crope
ne chee que len lye par dessus vng
drapelet long et fort. Ceste maniere de ẽter peut estre faicte ou mois
de mars quant lescorce se peut biẽ
desseurer et aussi en auril et en
may se len peut garder les branches auãt quelles bouriõnent les
grosses brãches bouriõnẽt en lieu
froit et vmbrage quant elles sont
en partie boutees ou plungees en
terre ¶ Et est esprouue que enuirõ
le mois de iuing vers la fin et au
cõmencement de iuillet que vng pe
tit morcel dune branche aueq̃s le
gettõ du derrenier gettõ denhault
prins et mis ou derrenier sõmet en
la haulte branche dautelle grosseur sans aide de lyeure ne dautre
chose venoit et croissoit tresbien
feust acouple a bourion ou sans
bourion. Et ceste maniere de enter
que len appelle entes au morcel et
lautre qui est nõmee a lemplastre
valẽt grandemẽt aux arbres qui
ont ius et gresse en lescorce cõme
sõt figuiers oliuiers chastaigners
periers et les semblables Et peut
len sans trencher la branche du
morcel q̃ len veult leuer y mettre
et asseoir vng autre morcel dung
arbre franc trẽchie dune part dau
telle grandeur et le lyer cõme dessus est dit Et quant on apparce-
ura que il sera reprins len trẽche-
ra la souche sur le morcel pource q̃

le sommet de la branche que on a
laissee si traict pluffort lumeur
pour nourrir et affermer le morcel quelle ne feroit se elle estoit trechee Et par ceste maniere len peut
en ung arbre et en une verge mettre plusieurs morceaulx dune espece ou de diuerses especes¶ Mais
la maniere de enter qui est a la hamede ou en une perche de saulx est
faicte en la maniere qui sensuit·
Len prent une perche ou ung basto
de tel boys comme len veult et le
perce len bien deliemet si que entre
lun pertuis et lautre il pait espace
de demp pie et puis prent on des gettons ung pou rez sur lescorce et les
boute len dedens ces pertuis et les
laisse len gesir bie ioins dedens les
fosses ordonnees et les braches esleuees par telle maniere que le somet de la perche de saulx demeure
et appere aucunemet sur terre Et
apres ung an la matiere du tout
esleuee et detrenchee entre les branches prendre chune plante qui sera belle et paree de plusieurs racines et les mettre en place deue et
en fosse couenable Et est bon de bi
en estouper les troux et les ioinctures de croie destrempee bien espesse ou de cire ou dautre terre Et ma
este afferme par homme quil auoit
esprouue ceste incision en ung pel
de saulx verd et quil lauoit percie
iusques ala moele seulement et
quil auoit fichie es troux greffes
ou gectons de la grosseur diceulx
troux et quil auoit oste lescorce di-

ceulx de ce qui en entroit es trouux
afin que lescorce des gettons se cou-
plast a lescorce du pel et auoit aps
tresbien estoupe les creueures de cire et puis auoit mis le pel en terre
quatre dois en parfont tout gisant
en lieu moiste en telle maniere q
il ne apparoit riens du pel fors q
les gettons ainsi entez apparoient
ung peu par dessus terre et affer-
moit que tous estoient tresbie reprins Et lan passe quil auoit trenche le pel entre chun getton et les
auoit replantez chun par soy auec
qs sa porcion dudit pel et que tout
estoit venu a bie et a prouffit ¶Co-
lumella dit une autre maniere de
enter et est q len perce ung arbre
iusques ala moele dune bille ou
dune tariere et que len mette bie
et doulcement dedens le trou ung
getton de vigne ou ung rainceau
dautre arbre selon la mesure du
pertuis et que le getton soit bon
et gras et moiste et q len ny laisse
que ung ou deux bourions par de
hors et que ce fait le pertuis soit estoupe tout entour de cire ou de argille et tresbien couuert de mousse
et lpe seuremet par ceste maniere
len peut enter vignes dedens ourmes et ailleurs sicomme il dit et
peuent estre faictes ces deux manieres de enter en mars et au commencement dauril et en la fin de
feurier quant le nouuel et vert
ius et la seue et humeur se diffoult et se esmeut en lescorce par
la chaleur de lair· ¶Varron

fi efcript vne autre maiere de faire
qui aduit en fon tẽps ceftaffauoir
que en prouchains arbres fe len
perce lun au trauers en alant cõ
tremont et que len boute dedens le
trou vng getton du prouchain ar
bre et q̃ lefcorce dudit gettõ foit of
tee en la partie de deffoubz dce qui
fera dedẽs le trou afin q̃ lumeur
et feue de larbre percie fe puift mef
ler et ioindre auecques celle dudit
getton · et ce faitque le trou foit ef
toupe de cire ou argille ou de mouf
fe et puis fi biẽ l̃per quil ny puift
riẽs entrer pour empefcher Et au
bout de lan que le getton fera con
ioinct et cõprins auecques la fub
ftãce de larbre percie que le dit get
ton foit trẽche par deuers le lieu
dont il part et le furplus croiftra
en la vertu de larbre ou il fera et
portera fon fruit acouftume le q̃l
par le moien de ce q̃ dit eft fera biẽ
amende · Et par ces chofes appert
que combien que enter de fembla
ble en femblable foit le meilleur
toutefuoies ẽter en diffemblable
eft bon et prouffitte fouuent et en
fait on moult de merueilles ficõ
me le peuent veoir et congnoiftre
ceulx qui le veulent efprouuer·

¶ Des difpoficions efq̃lles peuẽt
eftre tranfmuees les plantes:
           xxiiii·chap·
Par les chofes deffufdittes il
appert que les plantes fau
uages font efpineufes et rongneu
fes en lefcorce et dures en leur fub

ftance et habondent en fueilles et
ont plufieurs fruiz menuz en quã
tite et fecs et vers et en eft le ius
petit et leur viennent toutes ces
chofes pour caufe de leur nourri
ture Et pource la plante eft muee
en toutes ces difpoficions par la
nourreture du champ et par lordõ
nance des laboureurs et acquiert
les contraires difpoficiõs Car lef
pinofite eft pour caufe de ce que lu
meur eft efpeffe et petite qui vient
de la moele a lefcorce ainfi dure
mais labondance de lumeur fi a
doulcift et afranchift et la fait paf
fer par les conduiz de larbre par e
uaporacions et ny vient efpine q̃l
conq̃ et deuiennent par ce les fueil
les et fruiz grans qui par auant
eftoient petiz car lumeur fubtille
et deliee eft plus legeremẽt attrai
cte par la chaleur et fe euapore pl°
aife et fi fe diuife mieulx q̃ ne peut
faire la groffe et feche et la grant
humeur fait plus grans fueilles
et plus doulx fruiz mais ilz font
plus pleins de vers et fi cheent pl°
toft q̃ les fauuages qui font plus
fecz et auffi les neufz des entes tiẽ
nẽt la plante moifte et en font fai
ctes franches maiz les plãtes qui
font de graines et de cholz font afrã
chies par leur feul nourriffement
et labourage pource q̃ leurs fub
ftances en font faictes plus molef
et greigneurs et eft leur faueur
par ce moins ague pour le nourrif
fement·
¶ Des lieux conuenables a la ge

neracion des plantes · xxß · chap.
Es plantes ont besoing de
deux choses en leur generacion dot lune e la matiere de quop
elle est faicte et lautre est le lieu de
la generacion et côme le pere car
la saliue du lieu empesche moult
la doulce humeur radicale des
plantes pource quelle est seche · Et
appert par ce que les terres salees
ou qui sont meslees auecques saliue sont faictes brehaignes Aussi
les lieux qui sont côtinuellement
couuers de neges côme ilz sont en
plusieurs montaignes ne Valent
riens pour plantes pource que la
froidure de nege ne prent point da
trêpance aincois est mortelle maiz
se ung lieu qui est de sop atrempe
est en puer couuert de nege il en est
plus plantureux pour trois causes · Lune si est pource que la nege
qui cueuue la terre fait la force
et Vertu dicelle retournez dedes ter
ve si en est apres pource plus forte
et plus Vertueuse · Lautre cause si
est pource que la chaleur si reboute dedens terre et ne sespant pas par
lair et par ce moien en donne plus
côuenable nourveture aux plâtes
Et la tierce cause si est pource que
la nege qui enuirône le lieu par sa
froidure côtraint la Vigueur et le
cômencement des plantes fructifians que elles ne se euaporent a-
uant la meurete et la Venue du so
leil et garde la pleine de la terre q
les Vapeurs nentrent dedens terre
desqlles sont engendrees les mau

uaises plantes et qui corrompent
larbre quât elles se boutent en la
racine Mais en lieux chaulx pour
la côuenience de la matiere les bô
nes plantes et côuenables si crois
sent tresbien pource q en telz lieux
il pa eaue subtille et bien digeree
qui est attraicte du parfond de la
terre et pource quelle est bien dige
ree se mesle tresbien auecques la
chaleur qui est atrempee et nô pas
ardant et pource la chaleur habô-
de en telz lieux pour deux causes ·
Lune si est celle qui retiét lumeur
et lautre si est la chaleur du soleil
qui p est enforcie par la reuerbera
cion de leaue dicellui lieu et la cha
leur du lieu si est ainsi côme istru
mentale maiz la chaleur du soleil
est Viuifiant et formant la plante
et côtinuelemét nourrissant et ad
miistrât humeur car en telz lieux
lair est mesle en lumeur et aide a
ce que lumeur en spirant soit attraicte en hault pour figurer et
pour acroistre la plante pource q
les montaignes sont creuses et ca
uees par dedens et pleines de Vapeurs elles attraient lumeur de
leurs côcauitez et leur aide grande
mêt la grant clarte et reuerberacion quelles ont du soleil et du ciel
et des estoiles et par especial ou de
clin desdittes montaignes pource
que la reuerberacion se double des
deux pars et aussi pource que lumeur sauance et est plustost cuite
et digeree et par especial ou coste
Vers le soleil cest a dire Vers la par

tie du midy et pour œste cause vie
nent bônes plantes et bien cuites
et digerees es môtaignes ou il pa
neges car lumeur traicte au som
met de la môtaigne desœnt côtinue
lemêt pour la figure et pource lu
meur qui demeure en hault z tres
biê cuite pource quelle est mieulx
surmôtee de la chaleur quât il ny
a point de superfluite et quelle nest
pas du tout sechee pource qlle est
côtinuelemêt traicte de la côcauite
de dedens la môtaigne et est nourrie de pluies et de rousees · Et œst
la cause pour quop croissêt es mô
taignes grans vins et bons et o-
dozans et plâtes aromatiques et
sont plus seches · Mais aux piez
des môtaignes elles sont plus moistes et les vins aussi et sont plus
digerez et plus gros et les plâtes
aussi plus grosses et plus espesses
pour lumeur côtinuelemêt desœn-
dât aux piez desdictes môtaignes
Toutefuoies aucûs lieux sôt bzehaings a tout têps et en terre plei
ne et es môtaignes et les appelle
len hermitages et sôt lieux de pur
fablon et secs et salez · et entre les
fablons sont les terres qui tout
têps sont poulzeuses et ne se cou
plent ne ioingnêt iamais enfêble
Et la plante ne peut auoir vertu
fors q de vapeur qui est espandue
côtinuelemêt enuiron et par diuer
ses parties de la terre par la vertu
du soleil et pource en telz lieux ou
il npa qlconque entretenâœ ne fer.
mete ne peut auoir bône nourretu

re mais bône boe qui est artificiel
le et noble terre et franche fait por
ter en bzief temps pource qlle est
extraicte de grosse terre et vnctu-
euse et grasse et fait bonne plante
et côuenable · ¶ La plante qui est
fur pierre si croist a peine pour la
dure secheresse de la pierre et se elle
p croist si np peut elle durer lôgue
mêt car plante demande terre humeur et air et fault auoir côsidera
cion aux lieux pour les plâtes car
fe elles font en lieux qui aiêt le re
gard du foleil de ozient ou de midp
elles naissent pluftoft et en croiffent mieulx pource que la chaleur
du foleil p vient pluftoft et p demeure plº longuemêt et en meut
trop mieulx fon humeur et digere
Et quant ilz auront leur regard a
occidêt ou septentrion les plâtes
en tarderôt plus pour le foleil qui
fen depart pluftoft · Et peut auenir œ que dit est pour deux causes
dont lune est par fop pour ledit regard a occidêt et lautre si est par
accidêt pour aucûe cause qui peut
empescher le rap du foleil et faire
vmbze qui ferôt la grosse humeur
qui ne fe pourroit digerer du foleil
pour lempeschemêt · Par telle ma
niere aussi secheresse retenue en
aucun lieu empescheroit la plante
pour deffault dumeur pource q la
chaleur ardzoit tout et pource qlle
nauroit a quop fop occuper elle fe-
cheroit la plante ·
¶ De la côgnoissanœ des terres et
fe elles font bzehaignes ou plâtu

reuses·   xxvi·chap·

La terre est lun des elemens
assise ou milieu de tous et
ou elle demeure naturelemēt a repos et quant aucune chose sen depart ou en est leuee ou desseuree el
le p retourne naturelemēt· La ter
re est de sa droitte nature froide et
seche Aais elle est aucuneffoiz biē
muee par autruns accidens de choses suruenās La terre si preste aide aux choses generales pour les
retenir affermer et donner formes
et figures ¶ Selon ce que dit paladius len doit qrir es terres fruc-
tificacion et plantureusete et quil
ny ait trop de grosse moele ne blan
che et que les motes ne soiēt trop
nues et quelle ne soit trop seche de
sablon sans autre bonne terre et
aussi q ce ne soit pure crope ne puz
grauier ne pure glaise ne pures
pierres et quelle ne soit amere ne
salee ne huileuse ne tout sablō ne
balee trop obscure mais doit estre
bonne et grasse terre et sur la noi
re et souffisāt pour soy couurir de
son herbe iolye et de diuerses couleurs et quelle soit grasse et quelle
ne se pouldroie pas au soleil et que
ce quelle portera monte tout droit
et ne se retourne pas et que ce q̄lle
aura porte ne soit pas chetif ne sec
dumeur mais pource quil couient
autre terre pour semer forment q̄
pour semer autres terres mēgea-
bles il couient pour icelles herbes
terre qui soit grasse de soy pour biē
fructifier côme pour choz̄ porees

bourraches et lautres telles herbes dont len vse des fueilles seule
ment pour viande et mēger et au
tre chose ny fault qrir car la gresse et la doulceur fōt congnoistre la
bōte de la terre Et se len gette vng
peu deau doulce sur vne mote de ter
re et elle se pouldroye elle nest pas
bonne· et se elle deuient glueuse et
se entretient cest signe q̄lle est gras
se·Et se len fait vne fosse dedens et
se elle se remplist tout a par soy el
le est maigre et se la terre se tient
en sa haultesse sans descendre cest
signe q̄ la terre est grasse. Et congnoist on la doulceur dune terre
quāt len prent vne mote dicelle en
la partie du champ qui est moins
plaisant et quelle soit mouilee dea
ue doulce en vng vaissel de terre
la saueur si mōstre se elle est doul
ce· ¶ Quant est des vignes len cō
gnoist la terre qui y est bōne se len
met aucune verge daucun arbre
delie et mol et elle bouriōne et por
te verge clere longue droite et plā
tureuse et non pas maigre ne tor-
te et le peut on esprouuer en perier
sauuage en pōmiers en aiglētierf
et en buissons et telles choses qui
ne sont pas brehaignes ne de mais
gre nature·Et parlerons plus lar
gemēt de ceste matiere quāt nous
parlerons des vignes mais len
peut cōmunement veoir quil est
des terres de plusieurs manieres
Lune est maigre et lautre grasse
et sont aucūes cleres et deliees et
en est de espesse et de grosse de seche

et ȝe moiste sans pierres et pleine
de pierres sune pleine et sautre mõ
tueuse sune bõne sautre mauuai
se et sune bonne pour ßne chose et
sautre bonne pour ßne autre Maiȝ
ȝe toutes sa terre grasse et ou il y
a bõ air et ȝesie et sec si est sa meis
seur et œsse qui demanȝe plusgrãt
sabour et porte meisseur fruit et a
pres telse terre œsse qui est espesse
et grasse et ȝe fort sabourage si est
moust prouffitable Maiȝ œsse qui
est seche et espesse et mesgre et froi
ȝe est sa pire et ne ßaust telse terre
fors que a perȝre sa peine et son ar
gent. Toutesuoies pource que les
chãps sont orȝõnez a diuers prouf
fiȝ ßarron si dit que chaton si ȝi
uisa les champs en neuf manie
res car il dit que le meisseur chãp
si est œssui ou les ßignes ȝonnent
bon ßin et en grant habonȝance
Le seconȝ ou il ya ßng iarȝin ar
rouse Le tiers ou croissent les her
bes pour menger. Le quart ou sõt
les osiuiers. Le quit ou il ya prez
Le sixiesme ou il ya champ a for
ment. Le septiesme ou il ya boys
forestȝ et grãs arbres. Le ßiiie ou
sont les haies et petites psãtes ·et
le neufuiesme ou sont buissons ro
siers et esgsetiers Et ȝient aucũs
que œ sont les meisseurs ou sont
les prez quant ilȝ sont bons pour
œ quilȝ sont ȝe grant prouffit et de
petite ȝespense maiȝ moust souuẽt
les ßignes coustent plus quesses
ne rapportent.

¶ Du siege couenable au champ

pour habonȝance et bien fructifier
xßii.chap·

La sentence ȝe paladius ȝit q̃
le siege ȝes terrez ne ȝoit pas
estre tout plain cõme ßng estang
ne trop en ȝesœnȝant que sa gresse
ne sen escoule et sumeur aussi ne
en cousant contreßas quil ne tum
be comme en abisme ne tout ȝroit
quil ne sente trop les chaseurs ȝu
soseis et les tẽpestes mais en tou
tes choses se moien est tousiours
le meisseur·Et afin q̃ on ait chãp
bien atrempe sen ȝoit querir ßasee
onnpe et apsaniee ou sa psuie se
puist arrester ou ßne ȝousœ costie
re qui se encsine ȝes costez et quesse
soit en bõ air et gras et quesse soit
ȝefenȝue ȝaucune montaigne ȝen
tour ou ȝaucun haust boys pour
les fors ßens et tempestes Apres
se se champ que sen ßeust choisir
est en froiȝes contrees sen ȝoit prẽ
ȝre œ qui a regarȝ a orient et a mi
ȝy sans œ quil y ait mõtaigne ou
autre obstacse entre seȝit champ et
orient ou miȝy·¶ ßarron si ȝit q̃
sen ȝoit consiȝerer ou fons ȝu chãp
quatre choses pour quop il ȝope e
stre plus prouffittable·La p̃miere
si est que combien que sa terre soit
bonne et prouffittable sen ȝoit a
uoir regarȝ sis pa mauuaiȝ ßoi
sins sarrons ou pissars qui y puis
sent faire preiuȝiœ·Seconȝmẽt se
il pa en œsse contree aucunes gẽs
qui ßenȝent a grãt marchie œ qui
se peut ßenȝre ou fons et q̃ se fruit
en ßaisse mieulx ou qui achetent

ce qui se peut vendre au fons · Tier
cement se le chāp est loing du lieu
ou le fruit se doit porter · Quarte-
mēt se la voye est couenable pour
les voictures par eaue ou par char
rop · Et si doit len regarder quil ny
ait pres du champ pres ou vergers
ou il y ait arbres portans fruit ·
pource que sil y auoit autour du
chāp forestz ou chesnes len ne pour
roit semer ou champ oliecte autre
ment dicte muot car ilz sont de cō-
traires natures et tant que les ar
bres nen sont pas seulemēt empirez en porter fruit aincois les fui
ent et si ne se peuēt recliner en ter
re dedens le fons et si font au tour
de eulx le fons et la vigne estre bre
haignes ·

✠Des garnisons et prouisiōs pour
vignes iardins et champs · xxviii
chap̄ ·

Vtacions sont faictes es vi
gnes es champs et es iar
dins en plusieurs et diuerses ma
nieres pource que les aucunes sōt
ceintes de fossez les autres de haiez
les autres de pieulx et les autres
de buissons et despines · Les fossez
font plusieurs grans aides et defē
ses que les gens ny entrēt les bestes ne les eaues prouchaines et
par especial quāt les bors des fossez sont hault esleuez · Ce vault
moult aussi et tresgrandement a
champs et vignes ſōt la terre est
trop moiste et pleine deaue lesqlles
eaues quant elles y demeurēt sou
uent ocient et destruisent les blez

et aident aux mauuaises herbes
Et se doiuent faire ces fossez grans
ou petitz selon la quantite de leaue
qui y est descendant et du nombre
des gens qui y hantent et des bestes qui y peuent venir Iceulx fos
sez peuent estre faiz ou temps deste
suppose quil ny ait point deaue dedens la terre ou en fossez pres qui
lempesche · Et doiuent estre faiz en
telles terres ou mois daoust ou
mois de septembre et ou mois doctobre que leaue est hors la plus re
traicte es fossez et que le plain de
la terre est plus sec · ¶ Et cōment
len doit faire de nouuel iceulx fossez chūn le soet Il couient estendre
vne corde ou vng fil dune part et
dautre et puis signer le milieu et
foupr et getter le sablon sur les
bors dune part et dautre et les au
tres yssues et les serrer fort ensē
ble pour mieulx tenir et les aonnir pour estre plus droiz · ¶ Les
vielz fossez sōt rappareillez par la
maniere qui sensuit · premieremēt
se doit oster ce qui empesche a fosso
per et puis foupr a houes et a pi-
ques et oster les herbes et la terre
dehors et apres faire les riues ain
si cōme dessus est dit et ne doit on
pas faire en terre de croie trop droiz
ne trop roides fossez pource q̄ quāt
la gelee dyuer seroit passee et la
chaleur du printēps venroit tout
se dissouldroit et trebucheroit le
bort desdiz fossez au fons · Maiz en
terre ferme ou pierreuse on le peut
bien faire · Len fait defense de pieux

et de haies quãt on les peut auoir
et les garnist on despines car len a
guise les pieux et les boute len en
terre demy pie ou plus et puis les
lpe len ẽsemble de espines ou de o-
ziers ou autres lpens et tãt plus
p aura de pieux tant mieulx vaul
dza et peuẽt estre mis loing de lau
tre deux piez ou trois et p atacher
au trauers quatre perches fozt lp
ees ausditz pieux et puis y mettre
et lper aucunes defenses despines
ou dautres choses. Mais les defen
ses qui sont faictes de plantes despines ou dautres choses sont fai
tes par telle maniere. Len doit fou
pr ẽpzes ou len veult faire la hape et faire fosse dun pie de parfond
et dun pie de large ou len mettra
plantes arrachees a vne palme lu
ne loing de lautre et la terre qui se
ra leuee dudit fosse sera remise suz
les racines et serree la ẽcontre et
puis se fera aux pie des arbzes v-
ne fosse et la terre qui sen ostera se
ra mise contre lesditz arbzes et
quant elle sera toute esleuee en
hault lẽ fera qui vouldza vng au
tre fosse et vne autre autelle plantacion et ainsi plusieurs foiz faire
fossez et planter et faire ainsi côme
dessus est dit ou premier liure ou
chapitre des combes et des cours.
¶ Et deuez sauoir que ou il côuiẽt
de necessite faire closture len doit
planter seulemẽt espines mais ou
il nest pas si grãt necessite et la ou
len a peu de bois pour ardoir len
peut bien plãter pzuniers periers

coigners et telz arbzes et semblables que len peut ploier au tiers
an et en faire vne forte et espesse
hape et quant on les pert on les
peut biẽ reparer et amẽder et quãt
ilz sont bien espes et ẽtrelaciez on
les dispose et lpe ensemble bien et
fort et les taille len en octobze ou
en nouembze et nõ pas pzes de terre mais vng pie par dessus car ou
mops de mars ilz bourionẽt pour
ce mieulx et en sont plus de gettós
et aussi ou mois de feurier. Et ain
si les lieux serõt tous temps clos
et deuendzont chũn plus espes en
gettant hault et bas et ou milieu
De ceulx qui seront plãtez en plus
haulte hape on les pourra laisser
croistre et venir sans trẽcher afin
quilz puissent pozter fruit ou pour
edifier ou ardoir. Et peut on bien
planter aual au plusbas espines
pzuniers rosiers sauuages ou autres telz arbzes qui soiẽt poignãs
ou pleins daguillós Et les arbzes
qui sont mis en la hape dẽhault
defendẽt lentree et cloẽt le lieu par
la multiplicacion des bzanches cô
me sont pzuniers frans et autres
et si peuẽt seruir au feu en la troi
ziefme ou quatriefme ãnee et si ap
poztent assez de fruit ou que autres
plantes p sopent mises côme sont
ourmes saulx peupliers coigners
ou garnatiers en lieux chaulx et
atrẽpez et par especial arbzes qui
de leger bourionent. Et deuons sauoir que se la terre est si froide et si
seche q arbzes p viengnẽt a peine

ou que fozt soit quilz p puisset croi
stre len y peut bien mettre plãtes
de coings auecques leurs racines
pource quilz prouffittent bien en
telles terres · et se cest tout vng
champ le ourme y est le meilleur
être les autres arbzes et le peut
len souuent tailler Et si peut bien
soustenir vignes pour auoir des
raisins et si fait belle verdure et
plaisant õbze aux personnes et
aux bestaulx et si y pzent on des
perches et bzanches pour haies et
si est bon a chauffer et a plusieurs
autres choses ꝅ Quant len pozte
plantes doulces de lieu en autre on
les doit pozter auecqs leurs raci
nes bien couuertes et ozdõnees q̃
la chaleur vent ou autre chose ne
les puist greuer · Et qui autremẽt
veult auoir arbzes len peut cueil
lir les semences ou temps que les
fruiz sont meurs et les secher au
soleil et les semer en bõne terre ou
mois de decembze ou en ianuier ou
en feurier et les nouzzir et en la se
condᵉ ânee aps ou en la tierce len
aura dicelles semees grant copie
et habondance darbzes ꝅ palladi
us dit q̃ len doit cueillir des buis
sons les semences bien meures et
aussi de lespine q̃ len appelle buissõ
chiẽnin et q̃ celle semence soit mise
tremper en eaue auecqs semences
derbes et de foing et puis soient se
mees ou en vouldza auecqs la di
cte foinee et que len les laisse croi
stre · et oster ce qui peut nuire ala
croissance ou pzintemps et la ou la

haie sera len fera deux fossez loing
lun de lautre lespace de troiz piez et
de pie et demp dhault et par les co
stez len gettera la terre vers les
gettons des semences tout doulce
ment et au trentiesme iour ilz se
mõstreront et pource quilz seront
tendzes il leur conuiendza aider a
les soustenir et entre eulx les espa
ces vuides se reioindzont mais ce
ste maniere occupe moult de terre ·
et de temps a soy parfaire ·

ꝅ De la pzouision et defense contre
les eaues fleuues et ruisseaulx ·
vigtneufuiesme et derrenier chp̃.

LEs fleuues et lez eaues cou
rans par leur force et violẽ
ce gastent souuent les riues des
champs et des lieux gaignables ·
et y font fentes et creueures et au
cuneffoiz par leur croissãce des ea
ues voisines elles cueuurent tou
te la terre desditz champs gaigna
bles se il nya aucunes defenses et
pour p obuier cõuient faire haul
tes et foztes defenses de pieux et de
clopes de plãches de herbes de pier
res et de terre et les ioindze et sper
enhault en fourme de croix et les
entrelacier et fozt sper car autre
ment les blez et gaignages pour
ropent estre tous perdus et pour
ce p doit on faire foztes defences et
resistãce pour cõtredire aux eaues
Et se en aucunes parties les defen
ses estoient feibles on les doit con
fozter et renfozcier par bonne ma-

niere·Et se les chãps estoiẽt ia gre
uez en aucunes parties par les ea
ues lẽn doit faire trencheiz en celle
partie en telle maniere q̃ les gens
et les bestes soyẽt cõtrains de paffer par la pour les defouler et affer
mer pour estre plus fermes et pl⁹
fozs.

¶ Cy fine le second liure des prouffitz chãpestres et ruraulx.

Ⓒy commençe le tiers liure
des prouffitz champestres
et ruraulx de maistre pier
re des crescens Ou quel est traictie
en particulier du labourage et du
prouffit de chũne sciencs en ensuy-
uant lordze del A·B·C·Le quel con
tient·xxiii·chapitres·Dont le pzemier traicte de laire et place ou se
doit mettre et retraire le fruit de
lescozce·
Le second traicte des greniers·
Le tiers de auoine·
Le quart de chiches·
Le quint de la petite chiche·
Le sixziesme de chanure·
Le septiesme de fozment·
Le huyttiesme de feues·
Le neufuiesme dun ble cõme fozment qui ressemble a speaultre·
Le dixziesme de faseolz·
Le onziesme de git autrement dic-
te neele·

¶ Sensuit le premier chapitre qui
traicte de laire et place ou se doit
mettre le fruit de lescozce·

Aire ne doibt pas e-
stre loing de la ville
afin que les fruitz
p̃ soient plus legere
ment et plus aisie-
ment aportez et que
il y ait moins de doubte den estre de
fraude du seigneur ou de ses procu-
reurs en la cite qui est souspecon-
neuse. Laire doit estre pauee de pierre ou entaillee dune roche de montaigne ou se len nen a point de viel
le len y doit getter de largille et de
stremper deaue et deffouler a piez de
bestes. Et doibt estre laire en vng
lieu plain et hault et net ou les
blez doiuent estre emmoncellez et
quant on les aura vannez et nettoyez des pailles on doibt laisser le

forment rafreschir et apres on le
portera es greniers ou len le gardera a prouffit. et puis apres len y fe
ra vng tect ou couuerture basse et
pres du grain et q̃ il y ait fenestrez
afin quil soit tenu secq et doit estre
le lieuhault et ou les ventz puissent courir de toutes pars et que il
soit loing de iardins et de vergers
et aussi de vignes pource que ainsi
cõme le fiens et la paille sont bons
pour les racines des arbres aussi
les choses qui habitent es fueilles
si percent et corrõpent les formens
et les blez.

Des greniers.   ii. chap.

Le siege des greniers doibt e-
stre hault et loing de toute
ordure et de toute punaisie et desta-

f. i.

bles et doit estre froit et secq et ven
teux · Et dit paladi⁹ que quāt les
greniers serōt faitz len doit prēdze
vielle huille et la mesler auecq ar
gille ou autre terre boeuse et puis
en ēduire les parois du pardedens
et peut on mettre dedēs ce q̃ dit est
fueilles doliuiers sauuages ou oli
ues quāt elles sōt seches en lieu de
paille · et apres q̃ lesditz greniers se
ront fermes et secs et biē rassiz on
y peut mettre les formēs car ratz
souris et telles bestes heent trop
telles choses que dessus est dit · Au
cūs y mettēt fueilles de coriandze
pource q̃lles prouffittent aux for
mens mais toutefuoies il nest riē
pl⁹ prouffittable aux formēs pour
les bñ gardr q̃ aucueffoiz les trās
porter en aucū hault lieu biē aere
ou ilz puissent estre rafreschiz par
aucūs iours et puis quilz soiēt re
mis en leurs greniers · Columela
dit q̃ len ne doit poit esuēter les for
mens et quilz empireroiēt et quil
les vault mieulx tresbiē remuer
par tout · et doit estre le midy au cō
traire des greniers Et doit on aussi
regardez ou le mauemēt ou len met
le formēt quil ne soit pas moiste ne
feble car il doit estre secq fort plain
et onny et ētier pour les souris Et
doit len aussi regardr diligēment
q̃ le lieu du grenier neyœt en trop
chauld ne trop froit pource q̃ tous
les deux corrōpent le formēt et luy
ostent sa challeur naturelle et sa
vertu · Aucūs autres sont puis et
ionchent le sons et les costez de pail

les et gardēt biē q̃ air ne humeur
ny puist toucher fors quāt len en
veult prendze et vser · car ou lespe
rit ne peult attaīdze il ny va point
de corruptiō · et le formēt ainsi mus
se se garde biē par cinquāte ans et
le mil se peult gardr plus de cent
ans · ce dit varron ·

¶ De auoine ·   iii · chap̄ ·

Lauoine est de deux manieres
Lune est sauuage et lautre
franche et cōmune Lauoine sauua
ge croist auecques le formēt quāt
le grain de forment par trop grant
desordonnance de temps ou de la ter
re se conuertist en auoine et le con
gnoist on a l'herbe pource quelle a
les fueilles plus larges plus ver
tes et plus poilues que le forment
et en est le grain noir et poilu et de
uient meur et chet auāt que le for
ment soit meur · Et lauoine frāche
est blanche et non pas poilue · et est
semee au tēps que len seme le for
ment et en autelle maniere mais
il vauldroit mieulx la semer en
feurier ou en mars · Elle viēt bien
en terre mesgre et demāde grant
air et terre sēblable Maistre albert
si dit quelle demande champ secq et
est meure vng peu auant que len
cueille le formēt et se cueille lors
¶ La semence et le feurre sont bōs
pour nourrir cheuaulx muletz as
nes et les sēblables maiz les gēs

ne vfent de lerbe ne du grain fors
en cas de neceffite·toutefuoies elle
a vertu de relafcher et de amolir
toutes dureffes et enfleures et de
netoyer ozdures ce dit platon·

¶ Des chiches.   iiii·chap·

Chiches eft vne femēce biē ge
neralemēt cōgneue et a plu
fieurs differences car lune eft blā
che et lautre eft fanguine·et de ces
deux lune eft groffe et lautre me
nue Apres lune eft bien rouge et
lautre eft noire·et de toutes celle
qui eft fāguine et ride eft la meil
leure foit la groffe ou la menue et
toutes les autres ont lefcozce clere
et polie et non ride·Ce fruit croift
trop bien en air atrempe et moi
fte et requiert terre graffe et moi
fte et feuffre bien terre de crope et
rend la terre mefgre et feche·On
la doit femer en lieux chaulx ou
mois de feurier et en lieux atrem
pez en mars et en lieux froiz en a
uril·elle croift trop bien es foffez
des iardins·Et quant elle eft meu
re on la cueille doulcement fans o
fter les fueilles ne les herbes et
eft bon que au femer elle foit mo
le afin quelle naiffe et lieue pluf
toft et quāt elles font tart femees
leaue graffe du fiens leur eft bōne
et les doit len farcler et netoier ain
fi cōme feues mais les nues et le
gros air leur font moult greuua
bles et fi periffent legerement par
larc ou ciel quant elles font meu-

rees¶ On les doit cueillir quāt les
grains font meurs et fecs et q la
lune foit bien auant ou decours·
¶ Selon ce que dit pfaac la chiche
blanche eft chaulde ou premier de
gre et moifte ou milieu mais la
chiche rouge eft plus chaulde et
moins moifte La chiche eft de grāt
nourreture et amoiftift le ventre
mais elle enfle et engendre vento
fitez et pource elle croift en lōme la
femence de nature humaine et con
forte grandement lufaige de habi
ter a fēme car elle a en foy trops
chofes qui appartiennent a lufage
de generacion ceftaffauoir chaleur
nourreture et enfleur et eft bonne
pour les eftalons et cheuaulx qui
vont a moult de iumēs·ypocras
dit que les chiches ont deux natu
res quelles perdent et fen vont en
leaue quant on les cuift·Lune eft
doulcœur·et lautre faliue·Par la
doulcœur elles donnent bōne nour
reture et multiplient aux fēmes
leur lait et fi lafchent le ventre·et
par la faliue elles diffoluent et a
molient les groffes humeurs et
appetiffent leaue de lozine et fōt ve
nir aux femmes leur temps·El
les valent a ceulx qui ont la iau
nice et le foye efchauffe et aux p
dropiqs enflez et auffi a ceulx qui
ont le cozps plein de grateffe et de
rongne quant ilz fe lauēt de leaue
ou elles fōt cuites pource q elles ne
toiēt le cozps Selō galiē les chichez
boutent hozs les vers du vētre et
fi valent a lopilacion du foye de

f·ii

la rate et de la mer et aussi aidẽt
a ceulx qui ont la pierre es reins
pource que elles la brisent et en la
vessie aussi mais elles greuent a
ceulx qui ont plaíes ou escorcheures es reins ou en la vessie · La chi
che noire est la plus duretique et a
paritiue et vault mieulx en oeuure pource quelle est meilleure con
tre opilacion de rate et de foye et cõ
tre la pierre et aussi côtre les vers
et par especial quant elle est cuitte
auecques ache et que len en boit
le ius et la puree · Mais la chiche
blanche vault mieulx pour acroistre le lait aux femes et aux hõmes la semẽce de generacion. Auicenne dit que les chiches si esclarcissent la voix et font meilleur pol
mon que quelconque autre chose
et pource en fait on brouez ou tour
teles de farine de chiches · et se doiuent mẽger les chiches ou milieu
du disner et non au cõmencement
ne ala fin Elles prouffittẽt moult
au fait de generacion et si font leuer le membre grandement quant
on en boit la puree a ieun ·

(De la petite chiche ·   v · chap ·

La petite chiche demande air
moiste et terre grasse et pleine de crope Et toutesuoies on la
peut bien semer en terre ferme cõme la feue et puis arer et fossoper
ou temps de ianuier et de feurier et
au cõmencement de mars · La moi

tie du boissel si soufist par raison
pour semer autant de terre comme
deux beufz peuent labourer pour
vne iournee · cest bonne viãde pour
les bestes mais les hommes nen
vsent point si non pour la famille
en pain et auecques autre grain
et est bonne a ceulx qui traueillẽt
moult grandement ·

(Le sixziesme chap · du chanure ·

Chanure est de la nature du
lin et pource demande semblable terre et semblable air mais il
ne le conuient pas arer tant de foiz
comme le lin · et toutesuoies qui
veult auoir bon chanure a faire
cordes il le doit semer en lieux tres
gras ou il viengne tresbien et face grosse estoupe pour la grosseur
de lescorce · et de tant quil sera seme
en plusgrasse terre de tant sera il
plus ramu et branchu · et qui en
veult faire toiles et draps que il
soit seme en mois grasse terre car
il en sera moins ramu et branchu
et en sera plus propre pour telles
choses · Et lors aussi il sera bon
pour faire retz a pescher pource que
il se defend mieulx contre leaue q̃
ne fait le lin (On doit semer le
chenneuiz en la fin de mars et au
cõmencement dauril et le doit len
sarcler et netoier aux mais ou au
coutel On le doit cueillir quãt les
semẽces sont meures et le mascu-
lin qui a plus de semẽce se doit lper

deux fauciffees ensemble et puis
le mettre en ung lieu conuenable
la semence de lun sur la semece de
lautre et que les racines soiet au
cotraire de lautre part et se doit cou
urir la partie de la semece de herbe
ou daucun estrain et mettre par
dessus de la terre ou des pierres a-
fin que la semence prengne acomplissement de meurete. et quant il
aura ainsi este par six ou huit iours
on doit leuer les pierres ou terre
herbe ou estrai et puis mettre ung
drap dessoubz la semence et lescour
re pour cheoir plus legerement.
Mais la femelle qui na point de se
mence doit estre toute cueillie ense-
ble par six iours auat q le masle
fors quelle comence a blanchir et
puis doit estre mise toute en eaue
pour roupr et ly laisser tant q lestoupe se puist desseurer du tupau
et puis en est casse le bops et frois
se quant il est soubtil Mais cellui
qui est long et gros on le doit peler
et traire hors du bois et se aucue
chose p demeure on le doit mettre
tremper en eaue et secher et puis
pzendre le bon. Et deuez sauoir
que de la semence toute dune natu
re naist une maniere de chaure qui
est plein de raiceaulx et a moult de
semece et de grain et aussi en naist
une autre maniere de chanure qui
na ne rainceaulx ne semece. et aus
si encores une autre maniere qui
na qlcoque rainceau et si a moult
de semence. et est la semece de chan
ure tresbonne pour petiz opseles et

si menguent tres voulentiers.
Le septiesme chap. du forment.

Forment est une maniere de
grain qui par dessus toutes
choses est la plus conuenable pour
corps humain pour cause de la se-
blance quil a aueques nostre coplexion Il est plusieurs manieres de formens dont cellui qui est
nouuel dun an ou de moins est le
plus conuenable pour nourreture
et pour semer et cellui qui est plus
viel nest pas si bon pour nourrir
ne pour semer. et aussi lun formet
est mopennemet long et blanc ou
vermeillet et a lescozce subtille et
deliee et est la farine de dedens tres
blanche celui est le meilleur. Et si
pa autre formet gros rond et blac
rouge ou claret. cellui nest pas si
bon et la paste qui en est faite nest
pas si bien entretenant et ne croist
poit au cuire le pain qui en est fait
et la paste qui est faicte du pmier
est bien entretenant et en croist le
pain au cuire mais coutesuoies il
ne donne pas si grat mesure au ve
nir du champ come le gros pource
que le gros emplist plus la mesure au comencement quil est batu
et vanne et auant quil soit desse-
chie que le menu. et aussi le grain
qui est venu de terre grasse estplus
gros et mieulx reuenant au pois
et plus nourrissant que cellui qui
croist en terre maisgre. celui qui
croist en terre chaulde est plus
chauld et cellui qui croist en terre

froide est plus froit et aussi cellui
qui croist en terre seche est plus
sec et en terre moiste plus moiste
¶ Il est vne maniere de forment
qui est mussie en lespi et combien
quil ait les espiz cours et quil soit
plus dangereux au temps et plus
tost empire de nuile que lautre sico
me aucūs diēt toutesuoies il mul
tiplie plusieurs espis en nombre.
mais le gros et par especial cellui
qui a les espis rouges cōbien quil
porte longs espis et grans et nobles toutefuoies fait il peu despis
en nombre et lap ainsi congneu et
apperœu . Tel forment croist ainsi
cōme en toutes terres habitables
combien quil croisse mieulx et plꝰ
noblement en cōtrees atrēpees si
cōe ou tiers ou quart et ou ciquief
me climatz il demāde terre grasse
par mesure et de doulce saueur et
sup est bonne la crope mais quel
le ne soit pas trop pouldreuse ne de
sablon il sesiouist destre en plain
chāp et het chāp vmbrage Quant
il est seme er lieux trop moistes et
pleins deaue il forligne et fault et
aucuneffoiz se conuertist en auoine et purope. Le formēt de la costie
re est plꝰ fort en grain mais il res-
pond moins ala mesure On le seme en lieux froiz et pleins de neges
en la fi daoust et par tout le mois
de septembre et en lieux atrempez
en la fin de septembre et par tout
le moif doctobre et en lieux chaulx
en la fin doctobre et par tout le
mois de nouembre Et en tous œs

lieux se la terre est seche et chetiue
on la doit ꝓmiers semer afin q̄ le
forment ainsi seme puist auoir ses
racines auant yuer et q̄lles aient
aucune vigueur Et puis apres on
seme les terres grasses et qui les
seme meures elles luxuriēt et fōt
bastardie destranges herbes qui
nuisent au formēt et souffist pour
semer la terre que peuēt arer deux
beufz en vne iournee dune corbie
qui vault de cæste mesure vng.
¶ Et se ou temps de semer la terre
estoit trop seche neautmois on la
doit semer pource que les grains
espandus par la terre se gardent
mieulx aux champs que es greniers et doit len ouurir la terre et
couurir les grains pour les defendre des opseaulx et des bestes iusques aœ quilz soient germez Et se
la terre est trop mole la gelee si la
corrigera Et se il ya eaue len la
peut bien defendre daler au fons
par la desriuer ailleurs et se la ter
re est atrempee le formēt sauldra
hors de terre dedens huit iours ou
enuiron sicōme dit Varron ¶ La
maniere de labourer les champs
pour le formēt est telle On rera la
terre diligēment selon la doctrine
baillee es generacions et encores
sera trenchie au socq et puis sauldra couurir la semence et rompre les motes et apres netoier les
fosses des motes petites en les
ostant tant de fossez du long comme des trauersains plus longs
tout aual a œlle fin que la pluye

et les eaues cheans puiſſent aller
franchement par tout le champ et
ſans empeſchemēt deſcendre aux
foſſes ordonnees car ſe le forment
eſtoit en laict et quil cōmencaſt a
germer et les eaues p demouroiēt
elles eſtaindroient le germe et tou
te la ſemence.⸿ Ou moys de ianuier apres la gelee et la mole ſuperfluite de la terre et es mois de
feurier et de mars quāt le formēt
ſera de quatre fueilles on le doit
ſarcler aux mains et au coutel et
oſter toutes les mauuaiſes herbes
afin quil ait meilleur croiſſā-
ce et viengne mieulx a meurete.
mais on ne doit toucher aux formēs ou mois de may pource quilz
ſont lors en fleur par huit iours
et par quarāte iours apres ilz ſōt
parcreuz iuſqs ala meurete. paladius dit que len doit ainſi faire de
lorge et des autres grains qui ont
ſinguliere ſemēce. Len doit cueillir
le forment quant il eſt meur en
lieux chaulx et ſecs ou moys de
iuing et en lieux atrēpez ou moys
de iuing vers la fin et au cōmence
ment de iuillet et en lieux froiz en
la fin de iuillet et au cōmencement
daouſt et eſt la maniere de cueillir
les formens aſſez cōmune. Quāt
les formēs ſont ſopez on les peut
laiſſer ſur le champ du matin iuſques a tierce et par tout le iour ſe
le temps eſt doulx et biē atrempe
et puis les lper et pource que les
lpēs et les eſpiz viēnent dun meſme ble on ne les doit pas trop laiſ-

ſer ſecher quilz ne rompēt et quāt
ilz ſont liez on les doit porter en lai
re ou ſoubz toit a couuert par faiſ-
ſeaulx meurs et tellement les diſ-
poſer q pluye ne eaue ne les puiſt
greuer et apres les batre a fleaux
ou les froiſſer a cheuaulx. et touteſuoies les batre a fleaux deliure
mieulx le grain de la paille mais
les fouler a cheuaulx eſt pluſtoſt
fait et ſi en ſōt les pailles mieulx
diſpoſees pour les beſtes menger
et ſen deliurent mieulx des eſtran-
ges ſemences Et puis on les vanne et les met on es greniers pour
les garder Et ſe doit on ſouuent dōner garde que les tas des formēs
ne ſeſchaufent daucūe mauuaiſe
et eſtrange chaleur et ſil aduenoit
on les doit mouuoir par les greniers et eſuenter Ou qui mieulx
vault les porter au ſoleil et a lair
et quāt ilz ſeront rafreſchiz les re
mettre es greniers cōme par auāt
Touteſuoies ceſt choſe generale et
experte que tous grains excepte le
mil ſe gardent mieulx et plus lon
guement en la paille que quāt ilz
ſont batus et hors de la paille.
⸿ Selon ce que dit pſaac le formēt
eſt chault et moiſte atrempeemēt
et en eſt leſcorce chaulde et ſeche et
netoye et mondifie mais auſſi elle nouriſt peu ⸿ Qui met leſcorce en eaue chaulde et la frote biē
et puis la mettre cuire et apres la
couler leaue en vault a boire q
ceulx qui ont le poulmon et le pis
pleins de mauuaiſes humeurs .

f.iiii.

car elle les purge et netope mais
qui la met en laict elle nourrist
mieulx et qui la cuit en vin mesle auecques eaue et puis le mettre
tout chault sur mamelles endurcies pour lait qui y soit arreste en
surcy et espessi elles en sont amol
liees et gueries · psidore si dit q̃ la
farine de forment meslee auecq̃s
miel oste les taches et pustules de
la face et qui la cuit auecq̃s sain
ou suif mesle en vin elle amolie les
mamelles endurcies de laict figle
et espriz et aussi elle amolie et meu
re les apostumes et cloux elle relasche les nerfz indignez et endur
cis come spasmes et les relasche
et adoulcist · Le leuain qui en est
faict mesle auec sel si meure et oeu
ure les apostumes La nourreture
de forment fraiz et nouuel vng pe
tit cru enfle et engendre fleume el
le esmeut douleurs de costez et fait
router · et quãt elle est rotie elle en
fle moins et fait moins de ventositez et quant elle est cuite en eaue
elle enfle grandemẽt et est de dure
digestion et apesantit et engendre
grosses humeurs et glueuses ·
mais quant elle est bien digeree el
le donne grant nourreture et cõfor
te les mẽbres et pource on la doit
donner a œulx qui traueillent fort
Le grain de forment cuit auecques
lait fait bon sang et prouffittable
nourreture mais qui en vseroit
trop souuent il engendreroit opila
cion de foie et durte de rate et feroit
la pierre es reins et en la vessie et

par espal a œulx qui ont les reins
chaulx de nature ou par aucun ac
cident · Nous vsons de paste de for
mẽt en plusieurs manieres Celle
qui nest pas leuee est visqueuse et
enfle et est dure a digerer et si en
gendre enfleures opilaciõs et dou
leurs et nest bonne fors a laboureurs et quant elle est leuee elle
nourrist tresbien Quant elle est
frite ou cuite es cendres elle ne
vault riens pource quelle est dure
dehors et visqueuse dedes et demie
cuite · Le pain en sa forme quãt
il est cuit si a lescorce dure et deliee
et pource son escorce cest adire sa
crouste nourrist trespeu et est du
re a digerer elle boit lumeur du
corps et seche et estoupe le ventre ·
Il ya moult de moele et de mpe
mais elle est grosse et visqueuse
moiste et enflant et engendre fleume glueux · mais le petit pain est
percie du feu et attaint par tout et
seche le feu son humeur en la mie
dont il nourrist moins et se depart
du corps biẽ atart et estoupe le vẽ
tre par especial quãt on le mẽgut
froit dun iour ou deux aps ce quil
est cuit · Et le pain qui est de moyẽ
ne quãtite en forme est aussi de mo
yẽne puissance · Le pain qui est cuit
a trop grant feu a la crouste dure
et arse et seche et en est la mie tou
te crue par dedes pource que la vio
lence du feu endurcist tellemẽt la
crouste que la mie ne le sent point
La crouste ne nourrist poit aincois
cuit et art la gorge et la pettrine

et engendre trop sec sang et si serre
le ventre Et la mie qui est crue et
mole si engendre grosses humeurs
glueuses et ordes Et autel est il
qui le trait du four auant quil soit
cuit mais le moien est le meilleur
et plus naturel car il tresperce le
pain tout par mesure et le pain qui
est cuit au bout tout le derrenier
est le meilleur pource quil est cuit
tout dune semblable maniere hors
et ens maiz cellui qui est ou milieu
est cuit dessus et dessoubz et cru ou
milieu et qui en use souuent il en
sle et fait les costez douloir et aussi
fait le pain cuit es cendres et par especial quant le bois est menu et
que il art legerement il fait estre
tout pesant Le pain fraiz et nouuel est plus moiste et plus nourrissant et cellui qui est dun iour ou
de deux est le meilleur pource quil
est atrempe par dehors et par dedens
Le pain sec est leger et seche les humeurs et lestomac et engendre soif
et serre le ventre Le pain de forment
ou il ya du sel quant il est cuit par
ordonnance est de bone digestion et
engendre sang cler et est le plus prouffitable aux personnes qui ne traueillent point et qui se reposent en
delices mais il nest pas prouffittable a ceulx qui labourent moult
pour cause de sa legerete et preste
digestion Mais le pain ung peu leue et sans sel et qui nest pas bien
cuit engendre ventositez et grosses
humeurs mais il est bon aux laboureurs qui peuent bien digerer

Et le pain qui est grandement et
fort leue et ou il ya du sel ne nourrist pas bien car la vertu du sel seche lumeur de luy et le leuain ap-
petice la mixtion et latrempance.

Le huictiesme chap. des feues.

Des feues les unes sont grosses et les autres petites et
menues et les aucunes blanches
et les autres noires Les unes cuisent legerement et les autres ne
peuet cuire maiz les blanches sont
les meilleures et cuisent le plus legerement Les petites feues sont les
plus sauoureuses et plus plantureuses que les grosses mais les
grosses sont plus belles Feues
peuent croistre en tous lieux habitables et en tout air Elles demandent terre grasse et pleine de crope
et la elles font tenue escorce et deliee et cuisent legerement et croissent tresbien en terre moiennemet
moiste maiz elles ne viennent pas
bien en sablon et celles qui y croissent ne peuent pas bien cuire se la
terre nestoit premier bien engressee de fiens dont elles amenderoient
On les seme en estoubles et chaumes et en terre aree maiz elles valent mieulx en la terre aree Quant
les lieux sont chaulx et atrempez
on les doit semer en la fin de nouembre et par tout le mois de decembre
et elles sourdront incontinant aps
lpuer et quant le temps est froit
on les seme en ianuier et en feurier

tâtoft apres que la terre peut eftre
aree aps les fortes gelees et valét
mieulx en terre moifte que terre
feche·On les peut auffi femer ou
mois de mars et par efpecial quât
la terre eft moult graffe et quant
on les feme bié tart en terre moifte elles en germent pluftoft · Et
quât on met les feues tréper deux
ou trois iours en eaue de gras fiens auant ql'es foient femees elles en font plus doulces a cuire et
auffi telle moffificacion p prouffit
te moult quât on les feme en terre mefgre·Et quât on feme les feues il ne côuient ia caffer les grof
fes motes car ce non obftant et ql
les feuffent mifes bié parfond en
terre fi vendront elles hors·et les
doit on plâter ou femer a vng douz
loing lune de lautre afin q les bzã
ches et les fueilles fe puiffent di-
later·Ceft la femence dont la terre
eft moins greuee et par efpâl quât
au cueillir on laiffe la racie en ter
re Mais toutefuoies la terre nen
eft pas pource plus plantureufe fe
ce neftoit que par accident le champ
feuft moult moifte· ¶ Côlumella
fi dit q le châp eft approuue meilleur pour les formens quât il a e-
fte vuid lannee precedent quil doit
eftre feme que cettui qui aporte fe-
ues·Et ceft vray pour deux raifôs
Lune pource q les feues ont pzins
aucune partie de la nourreture du
forment·Et lautre quil na peu e-
ftre fi prouffittablemêt greené eftre
côme fil euft efte vuid ¶ Selon pa-

ladius les feues doiuent eftre ne-
toiees de rôces et de toutes autres
herbes fi toft côme elles apparent
quatre doiz par deffus terre et aps
doiuent eftre farclees quât les her
bes nuifans croiftrôt entour et en
valent mieulx et fructifient plus
et qui les bzife elles vienent auffi
bien côme entieres · Les feues fôt
en fleur par quarâte iouzs en map
et en iuing et fi croiffent auec ce et
ainfi eft il des pois et de tous grais
qui ont double femence pour pota-
ges·On doit cueillir les feues ou
mois de iuillet quât la lune eft en
decours et auant foleil leuant ain
cois q la lune fen aille et puis qlles foient batues et efcouffes et
quât elles ferôt refroides on les
metra en grenier et par ainfi elles
naurôt point les moufches ne les
vers qui les rungent ce dit paladius varron efcript que les feues
et les autres grains de potages fe
gardent moult bien en vaiffeaulx
ou il ya eu huile mais quilz foiêt
frotez de cendzes par dedens ¶ Sicô
me dit pfaac les feues que len mê
gue vertes font froides et moiftes
ou premier degre et engendzêt grof
fes humeurs et crues et êflent et
font ventofitez et nuifent grandement a leftomac·Et les feches et
parfaictemêt meures font froides
et feches ou premier degre et font
mauuaiz fang et enflent la char
et la dilatent et font ou corps hu
main ce que le leuain fait en la pa
fte et fôt es haultes parties du ve

tre grandes et grosses enfleures
dont les fumositez qui montēt au
chef nuisēt tresgrādemēt au ceruel
et fōt songer les sōges et corrōpus
et pource que les feues ont de leur
nature telles proprietez on ne leur
peut pas oster mais on les peut
biē appeticier sicōme il est prouue
par experiēce car les persōnes qui
vsent chūn iour de feues seuffrēt
indigestions et enfleures pose que
ilz feussēt tres sains et netz Elles
netoient tresbien et pource sont elles bonnes cōtre lentilles et pour
netoyer le cuir du visage a ceulx
qui par coustume sen lauent de la
farine cuite · On cuist les feues en
plusieurs manieres Les aucunes
sont cuites en eaue et les autres
rotyes · Celles qui sont cuites en
leaue sont les meilleures pource q̄
leaue leur oste grāt partie de leurs
ventositez et de leur grosseur par
especial quāt la premiere puree en
est gettee et quelles sont parcuites
en aultre eaue et les peut on met
tre cuire en deux manieres les v-
nes auecq̄s leurs escorces et les
autres sās escorces Celles qui sōt
cuites en leurs escorces sōt dures
a digerer et de grosse enfleure car
la stiptiquite de lescorce empesche
quelles nyssent hors du ventre et
leur longue demeure ou ventre en
gendre enfleure et vētositez · Et cel
les qui sont cuites sans escorces
si enflent moins et sont tost digerees · et qui mesle du ius des feues auecques choses eschaufans

cōme poiure et huile. cest vne parfaicte medicine au fait de mariage
¶ Qui mengue feues auecq̄s mē
te ozigan cōmin et telles choses
leur enfleure et leurs ventositez
en appeticent moult · Qui les rostit elles en enflent moins et en
ont moins de vētositez mais elles
sont trop dures a digerer · toutesuoies qui gette de leaue dessus a-
pres ce q̄lles sont rosties et q̄lles
soient mengees auecq̄s mente ozigan et cōmin elles perdēt leur dur
te · Qui donne chūn iour a menger
aux beufz bien largement feues
cassees ilz en sont tantost gras et
en sont par ceste maniere engressez
vieulx beufz et grans en quinze
iours par les sages du mestier et
si en est leur char renouuellee · A-
uicenne dit q̄ leur rectificacion et
adrecemēt est la prolongacion de
leur infusion et trēpeure et la hō-
te de leur cuiture et les menger a-
uecques poiure sel et huile et telles
choses · Les meilleures sōt les pl⁹
grosses et blanches et qui ne sont
point percees de vers ne de mousches · Leur propriete si est q̄lles trē
chent les oeufz des gelines qui en
sont nourries et quelles font songer songes destranges pensees et
troubles et quelles font venir gra
telle et fresche mengoison Et lemplastre des escorces des feues mis
sur la penniliere de lenfant il y def
fend le poil a venir et aussi quant
on le met souuent sur aucun lieu
rez de nouuel · Les feues netoyent

en la face Bne maladie nõmee mor
phee et par especial auecqs lescorce
et si en ostent le drap et les lentilles et donnent bonne couleur. Em
plastre fait de feues est bon contre
les apostumes des mamelles et
quant le lait est endurci dedens .et
quãt feues sont cuites en eaue et
Bin aigre auecqs leurs escorces ce
Bault moult a Biel flux de Bentre
et a dissintere. Plinius dit que qui
Boit le brouet des feues cuites il
Bault moult au polmon et le netope et guerit les apostumes des
mamelles et quãt le lait est edur
ci dedens . et qui met cest puree a-
uecqs roses ce guerist la luieur la
perseur la douleur et les lippes des
peulx . Qui masche les feues et
les met sur les temples elles defe
dent que les humeurs reumatiqs
qui descendent aux peulx ny Bieng
nent. Item la feue fendue par my
et puis assise sur Bne Beine trenchee lempesche a seigner et la restraint. Les feues arrestent le lait
decourant es mamelles et lempes
chent a couler. Qui brope feues et
les cuit auecqs suif de mouton ou
autre gresse elles Balent a poda
gres et artetiqs qui les met sur le
lieu cõme Bng emplastre. Qui les
cuit en Bin aigre et les met au cõ
mencement sur esleures et boces
de apostumes elle les resoluent et
reboutent . Quant les feues sont
en fleur elles couuoitent tresgran
demẽt leaue et quãt les fleurs en
sont hors elles ne demandent fors

secheresse. Et dit len que les feues
ne peuẽt cuire en eaue demer ou en
eaue salee et que es isles de la mer
occeane il naist feues qui delles
mesmes ne peuent estre cuites . et
q en egypte il naist feues espineuses qui sont longues de dix coutes
lesqlles font prendre les cocodriles
car ilz sen fuyent afin que leurs
peulx ne soient blecez des espines
dicelles feues.

¶ Du far qui ressemble a speaultre. iiij.chap.

Far est semblable a speautre
maiz il est plus gros en her
be et en grain. On le seme ou tẽps
q se doit semer le forment et speau
tre. et souffist Bng corbillon pour
Bne iournee de beufz. cest bõne Biã
de aux sains et aux malades .On
le cueille et netope cõme le formẽt
et est de cõplexion atrẽpee et nour
rist assez bien et conforte et engen
dre bon nourrissement et est plus
restraignant quil ne soit layant.

¶ Des faseolz. v.chap.

Les faseolz sõt assez cõgneuz
les Bngs sont blans et les
autres rouges Ilz demandent au
telle terre cõe le pannic et entre le
pãnic et les chiches les peut on biẽ
semer a prouffit On les seme aus
si es iardins auecqs les cholz et
les oignons et si Biennẽt bien en
mois deliee terre et si les seme len
en tel tẽps cõme les cholz et oignõs et de tant cõme la terre est pl'
grasse en doit on moins semer et

les faire plus clers et les doit len
souuēt netoyer des herbes et cueil
le len les cosses ou escozæs lune a
pzes lautre quant len apperçoit a
leur blancheur quelles font meures et les met on secher au soleil
sur draps ou langes · Les rouges
font chauly et moistes ou milieu
du secōd degre · et les blans mois
chauly dun petit et plus moistes
Et le fæt on aæ que leurs grains
ne peuent secher ainsi cōme les au
tres et se on les seche si ne les peut
on garder longuement Ilz engen
dzent enfleures ventositez et grof
ses humeurs et grant fumee qui
remplist la teste et fait sōges tres
hozzibles mauuaiz et cozzompuz ·
Auicēne dit quilz engendzēt grof
se humeur mais que la saueur en
oste leur mauuaistie nuisāt et aus
si fait le vin aigre auecqs sel poi
ure et ozigan ·

¶De git autrement dicte neelle ·
          vnziesme chap ·

Il est vne semence noire cō
me vng triangle dont lerbe
naist es fozmens speautres et seigles et en cōmun langaige on lap
pelle gueronus ou gutrenus · et
fait fleurs rouges en maniere de
clochetes et est chaulde et seche ou
secōd degre · Elle a vertu de dissol
dze et degaster contre les opilaciōs
de la rate et des reins et contre la
passion des bopauly et la douleur
de lestomac qui pzocæde de ventosite
qui en vse en ses viādes et la poul
dze Et contre les vers du vētre

len donne la pouldze auecqs miel
et puis on faict vng emplastre de
la pouldze auecques ius dalupne
et le met on entour le nombzil ·

¶De purope autrement dite dzoe
                    vii · chap ·

Dzoe et purope æst tout vng
elle croist entre les fozmens
quant le temps est sec et cozzompu
elle a vertu ague et venimeuse · el
le fait opilacions et si enpure et
trouble lentendemēt · Qui la cuit
en vin auecqs fiente dasne et semence de lin et en faire emplastre
il vault a casser et dissofdze apostumes et escroeles · Qui la cuit
auec lescozæ de la racine et la met
sur vieilles playes et iæ pourries
elle les netope et guerist · Elle art
le fozment pourcæ quelle attraict a
soy sa nourreture ainsi cōme le pa
uot fait de lauoine et les cholz de
la vigne car ilz lardent et sechent
toute cæ dit albert.

¶De lentille ·   viii · chap ·

La lentille est vng grain cō
mun et desire lieu tenue et
pouldzeuy · Et combiē quelle vien
gne en lieu cras toutesuoies luy
vault mieuly le sec car elle est tost
cozzompue de luxure et dumeur ·
On la seme en la lune douziesme
de feurier et suffist vng boiæl pour
vne iournee de beufz sicōme dit al
bert · pourcæ que la lentille croist
et vient tost qui veult fumer le
chāp ou on la doit semer on le doit

fumer de fiens fec auant le femer
et le laiffer quatre ou cinq iours
fur le champ et puis le mefler a-
uecques la terre et apzes la femer
Paladius comande que on le face
ainfi afin que elle viengne et croif
fe bien et toft / La lentille eft froi
de ou pmier degre et feche ou tiers
fon nourriffemet eft gros et eft de
dure digeftion Elle fait fang mele
colieup et qui la mengut auec les
efcozce elle remplift le ceruel de
groffe fumee et melecolieufe et fi
eft caufe de douleur et de fauly fon
ges et moureup·Elle fait ventofi
tez et enfleures et conftipacions et
pource elle nuift a leftomac par def
fus tous les autres grains·et auffi au polmon ala dpafragine aup
pelletes du ceruel et aup autres
nerfz des petites peauly et par efpe
cial des peuly car elle leur attaint
et feche leur humeur elle griefue
mefmes aup peuly fains et par co
fequet encozes plus aup febles et
malades Et coclus quelle griefue
a coplexion feche Mais elle vault
bien aucuneffoiz a ceulp qui font
de complexion moifte qui les cuift
fans lefcozce·Elles valent aup p-
dzopiques mais quat lefcozce p eft
elles nuifent grandemet pour lenfleure et ventofitez quelles font La
grade et la nouuelle eft la meilleu
re a cuire et a meger et auffi a me
dicine que la petite vieille et dure
et qui la mefle auecques cendze el
le fen garde mieulp.

De luppins.   ptiii·chap·

LEs luppins font femez pour
caufe degreffer terres ou vi
gnes ou pour cueillir la femence·
Les luppins que len feme pour en
greffer doiuet eftre femez ou mois
daouft ou quant les grappes font
cueillies es vignes et les cueuure
len es terres ala charue et es vig
nes a houes et apzes ou mois dauril ou de may quat ilz feront venus et creuz on les retournera en
terre·et ainfi eft trefbonne greffe
pour les terres et apzes on y feme
du mil et du pannic et quant fera
fait on y femera du fozment · et
vault mieulp pour les vignes la
greffe des luppins q du fiens pour
ce que il empire la faueur du vin
On les feme bien apzes moiffons
es chaumes et eftoubles ou faua?
es terres bien arees par deup foiz
ou entour le comencement daouft
Et puis ou mois doctobze on les
taillera a houes ou a focs empzes
terre et la mettra len par foffes
fur lefqlles le femera le fozmet et
puis on le couerra de terre a vng
foc et lozs le grain fera trefbon ·
Et en lannee enfuiuant len y pour
ra mettre du fegle ou du fozment
et en ce mefme temps len pourra
entre le pannic faire ces chofes en
fa feconde farculacion et quant le
pannic fera cueilli ces luppins demourront pour engreffer le chap
au fozmet felon la maniere deffuf
ditte Et en met on deup cozbillons
ou plus en vne iournee de beufz·
mai les luppins qui font femez

seulemēt pour auoir la semence si
doiuent estre semez au mois doctobze et en nouembze et souffist vng
cozbillon pour vne iournee a beufz
On ne doibt point semer lupin en
champ croieux ne lymonneux car
luppins heent croie et aiment terre pouldzeuse et seche. On ne doibt
point soufouller les luppins pour
ce q̄ ceulx qui sont soufoulez sechēt
et esteignēt car ilz nont que vne ra
cie et aussi ilz ne le desirent mie caz
ilz grieuent assez les herbes sans
ce que le laboureur y trauaille On
les cueille au mops de iuing et de
iuillet et le peult on tantost pozter
hozs de laire mais on le doit mettre
en grenier loing de lumeur et ainsi
on le pourra garder longuemēt et
par especial sil y auoit continuellement fumee dedēs les greniers.
Selon psaac luppins sōt chaulx
et secqs au second degre les aucūs
sont amers et sont chaulx de leur
nature et valent en medicine. Et
les aultres sont doulx et sans saueur. La farine de luppins auecq̄s
miel vault contre les vers du vē
tre. et aussi vault adce le pain qui
est fait de farine de luppins et miel
et alupne quāt on le met sur lesto
mac et encoze vault mieulx qui y
adiouste vng petit daloes Celle mes
me farine meure et rompt les apo
stumes. Auicenne dit que les luppins amolient les cheueulx et net
toyent la face et en ostēt le dzap et
la mozfee et par espāl quāt on les
cuit en eaue de pluie iusques adce q̄

ilz se dissoluent. Aucuns dīt q̄ la
farine de luppīs bzuslee et art le poil
venu et ne seuffre poīt q̄ lautre re-
uiēgne. psaac dit q̄ qui laueroit les
lieux ou il y ait punaises de leaue
ou les luppis aient este adoulcis q̄
elles mourroiēt. les lupins adoul
cis sōt de gros nourrissement et si
sōt durs a digerer. et pource ilz sōt
grosses humeurs gluās et visquses.

Du lyn ȳb.chap̄.

LE lin desire air attrēpe et ter
re dissoulte grasse et deliee.
et de tāt cōe elle est pl9 grasse de tāt
sōt les estoupes plus grosses. et de
tāt cōe la terre est plus mesgre de
tāt en sont les estoupes plus menues. et en mesgre terre cōmunemēt il y croist peu de lyn ou neant
Selon lopinion cōmune la terre est
moult espiree et trauaillee de pozter
le lyn et en amesgrist fozt. et pour
ce il la conuient fozt fumer de bon
fiēs et la biē aidier qui veult cōti
nuer ala semer de celle semēce. pouz
semer lyn la terre doib. estre aree
vne foiz auant puer afin que les
mottes soient mises en pouldze a-
uant lpuer. et puis soit aree vne
aultre foiz le plustost que len pour
ra apzes puer et puis soit espurgee
et ēcozes aree cinq ou six foiz et tāt
quelle semble estre toute pouldze et
q̄ ala premiere foiz quelle soyt labouree bien parfond et ala seconde
moins et ala tierce encozes moins
et tousiours ainsi en diminuant
la parfōdeur iusques ala derniere

foiz· et puis de my auril iusques en la fin dicelluy il faict tresbon le semer en la plaine terre et apres tourner la terre vne paulme par dessus la semẽce Et en ceste semail le selon la coustume dalixãdre ou il croist tresbon lyn il souffit dun beuf pour menez vne charue et deux ioins ensemble deux charues et lu ne charue aps lautre ou quelle la tiengne par le long du bras ou vng petit plus et le traie a vne corde et que chũne charue ait son bouuier qui la maine et conduie· Et souffi sent trois corbillons de semence ou pou plus pour la iournee dun beuf et prouffittera bien la semẽce se le champ est ainsi laboure et biẽ pur ge et nettoye apres ce quil sera se- ra seme· Et se le temps estoit trop secq il seroit bon de larrouser· et le peut on semer des auant yuer en lieux chaulx esquelz le lin qui est leue nest point blece de froit et viẽt trop mieulx en terre moiennemẽt croieuse q̃ en pouldreuse· et si nest point de necessite que la terre croieu se soit grasse ne quelle soit aree pl⁹ de deux foiz mais que la terre soyt mise en pouldre· et quant le lin au ra este seme le meilleur est que la semence soit couuerte et traicte du ne herse despĩes et la terre aplaniee et encores vault mieulx q̃ la her- se soit tyree a vne corde par vng hõ me que par beufz pour escheuer le grief de la terre et le peut chũn sa- uoir· Ceste semence peut estre net- toyee par deux foiz car lentortille- ment et le podagre du lyn dont il est enuelope si lesteit et pource on le doit arracher et bien extirper auãt quil sennelope entour le lyn com- bien que le lin soit bien blece daler autour quant il est grant et pour ce celluy qui le nettoye se doit bien secourcer et tousiours netoier aux mains deuant soy mais quant on le nettoye la pmiere foiz len peult bien aller parmy pource quil est ẽ- cores ienne et petit et peut reuenir On le cueille quant il est meur et q̃ la couleur iaunist· Et le doit on mettre a couuert en grenier le iour que on le cueille afin quil ne soyt moille de pluye ne de rousee et doibt estre lie par faisselez et puis escoux a mailletz de bois pour auoir la se mence et puis se doit porter le lyn en leaue et tremper quatre ou cinq iours et quant leaue sera pourrie il y aura este souffisãment· et se el le nestoit corrõpue quil y soit laisse iusques a sept iours et cõuient que la char de lherbe soyt pourrie et q̃ le scorce dont est faicte lestoupe soyt sans corrupcion· Qui veult on le peut trop bien meurer a la manie- re de milan· quant il est meur on le cueille sans les aultres herbes qui y sont meslees et le met on en petiz faisselletz qui se lyent dherbe de ioncs ou autre chose et le met on secher en vng champ et le conuiẽt garder de pluye et daultres eaues et par espãl quãt il est secq et puis on le porte a couuert et le garde len iusq̃s en aoust q̃ la necite de batre

est acomplie·Et lors len oste la semence et porte len le demourant a
leaue et le met on dedens et le doit
on souuent remuer et bien pluger
dedens et metre par dessus du merrien ou des pierres pour le mieulx
faire tenir en leaue et q il y demeure par demi iour sans plus et quat
il est ainsi bie baigne on le doit ra-
porter a lostel et le mettre tout ensemble en vng moncel soubz couuerture empres le mur et le couurir de feurre ou de paistes et le p
laisser par trois iours ou il se eschaufera et se meurira et quant il
sera refroidi et fait tendre et leger
ou que les semences qui y sont demourees comencent a germer ou
que lespote ostee de la char par soy
nest poit brisee la meurete sera lors
acomplie Et lors chun faissel sera
diuise en trois ou quatre gras poi
gnees et soient espees aueceqs le lin
et quelles soient bie sechees et mises en garde et puis aps on le pour
ra appareiller en chun teps de lan
ainsi quil est par tout acoustume·
Et pour sauoir quat il sera meur
a point se on le treuue en leaue si
mol quil nait point de roideur lors
est il meur Et aussi on le congnoist
ace que se len en prent vng peu et
soit mis hors de leaue et seche se la
char et lestoupe se departent legere
ment il est meur·et se il nestoit assez meur lestoupe en seroit pl9 forte et plus blanche mais elle ne se
departiroit pas si legerement de la
char et seroit plus dure a filer·et

se il estoit plus meur que il ne deuroit lestoupe en seroit moins forte et se departiroit plus aiseement·
de la char et seroit plus blanche et
plus aisee a filer et puis lors se deuroit leuer et batre de maillez de
bops pour en mettre hors la char
et apres le mettre au chault soleil
et quat il sera eschauffe le mettre
ensemble en draps chaulx et le cou-
urir·Et quat il aura ainsi este par
aucunes heures le gramoistir et
le froter car en ceste maniere on le
netoie·tresbien sans rompre lestou
pe et elle se romproit qui la gramo
tiroit ainsi tost quelle vendroit du
soleil·Et se le lin estoit moiste il le
fauldroit appareiller de draps chaulx pour estre bon a gramoistir et
puis a espees de bops se doit acom
plir toute la mondificacion et aps
on le pigne cerence et file ¶ Selon
auicenne la vertu de la semece de
lin est pareille ala semece feuegre
elle est chaulde ou premier degre et
atrempee entre sec et moiste·Qui
en prent auec sel et poiure de la semence elle esmeut fort a luxure·

⸿De lorge·   vbi·chap·

Orge seuffre tout air et desire terre grasse pour tresbie
venir et aussi il vient bien en terre moyenne et est mieulx en lieu
cler et ouuert q en lieu vmbrage·
On le seme en tel teps et en telle
maiere coe formet Il demeure sept
iours soubz terre sicoe dit varron
                                    g·i·

et lors il vient dehors les grains
des potaiges demeurēt cinq iours
soubz terre fors q̄ la feue · Albert
dit q̄ on le peut semer au cōmenæ
mēt de prin tēps et peut estre faict
chūn des deux mais il vīet pl⁹tost
a meurete de semer tard Il y a vng
orge q̄ len appelle marzolun ou se
corgō qui est seme par tout le mois
de mars et au cōmēæmēt dauril
et est meur en iuillet Len treuue
orge qui se netope a batre cōme for
mēt · et œstui se doit aussi semer cō
me le forment et souffist pour se
mēæ de vne corbeille a vne iournee
de beufz On cueille lorge et se neto
pe cōme le forment et pourœ on le
doit cueillir quāt il est meur auāt
q̄ les grains cheēt pour la brisure
des espiz pourœ quil nest pas vestu
de telles fueilles cōme le forment ·
On le prent a tous les espis et ti
ges et le met on gesir par aucun
tēps aux champs pourœ quil se y
fourme et agrandist · on le bat cōe
le formēt ⸗ Selon psaac et auicen
ne lorge est froit et sec ou pmier de
gre et a vertu mōdificatiue et cola
tiue et seche plus q̄ la feue et pour
œ deliure il mieulx de lesleure · Or
ge et formēt sōt pl⁹ nourrissās et
font pl⁹ aloer q̄ les autres grains
mais lorge est le plustost digere et
pourœ il est plustost dissolt et a de
lie des mēbres Galien dit de lorge
et de la feue q̄ selon medicine pour
œ quilz sōt atrepez ou pres de me
sure ilz seruent en plusieurs lieux
en medicine cōe cire et huile pour

ēplastres et oignemēs Et faict on
de lorge vne cōfection tres prouffit
table premierement on le cuit en
eaue et puis on le seche a rostir et
apⁱs on en fait farine et le cōfist on
auecq̄s succre Ce vault en este a re
froidir lestomac et le foie et oste la
soif et vault trēpe en eaue et q̄ on
le boiue ou mengue dur ⸗ On en
fait ptisāne par telle maniere afin
q̄ lescorœ en puist yssir Len prēt v
ne mesure dorge et neuf deaue et les
cuist on tant quilz viennent a vne
mesure et puis on le coule et boit.
Ce vault a garder sāte et a amoi
stir le corps et qui voul dra pl⁹ ra
moistir le corps si y mette vng peu
de vin aigre ou de la semenæ de pa
uot blāc · ptisanne si ēgendre tres
cler et tresparfait sang en persōne
saine qui en vse souuēt et ne nour
rist pas moins q̄ pain et la donne
len aux sains mais len la donne
aux malades en diuerses manie
res selō les qualitez de leurs ma
ladies et qui veult estaidre sa soif
et la chaleur du foye si en boiue cō
me dessus est dit Qui veult quelle
soit mōdificatiue et fort colatiue q̄
elle soit beue auecques lescorœ Et
qui la veult refrigeratiue et laxa
tiue que len mette dedens du miel
violat au matin quant elle sera
cuite et qui la veult prendre pour
lopilacion du foye len doit cuire
auecques des racines de ache et de
fenoil et la prendre auec epizacre ·
⸿ Aucuns autres dient que la pti
sanne se doit faire en la maniere

qui senfuit Len cuist tresbien orge
monde en eaue et aps est coule par
mp vng drap et en est faicte la farine en ceste maniere. Len prent or
ge bien monde et est mis en la meu
le et puis est la meule tournee vng
peu esleuee afin q la farine soit au
cunemet grosse. et quat telle farine est loguemet cuitte en eaue cest
tresbone viande a gens qui sont en
fieure et par espal a ceulx qui ont
apostumes es parties espirituelles
¶ Auicenne dit q lorge a les propri
etez dessusdites du seigle. Qui fait
oignement de ceste farine et de fort
vin aigre et le met en maniere de
plastre sur lieu rongneux de laide
rongne et vielles dertres il guerist
On en fait aussi vng eplastre auec
ques char de coings et vin aigre
pour metre sur podagre et il defed
q les superfluitez fluans ne viegn
ent aux ioinctures. Leaue de lorge vault aux maladies du pis et
quat on la boit auecqs semece de
fenoil elle fait venir aux mamelles du lait largemet et telle eaue
refroide et adoulcist la fieure. et se
la fieure est chaulde elle est bonne
pure. et se elle est froide elle est bon
ne auecques ache et fenoil.
¶ De milique ou miliee. vii. chap
Milique ou miliee est vne her
be de quop ie nap ries trou
ue es aucteurs en escript et si est
tres bie cogneue par deuers nous
Il en est de deux manieres car lu
ne est rouge et lautre blache. et si
en treuue len vne autre espece qui

est escorce pl blache q mil et encores pa q lune croist moult et lautre peu. et si en pa vne qui demeure loguemet ou champ et cest la
plus grande. et lautre est meure
en peu de iours come le mil et croist
peu en herbe come le mil. elle deman
de terre grasse et lui vault mieulx
la croieuse que la pouldreuse car
elle amesgrist trop la terre pour la
grat nourreture quil lup fault et
desire terre moiste come de palus et
pviet tresbien quat on la laboure
pmierement car pour la grant
gresse le forment et la feue p peri-
roiet si ce nestoit q len p eust auat
seme de la miliee qui eust degastee
la gresse superflue On la seme en
terre pastineuse ou en ferme. et si
peut on semer des feues es fosses
et en tous lieux ou elles serot cleres
venues Et en la secode sarclacion
des feues tatost q les feues seront
arrachees on les sarclera On les
seme en air attrempe en la fin de
mars et au comecemet dauril et
en air froit pl tard. et p fault peu
de semece car la huitiesme part du
ne corbeillonnee souffist pour vne
iournee de beufz Celle qui est petite
se seme en tel teps come le mil et de
meure autat aux chaps La seme
ce demeure soubz terre. pv. iours
ou vingt auat qlle naisce et quat
elle est nee combien que miliee soit
petite toutesuoyes on la netoye
bien entour la fin de auril et le
comencement de map et lors on la
delaisse afin quelle germe mieulx
g.ii.

et psse plus largement lors de la
racine et aps ou mops de iuing on
le fronce et netope la seconde foiz et
lors on doit assembler la terre entour lerbe pour la garder de cheoir
et du soleil defendue On la cueille
ou mois daoust ou de septembre en
la trenchant empres terre et puis
empres les espis qui en veult a-
uoir lerbe et les tiges. et qui ne la
veult auoir ainsi si flechisse les espis a perches et puis les coppe et
les mette en faisseaulx et soiet les
tiges laissees aux champs sur les
racines Il conuient en la iournee
de beufz seize corbeillonnees ou en-
uiro de mopenne milice. On la doit
secher tant come len peut apres ce
quelle aura este batue ou foulee de
cheuaulx et puis la mettre en lieu
sec et plein de vent afin que se elle
estoit trop fort entassee quelle nes-
chaufast et corropeist lerbe et les
tiges sont bonnes a couurir maisons et a getter sur les vopes en
temps deste et quat ilz sont sechez
elles sont bonnes a chaufer les feues. Et sont bonnes pour enuelopper les tiges des saulx que les bestes ne les escorchent et que la chaleur du soleil ne les arde. La semz
ce de milice est bonne aux pores et
aux beufz et aussi en peut on donner aux cheuaulx et en temps de
necessite les gens en peuet vser et
en mettre ou pain auecqs les aultres grains et par especial les laboureurs qui moult traueillent.
Cest vng grain froit et sec et qui

engendre melencolieux sang et si
enfle et pour son pois fait descendre
la viande quil treuue ou ventre.

¶ Du mil. xviii. chap.

LE mil est vng grain bie co-
gneu et en est de deux manieres Lun qui demeure ou chap par
trois mops Et lautre est meur en
quarante iours apres ce quil est seme. Il desire terre tresbien aree et
grasse et deliee et si vient bien en
sablon ou en araine ou grauelle
mais quil soit seme en terre azzou-
see et en moiste ciel car il het terre
seiche et argilleuse et gaste et aneã-
tist fort la terre ou il est seme. On
le peut semer es fosses des feues
et entre elles ou elles seront cleres
en la seconde sarculacion se la terre est pouldreuse ou non cropeuse
a moitie ce qui p sera a sarcler les
feues seront arrachees et p sera
mis ¶ Len peut semer le mil en a-
uril en may et en iuing. paladius
et varron dient et experience si accorde q se len seme le mil ou mops
de mars quil sera meur ou mops
de iuing Et pource qui voul droit se
la terre estoit grasse on le pourroit
semer ecores vne autre foiz en este
et souffist la vp.e partie dune corbeille pour vne iournee de beufz Il
est meur quat il est tout blac Oh
le dffed a peine des oiseaulx quat
il sera sope on le mettra au soleil
par faisseaulx tous drois par deux
iours ou trois et puis on le portra
en laire et la sera batu et vane afi

quil ne seschaufe qui le mettroit
en vng tas et quãt il sera batu et
vanne on le doit tresbien secher a-
uant que on le porte en grenier car
le mil seschaufe trop fort et se corrompt se il nest tresbien sechie et
quant il est bien sec il dure longue
ment et en cueillent les aucuns
les espis et les gardent côme le pã
nic. ¶ Selon psaac le mil est froit
ou premier degre et sec ou second et
ce appert assez par sa legerete et sa
concauite et ce quil na vent osite ne
viscosite il nourrist moins que les
autres grains dont len fait pain.
et pour cause de sa secheresse il con
forte lestomac et les autres mem
bres Il est diuretique et pource on
le rotist et seche ou feu et le met on
chault sur le ventre alencôtre des
extorcions et douleurs Ceulx qui
veulent deuenir gras et engresser
ne le doiuent prendre pour nourreture ne pour medicine pour sa secheresse ne aussi ceulx qui veulent
engendrer bon sang en leur corps
mais ceulx le doiuent prendre qui
veulent oster de leur corps et corri-
ger les humeurs superflues et a-
mesgrir leur char.

¶ De pannic. xix. chap.

Pannic desire autelle terre cô
me le mil et se seme en tel
temps et en telle maniere côme le
mil et ne côuient point plus de semence au semer de lun que de lautre et se netope ainsi lun côme lau
tre et se peut semer entre les feues
les chiches les fasiolz et les vig-

nes selô la doctrine baillee du mil
¶ Il est vne maniere de pannic qui
croist et est parfait en peu de tempf
et se peut semer apres les moissôs
cueillies quant les chaumes et e-
stoubles sont cassees deux fois ou
trois Il vient tresbien es terres
bien arees et les motes cassees se
il nestoit temps de trop grãt secheresse. Selon psaac le pannic est sê-
blable au mil en fourme et en na
ture mais il nourrist moins et si
seche plus le ventre et serre On le
prẽt en diuerses manieres et selon
ce il a diuerses operaciôs mais en
quelcôque maniere quil soit prins
il vault mieulx que le mil. On le
cuist aucuneffoiz auecques gresse
ou huile et aucuneffoiz auecques
lait de cheure ou damedes et vault
mieulx cuit auec gresse pource que
il perd sa secheresse et acquiert bône saueur et bon nourrissemẽt et
perd sa force de serrer le ventre. Et
qui le cuit auecques lait il vault
mieulx q̃ celui qui est cuit en eaue
il ya deux manieres de le cuize en
eaue car on lep peut cuire tout cas
se ou molu et casse ala meule Qui
le cuist entier on luy doit oster lefcoze. et quant il est cupt en ceste
maniere il est gros et dur a digerer et si nest point serrant le ventre pource q̃ il fait tout descẽdze en
bas pour son grant pops. Et qui
le cuit molu ou casse len met en
vne mesure de pannic dix mesu-
res de eaue. et quant il aura boulu deux ou trois foiz on le frotera

g. iii.

aux bois et le coulera len et puis
se doit cuire celle couleure iusqs a
ce qlle soit dure et ainsi il sera bon
et prouffittable a menger et plus
leger a digerer et plus delie q les
autres et plus stiptique·

¶ Des pois. xx·chap·

LE pois est grain rond blanc
et gros et le seme len en sep
tembre ou en octobre et en ianuier
ou feurier·et sicoe ie cuide il vault
mieulx en terre legere et pouldreu
se et en lie u tiede et temps moiste
et souffist au semer des deux pars
dune corbillonnee a vne iournee de
beufz·et le doit len cueillir quant
les escorces sot seches et les grais
durs et ou decours de la lune et
pres du default Le pois est froit ou
pmier degre et atrempe entre sec et
moiste. Lescorce en est stiptique et
quant il est netope de lescorce il en
vault mieulx et egendre meilleur
nourreture et si ne fait pas enfleu
res et ventositez come la feue et si
est bon a vser en este et en chauldes contrees et bien prouffittable

¶ De speautre. xxi·chap·

SPeautre est grain assez cog
neu et pa diuersitez car lun
est plus pesat q lautre et est meilleur et le plus leger est le pire · Il
demande tel air et telle terre come
le formet mais il se defent mieulx
en terre mesgre que le formet Jl
vient tresbien en crope et en plain

champ · On le seme en tel temps
et en telle maniere come le formet
Mais il fault deux corbeillees de
semence en vne iournee de beufz et
vne corbeillonnee de formet p souf
fist·On le cueille et netope come le
formet et en telle maniere et le
cueille len tantost apres le formet
pource quil meurit plus tard · et
aussi le couient batre mais toutef
uoies quant il est hors des pailles
on le rebat plusieurs foiz pour lo-
ster des arestes et le netoper·

¶Le speautre est de atrempee qualite et est tresbone nourreture pour
beufz et cheuaulx et telles bestes
et aussi en peuet bien les gens v-
ser pource que le pain de speaultre
est atrempe et leger·Et pource qui
melle les trois pars de speautre et
la quarte partie de feues on en fait
tres beau pain et bon pour cause
de la legerete du speaultre et si est
bon tel pain pour la famille qui le
fait diligemment et par art sicome
il est dit dessus du forment·

¶ Le·xxii· chap· du seigle·

SEigle est grain comun et na
qlconque diuersite il veult
air comun coe formet et si ledure
bie plus froit come en motaignes
car il est plustost meur En may
et en iuing est bon de trencher les
rainceaulx es bois des motaignes
et puis quat ilz serot sechez les ar
doir en aoust et mettre en cendres
et aps espandre ces cendres ou on
doit semer le seigle et il venra tres

bien en celle annee et puis doit on laisser reposer la terre par sept annees et apres recomencær come dessus Le seigle demande terre sablonneuse et deliee mais toutesfoies il vient meilleur en terre grasse et champ plein et ouuert On le seme en tel temps comme le forment et vauldroit mieulx de estre seme auant que apres · Et souffist au semer de une corbeillonnee pour une iournee de beufz On le cueille aussi et netope come le forment Et florist enuiron huit iours vers la fin dauril et le comencæment de may es lieux atrempez et en ce temps on ny doit point toucher et quat la fleur en est cheue il croist apres par quarante iours iusques a tant q il est meur et est plustost meur et doit estre pmier cueilly que le forment et est batu et netope par semblable maniere come le forment. La substance du seigle est tenat et moult visqueuse et pource est bon de le mesler auecques milique ou milice et le mil et les feues et telz grais a faire pain pour la boureuxf et la famille car ilz sassemblet et ioingnent trop bien en une paste. Et qui feroit le pain de seigle seulement il ne se tendroit pas bien ensemble aincois se froisseroit et briseroit · Len vse peu de seigle tout seul et tout pur sans y ioindre et mesler autre grain pour la cause dessusdicte. Auicenne dit quil est de nature dorge car il est froit et sec ou pmier degre et si nourrit mois

que le formet Et son eaue brise la cuite des humeurs et aussi fait sa farine Ung epithime de farine de seigle mis tout chault sur ung drap et de la farine cuite ainsi come ung coleiz auecqs pois et colophonie fot ung tresbon emplastre sur dures apostumes et auecqs ce le seul brgen sur les apostumes chauldes·

¶Le xxiii. et derrenier chapitre.
¶De la Vesce.

Nous vsons de la Vesce en deux causes et maieres car on la cueille pour viande ou pour auoir de la semence. Cest tresbone viande pour cheuaulx pour beufz et autres bestes tat de lerbe come de la semence On la doit semer en ianuier et en feurier et non pas au matin quant la rousee y est mais quant le soleil aura seche la rousee car len a trouue par experience q la Vesce ne peut porter la rousee aincois elle en ·pert sa vertu et sa force· ¶La Vesce a telle propriete q qui la cueille verte et puis q tatost apres le champ soit are auecques ce qui demeure sur terre le champ en est engresse come il seroit de bon fiens et se lerbe et la racine se sechent sur terre auat q le chap soit are elles attrapent lumeur et la gresse de la terre du champ·

¶Cy fine le tiers liure des prouffitz champestres et ruraulx·

Cy commence le quart liure des prouffitz champestres et ruraulx de maistre pierre des crescens Ou il est traicte des vignes et du labour qui leur appartient et de la nature et du prouffit du fruit dicelles Le ql contient ·vl· sip chapitres dont le pmier chapitre declaire quel arbre est la vigne et de la vertu de ses fueilles et cendres · et aussi de la lerme qui dequeurt dicelle

Premierement nous dirons
quel arbze est la vigne et de la
vertu de ses fueilles et cendzes.
et de la lerme qui decuert delle.

A Vigne est bien
congneue par de-
uers nous mais
elle nest point cô-
gneue es froides
contrees ou elle
ne peut viure Et pource no⁹ difons

q̃ cest ung hũble et plopât arbzil-
lon moult toztu et plein de neux
et qui a larges côduiz grât moelle et larges fueilles et trêchees
et qui ne peut viure bien estre ne
durer fãs tailler et sans estre a-
puiee et soustenue dauctũs autref

arbres perches ou eschalas et dont
la liqueur qui vient de ces grapes
que len appelle le vin est tres pre-
cieuse. Les fueilles de vigne sôt tres
medicinables car elles netoyêt et
guerissent playes qui les cuist en
eaue elles rafreschissêt chaleur de
fieure. et qui les met sur lestomac
elles adoulcissent grandemêt lenfleure et pointures dicellui et si aident aux femmes grosses Elles con-
fortêt le cerueel et font dormir Qui
boit souuent de la lerme elle brise
la pierre sicomme dit Dyascorides
Elles aguisent la veue et ostent la
lippe des peuly et si valent contre
morsure venimeuse et si restraignêt le ventre. Et aussi la cendre di
celles fueilles vault aux choses
dessusdittes qui la mesle auecques
ius de rue et huyle. Plinius dit q
les fueilles de vigne adoulcissent
lenfleure et ostent la douleur de la
teste et qui les mesle auecques farine de orge elles guerissent chauf-
de artetique. Elles valent a dissintere. Et se le pacient en boit du ius
il luy prouffitte et aide grandemêt
Lescorce de la vigne et les fueilles
seches restraignent le seigner des
playes et les guerissent et recloêt
La cendre de vigne purge et guerit
fistules en brief têps et adoulcist
la douleur des nerfz et remet apoit
ceulx qui sont côtraictz et auecqs
huile guerist morsure de chiens et
descorpions. Et la cendre de lescorce
restitue les cheueulx perduz et les
multiplie.

¶ De la diuersite des vignes.
second chap.
Plusieurs et diuerses manie
res et especes de vignes sôt
selon les diuerses côtrees et coustumes car les vnes se font par ai
de de pieux et de perches en ordre et
se fait en deux manieres Lune que
a chun cep de vigne a son pieu ainsi quil est acoustume en plusieurs
parties de lombardie. Et en ceste ma
niere quât la terre est mesgre les
plantes sont mises a trois piez lu
ne de lautre. et se la terre est grasse
a quatre piez pres et en la moyen
ne terre trois piez et demp. Et vne
maniere pa que len estend vne vig
ne sur plusieurs pieux et perches
et ainsi le fait on en plusieurs par
ties de la marche dauconne et sont
plantees en telle distance côme la
terre le requiert selon la gresse ou
maisgreur afin quelle puist bien
auoit couurir toute lespace de la ter
re. Et sont telles vignes foupes a
piez et houes selles nestoient trop
malemêt haultes et en grand distance. Les autres les taillent en
forme dun arbret côme en prouen
ce et nont telles mestier de pieux
pour aide Et sont faictes par tel or
dre que on les peut bien arer et semer de diuerses semêces ou en tel
le maniere qlles sont si egalemêt
distantes que on ne les peut arer
Et en ceste forme elles sont loing
lune de lautre a trois piez ou plus
ou moins selon ce que la terre est
grasse ou mesgre. Aucunes sont

faictes en autre ordre a perches et
eschalas ou en fourme de petites
treilles qui sont basses & la partie des souches et haultes de lautre partie· et est ceste maniere gardee en mutiue et en plusieurs autres lieux et parties et par especial
es iardins et esbatemens· Aucunes autres vignes sont ioinctes
a petiz arbres fourmez et ordonnez
ace par les champs loing lun de lautre ala voulête du seigneur et mai
stre·toutesuoies la moyenne et cômune maniere de distâce est de qui
ze a vingt piez· et est ceste maniere
gardee es parties de milan Aucunes sont plantees es riues des fos
sez quant on les treuue ou par les
champs empres grans arbres a-
fin quelles cueeurêt les biês qui
sont es champs ou es riues et quilz
fructifient· et est ceste maniere gar
dee en plusieurs parties dytalie en
mutiue en puille et en tuscane· Et
encores aux vignes qui sôt mises
et plantees en ordre len met a aucunes perches et pieux et branche-
tes ou eschalas seulemêt et estêd
on les sermens en quatre parties
ou en deux sans plus au long côme perches ensemble et sont liees
et est ceste maniere gardee a tardon
ne a cremonne et a pisteue· Et les
aucunes sont laissees gisans sur
terre sans aide· et ne se doit faire q̃
pour le default et indigêce de la pro
uince et ce peut estre par especial en
montaignes haultes seiches et ar
ces ou les grappes ne pourrissent

point pour gesir a terre aincois sôt
gardees de la grant chaleur du so-
leil·

¶ De la diuersite des especes et ge
res des vignes.   iii·chap.

Moult de diuersitez de genres
et despeces sôt de vignes car
les aucunes doubtent grâdement
la pruine et la npule et les autres
ne les doubtent gueres Aucunes
autres doubtent vent et secheresse
et les autres non et les endurent
bien Les aucûes sont moult plan
tureuses en fruit et les autres en
font peu·et les aucunes dont les
fruiz sôt tost meurs et les autres
tard· Aucunes en pa qui perdent
trop souuent leur fruit en fleur et
les autres non· et si est aussi aucu
nes vignes qui perdent leur fruit
par bruine et les autres sen defendent bien Et si en est qui sont legerement rompues par levent et les
autres se tiennent bien Les aucu
nes doubtent pluye et les autres
grande secheresse· Et aucunes qui
ont gros neux espes et drus et les
autres ont les neux loing lun de
lautre· Les aucunes sont biê lôgs
et gros gettôs et les autres couzs
et menuz et si ont les aucûes grât
moele et les autres petite· Les au
cunes ont les fueilles moult être
cisees et les autres peu et autres
qui les ont rondes et côtinuees Et
font les aucunes grappes blâches
et les autres noires et autres qui
les font rouges Les aucunes font

peu de bourgons et grans · et les
autres assez et petiz· Aucunes fôt
leurs grains dure et les autres
molz· et si ont les aucuns grains
dure escorce et les autres tendre et
deliee· Et aussi aucunes vignes fôt
beaulx grains et clers et les autres obscurs Aucunes vignes portêt grains moult doulx et les autres agus vers et aigres · Et aucunes qui font vin bien gardable
et les autres vin qui est de leger cor
rompu· Et font toutes ces differê
ces cleres et manifestes aux hom
mes sages et expers en cest art·

(Des diuerses especes des vignes
iiii· chap·

L'En treuue moult de especes
de vignes et qui fôt nômeez
par diuers noms en diuerses contrees et prouices Mais pource que
les aucunes dicelles sont meilleu
res que les autres Je vueil pmie
rement traicter des meilleures et
escripre les noms et leurs bônes
condicions· et puis apres sera trai
ctie des autres moins bônes afin
que ceulx qui en vouldront planter ou enter en aient côgnoissance
Et pource ie dy au pmier que il est
vne maiere de vigne qui porte grapes q len appelle en ptalpe sclaue
qui sont blanches a grains ronds
elle bourtône assez tard et fait assez bourions gras et espes et a la
fueille moiênemêt entrecisee et si
gette en chun serment soit vieil ou
nouuel deux ou trois ou quatre ou

cinq bouriôs et en est le bois si dur
que a peine sont les fermês plotez
en bas pour la pesanteur des grapes et toutefuoies elle passe mesure de replir ses bourions et en sont
les grapes moult vineuses et lui-
sans et sont tost meures·et en est
le vin tressoubtil et cler tresparât
assez puissant meur et gardable·
Il desire terre mesgre et môtueuse
et p fructifie mieulx que en autre
terre qui la retaille estroittement
car elle ne peut nourrir longs get
tons auecqs les grapes · et est cômune a brive et es parties des mô
taignes de mautue et pest en grât
especiaulte a hôneur deuât toutes
Il est vne autre espece de vigne
nômee albane qui bouriône merueilleusemêt tard et a vne grape
blanche qui a lôgs grains et fait
assez grâs bourions lons et espes
et fructifie mopennemêt et a les
fueilles mopennemêt entrecisees
et en est le boys si dur que il ne se
plye point en bas pour sa charge
et recoiuent les grains grant cou
leur du soleil et fôt biê tost meurf
et leur meurte acomplye et si sont
bien doulx en saueur mais lescorce en est austere et aucunemêt a-
mere et pource vault mieulx q le
vin soit tantost traict que le laisser bouldir longuement auecq ses
escorces · le vin en est puissant et
treffort et de noble saueur · et est
moiennemêt delie et si se garde biê
et longuemêt et de tant quil sera
cueilly plus hastiuemêt il sen gar

dera mieulx· Ce vin est en grät hö
neur en romaniole et a farlin ou
on le retaille tres estroittement
psource que il ne vauldroit riens a
longs sermens· Il est vne au
tre espece de vigne que len appelle
tribianne et est blanche a grains
ronds et fait moult de gettons et
petiz· et est brehaigne en sa iennes
se· et porte largemët en sa vieilles
se·· et fait moult noble vin et qui
bien se garde· et est ce vin grande
mët renöme par toute la marche

Il y a encores vne autre espece
de vin nommee granelate qui na q
vng pepin dens chün grain de roi
sin et sont les grains aucunemët
longs et tres clers et fait vng vin
tres cler puissant durable et de no
ble saueur et oudeur et est prise tref
grädemët a tardenne et es parties
denuiron· Il y a vne autre espe
ce de vigne que aucuns appellent
malixe ou faracle qui a grains
blans et ronds et trouble et deliee
escorce et poise merueilleusemët et
se dffend assez bien en terre mes
gre et fait vin moiennemët bon et
puissant et nest pas moult soubtil
ne durable et est ce vin tresbië pri
se a boulongne· Il est vne autre
espece de vigne que len appelle gar
ganique qui est blanche et ronde et
merueilleusement doulce clere et
luisant et de couleur dor et a grosse
escorce et est plus gardable q tous
les autres et tres plantureux en
fruit par especial la femelle car le
masle ne vault riens Les grains
du masle sont longs et de couleur
dor mais il est du tout brehaing.
Le vin en est moult grandement
soubtil cler tresparant et de petite
puissance et assez durable· et est ce
vin de grant reputacion a boulon
gne et a pade· Il est aussi vne au
tre espece de vigne appellee albani
que qui est assez bläche et non lui
sant et est pleine de taches et ronde
et merueilleusemët doulce et qui
fait bon vin et tres doulx et en au
cunes annees est brehaigne et en
autres bien plantureuse· et qui la
taille estroit elle est brehaigne et
qui la taille lögue elle est assez plä
tureuse et est en grant honneur en
aucunes contrees de boulongne et
par especial ou bourg de panical·
Il y a vne autre espece de vigne q
len nöme buranexe qui a grappe
bläche moult doulce et belle et fru
ctifie bien es arbres · Et si y a vne
autre espece de vigne nommee fri
goue qui nest pas plaisant a men
ger et est moult plantureuse es ar
bres et pource est elle bien cöpetent
ou les gens pillent et robent les
vignes et sont ces deux derrenieres
amees a pistori par deuant toutes
autres Len treuue deux autres
especes de vignes a grappes blan
ches nömees muscatel et linatiq
ou linanica et cöbien quelles soiët
de grant reputacion par deuers au
cuns toutesfoies par deuers nous
on les tiët les moins bönes a mä
ger et par experiëce pource quelles
aportent trop peu de fruit ou qlles

doubtent trop la pruine et sõt tres
bonnes a menger quant elles sõt
sur les arbres mais es vignes es
pesses et pres de terre elles viennẽt
a peine a bien et ne plaisent point
℘ Il y a autres especes de vignes
qui portent le vin grec et le vin de
garnache et combien q̃ par devers
nous elles facent bons vins toutesuoies elles sont peu de bouriõs
En cortone grapose fuyolane et lu
zina elles sont bons vins et si sõt
par aucuns ans merueilleusemẽt
plãtureux et portent grans bourions mais elles sont le plus souuẽt destituees de leur fruit en leur
fleur ou aumoins ℘ seuffrẽt grãt
deffault · ℘ Des vignes noires len
en treuue moult de tresbonnes et
aucunes qui valent peu · Les bon
nes sont grilla et siziga lesquelles
sont appellees par autres noms
merdegana et rubiola et sont ainsi
cõme dune cõdicion car elles sont
vng petit noires et portẽt chũn an
assez de fruit et ont les grais lõgs
et lescorce soubtille et deliee et com
munemẽt le ius creue lescorce et
en sont les roisins beaulx et plaisans ℘ Elles ne viennent pas bien
en montaignes mais elles viennent bien en terre champestre tou
tesuoies il y a aucũe differẽce pour
ce q̃ siziga porte le plus noble vin
mais elle en porte le moins pource
quelle a petiz gettons combiẽ q̃lle
en face plusieurs et si porte petis
roisins Et grilla si fait tout le con
traire Et ha bõdent ces deux espe-

ces de vignes a boulongne et en
plusieurs autres lieux ℘ Len treu
ue vne autre espece de vigne dont
les roisins sont rouges que len nõ
me nubiolon Elle fait et rapporte
merueilleusement de vin maiz les
roisins nen sont pas delitables a
menger Elle demãde terre tresgras
se et pleine de fiens et het les vmbres et est moult hastiue en fructifier Elle fait tresbon fruit et en
est le vin puissant et se garde bien
et est en grant reputacion en ces
parties · ℘ Il est vne autre espece
de vigne nõmee mapolus qui fait
vne grape tres noire et meure ha
stiuement et fait beaulx longs et
espes bourions et en sont les roisins doulx en saueur et faict vin
dur et qui bien se garde et est assez
plantureuse et si vient bien en ter
re pleine et en montaignes et est ce
ste vigne tout autour de boulongne · ℘ Len treuue vne autre espece
de vigne nõmee duraclam merueilleusemẽt noire et a lõgs graif
dont le vin est noir oultre mesure
et est ce vin bon en terres moistes
et pleines deaues mais en mõtaig
nes et lieux secs il ne vault riens
et ne peut venir en telles terres ·
℘ Il est vne autre espece de vigne
nõmee gunuaresca Les roisins nẽ
sont pas moult noirs mais ilz sõt
longs et auant quilz soiẽt meurs
toutes les fueilles cheent et sont
en saueur poignant et aigre · Elle
fait souffisaumẽt de fruit et a peu
de bourions mais elle fait tresbõ

Bin et qui se garde longuemēt Les roisins ne font pas cōmunement mengés des opseaulx des chiēs ne des ennemis pource quilz ne font pas doulx·Ceste Bigne est en plusieurs lieux es mōtaignes autour de boulongne· ¶ Jl est Bne autre espece de Bigne nōmee bimarionus qui est pareille ala pcedent en forme en saueur et en duree mais elle a plusgrans bourions et plus gros grains et si fait plus de Bin mais il est moins bon et demande ceste Bigne plus grasse terre q̃ lautre et est en plusieurs parties autour de boulongne· ¶ Encore pa Bne autre espece de Bigne nommee padringa qui a moult de grais et moult gros et espes et moult de grappes et fait gros Bin et bon en puer quāt il Bient en bonne terre maiz il ne dure point en este On le treuue es parties de boulongne et de plusieurs autres citez aussi· mais il a diuers noms en diuerses contrees ¶ Plusieurs autres especes de Bignes sont qui sont not res moult loees pour diuerses cōdicions sicomme pignolz qui sont moult amez Bers milan et font bon fruit Bers nous Et cōme Bne autre Bigne appellee albatica qui doubte moult tempeste dorage et fait cruel et dur Bin Et cōme Bne autre nōmee Barana elentina et porcina lesquelles ia soit ce quelles foient de grant doulceur et quelles facent bien bon Bin toutesuoies elles font ainsi comme breshaignes

pource quelles doubtent trop tempeste et pruine Et aussi Balmuniga et musca qui sont grandement noires et auecques ce melegonus qui est la plus tost noire de toutes les autres Et aussi canucula dont la grappe est tres belle et se garde tresbien· Et sont encores autres especes de Bignes qui ont les grappes rouges sicōme curapzium qui est tres doulce et se garde biē maiz elle nest pas moult plātureuse en fruit ¶ Jl est aussi plusieurs autres especes de Bignes sauuages q̃ len appelle labzusques dont les aucunes sont blanches et les autres noires et font moult petites grappes et petiz grains et sont en haies despines Bertes et en arbres et croissent de leur mouuemēt sās autre labourage et qui les labou reroit et tailleroit elles deuēdroiēt franches et porteroient plus gros grais et plus grosses grapes Celles qui sont noires taignent le Bin et le clarefient quāt on les met en tieres ou Bng peu cassees dedēs les tonneaulx et ne blessent point la saueur du Bin Et les grappes blanches aussi clarefient le Bin blanc et aussi le purifient ¶ Jl pa aussi aucūes especes de Bignes qui ont grosses grappes et dures q̃ len appelle pergule ou bzomesta dont les aucunes sont blanches et les autres sont noires et les autres rouges ·Les aucunes ont grains ronds les autres bien lōgs et les autres moyens·et autres qui ont

les graîs reteurs Et de toutes œs
espœes les aucunes sont hastiues
en meurer et les autres sont tar-
diues Et pource Bous pouez eslire
celles qui mieulx Bous plairont
pour menger car on ne les plante
pour autre cause pource que on ne
fait point de Bin combien quelles
soyent bien couenables pour faire
Berius bien agu aigre et poignãt

¶ De lair et des plaçes couenables
aux Bignes.   B·chap
LE ciel est de moyẽne qualite
et doit plus tendze a quali-
te tiede que a froide et plus a seche
que a trop moiste ne trop Bmbra-
ge Mais par deuant toutes choses
entre tẽpestes et Bens les Bignes
doubtent la galerne pour la froidure Mais le Bent de midy les engroisse et les aide et anoblist et pour
ce doit len regarder se le y aura pl⁹
ou moins de Bin et se il sera bon
ou meilleur Et quãt aux plaçes
et aux sieges des Bignes est assauoir q les chãps et les Balees ou
il ny a pas trop deaue portẽt le pl⁹
de Bin et les chãps et les costieres
dẽps et qui se sentẽt deulx si por
tent le plus noble Bin · Et deuons
sauoir q en froides cõtrees qui sõt
mõtueuses les Bignes doiuẽt estre
mises Bers midy et en chauldes
cõtrees Bers septẽtrion et en contrees atrẽpees Bers oriẽt ou se me
stier est Bers occidẽt afin q par tel
le diligẽte subtilite la qualite qui
les autres epœde soit atrẽpee pour

œ q œ aide moult aux Bignes · Si
doit len mettre la Bigne qui resiste
biẽ contre la pruine et gros air et
la plãter en lieu plain·Et es costie
res celles qui demandẽt le secq Et
en terre grasse les Bignes gresles
et biẽ portãs et les Bignes fermes
qui portẽt largemẽt en seche terre
mesgre et froide Et celles qui se ad
uancẽt destre meures deuãt lyuer
en lieu froit et plein de nues Et œl
les qui portẽt durs roisins et qui
fleurissent le mieulx et plus seure
mẽt ẽtre les chastines en lieux Bẽ
teux Et celles qui ont les grains
pl⁹ tẽdres en lieux chaulx et mot
stes Et celles qui ne peuent porter
pluies en lieux secs Et afin den di
re au mois de parolles lẽ doit eslire les Bignes qui de leur nature de
sirẽt lieux cõtraires a œulx ou el
les ne peuẽt durer Maiz toute con
tree plaisãt et conuenable pour semer est bonne pour toutes manie
res de Bignes · et le sage hõme qui
aura esprouue et experimẽte ame
ra œ q dit est et ordonnera des choses ainsi qlles se deurõt ordonner·

¶De la terre qui est conuenable
aux Bignes·   Bi·chap.
LA terre pour planter les Bignes ne doit estre trop espes
se ne trop deliee matz elle doit tẽdze
au deliee et ne doit pas estre trop me
nue trop gresle ne trop fumee com
bien que siens y soit bon et ne doit
pas estre trop plaine chãpaigne ne
trop roide montaigne ne trop seche

h·i ·

ne hupleuse ne ſalee ne cozzompue
ne telle quelle doie blecꝛ la ſaueuz
du Bin ·zophus et aucuns autres
mais plus durs ou les Bignes ſõt
ferues de gelees et de froidures et
ou les gelees ſont grandes et ſoli-
bus poztent treſbelles Bignes dõt
les racines ſont refroides en eſte
et lumeur ꝺtenue et gardee mais
q̃ la glaire ſoit diſſolte et le champ
pierreuẜ et les pierres rõdes et biẽ
mouuables et q̃ toutes ces choſes
ſoient meſlees auecq̃s les graſſes
motes et q̃ len mette des ſaulẜ et
ozierẜ autour de la terre car pour
ce quelles auront froidure et humeur les racines ne mourrõt poĩt
de ſoif ne de ſechereſſe Aꝑs leſ lieux
ou la terre et leaue ꝺqueurẽt des
mõtaignes en terre argilleuſe eſt
bõne maiz la ſeule argille leur eſt
cõtraire · Boir ſablon et rouge ou
fozte terre eſt meſlee ſõt bons Ter
re ſablõneuſe faict toute la Bigne
eſtre meſgꝛe qui nẜ met gras fiẽs
Ce ſeroit fozte choſe q̃ Bigne Beniſt
bien et repzeniſt en terre rouge et
ſe elle ꝑ Benoit et repnoit q̃lle peuſt
eſtre nourrie en icelle · et certes telle terre eſt aduerſaire auẜ autres
genres de terre car elle ne recoit hu
meur attrempee ne du ſoleil ne de
rouſee de pluie ne de ſechereſſe pouz
ce quil ia touſiours trop de lun ou
de lautre · et ſe len en treuue aucune atrempee ceſt la meilleur et ꝑ
eſpecial celle qui eſt la plus deliee ·
Rous cõgnoiſſons la terre prouf
fittable pour les Bignes ꝑ les ſi-

gnes qui ſenſuiuẽt · Se la couleu
de la terre eſt du cozps delle et Bng
peu maniable et que les arbzes et
herbes quelle pozte ſoient tendzes
doulẜ purs et netz longs et fruc-
tueuẜ cõme ſõt periers ſauuages
pzuniers buiſſõs et telz arbzes et
quilz ne ſoꝑẽt point rongneuẜ bof
ſuẜ meſgres ne bzehaings telle ter
re eſt bonne · La derreniere condiciõ
de la terre ou il ẜ aura eu Bielles
Bignes ſe la neceſſite le requiert
il fauldza arer icelle terre ꝑr pluſieurs foiz et afin q̃ toutes les racines des pzemieres Bignes ſoient
toutes extirpees et oſtees et auſſi
toutes les tiges et ſeps et lozs on
ẜ pourra planter ſeurement nouuelle Bigne ·

¶De la nourreture et diſpoſiciõ de
la terre ou len doit planter Bigne.
Bii · chaꝑ ·

On doit ſoupꝛ houer et labou
rer la terre ou len doit plan
ter la Bigne ceſtaſſauoir en lieuẜ
ſecs ou moẜs de ſeptembze ou doctobze et en lieuẜ moiſtes en ianuier en feurier ou en mars et lozs
on la peut planter · Et ſe peut faiꝛ
ce que dit eſt en trops manieres ·
ceſtaſſauoir de ſoupꝛ toute la ter
re ou de faire petites foſſes ou longues ruperes car quant la terre
eſt ozde len doit ſoupꝛ et remuer
tout le champ ace que les troncq̃s
et herbes ſauuages en ſoꝑẽt tous
hozs pour ẜ planter Bigne toute
nouuelle · Et puis len faict des foſſez pour retenir lumeur qui ſont

larges de trois piez ou de quatre et
haulx dun pie en lieux moistes ou
de deux et lieux secz Et se cest vigne
quil conuenist apres fouyr a houes
ou a picqs on la laissera au soleil
pource quelle est nourrie en la fosse de la vertu du soleil. Et doiuent
estre ces fosses loing lune de lautre
de trops ou de quatre piez en terre
menue et mesgre. et de cinq piez en
terre grasse et de trois piez et demy
en terre moyenne Mais sil conue-
noit arer les vignes on laisseroit
tousiours entre les ruperes cinq
ou six piez qui ne seroient point arez
ne fossoiez Et qui vouldroit que en
aucun temps la terre feust aree et
semee pour escheuer les despens et
pour auoir plus de fruit il conuien-
droit faire que lune fosse feust loig
de lautre neuf dix ou douze piez ou
tant comme len vouldroit que lune vi
gne feust loing lune de lautre. Et
quat par lespace de quattre ans la
vigne seroit creue et grade len pour
roit aps planter par belle ordonan
ce vigne par tout et remplir toutes
les espaces et quelle soit platee es
fosses tres espesse afin q len puist
prendre et traire de chune partie au
cune chose et le remettre de chune
part par ordonnance et par ce faire
deux vignes de nouuelle ordre et q
la tierce demeure et q len face ainsi
des autres et ainsi tout sera tost a
compli Et du surplus de la manie
re de faire les fosses et les trous
pour planter la vigne et de... passe-
aulx bouter en terre nen sera point

fait de mencio pource q les vigne-
rons et plusieurs autres persones
en ont assez congnoissance.

¶ En quel temps on doit cueillir
les plantes des vignes et quelles
plates et comet on les doit garder
et porter en loingtaines parties
viii. chap.

On peut cueillir les plantes
des vignes quat on les veult
replater et aussi les peut on cueillir par auat mais qltes soient bie
gardees Et est le meilleur temps
pour les cueillir ou mois doctobre
quat les fueilles comecet a cheoir
et quil ya encores vne grat partie
des fueilles pour ce q la chaleur de
la vigne est encores espandue dedens les rainceaulx. et quant les
fueilles sot toutes cheues pour la
gelee les rainceaulx nont plus de
chaleur naturelle pource quelle est
lors retraicte ala racine des ter
re et ne venroient pas bien telles
plates pource q le teps leur seroit
cotraire. et aussi le teps de mars
est bie couenable pour cueillir pla
tes pource q lors la chaleur retour
ne aux rainceaulx. ¶ Plusieurs
causes et manieres sont de eslire
les plantes. Lune que len prengne
la vigne en terre qui ne soit pas
trop grasse pource quelle doit estre
plus mesgre que la terre ou on la
veult planter. Item len doit pren
dre le getton de la vigne moienne
et non pas de la plus haulte ne de
la mendre et quil y ait cinq ou six

bourions despace loing de la vieille
vigne car ce sõt ceulx qui mieulx
reuiennent · On doit aussi prendre
les gettons de vigne plantureuse
et bien portant Et ne cuides pas q̃
la vigne doie estre dicte plantureu
se se ses rainceaulx portẽt vne ou
deux grappes mais quant elles se
tournẽt et baissent pour labondã-
ce du fruit et quãt elles en sõt plei
nes de toutes pars cest lors signe
de fertilite et de plante · Et peut on
auoir congnoissance se les vignes
ont este plãtureuses par les signes
des demourãs des queues des gra
pes qui en auront este copees · Co
lumella dit que on le peut cõgnoistre par la noblesse des rainceaulx
et ne souffist pas dun seul maiz de
quatre ou de cinq ou plus et quilz
soiẽt durs et fors et quilz ne soiẽt
pas de vielz sermens pource quilz
se corrompent et pourrissent bien
souuent · ¶ La mesure de la plante
doit estre selon ce que dit paladius
du long dun coubte mais il me sẽ
ble quelle doit estre plus lõgue par
espãl en lieu declin et en montaignes costieres es lieux secs et quãt
on la plante en fosse et on la plope
on la doit p̃mierement purger des
rainceaulx et des gettons et bourions et les metre en telz lieux que
levent ne le soleil ne les puissẽt se
cher et quilz ne soient point blecez
par especial soubz terre et quilz so
pent bien gardz par quinze ioure
ou pl⁹ ¶ Et qui veult porter loing
plãtes de vigne il doit p̃ndre feur-

re ou pailles de forment moles et
les mesler auecq̃s terre ou boe et
en couurir et enuelopper les racines des plantes et puis les mettre
en vng sac ou aultre chose et les
biẽ lper par deuers les gros chiefz
et les racines et les garder du vẽt
et du soleil Et se le tẽps estoit trop
sec len pourroit aucũeffoiz mettre
les plusgrosses testes en eaue et
ainsi on les pourra porter biẽ loig
sans dõmage ne p̃iudice ·

¶ Quant et cõment on doit plãter
les vignes · ix · chap.

OV temps de septẽbre et docto
bre les vignes doiuent estre
plantees en lieux froiz et en lieux
atrempez es mops doctobre et de
mars et en lieux chaulx es mois
de nouembre et de feurier Maiz tou
tesuoies q̃ en tous ces lieux se ilz
sont moistes et chãpestres et bas
q̃ on y plãte apres puer pour doub
te q̃ la chaleur des vignes ne soit
estainte de double humeur tant de
la place cõme de lpuer · Et se les
lieux sont secs et en montaignes
on y peut planter auant puer · et
es lieux atrempez on y peut planter et auant puer et apres et les
doit len planter par beaulx temps
quant la terre est vng petit moiste
et vauldroit mieulx quelle feust
aree et seche q̃ trop moiste et boeu
se ¶ Quãt lẽ plãte vigne par ordre
on la plãte en troux faitz de pieux
ou dinstrumẽs de fer et la met on
deux sermẽs et est bõ de mettre de
dẽs les troux de la terre deliee de la

croie ou du fiés vng peu iusqs au
milieu du trou et le remenant de
croie ou de sablon Et se on les plã
te en fosses mopennemēt petites
ou parfondes pres de aucunes plan
tes qui soient en bas et en hault
on les doit plãter loing lune de lau
tre et p mettre de la terre et la fer
rer et fouler aux piez · Et ne doit lē
point plper ne tuerdre la vigne au
planter ne la traueiller pource que
len empescheroit ce dont la racine
doit venir · Et doit on laisser deux
gettons sur terre beaulx et gros
Et ou la terre est grasse on doit
laisser greigneurs espasses entre
les plantes que en la mesgre car
il p fault trois piez et demp en ter
re mesgre et en grasse terre qua
tre piez Et aussi selon la diuersite
des vignes len doit faire en diuer
ses manieres Et pource que ou li
ure auroit moult de parolles de pe
tit prouffit ie men passe a tant car
il nest vignerõ qui ne les sache ou
doiue sauoir et si en est assez dit cy
deuant · ꝙ Qui veult nourrir ar
bzes en vignes il doit prendre deux
vignes bien racinees et les ploier
et abessier et quelles ne se ētretou
chēt des racines et les ioindre aux
costez des fosses Et selon ce que dit
Varron len ne doit point emplir lef
fosses ne les acomplir deuant vng
an pource que ce fait enraciner la
vigne Et ie crop quil soit bon en
lieux secs mais non pas en lieux
moistes pource quilz la pourriro
pent legeremēt pour lumeur ve

nant qui ne la couureroit de terre ·
ꝙ Les arbres dont len peut peuplez
vignes et champs sont ourmes
saulx peupliers fresnes cerisiers
couldziers et leurs semblables ·
maiz nous ne pouõs vser de saulx
et de peupliers fors ꝙ en lieux moi
stes Et doit estre la vigne loing des
arbzes deux ou trois piez quilz nē
peschēt la vigne ꝙ Qui veult trã
planter vigne on la peut planter
en vng corbillon de oziers clers et
emplir de terre et puis le mettre en
terre et la esse se ēracinera et pour
ra len pozter corbillon et tout et
ttransplanter et puis le corbillon
se pourrira et vauldza vng fuma
ge · Et apres met cõment lēn doit
faire haies et fossez autour de la vi
gne mais chũ le sçet pour garder
les vignes des purceaulx et au
tres bestes ꝙ La maniere des prou
uençaulx de plãter leurs vignes
est bonne es lieux ou les vignes
sont plãtees en ordre cõme arbzes
et quelles sont en pareille distance
lune de lautre mais len ne met en
vne fosse que vne plante et est bon
de le faire ainsi en deux rēges mais
on en peut biē mectre deux en vne
fosse en la tierce renge afin que se
il p a aucunes plãtes des deux ren
ges qui faillent on p pourra secou
rir de la tierce renge et qui en met
troit deux en chũne renge et elles
venoiēt toutes a biē il cõuiēdzoit
oster la pl⁹ feble et pource doit on
regarder la face du ciel et lair aus
si quãt lē plãte les vignes ·

ꞅ · iii ·

⸿Des bourions gettons et renouuellement des vignes · v · chap̄ ·

Multiplicacion de vignes se fait aucuneffoiz par rainceaulx pource que souuent len met vigne en lieu vuid ou quel selon lordre il deuroit auoir vigne et il ny a riēs et aucuneffoiz q̄ ou lieu dune vile vigne len en mect vne noble et bonne et y plante len fermens beaulx et bons et aucuneffoiz es circonstances et circōferences on les prouingne et les tuerd on afin quelles portēt plus de vin et quāt len tuerd les fermens au lieu ordonne ou on le fait hastiuement quant le sermēt est long ou par diuerses foiz et par diuers ans quant les fermens sont cours et ce doit on considerer en toute multiplicacion de vigne quelle q̄lle soit Et se len veult planter bonne vigne ou lieu de moins bonne on le doit faire hastiuement et oster la moins bonne ou planter la bonne a vng pie long de lautre et quant on aura cueilli le fruit ostez la mē dre et y mettre la bōne en lieu · Et quant on la veult atraire aux ar bres on la doit mettre dun pie loig atout le moins En toutes les ma nieres dessusdittes il cōuient mettre du fiens sur terre en fosses em pres la vigne et entour et nen soit point mis dessoubz la terre ou lieu ou la vigne est plantee pource que aultrement la vigne secheroit ou vauldroit pis pour lexcessiue chaleur se ainsi nestoit q̄ len y meist vng peu de fiens viel et meur dont la chaleur feust hors · ⸿ Len peut faire telle propagacion de vigne ou en fossopant toute la vigne ou en retournant et retuerdant les fermens en forme dun arc sur terre et laisser vne partie de la vigne en la fosse · Et se elle a ainsi este par deux ans ou par trois on la doit re trecher et est le meilleur aps trois ans pource que la feblesse des raci nes de deux ans ne seroit pas assez soufisant pour la nouuelle vigne · ⸿ La vielle vigne qui long temps a fructifie et porte plusieurs rainceaulx si se peut renouueller en temps deu par diligent labourage et conuenable et par biē fumer ou bien retrencher ou par sablon en lieu plein de croie ou de croie en lieu sablōneux ou par grant retrenche ment quant la souche est pleine de ius et dumeur Columella dit que se len trenche vng grant getton de vigne auecques vng tronc entier et on le plante en ferme terre bien estroictement et que len le fume et que dedens le tiers ou le quart pie loing de terre on le boute en vng trou fait dun coutel agu et que la fosse soit souuent entee et ordonnee il en vient souuent germe dicelluy en printemps et gette matiere de vigne dont la vigne est rappareil lee Mais se le tronc estoit tout cor rompu de vieillesse on le doit tren cher en mars emps terre ou vng petit dessoubz afin que quant les

gettons qui serolēt venus du trōc
si feussent trenchez et la vigne renouuellee Ou quant la vigne qui
est seule aura gette trop loing ses
branches portans fruit len plopera lune des branches bien loing de
la vigne et quant il gettera hors
de terre on lapuiera ala vigne et a
pres deux ans on trechera la vielle vigne ¶ Se vignes doiuēt estre
renouuellees et elles sont toutes
bōnes et nobles soit fait de toutes
cōme dessus est dit · et se elles sont
toutes mauuaises on les doit toutes extirper et arracher racines et
tout · Et se elles sōt bōnes et mauuaises ēsemble lors len ostera les
mauuaises auecqs leurs racines
et fichera len pieux en lieu et puis
on p plantera de bonnes vignes et
nobles et mettra len en chūn lieu
deux gettons pour ce que se lun
fault que lautre recueuure et que
len mette du fiens en chāne plante Mais qui les ploie len ne doit en
fouir en terre que vng getton en
vng lieu et laisser les racines en
leur propre lieu · ¶ Toute la plantacion des vignes peut estre faicte
en octobre et en nouēbre aussi en
feurier et en mars quant la terre
nest trop dure ne trop mole · et doit
on planter en lieux pleins deaue a
pres puer et en lieux secs deuant
puer len doit planter en terre pleine le parfond dun pie et en costiere
deux piez Toutesuoies celle qui est
faicte auant puer est la meilleure
mais que la terre dentour les ra-

cines soit bien disposee et les racines bien fermees sicōme dit palladius.

¶ Cōment on doit enter et encifer
les vignes. vi · chap ·

ON peult enter vigne sur vigne et aussi en arbres · et se
peut enter vigne sur vigne en deux
manieres Lune ou tronc et lautre
en la branche ¶ Pour ēter en trōc
la maiere est telle · Il cōuient choisir vng troncq ferme et plein dumeur et quil ne soit point trop viel
et le trencher empres terre ou dessoubz terre demi pie pource quil si
reprent mieulx q̄ sur terre · Varrō
escript que la vigne q̄ len veult enter doit estre taillee par trois iours
auant que on la doie enter afin q̄
lexcés de lumeur du troncq si passe
hors auant que on lente ou quelle
soit vng peu trenchee dedens elle
quant elle sera entee afin que lumeur qui p venra dailleurs sen
puist mieulx fluer et decourir · Les
gettons q̄ len doit mettre ou tronc
doiuent estre fermes a rondes boutons a plusieurs et espes et a plusieurs oeilles et en sera laissie ou
gettō deux ou trois oeilles par dessus lente · et se doit rere le getton
q̄ len veult bouter a vne part du
long de deux dois et de lautre part
len doit garder lescorce et si doit len
garder que len ne blesse la moele
et le rere doulcement et mettre ou
tronc en telle maniere que lescorce du getton se ioingne a lescorce

h·iiii·

de sa nouuelle mere et aps soit appareille et lie ainsi come dessus est
dit ou chapitre des etes et se la cha
leur du temps blessoit les couuer
tures et lieures on y pourroit met
tre ung peu deaue aux soirs pour
rompre lardeur du soleil. et quant
le getton aura bourionne et que le
bourio sera parcreu on le liera dou
cement a aucun eschalas sans le
fort estraindre pour sa tendreur.
Et pour enter dedens terre on luy
doit aider en assemblant aucue bo
ne terre entour ou du fiens pour
le nourrir. Mais les aucuns prennent ung long getton auecqs ung
peu du viel et quil soit du gros du
tronc ou medre et les ioingnet en
semble ainsi come dessus est dit ou
chapitre des etes ¶ Et lautre ma
niere de enter vigne se fait en deux
maieres dont lune qui est la meil
leur si est que len prengne ung get
ton nouuel et soit mis en la trenche dune branche pres du bourion
et puis que il soit lpe doulcement
dun drapel et appareille sans trop
estraindre et que len y mette de lar
gille et quelle soit bien couuerte.
Lautre maniere de enter vigne en
brache si est de trencher la branche
au trauers iusqs ala moele et q
len oste autat du getto qui se doit
enter et puis soit mis en la plaie
de lautre et quilz soient lpez ensé-
ble bien et couenablement et elles
se reprenront ensemble et fructifient bien ce dit maistre albert. Et
ma este afferme par ung homme

moult expert q il auoit percie dun
tarier une vigne iusques ala moe
le et quil y auoit mis ung getton
ung peu rez et bien propre et affi-
chie des et qui sestoit reprins sas
trencher la vigne. et selon raison
se elle eust este trechee elle se deust
estre encores mieuly reprinse. Et
aussi ya une autre maniere q len
trenche la vigne que len veult en
ter du trauers par voye oblique
iusques ala moele ou emps tant
que le getto ppuist estre fichie deux
dois en parfond ou pres et que len
y mette ung getton de deux bourions auecqs ung peu du viel bois
rez dune part iusqs ala moele en
aguisant et quil soit applique bie
iustemet ala plaie de lautre et q il
soit lpe et que len y mette de la cire
et soit couuert dune piece de drap et
bien enueloppe et puis q len coppe
la mere par quatre dois audessus
de lente et que len ne seuffre la me
re bourioner ne audessus ne audes
soubz. Et peut estre tenue ceste ma
niere en toutes les parties de la vi
gne audessus de terre maiz q la vi
gne ne soit vielle et q ce soit en lieu
net et gras et peuent estre mis en
une vigne plusieurs gettos et vie
nent tresbien quant les gettons
sont nouueaulx et mis en tronc de
pareille grosseur. ¶ On peut aussi
eter vignes en arbres en deux ma
nieres Lune si est q ung arbre pres
de vigne cerisier prunier ou autre
soit percie tout oultre et puis que
ung getton de la vigne soit boute

parmi sans le trenchér et quil soit
estoupe gracieusement . Et lautre
maiere si est q̃ len face ainsi cōme
lē fait des autres arbres de diuer
ses especes · En la pmiere maniere len plante epres vng cerisier ou
autre arbre vng cep de vigne et puis
en tēps deu larbre est percie et met
on vng getton de la vigne parmi·
Et quāt larbre et la vigne sōt par
creux et quilz sont bien ioingtz cōme tout vng len trenche la vigne
par deuers sa racine en telle maiere que le getton na aucune autre
nourreture fors de larbre tant seu
lement et lors et apres ce le fruit
de larbre et cellui de la vigne sont
meurs aussi tost lun cōme lautre
Selō ce q̃ dit columella on peut en
ter en ceste maniere en ourmes et
en frācs meuriers qui sont amis
de la vigne·telles entes peuēt estre
faictes en lieux chaulp ou mois
de feurier et en lieux froiz en marf
quāt la vigne pleure lerme espesse
et non pas pure eaue·et si les peut
on faire ou mois de may et ou
mops de iuing quant les lermes
sont ia degastees maiz que len gar
de les gettons que len veult enter
en lieu froit et vmbrage· ¶Il ya
vne autre maiere de eter Len prēt
vng net bouriō et est mis auecqs
miel ou autre chose ou lieu dont
vng autre bourion sera leue maiz
ie ne le appreuue pas pour la trop
grant tendreur du bourion et tou
tesuoies vng frere mineur ma afferme que ou mops dauril quant

les petites fueilles de la vigne cōmencēt a apparoir quil auoit pris
et leue le sōmet dun bourion et p
laissa des petites fueilles a vne cō
cauite et fossete et que en ce lieu a-
uoit mis vng autre sēblable bour
ion et tout fraiz que il auoit prins
ailleurs et p mist vng peu de miel
fraiz et sans autre aide il reprint
et parcreut et feist fruit·) Caton
escript que vne incision pour enter
vigne peut estre faicte quāt elle cō
mence a verdir et lautre peut estre
faicte quant la grappe cōmence a
fleurir et ioinct len le getton agui
sie dedēs auecqs la souche percee·
et trouee en telle maniere q̃ le gettō mette sa moele auecqs la moele de la souche Lautre maniere que
len trenche la souche au trauers
ace que les moeles sentrepzengnēt
Et la tierce maniere si est que len
perce et fore la souche tout oultre
et p met on deux gettons aguisez
et vng peu rez en telle maniere q̃
lumeur des gettons se couple a lu
meur de la souche · Et toutes ces
manieres de enter doiuent estre en
duites de crope de argille ou autre
terre et tresbien liees et estoupees
pour le chault et la pluye et le vēt
Et si ap esprouue vne autre manie
re de enter que oncqs ie ne vy fail-
lir·Cest de prendre vng nouuel get
ton long qui tiengne a vng trong
de la vieille vigne de lan precedent
qui ait quatre dois de long et q̃ len
oste la moitie du trong de la vieille
vigne iusques a la moele tout du

long fans point oster de la moele
pource quelle doit demourer entiere
en œ q̃ len veult enter · Et de lau
tre moitie de la vielle fourmez vng
coing long de trois dois cest a dire
iufques au nouuel getton et la on
doit faire vne coche et metre le coig
dedens la coche biẽ ferme et que le
coing foit trenchie nõ pas de la par
tie de la moele mais de lautre part
feulement et que il foit bien agu ·
et puis que la fouche q̃ len veult
enter foit trenchee par le milieu et
quelle foit dautelle grofleur fe fai
re fe peut et fi non quelle foit vng
peu plus grofle · Et de la partie qui
aura le moins de moele len doit of
ter le grãt dun gros doit et ficher
le coing en la trenche tellement q̃
le cochet fe ioigne fort ala tefte de
la plus courte tefte trẽchee et que
les deux autres teftes pareilles fi
fopent aucunement par defflus le
nouuel afin q̃ le lpen puift eftrein
dre les deux chefz du viel ferment
biẽ afleblez et appareillez et puis
lper a vng ionc toute la trẽcheure
Et en tefte maiere len peut ẽter a
vng troncq deux ou trois ou plu
fieurs branches toutes les autres
vignes trenchies Et puis on peut
plũger et mettre toute cefte vigne
en terre et faire autãt de fofles cõ
me on aura ente de branches en q̃l
cõque partie de la terre q̃ len voul
dra · et en chafcune fofle ou on met
tra lef ẽtes et ou elles gerront len
fera vne petite foflete ou toute la
lieure de lente fera laiflee et la ter

re couuerte qui fera doulcement
foulee aux piez et que le ferment
foit efleue par defflus la terre lefm
ce dune paulme et aufli felon la cõ
mũe maniere dont len vfe on peut
ioĩdre les nouueaulx fermẽs aux
nouueaulx et aux vielz et par icel
le maniere les abefler et coucher
en terre · mais il eft meftier que la
branche qui fera trenchee foit for
mee et que on ne la corzompe pas
legerement ·

¶ De la maniere de tailler et pur
ger les vignes et les arbzes qui
les portent   vii · chaꝑ ·

En lieux chaulx len doit tail
ler les vignes ou mops dot
tobze et de nouembze et en feurier
et en mars iufques atant que les
bouriõs fe pzennẽt a croiftre et en
lieux qui font froiz es mois de fe
urier et de mars tant feulemẽt et
en lieux atrẽpez en tous les mois
defflufditz et chãn dieeulx Maiz les
vignes des montaignes qui regar
dent feptentriõ il vault mieulx de
les tailler en pzintẽps pour doub
te que aucune partie trop tẽdze et
molle ne foit greuee de la plaie En
lieux chaulx len ne fcet pas biẽ la
vertu ne la nature des vignes fe
bles · ¶ Se lon palladius len doit
garder en toutes tailles de vigne
que la fouche foit toufiours la pl'
forte et vertueufe afin que len ne
face double durete ala vigne feble
len doit ofter les gettons tozs et
baftars qui font nez es lieux de fcõ

uenables et le serment taille qui
sera venu entre deux branches Et
se ce getton affebloye aucun bras
de gresse len taillera icelui bras et
demourera le getton en lieu· et est
tresbon que le serment dembas qui
sera ne en bon lieu soit garde pour
reparer la vigne qui soit taille pres
de deux ou de trois bourions q̃ on
laissera. En lieux plus doulx len
espandra la vigne pl⁹ hault mais
es lieux declinans et maigres la
moiste vigne est la meilleure Et
appartient au sage de cognoistre la
nature de la vigne et sa vertu car
celle qui est plus hault labouree
et est plus grasse et plus plantureuse ne doit auoir pl⁹ de huit gettos et aussi en la partie du milieu
no⁹ ne laissons pas tousiours vne
ou deux gardes Mais la mesgre et
humble doit auoir a chune garde
branche son getton et doit len garder que en nulle partie il ny ait ser
mes secs et ares car se ilz y esto-
pent tout ardroit et secheroit cõme
se tout estoit feru de fouldre ou de
tonoirre. Tout ce qui naist en la
grosse cuisse de la vigne doit estre
treche ¶ Quãt len taille la vigne
len ne doit pas faire la playe pres
du bourion maiz vng peu pl⁹ hault
en retournant au bourion afin q̃
la ferme ne chee sur le bourion ·
Len doit nettoier les fosses des gaz
des et oster ce qui nuist ala vigne
et toutes les vielles besongnes · et
se le tronc est caue du soleil de pluies ou de bestes on doit oster tout

ce qui est mort et estouper la playe
de terre ou dautres choses Et se les
core est trenchee ou pendant on la
doit trencher et oster tout hors On
doit aussi rere le muscule et sil y a
playe ou dur de la vigne ou q̃ len
y doit faire playe elle doit estre obli
que et ronde· Les vielz sermens es
quelz le fruit de lannee precedent au
ra pendu seront taillez et les nou
ueaulx croistrõt En aucuns lieux
on laisse les sermens si grans et
si longs comme nature leur dõne
sans les retailler sicõme en cremõ
ne et en credone et en plusieurs au
tres lieux Et en aucuns lieux on
oste seulemẽt les sõmetz qui riẽs
ne valent En autres lieux len trẽ
che tout iusq̃s a vng pie de long et
doiuent les blanches vignes estre
taillees iusques a demp pie· ¶ La
premiere maniere ne doit pas estre
gardee se ce nest es lieux ou on met
les perches et soustenaulx car les
vignes sont estẽdues cõme cordes
et la seconde est soustenue a pieux
et eschalas ¶ Ces deux manieres
si sont par especiales vignes qui
ont les neux et gettons loing lun
de lautre et portent telles vignes
grant fruit et plusieurs grappes
¶ Ia soit ce les grappes ne soiẽt pas
si grandes cõme des vignes court
taillees Et veulent icelles vignes
estre souuent fumees afin quelles
portent assez branches et fruit con
uenable se elles ne sont tresgrande
mẽt grasses Mais celles que len
taille courtes iusques a vng pie cõ

me a boulógne et a mutine et plu
sieurs autres lieux se dsdent sou
fisaument du soleil Et celles q̃ len
taille tref estroictement cõme len
fait a furlin et en plusieurs aul
tres lieux en prouuãce se dfendent
et biennent bien sans aide de pieux
ne daultres choses cõme font les
arbres qui sont plantez en ordre et
ont moult de neuf et espes et par
especial en terre seche et mesgre et
en bignes nõmees albana et selo
na·Ceste taille aussi peut estre fai
te en bignes appellées zizinga et
berdiga pource que qui les trêche
roit aultrement elles porteroient
trop chetif fruit et si ne bauldroiēt
riens les gettons lannee prouchai
ne ensuiuant Cest chose clere et es
prouuee que qui trencheroit la bi
gne portãt fruit pour le temps q̃l
le seroit en fleur ou aps et que la
taille feust pres des bourions des
grappes il y naistroit autres nou
ueaulx bourions qui porteroient
grappes dont on pourroit faire ber
ius en bendenges Et ie crop quil
seroit bon de le faire a tous les ser
mens qui ne portent fruit pour lã
nee et par especial ceulx q̃ len tail
lera lan ensuiuant en la taille cõ
mũe·¶ Qui ne laisseroit pas meu
rer les p̃mieres grappes aincois
q̃lles feussent cueillies bertes et
aigres pour berius ce leur seroit
bon mais ce nest pas cõmun en
toutes bignes fors en celles qui
portent grappes tant ou biel ser
ment cõme ou nouuel cõme est le

muscatel et telles bignes·¶ En
aucũs lieux len taille les bignes
de trois ans en trois ans et es au
tres de deux ans en deux ans et es
autres chũn an afin quelles por
tent plus de grappes Et celles que
len taille chũn an portent pl° gras
ses et plus plãtureuses grappes
et qui mieulx se dfendent et durēt
plus Aucuns ne taillent point les
bignes qui sont esleuees et sõt son
stenues de haulx arbres pour la
peine qui y seroit mais les aucũs
batent les bignes de grãs perches
afin que ce qui y est de sec chee et q̃
il soit bien escoux et aucuns ne lef
batent point de perches aincois les
laissēt benir cõme nature leur dõ
ne et ce peut estre fait en lieux biē
gras·¶ En toutes tailles trois
choses sont a considrer quãt aux
bignes Lune est lesperãce du fruit
et pource len doit laisser telz gettõs
que len boit estre mieulx dispose
a fructifier et que ilz soient clers
meurs ronds et gras et qui apẽt
plusieurs oeilles Secondmẽt que
len prengne le getton en bon lieu
et cõuenable pource que ce luy don
ne esperance de apporter bon fruit·
Et tiercement le lieu ou len taille
la bigne et que il ne soit taille ne
trop long ne trop court Apres len
doit sauoir que se len trenche la bi
gne meure elle gette et bourionne
plus meuremẽt et fait plus de ser
mens et greigneurs pour cause de
lumeur qui nest pas espãdue quãt
les plapes sont consolidees auant

son cours et elle se prent a croistre
en raiceaulx et se on la taille tard
elle gettera plꝰ tard et fera moult
de fruit pour leffusion de la superflue humeur de leaue qui p est qui
lempesche asa digestion de lumeuz
bisqueuse dont le fruit est engẽdze
Et pource les vignes mesgres qui
par auant ont este grasses si luxu
riẽt et sont faulx gettõs pour cau
se de lumeuz superflue qui nest pas
digeree Et doit len plus estroittement tailler apzes la bonne vendẽ
ge que apzes la poure car la bonne
la gne a degaste sa vertu et apzes
vi petite vendenge len doit tailler
plus largement car la petite a re-
pzins sa vertu. ¶ Arbzes poztans
vignes sont de diuerses manieres
Les aucũs sont petiz cõme rosiers
et espines et ne doiuent point estre
taillez car ilz ne poztẽt foze vignes
sauuages et labzusques Maiz les
arbzes qui poztent les bonnes vignes si sont bons a tailler en la vi
gne Aucuns les purgent avezges
et aucuns les taillẽt de trois ans
en trois ans toutesuoies se il p a-
uoit trop de bzanches et de fermẽs
il est bon den oster la superfluite.

¶ De la formacion des vignes et
des arbzes qui les poztent.

viii. chap.

Columella si dit q̃ la nouuel
le vigne doit estre renouuel
lee aps le pmier an et mise asa p-
miere matiere et que on ne l̃ doit
pas retailler ainsi comme len a de

coustume en ptalie quant le secõd
an est passe car qui les tailleroit
ou tout seroit perdu ou se elle gettoit les sermens ne vauldzoient
riens aincois seroient cõme vigne
effueillee puis que le chef seroit co
pe ou cõme fueilles bastardes qui
p stroiẽt de la vieille souche et pouz
ce on doit laisser empzes le chef da
ual vng ou deux gettons et doit
estre ceste maniere bien gardee en
la petite vigne plus foɾte. et la petite vigne plus feble sera laissee le
secõd an sans tailler et lup aidera len de rouseaulx ou deschalas
deliez pour la soustenir tant cõme
elle sera nouuelle afin que en lannee ensuiuãt elle puist auoir plus
de foɾce de estre lpee a pieux et loɾs
on la retrenchera cõtinuellement
de vng ou de deux gettons iusques
ace q̃lle sera fermẽs poztans fruit
et loɾs len fourmera la vigne dũg
arbzet et sera ramenee avne seule
matiere Maiz se on la doit atacher
a perches ou a pieux oɲ la pourra
ramener a deux matieres qui seront daussi grant longueur cõme
la perche dont elle sera apuiee. et se
ra fait dun pie en terre mesgre et
chetiue. et en terre grasse de deux
piez ou de trois Et lannee dapzes
len en fera quattre matieres au
plus qui serõt diuisees en quatre
parties. et puis es annees apzes
ensuiuans len en fera plusieurs
matieres selon la doctrine dessusdicte. Et se la vigne doit mõter sur
arbzes on la laissera croistɾe au

long iusqs a tant quelle aura bzã
ches pour tailler afin q ou sõmet
de la vigne il viengne en lãnee en
suiuãt et p naisce chefz q len puist
diuiser selon ce quil sera conuena
ble pour les bzãches de larbze. Et
es annees ensuiuans len procure
ra la montee de la vigne en adzef
sant tousiours vne matiere au sõ
met de larbze. ¶ Les vignes sont
fourmees en diuerses manieres
selon les diuersitez des pais et des
contrees car en aucun pais on les
fourme par ozdze a pieux et a per
ches ou en estendant les branches
par terre sans autre aide côme des
sus est dit. et en aucunes autres
côtrees elles sont faictes par assê
blees côme vne bataille rengee et
lozs cest auecqs vne perche seule
ou auecqs deux ou plusieurs quãt
elles sont en terre grasse et par es
pecial en renges darbzes dont les
vignes sont soustenues auecques
aucuns pieux Ou elles sont es pe
tites treilles et lozs on les doit plo
per et encliner deuers la souche et
de lautre partie les esleuer et les
biê lper et ozdõner Et moy ie met
troie vne seule perche vers la par
tie abaissee et vne autre bien forte
vers la partie haulsee pour souste
nir toutes les longues branches
denhault et les pendãs iusqs a ter
re qui pozteront grant habondãce
de fruit et le feroie en telle manie
re q lune perche seroit loing de lau
tre lespace dun bzas seulemêt et fe
roye telles choses es riues des vi

gnes et es champs ou il ya arbzef
et haies bas pour soustenir.plusi
eurs sermens et par especial pour
lannee ensuiuant et ainsi a petis
despens len recoit moult de grapes
et de prouffit es riues des vignes
et es haies vers qui ne vauldzo
pent riens autrement fors q pour
chaufer et si embelissêt moult les
vignes et les champs ou elles sõt
¶ Les petiz et courts arbzes qui
soustiennêt les vignes serõt four
mez sicôme il appartiendza telle
ment que quant ilz seront plopez
et parcreuz de deux ou trois ans a
pres on les retzêchera par enhault
de six sept ou hupt piez et serõt tail
lez plus cours en mesgre terre q
en grasse et puis seront fourmez
et quãt ilz aurõt gette rainceaulx
en lannee dappres on les coppera
tous excepte quatre des meilleurs
et ceulx qui demourront seront di
uisez chûn en quatre pars par lieu
res de liens et de perches et apesan
ties par pierres sil en est mestier a
ce que chûne partie descende aux co
stez et ne monte point contremont
Et quant ces arbzes seront four
mez en largeur trois ou quattre
piez bien estendus que on les lais
se aller leur cours et que on leur
lpe vigne aux chefz de lun a lau
tre. et est ceste maniere gardee es
parties de milan Mais ceulx de per
game si abaissent plus la souche
de trois ou de quatre piez et formêt
larbze et en maniere dune cloche rê
uersee et leur taillêt les raicæaulx

et la mettēt la Bigne. et cellui qui
cueille la Bigne ou la taille si demeure ou milieu de l'arbze et la il
laisse estendze et espandze la Bigne
tout entour et pendze les fermēs
par dehozs ¶ Les grās arbzes qui
souftiennēt les Bignes doiuēt estre
formez par telle maiere quilz apēt
plusieurs raiceaulx hault et bas
trenchez selon la possibilite de l'arbze qui pozte la Bigne et cueure. et
sur les chefz de ces trēches on doit
lper les Bignes et puis quāt elles
serōt chargees de grapes elles pē-
dzont contreual· ¶ Len peut aussi
biē formez ces arbzes afin que ilz
souftiennēt les Bignes et quilz ne
soient point appetissez par telle ma-
niere· Quant Bng saulx Bng ourme ou Bng peuple serōt gros d'un
bzas et longs. de douze ou de quize
piez on doit couper le sōmet et des
raiceaulx qui seront nectz on en
laissera croistre Bng le plus net et
le plus dzoit si hault quil pourra
et puis chūn an ou de deux ans en
deux ans en coppera les raiceaulx
en laissant tousiours le sōmet et
ne fourmera len point les autres
raiceaulx qui serōt laissez dedens
cōme dessus est dit es petiz arbzes
ou les Bignes sont lpees ¶ Sicōme Barron dit ou la terre est plus
crasse la Bigne croist plus hault et
doit estre plus hault esleuee pour
ce que elle ne quiert pas l'eaue au
fons aincois demāde le soleil pour
nourreture Et pource ie croy quil
est bon que en temps deu on oste

des Bignes qui sont en lieux chā-
pestres et moistes les fueilles et
les sermens et aultres superfluitez qui riens ne Balent comme en
may et en iuing et puis quant les
grappes seront meures apzes cōme en aoust que len oste la moitie
des fueilles superflues afin que le
soleil puist lupre sur les grappes
et les cuire ace q̄ le Bin en soit plus
meur et plus Bertueux et q̄ quāt
la superflue humeur sera degastee
le Bin soit de meilleure oudeur et de
plus grant et bonne duree·

¶ De la lpeure et releuement des
Bignes.   Biiii·chap.

LEs Bignes doiuent estre re-
leuees et lpees auant q̄ les
bourtons soient creuz et deuenus
grans et gros Et les Bignes qui
sōt en ozdze et espesses liees a perches et eschalas doiuent estre rele-
uees egalemēt en telle maniere q̄
quant la Bigne aura son eschalat
quelle soit toute lpee et ceinte par
le milieu de son lpen selle est basse. et se elle est haulte soit ceinte en
hault et en bas et que par auant
on lpe a neuf pieux six perches ou
cannes en plaisant haultesse ace q̄
lune Bigne soit ou milieu et les
aultres autour et ainsi elles serōt
defendues de cheoir et si pront les
Bēdengeuzs de toutes pars Et apes
les sermens seront diuisez en quatre parties et selon leur grosseur
seront lpez a plus fortes perches·
Mais es Bignes ou il ya peu de Bi-

gne len doit mettre pieux ala dista
ce de trops piez et p lper par ordze
perches ou cannes en telle manie
re que toutes les espaces soiêt cou
uertes et eſt ceſte maniere gardee
en la marche dautone Ou les fer
mens ſont eſtendus côme cordes
le doit mettre trois pieux a chûne
Bigne et quilz ſoient liez par dista
ce de dmp pie et que Ong lpen les
ceingne entour côme Ong chapel et
puis len eſtd la Bigne · et entre Bi
gne et Bigne len doit mettre Une d
fenſe pour ſouſtenir que les grap
pes ne Biengnêt a terre · Aucuns,
ſont qui ne mettent que Ong pel a
chûne Bigne et pzouffite moult tât
a ceſte Bigne côme aux autres ou
on laiſſe longs gettons ſe empzes
le pel on tuerd Ong peu le ſerment
quât il aura gette ſa lerme car tel
le tozteure leur Bault et ſi ne grief
ue riens aux grappes qui en naiſ
ſent · et eſt ceſte maniere gardee en
aſt et did loee maiz il neſt pas bon
de lper les ſermens aux pieux lâs
perches · Sil pa Bignes ſur ar
bzes grâs ou petiz il np fault au
tre choſe faire que les lper en plu
ſieurs lieux aux bzanches et aux
ſouches et diſtribuer bien egale
mêt les rainceaulx ſelon les par
ties conuenables de larbze · et les
doit len chûn an lper et relper ce
dit paladius ·

¶ De fumer les Bignes et des re
trenchemens des faulſes racines
pB · chap̄ ·

N Ous deuôs faire petites foſ
ſes entour les Bignes en oc
tobze nouembze feurier ou mars
et trencher toutes les racines qui
ſont ou ſômet de la terre et p met
tre du fiês et par eſpecial doit eſtre
fait es Bignes nouuelles et q̃ len
oſte les racies ſuperflues quelles
auront gette en leſte pource que ſe
elles demouroient elles feroient pe
rir et mourir les racines de dedens
et ſeroit de leger perdue la Bigne de
chault ou de froit pour la Bertu
qui ſeroit toute enhault Mais on
ne doit pas tailler les petites raci
nes ala ſouche pource q̃ pluſieurs
autres p naiſtroient ou la nouuel
le plaie qui ſeroit faicte au cozps de
la Bigne ſeroit cauſe de la perte di
celle par le froit et pource au tren
cher on p doit laiſſer leſpace dun
doit de long ou peu moins · et ſele
temps de lpuer eſt doulx et plaiſât
quant ce que dit eſt ſera fait deuât
lpuer ſi laiſſons les Bignes ouuer
tes et quant ce ſera fait auant de
cembze et lpuer eſt froit et fozt on
les doit ouurir et couurir de fiente
de coufons et combien que le fiens
mis ſouuent en la Bigne pzouffit
te pour auoir aſſez fruit touteſuo
pes la ſaueur en empire et nen du
re pas ſi longuement Ceulx qui
Beulent auoir bon Bin ſemêt des
lupins en leur Bigne ou moṽ
aouſt et ainſi lenfozcent et qua̅t ḭ
ſont parcreuz ou mope dauril ou
de map on les retourne et par ain
ſi ilz Balent gras fiês · On les tre

che auffi tres menuement et les
met on es foffes faictes ecofte les
vignes et les cueuure len

¶ De la maniere de houer et fouir
les vignes .   vbi · chap ·

On doit fouir les vignes nou
uelles ou mops de mars et
faire la dure terre venir en pouldre et puis ainfi faire par chafcun
mois et la retourner et non pas feu
lemet pour ofter les herbes mais
afin q ce qui p eft tendre ne foit gre
ue de la terre qui feroit trop dure
et trop ferme Et ou mois de iuillet
aux foirs et aux matins quant la
chaleur fera departie on doit foupr
et retourner la terre ce de deffus des
foubz et en faire pouldre · et fil p a-
uoit herbes on les doit arracher ra
cines et tout et faire foffes en la
partie la ou leaue dequeurt afin
qlle fen aille aux parties derrenieres et quelle ne griefue aux vignes
et doit on acomplir toutes les foffes des le mois de mars auat que
les bourions foient trop grans et
quilz ne foiet greuez Et auffi quat
les vignes feront hors de fleur on
doit faire les fecodes foffes pource
que on ne les doit poit toucher tat
quelles font en fleur · et fe doit on
garder de foffoper quat la terre eft
trop moifte ou quelle eft trop dure
et de tant que elle fera plus poul-
dropee de tant vauldra elle mieulx
et fouffift bie toutefuoies fe la ter
re eft mopenemet foupe en parfod

et auffi doit eftre la terre foule ega
lemet et tellemet quil nen demeure riens cru ne a foupr et par efpecial empres la vigne le diligent la
boureur fi p prendra garde et fe elle eft entierement foupe et de combien parfond par tous lieux et p doit
eftudier la garde de la vigne fur
louurage pour les baracteurs la
boureurs ·

¶ Des empefchemens qui viennent aux vignes et de la cure dicel
les ·   vbi · chap

Il aduient auneffoiz q em
pefchemes et nuifances vie
nent aux vignes et aux plates en
telle maniere quelles meurent la
premiere annee ou quelles demeurent demp viues Et leur aduient
auneffoiz ce que dit eft pour les
herbes qui viennet empres pource
que les racines oftent la nourretu
re des vignes et le remede fi eft par
les fouuet foffoper et ofter les her
bes et arracher ¶ Auneffoiz les
vignes font greuees par les gras
ombres des gras arbres dentour
ou des hapes dempres et lors on
doit arracher tous les arbres qui
p griefuet et les branches et ofter
les fueilles · Et auneffoiz auffi
les vignes font greuees par lardeur du foleil et pource les doit on
couurir de fuerre ou duirdner de ter
re ou autremet leur aider Auneff-
foiz auffi les vignes font greuees
par aucunes plates qui fot empres
elles comme cholz et lauriers car
on a trouue quilz brulet et ardet

i · i ·

gne len doit mettre pieux ala distã
ce de trops piez et p lper par ozdze
perches ou cannes en telle maniere que toutes les espaces foiēt cou
uertes et est ceste maniere gardee
en la marche dautone Ou les fermens font estendus côme cozdes
lē doit mettre trois pieux a chûne
Bigne et quilz foient liez par distãce de demy pie et que Bng lpen les
ceingne entour côme Bng chapel et
puis len estes la Bigne· et entre Bigne et Bigne len doit mettre Bne de
fense pour foustenir que les grappes ne Biengnēt a terre · Aucuns,
font qui ne mettent que Bng pel a
chûne Bigne et pzouffite moult tãt
a ceste Bigne côme aux autres ou
on laisse longs gettons fe empzes
le pel on tue dBng peu le ferment
quãt il aura gette fa lerme car tel
le tozteure leur Bault et fi ne grief
ue riens aux grappes qui en naif-
fent· et est ceste maniere gardee en
ast et biē loee maiz il nest pas bon
de lper les fermens aux pieux fãs
perches· ¶ Sil ya Bignes fur arbzes grãs ou petiz il np fault autre chose faire que les lper en plufieurs lieux aux branches et aux
fouches et distribuer bien egalemēt les rainceaulx felon les parties conuenables de larbze· et les
doit len chûn an lper et relper ce
dit paladius.

¶ De fumer les Bignes et des re-
trenchemens des faulfes racines
pB·chap·

An Dous deuōs faire petites fof
fes entour les Bignes en oc
tobze nouembze feurier ou mars
et trencher toutes les racines qui
font ou fōmet de la terre et p mettre du fiēs et par especial doit estre
fait es Bignes nouuelles et q len
oste les racies fuperfflues quelles
auront gette en leste pource quefe
elles demouroient elles feroient pe
rir et mourir les racines de dedens
et feroit de leger perdue la Bigne de
chault ou de froit pour la Bertu
qui feroit toute enhault Mais on
ne doit pas tailler les petites rac-
nes ala fouche pource q plufieurs
autres p naistroient ou la nouuel
le plaie qui feroit faicte au cozps de
la Bigne feroit caufe de la perte di
celle par le froit et pource au trencher on p doit laiffer lespace dun
doit de long ou peu moins· et fe le
temps de lpuer est douly et plaifãt
quant ce que dit est fera fait deuãt
lpuer fi laiffons les Bignes ouuer
tes et quant ce fera fait auant decembze et lpuer est froit et fozt on
les doit ouurir et couurir de fiente
de coufons et combien que le fiens
mis fouuent en la Bigne pzouffit
te pour auoir affez fruit toutefuo-
pes la faueur en empire et nen du
re pas fi longuement ¶ Ceulx qui
Beulent auoir bon Bin femēt des
lupins en leur Bigne ou moj
aoust et ainfi lenfozcent et quãt ilz
font parcreuz ou moys dauril ou
de may on les retourne et par ainfi ilz Balent gras fiēs· On les trē

che auffi tres menuement et les
met on es foffes faictes coste les
vignes et les cueuure len

De la maniere de houer et fouir les vignes ·   v̄ii·chap̄·

On doit fouir les vignes nou
uelles ou mops de mars et
faire la dure terre venir en pouldre et puis ainfi faire par chafcun
mois et la retourner et nõ pas feu
lemẽt pour ofter les herbes mais
afin q̃ ce qui p̃ eſt tendre ne foit gre
ue de la terre qui feroit trop dure
et trop ferme Et ou mois de iuillet
aux foirs et aux matins quant la
chaleur fera departie on doit foupr
et retourner la terre ce de deffus des
foubz et en faire pouldre· et fil p a-
uoit herbes on les doit arracher ra
cines et tout et faire foffes en la
partie la ou leaue de queurt afin
q̃lle fen aille aux parties derrenieres et quelle ne griefue aux vignes
et doit on acomplir toutes les foſ-
fes des le mois de mars auãt que
les bourions foient trop grans et
quilz ne foiẽt greuez Et auffi quãt
les vignes feront hors de fleur on
doit faire les fecõdes foffes pource
que on ne les doit point toucher tãt
quelles font en fleur· et fe doit on
garder de foffoper quãt la terre eſt
trop moifte ou quelle eſt trop dure
et de tant que elle fera plus poul-
dropee de tant vauldra elle mieulp
et fouffift biẽ toutefuoies fe la ter
re eſt mopẽnemẽt foupe en parfõd

et auffi doit eſtre la terre foule ega
lemẽt et tellemẽt quil nen demeure riens cru ne a foupr et par eſpecial empres la vigne le diligent la
boureur fi p̃ prendra garde et fe elle eſt entierement foupe et de combien parfond par tous lieux et p̃ doit
eſtudier la garde de la vigne fur
louurage pour les haracteurs la
boureurs·

Des empeſchemens qui vien-
nent aux vignes et de la cure dicel
les·   v̄ii·chap̄

Il aduient aucuneffoiz q̃ em
peſchemẽs et nuifances viẽ
nent aux vignes et aux plãtes en
telle maniere quelles meurent la
premiere annee ou quelles demeurent demp viues Et leur aduient
aucuneffoiz ce que dit eſt pour les
herbes qui viennẽt empres pource
que les racines oſtent la nourretu
re des vignes et le remede fi eſt par
les fouuẽt foffoper et ofter les her
bes et arracher· Aucuneffoiz les
vignes font greuees par les grãs
ombres des grãs arbres dentour
ou des hapes dempres et lors on
doit arracher tous les arbres qui
p̃ griefuẽt et les branches et ofter
les fueilles · Et aucuneffoiz auffi
les vignes font greuees par lardeur du foleil et pource les doit on
couurir de fuerre ou entrõner de ter
re ou autremẽt leur aider Aucũeffoiz auffi les vignes font greuees
par aucunes plãtes qui fot empre
elles comme cholz et lauriers car
on a trouue quilz brulẽt et ardẽt

t·i·

la Digne et pource ne les p doit on
mettre ne souffrir · Aucũeffoiz les
Dignes font greuees de bestes qui
les rungent et pource les doit on
clozze et garnir de fossez de haies et
despines poignantz · Aucũeffoiz les
Dignes font greuees en puer par
la gelee si les doit on retailler empzes terre selon ce quelles sont gelees et quant on les taillera on ne
leuera pas trop la souche dessꝰ terre · et quãt lyuer appzoucheza len
taillera les Dignes sans coper les
bzanches et se lierõt embas pzes
de terre de ioncs et mettra len de la
terre dessur les chefz quelles ne se
relieuent ou ꝗ on les lieue sur arbzes ou elles ne gelent pas legeremẽt Aucuneffoiz la gelee ne blesse
pas toute la Digne maiz seulemẽt
les nouueaulx gettons qui ne se
peuẽt defendze pour leur tendzeur
et grant moele · et se il aduient on
doit oster le gele et les trencher par
dhault et laisser aucũ peu du Bert
pour getter des autres nouueaulx
Et aussi aduient aucũeffoiz que de
puis que les Dignes ont gette rainceaulx et grapes la bzuine les gaste et perdẽt toute leur Berdure et
pource es lieux ou telz cas aduiennẽt len doit planter Dignes qui Biẽ-
nent tard a Berdure cõme font celles que len appelle albana selana
garganiga et mapolus · Aucuneffoiz les mousches petiz Bers et be-
steletes Bertes et chenilles les rõ-
gent toutes et gastent les tendzes
bourions et les grapes et les font

sechez · et le remede si est de les oster
aux mains et les fouler aux piez
contre terre ou les ardoir au feu ·
Et aussi aduient aucuneffoiz ꝗ en
temps de chaleur il descend auec le
chault Bne plupe Benimeuse qui
art tout et lappelle lẽ a boulõgne
mellriũ qui blesse plusieurs Dignes tellement que leur fruit en
Biẽt tout a neant et pource en telz
lieux ou il Biẽt par coustumes telles pluies on p doit planter foztes
Dignes qui ne soyent pas de leger
blessees Aucuneffoiz aussi le ton-
noirre la gresle et la tẽpeste empirent moult les Dignes et ny a alẽ
contre autre remede ꝗ deuotes ozoi
sons et pzieres enuers dieu · Combien que aucunes sotes gens diẽt
que on peut bien faire aucuns ex-
perimens a lencontre de la tẽpeste
mais ilz ne sceuent quilz dient · Et
aucuneffoiz aussi il aduiẽt que la
Digne est ferue et blessee du piq ou
de la houe si doit len mettre en la
playe aucune autre Digne et la liez
et p mettre auecꝗs la terre dẽtouz
du fiens de cheure ou de bzebis ·
Aucuneffoiz aussi il aduiẽt que la
Digne pozte tant de gettons et de
fueilles quelle ne les peut nourrir
auecques ses grappes ne les laisser croistre · Si doit on regarder et
cõsiderer ou moys de may les sermens que la Bielle Digne et la nou
uelle ont apoztez et en retrencher
et laisser lez meilleurs et les plus
foz et les lyer et soustenir contre
le Bent · Et aucuneffoiz la Digne

est si feble et si chetiue & soy quelle
fait chetifz raicaulx et chetif fruit
si la doit on souuēt fossoier et nour
rir de fiēs et ostez vng peu des fueil
les et des raincaulx et la tailler
courte. Aucūes vignes sōt si gras
ses quelles font tant de fueilles q̄
le soleil ne peut meurir les grapes
pour lombze. si les doit on grand=
mēt tailler et effueiller et non pas
fossoyer ne fumer et ou moys de
may oster les superfluitez et les
tailler et effueiller · Et aussi enco=
res ou milieu daoust on les doit ef
fueiller par les costez es lieux froiz
ou les grapes pourrissent par tren
te iours auant vēdenges et doit on
seulement laisser les fueilles den=
hault pour defendze la force du so=
leil · et sil ya aucūes grapes gisās
a terre on les doit bien doulcement
releuer sans les casser · mais es
lieux trop chaulx et secs et ardās
on doit faire aucun vmbze ala gra
pe quelle ne seche. En aucūs lieux
aussi les vignes sont pillees et des
robees des gens ou les chiēs et re=
nars menguent les roisins si les
doit on bien et diligēment garder
ou temps quilz sont meurs et si y
doit on planter choses desplaisans
ameres et rudes a mēger comme
sont gimaresta et guratonus qui
sont vignes dont les roisins sont
amers et ne les mengue len pas
volentiers et toutesuoies elles sōt
moult noble vin et qui est de bōne
garde et aussi en lieux dicelles qui
ne les a ou cōgnoist p̄ planter au-

tres semblables plātes · Et aucuneffoiz aussi les vignes sont dom-
magees destourneaulx et dautres
oyseaulx et pource doit on mettre
en telz lieux cozdes laz et aultres
choses cliquetās et sēblances don
nees pour les esbahir · Et se il y a
uoit tant doiseaulx assaillans les
vignes q̄ les espoētaulx dessusditz
ne souffissēt mie il cōuendzoit fai
re ou milieu de la vigne vne petite
loge sur quatre coulōbes et faire
tenir vng enfant dedens qui tirera
cozdes atachees a lōgues perches
au dehozs et a lenuiron de la vigne
et seront respondās en la dicte loge et quil y ait des sonnetes atachees aux dictes perches quil fera
sonner ou mouuoir et tirer lesdittes cozdes et fera sonner bastōs et
courges et autres espoentaulx en
la partie ou il aura veu et verra
les oiseaulx dessusditz .

¶ De la conseruacon et garde des
grapes nouuelles et fresches.
p̄viii. chap.

Renez telles grapes que vo⁹
vouldzes garder et quelles
ne soyent blecees ne empirees ne
trop vertes ne trop meures mais
telles que le grain soit enlumine
de clarte et soit resplandissant et q̄
il soit aucunement mol au tast et
plaisant et q̄ len ny en mette nulles aultres · et puis quelles soient
mises en vng vaissel de fust ou il
y aura eu vin et le fermer et estouper tresbiē de poix .toute chaul
de et puis apres quil soit mis en

t·ii.

aucun lieu sec et froit et bien obscur sans lumiere et quil soit pendu. Et en autre maniere quant le pain sera trait hors du four et que le four ne soit pas trop chault len doit mettre du fuerre blanc dedens et mettre et estendre les grapes dessus et les y laisser iusques a ce quelles soient passees et aucunement ridees et moles Ou que sans fuerre elles soient mises sur aisselles dedens le four ou sur vng gril ou autres telz instrumens et quant elles seront traictes quon les mette tantost en moust doulx et puis mises au soleil iusques atant quelles soyent seches et apres quelles soient mises pour les garder en vng tonnel ou aultre vaissel. Et encores en autre maniere on met les grapes secher au soleil et quant elles sont seches on les met en moust tout boullant et puis les laisse len encores sur le feu et apres on les met au soleil et ainsi elles sont tres bonnes Apres et autrement grapes souefues seichees au souleil se gardent tresbien en sablon sec seche au soleil et aussi en fuerre ou en foing sec et en fueilles de vignes bien seches et aussi en miel. Chaton dit que les grapes se gardent tresbien en potz de terre et en moust doulx.

¶ Pour faire la grape grecque seche il fault considerer en la vigne le plus bel et le plus cler bourion vng ou plusieurs et puis tuerdre les grapes sur la vigne mesmes et les laisser ainsi secher moyennement et apres les cueillir et les pendre en lieu vmbrage et puis les mettre en vng vaissel Cestassauoir que il y ait premierement vng lit de fueilles seches et puis vng lit de grappes et apres vng aultre lit de fueilles seches et par dessus vng aultre lit de grapes et ainsi iusques atout et les bien serrer et en fort yuer les couurir et fort estouper et les mettre en lieu froit et secq et ou il ne puist entrer fumee ¶ Ceulx de salerne font vnes passes cest a dire grapes seches par la maniere qui sensuit. Ilz eslisent les meilleurs grains des grappes et les font secher au soleil et puis les mettent en vng four passablement chault par vne espace de temps et apres les lauent en moust doulx et puis les pouldrent de pouldre de canelle et dautres bonnes espices et apres les enueloppent en fueilles de figuier et ainsi les gardent par vng an Telles grapes valent a adoulcir le pis et quant elles sont cuites en vin elles valent contre froide toux Et aussi se peuent faire telles grappes par autre maniere Les tuerdre sur la vigne et les y laisser ainsi pendre trois ou quatre iours et puis les cueillir a la main auecques le bourion et les mettre en moust doulx boullant et les y laisser vng peu et apres les secher au soleil bien chault ou en vng four quant le pain en est hors mais on se doit bien garder que elles ne soient touchees de pluie ne de rousee et les secher et puis quelles

foient mifes en ung vaiffel net et
ferrees bien fort et que len mette
deffus aucune chofe pefant Aucūs
quant elles font feches les lauent
en mouft doulx tout froit et puis
les fechent et les mettent comme
deffus eft dit Mais ce feroit forte
chofe q̄lles peuffēt eftre fechees au
foleil en cōtrees et regions atrem
pees ¶ Roifins et pōmes fe gardēt
moult bien en vaiffeaulx de terre
bien clos et pertuifez dune part et
puis pendus enhault au couuert
et auffi fe gardent pōmes bien lon
guement quant elles font couuer
tes de gipfe et de plaftre·

¶ De la vertu des grappes
xix·chap·

A grape eft diuifee en deux
car lune eft verte et aigre et
lautre eft meure et doulce· La gra
pe verte et aigre eft froide ou tiers
degre et eft feche ou fecōd· et a troif
fubftāces en foy· ceftaffauoir les
grains lefcorce et le ius La nature
des grains eft feche et dure et ne fe
peut conuertir en digeftion mais
qui les caffe et en fait pouldre et
la boit elle conforte et reftraint la
congeftiō colique et par efpecial fe
on la rotift Lefcorce eft groffe et ne
fe conuertift point en nourreture
maiz elle eftaint la chaleur de lefto
mac et du fope et ofte la foif et fi a
trempe la cole rouge et reftraint le
vomir et la defmefuree egeftion
pour caufe de cole· Qui la met fur
les peulx et fur les paupieres elle

ofte les groffes humeurs et les fe
che et vault ala mengeure des p-
eulx et a lafprete· Le ius de la gra
pe verte et aigre doit eftre mis au
foleil auant les iours chienins a-
fin quil deuiēgne efpes cōme miel
et lors il vault cōtre les humeurs
qui defcēdent ala bouche et ala gor
ge et aux genciues et aux parties
denhault de la bouche par deuers
les oreilles et fi vault a humeurs
defcēdans de long temps aux par
ties fecretes des fēmes Et la gra
pe meure qui eft acomplie en fa
doulceur fi engendre trefbon fang
et eft le meilleur de tous les fruiz
ainfi cōme la figue eft la meilleur
viande maiz la figue nourrift mieulx que la grape et a efte efprou-
ue par aucunes gens qui en leur
temps ont mēgé feulement figues
et en fōt deuenus gras et leur cuir
bel et cler et quant ilz les ont de-
laiffeez a menger ilz font deuenus
mefgres Les grains de ces grap
pes meures font froitz et fecs et
font agus et de leger faillent hors
du corps tous entiers ·Lefcorce eft
froide et feche et dure a digerer·et
qui mengue les roifins auecques
lefcorce et les grains ilz ēgendrēt
ventofitez enfleures et mauuaifes humeurs et ferrent le ventre
et fe on les mēgut tātoft quilz fōt
cueillis et partis de la vigne et ilz
treuuēt leftomac vuid de viandes
et fans mauuaifes humeurs et
q̄ il foit de bonne et forte digeftion
ilz font toft digerez et engendrent

b·iiii·

bon fang et font le ventre mol et
purgent le corps de mauuaifes hu
meurs Et au contraire fe ilz treu
uent leftomac plein de ordes hu
meurs et de viandes et quil foit de
feble digeftion Jlz y demeurēt lon
guement et font fors a digerer et
engendrēt enfleures et groffes fu
mees et ont ennuy de groffes hu
meurs et males Les grappes qui
font pendues et fechees des mau
uaifes humeurs et fuperflues fōt
les meilleurs et bonnes pour les
fubtilles dietes · elles nefflent poit
ne engendrent fumofitez et ne re
ftraingnent ne lafchent · Qut les
met en mouft cuit elles fōt de grof
fe diete et ne fōt pas fi bōnes pour
leftomac et font enfleures et ven
tofitez pour les eftrāges humeurf
du mouft que elles y ont prinfes ·
Les grapes qui ont mouft de char
font plus nourriffans et plus du
res q̄ celles qui ont moins de char
q̄ dumeur · Et la grape qui a doul
ce faueur et eft pluf groffe et mole
eft plus chaulde et engendre foif et
eft de plus groffe nourreture et pl⁹
forte a digerer et fait enfleures ru
giffemens et opilacion de rate et de
fope · et la grappe qui a fubtile fa
ueur et pleine de ius et plus froide
et de meilleur digeftion et conforte
leftomac et le modifie def humeuzf
coleriques et fi adoulcift et eft bon
ne pour cōplexions atrempees · et
la grape qui a moyenne faueur a
moyenne vertu ❡ La grape blan
che et clere et pleine deaue nourrift

legeremēt et eft de legere digeftion
et quert toft aux veines et eft pe
netratiue et fait toft piffer · La gra
pe noire et groffe eft dure a digerer
mais elle conforte leftomac et fait
bonne nourreture quāt elle eft biē
digeree · La grape rouffe citrine et
iaune tient les moiēnes vertus de
celles deffufdictes · La grape paffe
et feche eft feche par la cōparaifō a
la verte et eft lune dicelles doulce
qui eft la plus chaulde et pl⁹ moi
fte par efpāl celle eft noire et vault
ala douleur du pis et du polmon
et fi atrempe la toux · Celle qui eft
aigre eft pl⁹ froide et nourzift mois
et eft plus feche q̄ la doulce et fi cō
forte leftomac et efteint la chaleuz
et ferre le ventre ·

❡ De lappareil pour faire venden
ges. xxv · chap ·

Quant le temps de vēdenges
approuche len doit appareil
ler cuues et cuuiers pour y mettre
et fouler la vendenge et aultres
vaiffeaulx pour porter les roifins
et le vin et auffi pffouers pour fai
re les preffoerages et que tout foit
bien netope et laue · et auffi doit lē
querir vaiffeaulx pour mettre le
vin et cerceaulx pour les relier et
oziers vieulx fe ilz valent mieulx
que les nouueaulx.

❡ Du temps conuenable pour vē
denges. xxvi · chap ·

Ceft chofe de grāt prouffit de
fauoir et congnoiftre le tēps
cōuenable pour vēdenger pource q̄

aucuns vendengent auât que les
roisins soient meurs et pource fôt
ilz petit vin et subtil et malade et
qui ne peut longuement durer · et
aucûs autres vendegent pl9 tard
et œulx ne blescent pas tant seulemêt la vigne par la resoluciô de sa
vertu mais auecqs ce ilz blescent
le vin et le submettêt a plusieurs
passions et le font moins durable
ij Si congnoist on le temps côuena
ble et le terme pour vendenger et
de la vendêge au goust et a la veue
Car democritus et effricanus diêt
q la grappe doit auoir meurete par
six iours et nô plus et puis on la
doit cueillir car se le grai de la gra
pe nest plus vert et quil soit noir
ou de telle couleur côme les meurs
cest signifiance quil est meur · Aucuns espreignêt vne grape et se le
grain cuert par la partie cômune
cest signe quelle nest pas meure ·
Aucuns autres lespreuuêt par au
tre maniere ilz considerent et choi-
sissentvne belle grape et bien char
gee et en lieuent vng grain et puis
vng iour ou deux apres ilz recôside
rent le grain et se le lieu ou il aura este prins est demoure en telle
fourme côme deuant et q il ne soit
point appeticie pour la creue des au
tres grains et quilz ne soient point
changes ne creuz lors ilz vendengent hastiuement et se ilz treuuêt
que le lieu du grain soit appeticie
ilz laissent les roisins a vendenger
iusques ace quilz soyent meurs et
tous parcreuz · Paladius dit q len

congnoist quant les roisins font
meurs ace que quant on espraint
vne grape les grains qui sont de-
dês les roisins fôt de couleur fulsâ
et aucuns presque noire et ce leur
viêt de la meurte naturele et pour
ce côuient lors vendenger et par es
pecial se la lune est ou signe de lescreuice ou lyon en la fiure en lescor
pion ou en capricorne et quant elle
fine ou quelle est soubz terre il con
uient lors hastiuement vendenger
sicôme vng maistre nôme bzugli-
dius le dit en vng liure des vignes
quil translata de grec en latin ·
ij En sôme toute nous deuons sauoir q se les grapes sont trop gras
ses et on les desnue des fueilles en
tour les coustez le vin qui en fera
fait fera moins plein deaue mais
il fera plus fort et plus durable ·
Se len cueille les roisins aps tier
ce quant la rousee est degastee et
lair chault le vin en est meilleur
plus fort et plus durable Les gra
pes qui sont cleres et refuisans et
qui ne sôt grasses degastees ne cor
rompues en quelconque partie fôt
le meilleur vin et plus durable ·
et les contraires au côtraire · Gra
pes trop meures font le vin plus
doulx maiz il est moins bon mois
puissant et moins durant que se
elles eussent este vendengees en
temps deu · Les grappes plus ver
tes font le vin verd · Les moyennes fôt vin puissant et vin durât ·
Les grappes que len cueille quât
la la lune est en croissant si font

t · iiii ·

le vin moins durant et les grappes cueillies ou decours de la lune
font le vin mieulx durant Se len
met grappes noires au fons de la
cuue quant le vin deura boullir le
vin en sera plus rouge et se len y
met miel il en sera plus doulx Se
len y met grapes meures il en sera plus meur et se len y met grap
pes vertes il en sera plus vert et
de sauge ce sera sauge. Et generale
ment le vin acquiert le goust et sa
ueur et vertu de ce que len met au
fons de la cuue quant il doit boullir pourueu que tout boulle ensé-
ble par certains iours Se les gra
pes cueillies sont par aucus iours
en ung moncel elles en ferot leur
vin pl' meur Se le moust est mis
en tonnes ou en tonneaulx et que
il boulle dedens sans grapes il sera bon et bien durant mais il demourra a esclarcir plus de temps
que se les grapes et le vin auoiet
boullu ensemble Et toutesuoyes
se aucune partie des grapes bie espraites ou nó espraites estoit mise
ou tónel de moust doulx le vin en
seroit plus tost cler.

¶ De la maniere cómment on doit
vendenger.   xxvii.chap.

Les vendengeurs et venden-
gerresses qui portent les pâ
niers et autres vaisseaulx pour ce
cueillir et mettre les grappes doiuét eslire fueilles Et se ilz treuuét
en vendégeant grapes vertes aigres ou pourriez ilz lef doiuét met

tre a part. et sen doiuent bien donner garde ceulx qui ont regard sur
les vendengeurs et cueilleurs car
qui fouleroit et espraindroit telles
grappes auecqs les bons roisins
elles feroient le vin plus roide et
plus aspre et de leger plus cozrom
pable. Les grapes vertes aigres
pourries ou seches font trop grát
grief et empirance au vin.

¶ Cómment on doit fouler les gra
pes des roisins et en traire le vin
xxviii.chap.

On doit fouler les grapes des
roisins aux piez et puis esle
uer les roisins et les traire et espraindre tout et puis les porter au
pressouer Et doiuent ceulx qui fou
lent vendenge auoir les piez netz et
souuent yssir de la cuue et rentrer
ens et estre vestus et ceins ace que
leur sueur ne blesse le vin. En
aucus pays cóme a boulongne le
foule les roisins en la vigne moie
nement en cuuiers ou en cozbueil
les et ainsi on lef porte et laisse par
aucun temps en grás vaisseaulx
pour boullir cóme par huit iours
ou tant ou iusqs a vingt ou vingt
cinq Auucneffoiz le vin en est puri
fie grandement mais il sent trop
fort la saueur des roisins et pour
ce il est bon de mettre sur la vendé
ge ung cozbillo ou ung instrumét
dozier sur le quel le fouleur perse-
ra ce qui nestoit fait par auant Et
quant tout sera bien foule et que
le vin pssra par les conduis des o-

fiers dedens la tyne on le laissera
boullir iufques ace quil foit purifie et puis le mettre en vaisseaulx
ou il aura de leaue ou pl⁹ ou mois
selon ce que le vin est fort ou feble
et selon la force que len veult p a-
uoir. Et deuez sauoir que de tant
cõme les grappes seront mieulx
foulees de tant sera il moins de be
foing de le mesler auecques eaue
maiz on en aura plus de pur et du
contraire au contraire et par ceste
maniere le vin sera bien purifie et
durable et si ne fentira point la fa
ueur des roifins Et aussi deuez fa
uoir q̃ les grapes de petit vin doiuẽt plus boullir que celles de bon
vin Aucũes grapes ont les grais
fi vers et fi aigres que len ne peut
laiffer le vin boullir auecq̃f tœulx
roifins fans lempirer et aucunes
autres qui ont les grains doulx
et pource doiuẽt boullir auecques
leurs roifins Quant les grapes
font cueillies qui les met et affẽ-
ble en vng moncel et quelles p fopent deux ou trois iours le vin en
deuient plus mieur et plus doulx
Et pource il est bon fauoir es vignes fors vaisseaulx et bien estoupez de poix esquelz les roifins foiẽt
ainfi mis tantoft et chauldement
et le vin en fera plus fouef et plus
delitable mais il ne fe gardera pas
fi bien en este pource que les grappes auront este trop meures Et
deuons fauoir que tout vin qui
boult fãs les grais et efcorces est
blanc et cellui qui boult auecques

grains et efcorces fi a couleur rou
ge noire ou cytrine et dor la qste il
prent et recoit de ce que dit est. Len
peut faire de grapes verius vnes
passes qui font grapes fechees plu
fieurs medicines et vin doulx vin
cuit vin pur et vin aigre et ont ces
chofes diuerfes operaciõs es corps
humains ficõme cy apres fera dit
et cõment on les fait et auffi comment on les peut garder et de leur
nature et vertu.

¶ Cõment on fait le verius vne
paffe et vin cuit. xxiiii. chap̃.

O[L]En fait verius en deux ma
nieres lun cler et lautre fec
Le verius cler fe fait par telle maniere. Quant les grapes font ver
tes atrempeement et ainfi cõme par
creues on les cueille et font pilees
et met on du fel dedens et puis les
met on en vng vaiffel au foleil et
quant elles p auront ainfi este par
deux ou trois iours len doit prẽdre
et efpraindre le ius et le garder en
netz vaiffeaulx de bois Aucũs ny
mettent point de fel maiz il fe garde mieulx quãt il en pa et par efpe
cial quant on le fait de telles grap
pes que le vin qui en feroit fait ne
fe pourroit garder en este. Len fait
verius fec par telle maniere. On
prent grapes tres vertes et les pi
le len et efpraint le ius et puis le
met on fur le feu en vng vaiffel
darain rouge et eft cuit iufques a
ce quil foit pres q̃ prins et coagule
et aps le met on au foleil fur vng

Vaiffel eftendu iufques atãt quil foit fec et ainfi eft fait et puis foit gardê·ilz fõt aucuns qui le fechêt au foleil fãs autremêt cuire quãt le foleil eft biê chault Et aucuns qui font verius de grapes moyennement meures mais la premiere maniere eft plus froide et plus ferrant Et auffi lẽ peut faire verius efpes cõme miel qui eft moult vertueux ficõme deffus eft dit ou traictie de la vertu des grapes ¶Toute afrique fi fait la grape paffe et ronde par telle maniere Len cueille des grapes paffes grãt nombze et les met on en vaiffeaulx faitz de iõcs non pas trop ioins maiz larges et clers et la on les bat bien fozt de verges et puis quãt le ius fera hozs des grapes on les efpzaĩdza et tout ce qui en fault hozs on le met en vaiffeaulx en maniere de miel et le garde len pour vfage. Et en autre maniere on le faict de mouft doulx q̃ len cuit et efcume et le fait on boullir tant quil en demeure les deux pars et en aultre maniere quil nen demeure que la tiercae partie de fape Sape eft mouft doulx et poignant·

¶ De la purgacion de vin fait de grapes aigres et cozzompues·
xxv·chaß.

On doit ofter et feparer des bõnes grapes les grapes aigres et cozzõpues et le mouft qui eft fait de telles mefchans grapes eft cure par telle maniere·On doit cuire eaue de plupe tant quelle re-

uiengne ala moitie et przêdze de celle eaue ainfi cõme la diziefme partie de ce quil ya de mouft et puis le mettze dedens et cuire tout enfemble iufques ala confumpcion de la fixiefme partie ficõme dit le bourguignon Aucuns le fõt autremêt car ilz gettent leaue auecques les grapes et eft tout foule enfemble et puis ilz cuifent le mouft iufq̃s ala confumpcion dautãt cõme len y aura mis deaue·

¶ De la cure du vin greue et tourmête deaue et de pluie·xxvi·chaß.

Se la pluie defmefuree griefue les grappes en la vigne ou apzes ce q̃lles ferõt cueillies il les cõuiêt fouler et fe le vin en eft trop feble ce que len pourra fauoir au gouft au mettze au tõnel quãt il aura pmierement boulu on loftera tãtoft du tonnel et fera mis en vng autre tonnel et tout le fpmon et lozdure et cozzupciõ demouront au fons pour leur pefanteur Aucuns aultres le fõt mieulx car ilz le cuifent tant que la vingtiefme partie en foit degaftee et puis gettent du plaftre dedens autãt cõme la cõtiefme partie du vin contient·et les autres laiffent le vin fur le feu iufques ace q̃ la cinquiefme partie en foit degaftee et puis vfent du remenant·

¶ Cõment on doit mettze le vin es tonneaulx et vaiffeaulx·
xxvii·chaß.

On doit lauer les tonneaulx deaue salee et les nectoier et froter dune espurge biē fort et les fumiguer denœns Len ne doit pas trop emplir les tōneaulx ne auſſi laiſſer trop ʋuidz mais on doit cōſiderer et regarder iuſques ou le mouſt boullant peut prēdze ſon acroiſſement et oſter aux mains et a hanaps leſcume et les ſuperfluitez ſe aucūes en pa quāt le mouſt aura eſte par cinq iours dedēs les tonneaulx et bien netoier et eſpurger le œlier et getter les ozdures biē loing car qui les metroit pres le œlier les ʋaiſſeaulx en reœuropent mauuaiſes oudeurs qui greueroiēt au ʋin et auſſi doit on mettre bonnes ouders empres les preſſouers et par eſpecial es lieux de apothicairerie ou len ʋeult garder ʋin pour medicines

¶ Cōment on peut auoir mouſt tout au long de lan ·xxʋiii·chap·

Il cōuient auant q̄ len froiſſe les grapes et que le ʋin en ſaitē q̄ len ait ʋng ʋaiſſel tout poiſſe par dedens ou par dehozs et q̄ tantoſt que les grapes ſerōt froiſſees que len gette le mouſt dedens et que le ʋaiſſel nen ſoit plein que a demp et que il ſoit fort eſtoupe de plaſtre et le mouſt p̄ demourra lōguement doulx · et encozes ſeroit mieulx gardē ſe le ʋaiſſel eſtoit enclos en ʋng cuir et mis dedēs ʋng puis car la il ne bouldzoit·point· Se aucun froiſſe les grapes doul-

cœment et ne les eſpraingne pas moult fozt le mouſt en eſt bon et prouffittable a garder et durera lōguement œ dit le bourguignō Au cuns poiſſent le ʋaiſſel dedens et dehozs et le mettent en ʋng puis en telle maniere que les hozs ſeulement ſoyent par deſſus leaue et eſt eſprouue quil dure louguemēt Et les autres le mettent en arene et grauele moiſte et grauois moiſtie et lenfoupſſent·

¶ Cōmēt on peut ſauoir ſe mouſt ou ʋin contiennēt eaue et cōment on len peut ſeparer et oſter·

xxix·chap·

Qui ʋeult ſauoir ſil pa eaue en mouſt ou en ʋin prēgne deux poires crues et les mette dedēs ſe elles ʋont au fons il pa eaue et ſe elles nagent par deſſus le ʋin ou mouſt eſt bon et pur· Les autres prennent ʋng glageul ou ʋne canne qui croiſſēt en eaue ou papier ou foing ou aultre choſe ſeche et le oignent duile et le mettēt ou ʋin ou mouſt et puis len tirēt et ſe il pa eaue dedens les gouttes ſe aſſembleront en luile et de tant quil p aura pl⁹ deaue de tāt ſi aſſēbleront plus de gouttes deaue· Et les aultres le fōt plus ſimplemēt ilz mettent le ʋin en potz de terre nouueaulx auāt quilz le mettent ailleurs et les pendent par deux iours et leaue qui p eſt meſlee en degoute hozs Les autres mettent le ʋin ſur la chaulx et ſil pa eaue la chaulx ſe diſſolt et amolie et ſe

le vin est pur elle se burrist. Et les
autres mettent en vne paele a fai
re huile bouffant et puis p verfēt
du vin et sil ya eaue dedens le vin
il fera vng grāt son et grās boul
lons et saillans Et aucūs autres
prennent vne nouuelle espōge ou
espurge et le oignent duile et en e-
stoupent la bouche du vaiffel ou
tonnel ou est le vin et puis le tour
nent ce deffus deffoubz et sil ya eaue elle sespandra en lespōge et vfe
len en huile de telles probaciōs Et
les autres si mettent vng petit de
moust en leur main et le frotēt et
sil est pur et sans eaue il duitt vif
queux et se tient ala main et se il
ya eaue il ne se tēra poīt ala main
¶ Leaue est ostee hozs du vin par
telle maniere prenez alun moiste
et le mettez ou vaiffel ou est le vin
et puis estoupez la bouche du vaiffel dune espōge oincte duile et tour
nez la bouche contre terre et laiffez
tout cōuenir et leaue en fauldza
et non autre chose.

¶ Cōment le moust peut estre tost
espurge. xxx·chap·

En mettra en vng vaiffel
de moust de dix septiers vne
petite mesure de vin aigre et par ce
le moust sera purifie dedens troys
iours.

¶ Cōmēt le moust ne bouldza poīt
de pardeffus. xxxi·chap·

Vous ferez vne couronne de
vurlieuz ropal ou de nepte
ou de ozigane et la mettrez entour
le col du bondon du vaiffel siccōme

dit burgōdius Et aucuns oignēt
les vaiffeaulx par dedens entour
les baulieures du bondon de laict
de vache et ce retient le moust boul
fant par dedens en telle maniere q̄
il nen pst point.

¶ En quelz lieux le vin doit estre
mis pour mieulx et plus durer.
xxxii·chap·

Nous deuons faire et affeoir
nostre celle pour mettre le vin
au contraire de septentrion frode et
obscure ou prouchaine de lieu obfcur loing de estables de fours et
de baigneries de chambzes coies et
de cisternes et aussi dautres eaues
et de choses de mauuaise oudeur.
toutesuoies ou liure de la vendēn-
ge que feist burgundius il est contenu que le plus fozt vin doit estre
mis a lair et quil y ait parois qui
le gardēt du soleil de midy et de ce
lup du couchant pour le chault.
mais les autres petiz vins doiuēt
estre mis foubz le tect et p cōuient
faire fenestres haultes regardās
vers ozient et septentrion.

¶ Cōment on transpozte le vin
de vaiffel en autre. et de lozdonnā-
ce des vaiffeaulx. xxxiii·chap·

En doit transpozter le vin
de vaiffel en autre ou tēps
que bise vente et non pas quant le
vent de midi souffle et les vins qui
font febles en printēps et les fozs
en este Les vins qui font creuz en
lieux secs quant les iours cōmencent a decroistre Quāt len mue le

Vin de tonnel en aultre ou temps
de la pleine lune il deuient aigre.
Et doit on sauoir que quãt on oste
le vin hors de sa lpe quil en deuiẽt
plus subtil et plus feble. ¶ Les
tres expers maistres afferment q̃
se tuiron la toussains quãt le vin
aura cesse de boullir et q̃ sa lpe sera descẽdue au fons se len oste le
vin hors de sa lpe grasse il sera en
puer vne mere subtille et deliee ou
il sera mieulx garde et trop mieulx
clarifie au printẽps que sur sa pre
miere lpe. Et si vient que se le vin
demeure longuemẽt auecques sa
lpe quãt le chault temps vendra
sa lpe se incorporera auecq̃s le vin
dont sa saueur empirera et ne se pour
ra apres clarifier iusques ace que
il aura este chaufe sur le feu pres
de boullir et que le feu soit cler et
lent et que il soit mis en vng nect
baissel auecques vne couloire au
fons de la quelle doit auoir deux ba
stons ou vne tuille nette enuersee
dedens et vng mantel de gros drap
pel. Ou que le vin soit mis en vne
tynne necte et q̃ en ce mesme baissel le vin soit remue en la maniere dessufdicte Et aussi doit pouruc-
oir que le vin soit mis en puer en
lieu chault et en este en lieu froit.
¶ On doit muer le vin de baissel en
autre quant la lune est en croissãt
et quelle est soubz terre Quãt no⁹
transportons le vin de tonneaulx
en petiz baisseaulx il cõuiẽt regar
der la naissãce des estoilles pource
que la lpe sesmeut es naissances

des estoilles et par especial quãt les
roses sont et quãt les vignes florissent. ¶ Les sages conseillent et
par especial hesiodus que quãt on
oeuure les tonneaulx q̃ le vin qui
est audessus et cellui qui est dessoubz soit oste cõme de peu de faict
et que le vin du milieu soit garde
cõme le plus fort et le plus durãt
et le plus cõuenable pour estre vin
vielz car le vin qui est pres du bõdonnail et prouchain a lair est le
plus feble et le plus euapore et cel
lui qui est au fons se sent de la lpe
et du feble. Le vin que len met en
petiz baisseaulx y doit estre mis
par mesure en telle maniere quil
ne aduiengne pas iusq̃s aux hau-
lieures du baissel de la bouche
mais aucunement pres et audessoubz du col afin quil ne soit suffo
que ne trop empresse aincois que il
ait cõuenable respiracion qui ne se
doubteroit que il ne deuenist aigre
car qui en doubteroit on ne le deuroit point laisser respirer. Et soit
fait lestoupail de saulx vert hors
de lescorce. Bon est que len face empres ou est la lpe vne petite espinel
le par ou on puist traire du vin en
temps chault et venteux pource q̃
par la pstrã hors ce de sa lpe qui se
mesle auecques le vin et sera par
ce le vin mieulx clarifie. Cellui
qui oeuure le tonnel doit considerer le point des estoilles pource que
lors le vin se esmeut et au cõmen
cement des estoilles que le vin sesmeut on ne le doit pas surquerir.

Et se len beult ouurir le tonnel de
tours len doit entēdze au soleil a-
fin que sa clarte et chaleur ne sieue
dessus le bin Et se pour aucune ne
cessite il cōuient percer le tōnel on
doit przēdze garde ala lumiere de la
lune·⊂Quant les tōneaulx sont
buidz on les doit hastiuement lauer deaue salee ou les secher de cēn-
dze ou de terre argille quant le bin
aura este petit·Mais se le bin a e-
ste grāt et fozt il souffist de les clo-
re et estouper de tous costez car lou
deur et la foze du bin defendēt lef
baisseaulx·

⊂Du temps et de la maniere de
gouster et essaier le bin·

xxxiiii·chap·

Aucuns essaient et goustent
leur bin ou temps que bise
bente pource quilz sont plus purs
et plus netz en ce temps q̄ en aul-
tre·Les aultres qui sont expers et
cōgnoissans en bin lessaient quāt
le bent de midi bente pource que ce
bent esmeut et rebargue le bin et
le monstre tel quil est·⊂ La ienne
personne ne se doit pas entremettre
de essaier bin pource q̄ le goust en
est gros et rebours ne aussi quāt
la personne a moult beu et mēge
sicōme burgundius le dit en son li
ure Maiz selon la coustume de bou
longne on essaie tousiours le bin
a ieun estomac·Cellui qui doit essaier bin ne doit auoir menge biāde amere ne salee ne aultre chose
qui altere le goust mais quant il
aura bng peu menge et bien dige-

re il le pourra lozs essaier·⊂ Aucuns qui beulent deceuoir les mar
chans ilz ont baissel nouuel et le
moillēt et arrousēt de tresbon bin
bielz bien souef flairāt et puis ilz
y mettent le bin quilz beulent bē-
dze·Maiz les autres sont plus ma
licieusemēt car ilz donnent noix et
frōmage a mēger a ceulx qui beu
lent et doiuent essaier de leur bin
afin que apzes ce quilz en auront
menge leur goust qui par auāt e-
stoit bon et certain soit change et
deceu·Et ce que ien dy cest pour ad
uertir que nous nen soyons deceuz
et non pas pour deceuoir aultruy·
Le marchant qui a agouster et essaier bin doit souuent faire essaiz
et gouster bin biel et bin nouuel
afin quil noublie ce dont il se doit
garder·

⊂Cōment on congnoist le bin du
rable et qui est bon a garder·

xxxb·chap·

Quant le bin aura este mis
ou tōnel et quil y aura este
par aucun temps il le conuiendza
metre hozs dicellui tōnel et le met
tre en bng autre baissel ou quel il
se reposera pour demourer·On lais
sera la lpe dicellui bin ou premier
tonnel et sera bien estoupe de toutes pars et apzes on doit biē regar
der en souuent odozāt que quelque
transmutaciō ne soit faicte entour
la lpe ou q̄ ordure lpmon ou fan-
ge blāche ne soit faicte soubz la bo
te ou soubz le tonnel et qui y trou
ueroit aulcun tel signe on deuroit

penser que le vin se corrompzoit · et
se len ny trouuoit aucun tel signe
on peut iuger que le vin seroit bon
et durant et bien gardable · Et au
cuns prennẽt vne canne cauee et
lestoupent de leur poulce ou du doit
et boutent ou tonnel iusques au
fons dedẽs la lpe et puis destoupẽt
la canne et en ostẽt leur poulce ou
doit et sentent et attraient au nez
par la canne loudeur et senteur de
la lpe et apres en tirent la canne
dehozs et en apoztẽt de la lpe et par
ce ilz scæuent et peuẽt iuger quel le
vin deura estre ¶ Aucuns autres
boullent vng peu du vin et puis
le laissent refroidir et apres en es
sapent et tel quilz treuuẽt le vin
au goust ilz iugent que lautre se
ra · et se doit faire cest essay du mi
lieu du tônel · Et les autres si prẽ
nẽt leur regard au gouuernemẽt
du baissel car ilz le descueuurẽt et
goustẽt de la couuertuze qui est au
dessus et se elle est vineuse cest si
gne de bon vin et se elle sent le rue
cest tresmauuaiz signe et ne vault
riens Et aucuns autres iugẽt au
goust et se le vin est aspze et roide
au cõmencemẽt cest certain signe
de bõte · et se il est mol cest signe de
peu de bien ·

¶ Des nuisances et griefz qui ad
uiẽnent au vin · xxxvi·chap·

Aucuneffoiz aduient q̃ le vin
se corrompt et perd pour lea
ue corrompue en la vigne ou pour
mixtion deaue faicte auecques le

vin et est change et tourne en di
uerses manieres par estrange cha
leur qui p oeuure et se la lie ou au
cun peu de tel vin demeure dedẽs
le baissel apres ce que le vin en se
ra tire hozs et que le baissel deuiẽt
estoupe se se cõuertira en telle cor
ruption que le dit baissel ne vaul
dza iamaiz riens et corrõpera tout
le vin que len p mettra · et se len
met de ce vin en aucun sain tônel
ou auecques autre vin sain il cor
rompera tout et mettra a sa natu
re Et apres se vin fozt et puissant
et par especial douly et gros est lais
se en temps chault ou tônel ou en
aultre baissel qui ne soit plein et
qui soit destoupe et descloz lumeur
et la chaleur du vin se euapozerõt
et demourra le vin froit et secq et
aigrira.

¶ Cõment et en quel temps le vin
est plustost tourne et corzompu·
xxxvii·chap·

Tout vin se tourne cõmune
ment entour le default des
sept estoiles que len appelle plpa
des et est au cõmencement de puer
et aussi du solstice estiual vers la
saint barnabe Et es iours chien
nins et generalemẽt quãt le vent
de midy vente soit en este ou en p
uer Et en temps de grans pluyes
et pour cause de violence de vent et
de mouuemẽt de terre ou de fozt tõ
noirre et quãt les vignes ou les
roses flozissent sicõme le dit bur
gundius·

¶ Côment on peut remedier ace
que le Vin ne se tourne ne corzôpe·
ρρρ Viii· chaρ·

Sel cuit et ars mis dedens le
Vin garde le Vin de tourner
et le fait bouiltir plus quil ne con-
uiêt et se defend de corzupcion Qui
gette doulces amandes en Vin de
noirs roisins ·ρ ,e garde sans corzô
pze·Qui ge ônes passes cest a di
re grappes seches dont les grains
soient ostez auecqs arene ou sablô
dedes le moust ou Vin cuit ce le fait
gras et durant·Aucuns choisissêt
Vne grape seche nee dauenture en
la Vigne et en Vsent singulieremêt
Qui met plastre en Vin il le faict
au cômencemêt aspre et dur maiz
ou temps dapzes il fait euapozer
celle saueur Le pzouffit du plastre
demeure long temps et ne seuffre
point le Vin a tourner · et en est la
propozcion telle se le Vin est feble et
de mole saueur ou greue de pluie la
centiesme partie de plastre si souffi-
ra·et se le Vin est grant et Vertu-
eup la moitie de plastre souffira·
fenegre bzoie et mesle auecqs sel
ars se on les met en Vin qui Volê
tiers se tourne et le Vin soit oste de
sa mauuaise lpe et mis sur lpe de
bon Vin si font le Vin durât et sâs
tourner Aucuns pzennêt bzâdons
ardans et bien alumez auecques
poip et les esteignêt en moust et ce
garde le Vin de tourner·Aucûs pzê
nent le fruit du cedze et l'ardent et
galtes arses et les mettent en Vin
et le Vin est permanêt·Les autres

pzennêt sermês de Vigne et les ar
dêt et en gettêt les cêdzes ou Vin
auecqs semence de fenoil bzoiee et
il ne tourne point·Aucuns autres
les changent de Vaissel en autre et
de maison en autre·et se ilz sôt ble
cez de chaleur ilz les mettent en
lieup froiz et se ilz sôt blecez de froit
et dumeur ilz les mettêt en lieup
chaulp·et les autres ρ mettêt semêce de lin ou cêdzes de bois de chef
ne·et autres mettent laict et miel
dedes le moust et il en est plº souef
Les autres ρ mett êt du grauois
de riuiere auecqs Vin Viel et gettent tout ensemble ou Vin· Largil
le purge le Vin qui lp met apzes ce
quil a boulu et empozte au fons
tout ce qui trouble le Vin·et se elle
estoit arse par auant elle le purgeroit encozes mieulp et ladoulcit et
fait de bonne oudeur et si le fait per
manent·Elebo ze noir mis auecqs
Vng peu deleboze blanc mis dedes
le Vin le purge et le fait permanêt
La farine de fozment fait le Vin du
rable·La poip rasine du pin retiêt
le Vin · Laubin doeuf faict le Vin
poignât et agu et le garde de aigrir
Aucuns dient q̃ cest impossible q̃
le Vin se trouble ne tourne se len
escript ou Vaissel par auant quil p
soit mis ces diuines pzolles·Gu-
state et Videte quoniã chzistus sua
uis est dominus· Goustez et Veez
que iesuchzist est souef seigneur·et
seroit bon de lescripze en Vne pôme
et puis la mettze ou Vaissel ¶ Cp
apzes sensuit Vne merueilleuse cô-

fection pour garder vin que len nō
me panicia. prenes deux onces daloes deux onces dencens deux onces damomi quatre onces mellilot
vne once de cassia deux onces despic
nard quatre onces de soil quattre
onces de mierre et lpez toutes ces
choses en vng drappel de lpn et le
mettez ou vaissel quant le vin au
ra este purgie et mettez de ces espices en chaiscun vaissel vne cueille
ree et puis apres lostez hors du dra
pel et gettez celle pouldre dedens le
vin et par trops iours que le vin
soyt remue de la racine dun glageul. ¶ Aucuns font vne autre tel
le confection. Recepte. Trois onces de safren car il donne bōne couleur. et trops onces dencens masle
cecy crible fait le vin roide. et vne
poignee de foil donne au vin bonne
oudeur. pilez toutes ces choses et
les meslez toutes ensemble et met
tez de ceste pouldre en chaiscūe couche de vin deux cueilleree non pas
quant le vin souldra mais quant
il sera appaise et deuenu quoy. car
pour reigle generalle on ne doit cō-
fire le vin iusques ace quil soit repose. ¶ Aucuns aultres confisent
vin par ceste maiere. Recepte. Car
damon racine de flamble pūitice.
cassic. spic. nard. mellilot. pilobal
sami squinanti. costi. spic celtique
autant de lun comme de lautre et
les pilez et mettez en vng sachet
et puis le mettes ou vin. Item
prenez racine darmoise et vne her-

be que len appelle penthafilon et
en faictes pouldre et quant le vin
aura boullu metez en dedens et il
ne tournera point. Et aucuns lais
sent boullir le vin deux ou trops
iours auecques grappes afin quil
ne se tourne et le muent de vaissel
en autre ou mois de feurier et bou
lent la tierce ou la quarte partie
de cestup vin et puis meslent tout
ensemble et apres mettent du sel
dedens cestassauoir en vng vaissel
de douze corbeillies de vin vne escu
elle pleine de sel cōmun. Et en au
tre maniere qui vouldra. On mue
ra le vin en feurier et en bouldra
len la quarte partie sur le feu iusques ace q la huptiesme partie du
vin soit consumee et soit escume.
et apres ceste bouture on mettra
en chaiscune chauldiere vne herbe appellee iuganula et vne autre
nōmee liuertipiū sec ou liuerticiū
seulemēt et q tout boulte vng peu
ensemble et puis que tout soit get
te et mis ou tonnel et len p met
des grapes bien lauees par auant
dedens le moust le vin en sera plus
cler et lors on deura bien estouper
le vaissel en telle maniere que lair
np puist entrer ne pssir et quil soit
bien relpe. et est certain et bien esprouue. ¶ On le peut faire aultre
mēt durable et merueilleux a boi
re quelconque vin que ce soit Len
espraindra bien fort les grappes et
le vin ensemble auant que il ait
boullu et puis que tout soit mis
                                    l₂·i·

bouttir au feu ensemble par lespace
dune heure et quil soit bien escume et puis mis en ung vaissel et
apres que len prengne vingt cloux
de girofle pour chaiscun corbillon
ou canne et soyent liez en ung filet ou mis en ung drapel dedens
la bouche du vaissel et est esprouue. ¶ Les aultres dient que quant
le moust est esprainpt et incontinent mis hors des grapes en une
tynne et bien couuert dun drap
nouuel et net et dun tapis et que
il soit ainsi par quize ou par vingt
iours et quil soit chaiscun iour escume et puis mis ou tonnel il sera merueilleux en clarte et en saueur.

¶ Coment le vin tourne et trouble est clarifie et guerp.
pppip . chap .

Prenes cerises aigres en bone quantite et les gettez toutes entieres ou vaissel ou le vin
sera et lors le vin se prendra a boul
lir et le laissez ainsi par trois iours
ou iusques atant quil laissera le
bouttir car en ceste bouture le vin
se purge tres bien de ses ordures
et quant on voit le vin cler on le
doit remettre en ung aultre vaissel . et qui y mettra du miel en bone quantite destrempe de vin et ver-
se dedens et puis que tout soit bien
triboulle et demene ensemble dun
baston par la bouche du tonnel tel
lement que tout le vin et le miel

soyent bien meslez ensemble et puis
laissez reposer et le vin se clairifie-
ra tresbien car le miel traira a soy
tout ce qui sera trouble ou vin et
le fera descendre au fons . Maiz au
cuns voulans tres bien y faire pre-
nent des roisins sans espraindre
en bonne quantite ou temps de ve-
denges et les mettent ou vaissel
du vin tourne et lors les roisins
font au vin ypour mere et ramai-
nent le vin a bonne sante et finablement luy donnent bone saueur
Toutefuoyes len doit sauoir pour
reigle generalle que auant que len
face au vin quelconque medicine
on le doit separer de sa lye et mettre en ung aultre vaissel . Aucuns
gettent le vin tourne dedens les
grappes dont il aura este extrait
afin que il se clarifie en elles et
la le laissent tant quil esconuient
Et se il en ya grant quantite on
ne le doit pas faire tout ensemble
ne soudainement mais tout a loy
sir et a plusieurs foiz afin que len
nestaigne pas la chaleur des grap
pes et que on nempesche pas toute
la bouture du vin dont il est clarifie car de tant comme il y aura
moins de vin auecques les grap
pes de tant ouureront elles plus
fort . Palladius dit que le vin tour
ne sera cler en une iournee se pour
six septiers de vin on tasse dix ou
vingt grappes de poiure et que ilz
soyent destrempez de vin et puis gettes dedens le vin et que tout soit
tresbien remue ensemble et apres

laisse reposer et puis couler et il se
ra tresbõ vin · Et aussi vin trouble
sera tantost cler se len met sept no
paulx de pin ou septier de vin et q̃
on le meuue et triboulle bien longuement et puis que on le laisse
vng peu reposer et apres couler et
boire car il sera pur et net Aucuns
clarifient vin trouble a nopaulx
de pesche Aucuns aultres de aubin
doeuf et vng peu de sel Et selon lopinion daucũs on prẽt cailloux de
ruissel et les cuit len en vne fournaise iusque atant que on les voit
creuer et puis on les met en pouldre tres deliee et puis on prent sel
blanc et le brope len tres deliemẽt
et en vng vaissel de dip courgees
on met six onces de celle pouldre de
cailloux et quattre onces de sel et
puis on le meut et mesle fort et se
en chaiscune corbillee on mettoit
deux ou trois oeufz il seroit bon ·
Et se peut aussi faire ce que dit est
de ces cailloux crus mis en pouldre et sans sel · et sont ces choses
esprouuees mais il est bon q̃ len
p adiouste vng peu de miel car le
miel rouge rend au vin blanc sa
couleur perdue · et tout miel vis-
queux et pesant si est conseruatif
de toutes couleurs de vin · et se le
vin est trop trouble si p adiouste
len des choses dessusdites plus lar
gemẽt car par la vertu de leuz poix
elles font descendre au fons toute
la troubleur et lordure du vin en
telle maniere que la troubleur ne
se peut esleuer enhault et ne chan

gent point la saueur du vin et se
il est si tres trouble que il en soit
tout pale et quil coule cõme huile
et q̃ sa chaleur naturelle soit toute estainte il nest medicine qui riẽs
p puist valoir · Et se le vin rouge
nest pas tout estaint et luy demeu
re couleur iaune et corrompue on
le restaurera auecques le vin de al
batique ou auecques aultre vin
tres rouge ou auecq̃s la laueure
descorces fresches ou seches de grapes de albatique ou auecq̃s la cou
leure de semence de pebles car le
ius de ces semences corrigera la sa
ueur du vin tourne · et aussi faict
miel rosat · et ce peult estre aussi
fait auecques la laueure desdittes
semences seches · ¶ Et en aultre
maniere le vin est trop bien clarifie pour vng vaissel de vingt can
nes prenes quarante oeufz et les
cassez aux mains en vng vaissel
et les batez tres bien et puis meslez auecques vne pleine escuelle cõ
mune de grauelle et gettez tout ou
vaissel dedens le vin et le meslez
et le triboulez tres fort oudit vaissel a vng gros baston et puis si en
extraiez par le fons dembas a plu
sieurs foiz et le remettez ou vaissel et quant il sera clarifie vous
en traires par dessoubz toute la
troubleur et lordure par le trou
dune broche · Et duez sauoir q̃ en
vin blanc on doit tant seulement
mettre la glere des oeufz et en ver
meil on p met tout le mopeu et
la glere · et de tant quil sera plus

trouble tant p̃ conuendra il plus
mettre de la medicine · Et p̃ peult
on mettre du fel en lieu de grauelle et apres vng peu deaue de riuiere · Aulcuns aultres cueillent en
vendenges les femences des grappes et les fechent trefbien et puis
en font farine et de cefte farine ilz
mettẽt en chaifcun corbillon vne
poignee et le remuent et meflent
trefbien · ¶ Vng maiftre tres expert dit que le vin eft trefbien clarifie et ramene a bonne faueur
quãt len met en vng tonnel de vin
demie liure dalun de roche mis en
pouldre et autant de fucre rofat a-
uecques huit liures de miel et que
il foit fait en telle maniere ceftaffauoir que le miel foit cupt et efcume trefbien et quant il fera bien
refroidi que len mette la pouldre
de lalun et le fucre diffolt dedens
vng hannap et deftrempe de vin et
puis que tout foit mis dedens le
vaiffel et trefbien batu et remue
dun bafton fec et apres que le vaiffel foit tenu eftouppe tout le iour
iufques a lendemain et le vin fera
cler au fecond ou au tiers iour a-
pres · et fe le vin eftoit trop trouble
et pourry len p̃ mettra plus de
chune des chofes deffufdictes On
peut faire de vin aigre et de mauuaife faueur bon vin et meur par
telle maniere · Len met vne liure
de fucre rofat auecq la mefure def-
fufdicte et vne ruble de miel et en
faict on cõme deffus eft dit et par
ce le vin fera de bonne faueur et de

noble oudeur · Auffi le peut on bit
purger et clarifier par aultre maniere · Prenez demie liure dalun de
roche et demie liure dalun de fucre
et le mettez en pouldre tres deliee
tout enfemble et en chaifcun cor-
billõ mettez en demie once fe il neft
que vng peu trouble et fe il eft fort
trouble fi p̃ en mettez vne once et
prenes vne liure de rape blanc ou
rouge felon q̃ le vin fera en vingt
quatre cannes et pour chaifcune
canne pleine main de fel blanc et
trois oefz et fe le vin eft blanc fi np
mettez que la glere et batez trefbien ces oefz en aucun vaiffel et
puis metez es oefz vng feau deaue
de fontaine de riuiere ou de puis et
batez et remuez tout trefbien enfemble et apres mettez tout ou tõ
nel de vingtquatre cãnes ou courges de vin et le remuez trefbiẽ du
ne verge fendue en croix iufques
a tant que tout fera bien touble et
mefle enfemble et puis on en traira par embas et fera regette dedẽs
par le bondonnail · et apres on le
laiffera repofer et par ainfi il fera
cler ou fecond iour et iufqs a huit
iours on en traira par chũn iour
vng hennap trois foiz par vne broche qui fera mife ou cofte par embas et fera remis dedens le vaiffel iufques ace que toute la troubleur en fera mife dehors et que le
vin fera cler net et plaifant · Tou-
tefuoes nous deuons fauoir que
auãt que len face ces chofes le vin
doit eftre mue de vaiffel en aultre

et ofte de fa mauuaife lpe . On le
peut auffi clarifier fil eft Ung peu
auecques le coffier des grapes afin
quil foit cler et cofe.

¶ Comment len noircift le Vin et le
mue len en aultre couleur·

xl·chap·

Vis que on aura tranfmue
le Vin blanc de fa nature en
aucun Vaiffel et il p aura efte par
Ung iour on le gettera en Vne typn
ne ou il p aura eu Vin noir·et puis
par deux iours apres on le traira
trefcler et fera tres rouge · Item
qui auroit tant de grapes blâches
et peu de rouges len doit cueillir lef
blanches a part et puis les noires
et mettre premierement les noires
en fa typnne et apres les blanches
et le Vin en fera tout noir·¶ Paladius dit que les Vignes font de
telle nature que fe len ramaine le
blanc et le noir en cendze et on la
met ou Vin chûne lup donnera fa
fourme de fa couleur le Vin blanc
deuendza rouge et le rouge blanc
Et par femblable raifon qui ardzoit le ferment et len gettoit Ung
mup dedens Ung tonnel de dip cru-
chees et on lup laiffoit par trois
iours bien eftoupe et lute il deuen-
dzoit blanc ou rouge dedens quarante iours ou au moins il deuen-
dzoit blanc ou noir ou temps des
Vendenges auecques grapes de albatique et auecques labzufques
bien meures quant on les aura
bien caffees enuiron douze iours

en Ung Vaiffel· Se nous mettons
de leur Vin noir en celfui que nous
Voulons noircir et fe on laue plufieurs foiz les roifins des grapes
de albatique ou de labzufques du
Vin que len Veuft noircir il fera
faict·¶ Il pa Vne bonne maniere de noircir pur ou mefle es typnnes · Quant les grapes feront ef-
leuees audeffus dedens les typnnes
et le Vin fera deffoubz que on les
efprengne dedens Vne foiz ou deup
ou trops et ainfi le Vin fera taint
des efcozces des grapes noires · Le
Vin eft rougp ou noircp et clarifie
et fi lup reuient en beaulte fa cou
leur mozte par cefte maniere On
przent pour chûne cozbeille ou Vaif
fel Vne liure de femence de pebles
feiche et le amolie le en Vin chault
et puis on lefpzaint aux mains et
le pile len en Ung moztier et la laue len plufieurs foiz en Vin Celle
faueure auecques oefz et grauelle
de Vin et fel foit mife ou Vaiffel ou
Vin et bien remuee et puis que le
Vin foit ainfi garde·

¶ Comment on mue Vin dune fa
ueur en Vne aultre·   pli·chap·

Es grecs quant ilz font et
parent leur Vin il p gettent
la moitie ou la tierce partie de Vin
cuit et auecques ce deup godez de
farine dozge car ilz dient que le Vin
dur en eft faict fouef mais que
elle p ait efte par Vne heure pource
que elle mefle la lpe du Vin et cuit

lz·iii·

auecques lautre·Ou aultrement
et mieulx quât vne charree de gra
pes aura este mise en la tynne len
y mettra vne bonne quantite de
miel cuit et fondu au feu et escu
me et se len adiouste auecques le
miel pouldze de poiure le vin en se
ra plus puissant·Et qui y adiou
steroit cloux de gyrofle ou aultre
chose odozât le vin en empozteroit
loudeur·En telle maniere se peult
il faire quant le moust boult sâs
grappes·Quant len veult faire
vin souef a boire on met dedes du
fenoil et de la sarriete de chûn selo
ce quil appartient et est tout mesle
ensemble·On fait vin de tresbo
ne oudeur en peu de iours prenes
baie mirte sauuage de montaigne
seches et atres et les mettez ou
vaissel par dix iours ou enuiron
et les laissiez reposer et puis les cou
lez et en vsez·Et aussi on cueille
fleurs de vigne arbuste et sauua
ge et les seche len en lôbze et puis
les pile len treffozt et les met on
en vng vaissel neuf·Et quant
on veult on met en trops seaulx
vne mesure de ces fleurs que len
appelle mesure siriaque et le gette
len ou tonnel et le sixziesme ou le
septiesme iouz on perce et oeuure le
le tonnel et en vse len·Aussi on le
peut faire en petites gerbetes liees
a cozdeletes et a chûne vne pierre
pour la faire descendze et aler au
fons et les y tenir ainsi par tant
de iours que le vin soit de bône ou
deur et non pas plus pource q pour

la fozce il se conuertiroit en mau
uaise oudeur·On fait vin nouuel
ainsi côme viel se len frote dedens
amandes ameres alupne gôme de
pin et fenegre ensêble en telle quâ
tite que il appartendza et peut on
mettre de ces choses vng godet en
vng baril·On fait de vin mol vin
fozt ainsi·Des fueilles dune her
be nômee altee ou ibistus ou les
racines ou le tendzun cuit et mis
dedens le vin ou plastre ou des chi
ches ou trops pômes de cypres ou
fueilles de bouis tant comme vne
main en pourra tenir ou semence
dache ou cendze de serment quant
la flambe laura laissie mais que
le ait oste le bois dur qui ne seroit
pas ars·Et generalement en ql
conque temps on peut mettre en
vin aspze ou fozt vin doulx ou vin
aspze en vin doulx se la durte des
plaist·et fozt en feble et feble en
fozt·Et qui y bouldzoit adiouster
vne saueur estrange il y conuen
dzoit mettre en vng sachet petit ce
que len bouldzoit et lper le sachet
dun petit fil et mettre vne pierre
petite pour le faire peser et aualer
et que len essaye chaiscun iour du
vin et quant il aura de la saueur
a voulente que le sachet soit oste
afin que len ne sen apparcoiue et
aussi quil neyvode Cest chose esprou
uee que fueil donne tresbonne sa
ueur et oudeur au vin·

¶ Côment le vin et les vaisseaulx

serõt deliurez des aigreurs et mau
uaises saueurs. pliii·chap·

Se le vin a aucun relaiz ou
aigreur ou mauuaise sa
ueur prenez vigne blanche cest a di
re en lombart vitalbe auecqs ses
racines et mettez les racies dedes
le tonnel par le bondonnail en telle
maniere que les rainœaulx plun
gent dedens le vin et quil soit ainsi
par trois iours et le vin perdra sa
mauuaise saueur·Les autres prē
nent vitalbe longue et procurent
quelle soit fichee de lun des boutz
par vng trou dedens le baissel en
lieu de broche en vne douue de au
dessoubz endroit la pye et que lau
tre bout soit flechy et plpe vers ter
re et boute dedes terre en telle ma
niere quil soit ferme et que lautre
bout soit releue par deux ou trops
dois au dessus de terre·et lors on
verra chun tour pssir hors par les
conduiz soubtilz de la vitalbe nõ
mez porres la muffe et la corrup
cion du vin et ainsi se appeticera
la saueur de la muffe·autant p
vault qui fait vng pain de pannic
entre testz de potz de terre et que on
le mette chauld sur la muffe es
mugles du tonnel·✠ Len dit q le
vin est guerp de muffe quant on
estoupe le baissel de pain chault par
plusieurs iours et sicõme ilz diēt
on le doit tant de foiz faire q le pain
que len p mettra nen soit plus en
noircy·Ou que len prengne semen
ce de laurier nõmee baie et la faire

bouffir en vin et puis la mettre
ou tonnel En ceste maniere en sõt
deliurez le vin et le tonnel et plus
car le vin et le baissel en prennēt
meilleur saueur et pource il vault
mieulx q len bouille les raicœaulx
de laurier en vne chauldiere a vin
et apres q len mette tout au bais
sel auecques le vin et q tout soit
bien mesle ensēble Les raicœaulx
seront pendus dedens le vin par le
bondonnail tous ensemble ou par
parties et p seront laissez par au
cuns iours iusques ace que le vin
soit guerp et puis soiēt ostez et ain
si le vin ne sera poit infect de mau
uaise saueur·Et aussi iap esprou
ue que neffles vertes pendues de
dens le vin a cordelettes et quelles
p demeurent quinze iours ou vng
mops si guerissent le vin et le bais
sel Et aussi guerit il sicõme len dit
qui pend dedens le baissel sans tou
cher au vin vng faisselet de saulge
au soir et au matin et que quant
on len retraira quil soit bien laue
et q le bõdonnail ne demeure point
sans estouper·Aussi peult estre le
vin guerp qui met dedens le tõnel
vng sac estroit plein de pennic et q
il naige sur le vin et que aucunes
foiz il soit oste et que on p remette
vng aultre·On dit pour certain q
qui prent vne poignee de morelle et
quelle soit pendue ou tonnel par le
trou du bondonnail a vne cordelete
en telle maniere qlle soit par deux
dois dedes le vin et quelle p demeu
re par vne tournee seulemēt et que

fz·iiii·

au soir elle soit ostee et q̃ len y en
remette vne autre poignee et quel
le y soit semblablement pendue
iusques au lendemain au matin
et quil soit ainsi cõtinue par trops
ou quatre iours et q̃ le vaissel soit
tousiours bien estoupe et le vin et
le vaissel seront gueriz. et aussi y
prouffitte qui y met vng sachet de
lin bien delie ou destamine plein de
sel ou de plastre ou de chaulx et q̃ il
soit pendu dedens le vaissel par le
bondonnail a vne cordelete en telle
maniere quil descende iusques au
milieu du vin et le laisser ainsi.

¶ On guerist le vaissel corrompu de
muffe ou de mugin ou moisi par ce
ste maniere. Prenez chaulx vifue
pleine vne quarterolle pour vng
vaissel de douze corbeilles et quelle
ne soit pas estainte et que le vaissel soit tresbien relpe et estraint et
puis quelle soit mise dedens ce vais
sel et que len y mette apres eaue
boullãt ou vin chault et quil soit
apres si biẽ estoupe quil ne puist re
spirer et quil demeure ainsi par lef
pace dune heure et apres quil soit
tresbien tourne etretourne et quãt
leaue sera toute refroidie que len
destoupe le vaissel et quil soit tresbien laue Ou autremẽt zamprus
cuit soit mis en vng tõnel corrom
pu auec vin boullant et soit ainsi
demene et faict cõme dessus Et seroit encores le meilleur de faire to⁹
ces deux remedes lun apres lautre
pour vng vaissel le second apres le
premier et lors il sera guery tout

net sans nulle doubte. ¶ Aucune
autres dient q̃ on guerist vng vaif
sel corrompu par telle maiere que
len mette du sel oudit vaissel et q̃
on le y laisse par trois mois et par
aduenture autãt pourroit valoir
y mettre chaulx ou plastre ou cendre. On le peult aussi bien guerir
par tresbiẽ le rere par dedens et par
toutes les creueures et quil ny de
meure riens de noir ne de muffe
de mugue et que se le vaissel est de
dix courges que len y mette vne
quarterole de cendres de serment a
uecques toutes les brezes. et se il
estoit plus corrompu on y en mettroit plus et que les cendres soiẽt
tresbien demenees par toutes les
parties du vaissel et puis que len
gette dedens eaue boullant et quil
soit estoupe et aps encores tresbiẽ
demene et laisse ainsi iusques ace q̃
il soit froit. et ce fait quil soit laue
tresbien et puis arrouse deaue salee bien chaulde par telles manieres sont gueries les tonnes mais
pource que on ne lef peut clozze par
dessus on les doit couurir de draps
et de tappiz afin quelles ne respirẽt
et aussi le vin et le vaissel sõt gue
ris de la flaireur de muffe comme
dient les esprouueurs quant len
prent fueil en pouldre et que il est
mis en vng sachet et que il soit a
uale dedens le tonnel iusques au
milieu du vin pendant a vng filet
par le bondonnail et quil y soit par
plusieurs iours et quil ne soit poit
corrompu daulcune male saueur.

et souffist de vne once en vng ton
nel de cinq courgees ¶ On dit auf
si que le vaissel est guerp par fort
vin aigre boullu dont il soit tres
bien laue et puis que on le y laisse
par aucun temps · Et les aultres
dient que par faire feu de pailles
dedens le vaissel quil sera gueri et
parauenture que le feu de serment
y vauldroit mieulx Les vaisseaulx
sont gardez et preseruez de muffe
quāt si tost quilz sont vuidez iusqs
ace quil ne demeure que peu de vin
dedens et puis quilz soient ouuers
et vuidez du vin et quilz soiēt tres
bien sechez ou que on les laue et
frote deaue salee ou de vin et puis
que sans traire le vin hors on les
estoupe bien fort ace que souldeur et
la fumee du vin ne sen puisset · et ne
se pourroit pas biē faire de moust
pource que on ne ly oseroit laisser

¶ Cōment len preserue et garde le
vin de aigrir et quant il est aigre
pour len guerir. pliii · chap ·

Mͦ Etez dedens le vin cendre de
vigne blanche nōmee via
ble et sicōme dient aucuns il ne se
ra iamaiz aigre toutefuoies levin
est mieulx garde de aigrir quāt on
le tient en froit lieu et que les ton
neaulx soient bien pleins et bien
estoupez et tellement quilz ne respi
rent point car se le tonnel nestoit
plein et feust en lieu chault et que
on se doubtast quil ne deuenist ai
gre il cōuendroit prendre vne gros

se piece de lart bien bon et lenuelo
per de toile deslee de lyn et le lyer a
vne corblete et puis le aualer par
le bondonnail iusqs au milieu du
vin et selon ce que le vin apetisse
ra au traire q̄ la piece de lart soit a
ualee en telle maniere quelle soit
tousiours ou milieu du vin maiz
le vaissel doit estre tousiours cou
uert et biē estoupe et quil soit ain
si iusques ace quil soit vuide · et de
tant cōme la piece de lart sera plus
grosse de tant sera le vin mieulx
garde de aigrir ¶ Qui veult vin
aigrp ramener a vin beuuable si
mette dedens de la semence de po
reaulx · aucuns dient que qui met
fueilles de vigne et branches devi
gne sur le bondonnail elles aident
contre aigreur et les doit on sou
uent rechanger et quil y ait tous
iours vne pierre sur le bondonnail
pour les tenir fermes et serrees ·
Et les autres dient q̄ qui met seu
lement huile doliue dedens le tonel
en telle maniere quelle cueuure la
superficialite du vin quil sera tres
bien garde de aigrir · et quāt le vin
sera mis a fin on peut lors recueil
lir luile et la sauuer ·

¶ Cōment on fait du vin le vin
aigre. pliiii · chap ·

Lͦ E vin aigre se peut faire par
telle maniere · Prenez bon
vin et en mettez en vng vaissel
iusques ala moitie et par especial
doulx vin et quil soit mis en lieu
chault et tousiours descouuert et
q̄ le vaissel soit premieremēt tres

bien arrouse de vin aigre. Et auffi
qui met vin claret ou vin rouge
en grappes dont on aura traict le
vin et que len y adioufte vne petite quãtite de vin aigre et que tout
foit ainfi laiffie enfemble par lefpa
ce dun mois ou plus ce fera trefbõ
vin aigre. Qui veult tãtoft faire
vin aigre il cõuient chaufer pierre
ou acier et le mettre tout chault de
dens le vin et q̃ la bouche du vaiffel foit toufiours defcouuerte ou q̃
le vaiffel foit mis au foleil trois
ou quatre iours et que len mette
du fel ou vin ¶On peut faire vin
aigre ecozes pluftoft par autre ma
niere. prenes tel vaiffel cõme vo9
vouldrez et lemplez de bon vin et
leftoupez trefbien et puis le mettez
en vne chaudiere pleine deaue boul
lant fur le feu et que leaue bouille
longuement et il aigrira. Pour
faire treffozt vin aigre. prenes coz
noilles quant elles cõmenceront a
rougir fur lozbze et les fauuages
meures qui viennẽt aup champs
quant elles cõmencent auffi a rou
gir. et des labzufques ceftadire vigne fauuage qui vient entre les
haies auãt quelle fe pzegnent a en
fler et des femẽces doignõs aigres
et fozs autant de lun cõme de lautre et faictes pouldze de tout enfẽble et puis prenes du plus fozt vin
aigre que vous pourrez finer et en
deftrẽpez celle pouldze et en faictes
de petiz pains et les fechez trefbien
et quãt vous en vouldzez ouurer
mettez vne once fe le vin eft fozt et

fe le vin eft feble fi y en mettez pl9
et y en mettez felon ce quil vous
apperra fozt ou feble et vous au-
rez treffozt vin aigre dedens huit
iours. Ceulx qui font expers en
ce dient que fe en temps de vendenges les grains des grapes feches
et expurgez du vin font bien lauez
et purgez de toute ozdure et que ilz
foient oftez des efcozces et puis fechez au foleil et que apzes on les
mette en vng vaiffel et que il en
foit emply iufques ala moitie et
puis q̃ on lempliffe au demourant
de vin et que le vaiffel foit trefbiẽ
eftoupe par deffus et il deuẽdza tref
fozt vin aigre. Et me femble que
fe ces grains eftoient pzemier biẽ
touilliez en vin aigre fozt que il y
pzouffitteroit et peut on toufiours
traire de ce vin aigre pour en vfer
et le nourrir de bon vin. Qui pzen
dzoit racines de raphane et les fe-
cheroit et en feroit pouldze et q̃ on
en meift en vin on en auroit tãtoft
trefbon vin aigre. prenez vne her
be nommee ofille et la fechez et en
faictes pouldze et en mectez en vin
il aigrira tantoft et fe pourroit fai
re mefmes fur la table quant on
en vouldzoit mẽger et ainfi fe peut
il faire de la dicte racine de raphane
et auffi le fait on de poires aigres
et de pômes comme il fera trouue
plufaplain declaire ou chapitre des
poires et des pômes.

¶ Des vertus du vin aigre.
pl̃v .chap̃.

Le Vin aigre est froit et sec ou second degre et est de sa propre nature et substance penetratif et diuisif et aussi constructif selon ses qualitez Boultez galles ou roses ou telles choses en bon Vin aigre et puis moilles dedens vne esponge ou laine et le mectez sur lestomac de personne qui vomist et il en guerira. et se il a flux de ventre mettez lup sur les rains et sur le ventre. Le cirop aceteux qui est fait de Vin aigre vault a siple tiercaine et a cotidienne de fleume sale et a toutes agues maladies qui le prent au matin auecques eaue chaulde car il digere la matiere. et la maniere du faire si est que lé dissoult le sucre en eaue et en vin aigre et le cuist len iusques ace q il est bié glueup et tenāt. et vault côtre toute matiere chaulde. Opimel aussi est fait de Vin aigre et au cunesfoiz est fait simple et aucunes foiz composé. Le simple est fait des deux pars de Vin aigre et le tiers de miel. et le compose est ainsi faict. Prenes racines de ache de fenoil et percil et les cassez et broiez vng peu et les laissez aps reposer vng iour et vne nuit en Vin aigre et ou iour ensuiuāt vous les cuirez et puis les coulerez et apres vous mette rez ou Vin aigre du miel iusqs ala tierce partie et le cuirez côme dess9 est dit. Le miel squilitiq est ainsi faict prenez squile et la mettez en Vin aigre vng iour et vne nupt et en faictez côme dessus mais il cô

uient getter les ordures et qui na point de squile si prégne racines de raphane en lieu. On donne le opimel simple ou compose côtre froide matiere côme cirop aceteup contre chaulde matiere car il diuise et digere la matiere. La saulce de Vin aigre sauge percil mente et poiure confortent lappetit. se len mengue char auecques seul Vin aigre lapetit en est conforte. Et deuons sauoir que se le Vin aigre treuue lestomac plein il lasche le ventre et se il le treuue vuid il le restraint. Le Vin aigre vault contre les feblesses qui viennét par maladies quant len p met du pain rosti tréper et que len frote la bouche les narilles et les baulieures du malade et aussi les veines du bras ou len sent le poulz et que len lpe le pain rostp et trempe dedens Vin aigre dessus icelles veines et encores vault mieulp ace le pain trépe en ius de mente. Le Vin aigre aussi vault contre litargie et freneizie se len frote les pulmes et les plantes des piez de Vin aigre et de sel. Auicenne dit que Vin aigre vault contre arsure de feu mieulp que qlconque chose. et quant on le mesle auecqs huile doliue ou huile rosat et on p moille laine non lauee et on la met sur la teste du patient il oste la douleur et conforte le chef. Vin aigre auecqs alun aide grandemét aux dens qui se remuent Euaporació de Vin aigre chault aide moult grandemét a personne

qui oit dur et oeuure les côduiz en
oftant popilacion et fi diffoult les
zpefchemés et ofte les tpns des o-
reilfes et quant on le boit chaulb
auecques medicines moztelles il
aide moult grandemét.

¶ Du Bin et de fes Bertus et pzo-
prietez. pl Bi.chap.

Selon ce que dit pfaac le Bin
donne au cozps bonne nourreture et lup rend fante. et fe on le
pzent ainfi quil appartient et tant
côme nature en peut pozter par rai
fon il confozte la Bertu digeftiue
tant en leftomac côme ou fope. Et
eft impoffible que laction & nature de la Bertu digeftiue foit confoz
tee fans force de chaleur naturelle
Et len ne treuue Biande ne buura
ge quelconq qui tant confozte ne a
croifce la chaleur naturelle côme
fait le Bin pour la familiere fimili
tude que le Bin a de fa nature et
pource il eft toft convertp en tres
net et naturel fang. dont ruffus
dit que le Bin ne confozte pas feulement la naturelle chaleur Aincois et auecqs ce il clarifie le fang
trouble ¶ Il euure les conduiz du
cozps par efpecial des Beines et en
les ouurant il ofte et netoie popila
cion du fope. Il ofte lombzage fumofite qui engendze triftefce et la
met hozs du cozps et fi enforce to9
les membzes du cozps Et fi ne mô
ftre pas feulement le Bin fa bonte
ou cozps mais auffi fait il en lame. et fi fait oublier douleur et tri
ftefce et fi donne a lame liefce et la

côfozte a trouuer fubtilles raifôs
et lui donne diligéce et hardiefce et
fi ne lui feuffre pas fentir labour
ne douleur. Si couclus que le Bin
eft conuenable a toutes perfonnes
a toutes aages a tous temps et
en toutes contrees maiz que on le
pzengne felon la force du buuât et
felon fa couftume et ainfi q fa nature le pourra et deura pozter car
le Bin ne oeuure mie tout en Bne
maniere aux iennes et aux Bieulx
aux hômes et aux éfans Es Biel
les gens le Bin eft côme medicine
pource quil repugne ala froidure
des anciens. Aux iennes le Bin eft
côme Biande pource que la nature
du Bin eft femblable a leur nature mais il eft aux enfans et iouué
ceaulx pour Biande et pour medicine car combien q leur chaleur foit
forte en fubftance toutefuoies neft
elle pas en perfection pour labondance de leur humeur et pource le
Bin dône a leur naturelle chaleur
acroiffement et nourreture et leuz
feche leur humeur qui eft medicine. Et deuons fauoir que en puer
et en contrees froides len doit boire
Bin pur mais en efte on doit boire
Bng peu deaue bien meflee auecqs
le Bin et auffi es regions froides
pource quil rafrefchift et amoiftift
les cozps pour caufe de leaue qui p
eft meflee. et fi a repugnance ala
chaleur de lair ace quil ne face les
cozps trop chaulx et trop fecs. et
trâfpozte legerement la Biade aux
mêbzes pour caufe de fa fubtilite

Si appert donques que le vin aide
contre deuy causes contraires car
il eschauffe les corps froiz et si seche les corpz naturellemēt moistez
Il refroide les corps chaulx et si a-
moistist les corps qui sōt froiz par
accident car par sa subtilite et penetracion il porte leaue auy mēbzes
quant il est necessite de les refroi-
ðer. Ⓛla ðiuersite ðu vin est en general en trois manieres Lun est
fraiz ðun an Lautre est viel ðe quatre ans ou ðe pl⁹. et lautre est mopen ðe ðeuy ans ou enuiron. Cestui
qui est fraiz est chault ou premier
ðegre et appartiēt a froiðeur et a humeur et pource est il ðe plufgrant
nourreture que les aultres et engenðre mauuaises humeurs et
aussi merueilleuy songes et vētositez ðestomac et ðes entrailles ðōt
galien dit que vin raisant fraiz et
nouuel quel quil soit si na force ne
pouoir ðe conðuire la viande par le
corps ne ðe la mener ne prouoquer
et pource cōplexions froides et moistes le ðoiuēt laisser et fuir · Et sil
estoit necessite le deuroit esslire tres
clez vin plein ðe naturelle eaue qui
ðe long temps auroit este espzainct
ðu pssouer Le vin viel est chaulð
et sec ou troiziesme ðegre et a aucune chose ðamertume Il nourrist
peu et monte legeremēt en la teste
et trouble lentenðemēt par laguillon ðe sa pointure et par especial se
len en ðoit trop et len p mesle peu
ðeaue · et pource œuly qui ont febles nertz si le ðoiuēt laisser et sen

ðoiuent abstenir · et aussi œuly qui
ont le sens agu pource que il leur
nuist moult fort filz nont grāt humeur en leurs corps qui p puist resister · Galien ðit q̄ le vin viel est
moult conuenable a œuly qui ont
en leurs vaisseauly grant multi-
tuðe ðe crues humeurs Ⓛle vin
mopen est bōn quāt il est atrempe
et est chault et sec ou secōnð ðegre
et pource le ðoit esslire et choisir et
laisser le tres viel · et aussi ðoit on
laisser le nouuel vin qui na pas encozes laisse a boullir et ðont la lye
nest mie encozes bien ðescenðue au
font et q̄ le pur nest monte en son
lieu et quil nest encozes esclarci ne
monðifie et que il ne sla mbope ou
reluist ou hennap Ⓛapzes nous ðe-
uōs sauoir que la couleur saueur
ouðeur et liqueur force et feblesse
ðe vin le ðiuersifient en sa qualite
et en son action La couleur en general est ðe quatre manieres blanche et noire qui sont simples couleurs et rouge et ðozee qui sont cō-
pfees ðes autres Mais entre œs
couleurs cp il en pa ðautres Lune entre blanc et vert glancque et
lautre rosee entre rouge et blanc·
et si pa pale et soubz pale qui sont
couleurs ðozee et citrine · Et sont
œs couleurs ainsi faictes pource q̄
le vin ðe grapes blanches est pzemieremēt blanc pour son aquosite cest aðire pource quil tient ðe leaue crue pour le ðeffault ðe sa chaleur naturelle Maiz quāt il euiel-
lira cōme ðun an sa chaleur sera

confortee et son humeur amenui-
see et sera faict dune couleur sou-
blache Et se il enuieillist plus com
me de deux ans sa chaleur croist
plus come de quatre ans et il aoc-
plisse sa digestion et sa chaleur na
turelle soit venue a son estre il de-
uiet de couleur citrine Aussi le vin
fait de grapes rouges quant il est
encores cru a son comencement sa
premiere couleur sera come blanche se il nest cuue. et quant il sera
dun an il sera de couleur rosee car
sa chaleur et sa digestion seront co
fortees et se il passe deux ans et q
sa chaleur et digestion soient encores plus confortees il aura la couleur rousse Mais se le vin est de noi
res grapes il sera pmier tres noir
et obscur pour sa terrestreite qui p
domine et la petite digestion de sa
chaleur et se il passe ung an sa cha
leur et digestion sont coofortees et
descend la terrestreite en son lieu
et il comence a esclarcir il vient a
couleur mviene entre rouge et noi
re. Et se il passe deux ans q la chaleur aura acomply sa digestion et
sa perfection et que sa terrestreite
sera descendue au fons et quil sera
cler il sera de rouge couleur. Si de-
uions donques par ce veoir et congnoistre que le vin blanc et le rou
ge sont moins couenables que les
autres maiz le blanc tient plus de
humeur et deaue que le rouge. Et
le rouge attient plus a terrestreite
et a grosseur que le blanc. En la
saueur du vin la diuersite est pour

ce que lun est douly et lautre poignant et agu lautre fort lautre dessauoure. Le vin douly est chauls
ou second degre et sec ou pmier et
approuche a humeur et pource est
il gros et peu prouffittable fors
tant quil lasche le ventre car toute chose doulce a vertu laxatiue et
colatiue. Et se tel vin treuue ou
corps aucune chose contraire a son
action et quil soit empesche de aller
hors il eschauffe et boult ou corps
et monte ala bouche de lestomac et
se couertist en humeurs coleriqs
Il engendre soif et ventositez es
flans et opilacions ou sope et en
la rate et faict auoir la pierre es
reins par especial quant il treuue
les membres disposez a telz mauly
ou que la vertu digestiue soit feble et pource sen doiuent abstenir
eauly qui sont de grosse nature et
pleine dumeur car par sa grosseur
il opile legeremet les subtilles et
estroittes veines du sope mais il
ne nuist point au polmon car il ny
aduient point et pource que il est si
subtil il ne peut opiler les veines
du polmon pource quelles sot tres
larges Et quat le vin douly se ap
prouche a rougeur et a clarte et q
len en boit sicome il appartient et
quil souffist a nature il prouffitte
aux persones qui relieuent de maladie ausquelles il conuient grant
nourrissemet Mais le vin pontiq
et agu et qui picque et est brusq est
plus dur et plus pesant et plus
cler et de plus tardiue digestion

et pource va par les veines a greigneur peine q̃ le doulx car le doulx
est pl⁹ chault et si a plus plaisant
saueur et sagu a pl⁹ terrestre et aspre saueur et pource a peine peut il
percer les veines et ne faict auoir
saueur ne bone chambre et pource il
negendre pas bon sang mais toutes
voies il conforte le ventre et les
boiaulx Le vin dessauoure est meil
leur que le ponticq et agu car il est
attrempe au regard du ponticq et
pource est il bon a gens de chaulde
coplexion par especial a lestomac
toutesuoies il nourrist et si fait tã
tost uriner · ¶ Le vin tresfort est le
pl⁹ chauld de to⁹et de plus forte ope
racion et monte tantost en la teste
et fait bouillir et eschaufer les humeurs du corps dont les fumees
montás a lestomac nuisent au cer
uel et troublent lentendement et
pource il conuient que gens de chaul
de complexion sen abstiennet se on
ne leur mesle grandement eaue de
dens et quilz en prengnet par mesure et selon ce quil est couenable
a leur aage et aux contrees ou ilz
sont et aussi au temps et a leur coustume car il dissoult grosses humeurs et netoie les vopes des vei
nes de pourreture et si clarifie le
sang. Tel vin est tresbon a vielles
gens qui approuchent a vieillesse
pour lunpon et assemblee des superfluitez de leur corps et par especial quant il est bien espure car il
conforte leur chaleur et dissoult
labondance des humeurs crues et

si prouffitte a eulx qui ont grosses et crues humeurs ¶ La diuer
site de vin pour cause de liqueur si
est pource que le vin est subtil et
plein deaue ou il est gros et terrestre ou il est moyen · Le vin subtil
et eaueux est tout temps trouue
auecques blächeur et clarte et pour
ce est il legerement digere en lestomac et tresperce les veines et faict
bien uriner et pource est il bon aux
gens qui sont en fieure car il nes-
chauffe pas trop et si ne fiert point
ala teste et ne nuist pas au ceruel
et se il nest point mesle il en vauldra mieulx et par espal pour estaidre la suef · Le vin terrestre et gros
est contraire au vin subtil car il
griefue lestomac et est dur a digerer et a faire la digestion et a peine
peut il aller par les veines et faict
a tard uriner et ne mote pas legerement au chef pour sa grosseur et
pesanteur et pource il nen pure pas
tantost Mais le vin odorant si per
ce legeremet le sens odoratif en la
pellete du ceruel par sa grant lege
rete ¶ Il est vne maniere de vin de
nulle oudeur pour sa grosseur et
pour sa griefte et si est vne manie
re de vin qui a vne oudeur horrible
Le vin qui est odorant monstre que
sa liqueur est subtille et attrempee
et netopee de toute ordure et bie du
tout digeree et pource il engendre
cler sang et net et de grant loenge·
il conforte le corps et esiouist le cuer
et si oste tristesse de lame car il netoie le sang de toute pourreture qui

peut estre ou cuer et estour·et pour
ce tel vin est couenable a tous aages et a toutes complexions qui
le prent par raison et ainsi que nature le requiert· Tel vin mue le vi
ce de lame et vertu car il la tourne de cruaulte en pitie et de auari-
ce en largesse· de orgueil en humi-
lite· de puresse en diligence· de poux
en hardiesse· de esbahy en bien par
lant· de rudesse en cler engin mais
ces vertus sont et viennet quant
on boit tel vin atrempeement et ain
si quil appartiet· et qui en prent et
boit tant quil en soit ivre il cause
ra tout le contraire car puresse e-
staint la lumiere de lame raisona-
ble dont la teste demeure come la
nef en la mer sans gouuerneur et
come cheualerie sans capitaine et
sans conduiseur ¶ Le vin de nulle
oudeur si assemble et retiet la grof
seur de la fumosite et sa griefte et
son indigestibilite et pource il enge
dre tres mauuaise nourreture et
fait gros sang et trouble et obscur
et si est cause de tristesse maiz il ne
monte pas tost au chef· Et le vin pe
sant qui a horrible saueur est tres
mauuaiz car il griefue lourdemet
le cerruel pour lorribilite de sa saueur il fiert lentendemet et blesse
les nerfz du cerruel et les pelletes
et engendre tres mauuais sang par
especial quant il est agu.

¶ Cy fine le quart liure des prouf
fitz champestres et ruraulx.

f.i.

Ap dit cy deuāt
ou second liure
plusieurs choses
des arbres en ge
neral quant ie
traictoye du la-
bourage de chaiscune maniere de

chāps Mais a present en ce quit li
ure ie Bueil traiter de chun arbre
par soy. Et pource q aucūes choses sont cōmunes a tous arbres
et les aucunes propres ie Bueil
parler au premier en general du
labourage de chūn en cōmun et

puis te traicteray de chaiscu arbre
qui est trouue en noz côtrees quât
au labourage selon lordre del a·b·
c·afin q len puist mieulx trouuer
le traictie de chun·Et pmierement
des fructifians et de leur prouffit
en briefmêt moy expediant·Je di
ray donqs qui ilz sont et de leurs
diuersitez et quel air et qlle terre
ilz desirêt et quât et côment on les
plante et côment ilz sont entez et
côment ilz sont cultiuez et labourez et cômêt ilz sont formez et aussi côment ilz sont deliurez de leurs
epeschemês et aps de leurs fruitz
et quant et côment ilz sont cueilliz
et côment on les peut garder et de
ce que len en peut faire et aussi des
Vertus quilz ont es corpf humais
Et nest point de neçessite de racomp
ter en cômun les diuersitez ne de-
scripciôs des arbres pource q chais
cun les sçet en sa contree et en son
pays·et en sont les traictiez trouuez par tout selon les pays ¶ Aucuns arbres desirent air chault si
côme sont poiure et palmier·Aus-
cunf autres le demandêt froit sicô
me chasteigners·et les autres a-
trêpe air sicôe pres q tous arbres·
et aucuns autres qui croissent et
Viuent en tout air sicôme pômiers
periers et leurs sêblables·et aucuns arbres desirent terre moult
grasse sicôe le meurier et le figuier
Les autres mesgre et sablonneuse
sicôme le palmier et le pin maiz en
ce cômuuêt tous arbres quilz desirent terre seche en la superfice et

en la plaine de la terre et moiste
par dedens la terre ou les racines
sont fichees·Les grans corpz des
arbres si demandent moult de viâdes et par especial les arbrez frâcs
qui portent chun an grans fruitz
en quantite et en nombre·mais
quant on les doit planter et enter
il est assez monstre et enseigne ou
secon liure ¶ On doit labourer et
cultiuer les arbres en cõste manie
re·Len doit fouyr la terre entour
les arbres en autompne iusques
ace que les racines soyêt desnuees
et la mettre aucun fiens tant que
les racines en soyent couuertes et
que par la pluye la Vertu en soit
portee en bas pour nourrir les ra-
cines·et se la terre est sablonneuse elle Souldra bien crope grasse·
et se la terre est trop cropeuse on y
mettra du sablon en lieu de fiens·
Et ne doit len pas mettre ce que
dit est ala tige tât seulemêt mais
trops ou quattre ou cinq pies en
parfond entour les racines selon
ce que larbre et ses racines seront
grans et que la terre soit meslee
auecques le fiens ¶ Et qui seroit
ce que dit est tant comme les racines se eptendent ce seroit bien grât
prouffit pour larbre et sen resiouy-
roit et raienniroit aucunement·
car Vng arbre assis entre deux eaues en Vient et croist mieulx et
plus noblement·et aussi font les
arbres qui sont plantez sur les
ruisseaulx et sont plus pleins et
aussi ont leur escorce plus subtille

et sen essieuēt plus hault et sont
mieulp confoztez que les autres .
Et aussi le champ qui est en lieu de
clinant et bas ou lumeur des mō
taignes dequeurt et la gresse est
tresbon a labourer pour labondā
ce de lumeur et est bon et anoblist
les arbzes qui p sont plantez . Et
qui naura telz lieup si face par ar-
tifice leaue courir par gouttieres
ou cannes iusqes aup racines des
arbzes et ainsi on rendza la terre
moiste. Et qui ne pourra faire ce q
dit est et que la terre ne soit bonne
il p vendza gros arbzes et mous-
fus tant auront dures escozces et
hideuses qui pour leur espesseur ē-
pescheront la beaulte et la bonte
du fruit Ou doit fourmer les ten
nes arbzes auant quon les plante et se larbze est petit on doit tren
cher les petiz rainceaulp en montant contre mont et laisser le sommet Et se larbze est grāt on ostera
tous les rainceaulp et le sōmet et
laissera len la tige toute seule que
len plātera. Et se cest vne ente qui
ait deup tiges len trenchera la pl⁹
feble afin q lautre croisse mieulp
et viengne pl⁹ belle Se ce nest vng
figuier vng pommier. dozēge vng
grenatier et les semblables qui
peuēt auoir plusieurs tiges et les
bien nourrir Et quant larbze sera
plante on ne le taillera point iusqes
a trois ans. se ce nestoient aucuns
rainceaulp qui venissent en lieux
mal seans qui empeschassent la
croissance du sōmet de larbze par

enhault lesquelz doiuēt estre ostez
et taillez cōme ennemis de larbze.
Et quant temps sera on taillera
les rainceaulp qui seront venus
en quelconq partie que ce soit de la
tige toutesuoies par telle maniere
que la tige soit tousiours adzece
et esleuee sur terre ou pl⁹ ou mois
selon la nature de larbze et selon
la gresse ou mesgreur de la terre
et plus hault en grasse terre quen
mesgre. et que les bzanches soient
la diuisees et ozdonnees conuena-
blement pour la beaulte de larbze
Et se la souche ne se peult pozter
dzoite pour sa feblesse on lup aid-
ra de perches et de mesrien . Et se
elle ne gette rainceaulp audessus
en telle maniere que le sōmet ait
regard au ciel on lup aidera cōue-
nablement par la lper et conduire
a dzoites perches. et se elle ne peut
ne lun ne lautre il npa remede foz
de la tailler ou lieu ou len verra q
aucun raincel puiss bēte et la sou
stenir de legeres perches en telle
maniere que ce que larbze naura
voulu faire de sa voulente il le fera par contrainte de iuste raison.
Et se par aucuns lieux il p venoit
trop espes rainceaulp ou gettons
bastars nō cōuenables on les tail
leroit ala sarpe ou au coutel. Et se
on les trāspoztoit dun regard du
ciel a vng autre regart cōme doiēt
vers occidēt on les ramēra aleur
pmiere nature le mieulp q lē pour
ra. Et se lumeur par vne maniere
dozgueil ne se voloit espādze par les

rainceaulx des costez aincois sen
montast tousiours enhault. Il cō
uendroit coper des rainceaulx du
sommet ou elle se espandroit trop
et ainsi est il a faire de ladolescence
de larbre iusques ace quil sera venu a perfection dacroissement et
que la tige se esgettera par rainceaulx et les rainceaulx par verges
et les verges par bourions fructifians Et quāt par aage larbre ap-
petissera en vertu en telle maniere que par le pois du fruit les rain
ceaulx rompzont. et quāt lumeur
fauldra ilz secheront et porteront
frupt vng an et non pas lautre.
Len trechera tous les rainceaulx
superfluz et ce que larbre ne pour
ra porter ace que toute lumeur ne
soit perdue. et par ce lune partie se
conuertira en la substance des rai
ceaulx et lautre partie sera baillee
ala nourreture des fruiz quilz ne
perissent Et sera a cōsiderer la quā
tite de la nourreture que le lieu de
larbre pourra donner. et selon ce
len pourra oster ou laisser des rain
ceaulx et des verges et se on le fait
aultrement les arbres fauldront
a fructifier par aucuns ans dont
le laboureur sera desplaisāt et cou
rousse. Et peuent estre faitz telz re
trenchemens du cōmencement de
nouembre iusqs en la fin de mars
ou a plus proprement et naturelle
ment parler du cōmencement que
les fueilles cherront iusques ace
que les arbres cōmencerōt a bour
tonner. ¶ Aucuneffoiz il aduient
que nouuelles plantes semblerōt
dessechez pour la desmesuree ardeur
du soleil et lors on leur doit aider
par les foupr ou arrouser souuent
et aussi par y mettre obstacles qui
les defendent de lardeur du soleil
comme feurre branches fueillues
et telz choses ou que len y emplastre argille visqueuse ou que len
oigne la tige de suie de huile ou dau
tre oignement froit pour adoulcir
lescroce et par especial en la partie
par deuers midy. Et aussi aucunes
foiz les fourmis gastent et griefuent la plante ou lente qui est tendre en sa croissance. et aussi font
vne maniere de vers qui procedent
des fourmis et se nourrissent dedens les fueilles dont elles sont ga
stees et cōtraictes et ne peuēt croistre les rainceaulx Oi leur doit on
aider en ostant les fueilles ainsi cō
traictes et blecces et purger aux
mains ce qui en est ainsi attainct
et laisser les sōmetz denhault qui
sont sains et netz. et lors larbre
pourra bien croistre et monter a-
mont ¶ Et ace que les fourmis ne
griefuent les tennes plātes ne les
grans arbres et quilz ne puissent
monter enhault on leur fera telz
obstacles Paladius dit q̄ len pren
gne du iuf de pourcelaine et la moi
tie dautāt de vin aigre et que tout
soit bñ mesle ensēble et q̄ les lieux
de larbre par ou les fourmis mon
tēt en soiēt moillez Ou q̄ lē broul-
le. et touste bñ la tige de larbre de lie
de vin. Rebequa dit q̄ len y mette

de la poix clere et que on ly fonde
Mais ie me doubte que ce remede
ne feust venin a larbze · Et croy q̃
le meilleur seroit que vne toison de
laine ou de lin ou vne torche de foig
ou de feurre feussent mises autour
& la plante moillees en aucunes
des choses dessufdictes et liees entour la tige en telle maniere q̃ les
fourmis ny puissent monter fors
par la Et autremẽt len peut faire
vng vaissel de terre rond et large
qui ait vng trou ou milieu par ou
la tige passera · et que ledit vaissel
soit cire ou terre en telle maniere q̃
il puist tenir eaue sans espandre et
iamais tãt quil y soit les fourmis
ne pourront passer pource quilz ne
entreront point en leaue · Aucuns
dient que qui lieroit ala tige de lar
bze vne cordelete de sope oincte duile que les fourmis ny passeront ia
depuis ¶ pardessus toutes ces cho
ses len doit garder que les bestes
nentrent es lieux ou sont les arbzes pource quelles les rugeroiẽt
et secheroient les plantes ou elles
deuenroient pleines de neux ou au
moins en seroient empeschees de
croistre et de fructifier. Et se la plã
te est en tel lieu que on ne la puist
clorze q̃lle soit auironnee de pieux
et despines poignans · Se la plante est en hault lieu ou quelle soit
greuee de vens on la doit aider et
soustenir de perches liees dozier et
de mousse que la tige nen soit greuee. Et se la plãte est de nouuel en
tee et le tronc ait este trenche on le

doit laisser en leste bien secouru et
aide et laisser les lieures iusques
a trois ans pour garder les rainceaulx toutesuoies qui pmier soit
oste ce qui est etre lescorce et le bois
Et se doit on biẽ prendze garde quil
ne viẽgne nulz raĩceaulx bastardz
en la tige ne es racines de larbze et
se ilz y venoient que tantost soient
ostez pource quilz ostẽt aux arbzes
leur nourreture · et qui laisseropt
croistre ce seroit pour faire larbze se
cher et doit on premieremẽt regarder aux raĩceaulx et apres ala ti
ge. Et aussi se il ya es raĩceaulx
aucune chose de sec on le doit tãtost
trencher ace quil ne corrompe ses
voisins raĩceaulx · ¶ Il aduient
aucuneffoiz q̃ trop grant humeur
non digeree viẽt hors de larbze par
lescorce ainsi cõme aux gẽs et aux
bestes par le cuir · et de celle pourreture sont engendzez vers qui sont
a larbze grãde persecucion et pour
ce quant on verra aucune bosse ou
enfleure venir en aucune partie de
larbze on doit en icelle partie enciser et trencher larbze ace que celle
mauuaise humeur en chee et se les
vers y sont ia concreez on les oste
ra a vng ferremẽt et se larbze en
est greue en plusieurs parties on
doit trencher lescorce tout du long
du hault iusques en bas afin que
ces pourretures sendurcissent Et
se larbze est enfle ou lãgoureux et
feble si q̃ il porte fruitz vermineux
ou pleins de pierres par le deffault
de lumeur ou la malice de la ter-

re ou daucune aultze qualite len
ostera la terre dentour les racines
et y mettra len meilleure terre et
aussi on percera la tige demptes la
terre et restoupera len le trou dune cheuille de chesne· Et ie croy que
ainsi se doit il faire quant larbze a
trop habondant nouzzeture et que
la chaleur de larbze est tant estain
te que la digestion en est diminuee
et que le suc ou le ius ne se peut es-
pessir pour la souffisant generacio
du fruit et que pource larbze luxu
rie en multiplicacion de fueilles.
Et aucueffoiz il aduient quil naist
sur les arbzes vne plante vert et
cheuelue et lors on doit diligemet
rere lescozce et oster ces verdures
qui sont venues par dessus et met
tre souuent du fiens aux grás racines et les bien arrouser apoint
et aussi mettre pierres en la trenche afin que en mieulx attrapant
ilz puissent guerir la soif par teps
moiste q les arbzes souffreropent
ou pourroient souffrir par la seche
resse du temps ou du champ Et se
il aduiet que la terre soit trop fou
lee ou ait trop grás herbes et qui
apent parfondes racines cest trop
grant empeschement Car la terre
trop foulee ne peut souffri r que lu
meur nourrissant viengne ala racine de larbze pource q les conduiz
sont estoupez tant des racines côme de la tezze en telle maniere que
elles ne peuent sacher a elles leur
nourreture et si empesche les eua-
pozacions pource que la chaleur de

la feble vapeur ne peut trespercer
lespesseur du lieu ne p pozter vertu
souffisant dont le remede est de
foup̄r la terre et non pas de larer
pour ce que la côtinuacion de la fos
se qui est faicte par arer blesse grá
dement les racines Les grans her
bes aussi qui aduiennet en parfôd
iusques aux racines si tolent aux
arbzes leurs nourretures pource
quelles ont plus moles racines q
les herbes et plus tendzes et pour
ce attrapent plustost leur humeuz
et nourreture q les arbzes Et les
fault du tout desraciner et arracher Mais pource que qui osteroit
toutes les herbes le lieu en pourroit estre mois plaisát Lê peut bñ
laisser lerbete qui est petite et menue côme fil et qui ne pzêt sa nour
reture fozs de sa pleine terre pour
ce que telles herbes nuisêt peu ou
neant Et aussi les chênilles et les
hennetons nuisent moult aux arbzes pource quilz rungêt les fueil
les et toute la verdure et aussi les
fleurs et aussi tout ce qui vient au
fruit des arbzes et pource on doit
oster les oeufz et tout ce qui est enuelope es fueilles rainceaulx et en
leurs toiles es moys de decembze
iauier et feurier et les doit on cueil
lir auant quilz naissent ne pssent
hozs et les pozter ou feu pource q
on ne les pourroit bien ne parfaictement extirper pour les fouler
aux pies· Periers aussi quant ilz
sont fozt vieulx il leur vient vne
surte descozce en leurs racines

0.1

et par ce ne peuȝt sacher ne attraire nourreture souffisāte pour larbze et pour le fruit et pource faillēt
souuēt a fructifi er Et lozs on doit
fendze les grosses racines par le
milieu et mettre dedēs la fēte pier
res deaue afin q̄lles ne se puissent
reclozze et que lumeur qui est dedēs la terre biē digeree qui ne pouoit passer par les racines puist en
trer dedēs par la fente et ouuertu
re et que la superfluite en soit si a
petissee q̄ le ius actrait puist souffi
re a nourrir larbze et le fruit.

⸿ Quāt donques les arbzes serōt
bien labourez et ozdonnez par les
manieres dessusdictes se le champ
est moiste il poztera arbzez et fruiz
Vermineux car lumeur cōeue in-
digeree mole et violēte se pourrist
dedēs et de celle pourreture et de la
subtille et moiste vapeur les vers
sont concreez qui depuis menguēt
les arbzes et les rungent et hon-
nissent Et ce le nous dēmōstre que
nous veons tousiours ou lieu ou
est la semēce et la plus subtille hu
meur q̄ le ver est engendze et pour
ce conuient secher le lieu le pl9 pzo-
pozcionellemēt que len peut et que
les plātes napent pas trop de nour
reture Et se parauēture on ne peut
ainsi secher les terres len percera
les arbzes par la souche par emps
terre ou les greigneurs racines
ioignent ala souche afin que la su
perfluite de lumeur sen puist pssir
et lozs le fruit sera guerp Et se au
contraire le lieu est sec selon la pzo

pziete et maniere de hermitage et
q̄ on ne le puist labourer q̄ a grant
peine les arbzes serōt espineux et
pozteront petiz fruiz et secs et sās
saueur· et lozs se doiuent trencher
et oster les arbzes de telz lieux·

⸿ On doit cueillir les fruiz des arbzes sans bzifer les rainceaulx et
sans batre les arbzes ou on les
cuelt et se les rainceaulx denhault
sont febles on les doit lier a cordes
auecq̄s les plus fozs et puis les
sacher a croches et a œulx dēbas
on peut tousiours auenir a eschel
les On doit cueillir les fruiz et par
especial poires en diuers temps se
lon la diuersite de leur meurete et
par bonne cōsideracion en telle ma
niere que les fruiz meurs en este
soient cueilliz quant ilz seront en
leur couleur saueur et odeur naturelles car par ce on peult auoir
cōgnoissāce q̄ lozs ilz sōt meurs et
se on les cueille auāt quāt les pze
miers signes de meurte apparent
ilz sen garderont plus longuemēt
et plus que œulx qui seront cueilliz plus meurs et les fruiz qui seront meurs ala fin dautōpne sont
a garder pour vser en printēps ou
au moins en puer Et œulx qui se
ront cueilliz en puer doiuent estre
cueilliz en sec tēps et bel et serain
quāt la lune sera ou dezzenier quar
tier· Et souffist quant ace des arbzes en general.

⸿De lagmandier·ii·chap̄·

A gmandier est vng arbze assez cōmun et congneu et en sont d

deux manieres quãt au fruit pour
ce que lun porte fruit doulx et lau
tre amer Les doulx sont bons en
viandes Et les amers pource que
ilz sont plus chaulx ilz valent en
medicine. Aucuns sont qui ont du
res escorces et les aultres deliee et
subtille. Acunes amendes sont lõ
gues et les aultres rondes Les au
cūes grosses et les autres menu
es Mais celles qui sont grosses et
rondes sont les meilleures et qui
ont lescaille plus deliee Lagman
dier demãde air amer et treschault
combien quilz portent bien en air
attrempe pource que ilz florissent
hastiuement et en chauldes terres
ilz portent moult de fruit pour la
bõdance de leur humeur sicomme
dit albert Mais en terres froides
leur ius est espessi et par ce le fruit
nest pas biẽ bon et a ceste cause en
terres moult froides ou le fruit si
perist du tout ou il nen viẽt point
et sil en viẽt aucun peu si ne peut
il durer et a peine p peut venir lar
bre. Lagmandier demande terre
dure seche et graueleuse combien
quil viengne bien en terre bonne
et moyẽne Maiz en terre pleine dea
ue il ne peut venir. Lagmandier
doit estre seme en ianuier et en fe
urier en temps et lieux attrempez
maiz en lieux chaulx ou mois doc
tobre et en nouembre tãt en seme
ce côme en plãte qui est leuee de la
racine qui est mere Et toutesuoies
quant a agmãdier il nest riens si
bon côme de le semer Selon pala

diu s on doit fouir la terre demi pie
en parfond. et selõ albert deux piez
mais il me semble quil souffiroit
dun pie et puis mettre lagmande
en terre quatre dois en parfond et
non plus en telle maniere quelles
soient loing lune de lautre de deux
piez ou enuiron Et si doit on eslire
agmandes pour planter qui soient
grosses et nouuelles et que naient
pas trop grosse escaille Et auãt ql
les soiẽt mises en terre on les doit
laisser bien pourrir en boschet ou
en moust doulx et en eaue afin q
le germe ne soit estaint. Aulcuns
les mettent pourrir en fiens par
t rois iours ou pl⁹ et puis les met
tent tremper en boschet et aps les
plantent Et la terre ou on veult
semer les agmandes doit estre mes
lee auecques fiens et aussi p prouf
fittera qui p mettra du sablon a
uecqs ad ce q la terre soit moiste
et seche mole et deliee Et quant la
terre sera ainsi disposee et quelle se
ra apoint seche on larrousera trois
foiz le mois deaue côuenable et se
ra purgee des herbes dentour. Et
doit estre le laboureur diligent de
mettre a chûne agmãde vng signe
dun baston fiche en terre afin que
le champ puist estre foup sans les
bleœr ne empirer les germez auãt
quilz apperent sur terre. et sera bõ
que la terre soit remuee et tournee
ce de dessoubz dessus et bien rame
nee en pouldre auant q len p met
te les agmandes Et quãt les ag
mandiers seront creuz et quilz se

ront de deux ans on les transporte
ra ou mois dssusdit au lieu ou ilz
deueront demourer tout leur tēps
Et seront plantez par duers misty
en telle maniere que il y ait entre
deux plantes quinze ou vingt piez
On les seme en decembre et en ian
uier et en lieu froit en feurier·
¶Qui veult enter agmādier il est
bon de prendre des gettons qui sōt
au sōmet et les peut on enter entre
lescozce et le tronc en eulx mesmes
et en peschers et en pruniers maiz
ainsi cōme dit albert Lenter nest
pot si prouffittable cōme le semer
¶Qui veult q agmādiers prouf
fittent bien il cōuient que le pmier
an quilz sont plātez ilz soiēt fouiz
par chūn mois depuis feurier iusques en octobre et biē netoiez tout
autour des herbes ou au mois en
certain temps quant la terre ne se
ra pas trop mole mais telle quelle
se pourra conuertir en pouldze·Et
es ānees ensuiuans on foupra la
terre deux ou trois foiz afin quelle
puist receuoir les pluies suruenāt
ce qlle ne pourroit faire se elle estoit
trop dfoulee Maiz ou tēps de leurs
fleurs on ne la doit pas fouir pour
ce que les fleurs en cherropent legerement sicōe il dit·Et se la terre
est maisgre on la foupra en autōp
ne et la fumera len Et se elle est sa
blōneuse et trop len y mettra pier
res fiēs et crope par raison Et doit
on donner fourme a larbze sicōme
dit est cy deuāt ou traictie de la foz
mation des arbzes ·Aagmandier

doit souffire vne seule tige et doit a
uoir entre la terre et les branches
six ou huyt piez ou enuiron ¶Plu
sieurs incōueniēs aduienent aux
agmandiers cōme aux autres ar
bzes desquelz iay parle et monstre
le remede cy deuāt et sans ce il leur
aduient que se ilz sont rungez leur
fruit sera amer et pource on les
doit garder du bestail Et aps quāt
on se doubte de bruyne on doit des
pouller leurs racines auant quilz
fleurissent sicomme dit marcial·
mais albert y adiouste que len y
mette petites pierres auecqs gros
sablon Et se len ne se doubte point
de bruyne on y mettra de laraine
ou du sablon Paladius dit q mar
cial afferme que les noix en duiē
nent tendzes quant auāt que les
arbzes florissēt on destortille et des
cueuure len les racines aulcune-
ment et q on y met de leaue chaul
de par aucuns iours et par ce mes
mes moyen agmandes ameres de
uendront doulces Et aussi est bon
de foupr entour la tige trois doys
en parfond et faire vne cauerne ou
ouuezture ala racie par ou la mau
uaise humeur sen pra Ou que len
perce le troncq dune tariere par le
milieu et q on restoupe le trou du
ne cheuille de bois tourne Ou que
len mette du fiens tout entour les
racines Et dit paladius que qui si
cheroit plusieurs cloux en la tige
de larbze il luy prouffitteroit grā
demēt au fruit et par especial se les
cloux estoiēt doz·sicōme dit albert

se agmandiers ne sont pas biē fru
ctifians on doit percer la racine du
ne tariere et p metre vng coing ou
que len p mette vng caillou si biē
ente quil soit couuert de lescozæ et
bien clos·❧Agmandier a telle pzo
pziete quil pozte plus en sa vieilles
se quen sa iennesse pource que lu
meur de lup nest pas si seche lozs
& chaleur côme en sa iennesse·Et
quāt son fruit est meur on le cueil
le a perches Combiē que femmes
en menguent volentiers enverdu
re par especial quant elles sont en
caintes denfant. Quant lescozæ se
oeuure et se depart du nopau elles
sont meures Quant elles sont es
cozchees qui les laue deaue salee
elles en deuiēnent blanches et en
durent plus et aussi sans aultre
chose faire elles durent long tēps
mais quelles apent este deuemēt
sechees❧Les agmandes doulces
sot chauldes et moistes ou milieu
du pmier degre. et sont les vertes
plus deliees et meilleures que les
seches pour leur humeur·Et pour
ce les seches soient pelees et trem
pees par vne nuit en eaue chaulde
et lozs elles ouuxeront côme les
vertes·Qui mengue agmandes
vertes auant q les escozæs se oeu
uxent elles confoztēt les genciues
et rafreschissent lestomac de male
chaleur se elle p est·Thenustides si
afferme ce que dit est et p adiouste
quelles griefuent le chef et engen
drent chaline es peulx et enflam
bent la lupure et font dozmir et re

sistent a puxesse·Mais agmandes
ameres sont chauldes et seches ou
secōd degre et valent côtre la toux
& froide cause qui les mēgue auec
ques sucre pour oster lamertume
huile dagmādes ameres vault a
la souxdesse des ozeilles et a ozdure
boant qui en gette dedēs Celle hui
le vault aux vers du ventre qui
la met sur le nombril auecqs fari
ne de luppins Qui en fait vng sup
positoire auecques la grāt trifere
elle fait venir la purgaciō du tēps
aux fēmes❧Auicenne dit que les
agmādes ameres ont telle pzopzie
te qui lz tuent le goupil sil en men
gue auecques aucune viande Qui
les met sur le dzap de la face ou sur
les lentilles traces ou blecures
de cozps elles aident bien a guerir
et si emplent les fosses du visage
Et qui cuist la racine dagmandiez
et en laue sur le dzap cest vne foz
te medicine. Lescozæ et les fueilles
dagmādier sont medicinables car
elles netopent et guerissent·sicom
me dit Dpascozides·Des verges et
branches dagmādier on faict trop
bonnes verges pour les masses
que les cheualiers poztent et de la
grosse tige et souche on faict tres
bons coings pour fendze buxesse·
Qui mengue agmandes doulces
elles engressent·Et galien dit que
agmandes ameres oeuurent les
opilacions du fope par merueilleu
se ouuerture.

❧De barberis·   ·iii·chap·

Arberis est le fruit dun arbre espineux et petit comme pommiers de granate et est œ
fruit rouge traiant sur le noir et
rond comme le fruit de laubespine
mais il est longuet · On les plante
comme pomes granates Ilz sont
froiz et secs ou second degre Le syrop qui en est fait auecques succre
vault contre flux plein de fieure et
contre leschaufoison du fope · on
prent la pouldre auecques ius de
mozelle et lemplastre le sur le foie
Auicenne dit quilz sont froiz et secs
ou pmier degre et dit que ilz vain-
quent grandemet la cole et ostent
la soif · Cest arbre est tresbon pour
hapes et clostures qui en auroit
assez et le peut on auoir legeremet
par semer le fruit ·

¶ Des couldziers · iiii · chap.

Es noix de couldre est fruyt
bien comun et congneu les
vnes sont sauuages qui sont es
bois et les autres franches · Les
sauuages sont menues de grosse
escaille et bien sauoureuses Et les
franches sont les vnes rondes et
grosses et les aultres longues · et
sont les longues le plustost meures et plus sauoureuses toutesuo
pes elles sot toutes meures quat
elles se despoillent de leurs couuertures et qui les seche conuenable-
ment on les peut long temps gar
der et si peuent venir en tout air ·
Elles veulent maigre lieu et froit
et terre moiste et sabloneuse com-

bien quelles viengnent et fructifient en toutes terres · On les doit
semer et mettre la terre par dessus
deux fois seulement · Elles peuent
bien reuenir par planter larbre ou
la branche et les doit on plater en
feurier combien q on les puist bie
plater en mars et aussi en octobre
et nouembre ¶ Les auelines sont
chauldes et vng peu seches et plus
froides et plus agues que les gros
ses noix pource que leurs corps sot
plus secs fermes et espes et nont
pas tant de vnctuosite et pource elles nourrissent plus que les grosses mais elles sont de plus tardiue generacion et plus dures a descendre et a pstre hors Elles enflet
dedens par especial qui les mengue
auecques lescorce · et qui les pele el
les sont plus prouffittables et
mieulx digerables et valent a œ-
ulx qui ont vielle toux maiz qlles
soiet pilees auecques miel et leur
escorce restraint le ventre ·

¶ Des œrises · v · chap.

E œrisier est vng arbre com
mun et desire air froit et a-
trempe et ne peut pas bien porter
air trop chauld et en contrees tiedes viet petites œrises Il sesiouist
en montaignes et en costieres et
pres de montaignes et demande ter
re de moiste siege ¶ Des œrises les
vnes sont doulces et ont grans ar
bres qui montent de leur nature
franchement hault et sont propre

ment nõmees cerifes Les aultres
font aigres et agues et ont trop
plus petit arbze et ne fe eflieuent
pas enhault mais fe efpandent en
bzanches ca et la et font appellees
marenes ou marfches et en aulcuns lieux griannes. Elles font
moult de gettons ou plantes dem-
pzes leurs racines qui font bõnes
a tranfplanter On plante la femẽ
ce en octobze et en nouembze. pala
dius dit que la Berge de cest arbze
mife en terre pzent racines et Biẽt
en arbze et les arbzes qui font Be
nus des femẽces doiuent estre trãf
plãtees en octobze et en nouembze
On les ente en nouembze et auffi
faict on en neceffite ou mois de iã
uier Bers la fin Mais iap trouue
que lente qui est faicte en feurier
et en mars Benoit trefbien Combien que ce foit la meilleure incifiõ
et trenche de tous arbzes qui font
gomme quant la gõme nest pas
encozes Benue ou quelle ceffe de Be
nir et fluer. Varro dit que on doit
enter le cerifier es iours bzuinans
cest adire du douziefme iour de de
cembze iufques aux kalẽdes de fe
urier On lente trop bien foubz les
cozce et ou tronc trenchie et ou fom
met denhault Maiz qui les ente ou
fõmet il doit ofter toute la mouffe
On le peut bien enter fur Bng pzu
nier et fur Bng peuplier felon les
aucuns et fur deux autres arbzes
pzinus et platanus. Le cerifier ap
me foffes bien hauftes et larges
efpaces cõme de trente piez et fe Beu

lent foffoper. et doit on efmõder et
retailler les bzãches feches et les
caffees et ce qui y fourdza par em
bas afin quelles ne fechent ou em
pefchent ce denhault. Cerifier ne fe
Beuft point fumer ou il fozligne-
roit. On doit fourmer les tiges de
huit piez iufques a douze au deffus
de terre quãt elles font doulces ou
plus ou moins felon la nature de
la terre ou ilz font. La tige des cerifes aigres doit estre efleuee par def
fus terre par fix piez ou enuiron et
fe lumeur conceue dedens pourrift
on percera la tige dune tariere et
fe il y Bient fourmis ou autre em
pefchemẽt len fera ce qui en est dit
ou traictie des arbzes en cõmun.
Cerifes ne fe peuft garder autremẽt q̃ fechees au foleil. Qui Beuft
faire croiftre cerifes fans noiaulx
marcial dit que len doit coper Bng
ienne cerifier et tendze a deux piez
pzes de terre et puis le fẽdze iufq̃s
es racines et ofter toute la moele
de toutes les deux parties et la rere
netement de chũne part et inconti-
nẽt aps reioindze enfẽble les dictes deux parties et les trefbiẽ fper
et eftraindze et eftouper les plaies
du long et par deffus dargille de
crope ou de fiẽs ou de pouldze de tui
les et la trace fera toute rafermee
dedens Bng an. et apzes on doit en
ter fur cefte plante des gettõs qui
nauront point pozte de fruit et de ce
ainfi laboure Benront cerifes fãs
noiaulx Les cerifes doulces de
fcendent tantoft a leftomac et font

peu de aide a lestomac mais les a-
gues font le contraire · Les cerises
aigres sechēt plus que les agues
et si aident a lestomac rēplp de fleu
me · Dpascorides dit que les cerisez
moistes amolient le ventre · et les
seches lendurcissent · La gōme du
cerisier auecques vin et eaue guerist de vielle toux et amende la cou
leur de la face et si aguise la veue
et donne apetit et seule auecqs vin
elle guerist de la pierre ·

¶Du chasteigner · vi·chap·

Chasteigner est vng arbre cō
mun Jl est des chasteignes
franches et des aultres sauuages
Les franches sont fruiz moyens
et sōt appellees chasteignes Et les
autres sōt fruiz moult gros et sōt
appellez a milan maronos ¶Les
chasteignes aimēt le ciel estre froit
et si ne refusent pas lair ne le ciel
atrempe et tiede · Le chasteigner se
delite en mōtaignes et lieux haulx
et obscurs et en regiōs vers septē
trion se lumeur si accorde · Le chasteigner aime terre mole et dissoul
te mais nō pas sabloneuse ne gra
ueleuse mais moiste · Terre noire
leur est cōuenable et charbons cas
sez en pouldre deliee mis biē espes
en vng champ et terre rouge et ne
ge · Jlz ne peuent venir en terre ar
gilleuse ne en glaireuse · On les
peut semer de leur semence et plan
ter de verges qui de leur nature si
se reprennēt bien mais ceulx qui

sont plantez de verges et de plātes
sont si febles q len est biē par deux
ans en doubte de leur vie ou de leur
mort · On peut semer les chasteigners en nouembre et decembre · Lē
doit eslire en ianuier ou en feurier
les chasteignes fresches et grās et
meures pour garder et pour semer
maiz on doit faire tant quelles du
rent iusques au feurier ensupuāt
On les doit secher en lombre espā
dues en lieu estroit et puis on les
assemblera dedens sablon de riuiere et apres trente iours on les oste
ra de ce sablon et seront mises en
eaue froide et celles qui seront bon
nes pront au fons et les mauuaises floterōt sur leaue · et celles qui
seront ainsi trouuees bonnes doiuent estre remises ou sablon et p
estre par autres trēte iours et puis
les remettre en eaue cōme deuant
et celles qui serōt ainsi retrouuees
bonnes les remettre ou sablon en
cores par autres trente iours et se
pozs qui sera la tierce foiz elles sōt
trouuees bonnes et alans au fōs
on les deura garder pour semer ·
Aucuns gardent la reue et les cha
steignes en vaisseaulx · On doit
fouir le lieu qui est depute aux cha
steigners dun pie et demi ou de deux
piez en parfond tout le lieu ou par
fosses en ordre ou arer ala charue
et pouldzer du fiens auecqs la ter
re et puis p semer les chasteignes
et non plus par fond que les trois
pars dun pie · et doit on ficher vng
pieu alendroit de chūne chasteigne

pour sauoir certainemẽt ou elle se
ra · Et en doit on mettre trois ou
quatre ensemble · Et elles doiuent
estre loing des autres trois ou qua
tre piez · Et quant on les vouldza
trãsplãter on en mettra deuy plãtes ẽsemble · et seront mises plus
espes en bois et plus au large en
champs et que es champs labou
rables et semables quil y ait soi-
yante piez despace entre les plantes
ace q̃ les arbzes se puisset mieuly
extendze · et doit auoir conduitz a-
lenuiron ace que leaue sen aille et
quelle namaine limon au pie des
plantes qui empescheroit les germes et en pourroient estre estains
On peut enter les chasteigners en
mars en auril et en map en leurs
pareilz et en sauly mais ilz viennent plº enuis en sauly et si meurent plus tard · q̃ On lente en lescoze au mozœl en la maniere qui
sensuit · On trenche vng noble arbze et quant il aura gette en lannee ẽsuiuãt ala maniere dũ peuple on cueillera les gettons auant
quilz germẽt et serõt mis en lieu
froit et umbzage et bien couuers
et puis on les prendza en auril ou
en map et lozs on en pourra enter
en maniere de mozœl ou demplã-
stre sicõme il a este dit par auant ·
Et qui vouldzoit faire plusieurs
entes il fauldzoit faire plusieurs
mozœauly de œs gettons que len
veult ẽter du large dũ gros doit
ou de plus et apzes le getton que
len veult enter entise en lieu cõue

nable et lescoze en trois ou en qua
tre parties · trẽchiee on eslira le gẽt
ton egal ala souche qui sera tant
abaissie en descendant aual que il
soit fait egal et lescoze leuee se elle
est lõgue si soit fourmee mendze q̃
le mozœl · Et le lieu pour les chaste
gners qui est nouuel doit estre cõti
nuelement soup en mars et en sep
tembze · et croissẽt mieuly qui leur
trenche et oste aucũeffoiz de leurs
bzanches et gettons · · On les doit
fourmer plusbas es bops que es
champs et les doit on cõduire bien
hault es champs On doit cueillir
les chasteignes quant elles pssẽt
hozs de leurs escozes et q̃lles cheẽt
a terre et congnoist on quelles sõt
meures quant les escozes se fendent sur les arbzes et lozs on les
doit batre a perches · Et puis se elles sont en leurs escozes on les
doit enuirõner toutes ensemble des
pines poignans q̃ les pozcs ne les
menguẽt et puis apzes les coctes
se ouurent assez bziefment · Elles
sont meilleures a garder vertes q̃
les autres car elles peuẽt estre gar
dees iusq̃s ala fin de mars Mais
les autres qui cheent meures des
arbzes ne se peuẽt garder fozs iusques a quinze iours Mais qui les
met ala fumee pour secher on les
peut garder longuemẽt · Le bops
des chastegners est bon a maisonner et duire mezueilleusemẽt soubz
terre et ala plupe et sur le tect et
pource en peut on faire trop bons
eschalas pour vignes et perches

pour treilles et aussi en faict on
moult de bons vaisseaulx cuues
et tynnes ou len peut tresbien gar
der les chasteignes seches ·(Se
lon psaac chasteignes sont chaul
des ou pmier degre et seches ou se
cód La doulceur de elles est le signe
de la chaleur et la ponticite ague
monstre la secheresse· Elles sont le
geres a digerer et si nourrissét fort
et si ne sont pas moult stiptiques
ne diuretiques (Se on les rostit
elles en sont plus legeres et plus
tendres· et se on les cuist en eaue
elles engendzét bonne nourreture
dedens le corps· pource que leur có
plexion est atrempee de molete et
de humeur et attrempent la seche
resse du pis et du corps et ostent la
difficulte de vriner· Elles valent
aux coleriques se ilz les menguét
auecqs sucre· et aux fleumatiqs
auecques miel· Elles ont grát et
bonne vertu en medicine car elles
ostent labominacion de lestomac
et empeschent le vomir et si cófor
tent les entrailles qui les mégue
a ieun. Qui en fait vng emplastre
auecqs farine dorge et vin ou vin
aigre il guerist les mamelles en
flees· Les escorces des chasteignes
bzuslees et mises en pouldze trem
pees en vin doulx ou agu et mises
sur les cheueulx dun iouuencel si
les luy confortent et les acroist et
garde quilz ne cheent· (Auicenne
dit que la chasteigne a en soy telle
nature quelle enfle et netoie le ven
tre par embas et lenfle et si est stip

tique et conforte les membres et
si est de tardiue digestion maiz elle
nourrist bien et pource qui la men
gue auecques succre elle nourrist
moult bien· Galien dit que cest le
plus nourrissant fruit étre les au
tres grains· et quelle approuche a
nature de pain·
(Des coigners·   Tit·chap.

LEs coigners sont arbzes có
muns et congneuz et en pa
les aucús qui sont poires citrines
et sont les greigneurs et qui ont
mendzes fueilles· Et les aultres
sont mendzes arbzes et ont grans
fueilles et sót appellez leurs fruiz
coings ou ciconies ilz desirent lieu
froit et moiste· et se ilz sont en lieu
chault ou tiede ilz ont mestier de ar
rouser et seuffrent bien la nature
de siege moyen entre froit et chault
et si viennent bien en lieu plain et
en montaignes et costieres toutes
uoies ilz desirét le plus lieux encli
nez et assemblez et desirent mieulx
terre grasse et mole q̃ terre croieu
se. On les plante en plantes auec
ques les racines trouuees encoste
ces herbes En mótaignes et lieux
haulx et chaulx on les seme en oc
tobre et nouembre et en lieux froiz
en feurier et en mars· et en lieux
atrempez en chũn de ces temps Se
lon paladius on les doit planter
loing aloing afin que quát le vent
soufflera q̃ le degout de lun ne hur
te a lautre· Ou mois de feurier on
les éte mieulx en leur semblable

ou tronc que en lescozce · Se larbze
est grant on le seure mieulx etour
la racine ou lescozce et le bovs sont
moistes par le benefice de la terre
prouchaine · Le coigner recoit en
soy les gettons pres que de tous
pommiers granatiers de sozbes et
de toutes pommes qui sont meilleur frupt · quant elle est mendze
on la doit aider de fiens et quat larbze est grant on luy doit aider de
cendzes ou de crope en pouldze semee a la racine une foiz lan · Qui
les arrouse souuent le fruit en est
de meilleur venue et plustost meuz
et les doit on arrouser quant on a
deffaulte de plupe et de rousee · Et
les doit len souyr en lieux chaulx
en octobze et nouembze · et en lieux
froitz en feurier et mars et qui ne
les souit ozdonnemet ou les arbzes
deuendzont bzehaings ou le frupt
se abastardira · On les doit fourmer tellement q ilz ne apet q une
seule tige haulte de quatre ou de
cinq piez par dessus terre · Et doit
on retrencher et oster toutes les
superfluitez nuisans · Se larbze
est malade on doit mettze a la racine lye duile et autant de eaue et
ce luy gardera chaiscun an le fruit
de inconuenient et si embelira le
viel arbze · On doit cueillir le fruit
ou mois doctobze quant la bzuine
vient et que le frupt traict a couleur dor · et doit on cueillir ceulx
qui sont de plus grant oudeur · Se
on les pend par monceaulx ensem
ble en lieu froit ilz pourront bien

durer par ung an et plus · et si se
gardent bien entre deux tuiles qui
les estoupe de toutes pars de boe ou
de terre argille · et se on les cuistbn
et q on les laisse ainsi · Aucus gardent les meilleurs enuelopees en
fueilles de figuiers · et les autres
les gardent en lieu sec ou le vent
ne peut entrer · Et aucuns les met
tent en miel et lozs prennent les
plus meurs pour confire · Aucuns
aussi les gardent espandus et couuers de mil · et aucuns autres les
mettent en vaisseaulx pleins de
tres bon vin · Les autres les plu
gent en moust dedes les toneaulx
et lozs ilz font le vin souef flairat
Aucuns fot haies de arbzez maiz
ilz nont point espines poignans et
ce non obstant si sont elles de bonne defense contre les bestes · et aus
si poztent ilz aucuneffoiz du frupt
et en sont bonnes les retailleures
pour ardoir · Les citrins ce dit psaac sont diuisez en deux · cestassauoir en cru bovs et en parfaictemet meur · Cellui qui est cru bois
si est tres mauuaiz car il est gros
terrestre et tres dur a digerer et si
ne nourrist poit et pource le doit on
laisser et fuyr Celluy qui est meur
est vniuerselement froit en la fin
du premier degre et secq ou milieu
du second degre et pource en est la
ponticite plus grant en eulx qlle
nest es aultres pommes · ¶ Le
coing vault moult a flux de sang
et a legestio et au vomissemet et si
cofozte lestomac sil demeuve dedes

lup qui le mengue lestomac vuid
il restraint le ventre · mais qui le
prent apres la viãde il lasche en cõ
praignãt et estraignant la bouche
de lestomac ¶ Aucuns coings sont
pontiqs et agus et aucuns aigres
et aucuns doulx Les pontiques et
stiptiques sõt froiz et durs a digerer et pource on ne les doit pas mẽ
ger auecqs leur char mais on doit
seulement succer leur liqueur car
elle conforte lestomac et fait vrinez
et si restraint le ventre et le vomir
et qui le mengue auecqs sa char on
doit faire par aucun engin q̃ la durte de sa char soit ostee par cuire en
eaue ou le mettre en eaue chaulde
ou a mieulx faire que on les fende
et que on oste les grains et que lẽ
mette du miel dedẽs et quilz soiẽt
escorchez ou enuelopez de lin ou des
toupes et cuiz ou four ou es cẽdres
ou en paste qui mieulx vault · Et
quant ilz sõt cuiz es cendres chaul
des adonc sont ilz biẽ stiptiques et
bien cõfortans Les aigres sont pl9
subtilz et plus penetratiz et pour
ce ilz estaignent la soif et donnent
aguisement ala cole rouge et au
vomissemẽt de cole et a legestion
et font venir lorine et croissent la
force de lapetit loudeur de coings de
fend le vomir · et le ius apres ce q̃
len a beu fort vin oste les fumees
qui montent au chef dont auicenne dit que les citris aidẽt a ceulx
qui vomissent et a cellui qui sen p-
ure · ilz atrempent la soif et confor
tent lestomac qui a superfluitez et

valent a dissintere · et quãt on les
prent apres la viande ilz laschent
tant que qui en prent trop ilz mettent hors la viande auant quelle
soit digeree Mais les doulx sõt pl9
atrempez et ont aucũe chaleur dont
len napparcoit pas cleremẽt q̃ leur
vertu oste la soif ne la chaleur ·

¶ Du citronnier ·   viii · chaẛ·

LE citronnier est vng arbre
cõgneu et assez cõmun Il de
sire lair chauld et si sesiouist de ter
re arrousee et pres de la mer et ou
humeur haboñde Il demãde terre de
tẽdre nature toutesuoies se aucun
le veult mettre en froide cõtree q̃ il
le mette en lieu garni de parois ou
au regard de midi et ou tps dyuer
on le doit couurir de fuerre · et quãt
leste sera retourne larbre sera desnue et seur · On le seme ou mois de
mars en plusieurs manieres cestã
sauoir en semẽce en vng raincel et
en deux manieres tala et claba.
Se on la veult semer en grains
on doit foupr la terre deux piez en
parfond et p mesler des cendres · et
doit on faire petites aires afin que
leaue dequeure de toutes pars par
les chenelz et en ces aires on fera
fosses dune paulme et se doiuent
faire aux mains et mettre la trois
grains ioins ensemble et que les
pointes soiẽt contremõt et le hault
du grain soit contre terre et puis
soient couuers et arrousez chaiscũ

iour · et se ilz sont arrousez deaue
Vng peu chaulde ilz en Venront
mieulx et plustost et quãt les ger
mes sauldzõt on deura tousiours
oster les herbes prouchaines · Et
celle plãte triple peut biẽ estre trãs
plantee ailleurs Qui Veult planter le raincel on ne le doit point met
tre plus dun pie en parfond ace q il
ne pourrisse · ¶ Qui Vouldza faire
Vne maniere appellee claba si pren
gne Vne branche du gros du man
che dun coutel et du lõg dun coub
te et sera aplaniee dune part et dau
tre en retrenchant les neux et les
gros aguillons et fors et serõt laif
sez les bourions denhault par ou
les germes deuront Venir et diligemment les nourrir de fiens de
buffle les deux pars en les Vestãt
de ce fiens par dessus ou de la pur
gacion de la mer ou de argille et en
soiẽt couuers les deux pars et les
boutz de chũne part et quilz soient
ainsi mis en terre fossopee · Il pa
Vne autre maniere appellee talea
qui peut estre plº gresle et plº brief
ue et soit mise en terre ainsi cõe la
clabe fors tant q la talea sera par
dessus terre par deux paulmes et
la clabe est toute boutee en terre ·
et ce ne se doit point ioindze es aul
tres arbres · Ces deux manieres
talea et cleba doiuent estre faictes
par autompne en chauldes cõtrees
et par iuillet et aoust es froides et
estre bien arrousees par chũ iour
Paladius afferme q en ceste maniere les fruitz sont Venus et par-

faiz iusqs a grans põmes et grãs
acroissemẽs En lieux chaulx on
les ẽte ou mois dauril et es lieux
froiz en may · et doiuẽt estre entez
nõ pas soubz lescorce maiz ou trõc
trenche par empres les racines Et
se peuent enter en perier et en pom
mier selon aucuns Ilz se esiouis-
sent de cõtinuelement fossoier et en
Viennẽt les põmes plus grosses
mais on doit retrencher largemẽt
les seches Cest arbre na iamaiz de
fault de põmes pource q les Vertes
Viennẽt les meures estans encores sur larbre pour labõdãce de
lumeur et si Viennent les fleurs
les Vertes estãs sur larbre · et ain
si nature leur donne par Vne forme
de plante de ainsi remplir le monde
de leur fruit On dit que les aigres
sont muees en doulces se lẽ meu
rist les semẽces par trois iours en
eaue ennuillee ou en lait de brebis
Aucuns percẽt le tronc dune tarie
re ou mops de feurier et font Vng
trou oblicq de trauers en telle ma
niere quil nist point de laute partie et par la ilz laissent degoutter
lumeur iusques ala formaciõ des
põmes et lors ilz rẽplissent le trou
de boe et dient que ce qui est ou mi
lieu deuient doulx · Les pommes se
peuent biẽ garder tout lan sur lar
bre ou en milles au en Vaisseaulx
ou elles se gardent bien quãt elles
p sont encloses · ¶ Selon psaac
les põmes citrines sont cõposees de
quatre choses cestassauoir lescorce
la char la moele et les grains Lef

m · ii ·

corœ est chaulde ou premier degre
et seche ou second ficomme son ou
deur et son aigne aigreur le mon
strent · maiz toutefuoies sa substā
œ est dure et ferme et pourœ on ne
sa doit pas prēdre pour viāde mais
on en peut bien prendre aucūe par
tie pour medicine car elle conforte
ra lestomac et aidera ala digestion
et donnera bonne oudeur et qui le
boit en vin il vault puissammēt
contre venin mortel · Et qui le se
che et met entre robes il les garde
de vers et se fēmes grosses en mē
guent il leur oste tout appetit des
raisonnable · La char en est froide
et moiste ou pmier degre et rafres
chist lestomac et est forte a digerer
pour sa durte · et pourœ est bon a
lestomac vuid den prendre auecqs
sucre et miel auant quil mengue
autre viande · et qui en mēgera ou
milieu du disner ou en la fin il se
ra cause et matiere de grosse et du
re fieure · La moele en est subtille
et plēe dæœ et pourœ elle ne nour
rist point · et en est de deuy manie
res Lun est sans saueur et lautre
est agu et aigre · celui qui est sans
saueur est froit et moiste ou secōd
degre et pourœ il a vertu entrant
et eptenuatiue et refrigidatiue et
parœ attrempe la chaleur du fope
et cōforte lestomac Il refueille lap
petit et attrempe laguillon de la co
le rouge et aide grandement contre
soif Il oste la tristesse qui est egen
dree de colerique cardiaque · et si at
trempe le vomissement colerique

et legestion · Qui en frote rongne
lentilles et gratelle il les destruit ·
et se preuue parœ q̄ les draps touil
lez dœux qui les netoie de œste moe
le et du ius ilz reuiennēt a leur p
miere couleur La semēœ est chaul
de et seche ou second degre sicōme le
tesmoigne sa saueur et pourœ elle
est prouffitable a mēger et de grāt
bonte en medicine Elle dissoult les
apostumes · et qui les boit en vin
elles valent cōtre venin Les fueil
les de larbre pourœ q̄lles sont odo
rans et sentent de lagu elles aidēt
aux escorœs des pōmes prouchai
nes ·

Du cornillier ·   iv · chap̄·

Cornillier est vng arbre assez
cōmun et cōbien quilz vien
gnent cōmunemēt es bois et quilz
soiēt sauuages toutefuoies pour
œ q̄ on les peut domescher et afrā
chir par le labourer et aussi pourœ
que il fait fruit bon a plusieurs
choses ie en vueil traicter · Cornil
ler est vng arbre qui vient en tout
air et en toute terre mais la terre
grasse et moiste lui est la meilleur
On le peut plāter par sa semēœ et
par les gettōs qui sōt trouuez em
pres larbre auecqs la racine · On
cognoist le fruit quant il est meur
lors quil mue sa couleur de rouge
en noir et chet legeremēt de larbre
pourœ q̄ le bois en est dur et tenāt
on en faict tresbōnes dens pour
moulins et fort bōnes testes pour
maillez et aussi fleaux pour batre
grains et verges a charpir laine ·

et aussi toutes aultres choses qui
requierēt dur boys. et est bon den
faire haies ou il nest point de necef
site dy mettre espines et pour ce q̄
il nen est pas grant habondāce on
en doit semer en aires de la semēce
cueillie tard et biē sechee au soleil
et le doit len semer en octobre et en
nouembre .⸿ Corneilles sont tres
pontiques et stiptiques et de tāt q̄l
les sont plus noires de tant sont el
les plus pontiques · Elles ne sont
pas bonnes pour viandes mais en
medicine . Elles valent côtre flux
de ventre et contre vomissemēt de
cole car elles restraignēt pour leur
froidure et ponticite · On fait de cor
neilles trop bon vin aigre qui les
pile auecq̄s vin aigre bien fort et
puis en faire pains et les secher et
garder pour en vser et quant on
vouldra auoir du vin aigre on en
mettra auecques du vin ·

⸿ Du chesne rouer et cerre · x · chap̄

C hesne rouer et cerre sõt grãs
arbres et pres que dune nature car ilz sont sēblables en dur
te et fermete de boys et aussi des
fueilles et du fruit car to⁹ portent
glās et font tous plusieurs grandes et grosses racines et parfondes
mais il ya differēce en la fourme
des arbres car le chesne fait le trôc
brief et rainceaulx grans et espan
dus de toutes pars rouer fait trôc
et souche haulte et droicte et a pou
de rainceaulx · et cerrus fait treslô
gue tige et tres droite et merueil

leusemēt peu de rainceaulx Ces ar
bres dēmādent terre ferme et dure
ou moiēne et môtueuse ou pres de
montaigne et heent terre resolue
et pouldreuse et pleine deaue et par
espāl terre sablôneuse · On les seme par leurs glans ou semoir ou
es chãps ou es riues qui sont faites sur les fossez ou mois de iãuier
ou de feurier ou en nouembre . On
cueille les glans ou tēps quilz sõt
meurs et quilz cheent de larbre et
les seche len au soleil et puis les
garde len pour nourrir les pourceaulx pour ce q̄ cest viāde tresbône
pour eulx Ces arbres dessusdiz sõt
tres côuenables a emploier en ou
urage dessoubz terre et durēt longuement et par dessus terre rouer
est le meilleur des aultres . ⸿ Les
glās sont froitz ou pmier degre et
secs ou secōd no⁹ nen vsons point
en la viande des gēs maiz des pour
ceaulx pource quilz desobeissent a
la digestion Ilz serrent le vētre et
pource ilz valēt a dissintere et aux
rôgnes et escorcheures de boiaulx
et a flux de sang Mais ilz font vriner et nourrissēt le corps côme au
cuns grains et descendēt tard de le
stomac et font douloir le chef Maiz
leur escorce est moult stiptique et
aussi sõt les galles de leurs arbref
et pource ilz valent a flux de sang
aux femmes · La decoction diceulx
est bonne aux escorcheures et ron
gnes des entrailles · et aussi la
pouldre diceulx quāt ilz sont ars
gettee es lieux secrets des fem-
m · iii ·

mes deſſeche leurs humeurs pour
ries courans · Auicenne dit que les
fueilles de ces arbzes ſont de tres
forte ſtipticite et que le glan Vault
au cõmencement aux apoſtumes
chauldes et les fueilles des glans
ſont aſſembler les plaies quãt on
les bzope fozt et les pouldze len deſ
ſus · Et les galles de ces arbzes
quant elles ſont ioinctes auecqs
Vin aigre et on en oingt rongne et
gratelle on les en gueriſt Et auſſi
leur pouldze eſpandue ſur eaue et
beue Vault moult contre rongne
gratelle plaie des entrailles et con
tre Vielz fluy · et quant on la met
en medicine elle Vault contre les
choſes deſſuſdictes ·

Du figuier. vi · chap·

Figuier eſt Vng arbze q̃ chũ
congnoiſt · et en eſt de plu
ſieurs manieres Ceſt arbze demã
de air chauft ou atrempe et ſi peut
bie Venir en air moiennemẽt froit
par bonne aide ſe il eſt ou regard de
midi ou dozient et bien defendu des
autres parties On ne doit point en
greſſer la terre q̃ lpuer ne le treu
ue trop tendze et lozs on doit bien
couurir la tige de larbze de pailles
bien liees et iuſques aux bzãches
Et autour de larbze enuiron Vng
pie couurir la terre de fiente de be
ſtes et par eſpecial de fiente de cou
lons et ſi toſt cõme lpuer ſera paſ
ſe on oſtera ceſte fiente ſe la terre
neſt trop meſgre. Le froit air eſt cõ
traire au figuier il deſire terre graſ
ſe et moienne Et naiſcent bien Vne

maniere de figues en terre meſgre
et ſeche et ou les pl⁹ ſeches figues
et les plus doulces ſont neez mais
en terre graſſe et moiſte Viennent
les figues plus moiſtes moins
doulces moins ſauoureuſes et pl⁹
groſſes et les plante len de plãtes
pzinſes ailleurs ou mois doctobze
ou de nouembze es lieux ſecs et es
lieux atrempez en feurier et es lieux
froitz en mars et en auril · Qui p
Veult mettre Vne taillette et Vne
Verge ou Vng gettõ on le doit met
tre en la fin de mars ou en auril
quant lumeur ſera miſe dedens et
qui p met Vne Verge il p doit em
plaſtrer deux ou trops raicaulx
au regard du midy et les couurir
de terre afin que les chefz gettent
deux ou trois arbzes entregiſans
ala terre Se nous p mettons Vne
taillette nous p mettrons doulce
ment Vne pierrete en Vne partie ou
elle ſera fendue et fichee ❡ On doit
eſlire et cueillir plantes pleines de
neux pzouchains et dzus car celles
qui ſõt belles et reſplendiſſans et
dont les neux ſõt loing lun de lau
tre ſõt reputees de peu de pzouffit et
bzehaignes ❡ Qui Veult nourrir
Vng figuier en Vne terre bie labou
ree et que on le mette en Vne foſſe
quãt elle ſera meure larbze en pz
tera plus groſſes figues Le figui
er demãde haultes foſſes et grans
interualles pour la longueur des
racines · Nous ſemerons figues
en lieux froitz pour tantoſt Venir
afin que ilz ſoyent Venus auant

les plupes et en lieux chaulx on
doit semer celles qui viennēt atart
et les ente len ou moys dauril en
tre lescozce et le bois Ou se les ar
bzes sōt nouueaulx on trēche larbze
et lente len hastiuement et le
cueuure len et lpe len tresbien que
le vent ne sp boute Mais ilz repzē
nent mieulx se on les trenche ien
nes et nouueaulx par empzes ter
re et que on les ente tantost · Au
cuns les entent ou mois de iuing·
¶ Varron dit et escript que les ar
bzes q̃ len ente en pzintēps peuent
estre entez en lestat du soleil quāt
il est au plusz̄hault et les iours des
croissent sicōme la figue qui nest
pas despesse et grosse nature et pour
ce elle supt le plus chault dont elle
est faicte et tant q̃lle ne peult estre
sechee en lieu froit · Elle het eaue
fresche quant elle est nouuellemēt
entee pource quelle faict pourrir le
tendzun et pource semble quil est
bon de les semer en iours chiēninf
Et sur celles qui sont moins mo
les de leur nature on lpe vng vais
sel dont leaue degoutte lentement
afin que le getton ne soit plustost
arre et sec que chauld · Et doit on
garder lescozce entiere de ce getton
et le laisser si agu que la moele ne
soit point desnuee et q̃ leaue ne la
griefue poit par dehozs ne tzop grāt
chaleur aussi et pource les doit on
enueloper dargille et lper tresbien
¶ Chaton escript que len peut en
ter figues ou temps de vendenges
et doit on choisir getton pour enter

qui soit dun an pource q̃ plus ien
nes ne plus vieulx ne valent riēs
sicōme len dit · On les peut dffou
ter et ēplastrer en iuing et en iuil
let·toutesuoies on les peut biē en
ter au mozsel ou moys de may et
en auril,· On peut enter le figuier
ou meurier et en arbzes appellez
capzisicus et platanus et en oeilles
et en gettōs Il sesiouist destre soup
continuelement et lup pzouffitte
moult se en autompne on lui met
du fiens aux racines et par espe
cial fiens de asnes On fourme les
figuiers en lieux froitz tellement
quilz ne apent que vne seule tige
et vng peu esleuee de terre et par ce
ilz sen defendent mieulx du froit·
Maiz en lieux chaulx on leur lais
se plus de tiges et nō plus de trois
ou de quatre·et peut on retrencher
a voulente tout ce qui p est pourrp
ou mal venant · et le doit on faire
par telle maniere q̃ larbze demeu
re si ēcline quil se puist estēdze par
les costez·¶ On doit dster les hos
ses et faulses bzanches afin q̃ les
vers np viēngnēt et se ilz p sōt ve
nus on doit tout coper au coutel et
ardoir·Aucuns mettent chaulx vi
ue en leurs clotes et se les four
mis p viēnent on pzēdza terre rou
ge et poix clere et serōt meslees en
semble et biē atachees au trōc en
ēplissāt ou aplanissāt Et se larbze
gette son fruit cōe malade on pren
dza vng fozt coing et sera fichie en
vng trou qui se fera dune tariere
en la racie et les autres entaillēt
m·iiii·

lescozce souuët en plusieurs lieux
quāt les figuiers cōmencent a get
ter hozs leurs fueilles afin quilz
facët assez fruit et bon et gras au
cōmencemēt quilz germeront Po9
retrenchons les sōmetz denhault
ou seulemēt celui qui uient dе la
moitie de larbze afin que le figuiez
si meurisse bien tost. Aucuns pzen
nent ius doignon long et le meslēt
auecques poiure et huile et en oig
nent les figues quāt elles cōmen
cent a rougir ¶Figues uertes se
peuent garder ozdonnees en miel
tellement quelles ne se entretou
chent ou que chūne soit bien serree
et close en une uerte courge en tel
le maniere que chūne ait son siege
caue ou elle sera enclose Mais on
les seche bien en la maniere q tou
te la champaigne les gazd On les
espant sur clopes dе osiers iusques
a midy et celles qui sont encozes
moles on les oste et les met on en
ung plat et puis sont mises dеdеs
ung four tout chault cōme pour
cuire et q le plat soit mis sur trois
pierres quil ne fonde et que le fouz
soit tresbien estoupe. et quant les
figues serōt cuites on les mettra
si chauldes cōme elles seront entre
leurs pzopzes fueilles dеdеns ung
uaissel dе terre bien serrees et q le
uaissel soit bien cloz et estoupe. Et
se pour habondāce dе pluies on ne
les peut ainsi estendze a lair q len
mette dеs cloies dеssoubz le tect et
q elles soiēt hault leuees au dеssus
dе terre ung pie et q la elles soyent

mises sans euapozacion qlconque
fozs que dе la cendze que len aura
gette dеssoubz. et apzes que les fi
gues soient diuisees et retournees
afin que les escozces sechent et les
boutz aussi. et quant elles seront
ainsi doublees et ozdonnees on les
gardera en huches ou en aultres
lieux. Aucuns autres les sechent
dе iour espandues sur cloies au so
leil et aux soirs les remettēt et ra
poztent soubz le toict ¶Figues se
ches selon la maniere dеs espaig
nolz sont gardees ainsi On les se
che moyennemēt et quāt elles sōt
bien refroidеs on les met en au
cun uaissel et les pouldze len bien
et ainsi sont gardees Les figues se
ches q les gens dе cesanne ont sont
tresbonnes et les ozdonne len ainsi
On pzent figues crassetes moiēne
mēt meures et les met on toutes
entieres au soleil par dеux iours
et apzes on trenche les pl9 crasses
au trauers par le milieu et puis
on met la partie dе dеssoubz en la
retournant cōtre le soleil par dеux
ou trois iours et ce fait on les ioint
dеux et dеux ensemble et les remet
on arriere pour les secher au soleil
par dеux ou trois iours et apzes on
les met en ung pot dе terre et les
remet on secher au soleil et puis
on les met en ung estrin par quin
ze iours et apzes encozes au soleil
sil en est necessite. et ce faict on les
met froidеs et bien serrees en poul
dzes en quelq uaissel pour les gar
dеr et si doit on bien donner gārdе

au ſecher q̃ pluye ne rouſee ne les
touche. ⸿ La figue eſt par deuant
tous aultres fruitz a loer et qui
mieulx nourriſt mais elle engendre groſſes humeurs Des figues
vertes les aucunes ſont crues et
non bien meures et les autres ſõt
parfaictement meures Celles qui
ſont crues et non parfaictement
meures ſont aucunemẽt chauldes
et peu et ſont plus groſſes pour la
ſeigneurie de la terreſtre partie qui
eſt en elles · dont ypocras dit q̃ de
tant que la figue eſt plus loing de
ſa meurete de tant eſt elle moins
chaulde et plus groſſe Celle qui eſt
parfaictement meure eſt chaulde
ou p̃mier degre et attrempee entre
ſec et moiſte · La figue eſt compoſee
de trois choſes de graine qui ẽ la ſe
mence et de ſa poulpe et auſſi de ſõ
eſcorce · La nourreture de la ſemen
ce eſt nulle car œſt cõme ſablon ou
grauois · Leſcorce eſt ſeche comme
vng cuir et pource eſt elle tres dure a digerer La char qui eſt la poul
pe eſt nourriſſant et ſi diſſoult · La
figue ſeche eſt chaulde au cõmence
mẽt du ſecond degre et ſeche ou mi
lieu du p̃mier et pource elle eſchau
fe et engendre ſoif et ſi ſe mue en
humeurs coleriques mais toutef
uoies œſt le pl⁹ nourriſſant de touſ
les fruiz et celluy qui moins enſle
et ſe la figue treuue en leſtomac
humeurs ſuperflues elle eſt dure
a digerer et ſe tourne a corrupcion
et engendre enfleures ventoſitez et
tres mauuaiz ſang et ſi fait venir

pouz a la char par dehors Et ſe elle
treuue leſtomac net de humeurs
elle eſt bonne a digerer et faict bon
ſang et netoie le corps et les reins
et le polmon et auſſi la veſſie de
groſſes humeurs · Qui vouldra
oſter les nuiſances que peult faire
la figue il les doit menger a ieun
et puis prẽdre du poiure ou du gin
gembre et afin q̃lle engendre bon
ſang on prendra des noiz ſeches a
pres ou des agmandes. Elle vault
ſelon medicine qui la cuit auecq̃s
yſope et netoie le pis et le polmon
et vault contre la toux ancienne.
Les gargariſmes faitz auecques
la decoction des figues diſſoult les
apoſtumes qui ſont es conduitz du
polmon Qui cuiſt la figue en vin
et en fait cliſtere il vault a la douleur du ventre qui vient de groſſes humeurs Auicenne dit que la
figue blanche eſt la meilleure et
puis la rouge et apres la noire. Le
ius des fueilles de figues eſt mer-
ueilleuſement chauld et eſchauffe
tres grandemẽt et netoie et en ce
ius eſt le deueſir adoulciſſement
Son laict ſi fait prendre enſemble
et coaguler le ſang trop moiſte et
quant il eſt congele il le diſſoult et
le fait cler. La figue qui eſt moiſte
eſt de la plus grant nourreture · Il
y a es rainceaulx du figuier tant
de ſubtiliacion que quant len cuit
char auecq̃s ces rainceaulx la char
ſe diſſoult toute La decoction des
figues vault aux apoſtumes de
la gorge et aux apoſtumes des ra-

rines des ozeilles qui la gargarise
Le laict en prouffitte aulx poinctu
res des escozpions qui sen oinct et
si en desend qui sen oinct par auãt
et aussi la figue verte ou les fueil
les fresches valent contre la moz
sure de chien enrage·

Du laurier· vii·chaꝓ·

LE laurier est vng arbze as
sez grant qui a longues et
larges fueilles et tousiours fer
mes et vertes et de tresbõne et grã
de oudeur· Cest arbze fait vng petit
fruit et noir appelle baie il viẽt en
tout air mais il se delitte en air
chauld et attrempe et ayme terre
mesgre et deliee·On le plãte en rai
ceaulx et en gettons ou en semen
ce ou mois de mars et bien propze
mẽt quant lumeur vient a lescoz
ce des rainceaulx· Les fueilles et
les raiceaulx sont tresbons a gar
der figues seches et mect on les
fueilles en gzlee pour la faire de bõ
ne oudeur et en met on en petites
piecetes entour ѕpaticonitũ En ꝗl
conque chose que on les mette cui
re elles donnent grant oudeur et cõ
foztent le cuer et le ceruel· Ge au
cun vin est greue de musse et sente
le relent qui en met dedes il en est
guerp maiz il lattraict et donne sa
saueur qui est fozte Auicenne dit ꝗ
les grains les escozces et les fueil
les sont chauldes et seches car en
deux degrez son huile est pl⁹ chaul
de que celle de noix et aide a toutes

douleurs de nerfz et oste la lupure
et le trauail des gens et quant on
boit de son escozce ou des grains le
poiz dun escu ilz bzisẽt la pierre et
si occist le fruit pour son amertu
me qui passe les amertumes des
autres · et vault contre mozsure
descozpions et si est bõne contre poi
tures de guespes et dautres mous
ches·et si est triacle a tous venins
quant on en a beu Diascozides dit
que les fueilles de laurier pseruẽt
et gardent robes et liures de tous
vers qui les met auecꝗs ·et aussi
pzeseruẽt de toutes autres rongeu
res et cozzosions de vers·

Du meurier· viii·chaꝓ·

MEurier est vng arbze cõmũ
et bien cõgneu qui ayme la
vigne et demãde air chauld et atrẽ
pe et het terre et air froit et veult
terre sablonneuse et prouchaine de
mer et si vient bien en terre moyẽ
nement deliee mais en argille ou
en limon il ne se peut compzendze
Il sesiouist grandemẽt de fiens et
de terre grasse et en vient vert et
grant on le peut semer en lieux at
trempez en mars et en la fin de fe
urier et en lieux chaulx en octobze
et en nouẽbze et le peult on semer
en sa semence mais le fruit en foz
ligne et les iardins aussi et vault
mieulx le semer en verges et en
gettons et est le meilleur de verges
dun pie aplanyees de chũne part et
toulftees de fiens et les met on en

Bne fosse nouuellemẽt faicte et la les plunge len et les cueuure len de terre meslee auecques cendre et nen laisse len par dessus terre q̃ le long de quatre doiz Et quãt la plãte sera bonne et forte on la desplantera ou mois doctobre ou de nouẽbre et se elle est tendre ou mois de feurier ou de mars · Le meurier demande fosses haultes et grans espaces entre lun et lautre cõme de trẽte piez ou enuiron afin que lun nempesche lautre ne en terre par les racines ne hors terre par les brãches Selon aucuns on le peut enter en sop et en pescher figuier et ourme·et selon paladius il cõprẽt bien ce que len ente en lup mais il en biẽt a meschãt et pouure croissance·Meurier se resiouist de foup et de fiens mais humeur cõtinuelle ne leur prouffitte pas · Meurier croist a peine sil nest assis en gras lieu Ce qui sera sec sera retaillie a pres trois ans touteffoiz quil en sera mestier ⁋On destortillera le meurier et sera foup enuiron le cõmencement doctobre et mettra len entour les racines lpe fresche de bielz bin Et en formãt larbre on ne lup laissera que bne seule tige et que les principaulx rainceaulx soient esleuez de terre hupt piez de hault ou plus ou moins selon la gresse de la terre pource que en terre grasse ilz biennẽt mieulx et pl⁹ hault que en terre mesgre·Aucũs bient que se la tige de larbre est percee dune tariere ou le tronc en plu-

sieurs lieux et que en chũn trou on mette bne cheuille quil en portera mieulx ⁋Aucuneffoiz il aduient empeschemẽt aux meuriers tel quilz ne peuent croistre et nen bault riens le fruit se les fueilles en sont cueillies et par especial des plushaulx rainceaulx ou que les rainceaulx soiẽt cueilliz auecques les fueilles sicõme font souuẽt les fẽmes qui nourrissent les bers a faire la sope car les fueilles leur sont tresbonne biande iusques ace quilz se prennent a faire leur sope le fruit monstre sa meurete quant il est noir et tendre ⁋Meures sont de deux manieres les aucunes sõt bien bertes et non pas grãment meures et les autres sont doulces et parfaictemẽt meures Les meures aigres sont chauldes et seches et ont bertu stiptique et cõfortatiue de lestomac et des entrailles et serrent le bentre et pource elles balent a fflup de bentre que len appel le dparrie et dissintere quant elles sont seches et par espãl se tel flux bient de cole · Le ius de meures bault moult ala douleur des genciues de la gorge et de la luete par especial se il est cuit auecq̃s moust boullu et bng peu de sucre mais les meures doulces aprouchẽt bng peu a chaleur et si ont assez de humeur et sont tost pssues de lestomac· elles tiennent le bentre mol et font bien briner mais se elles treuuent biande en lestomac prinse par auant elles p demeurent lõ-

guement pource que la viande les
retient et se tournent a corrupcion
et parce nupsent a lestomac et au
chef Mais se elles treuuent lestomac vuid elles sont tost digerees
et nourrissent peu. Se on les prent
a ieun en eaue bien refroidies elles refroident grandement et ostent
la soif et estaignent lardeur de la
chaleur. La racine du meurier cui
te en eaue et beue amoistist le ven
tre et en boute hors les vers et au
tres bestes Et se len cuist les verges les branches et gettons auecques la racine et que len mette et
retiegne de leaue en sa bouche elle
vault contre la douleur des dens.
Et qui les cuist en vin et en garga
rise ce vault contre les humeurs
qui descendet ala luete et ala gorge
Qui pile la racine de meurier et la
met en vin aigre et apres la laisse
au soleil par douze iours et puis ql
le soit sechee et que on en face poul
dre. qui mect de ceste pouldre sur
des pourries et percees elle les fait
cheoir. Auicenne dit que la meure
est mauuaise a lestomac pource ql
le sy corrompt et quant elle est corro-
pue elle p nuist. et pource conuient
il que toutes manieres de meures
soient mengees auecqs la viande
et non pas apres et qlles ne soyent
point prinses de gens qui aient cor-
rupcio en lestomac. La meure qui
est salee et seche retiet grandemet
le ventre et vault contre flux appelle dissintere et si aes escorces
grande solucion et mondification

et si a la meure en toutes ses espes
ses vertu de faire vriner lescorce du
meurier est triacle cotre le iusquia
me que len nome autrement han-
nebanne.

¶ Du muonac. xliii. chap.

I L est vng arbre appelle mu-
niacus on lappelle en prouē
ce boleme et est semblable au pru
nier mais il a plus de neux. Son
fruit est du grant & comunes pru
nes et par dehors il est semblable
a pesches en fourme. a st vng fruit
de grat oudeur et est de couleur dor
et veult tel air et telle terre come
le prunier mais toutesuoies il aime mieulx terre dissoulte que argille ne crope. On seme la semence
du fruit ou mois de ianuier et ou
mois de feurier et les transplante
len en octobre et nouembre feurier
et mars On le peut enter en soy et
en prunier et pescher et prauentu
re en agmandier On le doit souppē
souuent et arrouser en temps secq
et en retrecher les raicaulx pour
ris et secs et doit estre fourme com
me vng prunier et le fruit en est
moins moiste que dun pescher ne
dun prunier mais il conforte plus
lestomac et le ceruel quat il est bn
meur et se monstre ce tresclerement
par leur couleur saueur et oudeur

¶ Du mirte. xv. chap.

M Irte est vng arbre que len
treuue sur la riue de la mer

sur le quel la mer gette souuent
ses ondes il demande air chault at
trempe ou froit et selon albert il
veult terre sablõneuse pouldreuse
et maigre et qui soit de nature de
terre de hermitage · On le seme de
verges q̃ len arrache de sa mere.
On nõme le fruit mirtules qui est
froit ou p̃mier degre et sec ou secõd
et conuiennẽt principalemẽt en medicine et aussi les fueilles et les
fleurs et de tant cõme le fruit et
les fleurs seront plus fraiz de tãt
seront ilz meilleurs Les fruiz qui
sõt cueilliz meurs peuent estre gar
dez en grant vertu par deux ans ·
On doit secher les fleurs au soleil
et ne se peuent pas garder longuement mais les fueilles se peuent
assez garder·Elles ont vertu de restraindre pour leur ponticite et de
conforter pour leur oudeur aroma
tique·On donne le fruit a menger
ou le ius espraint ou le sirop faict
du ius auecques sucre contre vomissement et contre flux de ventre
et le cours des femes qui procede
de feblesse de la vertu retentiue ou
de grant humeur et est tresbonne
medicine et si se peult garder ung
an quant le ius est bien cuit et se
sucre fault p̃nez du miel. On faict
ung emplastre de mirtules cuites
et au bin boeufz et le met on sur lo
rifice de lestomac contre vomissement et contre dissintere on le met
sur les reins et sur le nombzil et
sur la pennissere Et cõtre le cours
des femes on fait une fomentaciõ

des fueilles cuites en eaue de pluie
dont on recoit la fumee et en laue
len le ventre par embas et aussi
vault contre flux et dissintere et
qui sen laue le front et les tẽples
et les piez ce fait bien dormir quãt
on est en fieure ague et oste la dou
leur de la teste qui vient de chaleur
ague · Le sirop des fleurs vault
merueilleusement aux choses des
susdictes et aussi la pouldre des
fleurs mise en viandes vault ace
que dit est et qui la met sur grosses rongnes elle les guerist · et la
pouldre du fruit et des fueilles pri
se au matin auant la viãde vault
contre puantise de bouche qui viẽt
de lestomac Auicenne dit quil arreste et retient toute moleste de sueur et tout flux de ventre et de sãg
et tout flux aux mẽbres et quant
on sen frote en baing le corps en
est tout conforte et en sechent les
humeurs qui sont soubz le cuir et
aussi luile le ius et la decoction de
mirtules cõfortent les racines des
cheueulx et les alongne et noircist
et les garde de cheoir · Et le fruit et
les fueilles seches gardent les ais-
seles et les apnes de puir · et aussi
le fruit auecques huile adoulcist
les apostumes chauldes et arsure
de feu·Et emplastre faict du fruit
garde vecies de ventr auffi empla
stre faict du fruit cupt en vin est
bon pour ramolser les ioinctures
Et aussi fait eplastre des fueilles
cuites en vin pource quil atrempe
langoisseuse doleur et si adoulcist

et assouage la douleur des oreilles
et lissue · et quant on le cuit auecques huile il en guerist les apostumes Il conforte le cuer et oste la
trembleur Aussi il conforte lestomac et par especial il luy donne force · et les semences defendent que superfluitez ne queurent a lestomac
et si Vault a defendre loutrage des
fleurs aux femes · et Vault le ius
contre pointure descorpion ·

Des nopers.   Le Vi · chap.

Noper est dit de nuire pource
que son Vmbre nuist aux autres arbzes · Cest Vng arbre comun
et bien congneu Il ne refuse nul
air et Vient en toute terre combien
quil croisse mieulx et quil Viegne
plus bel en grasse terre et deliee que
en autre · On le seme en la fin de iauier en mettant les noix en terre
come len fait agmandes et en autel mois de lan mais celles qui seront semees en nouembre seront
par auant sechees au soleil aucunement ace que lumeur nuisant soit
eptaincte · Et celles qui seront plantees en ianuier ou feurier seront
trempees en eaue come Vng iour
par deuant · On les doit mettre de
trauers afin que le coste soit fiche
en terre · et doit on mettre la teste
par deuers galerne · et aussi doit on
metre dessoubz la noix Vne pierre
plate ou Vng test de pot si come dit
palaclus ace que la racine ne se a
parfondisse aincois quelle se espande
de toutes pars · On les transplante en lieux secs et chaulx ou mois
doctobre quant les fueilles sont
cheues et encores mieulx en nou-
bre et en lieux froitz en feurier et
en mars · et en lieux atrempez en
chun de ces temps On les trasplan-
te de laage de deux ans en lieux
froitz et de trois ans en lieux chaulx
On doit oindre la plante de fiens de
beuf ou de Vache par embas et ne
se doiuent point retrencher les racines et encores Vauldroit mieulx
mettre aux racies cendres en lieux
froitz et sablon en lieux chaulx par
dedens les fosses ace que le fiens
narde les racines · et si dit on que la
cendre pourchasse tendreur a lescorce et espesseur de fruit · Le noper se
delite en parfondes fosses selon la
quantite de larbre et demande grat
espasse de terre de lun a lautre comme de quarante piez du moins pour
ce que le degout de ses fueilles nui-
roit aux autres noiers et aux autres arbres croissans empres ·
On ente le noper en soy mesmes
dedens le tronc ou mops de feurier
et aussi ou prunier sicome dit albert
On le doit aucuneffoiz fouir autour des racines afin quil ne deuie-
gne moussu et chanu en sa Vieillesse · Et p doit estre fait Vng long can-
nail du souuerain tronc iufques au
bas ou temps de printemps afin que
par le benefice du soleil et du Vent
ce qui se pourroit tourner a pourreture deuiengne dur · On doit fourmer le noier en laissant six ou huit

ou dix piez de tige par dessus terre
et puis dilecq on le doit diuiser en
branches pmierement en alant cõ
tremont et apres en les fleschissãt
côtre val et les laisser espandre cõ
tre val en grant largeur. ¶ Se la
noix est dure ou angleuse et noeu
se si que len ne puist pas bien legeremẽt sacher hors le noiau on trẽ
chera lescorce autour de larbre afin
q̃ le vice de la mauuaise humeur
sen departe. Et aucuns autres trẽ
chent les sõmetz des racines et les
autres percent les racines dune ta
riere et puis aps ilz mettent dedens les trous vng coing ou vne
cheuille de boys ou vng clou de cui
ure ou de fer et peuent estre telles
choses legeremẽt esprouueez maiz
toutesuoies ie croy que ce nest chose qui vaille pource que ie ny voy
point de raison On les cueille a per
ches et a bastõs quãt on voit vng
peu de rougeur entre lescaille et le
noiel ou quant elles se despueillẽt
de leurs escorces Et les assemble
len en vng moncel afin q̃ par aucũs iours aps on les puist mieux
et plus aisiemẽt escailler. Et puis
on les doit mettre en vne belle aire
ou sur couuertures au soleil par
trois ou quatre iours ou plus ou
moins selon la chaleur pour les
secher ace que on les puist mieulx
garder et se on les lauoit tresbien
auant quelles feussent mises au
soleil elles en seroient plus belles
et mieulx vẽdables Et quãt tout
ce sera faict il est bon de eslire les

perces et vereuses et les oster des
autres et que auant quelles empi
rent plus quelles soient tãt ost cas
sees et gardees pour faire de luile
et les bonnes on les gardera en sa
blon ou on les couurera de leurs
fueilles seches ou on les mettra
en huches de leur boys ou on les
meslera en hapes car ce leur oste
leur aigreur Marcial afferme q̃ il
a esprouue que noix vertes quant
elles sont pelees et plungees en
miel et quelles p soient vng an q̃l
les sõt encores vertes et q̃ le miel
en est medicinable et tant q̃ le buurage qui en est faict guerist les
arteres cest adire les conduiz de la
voix et aussi la bouche et la gorge
¶ On fait de noiers tresbõs escrins
et beaulx et durables et aultres
vaisseaulx a gouuerner et garder
besongnes et fortes roes et charre
tes pour lõguemẽt durer et en ces
oeuures le noper passe toutes autres spures et tenures de noz regions Des noix on faict tresbonne
huile par instrumens cõuenables
et est cest huile bonne et delitable
pour appareiller viandes Dune me
sure de noix appellee corbis on fait
la tierce partie de noiaulx de ceste
mesure. et de ces noiaulx on faict
quinze liures duile se les noiaulx
sont bons Il est des noix vertes et
noix seches et sõt les vertes moÿs
chauldes que les seches et ont aucune humeur pour la non parfaite
meurete dont elles sont vng pou se
ches et nuisẽt vng peu a lestomac

et qui les mengut auecqs rue elles valent contre venin. Selon
auicenne les noix seches sōt chaul
des ou tiers degre et seches ou second degre. Et sōt les noix de trois
manieres. Les vnes sont seches
fresches et nouuelles. Et les aultres sont vieilles. et les aultres
moiennes Les nouuelles sōt moistes et ont aucune ventosite et de
tant quelles vont plus auant ou
temps elles perdēt de leur humeur
et acquierent ventosite et pource
qui les mengue lors elles se conuer
tissent tost en humeurs coleriquef
et lors pour leur vnctuosite et vē
tosite leur saueur est cōme vieille
huile et ont perdu la nature de viā
de. ¶ Les noix sont contraires aux
villos de lestomac cest adire aux
places pertuisees et trouees qui re
tiennēt la viande fors que quant
ilz treuuent lestomac mal atrempe ou quil soit si plein de froidure q̃
il puist resister a la chaleur des
noix Et atef estomac elles donnēt
bonne nourreture et bōne digestiō
mais elles ardent le chault estomac et luy font humeurs coleriques et fumeuses et font le chef
douloir et auertin aux peulx. et
est necessite de les mondifier afin q̃
on leur oste leur nuisement et les
doit on mettre en eaue chaulde et
les p tremper par vne nupt pour
acq̃rir humeur par le moiē de leau
ue et estre cōme vertes ¶ Qui mē
gue noix auecques figues auant
autres viandes elles defendēt le

corps de choses venimeuses et se lē
en fait emplastre auecqs oignons
et miel et sel ce vault contre morsure de chien enragie. et qui en fait
emplastre auecques rue et miel et
quil soit mis sur apostumes & cole noire ce les dissoult merueilleusement. et qui les broie auecques
les escorces et les met sur le nombril elles destruisēt lapostume qui
est dedens le corps. Vng aguisemēt
fait def escorces de noix ou des fueil
les de larbre donne en viande auec
ques vin valent moult contre vne
maladie appellee strāgurie. et qui
les boit auecqs vin aigre elles re
pugnēt a ceulx qui ont rigueur &
froidure. Auicēne dit q̃ les fueilles
et lescorce de noier si sont restraig-
nans le flux de sang. et lescorce arse si desseche sans mordificacion.
et qui en masche la moele cest adi
re le noiau vert et le met sur vne
apostume melencolieuse et rōgneu
se elle guerist. et auecq miel et rue
elle aide aux tourmēs des nerfz et
fait cesser la douleur. maiz luile d
vieilles noix fait douloir la gorge
et emplastre de noix aide aux mamelles rongneuses et apostumes
et quant elles sont bien cōfites et
nourriez en miel elles aidēt a froit
estomac. et auecqs figues et rue
cest medicine contre tous venins.
¶ Dpascozides dit que lombre du
noier griefue tres fort a ceulx qui
dorment dessoubz et leur cause diuerses maladies. et le ius des escorces et des racies aide a ceulx qui

ne deuent faire ozine se ilz le boy-
uēt Et qui en boit la quantite du
ne mesure appellee eyagium auecques vin aigre il vault contre fieures qui viennēt auecqs rigueur
et froit Elles taignēt les cheueulx
et les netoient et gardent de cheoir·

¶ Du nefflier·   p vii·chaß·

Nefflier est vng arbze cōmun
et bien congneu Et des neffles les aucunes sont grosses et
frāches et les autres sont petites
et sauuages et moult pontiques·
Nefflier vient en air chault froit
et atrempe et demande terre sablō-
neuse et grasse et glaireuse meslee
auecques sablon ou argille auecques pierretes· On le seme en nouēbze ou en mars en tailles maiz
que ce soit en terre bien famee en
telle maniere que chūn chef de la
taille soit estoupe et couuert de fiete et file seme len aussi en semēce
mais il met long temps a venir·
On lente en sop et en perier en pōmier en espine blāche et en coignez
Le getton que len veult enter doit
estre pzins ou milieu de larbze pour
ce quil ne seroit pas bon du sōmet
et le doit on ficher ou troncq fendu
pource que la mesgreu r de lescozce
ne le nourriroit point ainsi ieun et
vuid Il veult estre retaille et soup
alenuiron et qui met aux racines
fies et cēdze de vigne ilz le fōt poz
ter grandement· On le fourme de

quatre piez de tige ou enuiron au
dessus de terre dont les rainceaulx
se esfieuent contremont Albert dit
que quant on ente vng getton de
nefflier en vng tronc dautre espece comme de pōmier perier ou espine q le fruit en deuient moult pl9
gros mais il ne fait nulz noiaulx
car le fruit croist ou propze boys ce
dit albert ¶ Se neffles faillent en
aucune contree qui ente vng gettō
de pescher ou tronc dune grant espine qui est sēblable au fau qui est
appellee en lombardie espine fagi-
neuse et quil soit ente en bois et en
escozce il y croistra neffles qui seront plus grandes et meilleures
que les autres ce dit albert et que
cest chose espzouuee Et toutesuoies
tap souuent ente gettōs de nefflier
en perier pōmier coigner et blāche
espine et si nap pōit trouue les neffles plus grosses que les aultres
ne sans noiaulx Selon paladius
se neffles sont serues de vers on
les doit purger dun greffe de cuiure et de lpe duile ou de vieille vrine dōme ou getter chaulx visue
dedens mais non pas trop pour le
grief de larbze ou pmettre de leaue
ou lupins auront este cuiz· Toutesuoies on tient le nefflier pour
perdu se fourmis lentrepzennent
mais on les peut tuer et destruire
par cēdze ou par vin aigre· Se les
neffles en cheent nous pzendrons
vne piece de la racine et puis apzes
sera fichee ou milieu du troncq·
¶ Qui vouldza bien garder nef-

fles si cueille celles qui le plus lõ-
guement se tendroient sur larbze·
ou que on les mette en vaisseaulx
de fust ou que on les pende en ordze
ou que on les cueille demy meures
auecques les bzanches et que on
les tribouille par cinq iours en eaue salee et quelles y soient souuẽt
plungees et quant le iour sera bel
et doulx quelles soient cueillies et
et couuertes de pailles et soient mi
ses sans toucher lune a lautre ace
quelles ne sentrefroissent· Se elles
sont cueillies trop meures on les
peut garder en miel· On peut faire
tresbonnes haies de nefflier se on
les seme en plante espez ou que ilz
soient lpez à verges ou ioincts a-
uecques espines blanches ou auec
ques coigners ·(Neffles sont froi
des et seches ou pmier degre de leuz
nature elles confoztẽt lestomac et
aussi la colerique egestion et ostẽt
le vomir et font bien vriner et va
lent mieulx a medicine que a viãde car elles nourrissent peu et font
grosse viãde et valent mieulx pzin
ses auãt la viande que apzes pour
ce que elles confoztent lestomac et
si ne nuisent point aux nerfz·

(Des oliuiers· xviii·chap·

Oliuier est vng arbze bien
congneu et en sont de plusieurs manieres mais il ne les cõ
uient point nõbzer pour la semblã
ce de leur vertu. Oliuier demande
air chault ou atrempe et si vient

bien en air vng peu froit mais il
ne peult souffrir air grandement
froit Il desire terre glereuse ou cro
pe dissoulte par mixtion de sablon
ou gras sablon ou terre bn moiste
et bien mole par nature· Il het
croie de potier et terre huileuse et
celle ou il ya tout temps humeur
et mesgre sablon Et combien quil
repzẽgne en telle terre toutesuoies
il ny peut amender et le siege de ter
re qui luy est conuenable si est en
lieux treshaulx et en montaignes
ou coftieres qui ont regard vers
septentrion et en lieux froitz de la
partie de midy et se delitte en lieux
moles et en coftierez et ne requiert
point lieux trop haulx ne trop bas
car es lieux mopens leaue et lu
meur dequeurent cõmunement et
il la desire et rettient· et es lieux
trop haulx il ny en demeure point
et es lieux trop bas il y en a trop
habondãment·(On plante les o-
liuiers es lieux haulx en octobze
et en nouembze et es lieux froitz
en feurier et en mars· et les doit
on affermer a perches ou les met
tre en fosses et bien soustenir·On
les plante et seme de plantes de ra
cines ou de gettons arrachez des
bzãches et tirez aual ou il bouriõ
ne de ses rainceaulx ou des noiaux
apzes luile faicte mais ilz vien
nent mieulx des plantes et rain
ceaulx mis en terre·Et pource fut
virgille grandement esmerueille
quant il vit le rainceau dolive qui
apzes quil estoit pzes q tout fer fut

mis en terre et quil porta verdure et bourionna· Quant len prent
vne branche doliue et on en coppe
le chef et les branches et quelle est
ramenee comme a vng troncq et
puis mis en vne fosse en terre ius
ques ala mesure dun coubte et du
ne paulme ou graf de la terre et ou
fort on faict vne fosse et quil est la
fiche· Selon paladius on doit getter de lorge dessoubz et en retrêcher
ce qui sera pourry ou secq et estouper le chef et les boutz de boe et de
mousse et les tresbiê lper et estrai
ðre·et auecques ce seroit tresbon
pour bien croistre et prouffitter de
signer au leuer la branche daucune chose la partie dicelle qui est par
ðuers midy et la remettre aussi
par ðuers midy ace quelle soit en
tel regarð du soleil que elle aura
este·(Quant on les plante en fos
ses on doit faire les fosses de trois
ou de quatre piez de large et de ðuy
piez parfondes et se pierres p faiL
lent on p doit mesler terre glaise
et fiens ·et se le lieu est cloz que ce
qui p sera mis soit vng peu esleue
sur terre et qui se doubtera des bestes on ðeura faire plºhaulx trôcs
Qui veult orðonner vng lieu pour
oliues il doit asseoir les arbres a
quinze piez ou a vingt lun pres de
lautre et que toute lerbe dentour
soit arrachee·et touteffoiz que eaue p habonðera on doit estre diligent de fouyr a lenuiron du tronc
et den traire la terre et la mettre
par monceaulx alenuiron ·Et se le

chãp est gras et bon a forment on
doit planter les oliuiers a quaran
te piez loing lun de lautre· et se le
champ est mesgre a vingt piez de di
stance et leur prouffittera moult
qui les mettra en orðre au semer·
(Se en aucune prouince on a deffaulte doliuiers et on en veult a-
uoir et que on nait de quoy en plãter il les conuient semer en telle
maniere que les raiceaulx par les
taiLler soyent disposez ala mesure
dun pie et demy Et lors apres cinq
ans passes on les pourra transplã
ter ailleurs quant la plante sera
forte et biê ferme·Aucuns en font
mieulx et plº legerement Ilz pren
nent racines doliuiers de bois ou
ðautres lieux ðesers et les trenchent de la mesure dun coubte et
les mettent et plantent par bonne
disposicion es lieux ou on veult a-
uoir oliuiers et leur aiðent par les
bien fumer·Et aðuient souuent q
ðes racines dun arbre il viêt bien
grant nombre ðe plantes (On en
te loliuier en lup mesmes et les
gettons qui sont entez en vng sub
til troncq si viennent beaulx et
grans et tost · Et sicomme dit cathon ceste maniere de les enter se
doit faire en la saison ðe venðenges
On les doit labourer en telle maniere que quelque part quilz soiêt
que chaiscun mois soyent fouiz et
quant ilz serôt parcreuz que chûn
este ilz soyent fouiz ðeux ou trois
foiz et puis apres que ilz soiêt tres
bien netoyes ðes herbes tout au

tour Et en lieux fecs ou tiedes on
les doit emunder ou mops daoust
afin que lumeur puiſt faire bonne
lignee · Columella dit que on arra
che toute la lignee venue · Et pala
dius dit que on en laiſſe vng peu
et des meilleurs gettons ace que
quant la mere fera vielle que ilz
puiſſent fuccæder · Ou que la mere
mieulx nourrie du benefice de la
terre et que fes gettons feront par
creuz et auront racines que on les
puiſt traſplater pour en faire lieu
doliuiers · et oudit mois doctobre
on les doit fumer en lieux mef
gres et froiz · et auſſi q tout temps
la mouſſe ſoit oſtee hozs des oliui
ers · Et ſelon la doctrine de colu
mella on doit retrencher les oliui
ers quat ilz auront paſſe huit ans
Mais paladius dit que chaiſcu an
les braches feches et arces doiuet
eſtre retrenchees Et ie my accozde
aſſez pource que paladius dit que
loliuier doit eſtre fuſpendu moien
nement de humeur et eſtre frote et
netoye ſouuent et quil engreſſe de
labondace de fiens Et quat doulx
vens et grans le demainent il en
vault mieulx · On fourme les oli
uiers en telle maniere quilz aient
peu de ſouche et quilz ſoient peu eſ
leuez de terre afin quilz ſe epteдet
par les coſtez tant comme ilz pour
ront · Il aduient aux oliuiers de
grans empeſchemens par les pla
tes pzouchaines pource que ilz ont
meſtier de grat nourreture et pour
ce quant il ya arbzes plantez em

pres ilz leur en oſtent partie et par
ce deuiennet meſgres et ny en doit
on nulz laiſſer · Oliuiers veulet
eſtre diligemet gardez de beſtes
pource quilz empirent merueilleu
fement quant elles les rungent et
ne doit on point rere leſcozce pource
quelle fueroit trop et deuedzoit bze
haigne et feche Et auſſi la continu
elle hantance des gens en tour les
oliuiers les empire pource q quat
la terre denuiron eſt demarchee et
foulee lumeur ne peut aiſieement
deſcendze aux racines et doiuent e
ſtre fouiz et fumez et ne doiuet poit
eſtre arrouſez deaue de fontaine ne
de ruiſſeaulx pource que celle eaue
eſt peſate et dequeurt tantoſt aual
hozs des racines · mais leaue de
plupe leur eſt bonne pource quelle
eſt vapozeuſe et fume tantoſt les
racines Se aucun oliuier eſt bze
haing on le doit percer dune tarie
re et en oſtez deux rainceaulx dune
grandeur de la partie vers midy et
les mettre tantoſt en chun des per
tuis ou vne pierre ou vne cheuille
de pin ou de cheſne pups copper ce
qui furmontera · et apzes les cou
urir et muſſer de boe batue auec
ques paiſtes · Se loliuier luxurie
en gettant faulx bourios et fans
prouffit on doit ficher vng pel doli
uier ſauuage deдes ſes zacies et ſe
il ne pozte iopeuſemet et bo fruit
on le doit percer du tariere fracois
iuſqs ala moele et mettre dedens
le trou vne taille doliuier ſauua
ge fas la former et li bouter treſ

fort et la lyer et atacher a larbre.
et puis aps p getter et mettre lye
huile vielle ou vielle ozine car par
ceste maniere sont les arbres brehaings faitz plantureux.Et se leur
malice dure on les doit enter.On
cueille les oliues en nouebre quat
elles commenceront a muer leur
couleur et quelles soient cueillies
aux mains ou legerement a perches et souefment sans blecer les
branches car qui les bleceroit len
y apparoeroit le dommage lannee
ensuiuant.¶Des oliues on doit
faire luile mais plus est noire et
mieulx vault. et ce qui en pourroit estre dommage pour lattente
et lesperance se peult recompenser
sur la plante en leffusion car plus
sera loliue meure et plus rendra.
Le philosophe aristote dit que les
oliues ne sont iamais parfaictement meures sur larbre et p de-
mourassent ores par plusieurs an
nees mais afin quelles viengnet
a parfaicte et complete meurete il
conuient que le fruit cueilly de lar
bre soit assemble en vng moncel et
quil soit ainsi par plusieurs iours
et par la compression qui en sera
faicte ensemble la chaleur sera cofoz
tee et retenue dedens et lors il venra a parfaicte meurete plinius dit
que de tant que les oliues demeurent plus sur larbre tant sont elles meilleures pource quelles pren
nent tousiours nouuelles vertus
et cheent plus enuis · varron dit
que les oliues dont on faict luile

doiuent estre chaiscun iour assemblees et netopees sur vne table de
pierre afin que elles se amolient et
degoutent courtoisement · et le pre
mier moncel soit diuise en six parties et que ces six parties soyent
enuopees lune apres lautre aux
vaisseaulx ou on fait luile et mis
soubz la meule qui doit estre de pie
re aspre et dure.Quant les oliues
sont cueillies se elles demeurent
trop longuement ou monceл elles
se amolieront et se pourroient cor
rompre par vne chaline Et pource
qui les veult bien cofire il conuiet
venter en les mettat es moceaux
pour les mieulx meurer et preser-
uer.Cathon dit quil conuient que
luile soyt seuree de la lye le plus
tost que faire se peut pource que de
tant que luile sera plus sur la lye
elle en vauldra pis · Et si dit que
loliue doit estre purgee des fueilles
et bourions et de toute ozdure a-
uant q luile en soit faicte.Et varron dit que la lye de luile est de tel
le nature que se on en met trop ou
champ la terre en deuendra toute
noire et la fera brehaigne · Et se il
y en conuient aucun peu et de necessite on la doit espandre es racies
des arbres et par especial de loliuier et en tous les lieux ou lerbe
nuist ou champ · Cathon escript q
len cuise huile doliue la lye a moitie et que de ce on oigne le fons dune
huche par dehors et par dedes et
qui y metra robes ia puis les vers
ne si prendront se par auat ne si sot

pzis Et auſſi qui en oindza vaiſſel
le & bops et aultre meſnage il ne
pourrira point et qui len tozchera
ſouuent elle en reſplendira et en
ſera plus belle ¶ Auſſi ſe vaiſſelle
de cuiure de laiton et darain en eſt
oincte et que par auãt elle ſoit biẽ
frotee et eſſuiee elle en ſera plꝰ clere et reluiſãt et ſi nenroiſtera poit
ne verdira · Qui veult mettre hui
le en aucun vaiſſel nouuel il doit
pzẽdze lpe duile et dicelle bñ chaul
de gettez ou vaiſſel et leſtouper treſ
bien et puis fozt remuer ace quil
ne ſe venime et apꝝ on p peut met
tre ſon huile ſeuremẽt car le vaiſſel ne ſen embeuuera poit et ſi en
ſera luile meilleur et le vaiſſel plꝰ
ferme · ¶ Des oliues les aucunes
ſont franches et les autres ſauua
ges · des franches les aucunes ſõt
aigres et les autres moiẽnes ceſt
aſſauoir rouges et vaires · et les
autres noires et meures · Celles
qui ſont aigres et vertes nont poit
ẽcozes de vñctuoſite fozs que eaue
vert · et celles qui ſont terreſtres
pontiques froides et ſeches et pouz
ce elles cõfoztẽt leſtomac et eſtraig
nent le ventre et ſont de tardiue di
geſtion et nourriſſent peu ou neãt
Aucuns confiſent les oliues vertes en ſel et en vin aigre et les au
tres en vin aigre ſans autre choſe
et ſõt plus froides et plus tenues
et pource elles oſtent laguillon de
la coſe et leſtaignent et eſmeuuẽt
la vertu de lappetit par eſpãl qui
les pzent ou milieu du menger et

pource quelles obeiſſent ala vertu
digeſtiue et confoztent grandemẽt
leſtomac et eſtraignent le ventre ·
Cathon ſi eſcript q̃ les oliues ſont
treſbonnes a vſer quant elles ſõt
confites par la maniere qui ſẽſuit
On les frote d ſel par cinq iours
et puis on eſqueult le ſel et les
met on deux iours au ſoleil et apꝝ
on les garde en vng vaiſſel · Les
noires oliues et meures ſõt chaul
des et atrẽpees en moiſteur et eſt
leur viande moult nourriſſant et
groſſe et amolie leſtomac pour digerer tard et legeremẽt venir hoz
par la chambze Et la tardiuete de
la digeſtiõ ſi eſt pour cauſe de lunc
tuoſite qui fait la viande nager en
lozifice de leſtomac et la legerete de
aſſeller ſi eſt pour lunctuoſite qui
ennuie a leſtomac pource q̃lle deſ-
cẽd auant quelle ſoit digeree et
pource elle ne ſe conuertiſt iamaiz
en cole rouge · Les moiennes ſont
moins nourriſſans q̃ les noires
et auſſi les aigres pource quelles
ont peu de vnctuoſite et ponticite ·
¶ Luile qui eſt faicte des oliues eſt
de pluſieurs manieres car lune eſt
freſche et nouuellement eſpzaincte
des fruiz des oliuiers et lautre eſt
vieille et ya long temps quelle en
a eſte eſpzainte · On cõgnoiſt la bõ
ne huile doliue a loudeur et la ſaueur ala lãgue et auſſi la põticite
et q̃lle qualite elle a en poignant
car de tãt q̃lle apzouche plus de põ
ticite elle apzouche plꝰ a froidure
et a ſechereſſe et pource elle cõfozte

leftomac et pource font les anciés
comparee a huile rosat et en plufieurs douleurs et maladies font
donnee pour huile rosat. Huile
fresche doliues meures et noires
eft moiennemét chaulde et moifte
et amolie lestomac et le ventre et
se conuertift legeremét en cole rou
ge Mais luile vielle et de long téps
faicte de meures oliues si est nette
de tout malice et si retient aucun
peu de ponticite et se la ponticite en
eftoit hors elle feroit tres nuisible
et se conuertiroit tantoft en mauuaifes humeurs et de tát qlle en
uieillist plus elle acquiert plus aigre saueur aspre et horrible et ne
vauldra plus riés a mégier mais
elle fera bône en medicine Varron
escript que le cellier a luile doit a-
uoir fenestres par deuers la partie
chaulde et le vin les doit auoir par
deuers la partie froide.

Des pômiers.　　　　xix. chap.

Pommier est vng arbre tres
cômun et general et en eft
de plusieurs manieres car aucûes
pômes font meures des le mois de
iuing ou de iuillet et se on les gar
doit iusqs ace quelles feussent par
faictemét meures sur larbre elles
deuendroiét tres doulces et odorás
et les autres ne font meures iufques a puer et encores les cueille
len vertes et agues mais apres
elles se meurissent delles mesmes
Les aucunes font tres groffes les
autres menues et les autres mopennes Les aucunes font rouges
les aultres iaunes et les aultres
vertes Les vnes font doulces les
autres aigres et les autres pontiques et agues Les aucunes font
longues les autres larges et les
autres rondes Les aucunes se gar
dent bien et les autres non Les au
cunes font dures et fermes et les
autres moles et tendres et se cassent toft. Les aucunes se tiennent
bien longuemét fur larbre et les
autres en cheent legeremét. plufieurs especes font de pômes et tou
tesuoies chûn peut auoir cognois-
fance des meilleures et des pires
de fa contree. Pômier vient en
tout air et aime terre graffe et lui
vault mieulx fon humeur qui lui
vient de nature que par arrouser
et sil eft plante en terre fablôneu-
se ou en argille on ly doit aider par
arrouser En môtaignes on le doit
mettre au regart du midi. Le lieu
sec et mesgre faict les pômes ver-
mineuses et cheans pour neant.
On seme le pômier de branches et
de semée mais de la femée il vient
le plus tard a prouffit. Et pource
vault mieulx que en lieux chaux
on y mette plante de pômiers fauuages en octobre et nouébre Et en
lieux froitz en feurier et en mars
Et quant elles feront bien reprin-
fes et venues que on les ente. En
tre deux pommiers doit auoir di-
ftance de vingt a trente piez. On
peut enter pômier en foy mesmes

n. iiii.

et en perier en espine en prunier en
sorbier en pescher en prunier et en
peuplier en feurier et en mars et
par lesolstice es grãs iours par cin
quante iours sicõme dient Varro
et cathon et aussi en tous les arbres ou le perier peut estre ente en
escorce en tronc en eplastre au mor
cel ala hamede ou en la perche de
saulx perce sicõme dit est dessus
ou second liure · Telz arbres ou p-
mier de leur plãtacion doiuẽt estre
foups tout autour et bien netoiez
de toutes herbes en chũn mois deste · et puis en aucuns ans ensui-
uãs on les fouira en leste par deux
ou trois foiz mais apres que les
racines seront dilatees et bien fon
dees et les arbres parcreuz il ne lesf
fault arer ne fouir et pource leur
sont les prez meilleurs et ne demã
dent point de fiens mais ilz le recoi
uent bien quant il ya des cendres
meslees auecques et aimẽt arrou
semens atrẽpez par mesure et aus
si les couient tailler par espãl pour
oster le sec et ce qui est mal venu et
parcreu ¶On les doit fourmer en
telle maniere que la tige soit droic
te de six ou de huit piez de hault au
dessus de terre et q̃lle ne soit acou
plee ne ioincte a nulle aultre tige ·
et que la tige soit ordonnee en plu
sieurs branches et diuisees par en
hault · et les branches en gettons
et en berges et rainceaulx qui por
teront fruit et quilz soient espan
dus egalement par les costez et tel
lement que se les rainceaulx esto

pent trop chargez que on les peust
soustenir par aucuns liens sicõme
dessus est dit ou general traictie des
arbres ¶Aux põmiers aduient le
gerement que les põmes en cheẽt
et pource sil aduient on doit fendre
les maistresses racines et mettre
pierres dedens et par ce les põmes
seront pserueez de cheoir · Les gros
ses et espesses põmes qui chargẽt
trop les branches doiuent estre en
trecueillies en iuing et en iuillet
et par especial les pires afin q̃ lu
meuz qui doit estre le nourzissemẽt
du bon fruit ne soit pas empeschee
aincois retourne a nourrir son
droit fruit · Et se on ne le peut fai
re prouffittablement on les souste
dra par perches et de pieulz et de li
ens ace que les branches ne rom
pent et que la bonne courtoisie de
larbre ne soit conuertie en sa perdi
cion et mort · Põmiers enuieillissẽt
bien tost et en leur vieillesse ilz for
lignent et defaillent · Les põmes
deste doiuent estre cueillies quant
elles recongnoissent leur meurete
par leur couleur oudeur et saueur
Maiz celles qui sont bonnes a gar
der doiuent estre cueillies en la fin
de septembre et iusques a my octo
bre quant len apparcoit leur meu
rete par ce que plusieurs pommes
meures trebuchent et que leurs
semences sont meures · et les doit
on cueillir aux mains a escheles
et doulcement ace q̃ len ne les hur
te ne froisse et aussi que len nempl
re les tendres rainceaulx et aussi

en les attraiãt a petiz crochez sãs
riens blecer On doit cueillir diligẽ
ment les põmes que len veult gar
der et les mettre en lieu obscur ou
il nait point de vent sicõme dit Bar
ron et les mettre estendues sur
choses dosiers et du feurre dessoubz
Aucuns les mettent en vng mon
cel et puis mettent du feurre dess⁹
et les cueurent de fiens par dessus
On peut faire vin et vin aigre de
põmes ainsi cõme de poires cõme
dit sera cy apres ¶ põmes sont di
uisees car les aucunes sont crues
et non meures et les autres sont
meures acomplies sur larbre. les
crues sont dures et des boys et
nourrissent mal et si nuisent a les
tomac. Elles engendrent douleur
et ne percent point en entrant par
les veines. et les acoustumer en
gendre fieure de lõgue duree et qui
ne se peult guerir. Et ainsi doit il
estre entendu de tous fruitz qui ne
sont parfaictemẽt meurs sur lar
bre. Ceulx qui sont parfaictement
meurs sur larbre sõt distinctez se
lon les diuersitez des saueurs car
les aucuns sont pontiques les au
tres aigres et les aultres doulx.
les pontiques sont froitz et secs et
durs a digerer et bien confortans
lestomac car ilz lempiissent et font
descendre la superflue humeur que
ilz y treuuent. et si font cõstrinctiz
de legestion par especial se on les
prent auant la viande. Maiz les põ
mes sont bõnes a ceulx ou la cha
leur et humeur ont dominaciõ en

leur estomac et si sont grosses a di
gerer et dures et trespercent atard
les veines Elles sont enfleures et
nuisent aux nerfz Maiz pource que
leur liqueur est subtille et doulce
elle cõforte lestomac et les entrail
les et vault a flux de sang et a dis
sinterie de colerique egestion et a vo
missement Et pource on doit sucer
le ius des põmes en les mengant
et gettans hors la char ou faire
par engin et bonne maniere q̃ leur
durte et asprete soient ostees. et se
peut faire en trois maieres Lune
en les bouillissant tellement q̃ lu
meur de leaue bouillue leur oste
leur durte et aspresse et q̃lles soiẽt
par ce moles et moistes Ou q̃ on
les pende sur eaue chaulde tãt que
par la fumee elles soient plus mo
les et plus moistes ou que on les
taille par le milieu et que les pe
pins en soient ostez et q̃ la on met
te sucre ou miel selon leur nature
et puis quelles soient enuelopees
en paste et cuites en cendres chaul
des ou en la breze tant que la paste
soit cuite par dehors car ceste ma
niere leur dõne bõne meurete doul
ceur saueur et legerete a digerer et
leur oste ce qui est nupsant aux
nerfz Maiz vne substãce pleine dea
ue auecq̃s vng peu de terrestreite a
la seigneurie en la põme aigre et a
ceteuse pource que leur froidure et
secheresse sõt plus atrempees que
les pontiques pour la prouchaine
te de la liqueur de lair qui y est et
pource elle cõforte et estruue lesto-

mac et le ventre et legestion coleri
que et si defend le vomir et pour sa
froideur et la tenuete de sa liqueur
elle estaint laguillon de la cole rou
ge et oste la fozce de la cardiaq cole
rique et les grosses humeurs qui
sont chauldes en lestomac elle destruit et les doulces nourretures
elle attenuist afin quelles puissét
passer tout le cozps · Telles pommes sont bonnes a menger auát
la viande et apzes maiz poires nui
sent auant menger ¶ pomes doul
ces pource qlles sont atrempees en
tre les quattre qualitez elles ne
nuisent point a lestomac · et aussi
nest il pas bien certain quelle ver
tu elles ont de restraindze ou de laf
cher le ventre · Les fueilles les rai
ceaulx et lescozce pource qlles sont
stiptiques et agues elles cófoztent
lestomac et guerissent plaies et de
fendét q les mauuaises humeurf
qui p venront np apzouchent · Aui
céne dit que lumeur froide et supez
flue a la seigneurie en la substance de ces pomes et parauenture celles qui sont parfaictemét doulces
sont attrempees en chaleur ou se
tournent a chaleur · ¶ Il aduient
auneffoiz une enfleure en pommes et par especial en celles qui ne
sont pas doulces mais sont sans
saueur Celles qui sont pleines dea
ue declinent a moisteur et a humeur et celles qui ne sót poit meu
res engendzent fleume pourretures et fieures pour la propziete de
leur humeur et quelles sót crues

pomes odozans sont cófoztatiues
du cuer et se il pa angoisse pour
trop grát chaleur elles sót de grát
nourrissemét et cófoztent la feblef
se de lestomac · Celles qui sont stiptiques pontiques ou aceteuses si
valent a dissintere et par especial
les pontiqs et aussi tant les pommes cóme les fueilles et le ius di
celles valent contre venins ·

¶ Des pomiers de granate ·

Les pomiers puniques poz-
tent pomes granates et sót
assez congneues car les unes sont
doulces les autres sont aigres et
les autres de moiéne saueur · La re
gion chaulde ou atrempee leur est
bonne pource quilz ne peuent souffrir froit mais Ilz aiment terre cro
yeuse et viennét bien en terre ten
ue et deliee et aussi en mesgre com
bien quilz viengnent mieulx en
grasse · On les seme de plantes arrachees de la racine de leur mere ·
maiz toutesuoies il vauldzoit mieulx pzendze lun des rainceaulx du
long dun coubte et de la grosseur
dun manche de coutel et quil soit
bien aplanpe et aonnie aux deux
boutz et quil feust plate de trauers
cóme en obli que et que par auant
il feust bié frote de fiente de pozc en
la teste et en la partie dual ou q
il feust fichie a ung maillet en la
seule terre crue · Et est le meilleur
que le rainceau que len p vouldza
mettre soit pzins quant sa mere

aura bourionne · et se doit on bien
garder de prendre getton tout nu
sourdãt de la racine sans auoir de
lescoze et apres que il soit mis en
la fosse et apupe et que sur la racine dont il sera party on mette et oz
donne trois pierres afin que les põ
mes nen soient trenchees sicõme
dit paladius · Telles plantacions
doiuent estre faictes en lieux atrē
pez es mois de mars et dauril · et
es lieux secs et chaulx ou mois de
nouembre · On dit pour vray q̃ on
les peut bien enter de la connexion
des rainceaulx ace q̃ la moele qui
sera diuisee ca et la se trãsporte par
tout et les peult on enter en eulx
mesmes vers la fin de mars et les
zalendes dauril · On les ente dedens le troncq et y doit estre mis le
getton tout nouuel et frez trenche
afin q̃ la demeure ne seche sumeur
quil a qui est petite · on les doit sou
pr ou tẽps dautompne et en printemps et les former que ilz apent
deux ou trois ou au plus quattre
tiges vng peu esleuees de terre et
retrencher chũn an ce qui vient en
la souche ou souches ou qui naist
des racies ou dentour ¶ Plusieurs
incõueniens et nuisances aduiennent aux põmiers de granate · et
pource ace que les põmes ne deuiẽgnent aigres on ne les doit point
arrouser pource q̃ la secheresse les
faict saines et les multiplie Toutesuoies il est bon dp mettre aucu
ne humeur · Et se les põmes sont
aigres de leur nature on doit descou

urir et desplacier leurs racines et
les fendre et y mettre des coings
Aucuns autres mettent et serrẽt
aux racies algue marine cest vne
herbe de la riue de la mer et aussi y
mettent ilz fiens dasne et de porc ·
Et se il npa point de fleur on le doit
atremper deaue en pareille mesure
et en espandre aux racines trops
foiz lan ou y getter lpe de huile ou
y ioindre algue marine et larrouser deux foiz le mois Ou q̃ le tronc
de larbre fleury soit auironne et
ceint dun cercle de plomb sicomme
dit plinius ou quil soit enuelope du
cuir dune couleuure ¶ Se les pom
mes creuent on doit mettre ou mi
lieu de la racine de larbre pierres
ou semer squille autour de larbre ·
Se les vers gastẽt les põmes tou
chez les racines de fiel de bufle ou
de beuf et ilz mourront tãtost · Ozi
ne dasne meslee auecques fiens de
pourcel resiste aux vers Cendres
et lessiue mises autour du troncq
de larbre et souuẽt espandues alẽ
uiron si font larbre bien portãt et
bon · Marcial dit et afferme q̃ les
grains seront blans qui prendra
argille ou croie et p mesler la quar
te partie de plastre et que par lespa
ce de trois ans on le ioigne aux ra
cines de larbre Et lup mesmes dit
que les põmes seront merueilleusement grosses pour mettre vng
pot de terre sur larbre et que le rai
ceł et le fruit soient mis dedens et
q̃ il soit atache et asseure tellemẽt
quil nen puist yssir hors et q̃ le pot

& terre soit tellement couuert que
leaue ny puist entrer et quant ven
dra en autompne on trouuera les
pomes du grat du pot Et aussi dit
que qui prent ius de pourcelaine et
de tintimale autat de lun come de
lautre meslez ensemble et que le
tronc du grenatier en soit oinct a-
uant quil gette que il p en vient
plus de pomes ·(On doit cueillir
les pomes quant on apercoit leur
meurete par la rougeur des grais
On les peut garder par percer les
queues et les pendre a filez ordon-
neement·ou qles soient cueillies
entieres et puis plungees en eaue
de mer ou en aultre eaue salee·et
quant elles auront trempe dedens
par trois iours qles soiet sechees
au soleil et laissiees de nupt soubz
le ciel a descouuert et aps quelles
soient pendues et gardees en lieu
froit·et quant on en vouldra vser
quelles soient pmier trempees en
eaue par vng iour naturel·Et aus
si pour bien garder lesdictes pommes on les peut enueloper en argille destrepe come mortier et puis
quat la terre sera seche les pendre
en lieu froit soubz le ciel·Et aussi
les peut on garder par les couurir
dun pot a moitie plein de sablon
ou grauoiz et les laisser soubz le
ciel·Et se les pomes sont cueillies
auecques leurs queues et verges
soient fpees et fichees en cannes
ou en verges de sehuz et ainsi sas
entretoucher quelles soiet fichees
en sablon ou grauois en telle ma-

niere qles soient par trois ou qua
tre doiz audessus du sablon Cecp
aussi peut estre fait soubz le tect et
le couurir en vne fosse Et les peut
on garder ecores plus proufitable
met quat on les cueille sans trop
grant rainael·Autrement que len
mette de leaue en vng vaissel iusques au milieu et que les pomes
soient pendues oudit vaissel audes
sus de leaue tellement quelles ne
touchent a lumeur et que apres le
vaissel soit si bien cloz que le vent
ne sy boute·Et autrement on met
orge en vng tonnel et puis on met
les pomes dedes lorge en telle ma
niere qles ne touchent lune a lau
tre et apres est cloz le tonnel par des
sus (On fait vin de pomes granates par la maniere qui sensupt
Len pret pomes granates bie pur
geez et meures et les met on dedes
vne iochie de palmier et les espraif
on en vng vaissel propre et les cuit
on vng peu doulcement iusques a
la moitie et quant elles seront refroidies on les mettra en vaisseaulx bie reliez et estoupez de poip
et de ciment ou de plastre et cloz de
toutes pars· Aucus autres ne les
cuisent point mais ilz mettent en
chun septier vne liure de miel et
puis le mettent en vng vaissel come dit est·(On fait moult bones
haies des pomiers de granates espesses espineuses et fortes et qui
neautmoins portet moult de fruit
pomes granates sot moult prouf
fittables en medicine et plus que

a viande car combien q̃ leur nourrissemēt soit bon toutefuoies il est
moult petit pour leur subtilite et
leur legere digestion ·Elles sont cō
posees de quatre parties dont la p̄-
miere est lescorce· la secōde la char
la tierce la liqueur · et la quarte
sont les grains et sont toutes stiptiques La liqueur est froide mais
est par diuerses manieres selon
les diuersites des saueurs et liqueurs car les aucunes sont pontiques les aultres aigres les autres doulces et les autres sans sa
ueur·On ne peut prendre les ponti
ques en viande pource que nature
a horreur de leur pōticite et aigreuz
et ne sont prinses fors en medicine
et qui escorcheroit ūng peu telles
pommes par dehors et buueroit le
ius auecques vin ou sirop laxatif
il espraint le dessus de lestomac et
en gette hors lumeur et la pourre
ture de dessoubz et quāt il aura ne
tope lestomac il le cōforte sans ble
cer les nerfz et pource icelui ius
vault a fieures de lōgue main qui
sont venues de pourries humeurs
et a gratelle et demēgeure qui pro
cede de fleume sale·⸿ Les pōmes
aigres pource q̄lles ont peu de sub
stance terrestre sont en plusieurs
choses de meilleur operacion q̄ les
autres Elles estaignēt la chaleur
du foye et confortent les membres
et par especial lentree de lestomac
et le cuer et le foye et pource valēt
elles a cardiaque chaulde et a douleur qui est en la bouche de lesto-

mac par cole rouge · Et si ont telle
propriete que qui en gette le ius es
peulp de œulp qui ont la iaunice
il oste la iaulneur des peulp · Et
qui oste lescorce a telles pōmes aigres et que le ius en soit prins et
cuit auecques miel tant quil soit
en fourme doignement il vault a
oster longle de lueil et purifie la
veue et les peulp de grosses humeurs et visqueuses· La liqueur
de la pōme granate doulce est plus
chaulde plus grosse et mieulp dige
rable et pource elle donne aucune
chaleur a lestomac et est tost muee
en cole rouge · Et pource nest elle
pas bonne a personne qui est en fie
ure mais elle fait le ventre moiste
et adoulcist lasprete de la pectrine
et vault contre la toux Maiz la pō
me qui est ague entre doulce et aigre cōme moienne nest pas moins
cōuenable ala chaleur du foie que
laigre mais elle na pas force de res
traindre le vomir ne le flux de ven
tre·La pōme sās saueur qui a ain
si cōme saueur deaue appartient a
froidure pour sa liqueur et nature deaue qui est grāde et pource elle
nest pas cōuenable en medicine ne
en buurage ne en viande · Elle ne
vault riens en viande pource quel
le na pas saueur que les mēbres
doiuent attraire Et si ne vault en
medicie pource q̄ par leaue dōt elle
est pleine elle ne reconforte point le
stomac ne nempesche a vomir ne
le flux de ventre et pource elle en
gēdre ennuy en lestomac et le fait

chetif feble et mol et luy empefche
a digerer la viãde et pource eft elle
caufe denfleure et de rüge deftomac
Les grains de pommes granates
quãt le ius en eft efpraint font bõs
a reftraindre le vomir de colerique
et le ventre par efpecial quant ilz
font roftiz et on en boit la pouldre
et fi eftaignent la chaleur de leftomac
et laguillon de la cole rouge
et le runge. Leurs efcorces font froides feches et terreftres et fe on les
cuit en eaue et que on en face clif-
tere il reftraint diffintere et fparrie
Et la decoction que len appelle
en medicine apozime fi guerift les
genciues et les conforte et reftraint
Et auffi reftraint le flux de fang
des efmorroides et des femmes Et
qui cuift les efcorces en vin et le
boit il boute hors les vers du ventre et autres beftes et les tue. La
fleur de granates on lappelle balauftre et eft efcorce plus ftiptique
et plus feche que toutes les chofes
deffufdictes et la doit on aucunement fecher et garder en vng vaiffel de voirre et eft froide et feche ou
fecond degre. On la peut garder en
grãt vertu par deux ans elle vault
contre vomiffement colerique et cõtre flux de ventre qui procede de fe-
bleffe de la vertu contentiue Et cõtre tel vomiffement len broiera et
cuira len ces fleurs en vin aigre
et moillera len vne efpurge dedés
et puis fera mife fur la fourchete
de la pectrine et encontre le flux on
la cuira en eaue de pluie et puis en

fera laue le ventre et eftuue. Auicenne dit que les efcorces des pommes granatef et de balauftre chafcune par foy arrefte flux de fang et
afferme et folide les plapes et an-
ciennes rongnes et gratelles et fi
fortifie les dens qui lochent

¶Des periers. xxvi.chap.

Perier eft vng arbre tres cõmun. et en eft de moult de
manieres et en diuerfes contrees
en font trouuez de diuers Et pour
ce feulement en feront dictes les
generales diuerfitez Car les aucunes font meures en iuing les autres en iuillet les autres en aouft
les autres en feptembre et les autres en octobre Et les aucunes q
len cueille en ce temps qui ne font
pas meures iufques a lefte enfui-
uant.Les aucunes font petites les
autres groffes et les autres moie-
nes Les aucunes font de couleur
iaune les autres vertes et les autres rouges Les aucunes font mengees auant quelles foient meures
et les autres ne peuent eftre mengees fe elles ne font meures Les
aucunes ont dure efcorce et les autres tendre et deliee Les aucunes
font pierreufes dedens et les autres
non Les aucunes font tres doulces
et les autres vertes et aigres Les
aucunes font ftiptiques et pontiques et les autres fans faueur
Les aucunes font de trefgrant oudeur et les autres de peu ou neant

Perier seuffre tout estat du ciel car il croist en chault air et en froit et en atrempe et p fructifie bien. On le peut plãter en terre mesgre et en grasse mais en la terre mesgre et seche et en crope les poires seront menues et dures et les arbres petiz et cõme vielz et gastez et par especial en terre ou il pa saliue ou amertume ala racine. mais en terre grasse et doulce les arbres p sont greigneurs et plus fors et les fruiz meilleurs et plus nobles et par especial se la terre est assise es costez des montaignes ou en terre plaine pres de mõtaignes car le perier ne forlignera point en telle terre et np aura poit de default en lui nen son fruit Mais en lieux tres moistes loings de montaignes et pleis deaues les arbrez serõt grãs et a belles branches et les fruitz gros et enflez et vers ou sans viue couleur et sera aucunemẽt leur oudeur et saueur perdue et estrangee. On peut plãter les rainceaulx des periers ainsi cõme il est dit des oliuiers et par telle maniere maiz aucuneffoiz ilz viennent atart et ne fructifient pas bien parfaictement. Aucuneffoiz on plante les poires et est de necessite qlles naissent car nature les rappelle a leur naissance mais cest a longue attẽte et naissent sauuages et non pas francs Et pource il vault mieulx enter verges et gettons des frãcs sur les sauuages ou que len prenꝫne plantes des sauuages a raci-

nes et les planter et quãt elles seront repzinses les enter. Et doit auoir entre deux arbres espace de trẽte piez Es lieux qui sõt chaulp arres et secs on les doit planter ou transplanter en octobre et nouem bre et es lieux froitz en feurier et en mars et es lieux attrempez en chũ de ces temps. On lente cõuenablement en perier aigre et en doulp et en nefflier et p vient tresbien et aussi en aubespine et en coi gner mais il ne peut venir en ces deruenieres a parfaicte grandeur et auecques ce se repzẽt il bien en au cuns autres arbres quant il p est ente maiz cest sans prouffit et pour ce sen doit on passer. Perier peut bien estre ẽte en terre et dessus ter re empres terre et enhault. sicõme dit est ou second liure en parlant des generales manieres denter. et le peut on enter en lescorce et en la taille du tronc ala hamede et a la perche de saulp perce et puis en seuelie soubz terre et par la manie re demplastre et par celle qui est ap pellee au morcel comme dessus est dit ou second liure. Perier seslouist de souuent fouir et fumer grandement. On le doit fourmer en maniere quil nait que vne tige haulte par dessus terre de hupt piez ou de dix ou plus et la on laisse espãdre les rainceaulp et les brãches Il aduient es periers plusieurs nui sances lesqlles sont nõmees auec ques les cures au cõmẽcement de ce pzesent cinquiesme liure ou il est

parle et traictie des arbres en com
mun On cueille les poires sãs peril se les febles rainceaulx denhault font liez a bonnes cordes a-
uecques les fors et que les branches dembas soient soustenans eschelles et eschellons · periers ont
tendres rainceaulx et qui brisent
a peu dachoison et par espãl quant
larbre vient a vieillesse · Les poires
font cueillies en diuers temps selon la diuersite de leur nourreture
Celles deste sõt bien cueillies quãt
leur saueur et oudeur monstrent
leur meurete · Et se on les cueille
vng peu tost quant elles cõmenceront a meurer elles se garderõt pl9
longuement q̃ se elles estoiẽt cueillies toutes meures Celles qui sõt
meures en la fin dautompne et q̃
len veult garder par puer doiuent
estre cueillies ou mois doctobre et
ou decours de la lune par tẽps secq
¶ Poires font bien gardes quant
elles font cueillies diligẽment bõnes cleres et bien entieres et pres
que dures et aucunemẽt vertes
et puis quelles foient couuertes de
pailles ou de forment en vng lieu
fec et obfcur · Aucuns les cueillẽt
a forces et tenailles et les mettent
tantoft en vaisseaulx poissez et reliez et puis ferment la bouche du
vaissel de plastre ou de poix et les
laissent soubz sablõ en lair · Et les
autres mettent en miel les poires
qui ne font point entretouchees ·
Aussi poires taillees par le milieu
et les grains oftez peuent estre fe-

chees au soleil et puis les mettre
en eaue froide salee et les y laisser
vng tandis et apres les mettre en
eaue doulce et les y garder ou en
mouft doulx ou en vin cuit et ainsi elles feront bonnes a menger ·
¶ On fait vin de poires en les caf-
fant ou froissant et apres on les
met en vng sac de toile deliee et aucune chose pefante deffus pour les
pffer · ce vin dure tout lyuer mais
il aigrift en efte · Et si faict on vin
aigre de poires en telle maniere · On
prent poires aigres et fauuages
et les garde lẽ meures en vng mõ
cel iufq̃s a trois iours et puis on
les met en vng vaissel ou il ya ea
ue de fõtaine ou de pluie et cueuure
len ce vaissel et les laiffe len ainfi
par trente iours et depuis lors tãt
cõme on fachera du vin aigre on y
mettra autant deaue pour le retenir · ¶ On fait aussi vne telle liqur
de poires Len prẽt poires tres meu
res et les bat len et froisse et casse
auecques du fel Et quãt leur char
fera toute caffee et resolue on les
mettra en cuuiers ou autres vaiffeaulx bien liez et poissez et feront
la laiffez iufques a trois mois et
lors on prẽdra icelle char de ces poires et il en cherra vne liqueur blã
chaftre de tref agreable et tref plai
fante faueur · On faict du bops de
perier trefbelles tables et beaulx
aiz pour faire de beaulx ouurages
et plaifans Les poires fauuages
font plus dures plus froides plus
feches et plus pontiques que les

franches Les poires aigres et pon
tiques sont de la nature aux sau
uages et confortent lestomac et ser
rent le ventre et sont froides et se
ches et conuiennent a medicine et
non pas a viande et pource il les co
uient mettre a raison par engin
pour les amoller et ostez leur aspre
te comme par les cuire en eaue ou
par les pendre sur fumee deaue chau
de ou les enueloper en paste et les
rostir ou les confire en miel. platearius dit que les poires soyent
cuites ou crues serrent le ventre
et se elles sont cuites en eaue de
pluye et on les met comme ung em
plastre sur lestomac elles guerissent
de vomir qui vient de cole. et qui les
met dessus le petit ventre elles restraignent le flux de ventre. Les poi
res meures et doulces sont de com
plexion attrempee car elles sont
moins froides que les aultres et
pource elles eschaufent et aident a
la digestion et si valet a ceulx qui
ont froit estomac et sec. Poires
sont de telle nature que qui les cuist
auecques champignons qui croissent en grasse terre elles perdent
toute leur malice et ne blessent poit
et par especial se elles sont sauuages pour leur ponticite. La cendre
du perier sauuage beue auecques
aucune liquer vault moult a ceulx
qui sont greuez et malades de trop
menger champignons et qui en
sont ainsi comme esteins. Les bra
ches et les rainceaulx de perier sot
stiptiques seulement Mais la stip-

ticite des poires est meslee auecqs
une doulceur deaue. Auicenne dit
que les poires sauuages sechees
conferment et consolident la natu
re des femmes.

Des pruniers. xviii. chap.

Prunier est ung arbre moult
commun et bien congneu et
en est de plusieurs manieres et sot
les aucuns frans et les aultres
sauuages. Les pruniers frans
font les aucuns prunes blanches
les aultres noires et les aultres
rouges Aucuns les font moles et
les autres dures Et les aucunes
grosses et les autres menues Les
pruniers demandent principalement
air tiede et si peuent assez bien por
ter air froit. Ilz sesiouissent de lieux
gras et moistes et aussi leur va
lent lieux glaireux et pierreux. Le
fiens ne leur vault riens pource
que les prunes en deuiennent ve
reuses et cheent a terre. On les se
me es mops dautompne et de no
uembre en terre dissoulte et bien
remuee et puis les met on deux
pulmes en parfond ou moins.
Les nopaulx doiuent estre mis en
terre ou mois de feurier mais on
les doit premier laisser treper trois
iours en bonne lexiue afin q ce les
face plustost germer. Et est bon
de les mettre ou lieu ordonne pour
semer et puis que enuiron deux
ans apres ilz soient transportez ou

o.i.

on les vouldra auoir et nourrir
Et en ces mois on les peut prendre
des plantes q on leuera des racines
et de lescorce de la mere sans fiens
Pruniers ne demandet pas moult
parfondes fosses pource quil ne fi-
chet leurs racies gueres en parfon
et si ne leur fault pas trop grans
espaces pource quilz ne se entre em
peschent gueres lun lautre ¶ On
les peut enter en eulx mesmes et
en peschers et agmandiers mais
ilz en abastardissent et deuiennent
petiz et recoiuent en eulx agmandes et pomes selon aucuns et peschez aussi et muniachus Il est tps
de les enter en la fin de mars ou en
iauier auant que il commence a ser-
moier et getter gome maiz iap tref
bien esprouue que ou moys de feurier il se reprent et vient tresbien
Quant le prunier est ne il sesiouist
de humeur frequentee et de foupr
souuent et extirper les faulx gettons qui viennent de la racine ex-
ceptez ceulx qui se garderont pour
planter · On doit fourmer le prunier en telle maniere quil nait que
vne tige et qlle ne soit pas moult
esleuee de terre · Se larbre est lan-
goureux et chetif on y doit mettre
de la lye de huile et dune mesure
trempee egalement sur la racine
ou des cendres de four et par espal
des cendres de vignes Se les prunes cheent de larbre il conuient per
cer la racie dune tariere et y ficher
vng coing doliuier sauuage · Se il
pa vers ou fourmis y soit reme-

die come dessus est dit ou traictie
des arbres en comun ¶ On peult
auoir et garder prunes par les cueil
lir meures et les fendre en trops
ou quatre parties et les secher au
soleil et les mettre en potz de terre
ou aultres netz vaisseaulx. Aucus les metet fresches cueillez en
eaue de mer ou en eaue chaulde et
les sechet ou four ou au soleil On
fait tresbonnes haies et prouffittables de pruniers pource q leurs
branches sont drues et multiplient moult dont les haies sont plus
fortes et espesses et si font assez de
fruit Et aps deux ou trois ou qua
tre ans on les peut tailler et en fai
re des eschalas pour les vignes et
fagos a chaufer · Et afin que len
ait grant habondace de diuers pru
niers len fera recueillir par esans
noiaulx de diuerses prunes et les
secher au soleil et puis quilz soient
plantez quatre ou six ensemble et
quant ilz seront creuz on les plantera en haies par fossez et les p lais
sera len croistre et puis les condui
re comme il appartient · ¶ Prunes
sont de peu de nourrissement et en
pa aucunes blanches qui sont du
res a digerer et nuisent a lestomac
mais elles laschent vng peu · et
pource quelles sont grosses on ne
les doit point menger que elles ne
soyent auant parfaictement meures sur larbre · Des prunes noires
les aucunes sont franches et les
aultres sont aigres et sauuages ·
Et aussi des franches les aucu-

nes sont grandes et parfaictement
meures et doulces et les aultres
sont crues aigres et vertes pontiques et dures et les autres sot rou
ges Les noires prunes meures et
doulces sont moins froides et plus
moistes car leur froidure est ou co
mencemet du premier degre. et lumeur en la fin. Mais platearius
dit quelles sont froides et moistes
ou second degre. Auicenne dit qlles
sont froides ou comencemet du second degre et moystes en la fin du
tiers Elles rendent lestomac fropt
et laschent le ventre et dissoluent
la cole rouge et la gettet hors tou
tesuoies qui trop en vse elles nuisent a lestomac. Les prunes crues
dures et vertes sont tres mauuai
ses en medicine et en viande car el
les sont dure douleur en lestomac
et ne nourrissent point mais elles
traueillent Les prunes rouges sot
plus froides et moins moistes Les
aigres sot plus stiptiques et trop
et pource elles valent a flux de ve-
tre appelle dparrie et dissintere Au
cuns les cueillent meures et les
taillent par le milieu et puis les se
chent au soleil et gettent dessus co
me aspergement de vin aigre et a-
pres les mettent en vaisseaulx et
ont telles prunes plus grant vertu de refroider que les autres prunes seches nont et si adoulcissent
plus les entrailles et pource sont
elles bonnes en fieures agues et
en autres maladies agues et a re
straindre le ventre contre flux cole

rique et se elles sont vertes on les
donnera a menger et se elles sot seches on les doit cuire en leaue et
menger les prunes et boire leaue.
Auicenne dit que la gome des prunes est subtiliatiue et incisiue et
brisant cosolidatiue et conglutina
tiue et afferme rongnes Et quant
on la cueille des fueilles des pruniers elle deffend la bouche de faire
flux a chun des costez et a la luete
et aussi est bonne ceste gome pour
les escripuains sicoe dit psidorus.

#| Des peschers.   xviii. chap.

Pescher est vng arbre bien co
mun et congneu et est petit
et croist tost et ne dure pas longue
ment. Il vient en tous lieux maiz
se il vient en chauld air et en terre
areneuse et graueleuse et ait humeuz il est de noble duree. peschers
mourropent en lieux froitz et ven
teux qui ne les defenderoit aucune
ment. On doit planter les noiaulx
es lieux chaulx et es terres fouiez
ou mois de nouembre loing lun de
lautre dun ou de deux piez et en au
tres lieux en ianuier et quant les
plantes seront creues on les tras-
plantera et selon paladius no pas
plus parfond que de deux paulmes
ou de trois couuers de terre et quat
larbre sera tendre on le nettopera
tout alenuiron et mettra len vne
petite plante ou deux au plus en
chune fosse et ne les doit on pas me
tre trop loing lune de lautre afin

o. ii.

qͥlles defendent lune lautre & lardeur du soleil·On les doit enter en
lieux froiz en ianuier et en feurier
et en lieux chaulx en nouembze et
par especial emprzes terre es plus
beaulx raioeaulx et tenãs przes de
la tige ou de larbze car enhault ilz
ne tendzoiẽt point ꞯ On ente le pes
cher en sop et en agmãdier ou pzu
nier ou mois dauril ou en map en
lieux chaulx·En ptalie on le peut
ẽter en map et en iuing a loiselet
cest adire a lemplastre car len tren
che le trõc par dessus et lemplastre
len de plusieurs gettõs cõme dessⁱ⁹
est dit Jap trouue pescher ente sur
pzunier ou mops de feurier qui e-
stoit tresbiẽ venu On le doit destoz
tiller en autõpne et le fumer de ses
fueilles et le doit on retailler en o-
stant seulemẽt les choses sechef et
arres car qui osteroit le verd il secheroit sicõe le dit paladius mais
lexperiẽoe p cõtredit en nostre faoe
car en iuing qui oste les gettons
qui sõt venus en lieu non deu larbze en est fait plus bel et envault
mieulx maiz pzauẽtuce les lieux
estoient plus secs en sa contree et
trop·Peschers sechent de trop grãt
ardeur de soleil et pource on les doit
aider par souuent leur donner humeur au vespze et de mettre aucũs
obstacles cõtre lardeur du soleil si
cõme dit paladius mais cest a en-
tendze en lieux trop chaulx et trop
secs car il nen est point de neoessite
en pais qui est atrẽpe·On doit lais
ser au peschez vne seule tige qui soit

vng peu esleuee par dessus terre et
se larbze languist on gettera ala
racine de leaue meslee auecqs lpe
de bielz vin·Se la bzupne le fiert
on doit mettre du fiens encõtre la
racine ou lpe devin et eaue auecqs
cõme dessus est dit Ou qui mieulx
est on p mettra eaue ou feues auront este cuites cõme dit paladius
Se les vers lassaillent oendze mes
lee auecqs lpe de huile les estaïdza
ou ozine de beuf meslee auecqs le
tiers de vin aigre·Se les pesches
en cheent on doit descouurir les ra
cines et ficher ou tronc vng coing
dun arbze appelle lentiscus ou de
teroebintus sicõe dit paladius·oes
deux arbres font la poix resine·ou
q̃ la tige soit peroee ou milieu dune
tariere et p ficher vng coig de faux
Se les pesches sõt rides et flestries
ou pourries len trenchera lescoroe
entour vng trõc et quãt aucũe hu
meur en sera saillie on recouuzeza
la playe dargille ou de boe meslee
auecqs paille·Cõtre les vioes et des
fault du pescher moult p vault et
pzouffitte que len pende aux bzan
ches vne chose nõmee spartea·Len
peult garder pesches par oster les
noiaulx et les secher au soleil ou
que les noiaulx ostez on les consi-
se en miel et lors elles sont de tres
plaisante saueur·On les peut aus
si garder se len estouppe le nombzil dune goute de poix chaulde et
puis les mettre en aucun vaissel·
ꞯ Les pesches sont froides et moi
stes ou secõd degre et engendzent

fleume On les doit menger a ieun
et puis on doit boire apres bon vin
viel et de bonne oudeur. Il est deux
manieres de pesches Les unes sot
grosses et moles et ont plus deaue
car elles ont plus de froideur et de
humeur. Et les autres sont men-
bres fermes et dures et sont plus
terrestres froides et seches aucune
ment et par especial quant elles ne
sont pas meures sur larbre ou qlles
sont crues et vertes. Le ius
des fueilles du pescher beu gette
hors les vers et aussi qui en faict
ung emplastre et le met sur le no-
bzil. Selon auicenne qui gette du
ius des fueilles de pescher dedens so
reille il tue les vers Les pesches
meures sont bones a lestomac et
si ont vertu de donner appetit de menger et ne les doit on point menger
apres autre viande pource quelles
se corrompzoient et si la corromproient
Les pesches seches sont de tardiue
digestion et ne sont pas de bonne
nourreture combien quelles nour
rissent assez et les pesches meures
adoulcissent le ventre et amolient
et les vertes le serrent.

¶ Du palmier xviiii. chap.

Palmier est ung arbre qui por
te dates Il veult air chault
et atrempe Et en chault climat il
meurist son fruit auant puer maiz
es froitz climatz comme le cinquiesme et le sixiesme il ne le meurist
fors aps puer et au comencement
de printemps ou deste Mais vers le

septiesme climat il bourione et ne
vault riens pour le froit Et a mieulx dire il ne peut viure ou sizies
me climat et a peine peult il viure
ou cinquiesme Il demande terre sa
blonneuse et pouldreuse Et est certain que les lieux ou les palmiers
croissent si ne sont point prouffitta
bles a aultres fruiz. ¶ On seme
le palmier par ses plates en auril
et en may et quant on met la plate en terre on y met de la grasse ter
re audessoubz de la plante ou entour. Aussi seme len les nopaulx
en octobze mais quilz soient nouueaulx et non vielz ne alterez et
doit on mesler au semer de la cedze
auerques les nopaulx mais on
doit sauoir que a peine peult venir
dun noiau ung palmier qui croisse
et pource en doit on mettre plusieurs ensemble pource que la plan
te qui vient dun noiau est si feble
quelle ne peut faire tronc qui puist
soustenir larbre mais plusieurs
plantes ioinctes ensemble et nees
parfont le tronc de larbre Et encores combien q les noiaulx et graine
des autres arbrez aient vertu hour
ionat les ungs enhault les autres
ebas les autres zuiron et les autres entour Le palmier a so noiau
ainsi come audes et la il a ung trou
estroit et long dont son germe yst
Et pource seroit bone maiere de les
plater que len preist deux noiaulx
de date et quilz feussent cousuz en
toile lun trou dun noiau applique
iustement contre lautre et q ainsi

o.iii.

feuſſent plantez enſemble en telle
maniere que lune plante ſe ioigne
en lautre et lors laVertu des deux
conioincte pourra faire le tronc et
larbre plus parfaict pource que le
palmier dune Vertu ne prouffitte
point tant pour le ſexe qui eſt plus
diſticte en ceſt arbre que es autres
et auſſi pour la feblesse du tronc et
auſſi le palmier maſle ne fait point
de fruit tout ſeul mais quãt il eſt
plante empres femelle il ſe encline
Vers elle en telle maniere que les
rainceaulx de lun et de lautre ſen-
tretouchent. et la coniunction des
rainceaulx de la femelle faict com
preſſion aux rainceaulx du maſle
et lors les palmiers ſe departãt et
deſſeurent denſemble et concoit la
femelle non pas par ſubſtance gettee hors du maſle mais par laVer
tu de lup et peut eſtre ce prouue et
teſmoigne par les oeuures des laboureurs car quãt le maſle et la
femelle ſont plantez loing lun de
lautre ilz arrachent les rainceaulx
du maſle et les mettent ſur la femelle et lors la femelle les eſtrait
entre ſes brãches et entre ſes four
ches et en concoit. Et puis que ceſt
choſe certaine q la femelle ſe charge de fruit par la cõmixtion duVẽt
qui lui porte leſperit et lumeur du
maſle ce neſt pas de merueille ſe la
femelle qui a empres ſop pluſieurs
maſles et ſemences qui lup aidẽt
et Valent a ceſte impregnacion et
meurement ſe la plante et le fruit
en Valent mieulp meſmemẽt qſ-

le a la Vertu et ſubſtance de pluſieurs maſles On doit tranſplanter le palmier quant il eſt dun an
ou de deux et le doit on ſouuent fou
pr a lenuiron en iuing ou au com-
mẽcemẽt de tuillet afin que par ar
rouſer il ſurmonte les ardeurs deſte. Les eaues aucunement ſalees
aident aux palmiers Se larbre eſt
malade on le deſlacera et retrenche
ra et y mettra len lpe de Vin Vielz
ou len extrẽchera les cheueux qui
ſeront a ſuperfluite ala racine ou
len fichera Vng coing de ſaulp entre les racines eſlargies. ¶ palmier croiſt a grãt peine et dure lõ-
guement et ne fait point de fruit q
il nait cent ans ce dit plinius Et de
uons ſauoir que ce fruit de dates
ne depend point des raĩceaulx de lar
bre par queues q len appelle cotiſſ-
dons aĩcois ont ſieges ou elles ſõt
ſur les rainceaulx ſans mopen et
encores qui eſt plus a merueiller
en Vne chũne eſcorce elle gette et
fait ſon fruit ſur les raĩceaulx ou
le fruit eſt la qſle eſcorce ne ſe euure pas par chault cõme la roſe le
liz et pluſieurs autres fruitz aincois ſe euure par la partie dembas
deuers le rainceẽl. Ceſt arbre a ou
ſouuerain ſõmet Vne capſe ou Vne
huchete en la qſle eſt contenue Vne
mole ſubſtance qui moult approu
che ala ſubſtãce de la date. et quãt
on la trenche le palmier ſi ſeche.
Les dates ſont chaudes ou ſecõd
degre et moiſtes. et engendrent
gros ſang et ſont de forte digeſtion

toutefuoies elles font plus digera
bles que figues et fot mieulx vriner mais ceulx qui font acouftu-
mes denvfer fi efcouret côftipacion
de fope et de rate et durete enfleure
et groffeur ·dates nuifent aux gẽ
ciues et aux dens et font douleur
en fozifice de leftomac·

¶ Du ppn   xxv·chap·

Ppn eft ung arbre affez congneu et ficomme len croit il
prouffitte a toutes les chofes qui
font foubz luy· Il aime lieux pres
de la mer et lieux grefles entre mõ
taignes et pierres et y eft pl9 gafte
et plus hault· et es lieux qui font
moiftes et venteux la croiffance
des arbres en eft pl9 ioyeufe mais
on appliquera a cefte maniere dar
bres efpaces ou mõtaignes qui ne
peuet eftre prouffittables aux autres et pource foient diligemment a-
rez purgez et appareillez ces lieux
ala coftume de fozment et puis femez et couuerz a ung petit farcloiz
et que les grains ne foient mis en
parfond que cinq doiz feulemẽt et
quant ilz feront nez quilz ne foiẽt
pas tranfportez pource quilz ne cõ
prennent pas de leger et fi croiffent
a peine et ne les doit entailler en ql
que temps pource quilz mouzroiẽt
Et ou lieu ou le rainœl eft trenche
ou que la racine foit taillee lautre
ne reuient point· On le feme de fes
noiaulx qui aient efte auant tẽps
en eaue par trois iours En chauldes côtrees et feches ou mois doc-

tobre et de decembre· et en contrees
froides et moiftes en feurier et en
mars Aucuns dient ql le frupt du
ppn peut croiftre et adoulcir mais
ilz procurent les plantes par telle
maniere· Ilz prennẽt plufieurs fe
menœs enfemble et les mettẽt en
aucun godet ou efcuelle de fuft et
lemplent de terre et de fiẽs et fe tou
tes ne viennẽt a bien ilz laiffent
celle qui eft plus ferme et oftẽt les
autres et fe elles ne prennent bône
croiffance que on en tranfporte iuf
ques a trops plâtes en ce godet ou
efcuelle de fuft qui fera tenue et deliee et mife en terre et quãt œla fe
ra caffe et pourry ilz donnent grei
gneur largeffe de terre a leurs racies et toutefuoies ilz meffẽt graf
fiens auecques la terre· Et fe doit
on bien gardẽr que la racine qui eft
lôgue et droitte foit trãfportee tou
te entiere et feine iufques au bout
On doit gardẽz larbre def beftez tât
cõe il eft tẽdre feulemẽt et quil ne
foit deffoule quant il eft trop feble
Le retailler et la putacion fe prou-
uent feullemẽt nouueaulx arbzef
de ppn afin q lacroiffemẽt q len ef
pere foit double· On dit q les vers
croiffent legeremẽt foubz lefcorce
du ppn qui le rungẽt et deftruifẽt
le bois et pource larbre dure plus
long tẽps quãt on le defpoulle fouuent de fes efcozces· Les pômes de
ppn fi peuent eftre fur larbre iufques en nouembre et doit on cueil
lir les plus meures auant que
les noiaulx foient pourritz qui ne

o·iiii·

peuent durer se ilz ne sont purgez
Toutesuoies aucus dient pour cer
tain que qui les cueille auecques
leur escaille et soyent mis en potz
de terre neufz et que ces potz soient
parempliz de bonne terre que ilz se
gardent bien. Les ppns sot chaulx
et moistes ou second degre et selon
auicenne ilz sot chaulx et moistes
ou troiziesme degre et ont vertu de
adoulcir et de amoistir et aucune
maniere de ouurir. Cest tresbonne
viande pour gens qui labourent et
sont malades es parties espirituel
les et de apostume de froide cause et
de humeur et aux gens qui ont seche toux et feble esperit et ne peuet
auoir leur alaine ne respirer. Ilz
croissent le sang aux ptisiques et
a ceulx qui ont leur char perdue.
ilz enflambent luxure On les peut
donner tous seulz et aussi auecqs
sirop ou electuaire ou en viande.
Lescorce de dehors quat le fruit est
pmierement prins de larbre vault
contre la toux se on la cuit bien en
eaue et puis quelle soit mise sur les
charbons et que le malade en recoiue la fumee.

Du poiure   xx vi. chap.

Poiure vient sur ung arbre
petit qui naist croist et fructifie tresbien ou pmier climat ou
signe de lescreuice ou il a grant ardeur du soleil et par especial en la
motaigne qui est nomee cancasus
dont psidore dit q les serpens gardent les forestz ou le poiure croist.

Mais les gens de celle terre ardent
les boys quant le poiure est meur
et sen fuiet les serpens pour le feu.
et par le moien du feu les grains
du poiure qui sont blans de nature
si deuienet noirs et ridez. Mais dia
scorides dit que les sarrazins de cel
le contree le mettent ou four pour
luy oster la vertu generatiue afin
que sil estoit seme en aultres contrees par le monde que il ne peust
croistre Il naist aussi es parties a-
trempees mais il ny fructifie poit
et pource quant a nous no9 ny deuons poit estudier a le semer pour
ce quil ney vendroit point de prouffit. Poiure est chauld et secq ou
troiziesme degre et a vertu dissolu
tiue et cofortatiue. Qui met de la
pouldre au nez elle faict esternuer
et netope le cerueau de fleume superflu. Le vin ou poiure et figues seches seront cuiz netoie les parties
espirituelles de glueuse humeur et
vault merueilleusemet contre asi
ne. fropt cest adire a ceulx qui ont
courte alaine. La pouldre de poiure
mengee auecques figues fait dige
rer et coforte moult. Poiure nest
pas prouffittable a gens coleriqs
ne aux sanguins pource que il dis
soult et aucuneffoiz fait venir me
selerie. pouldre de poiure mise sur
la char la runge pource quelle est
corrosiue. Auicenne dit que la poul
dre de poiure mise au palais auec
ques miel est prouffittable a squi-
nancie et qui la boit auecq vin aigre elle netope le polmon Et aussi

qui se oinct vers la rate elle vault
contre les apostumes de la rate et
si faict bien uriner et met le frupt
hors du corps et si corrompt le frupt
apres sa nouuelle conception

¶ Des sorbes   xxviii. chap.

Sorbe est ung arbre assez cô-
gneu et en sont de deux manieres de fruitz car lun est petit et
rond et vient de la femelle et lautre est plusgrant et long dun cou-
te et agu et vient du masle Il ayme lieux moistes et prouchains a
lieux froiz et se delite plus en montaignes et en lieux pres de montaignes que en valees loing de montaignes et demande terre tres graf-
se et en monstre certain signe en qlconque terre quil naisse. On les seme en lieux froiz en iauier feurier
et mars. et en lieux chaulx en octobre et nouembre. et le monstre tresbien car ou semoir les pomes sont
meures Se aucun en veult mettre des plantes faire le peult franchement mais toutesuoies que ce
soit en lieux chaulx en nouembre
en lieux froiz en mars et en lieux
atrempez en ianuier et feurier. et
doit on mettre forte et ferme plante. et demande siege hault et parfond
de fosse et larges espaces afin qle
vent qui grandement leur prouffite en les demenant les remue souuent et quilz en croissent pl9 haulx
¶ On les ente ou mois dauril et
en la fin de mars en coigner ou en

au bespine combien quil parviengne
bien petit soubz lescorce et ou tronc
et sicomme il me semble il se peut
aussi bien enter en pommier. Quant
le temps est sec il amende de arrouser et de souuent le soupr on le doit
fourmer en telle maniere quil nait
que une seule tige esleuee de terre
de dix piez ou de douze. Se les vers
lassaillent qui sont roux et velus
et qui ont acoustume de runger le
moien de la moele len en sachera
aucuns sans faire villenie a larbre et puis soient ars et bruslez en
ung feu bien pres car paladius dit
que les autres qui cuideront escha-
per seront par ceste maniere prins
et perdus. ¶ On garde les sorbes
par telle maniere Quant elles sont
cueillies on prent les plus dures
et les met on adoulcir en vaisseaulx de terre pleins ou pres q pleis
et les enclost len et serre et auironne de plastre et puis les met on en
une fosse dun pie en parfond en lieu
sec et au regard du soleil la bouche renuersee et puis couuers de
terre et foulee. et aussi on les peut
trencher en trois lieux et les mettre secher au soleil ou les trencher
par le milieu et secher et puis les
garder nettement et quant on en
vouldra vser les tremper en eaue
chaulde et elles seront dune plaisât
et agreable saueur mais les aucuns les pendent par les queues
toutes vertes et les mettent en
lieux secs et obscurs. On fait vin
de sorbes meures ainsi côme de poi-

res Le bois de sorbe est ferme et nõ pas courroiant mais leger et qui tost se brise et pource on le aplanie trop bien Et est tresbon et couena ble aux vaisseaulx descrins et de planches qui requierēt beaulte et resplendissāt souefuete par dehors mais le bois en est rouge. Les sor bes sõt froides et seches et restrai gnēt le vētre et feussent elles ores tres parfaictement meures

¶ Dun arbre appelle zezoule.
xxviii.chap.

Zezoule est vng petit arbre moult rongneux et qui a moult de fueilles ainsi comme en vng petit raincel cōioincte ensem ble Et en puer elles cheent toutes a vng coup et en est le frupt pareil aux noiaulx de roses ou a oliues et si na que vng noiau et en est le bops grandement rouge par dedēs et bel et ferme et pource en fait on de tresbeaulx instrumens de musi que par especial guisternes vieles et citoles Il demande air attrempe et si ne redoubte point le froyt et si vault mieulx en terre grasse et ferme. On le seme ou chāp semoir de ses noiaulx en nouembre ou en feurier bien assis et diligemment nourris Et quant ilz seront creuz de deux ans ou de trois on les trã plātera ailleurs et aussi les seme len par plātes qui naissent sur les racies de la mere. et ie crop que on les peut enter en aubespine et par auenture en prunier en bois tren

chie en feurier et en mars Et soyt fourme a vne seule tige esleuee par dessus terre de siy piez ou enuiron. on cueille les zezilles en temps de vendēnges quant on pvoit la rou geur ou la diuersite de couleur et est vng fruit bien delectable a mē ger.

¶ Du zampre. xxix.chap.

Zampre est vng petit arbret qui desire air chault ou atrē pe et terre graueleuse & liee et poul dreuse et ainsi cōme brehaingne et par especial il vient bien sur la ri ue de la mer ou en mõtaignes bre haignes ou il ya terre pouldreuse que len clame doulce arene maiz il ne vit point en lieux moistes pleis deaue ne en valees pource que trop grant humeur le corrompt et il est soustenu de seche et petite nourretu re. ¶ Il est deux manieres de zam pre. Lun est masle et est esleue en hault et faict peu de fruit. Et lau tre est femelle qui espant ses rain ceaulx empres terre ainsi cōme en serpent et fructifie merueilleuse mēt et ainsi comme en toutes les saisons delan et si vient son frupt a meurete et est rouge et gros cō me petites cerises et est le meilleur et le plus bel. mais le fruit du pre mier est menu et noir. Cest arbre est sauuage et de sa nature il viēt es lieux dssusdiz sãs semer et tou tesuoies se on le veult enger on le semera de ses noiaulx ou par plan tes arrachees de lieux secs et mes

gres et mifes ou len vouldza · Et
ne doiuent eftre fes racines gueres
mifes en terre car il na meftier de
foffoiez fe le lieu neftoit trop ars et
le doit on femer en feurier et auffi
en mars Il ne le conuient poĩt four
mer ne trêcher fe ce neftoit que au
cun pour fon plaifir voulfift efle
uer le mafle chault · On doit cueil
lir le fruit lun apzes lautre quãt
il appert eftre meuz par fa noirceuz
Le bois en eft tres bel et rouge de
grant oudeur et aucunemẽt de plu
fieurs couleurs et eft trefbõ pour
faire haftes pource quil donne ala
char fa bonne oudeur quant elle y
eft roftie et auffi en fait on trefbel
les cuilliers Le fruit en eft chault
et fec et vault grandement contre
froide toux qui en mengue et auffi
quant il eft cuit en vin q̃ on le mẽ
gue et boiue le vin · Qui en pzent
les branches auecq̃s le fruit et lef
fueilles et les cuit en vin ou en ea
ue et puis que on les mette tous
chaulx en vaiffeaulx qui fentẽt le
mugue et font infectz de muffe et
que len eftoupe le bondonail et que
le vaiffel foit trefbiẽ remue de tou
tes pars et il fera guerp de celle in
fection et donnẽt trefbonne et tref
fouefue oudeur et tres plaifant·

¶Apzes fenfupuent les chapitres
des arbzes qui ne pozteut point de
fruit. Dõt le pmier eft de amedan
autrement dit aulne·

Amedan autremẽt dit aul-
ne eft vng arbze qui ne fe
laboure point et croift en
eaue et palꝰ et fy delite Il ne vault
riens a fozger a edifier et charpen-
ter mais il eft neceffaire pour faire fondemens qui veult faire gros
ouurages en palꝰ et lieux moiftes
car qui le met vert foubz terre il y
gette tantoft fes racines et quant
il en ya plufieurs pieux mis lun
empzes lautre ilz fe conioingnẽt et
fot ramenez tout a vng et fot vng
cozps tres fozt qui eft vng fondement tres durable On en fait auf
fi tres bõs trenchoirs et durables
et auffi efcuelles et aultres vaiffeaulx qui ne fe fendent pas legerement

¶ De aperus ·　　　　　ii · chap·

Aperus eft vng arbze affez
grãt qui eft trouue es mõtaignes et eft trefbõ pour faire hê-
naps efcuelles et plateaulx et tou
tes deliees oeuures car fon boys
eft blanc et fozt et le polift on tres
bien mais les efcuelles fen fendẽt
legerement au feu qui ne les faict
de quartier ceft adire du bois fendu en quatre quartiers ou de la ra
cine qui eft toute pleine de neuz ou
de nerfz

¶De anozmis　　　　　iii · chap·

Anozmis eft vng petit arbze
qui croift es mõtaignes du
q̃l lefcozce du milieu dõnee a boire
ou en viande lafche le ventre tres

merueilleufement;

¶ De agnus caſtus· iiii· chaꝑ.

Agnus caſtus ou aignel cha
ſte eſt vng petit arbzet qui
eſt tout temps vert et croiſt le pl⁹
en lieux pleins deaue et en lieux
ſecs le moins Le fuſt en eſt dur et
les fueilles ſont telles côme de lo
liue mais elles ſont plus legeres
Il eſt chaulð et ſecq ou troiziefme
ðegre et ſelon auicêne il eſt chaulð
ou pmier ðegre et ſec ou ſecôð· Les
fueilles et les fleurs ſont bonnes
pour meðicine et valêt mieulp leſ
fleurs que les fueilles Les fleurs
ſôt appellees agnus caſtus ou ai
gnel chaſte qui ſont cueillies en
printemps et ſont garðees par vng
an ſeulemêt et valent mieulx les
vertes que les ſeches On lappelle
chaſte aignel car il refraint la lu
pure et fait cellui qui le pozte cha
ſte côme vng aignel· Le pyt qui en
eſt ionchie et auronne refraint et
oſte larðeur de lupure et defenð de
polucion et la verge ðzecer· Ou
côme ðit auicenne que on laue et
baigne les genitoires en leaue ou
elles ſeront cuites et que on boiue
ðautelle eaue· Contre la gomozze
on cuira vng peu ð caſtoz ou ius
ð aignel chaſte et le boiue len et ꝗ
len cuiſe les fleurs et les fueilles
en vin aigre et que len p aðiouſte
vng peu de caſtoz et quil ſoit êpla
ſtre ſur les genitoires ¶ Et ðeuôs
ſauoir ꝗ aucunes choſes eſtaignêt

la lupure en eſpeſſiſſant la ſemen
ce côme ſont la ſemence de laictue
citrules mellons cucumeres cour
ges pourcelaine ſta vin aigre cau
fre et telles choſes · Autres choſes
ſont qui leſtaignent en affebliſſant
leſperit et en ðegaſtant la ſemence
côme rue maiozane aignel chaſte
cômun calament et anet car ces
choſes ſôt aperitiues qui oeuurêt
exterminêt ðiſſoluent et ðegaſtent
la ventoſite et auſſi leſtuue laueu
re et le baing de la ðecoction ð aig
nel chaſte ſeche la ſuperfluite ð la
marris et reſtrait la bouche ð la
nature ð la femme· La ðecoction
ð aignel chaſte et vache et ſaulge
en eaue ſalee valent côtre litargie
ſe len en frote bien fozt la ðezcene
re partie ð la teſte· Auicenne ðit ꝗ
quant trop grant voulente ð com
paignie ðomme vient aup femes
et quelles ont trop grant arður ð
faire le fait on leur en fait vne ſuf
fumigacion par ðeſſoubz et elles
en ſont incontinent gueries et auſ
ſi les fueilles ð ceſt arbzet enchace
choſes venimeuſes

¶ Du bouix· v· chaꝑ.

Bouix eſt vng arbze petit qui
a le fuſt iaune et trefferme
et beau bois et eſt tout temps ve
ſtu ð belles fueilles et vertes et
en font les ðamoiſelles chapeaulp
On le peut plâter par arracher au
cunes planteletes ðes racines ð
la mere et ð la ſouche et les replâ

ter·Et encores se peut faire par ses
raiceaulx desnuez de fueilles fichez
en terre et reprennent·Qui cuist en
eaue la rasure du bouyx et quelle
soit de puis pource quelle est froide
et seche Elle restraint le flux sicōe
dit Dyascorides et si tainct les cheueulx qui les laue souuent de la decoction On fait du bouyx tresbons
pignes cuillers manches de cou-
teaulx tables de cire et comptoirs
et toutes aultres petites choses
qui requierent beau boys pour en
tailler car il recoit et retient bien
proprement toute telle fourme que
len luy veult bailler et p entailler

¶Du buisson   Vi·chap·

Buisson autrement dit ronce
est bien cōgneu et est moult
couenable pour les haies car il les
fait bien fortes espesses et poignas
mais pource quil est feble il ne souf
firoit point par soy aincois p conuient adiouster autres arbres qui
le soustiennent qui soient si fors et
fermes quilz ne les blessent point·
¶Le buisson ronce est plante de ses
gettons dont len treuue assez car
les boutz du buisson rōce touchent
a terre·Ilz cueillent racines qui
peuent estre replantees et regettent
tantost·Les fruitz en sont meurs
quant ilz sont noirs et en mēguet
les femes et enfans moult voule
tiers mais cest tresbōne viāde pour
pourceaulx On les plante aussi de
leur semence meuremēt cueillies

et sechees et gardees iusqs au cōmencemēt de printemps car il est
lors temps de les semer·¶Le buis
son ronce est chault et secq comme
dient aucuns mais constantin dit
que les sōmetz sōt stiptiques et valent contre arsure et contre chauldes apostumes et pource il semble
quil soit froit et secq·Cōtre la rou
geur des peulx les turiōs du buis
son ronce broiez auecques aubin
doeuf et du saffren dedens et puis
mis dessus Contre toutes arsures
fondez cyre bonne et nette et p met
tez de luile rosat et puis le ius de
turions de la ronce en bonne quan
tite·Contre chauldes apostumes
les fueilles des sōmetz broiez auec
qs eaue rose et puis emplastrez des
sus Contre dissintere le ius des tu
rions de la rōce auecqs eaue dorge
soit prins pour clistere Ou que len
prengne des turions de la ronce et
soient broiez auecqs aubin doeuf
et vin aigre et que on en face vng
ēplastre qui soit mis sur les reins
et le petit ventre·Et se ceste maladie vient du vice des parties denhault on prendra des lentilles rosties auecqs le ius de ronce et soiēt
meslez ensemble et puis soient mē
gez·
¶De brillus autrement dit osier
                    Vii·chap·
Brillus est vng petit arbret
qui naist en grauiers et riuieres et a plusieurs vergetes et
gettons tres beaulx et les cueille
len ou moys dauril quant le ius

sesmeut en eux et hors on les trait
hors des escorces et puis on en fait
corbeilles cannes caiges pour oy
seuly et pour secher frômages et
pour faire panniers a mettre pain
et fruit et de leurs racines sôt lpez
les manches des faucilles et au
tres choses atailler bois et vignes

¶Du cypres. viii.chap.

Cypres est vng grant arbre
et bel et qui est tousiours
vert et pource on le plante voulen
tiers en cloistres de religieux. Le
boys en est tresbel et tres odorant
et en fait on de tresbeaulx aiz q̃ lô
met sur les instrumens de musiq̃
côme guisternes et luz et aussi en
toutes autres oeuures deliees. Cest
arbre selon auicenne est chault ou
premier degre et sec ou second et di
ent aucūs quil est froit. Les fueil
les et les noix sôt stiptiques et def
facent les fueilles vne meselerie
appellee morphee et confodêt pla
yes et les noix aussi. Elles confor
tent les nerfz et leur amoliement
et restraignêt. La decoctiô des noix
du cypres auecqs vin aigre si oste
la douleur des dns.

¶Des cannes et roseaulx. ix.chap.

Cannes et roseaulx sôt assez
congneuz et demandêt terre
moyennemêt moiste et grasse. On
fait les plâtes de la canne et le lieu
par telle maniere. On fouist la ter

re egalement ou mois de feurier et
en petites fosses loing lune de lau
tre dun pie ou les oeilles des cânes
seront mis et couuers. Se la con
tree est chaulde et seche on doit or
donner aux cannes valees et lieux
bas et moistes. Et se la contree est
froide on les doit ordonner en lieux
moyens qui soyent plus bas que
les esgoux de la ville et les fourr
côme vignes et les ordonner egale
ment en terre Et doiuent estre tail
lees ou mois doctobre et de nouem
bre Mais sil en ya aucūes vieilles
on les nettoiera en feurier et oste
ra len les superfluitez et pourretu
res Et sil en ya aucūes qui naient
pas oeilles pour bouriôner lenfe
ra de leurs cannes pieux perches
et eschalas pour vignes et osteux
pour faire diuisions de chambres.
Et selô auicenne elle refroidêt tres
grandemêt. Les fueilles et les ra
cines des cannes et lescorce valent
a meselerie et ostent lordure. et la
racine auecques oignon sauuage
si sachent hors les choses qui sont
fichees en la char. et la laine qui
est sa fleur quant elle chet es oreil
les fait assourdir car elle se côglu
tine dedens et puis nen peut saillir
hors.

¶De erable. v.chap.

Erable autremêt dit plus
est vng grant arbre qui a le
boys moult blanc et ainsi comme
ayerus dont dessus est vng peu par
le et en fait on tresbons toucs aux

beufz et trenchoirs et escuelles et autres oeuures deliees.

¶ De laubespine. xi. chap.

Espine blãche autremẽt ditte aubespine est ung arbre assez petit qui est tresbõ pour haiez pource quil a tresgrandes et fortes espines et poignantz et si ne gette point ses racines en bourionnant par le champ Et si recoit tresbñ les gettons que len ente dedens lup de neffliers de periers et de põmiers et tresbien si reprennent et legerement mais ilz ne viennent point a parfaicte croissance de leur naturelle quantite pource que lespine nest pas de quantite pareille ausditz arbres. Il a ferme bops et blanc et pource il est bõ a faire platz escuelles et cueillers Aubespine est froide et seche ou pmier degre et vault leaue de sa cuiture aux instrumees des ioinctures et aussi a potagre et auec ce vault moult ala molification de lestomac.

¶ De espine iuifue. xii. chap.

Espine iudaique est la meilleure de toutes pour faire haies pource que a chune fueille elle a deux espines lune longue droitte et ague et lautre petite et retourse et si faict les haies espesses par le moien de ses druz bourions

¶ De espine crue. xiii. chap.

Espine crue nest pas moult prouffitable aux haies pour ce qlle nest gueres espineuse mais on en fait tresbons eschalas pour vignes et en sont moult prouffittables pource quilz durent moult longuement en terre

¶ Du fau. xiiii. chap.

Fau est ung grant arbre qui vient cõmunement en montaignes de quoy on fait tresbõnes lances et aiz et planches pour liures et aussi est tresbon en charpenterie en lieu secq mais il se corrõpt tres leegeremẽt par humeur. psidore dit que le fruit du fau est tres doulx et tres nourrissant. La moele est tres plaisant a souris Il engresse plusieurs bestes et est tres bon pour coupons et a aucuns autres bons opseaulx et les nourrist fort et fait leur char bien cuisable Le bops en est biẽ couenable a plusieurs choses mais il ne duze pas longuement pour les vers qui le menguent voulentiers et est tres necessaire a lart de voirrerie auant quil soit runge des vers pource q de la cendre dicellui auecqs aucunes autres choses le voirre est fait par la chaleur du feu

¶ Du fresne. xv. chap.

Fresne est ung grant arbre qui se delite en forestz grasses et moistes. Le bops en est bon pour ardoir et si est tresbon a faire cerceaulx a tonneaulx et a tynnes

et autres vaisseaulx et pour chars
et eschelles et si vault pour edifier
quant il est sec et non quant il est
vert mais il ne doit point toucher
a terre pource quil seroit tost corró
pu de lumeur Qui en coppe le bois
de trois ans ou de quatre il est tres
bon a faire perches pour vignes .
Plinius dit que les fueilles de fref
ne valent contre venin car qui en
sache le ius et le boit il vault grá
dement contre serpens Le fresne a
si grant vertu contre les serpens
quilz ne peuét souffrir son umbre
au soir ne au matin · Et qui met
ung serpent entre ung feu et les
fueilles du fresne le serpent se bou
tera auant ou feu q ou fresne · Les
fueilles et les escorces estraingnét
le ventre et aussi le vomir qui viét
du deffault de la vertu contentiue
quant on les cuist en vin aigre et
eaue de plupe et puis les met on
sur lestomac · Cest arbre est chault
et sec ou second degre sicóme le dit
ung nóme platearius ·

Du fraxinagol. xvi · chaß ·

Raxinagol est ung arbre sé
blable au fresne tát en bois
cóme en bráches et se delite en iar
dins et en lieux priuez labourez et
domestiques · Cest arbre fait fruit
qui a petiz grains qui sont noirs
quát ilz sont meurs et sont moult
doulx mais il ya peu ou neant de
char sur les noiaulx et quant ses
grais sót secs ilz se gardét moult

longuement ·

Du fusain . xvii · chaß ·

Usain est ung arbre qui nest
gueres grant et croist le pl9
es haies et en est le boys aucune
mét iaune et en faict on fuseaulx
saietes et caiges ·

Des genestes . xviii · chaß .

Eneste est ung arbret si pe
tit que souuétessois il est có
me de nature de herbe et naist com
műemét en mótagnes et en lieux
pres de mer et faict moult belles
fleurs et dont les dames font cha
peaulx · et si en peut on faire liens
pour pper vignes et rainceaulx · et
si peult on faire de genestes estou
pes qui seruiroient en lieu destou
pes de lyn ou de chanure ·

De pf. xix · chaß ·

F que aucuns appellét ta
pus est ung arbre qui croist
en mótaignes et en costieres pres
de haultes montaignes et est tres
bon pour faire arcs et arbalestes ·

Du peuplier. xx · chaß .

Euplier est ung arbre a al
barus resemblable tant en
grandeur cóme en fueilles et bran
ches mais toutefuoies le peuplier
seslieue plus hault et ne se polist
poit son bois Mais albarus estéd
ses branches au large et est son
bois plus bel et plus blanc pour
faire aiz et planches et autres edi
fices en lieux secs mais il ne dure

pꝰ lòng tẽps · Ces arbzes se deli-
tẽt en lieux moistes et par espãl le
peuplier et ne peuẽt durer en lieux
de montaignes ne pleins de pierres
ne de croie ⸿On les plãte en fichãt
les raiꞟeaulx en terre et reꝑennẽt
et viennẽt tres legeremẽt · Le peuplier a tefle pzopziete q̃ qui le retail
le en este tẽps il perist leegrement
et est appelle peuple pource q̃ qui le
retaille et plante il multiplie còme
vng peuple selon pfidoze Les rainœaulx dun an de deux ans et de pfꝰ
se peuẽt ficher en terre et reuiẽnẽt
biẽ legeremẽt On a trouue q̃ alba
rus quãt il a este taillie et que les
taillieures ont este espãdues q̃lles
se sont repzinses ou estes ont este
gettees et fõt creues et venues còme fozest · et aussi peut ce aduenir
par le peuplemẽt et germe des raci
nes qui se occupẽt tout autour de
larbze quãt il est coppe et puis sail
lent hozs et pource a este trouue q̃
cest arbze nuist grandemẽt aux vignes ·

⸿ De ourine · xxi · chap ·

Ourme est vng arbze còmun
q̃ fe plãte de ses planteletes
qui viennẽt de ses racies et croissẽt
legeremẽt et est cest arbze tresbon
a pozter et soufteniz les vignes qui
montẽt còtremòt Jl est tresbò pouz
faire trefz et par espãl aux maifõs
còbien quilz y durẽt peu et aussi a
faire moieux de charetes et de mou
lins et escheles et lymons de chariotz et charetes et banquars et
bois a fendze bois et a estraidze tõ

neaulx pource q̃ le bois est tenant
et ne se taille pas legeremẽt et si en
fait on fourches a fourchòs et toꝰ
autres instrumẽs qui requierent
ferme bois et qui mieulx se plope
sans rompze ne bzifer Et en fõt les
fueilles bònes pour nourrir beufz

⸿ Des rosiers xxii · chap ·

Rosiers sont arbzes biẽ congneuz et en sont les vngs
blãs et les autres rouges et aussi
en fõt les vngs frãcs et les autres
sauuages Les blãcs soiẽt frãs ou
sauuages fõt tresbònes et foztes
haies pource quilz ont bònes bzan
ches et foztes espies et si se reteur-
dẽt et entrelacẽt en tefle maniere
q̃ len ne peut passer parmi pour les
espines qui arrestẽt a fozce · mais
les rosiers rouges ont les bzãches
et espies febles On les plante par
plantes et vergetes diuisees en pe
tites parties et mises ou semoir
ou en semence gettee ou semoiz La
semẽce est recueillie dẽns les bou
tons rouges et congnoist on leur
meurete quant apz vendenges les
ditz boutons deuiennent iaunes et
molz · Se les rosiers sont vielz on
les doit fouꝑ autour et retailler
le secq et peuent estre retaillez les
rosiers tendzes et febles par leurs
gettons ⸿ La rose est froide ou pzemier degre et seche ou secõd · La ro
se verte et aussi la seche sont bonnes en medicine · On les seche vng
peu au soleil et les peult on apzes
garder par troys ans ⸿ Quant

p · i

len dit en medicine prenez rofes on
entend des feches pource q on les
caffe et pile mieulx On fait de ius
de rofes miel rofat et fucre rofat et
electuaire de ius de rofes Sirop rofat huile rofat eaue rofe ¶Le miel
rofat eft fait en la maniere qui fe
fuit· On cuift et efcume le miel et
puis eft coule et apres on y mect
fueilles de rofes et ofte len pmier
le blanc qui eft au bout et font trechees bien menu et puis on cuift
vng peu tout efemble et foet on a
loudeur quant il eft affez cuit et auf
fi ala couleur et met on en fept liures de miel vne liure de rofes et
ce peut on garder par cinq ans Il a
vertu confortatiue pour fa bone ou
deur et modificatiue pour le miel·
On le done en puer et en efte aux
fleumatiqs aux coleriquef et aux
melencolieux et auffi aceulx qui
font affeblies auecqs eaue et miel
rofat·pour mondifier leftomac de
froides humeurs vault miel rofat done auecqs eaue ou aura efte
cuite femence de fenoil et trois graif
de fel·Ou felon nicolas on le faict
en telle maniere En dix liures de
blanc miel tres pur et bie efcume
on met vne liure de ius de rofez fref
ches en vng vaiffel fur le feu et
quant il fe prendra a boullir on y
met quatre liures de fueilles de ro
fes vertes bie menues trechees
et le laiffe le tant boullir q leius def
rofes foit degafte et le doit on mou
uoir a vng bafton tat coe il bouldra et puis le mettre en vng vaif-

fel de terre et de tat qul y fera pluf
garde il vauldra mieulx il conforte
leftomac auecques eaue froide et
eftraint et auecqs eaue chaulde il
le netope et le done le au matin et
a midy Et en telle maniere fait on
le miel violat et vault a ceulx qui
ont fieure ethique qui le prent auec
qs eaue chaulde ou tiede Le fucre
rofat eft ainfi fait prenez rofes ver
tes et les pilez et broiez trefbie et
puis les mettez en vng vaiffel de
voirre et les laiffez par trente iourf
au foleil et les remuez chun iour
afin q tout foit bie mefle efemble
et mettez en quatre liures de fucre
vne liure de rofes et fe peut garder
par trois ans Il a vertu deftrain
dre et de conforter et vault a diffin
tere a lpeutere et dparrie qui proce
de de la feblesse de la vertu conten
tiue Et fi vault contre vomiffemet
coleriq et contre fincope et fanglout
et passion cardiaque quat elle viet
de la chaleur des parties efpirituel
les et lors on le done auecqs eaue
rofe ¶Le electuaire du ius de rofes
eft ainfi fait prenes fucre et ius de
rofes autat de lun coe de lautre de
chun vne liure et quatre onces de
fandale des trois manieres fiy on
ces fprodii trois oces dpagredii·vii
dragmes et de caufre vne dragme
et trepera tout enfemble ala four
me dun electuaire auecques le firop fait de fucre et du ius de rofez et
en doit on doner du grof dune chaf
taigne auecques eaue chaulf de a
leure de matines· Il vault contre

goutte chaulde et si purge la cole
rouge et œulx qui ōt eu fieure tier
œ et sont en cōualescœnœ en peuent
estre purgez chūn iour sās angoif-
se boute hors treffort les mauuai
ses humeurs qui sōt demourees ·
¶Sirop rosat est ainsi fait Aucūs
cuisēt roses en eaue et en cœlle cuit
ture mettēt du sucre et leur suffist
Aucūs autres le font mieulx Ilz
mettēt roses en aucū vaissel qui a
estroitte bouche et gettēt eaue bou
lant par dessus et le laissent ainsi
iusqs a œ q̄ leaue soit rouge et de œ
sōt le sirop Les autres brolēt roses
vertes et en sachent le ius et de œ
sōt leur sirop · et est œ derrenier le
meilleur et tresbō· Et deuōs sauoir
q̄ le sirop fait de roses vertez lasche
premierement vng peu et puis restraint maiz cellui qui est de roses
seches serre au cōmencœmēt et a la
fin On le dōne auecqs eaue de plu
pe ou de roses a œulx qui ont flux
de vētre ou vomissemēt colerique
et a œulx qui ont fieure auecques
eaue froide apſ œ quilz aurōt este
saignez et aussi a œulx qui sinco-
pēt·Selon nicolas on le fait par œ
ste maniere On prēt roses freschez
et les mēt on en vng vaissel par
soy et puis met on sur le feu eaue
en vne chaudiere iusques a œ q̄lle
bouille et puis quāt elle boult on
la gette sur œs roses et apſ on e-
stoupe le vaissel q̄ la fumee nē sail
le et quāt leaue pest refroidie on en
oste hors les roses et puis fait on
reboullir œste eaue et la regette lē

dessus autres roses fresches et le
fait on ainsi par plusieurs foiz en
rechāgant tousiours les roses iuſ
q̄s a œ q̄ leaue soit rouge et apſ on
prēt quattre liures de œste eaue et
quattre liures de sucre et les mect
on ensēble sur le feu et quāt il cō-
mēœra abouillir on prēt les aubis
daucuns oeufz auecqs eaue froide
et les bat on tāt q̄ ilz escumēt fort
et puis on gette œlle escume sur le
sirop en espandāt et quāt œlle escu
me se prent a noircir on loste tout
doulœmēt a vne cuiller et puis p̄
en remet on de laultre iusqs atāt q̄
il soit cler Et quāt il cōmœ a faire fil ētre deux dois qui se prendrōt
et eslargirōt ou quāt il filera a la
cuiller œst signe quil est cuit Ce sirop vault a ardeur a chaleur et se
cheresse de fieure et estaint la soif et
cōforte et restraint En œste maniere
fait on le sirop violat et le sirop ne
nuphar qui valēt cōtre tresgrans
chaleurs a tresgrās maladies ·
¶Huile rosat est ainsi faite Aucūs
cuisēt roses en huile cōmune et la
coulēt·et les autres cassent roses
vertes et les mettent en huile et
puis mettēt tout en vng vaissel de
voirre au soleil par cinquāte iours
et est bon Maiz selon nicolas on le
fait ainsi En deux liures duile cōmune biē nettoiee et lauee on met
tra vne liure de roses vertes en au
cūe maniere casseez en vng pot et œ
emplira le pot et puis œ pot sera
mis en vne chaudiere pleine deaue
suz le feu bn̄ pēdu et boulbza la tāt

quil nen demourra q̃ les deux pars
et feront ces deux pars mises en
vng sac de lin blanc et net et puis
sera espreint au pressouer et en ceste maniere fait on luile violat et
sabbatum et mirtū et valent ces
huiles contre agues maladies et
tres agues qui se oinct sur le foie
sur le poulx les temples les paulmes
et les plātes des piez pource q̃lles
estaingnēt la chaleur. ¶ On faict
eaue rose en plusieurs manieres
car aucuns ont vne paele de plomb
q̃ ilz mettēt sur vng fournel de ter
re et être le plomb et la terre met
tent cendres lespesseur de deux doiz
afin que leaue ne sente la fumee et
sur ceste paele de plōb mettent vne
chappelle de plōb qui a vng nez par
ou leaue descend en vne fiole de voir
re et puis on la pend au soleil par
aucūs iours et la elle se recuist et
apres est bōne a garder Les autres
qui veulent pl⁹ subtillemēt faire
si prennēt ceste chappelle et la met
tent dedēs vng chauderon plein
deaue au feu et la font bouillir et
soit en telle disposicion q̃ len puist
mettre de leaue dedens le vaissel en
lieu de celle qui se degastera au feu
et celle eaue sera tresbōne. Aucūs
enfilēt pampes de roses et les met
tent en vng vaissel de voirre en pē
dant au soleil en telle maniere q̃l-
les ne touchent au vaissel de qlcō-
que part et lestoupent tellement q̃
nulle vapeur nen peut yssir. Et est
ceste eaue la meilleur qui puist e-
stre mais il y a grant labour et si

en viēt peu deaue Ceste eaue a ver
tu de cōforter et restraindre flux de
ventre et vomissemēt coleriq̃. On
donnera eaue rose simple ou eaue
de la decoction de mastic et de girofle cōtre lesdiz flux et vomissemēt
et par especial cōtre le flux venāt
de la feblesse de vertu cōtentiue ou
contre lague violence daucūe medicine deuāt prinse qui auroit trop
mene a chambre. On le donne en
buurage a ceulx qui sincopent et a
ceulx qui ont cardiaque passion et
aussi on leur en gette cōtre la face
On la met es colires pour mal des
peulx et en oignemēs pour la face
pource qlle torche le drap de la face
et subtilie le cuir. ¶ Roses seches
mises au nez cōfortent le ceruel et
rappellent les esperiz. Contre flux
de ventre de cole vault eaue de pluie
ou roses auront este cuites et aus
si vault ace ēplastre faict de roses
et daubins doeufz et vi aigre quāt
on le met sur le petit ventre et sur
les reins Cōtre vomissemēt cuises
roses en vin aigre et moilles vne
espurge dedens et la mettez sur la
bouche de lestomac Contre sincope
vault leaue de la decoction de roses
et aussi fait pouldre faicte des roses prinse dedens vng oeuf mol Cō
tre la rougeur des peulx qui y sēt
pointure valent roses cuites en ea
ue et mises sur lueil. La fleur de
roses qui est dedens est nōmee au
cera et vault moult cōtre flux et
vomissement. La pouldre de celle
fleur mise sur la luete degaste lu-

meur de celle luete · Et deuons sauoir que le ius de roses vertes se
peut garder par vng an en vng vaiſ
ſel de voirre Auicenne dit que la ro
ſe adreſce la puaſiue de ſueur quãt
on la met en baing Et qui fait em
plaſtre de roſes bien caſſees et non
eſpreintes et le met ſur apoſtumeſ
chauldes il les diſſoult·

¶ Du roſmarin   xxiiii · chap·

Roſmarin eſt vng petit arbzet
bien odozãt qui eſt tout tẽps
vert et reſẽble aucunemẽt a zam
pre dont deſſus eſt parle et pource
lappelle len roſmarin · On le plãte de plãtes qui yſſent de la racine
de leur mere et de rainceaulx fichez
en terre ou temps que len fait les
autres plantacions Il eſt chauld
et ſec mais lexcellence neſt point de
terminee en quel degre Les fleurs
et les fueilles ſont bien medicinables La fleur eſt appellee anthos
dõt lẽ fait le lectuaire appelle dyã
tos Ceſt arbzet eſt appelle lauoti-
des ou detrolibanes et quãt il diẽt
en aucũe recepte on y met les fueil
les Les fleurs et les fueilles aucu
nement ſechees au ſoleil ſe gardẽt
par vng an et ont vertu de cõfozter
pour leur oudeur aromatique et de
diſſouldze pour leur chaleur et de
nettoper et de torcher et de gaſter
pour leur ſechereſſe Et ont vertu
diafozetique pour leur chaleur cõ
tre ſincope et cardiaque vault dyã
thos auecq vin et auſſi faict cuire
les fleurs en vin et boire le vin ·
Cõtre froidure deſtomac et a cõfoz-

ter leſtomac vault dyanthos et
auſſi le vin ou eſt cuite la fleur a-
uecqs maſtic Cõtre la douleur des
bopaulx et de leſtomac par vent
vault le vin ou eſt cuicte la fleur
auecqs le vin et cõtre froidure du
ceruel len cuira les fleurs du roſmarin en vin et q̃ le malade ait le
chef biẽ couuert et en recoiue la fu
mee Cõtre lumeur de la luette on
gargariſera du vin ou du vin aigre ou ſera cuicte la fleur · Contre
lepeſchemẽt de briner les fleurs
ou aumoins les fueilles cuittes
en vin ſoiẽt eplaſtrees · Pour nettoper la marris et aider a cõceuoiz
on fera vng baing par deſſoubz de
leaue de la decoctiõ de rõmarin Les
femes mettent des fleurs cuites
en huile par leur ſecret lieu·

¶ Du ſapin   xxiiii · chap·

Sapin autrement dit abies
pielle et aſere ſõt ainſi cõme
tout vng arbze· on ne les laboure
poit et biennẽt beaulx et grãs en
lieux pleis de neiges et to⁹ ſõt mer
ueilleuſemẽt haulx et dzoit eſle-
uez et ont fueilles vertes en toutes ſaiſõs On en fait arbzes aui-
rõs et autres choſes pour nefz biẽ
grãdes auſſ̃ les nulz aultres arbzes ne pourroiẽt bien ſuffire Ilz
ſont treſbons en toutes oeuures
de edifices pource que ilz ſont legers et roides et de bõne duree Les
aiz et planches qui en ſont faictes
aournent moult bel tous hoſtelz
et auſſi lieux ou elles ſont miſes ·
Auſſi on en faict vaiſſeaulx pour

mettre vin tant grans côme petiz
mais le vin que len y met se tourne legerement en vin aigre Arese
est bon par espâl pour faire seaulx
a porter eaue Mais sapin et pielle
sont legeremêt empirez par eaue ·

Du sicamor · xxv · chap ·

Sicamor est vng petit arbret
presques pareil au sanguinon en bois et fait tresbelles verges et est son escorce tres belle et
tient si fort au bois que len en fait
moult beaulx manches a coute-
aulx et croist cômunement le sicamor en bois qui sont pres de montaignes

Du saulx · xxvi · chap ·

Saulx est vng arbre cômun
ainsi appelle pource que il
sault tâtost quil est plâte en croissant enhault · Cest arbre se delite
moult en lieux moistes et graueleux et en palus et ne gette pas ses
racines moult en parfond · On plâte le saulx tresbien sans racines
en terre perce dun pieu et y mect
on vne plante de deux ans et puis
doit on remplir le trou de sablon
ou de terre deliee se la terre ou il sera plante est croieuse et apres met
on de la crope dessus et se la terre
ou il sera plâte est deliee il doit suffire que le trou soit emply de la terre mesmes Et luy prouffitte bien
quant il est plâte en tel regard du
ciel côme il estoit sur larbre · On
doit planter le saulx en octobre et
nouembre et en feurier et encores
vault mieulx en mars quant la

seue et le ius verd se reboutte es
brâches qui sôt sur larbre · et quât
il est plante ou retaille en auril et
en may tout ce qui est en la tige
fors que le sômet denhault et au
trois ou au quatriesme an on taille tout egalement six piez par des'
terre mais se le saulx estoit fourme en maniere que la teste ne fust
par dessus terre fors deux piez seulement il en getteroit plus nobles
meilleures et plus longues perches et si dureroit plus lôguemêt
pource que cest arbre de tant côme
il est pl' bas et pres de terre de tât
il habonde plus en ratnceaulx et si
en est plus aisie a tailler maiz toutesuoies se bestes y hantent il en
est en plusgrant peril destre rungie
On doit planter les saulx a huit
ou dix piez loing lun de lautre ace
que lombre de lun ne nuise a lautre et aussi quil ne nuise ace qui sera dessoubz seme ou plante Les perches des saulx se doiuent trencher
de trois ans en trois ans cestassauoir les menues au plus pres du
saulx et les groffez a trois ou quatre doiz loing du saulx et q la taille
en soit ronde et nô pas de trauers
et doit estre taille tout ce qui est sec
ou saulx et q len ny face nulz chan-
naiz loing aloing maiz petit apetit
et q doulcement ilz soient espanduz
par les costez pource que par ceste
maniere ilz en feront plus lôgues
et plus nettes perches et qui dureront par long temps · Et es annees que len ne taillera point les

saulx il est bon den copper les menuz osiers au long des perches et
brâches pour en faire lpens et les
perches en prendrôt meilleur croif
sance. ¶ De saulx ferme quant il
nest point retaillie ne les perches
trêchees on en fait trefz et est bon
mesrien pour faire maisons et du
tresgros on fait bonnes aiz et vaif
seaulx a vin et escuelles et tren-
chotrs et des concaues on faict ru-
ches et chatoires pour mousches a
miel et des saulx et des osiers on
retient les vignes et si en faict on
haies closures et lpures Saulx
est bon en medicine quant a lescor
ce et les fleurs et les fueilles Car
il a vertu de consolider et restraindre. Le ius des fueilles espraint et
beu vault contre dissintere et contre lescorchemêt des entrailles qui
est dissitere On buuera la pouldre
de lescorce du saulx arse auecques
aucun autre buuraige. Ceste poul
dre aussi consolide les escorcheures
du cuir par dehors Et sicomme dit
dpascorides icelle pouldre beue a-
uecques vin aigre et aussi emplastree dessus guerist les poreaulx et
les superfluitez qui viennent sur
le cuir. On doit mettre fueilles de
saulx azzousees de vin aigre oü dea
ue entour ceulx qui sont en fieure
psaac dit que la fleur et la semence de saulx ont ceste vertu que se fê
mes en boiuent elles ne serôt poit
grosses et ne porteront nulz êfans
mais aincois seront brehaignes.

¶ Du sauigner. xxviii. chap.

Sauigner est vng petit arbzet
qui est tousiours vert et a
les fueilles semblables a cypres
Cest arbze peut venir en tos lieux
et le plante len voulentiers en iar
dins vergers et en cloistres de reli
gieux pource que par les perches et
cercles que on luy baille il espant
ses branches a grant beaulte On
le plante en ses branches ainsi cõe
dit est du bouiy et sont les brâches
ficheez en terre Cest arbze est chaut
et secq ou tiers degre et valent les
fueilles seulement en medicine et
les peut on garder par deux ans.
le vin ou elles sôt cuites vault ala
douleur de lestomac et des boiaulx
Qui les cuit en vin et les emplastre sur le petit ventre elles valent
a ceulx qui ne peuent vriner et a
dissintere et contre la douleur des
boiaulx mises sur le ventre Elles
sont dpasozetiques et diurettques
Qui aussi se baigne par aual en
leaue ou elles sont cuites ce vault
aux choses dssusdittes et si faict
venir aux fêmes leur temps et si
fait yssir le fruit mort Et qui les
cuit en huile et les mect par dessoubz elles p valent autant. Contre vne maladie appellee tenasmô
qui procede de froid cause se on cuit
ses fueilles en vin aigre et en vin
et que le malade en recoiue la fumee il luy vault moult.

¶ Du sehuz. xxviii. chap.

p. iiii.

Sehuz est ung arbre bien cõmun et conqueu qui croist es haies et est plante par ses rainceaulx fichez en terre car il reprẽt legerement. On fait tresbons ars de sehuz quant il est gros et quãt il est tres gros on en fait bonnes saietes on en fait aussi cãnes pour tonneaulx et aultres vaisseaulx Sehuz est de vertu chaulde et seche ou second degre Il est bon en medicine et par especial lescorce et puis les fueilles et apres les fleurs Il a vertu diurectique attraictiue et purgatiue. Contre cotidienne on purgera premierement et puis on donnera auant leure de laccession le vin de la decoctiõ de lescorce moiene du sehuz. Le ius du sehuz donne par soy ou auecques miel tue les vers ou corps. pour faire venir le temps aux femmes on donne le ius de lescorce par le pessaire ou que lẽ face emplastre des escorces Qui cuist lescorce en eaue salee et en laue ses piez faulz sõt enflez ilz desenflent. et oste aussi la douleur des parties de dehors.

¶ Du sanguinon · xxix·chap·

Sanguinon est ung petit arbret qui moult bouriõne es haies et les fait estre moult espesses mais il na nulles espines et gette belles verges et fermes et en fait on petiz arbretz et gettons a gluer pour prendre oyseaulx et des lpens pour tistre toiles qui sõt

tresbons et conuenables ·

¶ Dun arbre nõme scope· xxx·chap·

Scope est ung petit arbret ps que pareil a zampre et si a racine rõde et si est si dure et si pleine de neux que len en fait tresbõs hennaps ·

¶ Du tamarist xxxi·chap·

Tamarist est ung arbre chauld ou second degre. Qui le cuit en vin et en boit il vault contre opilacion de rate et de fope et si oste et dissoult lempeschement de vriner Et encores plus qui le cuist en ses viandes et le mengue · et a ce mesmes vault qui boit souuent a ung vaissel fait de son bois Et sõt les escorces de plusgrãt vertu que les fueilles ·

¶ De vnicus· xxxii·chap·

Vnicus est ung arbre cõgneu qui est plante comme sauly pource quil est dune mesme nature et aussi pource quil y est bien cõuenablement. Cest arbre fait fueilles iaunes et aucuns les font noires et les aultres rouges · Celluy qui est plante en lieux chaulx et mesgres si fait verges plus fortes et celluy qui est en lieu moiste gras et vmbraige les fait plus moles Et est vne autre maniere de cest arbre que les aucũs appellent gozze

et les autres grete qui eſt treſbon
pour tpnnes et tonneaulx pource
quil porte longs raiœaulx et aux
boutz bien gros et verges deliees
et ploians et ſe reprennent legerement en terre. Se len fait verges
de demp pie et quelles ſoyent boutees en terre en telle maniere quil
en demeure deup doiz par deſſus ter
re iamais la ſouche ne croiſtra plº
hault Et en peut on faire tres beaulx gettoirs cõe de faulſoies qui
les plante en terre diſſoulte loing
dũ pie lun de lautre de toutes pars
et ſe doit retailler chũn an.

¶ Du zimus.　　　　　xxxiii·chaꝗ·

Imus ou zinrus eſt vng ar
bre qui a groſſe eſcorœ et eſt
treſbõne pour plamiles ou rimai-
res car il p vient de trois ans en
trois ans ou de quatre ans en qua
tre ans et en iœllui temps leſcorœ
chiet ainſi de larbre et puis renaiſt
qui eſt côtre la nature des eſcorœs
de tous autres arbrez pource quilz
ſechent quant on les eſcorche car
leſcorœ des arbres eſt ainſi cõme le
cuir es beſtes et qui en oſteroit au
cune partie elle ne renaiſtroit point
ne reuendroit en telle maiere ne en
tel eſtat cõme parauant Aincois p
auroit traœ ou diffozmite.

¶ Cp fine le quint liure des prouffitz champeſtres et ruraulx.

Cp cõmence le sixtiesme liure des prouffitz champe-
stres et ruraulp de maistre
pierre des crescens · ou quel
est traicte des Bertus des herbes
en cõmun Et aussi des iardins et
de leur labourage en cõmun Et a-
pres de toutes les herbes qui sont
semees et labourees pour la nour
reture des corps humains et sem-
blablemēt de celles qui sãs semer
ne labourer viennēt et croissent de
leur nature par · la Bertu du soleil
et aussi de leurs Bertus qui peuēt
aider et nuire ausdiz corps humaiñ
Et en est traictie de lune apres lau
tre selon lordre del · A · b · c · Le quel
cōtiēt Cent et trente Bng chapitres
Dont le pmier chap traicte des Ber
tus des herbes en cõmun ·

¶ Et premierement des vertus des
herbes en cōmun·

Ous diſons que
l'arbre ſeulemēt
contient la perfe
cte nature de plā
te et que en l'ar-
bre ſeſlongnent
plus les proprietez elementaires

des epcellēces quilz ont en iceulp
ſimples elemēs maiz les herbes
et les choulp ſelon ma raiſõ ont
le nom et raiſon de plante et ſont
en elles les qualitez elemētaires
trop plus agues et moins eſlon-
gnees des epcellēces des ſimples

elemens et pource elles font mendres et meilleures et aussi quelles
se departent moins de la pmiere hu
meur engraissant dedens terre et
ne se eslieuet pas enhault pour la
feble Bertu de lame Begetatiue et
penetrant en elles Et de tant qlles
font plus Boisines aux elemens
de tat sont elles plus prouchaines
a leur matiere Et la fourme qui
est leur ame Begetatiue si a mendre Bictoire en elles et pource elles
font plus efficaux a trasmuer les
corps et si en sot meilleures et pl9
couenables a medicine que qscon-
que autre chose ¶ Si dp doncques
cōme dit frere albert lalemant le
noble philosophe q les herbes ont
aucunes qualitez des choses cōpofans et aucūes de leurs cōposicios
et les autres de leurs especz chaif
cune selon soy · Elles ont de leurs
cōpofans eschaufer refroidir sechez
et amoistir et de leurs cōposicions
elles ont ces qualitez brisees et diuisees aucunesfoiz tenans ensemble et aucunesfoiz subtilles et tref
persans car les plusieurs dicelles
se elles nauoient chaleur brisee et
par especial en humeur et froidure
elles ardroiet ce aquoy elles se toin
droient fans nulle doubte · Et au
tel dps ie de froidure que se elle ne
stoit brisee elle amortiroit tout · et
ainsi de moisteur et de sechezesse car
chaleur ne se tedroit poit es fleurs
se elle nestoit tenue de humeur et de
sec aucunemet souffrant ne le sec
ne trespercœroit poit se il ne prenoit

subtilite de la moisteur et aguife-
ment de la chaleur et retenance et
detencion par sa froidur Et si ont
aussi de leurs especes plusieurs
qualitez et merueilleuses operacions car lune par sa Bertu purge
la cole cōme scamonee · lautre de sa
Bertu purge le fleume cōme peble
et aucune melencolie cōme seue et
ainsi des autres Elles nōt pas ces
Bertus de leurs cōposans pmiers
elemens ne de leur cōposicion pour
ce que la composicion ne donne pas
la Bertu aincois elle donne a la Ber
tu du cōposant maniere de ouurer
et de souffrir mais ces cōposicions
operacions et qualitez sont de toutes leurs especes composees et cau
sees des Bertus du ciel et de lame
Car le chault iamaiz ne purgeroit
aincois degasteroit se il nestoit cau
se de la Bertu du ciel dōt il ouuraft
ainsi · Et aussi cōme en lentēdemēt
practiq pa fourmes qui meuuent
les gēs et les corps dōt elles sōt en
entendemēt et es estimacions qui
meuuēt les bestes · Aussi sont ilz
fourmez es mouuemēs et es mou
uans des cieulx qui sont par les fi
gures des estoiles infuses par infu
sions es choses generales qui sont
fourmees mouuans et par elles
mefmemēt a aucunes choses aus
quelles les qualitez elemētaires
fi ne meuuēt par aucune maniere
Car nous sauons par experience q
la fourme qui est en lentendement
de la fēme fi lameut alupure par
fop mefmes · et elle meut en fon

corps les instrumens et les mem
bres par quoy elle exercite lefaict
de luxure et aisi la fourme de lart
se meut par soy mesmes et quiert
instrumés couenables pour venir
a sa fin Et selon ceste maniere les
moteurs des cieulx sont plus effi
caulx mouuans les fourmes a influer en leur matiere quilz meu-
uét par le mouuemét des estoilles
et du ciel q̃ lame nest pour influer
telles fourmes ou corps qui est
ioinct a elle car ces fourmes conte
nans les matieres des choses en-
gendrables et corrompables sont
prouuees par plusieurs effectz tãt
en pierres cõe es plantes pource q̃
plusieurs effectz sõt prins par expe
rimés es pierres et es plãtes ou
les philosophes et aussi les enchã-
teurs se estudient et en font merueilles Et ne sont pas ces oeuures
des elemés cõponans ne la compo
sicion de lerbe selon soy aincois sõt
des fourmes selon ce quelles sont
influees des intelligéces et substã
ces separees et sicõme chũn fœt la
matiere ne fait riens par soy maiz
elle seuffre tout Et nya es plãtes
formelement que trois choses car
les fourmes qui sont en elles ou
elles sont cõplexionnelles ou œle-
stiénes ou animees de lame vege-
tatiue qui est en elles car la fourme cõplexionnelle est en elles abso
lue et cõparee dont labsolue est cõ
me chaleur froideur humeur et se
cheresse Et sõt ces choses absolues
variees selon deux choses qui sont

es plantes Lune si est la quantite
de lelement cõposant selon la vertu car lune plãte est plus chaulde
et lautre plus froide . et lautre selõ
la nature du lieu ou elle è et croist
car les plantes ont la qualite des
lieux ou elles croissent Et selon la
diuersite des climatz laction des
qualitez des plãtes est variee . Les
plantes sont enracinees en terre
et pource ont elles pl⁹ de la qualite
du lieu que les choses qui se meuuent de place en autre Et combien
que les choses numerables soient
en terre et non mouua bles de elle s
mesmes toutesuoies elles sont du
res et ne traient point a elles les
humeurs des lieux ou elles sõt et
pource elles ne acquierent pas tãt
des proprietez de leurs lieux cõme
les plantes qui sont premierement
moles et par especial les herbes
car elles sucœnt leur nourreture
du lieu comme de leur ventre Ces
mesmes qualitez sont comparees
et sont aguisees et fortifiees et aus
si brisees et affeblies car la chaleur est aguisee pour la vertu de se
cheresse qui a la seigneurie Mais
la chaleur est brisee par la seigneu
rie de leaue . Et de ce vient que aucuneffoiz deux plantes ont pareilles chaleurs selon leur essence et
si sont variees en leurs actions
pource que la chaleur de lune est a
gue et lautre est brisee . et de ce viẽt
aussi que lune oeuure plus fort en
parfond et lautre oeuure plus fort
en la superficie cest adire par dehors

ſans entrer en parfond car la chaleur qui eſt en ſubtille moiſteur
treſperce plus fort en parfond et ſi
tient et aſſemble la ſa vertu et la
chaleur qui ſe tient au gros ſec eſt
parauenture plus forte et touteſuo
ies elle ne treſpercera poit et ſi nou
urera fors en la ſuperſice de la terre par dehors pource que groſſe ſechereſſe ne peut treſpercer·En ceſte
maniere eſt comparee froidure a ſecq
et moiſte car combien ꝗ toute quali
te actiue ſoit fortifiee en groſſe ſub
ſtance & puis ꝗelle l'aura receue tou
teſuoies ſa groſſeur epeſche la penetracion et pource elle oeuure moiſ
en aultre que a mendre ou pareille
qui eſt en ſubſtance ſubtille· Et encores la qualite actiue qui eſt en
la ſubſtance ſubtille combien ꝗelle
ſoit parauenture plus grāde ꝗ celle
qui eſt en la groſſe ſubſtance touteſuoies elle ne parfera pas ſon ope
racion pource quelle euaporera ou
ſubtil moiſte ou elle eſt auant ꝗelle
p acompliſſe ſon action pource que
la ſeche ouurera plus longuement
et que la qulite actiue ſera retenue par la groſſe·

¶ Des iardins et de leur laboura
ge en comun · ii·chaꝑ·

EN general nous parlerons
des iardis car ilz deſirēt aer
franc et atrempe ou pres que atrē
pe Et peult apparoir par ce que es
lieux de trop grāt chaleur ou trop
ſecs les herbes ſi viennēt a perdi-

cion ou peu ſen fault qui ne leur
aide daucune eaue ou moiſteur ou
ſe il ny vient habondāce de pluies
Et auſſi veons nous que temps
et lieu de mortel froit les pert et de
ſtruit Et ſi veons quelles ne ſont
de quelꝗ prouffit es lieux vmbrai
ges Elles veulent terre moyenne
mēt deliee et moiſte et mieulx que
ſeche car crope et argille ſont contraires aux herbes et ennemies
aux iardins et aux laboureurs·
Et les herbes qui ſont miſes en
terre trop diſſoulte ſi ſont treſbelles au comēcemēt de printemps
mais elles ſechent en eſte· ¶ Les
iardins deſirent ruiſſeaulx deaue
pres deulx afin que quant meſtier
en eſt on puiſt faire venir de leaue
es fouſſez et les arrouſer · Et qui
ne peut auoir ruiſſel ſi ait fōtaine
puis ou piſcie qui puiſt ſeruir aux
iardins en lieu de ruiſſel· et qui ne
pourra auoir aucūe des choſes deſ
ſuſdittes ſi ꝑ face len pluſieurs pe
tites foſſes ou leaue des pluiez ſoit
retenue par aucun temps ¶ Pala
dius dit noblement que le iardin
qui eſt au ciel delement et feru et
couru de humeur de fontaine il eſt
preſt et franc et ne requiert quelcō
que art ou diſcipline de ſemer ¶ La
pres iardins requierēt treſgraſſe
terre et pource on doit auoir touſ
iours ou plꝰ hault du iardin vng
fumier du quel le ius luy deſcende
par nature pour le faire plātureux
et que dicellui fumier chūne des eſ
paces du iardin ſoient engreſſees

Une foiz lan quant on le deura semer ou planter· Et doit estre le iar
din pres de la maison mais loing
de laire pource que la pouldre perce
les fueilles des herbes et leur est
côtraire et les seche Le lieu est bon
ou la terre senscline aucunemêt en
maniere descendant si que leaue y
puist auoir son cours par espaces
determinees· Se len a grant espa
ce de terre pour iardins on diuisera
les parties par telle maniere que
celle ou len semera en autôpne sera soupe en printemps et celle que
len semera en printêps sera soupe
en autôpne si que chaiscune terre
soupe ait le benefice du froit et du
chault et que elle en soit cuite· Et
est bon que en lieux moistes ou on
deura semer en printemps que len
face enuiron la fin de nouêbre plusieurs fossez cauez ou decoure lumeur superflue des aires ou têps
des semailles afin que le lieu soyt
plus meurement emply es fosses
dicelles semêes Et se on a default
de terre en quelque temps de lan
quant la terre sera trouuee egale
entre humeur et secheresse on la
peut soupr remuer fossoyer et tan
tost semer· Mais se elle est tresbien
engressee les choses semees en re-
ceuront greigneur acroissement·
Et aussi que le soupssement et labourage soit faict parfond ala premiere foiz et gros dun grât et fort
instrument et que la soit espandu
du fiens et puis apres on le soupra a houes menuement et tant cô-

me len pourra on meslera la terre
et le fiens ensemble et tellement
que tout soyt mys en pouldre· et
quant il sera temps de semer len
fera aires de cinq piez et tant longues comme len bouldra sur lesquelles on gettera la semence et
puis apres on la couurera de la ter
re desliee au ratel· et se il ya grosse
terre et dure on la cassera et apres
on couurira ces aires de syens et
par especial celles que len semera
en puer car par ce la terre sera engressee et deffendue la semence du
froit· Et les herbes qui aurôt este
arrachees ou laire sera faicte com
me laictues bettes bourraches
choulz et les semblables pourrôt
estre replantees autour des fossez
des aires afin que on en ait ou caresme ensuiuant et si nempesche-
ront rienset en pourra len garder
assez pour auoir des semences· Et
aussi peut on semer es iardins plu
sieurs herbes tous les temps de
lan quant lair et la terre et la scie
ce de lomme se entreaccorderôt et q
il ny aura point de discort· Mais
toutefuoies les principales semail
les sont en deux temps et saisons
Lune en printemps cestassauoir en
feurier ou en mars· Et lautre en
autompne cestassauoir en septembre ou en octobre par telle maniere
q es lieux froiz la semee soit faicte
plus meure et celle de printemps
plus tard· Et en chaudes côtrees
que celle dautôpne soit faicte plus
tard et celle de printêps plº meure

q·i·

Mais on doit ſauoir que en lieux
attrépez et chaulx la ſemee de prin
temps eſt meilleure de eſtre faicte
en la fin de nouembze ou au com
mencement de decembze quelle ne ſe
roit faicte en feurier ou en mars
combien que les ſemences ne doi
ent point getter iuſques au mops
de feurier car les herbes en ſeront
plus meures en careſme et les po
reaulx et oignons en ſeront pluſ
toſt tranſplantez Ou peut a prouf
fit ſemer les herbes enſemble et
et deſſeurer Car qui les ſemera en
ſemble on les pourra arracher quāt
elles ſeront bonnes et tranſplan
ter ailleurs cōme choulx poreaulx
et oignons Et de celles que len ne
tranſplantera point on oſtera pze
mierement arroches et eſpinoches
qui ne durent pas longuement es
iardins et demourront les bettes
perſin et ſarriete et aucuns choulx
et laictues et fenoil· Et les aucu
nes quant elles ſeront plus cleres
feront ſarclees afin quelles bien
gnent a parfaicte croiſſance· et les
herbes qui ne ſe tranſplantēt point
doiuent eſtre cler ſemees et celles
qui ſont a tranſplanter doiuēt eſtre
ſemees plus eſpeſſes Et deuons
ſauoir que la ou on doit planter po
reaulx oignons choulx faſeaulx
mil pannic courges concombzes
mellons et citrulz peuent eſtre ſe
mees es mois de decembze ianuier
et feurier toutes herbes qui ſont
vſees auant que len ſeme les au
tres ou plante·cōme ſōt arroches

eſpinoches laictues choulz porette
et leurs ſemblables Et doit on bñ
aduiſer que les ſemences que len
veult ſemer ne ſopent point corrō
pues et pource doit on eſlire ſemen
ces qui facent farine blāche et les
plus peſans graſſes et groſſes et
dicelles ſont les meilleures celles
dun an Touteſuoies il aduiēt au
cuneffoiz que combien que les ſe
mences ſopent tresbōnes ſi ne vien
nent elles pas a prouffit par aucun
empeſchement des cozps du ciel·
Et pource eſt bon aucuneffoiz de ſe
mer enſemble diuerſes ſemences
afin que ſe le temps eſt contraire
a aucunes dicelles que le champ
ne demeure pas tout nu· car com
bien que les plātes empeſchēt au
cueffoiz lune lautre comme dit eſt
ou ſecond liure touteſuoies nous
veons ſouuent les herbes diuer
ſes venir enſemble et croiſtre com
me len voit es prez et en pluſieurs
autres lieux Et nauient pas ſou
uent que nature face ſeulemēt her
be dune eſpece quant elle eſt laiſſee
en ſon mouuemēt naturel ſi la de
uons enſuir a noz pouoirs comme
la ſaige maiſtreſſe· Et auſſi nous
deuons ſauoir quil fait bon ſemer
toutes herbes quāt la lune eſt en
croiſſant pour la raiſon deſſuſdite
ou ſecond liure · Et aduient ſou
uēt que ce que len ſeme ou decourſ
de la lune ne vient point a prouf
fit· ¶ On doit tranſplanter les
herbes en terre qui ſoit bien labou
ree et bien ſoupe et la on faict vng

trou dun pel ou en aires par soy
ou plusieurs dicelles entour les
aires des herbes qui auront este
nouuellemēt semees. On peut biē
trāsplanter toutes herbes excepte
espinoches arroches et anet. et en
tout temps que les plantes seront
vng peu creues et que la terre ne
sera pas trop seche combien quelle
ne soit pas mole ainsi ꝗ plusieurs
le requierent. On les transplante
afin que la saueur des herbes soit
muee en meilleure et soit afrachie
et que celles qui aurōt este semees
trop espesses et drues soient transplantees plus au large afin ꝗ on
les puist sarcler et ꝗ elles croissent
mieulx et plꝰ hault et plus au lar
ge. Et si nest pōit de necessite de met
tre fiens aux racines quāt on les
transplante mais a aucunes il est
bon de trencher les sōmetz des racines cōme il apperra ou traictie de
chūne herbe. et les doit on sarcler
touteffoiz ꝗ herbes nupsans p sur
uiennēt et les doit on oster tant a
linstrumēt de fer cōme aux mainf
afin quelles nostent la nourreture
aux meilleures herbes et les doit
on serfouir tant pour le pois de la
terre cōme pour lesgout de leaue et
pour le defoulemēt des piez des gēs
dont la terre sendurcist. Mais lē
doit sauoir que quant la terre est
trop mole on ne la doit pōit touchez
mais se elle est trop seche combien
ꝗ̄lle ne se puist pas trop aiseement
remouuoir toutesuoies doit on re-
fouiller les herbes au sartfoir et

est tres prouffittable aux iardins.
¶ Plusieurs incōueniens aduien
nent aux iardins nous sōmes con
trains de faire iardin en terre cro
peuse et trop ferme et la est prouff
fit de mesler du sablon et du fiens
largemēt ou lun ou lautre et que
la terre soit tres souuent remuee
Et aucuneffoiz la terre est si remuee et ramenee en pouldre ꝗ lu
meur sen va legerement et que le
iardin est tout secq en temps deste
et lors il est bon dy mesler fiens
et crope se on ne le peut legeremēt
arrouser ou que il ny pleuue par
long temps. Et se le iardin est du
tout trop plein deaue on le doit cein
dre de grans fossez et aussi que par
le iardin en ait daucune par quoy
lumeuz superflue dequeuze et desce
de aux parties derrenteres dentour
Et se il est trop secq et trop arre on
ne le doit point ceindre de fossez pour
ce que ilz attraient lumeur mais
on le doit labourer deux piez en par
fond pour ce que tel labourage ou
blie et a en negligence secheresse et
que on les arrouse ou temps des
greigneurs chaleurs et que len dō
ne vmbre aux iennes plantes et
que len cueuure en fort puer les
nouuelles semences gettees afin
que elles ne sopēt pas corrompues
par le fropt. ¶ Contre la rougeur
et npules on doit mettre pailles et
netoieures par le iardin en diuers
lieux et quāt on doit venir lesditz
rougeur et niules ardoiz tout ensē
ble Cōtre les limacōs on doit auoir

q.ii

cueilleurs qui les cueilleront et
osteront· Et contre les fourmis se
ilz sont ou iardin et que ilz y aient
aucuns troux ou repaires on met
tra au trou le cuer dune chauue
souris sicōme dit paladius ou que
len ymette de lorigan et du souffre
broiez ensēble · et se ilz pssent hors
on cēndra toute lespace du iardin
entour de cēndre ou de la blācheur
de croie et qui y fera vne ligne dui
le ilz ny oseront passer iusques ace
quelle soit seche · Cest fort a faire
mais il est prouffitable aux arb-
bres ou sont les formiz· Et contre
les hennetons on moillera les semencęs que len vouldra semer en
ius de lombard ou de sang de hennetons ou q on face cueillir lesditz
hennetons par enfans aux mains
et les tuer quāt ilz griefuēt le iardin · On doit semer chiches entre
les chouly pour plusieurs signes
et merueilles afin q les chouly greuez nēgendrent pas les bestes ou
cuir des cauernes et troux des
chouly· On doit semer toutes les
semencęs seches et netes en diuers
lieux par especial ētre les choulz· Cō
tre les souris et les taupes il est
eppediēt q lē ait es iardins graci-
euses mostelles et priuees Aucūs
estoupent leurs pertuiz de crope et
de ius de concombre aigre et sauua
ge et les aultres ostent le trou en
souplssant iusques ala terre ferme
et puis si mettēt a lentree du trou
ala terre ferme eaue et puis quāt
la beste sault hors ilz loccient·On

dit que toutes semēcęs de champs
et de iardins sont gardees et defendues de toutes bestes monstres et
empeschemēs se len trempe icelles
semēcęs en ius de concōbre sauuage et de eruque ¶ On cueille aucunes herbes pour menger en les
taillant au coutel vng peu dessus
terre et de plusieurs on cueille seulemēt les fueilles quant elles sōt
venues a leur deue croissance com
me sont bettes bourraches choulz
et persin Maiz en puer on cueille et
trenche tous les choulz Et de toutes cęs herbes exceptees le persin
le fenoil et la sauge et aucūes autres se len coppe souuent leurs tiges quāt elles sont nees ou creues
elles en demeurent plus longuement en verdure et ne semencerōt
point· Mais toutefuoies pour medicines il les cōuient cueillir puis
que elles sont entierement cōmen
cęs a croistre ainsi quelles doiuēt
auant que les fleurs en apperent
changer leurs couleurs et quelles
cheent dont les semencęs sont aps
cueillies et ny a point de terme pre-
fix et lors on seche leur aquosite et
humeur et cę que elles ont de creu·
On doit prendre et oster les racies
quant les fueilles sont cheues· et
doit on cueillir les fleurs quāt elles sont entierement ouuertes et
auāt qlles cheēt ou sechēt Et doit
estre lerbe cueillie quāt elle est venue a sō ētiere perfectiō Des fruiz
les aucūs sont cueilliz quant leur
acomplissement est fine et auant

quilz soient prestz de cheoir et sont
les meilleurs œulx qui sot cueilliz
ou decours de la lune et sot pl⁹ gar
dables q œulx qui sont cueilliz en
croissant et aussi sont meilleurs
œulx qui sont cueilliz par cler tēps
et net q œulx qui sont cueilliz en
tēps moiste et pres de plupe·(Les
fruiz sauuages sont pl⁹ fozs q les
frācs et sont cōmunemēt mēdzes
Et des sauuages œulx des mōtaignes et qui sont en lieux venteux
et plus sauuages sōt les pl⁹ fozs
et aussi œulx qui sont plus teints
en couleur et de saueur plus appa-
rāte et de plus forte oudeur sōt les
plus puissans en leurs espesses·
(Et deuons sauoir q la vertu des
herbes affeblie moult apres deux
ans ou trois Les herbes fleurs et
semences doiuent estre gardees en
lieux secz et obscurs et doiuēt estre
mises en sachez ou vaisseaulx biē
estroiz pource que elles si gardent
mieulx et q leur oudeur et vertu
ne se exalēt et par espal les fleurs
mais les racies se gardēt mieulx
en delie sablon ou grauois se ce ne
sot racines qui se gardent sechees
pource qelles se garderōt mieulx en
lieu sec et obscur·Et les semences
des oignons ciboules et pozeaulx
se garderōt mieulx en leurs escozces que autrement·

(De ail·   iii·chaꝑ·

Il doit estre plante ou mois
de nouēbre en terre tres blā
che et en fosse tresbien remuee et

sās fiens cōbien quilz vlengnēt bn
en terre fumee Mais on le peut semer en septembre et octobre et mieulx ecozes en feurier et en mars
et en lieux chaulx en decēbre· et se
on les laisse en terre quāt ilz sont
meurs leurs racies en sōt renou-
uelees et aussi leurs fueilles en
sōt semēēs lānee ensuiuāt que len
peut semer apres et envlennēt les
aulx que len plāte par aires loing
lun de lautre dune pulme·et si en
peut on mettre en aires auecques
des herbes deux ou trois rēges en
chūne aire· On les doit sarcler biē
souuent afin q les chefz viennent
mieulx et czoiscēt et qui leuz veult
faire auoir grant teste il conuient
chaucher la terre vng petit loing
dont ilz cōmēceront a saillir afin q
leur ius retourne a eulx en terre·
On les doit cueillir quāt leur tige
ne se peut pl⁹ soustenir ou deffault
de la lune et en cler air On dit que
on les doit semer quāt la lune est
soubz terre· et aussi se on les arra
che quāt la lune est soubz terre ilz
ne flaireront ne puiront point·Ilz se
gardent bien en mistes ou pendus
ala fumee ala cheminee·(Ail est
chauld et secq ou milieu du quart
degre·Il a vertu dissolutiue et con
sumptiue et boute hozs le venin·
Contre mozsures de venimeuses
bestes pnes des aulx et les bzoiez
et ēplastrez dessus le ius des aulx
mengue et boute hozs le venin et
pource est ail appelle le triacle des
villains· Contre les vers prenes

des .aulx et vng peu de poiure du
persin et du ius de mente et de vin
aigre et en faictes saulce et en men
ges auecqs char ou pain pour ouurir les voies du foye et les conduiz de lozine on fera saulce de vin
et de ius de herbes diuretiqs et les
donnera len au pacient · Côtre strâ
gurie et empeschemêt de vrine et
dissintere et douleur de boiaulx pre
nez aulx et les cuisez en vin et hui
le et en faictes epplastre et le mettez
sur la pénillere et sur la verge et
les mêbres dolozeux · Lail nuist
a vser pource que il seche et nuist a
tout le corps qui en vse trop car il
engendre meselerie et apoplexie et
alienaciô de sens et de pensee et plu
sieurs autres maladies · Auicêne
dit que lail cuit esclarcist la voix
et la gorge et si aide contre vieille
toux et contre les douleurs du pis
de froide cause·psaac dit quil donne
petite nourreture et nuist aux cole
riqs et aceulx qui ont chaleur naturelle et fait biê vriner les natu
relemêt froiz et moistes et faict le
ventre mol et aussi fait le côtraire
a ceulx qui sôt secs de nature maiz
ceulx qui veulent escheuer la nui
sance de leur chaleur si les cuisent
deux foiz en eaue et puis les confisent en vin aigre·

¶ De arroche· iiii·chap·

Arroche doit estre semee en fe
urier mars ou auril et es
autres mois iusques en autompne
ne se on les peut arrouser et ne les

doit on point transplâter Aucuns
les sement en decêbre en terre biê
labouree et biê fumee et viennent
mieulx quât elles ne sont pas semees espesses On peut semer arro
che apar soy en ses aires et aussi a
uecqs autres herbes et la doit on
souuêt arracher a qlque fer quât
elle ne cesse de getter et si veult e-
stre souuêt arrousee quât le têps
est secq et peut on garder la semen
ce bône iusqs a quatre ans · Arro
che est froide ou pmier degre et moi
ste ou secôd·elle nourrist peu et est
sa liqueur pleine deaue et si est tost
hors du vêtre car elle lasche Qui
en fait epplastre sur apostume chau
de elle la refroidist tâtost et guerist
La semêce en est mondificatiue et
collatiue et pource elle est bonne a
ceulx qui ont iaunice de opilaciô de
foye qui la donne en buurage auec
qs deux dragmes de miel et deaue
chaulde · le vomissemêt colerique
en est tost esmeu et appelle·

¶ De anis v·chap·

Anis desire terre biê remuee
et biê fouie labouree et gras
se et vient tresbien qui le fume et
arrouse·On le seme en feurier ou
en mars par soy ou auecques autres herbes ·¶ Anis est chauld et
secq ou secôd degre et est appelle en
autre maniere cômin et fenoil ros-
marin et est la semence dune herbe la quelle est ainsi appellee · Il
a vertu degastant et dissoluant·

et le peult on garder en vertu par
quatre ans Qui laue sa face de son
eaue elle clarifie et aussi faict qui
en prend et use par mesure mais
qui en use trop il iaunist la face Cô
tre ventositez et indigestions et a-
meremêt router on dône vin ou a-
nis aura este cuit et fenoil et mastic ou on dône de leurs pouldres
en viande auecques pouldre de canelle. et adoulcist ce que dit est dou
leur de boiaulx qui vient de froidure. Côtre le vice de la marris cause
de froidure on donne la decoction de
anis auecqs trifere grâde. Contre
opilacion de foye on donne decoction
de anis auecqs autres herbes diuretiqs. Côtre lueur et tait ure par
ferir de cop et par espâl quât elle est
en la face ou chef et entour les
peulx on broiera anis auecqs cômin et les fôdera lê en cire et puis
les mettra len dessus. La pouldre
de anis prise en viâde ou en buura
ge vault pour acroissemêt de laict
et de semêce a hôme et ce fait ce en
ouurant les côduiz du laict et de
la semêce.

De anet. vi. chap.

A l'et desire cômune terre de
iardins et le seme len en feurier et en mars et en lieux doulx
en septêbre et en octobre et aussi en
decêbre par soy et auecqs aultres
herbes. Il porte tout estat du ciel
mais le tiede et atrempe sup est le
meilleur. On le doit semer cler et
arrouser quât il a deffault de pluie
Aucûs ne cueuurêt point la semê

ce et dient qlle ne peut estre touchee
de qlconque incôueniêt. Anet est
chauld et sec ou secôd degre. La semenæ vault moult en medicine
et puis la racie fresche et nouuelle
car la vielle ne vault riens La semenæ peult estre gardee par trois
ans mais elle vault mieulx qui
la renouuelle chûn an La decoctiô
en vault a strangurie et epesche-
ment de vriner et a dissintere et si
multiplie le laict aux fêmes. Côtre la douleur de la marris on doit
boullir en vin faisselles de anet et
les êplastrer dessus. La semenæ de
anet dissoult vêtositez et esleures
et bosses et aussi font les raiceaux
Aussi la semêæ en purge et netoie
le vêtre de pourreture de humeurs
Anet de sa propriete oste le sâglout
qui viêt de trop grât repletion et se
on l'art ou bruslle il est chauld et
secq ou tiers degre et vault contre
plaies pourries et de long têps qui
sont dedens le corps ou dedens le vêtre. Auicenne dit q lacoustumance
de user longuemêt de anet si affeblist la veue.

De ache. vii. chap.

A che doit estre semee en auril
et en may mais on la peut
biê semer en feurier et en mars et
en qlconque lieu qlle soit semee elle multiplie mais elle reuiêt mieulx es lieux ou ont este les vielil-
les semêæs et p multiplie mieulx
que en aultres lieux no uueaulx.

Ache est de deux maieres car l'une

q. iiii.

est franche et lautre sauuage et &
la franche sune est de iardin et lau
tre aquatique/ Ache de iardin est
chaulde au conmencement du troi
ziesme degre et seche ou milieu et
pource prinse cuitte ou crue elle oeu
ure les conduiz des opilacios et fait
bié vriner et si restraint le ventre
Ache de sa propriete dissoult la con
stipacion des membres et faict vope
aux humeurs et les attrait en le
stomac et a la nature des femes
par aual et au chef et pource elle
nuist a ceulx qui cheet depilence et
a femmes grosses et si fait vomir
Le vin ou ache est cuite guerist des
torcions du ventre qui viennet de
ventosite · La semece est de la grei
gneur vertu et puis la racine et a
pres lerbe · Ache deaue est appellee
lache des renoilles pource qlle croist
es eaues ou les renoilles demeu
rent ou pource quelle prouffitte et
aide aux reins · Elle est vng peu
chaulde et pource elle est plus dige
rable et conuenable a ceulx qui sont
chaulx de nature · Qui en fait em
plastre auecqs mie de pain et le met
sur lestomac il oste la chaleur et
en assouage lardeur ¶ Ache sauua
ge est appellee ache de ris pource q
elle purge les humeurs melenco
lieuses dont est engendree tristesse
Ache de ris cuite en vin ou en eaue
dissoult strangurie et dissintere en
est guerie La fumee delle receue par
dessoubz faict venir aux femmes
leur temps Aussi fait qui en met
le ius par dessoubz · Et deuons sa

uoir que ache de ris ne doit point e
stre prinse par la bouche car on la
treuue en plusieurs lieux si forte
et si vehemente q se on la prenoit
elle seroit cause de mort ·

¶ De alupne ·   viii · chap̃.

ALupne est chaulde ou pmier
degre et seche ou second Elle
a deux vertus contraires cestassa
uoir lapatiue et cestrinctiue · La p̃
miere est de chaleur et damertume
et la secode est de ponticite grosseur
et substance et pource on ne la doit
point doner se la matiere nest auat
digeree et la doit on cueillir en mp
map et la secher en lombre Cotre
les vers qui sont es boiaulx on do
nera alupne auecqs pouldre de cen
toire ou persiquiere ou nopaulx de
pesche ou les fueilles · Qui voul
dra faire venir le temps aux fem
mes on donera le ius par le pessere
Ou que len face suppositoire par de
uant de alupne de ache et darmoise
cuitez en huile Cotre puresse vault
le ius dalnie auecqs miel et eaue
chaulde Cotre vne suffocacion qui
viet de mager champignons on done
ra le ius daluine auecqs vin aigre
et eaue chaude Contre la duresse de
la rate alupne cuite soit eplastre
sur le coste Cotre douleur et liueur
cest adire taiture de cop on fera vng
eplastre de ius dalupne et de poul
dre de comin et de miel Contre les
vers des oreilles on gettera le ius
dalupne dedens ius daluine beu

clarifie la Beue et mis es peulx il
oste la rougeur et le drap · Le ius
dalupne garde et defend liures et
draps et par especial des Bers et si
garde de corrupcion parchemin et
encre·

⸿ De armoise   iiij·chaṗ·

La Armoise est chaulde et seche
ou troiziesme degre et Balēt
mieulx les fueilles en medicine q̄
la racine et si Balent mieulx Bertes que seches. On lappelle la mere des herbes Elle Bault aux femmes qui ne peuent conceuoir pour
cause de froidure · et se cestoit pour
cause de chaleur elle les greueroit
et ce peut estre apperceu par la com
plexion de la femme se elle est mesgre ou grasse et donnera len la poul
dre de armoise auecq̄s la pouldre
de bistorte et de noix musquetes cō
fites en miel ou en sirop simple en
maniere de electuaire et que on face baigner la fēme en eaue ou armoise ait este bien cuite ou que on
luy frote les parties dembas de tel
le eaue ou que len luy face supposi
toire de armoise et de huile cōmune
pour faire Benir le temps aux fēmes on fera pessere du ius darmoise cōtre tenasmō de froide cause
le malade receura la fumee par a-
ual et lerbe chaulde sera mise sur
Bne pierre chaulde et ce fait le ma
lade se asserra par dessus

⸿ De aristologie·   v·chaṗ·

La Ristologie est de deux manie
res Lune est longue et lau-

tre est ronde · Chune de ces deux est
chaulde et seche ou second degre et
Bient aucūs q̄lle est seche ou tiers
degre·La racine Bault mieulx en
medicie que lerbe On la cueille en
autōpne et la seche len Elle se garde par deux ans en grāt Bertu Les
fueilles auecq̄s les fleurs ont Ber
tu de dissouldre et de bouter hors
Beni et les peut on garder pardeux
ans Contre Benin et bestes enueni
mees on donnera la pouldre daristologie auecques ius de mente La
pouldre daristologie corrode et run
ge la char en playe et en fistule·

⸿ Pour bouter hors du corps le
fruit mort on cuira racine daristo
logie en Bin et en huile et sen oindra len et lauera et estuuera empres les cuisses La pouldre daristo
logie meslee auecques Bin aigre si
netope tresbien le cuir de rongne de
gratelle et dordure Albert dit que
elle a merueilleuse Bertu de attrai
re espines et autres choses fichees
en la char·Et autesdē dit auicenne et si dit q̄lle netope lordure des
oreilles et conforte loye quant on
le met ddens auecq̄s miel et defēd
la bourbe et lordure et par espal es
oreilles et se lē sen oinct sur la rate auecq̄s Bin aigre elle aide moult
grandement Et est la ronde aristo-
logie la meilleure et la plus Ber-
tueuse en tous cas·

⸿ De aurosne·   vi·chaṗ·

A Vrosne est Bne herbe chaul
de et moiste ou p̄mier degre

Elle est subtiliatiue et tressouuêt
lemplastre qui en est fait &fend la
traction des matieres aux membres Elle brise la pierre es reins
et si fait venir le têps aux fêmes
quant elles se sieent en la decoctiõ
& elle et si leur aide contre leurs ef
corcheures et boute hors la secondiue & lenfant et aussi fait pssir le
fruit et si rassemble la bouche de
la marris de la fême et si loeuure
et sa durete qui la bopt ou qui la
met par dessoubz en maniere demp-
plastre. On en peut boire iusques
au pesant & cinq onces ou selõ lau
tre exemple iusqs cinq dragmes ·

¶ De affodilles   vii·chap·

Affodilles et cent chefz et al-
bucç si sont tout vng et sont
chaulx & seches ou second &gre
Les fueilles sõt sêblables a fueilles & poreaulx La racine en est bõ
ne en medicine et meilleure q ser-
be et si vault mieulx verte que se
che · On treuue es racines testes
en maniere & genitaires dõme ou
& bestes masles ou & opseaulx·
Affodilles ont vertu diuretique at
traictiue dissolutiue et cõsumptiue et valêt ace a quop vault anet
et en telle maniere · Elles valent
aussi contre taches et contre tous
vices des peulx en ceste maniere·
Prenez &mie once de saffren et vne
once & mierre et les bouillez en demie liure & bon vin rouge et &mie
liure & ius & affodilles iusques a

la cõsumpcion & la moitie ou que
on les mette au soleil en vng vais
sel darain par tât de iours que ilz
reuiengnêt ala moitie· Ce que dit
est prouffitte tres merueilleusement qui en oinct les peulx cõme
& colire.

¶ De aceteuse autrement dicte
ozeille.   viii·chap·

Aceteuse est froide et seche ou
second degre et pa en elle stip
ticite et si surmõte la cole lumeur
delle est bonne · et la racine delle a
uecques vin aigre vault contre
rõgne et ordure de cuir et cõtre gra
telle et escorcheure & noirseur On
en fait emplastre aux escroeles et
dit len quelle a telle vertu q se on
la porte pendue a son col quelle aide. Qui la cuit en eaue et sen laue
elle vault au cuir qui se demègue
et aussi est elle merueilleusement
bonne qui la met en son baing et
si la mengue len voulentiers et
par grant desir et bon appetit·

¶ Des betes   viiii·chap·

Bettes veulêt terre tresgras
se moiste et bien remuee et
tresbiê fumee pour prouffitter· on
les seme proprement ou mois & de
cembre pour menger et es mois &
ianuier feurier et mars combien
que on les puist bien semer en to'
têps en terre cõuenable et se elles
viennêt trop espesses on les peult
transplanter ailleurs quât elles

feront creues côme de quatre ou de
cinq fueilles et mettre aux racies
vng peu de fiens nouuel · et se on
les treuue es lieux ou on ait arra
che les herbes et remue la terre on
les peut transplanter entour autres herbes et es fosses denuiron ·
Et si les peut on semer en aires ou
il y aura mellons et citrules ou
courges quant ilz cômencerôt a e-
stendre leurs rainceaulx pose quil
y ait des oignons ou non qui demourront quant on aura leue et
cueilly les mellos citrules et cour
ges On les doit souuent sarcler et
netoyer des autres herbes se elles
sont mises seules en aires Les bettes dont len veult auoir semêce se
ront tresbônes qui les semera en
aoust et puis que on les transplan
te par fosses en iardins ou en aires
et par ainsi elles apporteront tres
nobles et bonnes semences Et deuons sauoir que de vne mesme semence viennêt bien nobles bettes
qui ne font point de semence le premier an mais seulement en lannee prouchaine ensuiuant · Et doiuent estre telles bettes mengees ·
Et si en vient aucunes moins nobles qui le pmier an se lieuent en
souche et font semêce · et quât elles
font semence elles sont dissipees et
les doit on oster car elles ne valêt
riens On les peut semer par eulx
et auecqs autres herbes ensemble
et quant les autres herbes seront
ostees on sarclera les bettes et sen
garde la semence par quatre ans ·

¶Bettes sont froides et moistes ou
tiers degre Elles engendrent bône
nourreture en lestomac et si amoi-
tissent le ventre et sôt bônes a gês
secs par nature ou qui par accidêt
sont eschaufez·ilz estaignêt la soif
Les bettes nettoyent les ordures
du corps et du chef et les taches de
la face et si rappareill êt et gardêt
les cheueulx de la teste Elles nour
rissent mauuaises humeurs qui
les mengue trop souuent côme dit
Dyascorides ·Aristote dit que len
peut bien enter vng getton dar bre
sur la racine de la bette tout ainsi
côme sur le choul et dit quil y peut
croistre et deuenir grant arbre·

¶De la bourrache· viij·chap.

Bourrache est semee en aoust
et septembre et par especial
en auril et non pas bien en aultre
têps On la peut trâsplanter pres
que en tous les temps de lan et la
peut on semer seule en aires ou a-
uecques autres herbes · On doit
cueillir sa semence demie meure a-
fin quelle ne chee hors de sa cotte ·
On cueille lerbe et la semence tout
ensemble et les met on par troys
iours en vng monceu aee qlles pre
gnent la leur meurete et puis on
les esqueult sur vng drap et lors
la semence en chet tantost et autre
ment ne la peut on bonnement a-
uoir·Elle se peult garder par deux
ans ·Bourrache est chaulde et moi
ste ou pmier degre et de sa propriete

elle engendre lyesse qui la boit en
vin car elle conforte grandemēt le
cuer et pource elle vault côtre cardiaque passion · Qui la cuit en eaue et la met auecques miel ou sucre et la boit elle netope tresbiē les
côduiz du polmon et de la gorge ·
Elle engendre tresbon sang et pour
ce elle vault a ceulx qui sont rele-
uez de maladie a ceulx qui sincopent aux cardiaques et aux melē-
colieux qui la mēgue auecqs char
ou côfite auecques sang · Côtre sincope on donnera sirop de son ius et
de sucre · Contre cardiaque on adioustera a icellui sprop pouldre de
los du cuer du cerf · Et contre iaunice on en mengera souuēt de cuite
auecqs char et si vsera len de son
ius et de scariole ·

¶ De Basilicon · vi · chap ·

Basilicon cest adire ozumiū
est chauld et secq ou pmier
degre et sont trois especes lun si est
girofle et a menues fueilles et est
de la plusgrant vertu Lautre bene
uentain qui a larges fueilles et si
p est le tiers qui les a moyennes
Ceste herbe a vertu de côfortez pour
sa bône odeur et par ses qualitez
Elle a vertu de dissouldre de consumer de torcher et de netoper ¶La decoction de elle auecques eaue rose
vault contre sincope et cardiaq et
ace vault le vin ou elle aura este
par vne nupt car tel vin est moult
côfortatif et souef flairāt et vault

a ces choses et a indigestion et a
flux de ventre de cause froide · Maiz
côtre le flux vault souuerainemēt
se lerbe ou la semence est cuite en
eaue de pluie auec vng peu de acātie
et q le pacient la boiue · et si vault
a netoper la marris des femes et
a faire venir leur temps

¶ De Bethoine · vii · chap ·

Bethoine est chaulde et seche
ou quart degre Ses fueilles
valent principalemēt en medicine
vertes et seches pour la douleur
du chef on fera gargarisme de la
couleure de la decoction de bethoine
auecqs staphizagre et vin aigre ·
Contre la douleur de lestomac on
prendra la decoction et ius daluine
auecqs eaue chaulde · pour netoier
la marris et aider a porter on se e-
stuuera de leaue de sa decoction et
sen lauera len par dssoubz biē lô-
guement et prendra len vng suppositoire delle et vng electuaire con-
fortatif de la pouldre de bethoine et
de miel ·

¶ De Branque Vrsine · viii · chap ·

Branque vrsine est chaulde
et moiste ou premier degre ·
Elle a vertu de amolier · Côtre froi
des apostumes on la doit broier et
mesler auecqs vielz oinct de porc
et mettre dessus Contre le vice de la
rate on faict oignemēt de ceste herbe bien broiee auecqs huile et cire ·

¶ De Bistorte · xix · chap ·

Bistozte est la racie dune her
be qui est ainsi appellee qui
est froide et seche en deux ou troys
degrez. Elle a bertu restrictiue con
foztatiue et consolidatiue. Contre
bomissement de feblesse ou de ar
deur on confira la pouldze de bistoz
te auecques aubin doeuf et le cui
ra len sur bne tuile et puis soit dõ
nee au pacient. Cõtre dissintere on
le donnera auecqs ius de plantain
pour restraindze le temps super
flu aux femes on les estuuera par
dessoubz et les baignera len de lea
ue ou sera cuite la racine et y met
tra len de sa pouldze.

¶ Des courges   xx·chap·

Courge demande terre grasse
et bien labouree et bien fu
mee et moiste on la plãte en la fin
dauril et ou cõmencement de may
loing aloig de trois ou quatre piez
par telle maniere q len mettra les
graines deux et deux et en parfond
de trois dois en terre et q lagu soit
par dessus mais auant que on les
plante ilz doiuent estre tr empes
en eaue par bne nuit et puis apzes
len plantera les grains qui pront
aufons et seront gettez ceulx qui
floteront et doit on mesler du fiẽs
auecques la terre ou ilz seront plã
tez. et ne les doit on point planter
en fosses que leaue ne si assemble
et esteingne le germe Mais quant
elles seront nees et bng peu esle
uees sur terre on les sarclera et

mettra len de la terre entour · et
quãt il sera temps on les arrouse
ra doulcement · et se elles sont plã
tees en peu de terre remuee quant
elles se prendzõt a croistre on soup
ra toute la terre denuiron biẽ par
fond afin q les racines se puissent
estẽdze de tous costez· et quãt elles
seront parcreues on les couurera
par dessus du hault dun hõme en
maniere dune bigne afin que les
rainceaulx fueilluz soient mis par
dessus pour faire õbze ¶ Et par
dess° les courges on mettra de ler
be pour la chaleur afin qlles croiff
sent mieulx · Ou qui bouldza on
laissera aler les bzanches par dess°
terre· et afin quelles facẽt plus
de põmes et plustost il seroit bon de
leur rompze bng peu au sommet
leurs pzincipaulx chefz et pl° gros
a ceste fin quilz facẽt rainceaulx
qui apoztent des autres põmes ·
¶ Et a este trouuee bne autre ma
niere de planter plus meurement
courges et mellons et dauoir plus
meuremẽt les fruitz diceulx· On
pzent bng peu de terre biẽ menue
et la met on sur bng moncelet de
fiẽs chault tout nouuel mis hozs
de lestable et ou mois de mars on
plante sa semẽce en icelle terre dõt
les courges naissent tantost pour
la chaleur du fiens et quant elles
sont nees on leur doit donner aucu
nes defenses pour les tempestes et
bzuines de nupt et tantost que la
bzuine sera cessee on les transplan
tera en aucũ lieu couenable auecq

Bng peu ßiaße menue terre. Et de
aßes ꝙ̃ ßen ßeuſt garder pour ſemer on doit prendre des pſus ßeßes
et pſus groſſes et premier nees et
ßes ßaiſſer en ßeur ßerbe iuſques a
ſpuer pour endurcir et puis on ßes
pendra aßa fumee ou ßes ſemẽces
ſe gardent ßien et ſoꝑent ßa ſecßees
Et monſtre ßa groſſeur du pendãt
ßa grandeur de ßa courge a ßenir.
et quant ßous ßes ßouſdrez ßien
pßanter ouurez ßes et de tant cõme
eßes ſeront en pßusßauſt ßieu de ßa
courge de tant ſeront ßes courges
pßus ßongues et de tant queßes ſe
ront pßus ßas de tant ſeront eßes
pßus ßarges · Et ſe peuent garder
ßes ſemẽces ꝑ teße maiere trois
ans · ꝙLa courge eſt froide et moi
ſte en deuy degrez Eßes ſont en ße-
ſtomac ßa ßiande nourriſſant fßeu
matique et pource eßes ſont ßõnes
auy gens coßeriꝗs car eßes adoul
ciſſent ßa cßaßeur et eſtaignent ßa
ſoif et ßeur ſont treſßonnes et par
eſpãß ſe on ßes prent auecꝗs coinges
ou auecꝗ ius de põme granate ou
ßerius ouðiñ aigre de põmes gra
nates Mais on ßes doit dõner auy
fßeumatiques auecques poiure ou
mouſtarde ou mẽte Et ſe on ßa ro
tiſt ßien enueßopee en paſte eße a
douſciſt ßa cßaßeur de fieure. En fie
ures agues on dõne eaue de ßa cour
ge ou ſirop qui en eſt fait. et qui ßa
cuit auecꝗs cßar en eſte eße ßauſt
auy coßeriques ꝙ Gemẽces de cour
ges ſõt froides et diuretiques pour
ßa ſußtißite de ßeur ſubſtance et pri

cipaßemẽt eßes ßaßent en medicines Contre opißacion du foꝑe des
reins et de ßa ßeſſpe et contre apo
ſtume du pis on prendra ßes ſemẽ
ces de courges et ßien netopees de
ßeurs eſcorces on ßes ßroiera et ſe
ront netopees deaue dorge et puis
on ßes cuira aucunemẽt et donnera ßen ßeaue au maßade. et ſiß ne po
uoit ßoire teße eaue ſi en face ßen
ßng ſirop et encores ſõt meißeurs
ſans ßoußir mais ꝙ on ßes couße.

ꝙ De concomßres et citruß3.
ꝺꝺi · cßap.

Oncomßres et citruß3 demã
dent teße terre cõme ßa cour
ge et ſõt ainſi pßãtez et en teß tẽps
et ainſi fouiz Maiz iß ßeuz fauſt mẽ
dres iterußßes et ne ßes fauſt põt
arrouſer quãt iß3 ſont nez pource ꝙ
iß3 en ſeroꝑent de ßeger gaſtez · et
quant iß3 ſeront pßantez ßen regar
dera apres ſiy ou diy iours ſe ßes
ſemences ſeront ßõnes et ſe eßes
ſont dures ou ouuertes eßes ſont
ßonnes et ſe eßes ſont moßes eßes
ne ßaßent riens ſi cõuendroit p en
mettre des autres et auſſi p regar
dera ßen apres ſiy iours et en ſera
ßen cõme deuant. ßes ßerßes ßeur
aident et pource nont meſtier deſtre
ſarcßees ne foupees aßenuiron Ge
ßen trempe ßes ſemences en ßait de
ßreßis et en ßin douſy auant ꝙ on
ßes pßãte ße fruit ſera douſy et ßßãc
et ßong et tendre · Et qui mettroit
de ßeaue en ßng ßaiſſeß patent deſ
ſoußz eßes et pß̃ßas de deuy muß-

mes elles seroyent faictes telles
sicôme Virgilius marcialis afferme. ¶ Concombzes et citrulz sont
froiz et moistes ou second degre et
sont tres indigerables et encozes
sont pires les citrulz que les concô
bzes. et en tous les deux la partie
de dehozs est tres dure a digerer.
mais leur moele engendze pl⁹ par
faict nourrissement en lestomac a
œulx qui sont chaulz et fozt et si
valent a œulx qui trauaillent en
este auecques leur substance maiz
aux fleumatiqs et a gens opseux
ilz nuisent par especial a lestomac
et aux nerfz de dedens. toutesuoies
leur eaue et leur ius valët a œulx
qui sôt en fieure et leur esteint leuz
suef. On ne les doit point menger
cuiz mais cruz seulemët Les conr
ges cuittes sont bonnes a menger
Et les citrulz de tant côme ilz serôt
mendzes et plus tendzes et plus
vers ou plus blans de tant seront
ilz meilleurs et ne sont pas bons
de tant ã leur substance tend a dur
te et leur couleur a iaunete. Mais
les concôbzes sont meilleurs quât
ilz sont meurs et les congnoist on
quât ilz deuiennêt molz et legers.

¶ De concombze aigre. xxii. chap

Concombze aigre est vne her
be congneue et fait on de son
ius vng tel electuaire. On cueille
le fruit quant il est ainsi côe meur
es iours chtennins et le pile len et
casse et en est le ius sechie au soleil

et le cuisent aucuns au feu et est
lozs moins laxatif et meine mois
a chambze et a mendze violence. et
les aucuns cuisent le ius auecqs
miel pzes que ala côsumpcion du
ius et le dônent en maiere electuaire et lasche assez par les parties
dauak et le peut on gardez par deux
ans Il a vertu principalement de
purger le fleume et visqueuses hu
meurs et aps la cole noire ou melencolie et pource il vault côtre paralisie apoplexie colique passion et
des entrailles et a fieure cotidiène
de fleume voirrin ou naturel. Il
vault aux arthetiqs et aux sciati
ques et si aide aux pôdagres car il
attrait especial de loingtaines par
ties et purge et netope. Il aide grâ
dement aux autres passiôs de fleu
me mais toutesuoies on ne le don
ne pas tout seul par soy Il purge
par la bouche et le ventre. Et son
vsaige si est que on le mesle auecques autres côfitures et les agui
se len dun scrupule ainsi faict Et
qui le pzent en electuaire si ne doit
point dozmir aincois se doit mouuoir et aller ainsi côme qui auroit
pzins elebozus car il pourroit mener a suffocacion. En la passiô des
bopaulx on mettra pmierement
vng clistere molificatif et puis si
en fera len vng autre daue de mau
ues et duile et miel auecques cinq
scrupules de electuaire et le gette
dedens il sera tresbon contre la pas
sion des bouaulx et côtre artetique
et pôdagze de piez et siragre de maï

et qui en pourra auoir de lerbe on
la cassera et cuira en vin et en hui
le et la mettra len sur le lieu dolēt
elle vault a strangurie podagre et
passion dentrailles ¶ Pour faire ve
nir le temps aux femes on côfira
la pouldre de lelectuaire auecques
huile mustellin ou huile cômune
et moillera len dedens du cotton et
le mettra len par deffoubz · A meu
rer les apostumes froides prenes
cinq scrupules et farine dorge et le
côfisez auecques vng moyeu doeuf
et le mettre dessus Et pour casser
on faict vng trop bon ruptoire de
lelectuaire et terbentine · Aux vers
de lozeille on fera vng electuaire a
la quantite de cinq grains auecqs
vng peu de vin aigre et le gette len
tiede dedens lozeille Pour toute dou
leur de lestomac de froide cause on
poindra de la côfection de lelectuai
re et de vin aigre · Et pour oster les
lentilles de la face et toutes autres
superfluitez prenes œruse et cam
phre et en la quantite de ces deux
choses et puis apres le confisez a
uecques vin aigre en forme doigne
ment et le pilez en vng mortier
de plomb a vng petail de plomb et
le mettez en vng vaissel de voirre
par douze ou quinze iours et puis
en icelluy mesmes mortier et dicel
luy mesmes petail on le mouuera
en y adioustant vng peu de vin ai
gre se il est trop dur et puis on oin
dra la face dece que dit est car ce oste
tout drap et toute lentille ·

¶ Du cresson   xviii · chap̄ ·

Cresson est chauld et secq en
quatre degrez · La semēce ap
partient principalemēt a medicine
et la peult on garder par cinq ans
et est lerbe de grant vertu tant cô
me elle est verte · et de petite vertu
quāt elle est seche · Elle a vertu dis
solutiue et côsumptiue de ses qua
litez Contre paralisie de la langue
quant les nerfz sont empeschez et
rempliz de humeurs comme il ad
uiēt en fieures on maschera semē
ce de cresson et la tendra len sur la
langue · Côtre paralisie des autres
mēbres on mettra la semence de
cresson en vng sachet et sera cuite
en vi et le mettra len sur le mēbre
malade · Lerbe aussi cuite auecqs
char y vault qui la mengue · Con
tre humeur superflue ou œruel cô
me il est en litargie on pourchasse
ra esternuer en mettant pouldre de
la semence de cresson dedens les na
rilles · Contre la relaxacion de la
luette On fera gargarisme de vin
aigre ou la semence de cresson sera
cuite auecques figues seches Con
tre la passion des entrailles et coli
que de froide cause On mettra la
semence de cresson en vng sac et se
ra cuite en vin et puis la mettra
len sur le mal · Contre tenasmon
venant de humeur glueuse quant
le siege pst ou se lieue len mettra
pouldre de cresson soubz le siege et
que les reins soient oinctz de miel
et que len gette dicelle pouldre sur
le miel et de la pouldre de cômin et
de calophonie ·

¶De cicozee. xxiiii. chap.

Cicozee autremēt ditte espou
se du soleil et cucubie et soul
sie est froide et moiste. Lerbe vault
contre venin de morsure qui la mē
gue. Le ius vault contre opilacion
de fope de froide cause. et si vault cō
tre eschauffeure de fope.

¶ Des choulz. xxv. chap.

Choulz viennent en tout air
et demandent terre grasse fu
mee et foupe en parfond et apmēt
mieulx terre mopenne que sablō-
neuse ou cropeuse. Aulcūs choulz
ont les fueilles pleines larges et
grosses. et de ceulx vsons nous cōmunement en noz parties. Les au
tres choulz ont les fueilles crespes
et combien que telz choulz sopent
bons touteffoiz ilz ne font point netz
pour les vers et chenilles qui sp
boutent. Aucus autres choulz pa
qui ont grans fueilles deliez et au
cunement crespes par tout que len
appelle choulz rōmains et font les
meilleurs de tous et mieulx cui-
sans se ilz sont creuz en terre tres
grasse car en mesgre terre ilz ne
croistroient point meilleurs q̄ les
aultres On les peut semer et trās
plāter en tous temps de lan mais
que la terre ne soit gelee ou si tref-
seche que on les puisse arracher de
terre. Maiz ceulx qui sont semez en
decēbre feurier mars auril et map
si font bons par tout leste et tout

lpuer iusques atant que la bzupne ou trop grant froit les destruise
Et se len narrache les souches en
pzintemps elles font semences. et
quant elles seront meures on les
cueillira. Mais toutesuoies se on
leur oste plusieurs foiz les rainceaulx des semences quāt ilz naissent
et tāt q̄ la matiere des semēcez soit
degaste ilz seront vaincus et puis
leur reuient tresbelles fueilles et
durent par plusieurs ans Les aucuns touteffoiz fōt trop legeremēt
semence et pource telz choulz ne se
peuent longuemēt garder. et aulcūs autres ne font pas legeremēt
semēce et pource peut on pzendre en
eulx la cautelle dcuāt ditte. Et les
choulz qui sont semez apz la mp
aoust iusqz a huit iours en septē
bze et puis replantez en octobze a-
pzes ce que ilz seront aucunement
creuz ceulx cp seront beaulx et
grans en caresme ensuiuant et a-
pzes et si ne feront point de semēce
et si ne doubteront gelee ne bzupne
de lpuer. Et se on les seme auāt le
dit tēps ilz feront semēce en caref-
me et ne serōt pas si bōs pour mēger. Et se on les seme auant ledit
tēps ilz feront trop tendzes et trop
febles. et quāt lpuer sera venu le
froit les gastera. et a este espzouue
ce que dit est es parties de tuscaine
et de boulongne ¶ On les peut semer bien espes et les arrouser se
le temps est trop sec et selon ce que
len dit semence de choulz se peult
garder par dix ans bōne. ¶Quant

r.i.

on plantera choulz en troux faitz
dun pel on doit oster. les boutz des
racines afin quelles ne se retournent contremont en plopant qui leur
pourroit bien nupre et nest point
mestier que les racines soient touil
lees de fiens au planter ne que la
terre soit mole car ceulx qui sont
plantez en terre moiennement seche
si p viuent combien que les fueilles soient matees iusques ace q la
premiere plupe les conforte et donne vigueur et non pas seulement
les choulz plantez en mars et en
auril seront grans en puer mais
ceulx aussi qui seront plantez en
iuing iuillet et aoust · On les doit
planter tous seulz es lieux ou il
np a riens autre chose et p sont tres
bien et aussi on les peut plater es
fosses des autres herbes come des
aulx et oignons cestassauoir en la
riue de chune fosse vne renge loing
lue de lautre dun bras ou de mois
et de tant come ilz serot plus clers
plantez de tant seront ilz plº grás
et de tant quilz seront plus espes
plantez de tant seront ilz mendres
et les choulz deuant ditz a planter
pour caresme peuent estre tresbien
plantez entre les grans choulz plº
espes la moitie q ne sont les grás
mais q la terre ait este par auant
bie labouree et remuee en pouldre
Et ceulx qui demourront apres ce
que les grans serot trenchez pour
ront estre laissez plus clers et deue
nir grans et dureront par tout lan
car ilz ne feront point de semece en

cel este · et si les peut on plater par
les champs entre le mil et le pannic et feues · et par les fosses du for
ment et des aultres grains et es
fossez des mellons des courges et
des citrulz · et si les peut on plater
es vignes car ilz p viennent bien
mais ilz nuisent grandement aux
vignes car len a trouue et esprouue que les choulz sont ennemis de
la vigne et quilz lafeblient et ardent se ilz en sont pres Et se doit on
bien garder quant on plate choulz
que on ne les boute si en parfond
en terre que le somet de la tige ne
soit tousiours audessº de terre car
ilz periroient autrement · On doit
sarcler les choulz et oster les herbes dentour qui riens ne valent et
quant apres le tresgrát chauld et
secheresse deste les pluies reuedrot
dont on espere que les choulz se re-
nouuelleront on doit oster les fueil
les seches et percees qui riens np
vauldroient · ¶ Choulz sont froiz
et secqs ou pmier degre mais auicenne dit quilz sont froiz ou second
Ilz engendret trouble et melencolieux sag et si nourrissét peu maiz
quát on les cuit auecques grasse
char ou auecq gelines ilz en valet
mieulx · Leur ius amoistist le ven
tre et fait vriner mais les herbes
sont seches et costipatiues et serret
et pource qui les prent ensemble
ilz sont attrempez en leur action
mais le seul ius lasche et la sub-
stáce seule estraint Leur malice est
ostee se on les cuit en eaue et puis

quelle soit gettee et q̃ on y en mette de lautre pour les parcuire auec
q̃s grasse char de beuf de mouton
ou de porc et aueq̃s poiure ou commin ou aulx. Auicēne dit q̃ la decoction de choulz et la semēce font
tarder puresse et ont propriete de secher la langue et font dormir et si
clarifient la voix. Galien dit q̃ qui
donne aux iennes enfans choulz ro-
stiz a menger ce les fait plustost a-
ler Plinius dit q̃ fueilles de choulz
guerissēt merueilleusemēt plaies
de chiens et si dit q̃ choulz vng peu
cuiz laschent le ventre et quant ilz
sont grandement cuiz que ilz le restraignēt et si dit q̃ les choulz confortent les nerfz et pource ilz valēt
aux paralitiq̃s et a ceulx a qui les
mains tremblent Ilz donnent habondance de lait et vault le ius cōtre venin et morsure de chien enrage

◊ Des choulz cabuz. xxvi. chap.

Cabus sōt de la nature de cholz
et ont fourme de choulz iusq̃s
a ce quilz sont cloz mais quant ilz
sont cloz leurs fueilles sont blanches et grosses cōme cottes doign-
nōs et sōt crespes Ilz veulent froit
air car ilz ne se clozzoyent point en
lieu chault ou atrempe aincois de
mourroient ouuers cōe les choulz
Ilz demādent telle terre cōe choulx
On en fait cōposte cōe de nauetz et
les seme len tout ainsi cōe choulz.

◊ De ciboulettes et ciuos. xxvii.
chap.

Ciboulettes et ciuos sōt plantez cōe poreaulx a vng trou
de bastō ou mois de iāuier et doiuēt
estre loig lun de lautre dun pie car
ilz sont grāt cōprinse. No⁹ en vsōs
en leste ensuiuāt aps pasq̃s et sōt
dautelle cōplexion ou pres comme
sont les autres ciboules

◊ De cerfueil. xxviii. chap.

Cerfueil est moult cōmun et
prouffittable et est seme en
aoust et est bō par tout liuer et aps

◊ De cōmin xxix. chap.

Commin desire terre grasse et
air chauld et doit estre seme
en mars Il est chauld et secq en
trois degrez et le peut on garder par
cinq ans Il a vertu diuretiq̃ et de
subtilier fumositez et pource qui le
prēt en viādes et en buurages et
saulces il cōforte la digestion Qui
le cuit en vin aueq̃s figues et semēce de fenoil il vault contre douleur et torcions des entrailles qui
viennent de ventosite. et ce mesme
vin vault cōtre vigille toux et cōtre lenfleure des ioes Cōmin et figues bñ fort broiez et cuitz en vin
et mis en emplastre sur le lieu ou
on se deult si en guerist. Cōtre reume de chef de froide cause la pouldre
de cōmin et de baie de laurier chau-
fees ẽsemble en vng test et mises
en vng sac dessoubz le chef. Contre
strangurie et empeschemēt dvri-
ne et dissintere et les autres douleurs de froidure on mettra commin cuit en vin par dessus. Contre le sāg des yeulx et non pas au

r·ii·

cõmencement mais apres on pren
dra pouldre de cõmin confite auecq
le moyeu doeuf sur vne tuile chau
de et puis diuise par le milieu on le
mettra souuent dessus Côtre noir-
sure de coup ozbe sãs playe quãt el
le est nouuelle on prendra pouldre
de cõmin bien deliee et bien chaufee
au feu et souuent mise sur le mal
est bien certain remede· Et est chose notable que qui vse souuent de
cõmin il est cause de descoloracion ·

¶ Des chardons· xxx·chap·

Chardons doiuent estre semez
ou mois de mars et aiment
terre samee et dissoulte combien
quilz viengnent mieulx en terre
grasse·mais cest le meilleur quilz
soient en terre ferme pour les tau
pes et que les autres bestes ne la
puissêt percer·aires et prez sõt bõs
Chardons doiuent estre semez ou
croissât de la lune et que les semêces soient a demy pie loing lune de
lautre Et doit on prêdre garde que
les semences ne soient mises a rebours ce dessus dessoubz car elles
feroient chardons febles durs et
racoznis et ne les fault pas mettre trop en parfond et souffist de
trois dois iusques ace que la terre
a duiengne iusques aux articles
des premiers doiz· On les doit nettoyer continuelement iusqs a tât
que la plâte soit ferme·et se il fait
trop chault on les arrousera· Paladius escript que se len estrait le
bout agu des semêces les chardõs

nauront nulles espines · On mettra les plantes des chardons ou
moys doctobre entre les formens
qui ia seront nez et leuez ou entre
les autres blez en faisât vng trou
dun pel et le planter ens et leur est
meilleur que les mettre en terre
crue tous seulz et quant on les p
mettra on leur trêchera leurs sou
ueraines racines a vng fer et serõt couuertes de fiens et pour mieulx croistre on les mettra a trois
piez loing lune de lautre· et en vne
fosse dun pie deux ou trois disposez
on doit mesler du fiens auecqs de
la cendre et en mettre souuent dedens en puer et aussi en temps sec
On ne les cueille pas esenble pour
ce que ilz ne sont pas tousiours
meurs en vng temps mais lun
apres lautre · On les doit cueillir
quant il ya encores des fleurs en
la partie daual ainsi côe vng chapeau et non pas auât et ne doit on
pas tât attêdre q les fleurs soyêt
cheues car ilz en vauldroiêt mois
On doit oster tous les ans châun
iour les plâtes afin q les meres
ne soiêt trop greuees et q leurs li-
gneez ne soiêt par autres espaces a
dressees·lesqlles toutesuoies soiêt
auecqs aucune partie de la racine
gardez et couuertes et serõt icelles
gardees pour en cueillir les semen
ces et les doit on deliurer de toutes
leurs rouilles et les couurir de les
caille ou de lescozce car les semêces
font acoustumees de perir par soleil ou par pluie.

¶ De camomille. xxxi. chap.

Camomille est chaulde et seche ou pmier degre et en sub
tiliation elle est prouchaine ala ver
tu de la rose. Sa chaleur est ainsi
côme chaleur de huile et est côuena
ble et aperitiue et subtiliatiue de
espesseur et est mollificatiue et reso
lutiue sans attraire. Et est sa pro
priete entre les medicies quelle assouage les apostumes et les amollie en resoluant et conforte tous
les mêbres nerueux. et est la medicine qui plus conforte en lassure
et traueil que nulle aultre. Elle cô
forte le cerueel car elle resoult les
pareilz et les celsules du chef et
aussi toute la matiere dicelsui.

¶ De calament. xxxii. chap.

Calament est de deux manieres Lun est deaue et lappelle
len mentastre. et lautre est de mon
taigne et lappelle len nepita. Cellup qui est de môtaigne est le meil
leur pource quil est le plus sec. on
le doit cueillir auecques les fleurs
et le secher en lôbre et se peut garder par vng an Calament a vertu
de dissouldre de conforter et de degaster. Contre froide toup et côtre af-
me froit vault le vin de sa decoctiô
et de requelice et roisins secqs. ou
le vin ou sa pouldre sera cuitte a-
uecques figues seches car de ce et
dauciies autres choses se fait vng
electuaire appelle diacalamêt qui

vault aux choses dessusdittes.
Item la pouldre de calament en
vng oeuf mol ou en farine dorge
vault a icelles choses Contre douleur destomac de froide cause On
donnera au pacient de celle pouldre
en ses viandes et en vin cuit. Con
tre froide reume on oindra le chef
de miel ou la pouldre de calament
sera cuite et puis fera len vne sa-
tellaciô de la pouldre cuite ou chau
fee en vng pot rud ou de celle herbe mesme car elle aide moult ala
relaxacion de la luette. on en fera
gargarisme de vin aigre ou lerbe
ou la pouldre aura cuit auecques
roses Contre tenasmon de fleume
voirrin ou dautre humeur froide
on oindra les reins de miel et eaue
ou aura este cuite lerbe ou la poul
dre et mettra len la pouldre auecq̃s
ã̃s colophonie et semence de cresson
dessoubz le siege en coton et q̃ tout
soit bien chauld. En ceste maniere
aussi sera aide et deliuree la marris de la fême et aussi la decoction
de lerbe ou de la pouldre se la fême
sen estuue et laue en ses parties se
cretes car elle seche toutes les superfluitez de la marriz et si y vault
moult grandement.

¶ De centoire. xxxiii. chap

Centoire est chaulde et seche
ou troisiesme degre elle ã̃ tres
amere et en est de deux manieres.
Lune grande et lautre mendre. La
grande est de greigneur vertu et
r. iii.

uault en medicines principalemēt selon les fueilles et les fleurs · et la doit on cueillir quāt elle cōmence a getter ses fleurs et secher en ombre et la garde len par vng an en grant vertu · Elle a vertu diuretique attraictiue et consumptiue · Le vin de sa decoction vault a opilacion de fope de rate de reins et de vessie et de strangurie et dissintere Galien dit que centoire est lune des plus nobles et meilleures medicines contre opilacion de fope et aide merueilleusement ala durte de la rate qui la boit et en faict emplastre · Contre les vers des oreilles on gettera le ius de centoire et de poreaulx dedens Contre les vers du ventre prenes la pouldre de centoire auecques miel Et pour clarifier la veue le ius de la racine de centoire la greigneur auecqs eaue rose meslez ensemble et mis dedens les oreilles

¶ Des champignons · xxxiiii · chap.

Champignons sont appelles en latin fungi · les vngs sōt bons et les aultres mortelz · les bons sōt petiz et ronds en fourme dun chapeau de feutre et apparent au cōmencement de printemps et faillent en may · Onques telz chāpignons ne blecerent personne soudainemēt ne ne firēt mourir mais toutefuoies tous engēdrent mauuais nourrissement · Ceulx sont mortelz qui naissent ēpres fer enroillie · Les aultres sont mortelz

mais ilz ne tuent pas si tost cestassauoir ceulx qui naissent empres choses pourries ou empres labitacion daucune beste reptile ou enuenimee ou empres aucuns arbres especiaulx qui ont de leur propriete pouoir de corrompre champignons cōme est oliue · Le signe de champignon mortel est quil a en sa superficie par dessus vne humeur viesque et corrompue et qui est tātost alteree et changee entre les mains des cueillans Nous trouuons en noz habitacions champignōs qui sont larges et espes et ont aucuy peu de rougeur en leur superficie et en celle rougeur a moult de petites vessies esleuees dont les aucunes sont cassees et les aultres non et sont telz champignons mortelz et tuent tantost et les appelle len les champignons des mousches pour ce que qui les pouldrope en lait ilz font mourir les mousches ·

¶ De cuscute · xxxv · chap.

Cuscute cest a dire podagre de lin ou autrement ditte grūgus est chaulde ou pmier degre et seche ou second et doit estre cueillie auecques les fleurs et la peut on garder par deux ans Elle a pcipalemēt vertu de purger la melencolie et aps le fleume · Leaue de la decoctiō vault cōtre strāgurie et dissitere · et se on peult auoir lerbe en grāt quātite et la cuire en vin et en huile et lēplastrer sur les reis et le

pennil et les aultres parties dou-
lens elle y Uault moult. Auicenne
dit que leaue de custute est merueil
leusemét bonne ala iaunice. Sara
pion dit qlle boute hozs des Ueines
les superfluitez.

¶ De cheueulx Ueneris. xxxbi.
chap.

Cheueulx Ueneris sont froiz
et secqs attrempeement et
ont Uertu diuretique par la subti
lite de leur substance. Quát ilz sót
fraiz et nouueaulx ilz sont de grát
Uertu mais ilz ne se gardent pas
longuement pource q cest bne herbe subtille. ¶ Contre leschaufoison
du foye Uault leaue de sa decoction
et si peut on faire sirop de celle eaue
et de sucre et sil ya aucun deffault
en la rate on y adioustera aucune
eaue calefactiue et diuretique et
aussi plagelles bien moillees dedens le ius ou que la mesme herbe brroie soit mise dessus. Auicenne
dit qlle decline bng peu a chaleur
et par ce elle est subtiliatiue et reso
lutiue et aperitiue et a en soy stipticite. Et quant on la mesle auecques Uiande de cocqs et de cailles
elle les fait fozs pour batailler et
cóbatre. La cendre meslee auecqs
huile et bin aigre Uault pour gar
der les cheueulx de cheoir et qui la
met auecqs huile mirtine et bin
et lessiue elle alógue les cheueulx
et garde de cheoir. aussi la cédre mi
se en la lessiue oste les poulliez qui
sót dedens les cheueulx cóme bran
et les destruit et arrache les rong-

nes moistes et si aide grandement
au polmon en ly purgant et si fait
bien briner et brise la pierze et fait
Uenir le temps aux fémes et si attrait la secondiue quant lenfát est
ne et purge lozdure de féme et luy
retrenche le flux de sang.

¶ De oegue. xxxbii. chap.

Oegue est chaulde et seche ou
quart degre elle a Uertu attraictiue et dissolutiue et consump
tiue mais toutesuoies nous nen
bsons point en medicine qui entre
dedens le cozps pource quelle est be
nimeuse en sa substance et en ses
qualitez car elle dissoult tellemét
que les espertz sen euanouissent et
sen moztifient les mébres. Elle a
Uertu premierement en la racine
et puis es fueilles et puis en la semence. et dont aucuneffoiz on met
la semence en medicine. Contre le
Uice de la rate on mettra toute ler
be gesir enbin aigre par dix iours
auecques bne liure darmoniac et
puis on le bouldra iusques ace q
larmoniac sera bié resolu et apzes
on le coulera par bng dzap et puis
que celle couleur soit encozes bou
lue au feu et que len y adiouste de
la cire et de huile et en fera len oignement de oegue qui est souuerain
contre mal de rate et contre dures
apostumes et aussi contre artetique qui sen oinct. Côtre artetique
et pódagre on cuira la racine de oegue en paste et puis aps on la fen-
r.iiii.

dra par le milieu et le mettra len
deſſus le mal ceſt ſouuerain remede et tres ſeur · Cõtre la paſſiõ des
entrailles et deffault de vriner et
diſſintere on cuira la racie en fozt
vin et en huile et en ſera faict oignement qui ſera mis ſur les mẽ-
bzes dolens · pour netoper la mar
ris de la fẽme de froides humeurs
et glueuſes et faire venir leur tẽpſ
on cuira la racine en vin et en eaue ſalee et puis en ſera len vne e-
ſtuue par deſſoubz et ſen lauera et
frotera longuement · Cõtre eſcroe-
les ſeches on vſera premierement
de herbes diuretiques et puis on p
fera emplaſtre des deux parties de
cegue et de la tierce partie de ſcabieu
ſe.

¶ De catapuce · xxxviij · chaꝑ ·

Catapuce eſt chaulde en trois
degres et moiſte en deux.
Mais girard dit en ſa maniere de
mediciner que elle eſt chaulde et ſe
che en trois degrez · ceſt la ſemence
dune herbe ainſi appellee et quant
on en oſte leſcorce de dehozs on le
peut bien garder vng an On doit
eſlire la verte qui ne ſoit pas percee
par dedens et qui ſoit blanche et nõ
pas pale ¶ Elle a vertu principalement de purger le fleume et apzes
la cole et la melencolie · Elle a auſſi vertu de purger par deſſus pour
la ventoſite et legerete quelle a et
pource aucueffoiz on le dõne a gẽs
ſains pour garder leur ſante et au
cuneffoiz aux malades pour gue-

rir leurs maladies · Cõtre cotidien
ne de fleume ſale et de rõgne on caſſera grant quantite de catapuce et
puis on les enuelopera en fueilles
de choulx et les mettra len ainſi
ſoubz les cendzes bien longuemẽt
pour les cuire et apzes on les traira et eſpzeindza et gardera len luile qui en ſauldza et peut eſtre garde par vng an et quãt il ſera tẽps
on en donnera au malade en ſes
viandes ou en aultre maniere et
ainſi decroit on moult de gens Ou q̃
len face clare de catapuce bien caſ-
ſee et cuite auecques miel et puis
que on p meſle le vin et face clare
et doit on mettre en vingt liures
de vin vne liure de catapuce et ainſi du ſurpl⁹ ace pois Et auſſi peut
on pzendze catapuce en bzouet de
char ou en potaiges et autres via
des et vault aux ſains et aux ma
lades · Girard dit que catapuce eſt
moult laxatiue et quelle purge deſ
ſus et deſſoubz a grant labour et
angoiſſe et pource on ne la doit don
ner a perſonne ſil ne vomiſt legerement et ſe la matiere neſt digere
et ne ſe doit point donner a perſõne
qui ait feble eſtomac et febles entrailles car elle beſtourneroit tout
et ne la doit on point donner ſe elle
neſt deſtrempee afin que elle ne demeure trop en leſtomac et ne doit
on point dozmir ne repoſer apzes cõ
me des autres medicines pour vo
mir · Luſage de catapuce eſt de ac
cuer les aultres medicines en p
mettant dix ou douze nopaulx a-

uecques la medicine. et si dit q̃ on
les peut donner par eulx broies et
destrempez deaue chaulde et de vin
car ilz purgẽt pricipalemẽt le fleu
me et bisqueuses humeurs et par
espal de lestomac et des entrailles
et pource on ne les peut donner aux
coleriques et aux cardiaqs a douleurs de boiaulx et a artetiques et
a fieure cotidienne de fleume voirrin ou naturel. diascorides dit que
on en doit donner de cinq a neuf grains et se lestomac est fort on les
peut donner entiers et se il est feble
on les doit broier. Et si dit q̃ se les
fueilles de catapuce sont cuites a-
uecques poulles ou choulx ou autres viandes elles laschent le fleu
me et la cole.

¶ De cretan autrement dit ris
marin   xxxix. chap.

Cretan est adire ris marin
est chauld et secq en trois de
grez cest vne herbe qui croist en
lieux pres de mer et a vertu tres
diuretique pour la subtilite de sa
substance Contre strangurie et vice
de pierre et passio de boiaulx on prẽ
dra de ceste herbe en grant quãtite
et sera boullue en eaue salee en vin
et en huile et q̃ le malade soit assiz
en celle eaue iusques au nombzil.
et se len ne peult pas auoir assez
grãt quãtite de cretã on fera ẽpla-
stre dicelle herbe sur les lieux dou
loureux. Et qui mesgue de ceste her
be ou le vin de sa decoction elle fait

Briner.
¶ De celidoine.   xl. chap.

Celidoine est chaulde et seche
en quatre degrez et en est de
deux manieres. dont lune est indi-
que et si est de la plusgrant vertu
et a la racie iaune et lautre est la
cõmune que len treuue en noz par
ties et est de mendze vertu mais
toutesuoies met on lune pour lau
tre. et quant on la treuue en recep
tes on doit mettre la racine et non
pas lerbe. Elle a vertu de dissouldze de consumer et dattraire. Contre douleur des dens de froide cause
on mettra la racine vng peu cassee entre les dens. et vng ail mis
dessus. pour purger le chef et la lu
ete de froides humeurs on cuira la
racine en vin et sera mise soubz le
pacıẽt le quel en receura la fumee
par la bouche et puis fera gargarisme dicellui vin et ce purgera le
chef et sechera la luete. plinius
dit que les peulx darondes quant
ilz sont creuez ou arraches sont re
mis en leur estat pour le ius de celidoine.

¶ De coriandre.   xli. chap.

Coriandre est vne herbe com
mune et est chaulde et seche
ou secõd degre. La semence doit e-
stre mise en medicine et la peut on
garder par deux ans. Elle a vertu
de conforter par son oudeur aroma
tique et si vault ala douleur de lestomac de vetosite. La semẽce mise

en viandes et le vin de la decoction
pour boire · La pouldre de la semen
ce de coziandre gettee sur char lup
donne saueur · psidoze dit que la se
mence donee en vin douly rend les
hommes enclins a luyure · mais on
se doit garder den doner trop car el
le engendreroit trop grant fureur
et feroit pstre hors du sens Lerbe a
tout la semence est venimeuse auy
chiens et les tue et occist se ilz en
vsent souuent

¶ De la grant consoulde ·　plij ·
chap ·

Consoulde la grant est a di
re simphicu est de froide et de
seche coplexion mais la racine pzo
pzement si en est medicinable · Elle
a vertu de restraindze grosse sub
stance · On la peut bien garder par
cinq ans La pouldze dicelle donnee
en viade vault contre fluy de sang
de temps de femme et cotre le fluy
de ventre · et fait vne estuue dicelle
herbe faicte ou de la pouldze mise
par dessoubz · ⟨

¶ De diptanne ·　pliij · chap ·

Diptan qui autremet est no
mee fraxinella pource quelle
la fueilles telles comme fresne est
chauld et sec en quatre degrez · cest
la racine dune herbe qui est ainsi
nommee que len treuue en lieuy pie
reuy et especialemet secqs · Elle a
vertu de dissouldze et de consumer
et attraire venin · Contre mozsu
re de bestes venimeuses lerbe ou
la racine bzoiee soit mise dessus et

que len boiue le ius auecques vin
Aussi la pouldze de diptan auecqs
ius de mente confit p vault qui le
met dsso⁹ et qui en boit · psidoze dit
quil est de si grant vertu que il sa
che et tire le fer hozs du cozps et le
boute hozs et pource les bestes sau
uages quant elles sont serues de
flesches menguent de lerbe et parce
les font saillir hozs ·

¶ De endiue ·　pliiij · chap ·

Endiue est autremet appellee
scariola ou laictue aigre El
le est froide et seche en deuy degrez ·
La semence et les fueilles sot tres
bonnes en medicine et aussi sont
les fueilles tres bonnes en viande
mais la racine na point de vertu ·
Les fueilles vertes sont de grant
vertu et nont point les seches de
force · Elle a vertu de confozter et de
alterer et pource elle vault contre
opilacion du foye et de la rate de
cause colerique · Contre tiercaine
simple et double et iaunice et cha
leur de foye et chauldes apostumes
elle vault cuite et crue qui la men
gue · A ce aussi vault sirop faict de
sa decoction et sucre · Le ius ou si
rop auecqs reubarbe p valent don
nez le quattriesme ou le sixziesme
iour quant la matiere est digeree
et aussi fait lerbe cassee et mise sur
le foye · et aussi le ius epithime p
vault Et qui naura lerbe quil cui
se la semce bzoiee en eaue et puis
mise sur le foye · Albert dit q eaue
dendiue auecques ceruse et vin ai
gre est merueilleuy epithime pour

refroidir tout ce que len veult·

¶ Des epinoches· pl̄v·chap̄·

Espinoches sõt semees a prouf
fit en septẽbre et octobre pour
puer et pour caresme ẽsuyuãs et
pour les mois dauril et de may Et
pour leste on les semera en decẽbre
iãuier feurier et mars et les peut
on semer en aires toutes seules et
auecques autres herbes en terre
grasse et bien labouree· Se en les
cueillãt on taille a vne foiz la moi
tie de la tige et a vne autre foiz lau
tre moitie elles dureront bien lon
guement et a prouffit· Elles sont
froides et moistes en la fin du pre
mier degre· Elles tiennẽt le ventre
moiste et valent ala douleur de la
gueule qui vient de sang et de cole
rouge et si valent mieulx a lesto
mac que arroches·

¶ De enule· pl̄vi·chap̄·

Enule nest point semee pour
ce quelle ne faict point de se
mence maiz on plante la couronne
toute ou la plusgrant partie en ter
re grasse et en parfond et lestraint
on bien fort et est chaulde en trois
degrez et moiste en vng Il en est de
deux manieres lune est ortulaine
de iardin et lautre cãpane de chãps
La campane est de plusgrant vertu
en la racine· On cueille la racine
au cõmencemẽt deste et la seche len
au soleil quelle ne soit corrompue

par humeur· On met la racine en
medicine et la peult on garder par
deux ans ou par trois Elle a vertu
de adoulcir et de netoyer et pource
elle vault contre nerfz indignez de
froidure et cõtre la douleur des par
ties espirituelles de froide cause
vault le vin de sa decoction selon
le ver qui dit·Enula campana red
dit precordia sana·Enule campane
rend les parties dentour le cuer sai
nes Cõtre douleur destomac de froi
de cause et contre ventosite et cõtre
froide toux on donnera le vin de la
decoction de enule· La pouldre de e-
nule auecq̃s pouldre de canelle dis
soult la ventosite des parties espi
rituelles aux parties de deliee com
plexion Lerbe toute cuite en vin et
huile emplastree sur la douleur des
hopaulx colerique et strãgurie la
dissoult et cure· Contre froit asme
on donnera farine dorge en la q̃lle
sera cuite pouldre de enule et si de
uons sauoir que en ceste herbe de
enule est la vertu rubificatiue et
aussi est la terrenieue abstercion

¶ De esclaire· pl̄vii·chap̄·

Esclaire autrement sclarea
est semee en decẽbre iãuier
feurier et mars et demande autelle
terre cõme les autres herbes com
mune·¶ Cest vne tresbonne herbe
et perpetuelle car depuis quelle est
transplantee en ordre cõme oignõs
et quelle a fait semence et que on
la cueille meure se on la trẽche par

trois ou quatre fois fur terre elle
reuient tres belle en autompne et
qui ne trenche la tige elle feche · et
neautmoins elle rebourgonne en
feptembre ou en lefte enfuiuant cõ
me fenoil et fi vient trefbien en lõ
bre ·

¶ De epatique · vlViii · chap ·

Epatique eft adire ficatelle
eft froide et feche ou premier
& gre · eft vne herbe qui croift en
lieux & eaue et par especial ou il pa
pierres et a moult de fueilles qui
fe tiennent ala terre et aux pierref
Elle a vertu diuretiq pour fa fub
tille fubstance et refroide et vault
a opilaciõ de fope et de rate qui vient
de caufe chaulde · Leaue de fa decoc
tion vault contre · chaleur de fope
et côtre iaunice et pource eft elle ap
pellee epatique Le firop faict deleau
ue de fa decoction et q en la fin di
celle decoction q len y adioufte reu
barbe auecques Il eft trefbon con
tre iaunice ·

¶ De efcalongne · vlix · chap ·

Efcalongne doit eftre plantee
en feurier comme aulx par
foy ou en aires et auffi auecques
autres herbes en leurs aires et
fait chune moult de filles par efpe
cial fe la terre eft biẽ graffe ou on
les plante · On dit que fe len faict
troux en oignons et que len y bou
te des aguillons de lail et quilz fo
pent ainfi plantez en terre ilz deue
dront efcalongnes · Efcalongnes

fôt de la nature des oignons mais
elles font moins moistes Elles cõ
fortẽt lappetit et amendent la ma
lice des viandes venimeufes Elles
nuifent aux yeulx et font douleur
en tefte et fi font pupr la bouche et
ne font pas bonnes a gens chaulx
mais on les peut bien menger a-
uecques graffe char car elles y per
dent leur malice ·

¶ De eruque · l · chap ·

Eruque eft chaulde et feche
ou quart degre et en eft de
deux maieres Lune franche et lau
tre fauuage · La franche et de labou
rage eft de greigneur vertu que la
fauuage · Les femences font princi
palement bonnes pour medicine et
puis les fueilles apres Elle a ver
tu confumptiue et efmouuãt a lu
xure · Qui la prent cuite auecques
la char elle vault a luxure a ftrã
gurie a diffintere et a paralifie · Et
qui la cuit en vin et femplaftre fur
les reins elle efmeut a luxure et
qui la met fur le penil elle fait biẽ
vriner · La femẽce de eruque par ef
pecial de la fauuage faict leuer le
membre de lomme et lefmeut ·

¶ Du fenoil · li · chap ·

Fenoil eft feme en decembre
ianuier et feurier et fe tranf
plãte en tout temps Il eft chauld
et feca et a vertu diuretique et at
tenuift toute groffe ventofite · Qui

le mengue apres disner il vault cō
tre ameres routes qui viennēt de
indigestion et a vertu en ce pour
sa subtille substance et ses qualitez. La semence et ler̄be et les escor
ces des racines valent en medicine. On cueille la semence au cōmē
cement dautompne et se peut garder par trois ans · Et les escorces
des racines sont cueillies au cōmē
cement de printemps et les peut on
garder demy an Leaue de sa decoction vault contre opilacion de foye
et de rate contre strangurie dissinte
re et le vice de la pierre de froide hu
meur Le fenoil cuit et māge vault
a ces choses Leaue ou vin ou il est
cuit oste la douleur de lestomac de
froide cause ou de ventosite et cōfor
te la digestion Autel faict la pouldre de la semence · Contre le drap de
la tape des peulx et la mengue on
mettra le ius de la racine de fenoil
au soleil en vng vaissel darain
par lespace de quinze iours et puis
on en mettra es peulx par manie
re de colire Contre la mengue des
peulx est certain experimēt On cō
fira aloes auecqs ius de fenoil tres
bien et puis sera mis au soleil en
vng vaissel darain par quize iours
et puis aps on le mettra es peulx
par maniere de colire

¶ De flamula.   liii· chap̄·

Flamula est chaude et seche
en quatre degrez· et est dicte
flamula pource quelle a vertu ar
dant et enflambant et est semblā
ble en fueilles et en fleurs a vne
herbe nōmee vidalbe mais elle a
les fleurs azurines Quāt elle est
verte elle est de grāt vertu · et quāt
elle est seche elle est de petite ou de
nulle value pour faire vng caute
re sans feu on cassera flamula et
la broyera len et puis soit mis sur
le lieu et p̄ soit laissie par vng iour
et il trouuera le cuir ars et apres
sera appareillie cōme il appartient
a cirurgien Quant on vouldra rō
pre vne apostume meure ou il pa
boe et la teste en est dure on brise
ra et pilera len flamula auecques
huile et le mettra len dessus et p̄
met on huile afin que flamula ne
seche trop·

¶ De fumeterre.   liiii·chap̄·

Fumeterre est vne herbe cō
mūe et est ainsi appellee po̅r
ce quelle est engendree de la grosse
fumosite de terre · Elle est chaude
ou premier degre et seche ou secon̄d
et est de grant vertu verte et seche
et purge principalement la melencolie et apres le fleume sale et puis
la cole arse· et si est diuretique Cō
tre rongne prenes deux onces du
ius de fumeterre et p̄ adioustez du
sucre et en faictez sirop et le donnez
en eaue chaude ou q̄ len p̄ adiouste
semence de fenoil et en fait on vng
oignement tel prenez huile de noix
et p̄ mettez pouldre de supe de cheminee bien deliee et la confises en
p̄ adioustant vin aigre et ius de fu

-meterre plus q̃ des aultres choses
et en soit oinct le pacient ou baing
ou en lestuue ou incontinent apres
et est tresbon oignement · Et notez
q̃ se len donne trois foiz la sepmai-
ne le ius côme dit est il purge tres
bie les humeurs dont vient la rongne Item lerbe de fumeterre cuite
en vin et puis mise sur le lieu podagre p aide moult grandement ·

¶ De fenugrec   l·v·chap·

Fenugrec est chauld et secq
et a la substance glueuse et
pource il a vertu de meurer et lascher apostumes et amolier par dehors et meurer par dedens La farine de fenugrec auecqs vng mopeu
doeuf bien meslez mis sur lapostume si la meure et attenuist Et qui
la confit auecqs terebentine elle la
meure et rompt · Lerbe aussi cuitte
en huile si meure bien pour les a-
postumes des parties espirituelles
la farine de fenugrec mise en vng
sachet et cuitte en eaue auecques
guimauue vauldra se on la met
dessus pour apostume de lestomac
et des hopaulx On fera tourtelles
de ce fenugrec cuit en leaue et puis
se mettra len dessus

¶ De gramen autrement dit herbe cômune·   l·vi·chap·

Gramen est proprement herbe de preaulx et est de vertu
stiptique et est côglutinât les pla-
ges et restraignât le ventre et gue-

rist plapes es reins et la vessie et
adoulcist la douleur de la rate et
qui boit du ius il tue les vers du
corps et a ceste propriete · Les chies
congnoissent ceste herbe et la menguent quant ilz se veulent purger
sicôme dit plinius

¶ De gralengue·   l·vii·chap·

Gralengue est de telle nature
quelle engresse terre quant
on la retourne dedens tandis qlle
est verte et dit on q̃ sa semence donnee a mêger aux gelines leur fait
auoir des oeufz merueilleusement

¶ De gencianne·   l·viii·chap·

Gencianne est la racine dune
herbe ainsi appellee maiz la
racine seulement en est medicinable On la cueille en la fin de printemps et la peult on garder seche
par trois ans · Elle naist le plus
souuent es môtaignes et es lieux
qui sôt umbrages et moistes Elle
est chaulde et seche en deux degrez·
Elle a vertu de dissouldre côsumer
et ouurir et est diuretique· Contre
ancien asme La pouldre auecques
vin et eaue dorge vault moult· Le
ius dicelle netoie et torche morphee
et guerist plapes et grosse rongne
et corrosiue· Et aussi quant on la
boit elle aide moult a cellui qui est
cheu de hault et est fort casse et froi
se et si est la derreniere medicine cô
tre morsure de scorpion et de vers
enuenimez et de chien enrage qui

en boit deux onces auecques vin.

¶ De gariofilee ·lix·chap·

Gariofilee est semblable aux
nouuelles fueilles de ronce
de buisson ou a ces bourions nais-
sans esemble La racine est moult
redolent et les fueilles sont chauldes et seches en trois degrez La verte est de plusgrant vertu que la seche et la peut on bien garder vng
an Elle a vertu dissolutiue consū-
ptiue et aperitiue et est appellee gariofilee pource quelle a odeur semblable a cloup de girofle en la saueur en vertu et en leffect· Contre
cardiaq passion qui la cuit en eaue
de mer et huile et la met dessus la
partie deuāt et derriere elle p uault
moult· Le vin de la decoction de la
racine uault a conforter la digestion et la douleur de lestomac et
des boyaulx de maladie de froide
cause ou de ventosite

¶ Des genitelles de goupil·lx· chap·

Genitelles de goupil est vne
herbe bōe et doulce au goust
qui la mengue ou boit auecques
vin elle esmeut a luxure et si aide
moult grandemēt· et est ainsi comme vne espece de satirie ou spassa-
tirie·

¶ Des genitelles de chien· lxi· chap·

Genitelles de chien est vne autre espece de satirie et est en

fueille et en souche semblable a genitelles de goupil· et est la racine de
deux manieres car elle a vng mo-
tel dessus et lautre dessoubz et est
lun mol et lautre plain et en celui
est la superflue humidite· Et se lōme auant ce que il ailte a fēme en
prent le plusgrant et la fēme concoit cest cōmunemēt vng filz· et se
la fēme prent le petit et puis cōcoit
ce sera vne fille car on dit q le grāt
croist le pouoir de loeuure et que le
petit le retrenche et pource lun empesche loeuure de lautre· et dit al-
bertus ce q dit est en son liure des
plantes·

¶ De hymnule· lxii·chap·

Hymnule est vne herbe nommee en latin hymnulus id
est lentigo· sa fleur pour sa secheresse peut estre gardee par moult long
temps en sa vertu et tāt que la cōmune opinion est q elle ne pourrist
poit et est de ague odeur et de forte
et est chaulde et seche et si dissoult
viscositez et les tresche et aussi garde de pourreture les liqueurs auecques qui elle est meslee.

¶ De hpebles lxiii·chap·

Hpeble est chaulde et seche en
trois degrez Les escorces des
racines et les turions appartiennēt pricipalemēt en medicine· Les
escorces des racines sont cueillies
en printemps et les seche len au soleil et peuent estre gardez vng an·

Les escozces des racines , et les turions appartiennët principalemët
en medicine. Elles ont bertu disso
lutiue consûptiue et purgatiue de
fleume et de humeurs bisqueuses
quant on en donne le ius il purge
par dessus et par dessoubz en attra-
pât angoisse. et pource on ne le doit
donner se la matiere nest auant di
geree et le temps prepare a fluy si
côme len fait es autres medicines
bomitiues. Elles balent a fieuxes
cotidiannes et de long tëps a tier-
caines de cole citrine. elles oftët lopilacion du fope et iaunice et coftiq
douleur de boiaulx et leaue des len
tofleumatiqs elles mettent hors
qui en bfe. On en bfe en donnant
le ius par soy ou que en la decoctiõ
on destrempe autres medicines la
patiues ou quon p adiouste syrop
ou epimel laxatif ou quon le cuise
auecqs miel iusques ala consum
pcion du ius. Contre enfleuxe des
extremitez et contre artetique et
lentoflomence on fera bng baing
deaue salee et de la decoction des ra
cines de biebles et des turiõs de ler
be ou de lerbe toute.

¶ De iusquiame autrement ditte
hennebanne.   lyiii chap.

Usquiame autrement ditte
hennebâne est froide ou tiers
degre cest la semëce dune herbe qui
est appellee caffilago ou dent cheua
line. et est de trois diuersitez. Lune
est blâche. lautre rouge. et lautre

noixe. La blanche et la rouxe conuiennent en medicine mais la noi
re est moztelle. Et deuons sauoir q
se len doit prendze hennebanne par
la bouche et mettre en son corps
on doit prendze la semence. et se on
la doit prëdze par dehozs on doit prë
dze lerbe. mais la semëce est de pl?
grant bertu. Elle a bertu amotoi
que cest adire apoztât sömeil et fai
sant dozmir et si est constrictiue et
moztificatiue. pour faire dozmir
en fieuxe ague on fera bne decoctiõ
de son herbe et sen lauera et estuue
ra len entour le front et les tëples
et aussi les piez et puis on fera tel
ëplaftre. On prendza la semence de
hennebanne et en fera len pouldze
tres subtille et la mefleza len auec
ques aubins doeufz et le lait de fë
me nouzzissant bne fille et bng peu
de bin aigre et la boutera len ou
front et aux temples. pour restrai-
dze les lermes est bon ce mesme ë-
plaftre. Côtre diffintere on fera em
plaftre dicelle herbe et le mettra
len dessus car il cure la douleur et
contre douleur des dentz on mettra
la semëce sur les charbons ardãs
et le pacient en receuera la fumee
par la bouche et puis la mettra
sur leaue et il semblera que ce sopent ainsi comme bers qui nagët
par dessus Et la semence mise sur
la dent doulant de cause chaulde o-
fte la doleur et peut on garder cefte
semence par dix ans

¶ De iarrus autrement dit bar
baron.   lyiiii chap.

Arrus autremēt ditte bar-
bazō ou pie de beau est chaut
et secq ou second degre. On le treuue en lieux secs et moistes en mōtaignes et en terres plaines en p-
uer et en este. Il a grant vertu selon les fueilles et ecozes plꝰ grās
es racines et tres grans es grappes et es tozques que len p trēche
et cueille et les seche len. Il a ver
tu dissolutiue relaxatiue et atten-
uiant. Cōtre lenfleure des ozeilles
on cuira celle herbe auecques ces
tozques en vin et en huile et p adioustera len du commin et en fera
len ēplastre et sera mis sur lozeille
Cōtre froides apostumes lerbe et
les troques et vielz oingt et gresse
dours soient tresbien bzoiez et meslez et puis on les chaufera en vng
test et les mettra len dessꝰ et elles
gueriront. Contre escrouelles nou
uelles on bzopera lerbe et p mesle
ra on vielz oingt et squille ou oingt
dours qui en pourra auoir et les
mettra len dessꝰ et elles serōt gueries se elles sont nouuelles. pour
escurer la face et a subtilier le cuir
et le faire delie on fera pouldze de
troques seches et la confira len a-
uecꝗs eaue rose et mettra len tout
au soleil iusꝗs atāt que leaue soit
toute beue et soit faict ainsi trois
ou quattre foiz ou plus. et de celle
pouldze auecꝗs eaue rose tant seulement on frotera sa face et elle de-
uiēdza plus pure et plus belle que
de ceruse. Itē la seule pouldze si
runge la char superflue.

¶ Du lys   lxvi chap.

LE lys est plāte ou mois doctobze et de nouēbze en terre
grasse et bien remuee. car on pzent
les oignons ou les cosses vertes
ou seches et les met on loing lune
de lautre par vng espan ou par vng
pie qui vault mieulx ainsi que on
faict les aulx. Aristote dit que qui
pzent la haste du lys auant quil
soit ouuert en fleur ou en semēce
et le boute en terre par telle manie
re que loignon nen soit point arrache et que len cueuure la haste de
terre elle gettera dedens vng peu de
iours en chūn neu vng petit oignon comme vne de ses cosses. Le
lys est chauld et moiste et en est de
deux manieres. Lun est franc et
lautre sauuage. et est le sauuage
de deux manieres car lun pozte la
fleur de couleur de pourpze et est
cellui le plꝰ vertueux. et lautre poz
te fleur iaune. Cellui qui est franc
bzoie auecꝗs vielz oingt ou auecꝗs
huilee et cuit et mis sur apostume
froide si la meurist Cōtre la durte
de la rate la racine de lys en grant
quātite auecꝗs bzanque ursine et
la racine de euiscus soient mis en
vin et huile par dix iours et puis
coulez et en celle couleure q on met
te cire et huile et q on en face oigne
mēt pour coulourer la face. pnes
les tozꝗs de la racie du lys sauua
ge et aigre et les sechez et en faictez
pouldze et la destrēpez auecꝗs eaue
rose et la sechez et le faictez ainsi
f.i.

trois ou quattre foiz ou plus · et
puis frotez voſtre face de celle poul
dre auecqs eaue roſe et en ce faiſãt
on oſtera les fronces et nettopera
len la face · Dpaſcozides dit q̃ les
fueilles du lis cuites valent con
tre arſure qui les met deſſ’ et auſſi
fait la racine de lis broiee auecqs
huile et miſe deſſus car elle a ver
tu adoulciſſant et purge le temps
aux femes car elle euure et ſi re
ſtraint lenfleure · et pource vault
côtre apoſtumes et ventoſitez qui p
met deſſus ſouuẽt de la racine bro
pee auecqs huile · Plinius dit que
oignons de lis auecqs vin gueriſ
ſent coups de ſerpens et le mal ve
nant des champignons et le venin
qui en vient · Qui les cuit en vin
et en huile ilʒ diſſoluent les cloux
des piez et les neuz et ſi rendẽt les
cheueulx et peulx perduz par arſu
re · Et qui les cuit en vin et auecq̃ſ
du miel ilʒ aidẽt es voines tren
chees Les fueilles cuittes en vin
gueriſſent plapes · Len faict des
fleurs eaue et huile qui veult ain
ſi côme de roſes et ſõt dautelle ver
tu côme eaue et huile roſat ·

De langue de chien · lv vii · chap

Langue de chien eſt chaude et
moiſte ou premier degre · elle
a petites fueilles et agues et ſem
blables a langue de chien et eſt de
gras vertus · quãt elle eſt verte et
de nulle puiſſance quant elle eſt ſe
che · Elle a vertu de eſmouuoir a lu

pure et de donner humeur Qui cuit
ceſte herbe auecqs char ou la cõfiſt
auecqs huile ou auecqs greſſes ou
ſang elle eſmeut et ſemont lupu
re · Quãt elle eſt cuitte et on p ad
iouſte du ſuccre elle vault a ceulx
qui ſont cõſomez et degaſtez de char
Côtre ſechereſſe de pis vault leaue
de ſa decoctiõ mais q̃ on p adiouſte
du diadzagant p vault moult ·

De lapace et parelle · lv viii · chap

Lapace ceſt adire aceteuſe ou
rameſe · elle eſt chaude et ſe
che ou tiers degre et ou ſecõd ſelon
auicenne · Il eſt trois manieres de
lapace · Lague qui a les fueilles a
gues eſt la meilleur et la plus ver
tueuſe · et la frãche qui a fueilles
larges et pl’ côuenable a vſer · et
ſi en pa vne autre qui a fueilles rõ
des celle a vertu de diſſouldre et re
laxer de ouurir et de attẽuir · Côtre
rongne le ius de lapace ague et hui
le muſtelti et poiz clere ſoiẽt boul
lues enſẽble et puis coulees et en
la couleure que on p adiouſte poul
dre de tartaize et de ſupe de cheminee
et ce ſera treſbõ oignemẽt pour rõ
gnes ſ Auicenne dit que la racine
cuite en vin aigre eſt bonne contre
rongne vlcereuſe et groſſe et orde
et auſſi a gratelles et dertres et ſa
decoction en eaue chaulde vault cõ
tre gratelle et mẽgure et auſſi eſt
elle tres bõne en baing · Côtre orde
rogne groſſe et graſſe on fera vne
decoctiõ du ius de lapace et de poul

dre dozpin pour meurir apostumes
la pace ronde bzoiee et cuitte en hui
le ou auecqs saing doulx soit mise
dessus pour les rompze soit mise dessus la pace ague en la maniere q̃
dit est· Contre strangurie et dissintere on cuira la pace en Bin et huile et la mettra len sur la penistere
et este fera Briner en grãt quãtite
leaue et le Bin de sa decoction dif-
soluent lopisacio du fope et de la ra-
te· Côtre escrouelles nouuelles on
fera emplastre de la pace ague et de
saing doulx mestez et bzoiez ensem
ble· Contre Bers du Bentre le ius
en est bon pzis auecqs miel· Côtre
fleume abondãt en œrueau on get
tera le ius de la pace auecqs ius de
mente en petite quantite en air
chauld ou en baing· La pace cuitte
ou crue Bault aux rongneux silz
en menguent·

¶ Des laictues   lxix· chap·

Laictues peuent estre semees
et trãsplantees pzes q̃ tous
les temps de lan en terre grasse et
bñ remuee et les peut on semez paz
elles et auecqs autres herbes Et
œstes qui serõt semees en autõpne
si pourrõt biẽ estre replãtees en de-
cẽbze entour les aires des autres
herbes q̃ len seme pour lozs car el
les ne craignẽt põit la gelee aicois
en sont efozcees et seront bônes a-
pzes lpuer iusqs atãt q̃lles feront
semẽœ auecqs les autres herbes
Mais œstes qui sõt de la nature des
petites ne sont point trãsplantees
mais les grandes q̃ on appelle rô-

maines qui ont blãche semẽœ doiuẽt estre transplantees afin q̃lles
croissent et deuiẽgnent doulœs et
leur aide grandemẽt qui les arrou
se par tẽps secq· La laictue est froi
de et moiste attrẽpeemẽt et pource
este est la meistleuce de toutes les
autres herbes et la pl⁹ attrempee
Les autres dient q̃lle est chaulde
et q̃lle est pource tres attrẽpee Este
engẽdze bon sãg et fait auoir aux
fẽmes assez lait et largemẽt Briner et estaint la cole et rafreschist
le sang boustant et fait dozmir· El
le Bault contre chaulde apostume
qui en fait emplastre sur le chef elle oste la douleur de la teste Benãt
de cole rouge ou de sang· mais qui
la Beust menger este Bault mieulx
cuite q̃ crue pource q̃ sõ lait est ap
petisse par la chaleur du feu par
quop este faisoit dozmir mais touteffois este est bône aux coleriques
tãt cuitte côme crue· Este est en sa
tenneste pl⁹ pzouffitable pour lesto
mac et pour accroistre le laict aux
fẽmes et plus aidable ala semen-
œ des hômes · mais quant este est
dourcie et na pas abõdanœ de laict
son humeur est appetissee et deuiẽt
sa saueur amere et est apperitiue·
mais touteffoiz este engendze tres
mauuaiz sang et pource este nuist
a œulx qui en Bsent acoustumee-
ment car este obscurist la Beue et
cozzõpt la matiere de generacio en
lôme mais tãt q̃lle est encoze tendze este est bône cuite et crue a œulx
qui sont en fieure·¶ Qui la cuist

f·ii·

en Vin aigre et y met du safren et
le guerist de lopilacion de rate et de
foye pour faire dormir on confira
la semence de laictue en lait de fême
qui ait porte fille et en aubin doeuf
et en fera len emplastre sur les têples La pouldre auecqs laict faict
dormir et aussi a ceulx qui sont en
fieure qui leur donne auecqs eaue
chaulde. Contre chaulde apostume
on la confira auecqs huile rosat et
puis soit eplastree dessus elle la de-
struira. Item lemplastre faict des
fueilles aide a ceulx qui ont vne
maladie appellee herisipila. Ité la
semence donee en buurage aide hastiuemêt a ceulx qui seuffrêt souuêt pollucios. Il est vne maniere
de laictues aigres qui ont plus lôgues et pl⁹ estroictes fueilles plus
dceliees pl⁹ aspres et moins vertes
q̃ les autres et sont pl⁹ ameres et
ont pl⁹ de chaleur et pl⁹ de secheresses q̃ les frâches plinius dit quil
est vne maiere de laictue qui croist
de terre sans semer q̃ len appelle ca-
prine et qui la getteroit en la mer
les poissons deuiron mourroyent
tâtost. Et si est vne autre maniere
de laictue daultre espece qui naist
aux châps Qui en broie les fueilles auecqs boullie elles aidêt aux
êtrailles Et lappellêt les grecz y-
leon et felô les autres psopô. Et si
en est encores vne autre qui croist
par my bois quilz appellêt scaupô
de la q̃lle les fueilles broieez auecqs boullie valet a plaies et restrai
gnêt le sang et guerissêt de pourre

ture les playes pourries Il est vne
autre maniere de laictue qui a rondes fueilles et courtes q̃ plusieurs
appellêt haria ou herria de la q̃lle
les octoirs tirent le ius en frotant
lerbe et en torchât leurs peulx et
par ce esclarcissent leur veue quât
ilz sont vielz et pleins de tenebres
et obscurciz par vieillesse et guerist
le ius de ceste herbe de toutes les
maladies des peulx et par especial
quât on les mesle auecqs le lait
de fême Il vault aussi a morsure
de serpês et a poictures descorpions
se on le met auecqs vin ou se on le
boit et les fueilles broiees sôt em-
plastreez dessus la playe elle osteet
boute hors toute ênfleure.

¶ De lentisque. lxy · chap·

Lentisque est vne herbe de seche et chaude côplexion Elle
a vertu de restraindre et de consolider côtre le flux des fêmes et côtre
dissintere et vomissemês de febles
vertus retêtiues · On cuira petiz
faisseaulx qui serôt faitz dicelle a-
uecqs les fueilles en vin aigre et
seront eplastreez sur la pênistere et
sur les reins et aux vomissemens
sur la fourchete de la poictrie vng
autre remede · on prendra les ten
drons de lentisque et les mettra
len bouillir en vin aigre iusques
ala consumpcion dudit vin aigre
et puis apres len les sechera et les
mettra len en pouldre et puis pren
dra len dicelle pouldre en vian-

de et buurages et vault aux aultres choses dessusdittes Contre la
rongne de la verge de lomme et les
corcheure la pouldre faite des fueil
les sur une tuille chaulde seches
et bien mises en pouldre degastent
la rongne et lordure de la verge·
mais on ne le doit point mettre ius
ques atant quil y ait ordure· Con
tre rongne et ordure de bouche et de
langue et de baulieures en fieure
ague on cuira en vi aigre les fueil
les de lentisque et en sera le pacient
gargarisme.

De laureole.   lxxi·chap·

Laureole est une herbe moult
laxatiue et est chaulde et seche ou quatriesme degre· Le fruit
et semence est rond et est sur le roup
ala quantite de poiure que len dit co
cogridium ou coconidium qui est
encores plus laxatif que nest laureo
le· mais touteffoiz elle est moult
laxatiue et purge le fleume et humeurs visquses et premierement des
parties loigtaines et des ioictures
des membres et apres elle purge la
melancolie et pource elle vault aux
sciatiqs artetiqs et podagres Ite
cotre appoplexie et paralisie on en
doit vser auecqs autres medicies
en lopimel de iulian Et aux autres
medicines on le done aussi en autres decoctions mais on ne la done
point seule pource quelle escorcheroit
les etrailles car elle est trop ague
de sa propre nature·maiz touteffoiz
se nous en voulons vser par soy

nous en deuons doner la decoction
et p adiouster gomme de arabic et
mastic afin q sa malice soit repri-
mee Et ne la doit on point donner
fors a ceulx qui sont fors a laschez
et qui ont le ventre charnu et les
entrailles aussi Et dautelle vertu
est sa semence.

De lape.   lxxii·chap·

Lape est une herbe qui a bos
boutons et qui se tiennent
fort aux robes Il en est plusieurs
especes et sont tous medicinables·
Plinius dit q elles valent cotre poi
ctures descorpios car escorpions ne
peuet ferir persone qui sen oinct de
son ius La decoction de sa racine co
ferme les dens qui la tient tiede en
sa bouche La semece guezist moult
de vices de lestomac et prouffitte a
ceulx qui crachet sang et si vault
contre dissintere pource q sa racine
prise auecques vin arreste et les
fueilles auecques sel laschent·

De leuesche.   lxxiii·chap·

Leuesche est chaulde et seche
ou secod degre La semece est
nomee leuisticus leuesche La seme
ce et no pas lerbe doit estre mise en
medicines· Elle a vertu diuretiq et
aperitiue et extenuatiue· et pource
vault le vin de sa decoctio cotre opi
lacio de foie et de rate Leaue de sa de
coction vault contre douleur destomac et des etraillez et quat elle est
causeede vetositez et la pouldre dicelle auecqs pouldre de comi vault
aux choses dessusdittes

De melons.   lxxiiii·chap·

f·iii·

MElons desirent autelle terre côme sont citrules et côcom bres mais ilz la veulent moins grasse et moins fumee afin quilz soient plus fermes plꝰ sauoureux et plustost meurs Et aussi se veu lent planter en autel temps et en autelle maniere et quant ilz sont nez on ne les ose arrouser·Les au cuns sont gros et les mengue len meurs cestassauoir quât ilz côme cent a souef flairer et estre iaunes desquelz croissent ceulx qui ont les semences tres petites et ceulx icy sont les meilleurs de toutes les manieres de melons·Les aultres sont menus et vers et bien longs et ainsi côme tournez et les appel le len melanguli et sont mengez vers côme citrulz et sont dautelle saueur mais ilz sont moins froitz et sont plus digerables et pource dit on quilz sont meilleurs q̃ les citrulz·Melons sont froiz et moi stes ou secôd degre et ceulx qui sôt doulx sont de attrempee froidure. Auicenne dit que la semêce du me lon fait ainsi vomir côme racine de citrulz et de côcombres et quât on vse de melons ilz doiuent aller de uant autres viandes afin quilz nê gendrent abhomiaciô Mais psaac dit que quât on a mengé le melon on doit aucunement attendre quil soit digere auât q̃ len prengne au tre viâde. Encore dit auicenne q̃ le melon est de tardiue digestion fors quât on mêgue auecqs luy ce qui est dedens luy et son nourrissemêt

est plus droit et son humeur plꝰ cô uenable quil nest de citrulz ou de cô côbres Mais quât le melon se cor rompt en lestomac il engêdre natu re venimeuse et sy conuertist · Et pource côuient il q̃ quât il griefue q̃ on le extraie hastiuemêt Et les choses qui y aident aps ce q̃ on les a mêgees aux coleriqꝰ sont opiza cre grains de fenoil et mastic · Et pour les fleumatiqꝰ oximel gin gêbre confit ou gingembre seul ou ꝑarciminû et boiuêt vin pur · La semêce de melons netoye et faict vriner et netoye les reins et la ves sie de grauelle et de pierre.

¶ De melilot. lxxv·chap̃.

MElilot est chaude et seche ou pꝛmier degre. Cest vne herbe dont la semêce est ainsi nômee et aussi lappelle len la couronne du roy pource q̃lle est fourmee en la maniere du demy cercle La semêce et les escoces tât seulemêt êtrent en medicine car la semêce est si tref petite et si tenant a lescoce que a grât peine la peut on desseurer·El le a vertu de côforter pour sa souef ue oudeur et si est diuretique pour sa subtille substance ·Le vin de sa decoction vault a conforter la dige stion et oste les ventositez et euure lopilacion des reins et de la vessie et la semêce mise en bꝛouet ou en viande les faict de bonne saueur et de bonne oudeur·

¶ De mercure autrement linochitis. lxxVi·chap·

Ercure est a dire linochitis
est froide et moiste ou pmier
degre Elle a Visqueuse substance et
pource elle seche et attraict hors
moult doulcement la cole du fope
de lestomac et des Boiaulx·on donne
le ius sans cuire auecques succre
car il diminue partie de sa Vertu la
natiue·

¶ De maulue· lxxVii·chap·

Aulue est froide et moiste ou
second degre· et en est de deux
manieres · Lune est franche qui a
plus subtille et pl⁹ froide humeur
Et lautre sauuage que len appelle
malueuisq et si ya Vimaulue qui
croist plus hault et est moins froi
de et moins moiste et si a la substā
ce Visqueuse · Contre apostumes
chauldes au cōmencemēt on Broie
ra les fueilles de maulue et les
mettra len dessus pour meurir·et
puis on les Broiera auecqs faing
de porc fraiz et les mettra len sur
Vne tuile chaulde · Et aussi Bault
ce que dit est cōtre la durte du foie
et de la rate Lestuue de ses fueilles
et le baing de sa decoctiō Bault a la
uer les piez de cellui qui est en fie
ure ague et font bien dormir· Mau
ue cuite en potaige lasche le Bētre
qui en mengue et si est bonne pour
lascher le Ventre quant on est en
fieure et fait on de la decoction bon
clistere· Vimaulue amolie plus et

meure en fueilles et encore plus la
racine Broyee auecqs faing de porc
Vng peu chaufee car elle meurist
et amolist les dures apostumes ·
Lerbe cuite auecqs la racie tāt lō
guement q leaue soit gastee et qui
luy appere Vne Visquosite meure et
amolie dures apostumes et les re
laye·Et de leaue qui y adiouste ci
re et huile on faict oignemēt qui a
telle Vertu· Leaue de la decoction de
la semence Bault cōtre seche toux
et donne confort a ethiques · aussi
les semences mises en Vng sac et
cuites en huile dissoluent la durte
et nestoiēt· ysidore et plinius diēt
q se aucun se oinct de ius de mauue
mesle auecqs huile il ne pourra e
stre blece de poincture de mousches
et si ne sentira en aucun de ses mē
bres oinct de ce q dit est aucunes
poinctures de scorpions ·

¶ De mozelle autremēt strigium
ou solatrum lxxViii·chap·

Ozelle strigium et solatrū
est toute Vne herbe et est froi
de et seche et aucunement diuret iq
quāt elle est Verte·Elle est de grant
Vertu en fueilles et en fleurs · et
quant elle est seche elle est de nulle
Vertu· et a Vertu de refroidir cōtre
opilacion de rate et de fope et par es
pecial contre iauniœ quāt la partie
dehault est opilee cōtre la mer On
buura le ius et fera len sirop de su
cre et du ius ·ou qui mieulx Bault
on donera deux onces de ius auecq
ciq grais de reubarbe Cōtre apostu
mes de lestomac et ētrailles et du

f·iiii·

fope on donnera son ius auecques
eaue dorge. Contre eschauffoison de
fope vne piece de toile soit mise et
moillee en son ius et mise dessus
et ainsi fera len sur chaulde podagre ou que lerbe soit broyee et mise
souuent sur le lieu Et vauldroit
mieulx qui adiousteroit vin aigre
auecqs le ius ou verius ou huile
rosat. Contre apostume chaulde au
comencement pour rebouter la matiere on broyera lerbe et sera mise
dessus ·

De mente. lxxix · chap

 Mente est chaulde et seche ou
secod degre. et en est de trois
manieres Lune est franche et proprement de iardin et ceste confozte et
eschaufe moyennemet. Et si est v-
ne mente qui est sauuage que len
appelle mentastre la quelle eschaufe plus Et sien est vne aultre qui
a plus longues plus larges et pl9
agues fueilles. et est ceste appellee
mete romaine ou sarrazine et lappelle len comunement lerbe sainte
marie Et est ceste plus diuretique
que les autres. La mente franche
se multiplie et fault moult legere
met de terre et tost monte hault et
qui en prent la tige et la couche en
terre et la cueuure de terre elle se
conuertist en racines et faict nouuelles branches et vault mieulx
ceste en viande que en medicine elle est de grant vertu et seche et verte. On la doit secher en lieu vmbrage et la garde len par vng an en

grat vertu · Elle a vertu de dissouldre et de cosumer pour ses qualitez
et de cofozter par son oudeur aromatique. Contre puantise de bouche et
pourreture de genciues et de dens on
lauera la bouche et les genciuez du
vin aigre de la decoction de mente
franche et puis on les frotera bien
de pouldre de mente pour rappeller
lappetit et confozter quant il est e-
pesche de froides humeurs qui sot
en la bouche de lestomac on fera v-
ne saulce de vin aigre et de mente
et dun peu de canelle ou de poiure.
Cotre vomissement qui vient dela
vertu contentiue ou de froide cause
on cuira mente en eaue salee ou de
mer en vin aigre et moistera len
vne espoge dedes et la mettra len
sur lorifice de lestomac et mengera
le pacient icelle mente. Contre sincope de feblesse en fieure ou sans fie
ure ou de matiere ou dautre quelconque cause len broiera mente a-
uecqs vin aigre et vng peu de vin
se le pacient est sans fieure. et se il
est en fieure auecqs pur vin aigre
sans vin et que len mouille dedens
pain rostp et quil y soit laissie iusques a tat quil soit moiste. et que
on le ioingne a ses narilles et en
frote len ses baulieures les genciues les dens les temples et les
bras et puis q le malade le masche
et en aualle lumeur. Cotre le lait
prins et coagule es mamelles on
cuira faisselez de mente en vin et
en huile et seront eplastrez sur les
mamelles · Et deuons sauoir que

quãt on donne aucune medicine cõ
tre venin on la doit donner auecqs
ius de mente ou auecqs vin ou mẽ
te fera cuite qui nairoit poit le ius
Contre venin le feul ius de mente
rõmaine ou le vin de fa decoction
ou le ius cõfit auecq miel p vault
et auffi il vault contre opilaciõ de
rate et de foye et des parties dont
vient lozine qui vient de froide hu
meur ou de chaulde mais que len
nait fieure. Le ius donne auecquef
miel occiſt les vers du ventre et
qui en gette du ius es oreilles il
tue les vers qui font dedens Qui
en cuit lerbe en vin et huile et la
met fur apostumes froides elle les
diſſoult On cuira mẽtaſtre figuef
et fauge en vin et donnera len au
malade de froide toux le vin a boire
de celle decoction et la nourreture
ceſt adire leſtuue qui en eſt faite et
fen frote et laue reſchaufe la mar
ris et la netope. Et qui faict vng
fachet de la pouldze elle gueriſt le
froit reume du chef. et peut on prẽ
dze mente rõmaine pour franche.

¶ De meu. lxxx.chaᵖ.

Meu eſt chaude et feche ou fe
cõd degre Ceſt vne herbe dõt
la femẽce a autel nõ et vault grã
dmẽt en medicine On la peut gar
der par deux ans Elle a vertu diu
retique pour fa fubtille fubſtance
Le vin ou leaue de fa decoctiõ vault
contre opilacion de rate et de foie ve
nant de froide caufe et diſſoult lem

peſchement de vriner. Leaue en
vault en eſte et aux iennes gens
et le vin en lyuer et aux vieilles
gens La pouldze de meu auecqs fe
menœes et fenoil peuſt eſtre donnee
en viãdes et en buurages Elle ep
clud la ventofite de leſtomac et des
entrailles et fi cõforte la digeſtion

¶ De marube lxxxi.chaᵖ.

Marube eſt chaude et feche ou
tiers degre On lappelle au
tremẽt praxe. Les fueilles en va
lent principalemẽt en medicine et
puis les efcozœs et apres la racine
On en garde lerbe bonne par vng
an en lieu vmbzageux. Elle a ver
tu confũptiue et diſſolutiue de fes
qualitez et auffi de diſſouldze et de
ouurir de fon amertume. Cõtre le
vice du pis qui eſt appelle afma de
froide caufe et de humeur vifqueu
fe on donnera dpapzaſſium et fera
len vng electuaire dune partie de
fon ius et la quite de miel efcume
et le face len cuire iufqs a tãt quil
foit efpes et puis on y mettra poul
dze de dzagãt et gomme arabic et
requeliœ et fera trefbon contre le
vice de la poictrine ou au moins q
la pouldze en foit bien confite auec
ques miel et que on adioufte poul
dze de requeliœ. Contre la toux la
decoction de lup vault auecques fi
gues feches Contre ſtrangurie et
diſſintere on donnera le vin de fa de
coction auecques figues feches et
fera len vng emplaſtre de la propze

herbe cuite en vin et en huile et la
mettra len sur les reins et la pen
nillere · et aussi vault côtre colique
de froide cause · Contre emorroides
enflees et couras on fera vne estu
ue du vin de sa decoction et eaue sa
lee et puis on fera vng suppositoi
re de sa pouldre et de miel confit en
semble · ou len fera vne decoctiõ de
sa pouldre et de son ius avecqs hui
le muscellin et mouillera len des
cocton et puis mettra len au mal
Contre vers on donnera la pouldre
confite avecques miel · Contre les
vers des oreilles le ius en fera get
te dedens Côtre le viz de la rate les
escorces des racines seront trempees
par quinze iours en vin et en hui
le et puis on fera de ce vne decoction
et le coulera len et apres on adiou
stera en celle decroction cire et huile
et fera len oignement ·

¶ De mandragore · lxxxti · chap ·

Mandragore est froide et seche
mais la quantite nest point
determinee des docteurs · et en sont
de deux especes le masle et la femel
le mais nous vsons bien de lune
pour lautre indifferaumēt · Et sicõ
me avicêne et les autres docteurs
le dient la femelle est fourmee en
fourme de fême et le masle en fouz
me dhôme Mais cest faulx car seu
lement le masle a plus longues
fueilles et la femelle les a plus lar
ges Mais aucuns sont qui taillēt
telles figures pour deceuoir les fê

mes · Les escorces des racines con
uiennēt seulement en medicine et
puis les pômes et apres les fueil
les Lescorce de la racine cueillie est
gardee en grant vertu par quatre
ans Elle a vertu de restraindre et
de refroidir et aussi faict dormir en
fieures agues · Pour faire dormir
on confira la pouldre de lescorce a
uecqs laict de fême qui aura porte
fille et au bin doeuf et sera mis sur
le fronc et les temples Contre dou
leur de chef de chaulde cause on met
tra sur les temples les fueilles
broiees et les oindra len huile de
mãdragore qui est ainsi appellee et
faicte On prent les pômes de man
dragore et sont broiees et les laisse
len lõguemēt en huile cômune et
puis on les cuit par aucun temps
et puis on les coule et celle couleu
re sera huile de mandragore · Elle
vault a faire dormir et a douleur
de chef de chaulde cause qui en oinct
le fronc et les temples et si reprent
la chaleur de fieure · et aussi ceste
huile refroidist la matiere des apo
stumes chaudes au cômencemēt
Le fruit aussi et les fueilles si se
rôt emplastrez dessus ou aumoins
sa pouldre avecqs le ius daucune
herbe · Contre flux de ventre de for
te cole on oindra le ventre et toute
leschine et le doz de ceste huile et en
gettera len vng petit avecqs vng
leger clistere · Avicênne dit que les
taches frotees de fueilles de mãdra
gore sont deffacees et les lentilles
aussi sont effacees de leur laict et q

tantost elles font dozmir · et qui la
boit en vin elle enpure trop fozt ·
La cure de ces choses est par bopre
miel et bie vriner et de toutes les
autres nuisances de mandzagoze ·
len dit comunemet que mandzagoze a vertu de faire feme coceuoir
et mesmemet celles qui sont bzehaignes se elles en meguent Maiz
ce nest pas vrap se ce nestoit q lem
peschement fust venu de chaleur de
la marris car loze la marris en
ce cas seroit ramenee a mesure attrempee tellemet q la semence de
lome ne seroit pas arse dedens elle.

¶ De maiozaine. lxxxiii. chap.

Maiozaine est chaulde et seche
ou second degre On lappelle
par aultre nom esbzium ou selon
les aultres cambitu ou ozeille de
souris ou sansucus · Les fueilles
et les fleurs appartiennet en medicine · On la cueille en este auecq3
les fleurs et les seche len en vng
lieu vmbzage et la garde len par
vng an ¶ Elle a vertu de confozter
pour son oudeur aromatique et de
dissouldze et de consumer pour ses
qualitez et aussi de mondifier et pu
rifier ¶ La pouldze de maiozaine donee en viande ou cuitte en vin con
forte lestomac refroid · eschaufe et
conforte la digestion et qui la met
aux narilles elle cofozte le cerueau
Les fueilles et les fleurs chaufeez
en vng pot de terre mises en vng
sac et puis mises sur le lieu dou-

lant dissoluent la douleur venant
de ventosite · et qui les mect sur le
chef elles valent contre la reume
de la teste · Et deuos sauoir que les
ratz et souriz esguettet volentiers
a leurs racines pour en auoir medicine ·

¶ De nape. lxxxiiii · chap·

Nape seuffre pres q tout air ·
et demande terre grasse et si
naist mieulx en terre seche et pres
que teue et esleuee et sablonneuse
La propziete du lieu conuertist et
mue napus en nauet et le nauet
en nape · mais afin quil prouffitte
mieulx il veult terre bien remuee
fumee et retournee et viet tresbie
es lieux ou les blez ont este ceste
annee · Mais se ilz sont trop espes
on les semera et transpoztera en
aucuns autres lieux vuidz entre
les valees ou vne partie afin q lau
tre puisse croistre mieulx · On les
semera vers la fin de iuillet et tout
le mois daoust et se la plupe fault
on les doit arrouser Et si les peult
on semer a prouffit entre mil et pa
nic par especial entre les tardifz et
la seconde sarcleure · La sarcleure
aide a rapus et a nauet Entre les
napes celles qui sont de meilleure
saueur sont les longes et pres que
fronces et rongnez et non pas les
gros ne qui ont plusieurs racines
Mais ceulx qui en ont vne seule et
dzoitte ague · On fait tresbonne co
poste de nape auecques raphane et
vng petit de sel et de vin aigre de

miel et de moustarde et despices sou
efz flairans et si la peult on faire
sans espices assez bône. Napes sôt
chaudes ou second degre et nourris
sent moult mais elles sont de dure
re digestion Elles font la char mo
le et enflee mais encozes moins q̃
les nauez ne sont · et se on les cuist
en aucune eaue et on la gette et
puis on les parcuist en lautre la
durte de leur substâce en est attrê
pee et engendre moyen nourrisse
mêt et attrêpe entre bons et mau
uais Mais celles qui ne sont pas
bien cuittes sont a grant peine di
gerees et sont ventositez et opila
cions es voines et conduiz · Elles
sôt prouffittables se elles sôt cuit
tes deux foiz et que ces deux eaues
soyêt gettees et on les parcuist en
autre eaue auecq̃s grasse char ·

⟨ De nenufar.   Lxxx V ·chap̃ ·

Nenufar est froide et moiste
ou second degre Cest vne her
be qui a larges fueilles et est en
eaue · et en est de deux maieres Lu
ne a fleurs de couleur de pourpze et
est la meilleure · Lautre a fleurs
iaunes qui nest pas si bonne · La
fleur en appartient a medicine et
la cueille len en septêbze et la gar
de len par deux ans en grant vertu
On fait des fleurs sirop contre fie
ure ague et pour lattrempance de
sa chaleur on cuira les fleurs en
eaue et y adioustera len du succre
et en fait on sirop. Contre douleur

de chef de trop grât chaleur les sar
razins en mettent leurs fleurs en
eaue par toute vne nupt et puis
au matin ilz appliquent celle eaue
et les fleurs a leurs narilles ·

⟨ De neelle.   Lxxx Vi · chap̃ ·

Neelle est chaulde et seche ou
tiers degre · Cest la semence
dune herbe q̃ len treuue en lieux
de paluz et entre formens et se peut
garder par dix ans et est ceste semê
ce rôde et pleine et tend sur le roup
en couleur et sur la mer en saueur
et pource elle a vertu diuretiq̃ pour
son amertume et est dissolutiue et
côsumptiue pour ses qualitez · em
plastre fait de farine de neelle et ius
de alupne mis entour le nombzil oc
cist les vers et par especial aux en
fans Pour les grans on la côstra
en miel et le prendront · Farine de
neelle faicte auecques vin aigre et
tiede gettee ou soufflee es ozeilles
tue les vers Oignement de neelle
est tresbon contre rongne gratelle
et mengure de face et du cozps On
cuira vne grant quantite de neelle
en vng pot en treffozt vin aigre et
le cuira len tresbien iusques atât
que le vin aigre sera tout degaste
et que le demourant sera espes et
puis apzes on mettra huile dedens

⟨ De napel ·   Lxxx Vii · chap̃ ·

Napellus est napus de mer ou
selon les autres vne vapeur

de mer et croist en la riue de la mer
et est Venin tres mauuaiz et peril
leux et est chaulď et secq ou derrenier degre et qui sen torche il netoie
le cuir Et quant il est rectifie par
art de medicie et on le boit il vault
contre meselerie et est Venin a celluy qui en boit oultre demie once
et moins en occist bien vng. hôme
Et est vne chose moult merueilleu
se côme miraculeuse que len treuue empres napellus vne petite sou
ris qui paist aupres de luy et est cel
le souris le triacle contre le Venin
de napellus ·

¶ De origan · Lxxxviii · chap̃.

ORigan est chaulď et secq ou
second degre et lappelle len
galena ou golena · et en est de deux
manieres cestassauoir origan sauuage qui a les fueilles les pl⁹ lar
ges et euure plus fort et si en est
vng frâc de iardin qui a moindres
fueilles qui euure plus doulcemêt
et le met len en medicie on le cueil
le en temps que il fait ses fleurs
et le seche len en lombre en espandant · et doit on mettre en medicine les fueilles et les fleurs et getter hors les souches et les garde
len par vng an et a vertu de dissoul
dre de consumer et dattraire · Contre froide reume de la teste on prendra les fueilles et les fleurs et seront mises en vng pot de terre sâs
liqueur bien sec et les mettra len
au feu et quant elles seront biê seches et chauldes len les mettra en

vng sachet et puis sera mis tout
chaulď sur le chef et que le pacient
soit biê couuert de draps pour suer
Le gargarisme fait du vin de la de
coction des choses dessusdittes oste
lumeur des dens et des genciues
la degaste et aussi le fait la pouldre
mise dessus · Contre froit asme on
donnera au pacient le vin de sa decoction et de figues seches ou la
pouldre côfite auecques miel pour
prendre auecq̃s eaue chaulde · Le
vin de sa decoction conforte la dige
stion et oste la douleur de lestomac
et des entrailles Les faisselez faitz
de lerbe cuite en vin et mises sur
les reins ostent et dissoluêt la ma
ladie qui est nômee strangurie et
dissintere ·

¶ Des oignons et ciboules
Lxxxix · chap

OIgnons demandent terre de
liee grasse et bien remuee ·
Leur semence bien criblee dure par
vng an feulement Mais qui pend
les oignons en torches ilz durent
deux ans ou trois et aucuns les
sement en nouembre au cômencement et ainsi le fait on en tuscaine
et fait on sur leur lieu a femer ain
si côme treilles couuertes aucune
mêt de fueilles ou de feurre deuers
galerne par vng bras esleuez et
par deuers midy par deux ⁊ plusieurs le sement en decembre ianuier feurier et mars et si tost com
me ilz peuent bonnemêt semer a-
pres lyuer et au p̃mier et si tost cô
me ilz seront p̃mieremêt parcreuz

aucunement soit en auril soit en
map ou en iuing on les plante en
aires par vng temp pie ou vng espan loing lun de lautre · Et doit on
mettre en laire quattre renges et
ceulx que len veult menger auãt
quilz soient meurs on les doit plã
ter en aires ou sõt courges citrulz
et concõbres ou melons et quãt ilz
serõt creuz on doit oster les oignõs
pource quilz venropent a meurete
qui les laisseroit combien quilz ne
viennẽt pas si gros cõme les aultres qui sont plãtez par aires seulz
Quãt ilz doiuẽt estre plantez on o-
stera et coupera leurs racines iusques au gros dung dop ou de demi
dop zpres loignon et les ficher en
terre seullemẽt par vng dop car ilz
se reprendrõt legeremẽt et ainsi cõ
me se on les mettoit sur la terre
ou se ilz cheoient seulemẽt a porter
de loing et mesmemẽt tous descou
uers ou en terre ainsi cõme seche
mais quilz soient plantez en terre
bien labourae remuee et cõuertie
en poulre ilz reuiendrõt a volente
et croistront grandemẽt · Oignons
et ciboules veulent estre foutz sou
uent tout entour et netoiez des her
bes et se la terre na este fumee en
lannee on la deura fumer ou tẽps
de la plantation afin quilz reuiennẽt tresbiẽ · Et quãt on aura cueil
ly les oignons meurs cestassauoir
quãt ilz ne se pourrõt soustenir et
quilz ne croissent plus on plantera
les meilleurs diceulx ou mops de
aoust afin quilz facent semenae en

lannee ensuiuant · mais les pires
seront plantez plus tart afin q on
les ait vers en caresme et les mo
pens serõt gardez pour en vser Et
se on les arrache au decours et par
cler temps et secq ilz sen garderont
mieulx en lieu secq et obscur · Oig
nõs sõt chaulx et moistes ou tiers
degre et pource qui en mengue trop
souuent pour leur aguisement ilz
engendrent mauuaises humeurs
en lestomac et enfleures vẽtositez
et douleur de chef et destournent le
cerueau pour leur fumee qui mon
te au chef et fiert le cerueau dont
ceulx qui sont coustumiers den v-
ser acoustumeemẽt afollent et vo
pent songes horribles et melencolieux · et par especial ceulx qui vien
nent nouuellement hors de maladies quant ilz en menguent · Qui
les mengue crudz ilz ne nourrissẽt
point le corps mais qui les cuit en
eaue et que celle eaue soit gettee et
puis quilz soient parcuiz en autre
eaue ilz donnent assez bonne nourreture et par especial se on les cuit
auecques bonne char et grasse et q
on y mette aucune bonne confiture · Mais qui les mengue crudz et
par raison pour aucune medicie ilz
donnent chaleur et retrenchẽt gros
ses humeurs et visqueuses et eu-
urẽt les voines qui font vriner et
aidẽt aux fẽmes a auoir leur tẽps
et croissent lappetit et esmeuuẽt a
luxure par leur chaleur et humeur
Et se le ius est gette es narilles et
se on en flaire souuent loudeur le

chef du malade en est purge·et qui les mengue cruđz ilz đonent croissance de cheueulx· Auicenne đit q̃ il ya en l'oignon une acuitte incisiue et trenchant amertume et stipticite et q̃ cestui qui est le plus long la plus ague et est le rouge plus agu que le blanc et le secq que le moiste et le cru que le cuit· Et aussi est en l'oignon une attraction de sang aux parties de đehors et pource il fait rougir le cuir et auecq ce quãt on mengue l'oignon il vault proprement contre nupsance đeaue et sa semëce đefface morsee et quãt on sen frote entour les cheueulx cheans ilz en sõt aidez et secouruz grãđement Et auecq̃s miel elle arrache la verole bube et verus et qui trop en use il en đeuient estourđy· et est une đes choses qui nuisent a l'entëđemẽt pource quilz engenđrẽt mauuaises humeurs ·

℄ De ortie · xc·chap̃·

O Rtie est ainsi nõmee pource que elle art le cuir quãt elle le touche car elle est đe nature đe feu arđant cõme Macer đit· et en est đe đeux manieres L'une poignant et l'autre morte qui ne poingt pas et en sont les fueilles plus blãches plus moles et plus ronđes que đe la poignant Chũne đes đeux est međicinable Le ius beu auecques vin vault contre iaunice et colique passion et auecq̃s miel il guerist ancienne toux et netope le polmon et

assouage l'enfleure đu ventre et les leueux Les fueilles đorties broieez auecques sel netopent et purgent orđes playes et puantes et les guerissent et morsure đe chien et chancre·Aussi la racine broyee et cuitte en vin et huile vault contre esfleure đe rate · Le ius đortie restrainct le flux đe sang đe narilles · La semence beue auecques vin et par especial quãt il ya đu miel et đu poiure esmeut a luxure· Et lerbe fresche et tenđre amolie le ventre quãt on la mẽgue et par espãl ou mois đe mars cuite en huile ·

℄ De poireaulx· xci·chap̃·

P Oireaulx portẽt tout air et requierent terre moyenneent đissoulte grasse et bië fumee ℄ On les seme en lieux chaulx et pres que attrempez ou mois đe đecembre· et en lieux froiz et đesattrẽpez en iãuier feurier et mars quãt la terre est ramenez a equalite Ceste semee se peut faire đe poireaulx seulement ou meslee auecques autres herbes et que ce soit en terre bien labouree et fumee par đessus et les peut on semer espes puis on les eslieue et traict on hors premieremẽt les poireaulx plus gros et ne leur oste len rien đe leurs racines quant on les plante en fosses mais quant on les plante a ung baston en ung trou on leur retrẽche leurs racines ainsi cõme tufgs ala porete et lesõmet đes fueilles ·

On les plante ou moys daurif et
de may et tout au long de iuing · et
si les peult on planter en iuillet
aoust septembre et octobre · et serot
bons ou mois de mars et en auril
prouchain Et si nest point de necessi
te q en la plantacion des poireaux
on quiere mole terre car la moyen
ne luy est tresbone et la seche pres
que bonne · On plante poireaux en
deux manieres Lune si est en fossez
et est bonne coustume quat on les
fait dune paulme loig lune de lau
tre et que les poireaux soyent gi
sans en la fosse loing lung de lau
tre par quatre doiz et quat on faict
lautre fosse deppres len gette la ter
re dicelle sur les poireaux plantez
et la foule on aux piez vng peu dou
cement · Et lautre maniere si est de
les plater a vng pieu dont len fait
vng trou en terre tresbie soupe et
labouree et que le trou soyt dun
espan en parfod et loing lun de lau
tre de demy pie et la on met les pe
tiz poireaux bien disposez et ne se
doiuent point remplir les troup de
terre mise dedens Maiz apres trois
sepmaines quant il y bient herbe
on les doit sarcler et nettoyer des
herbes et dit on que les poireaux
ainsi plantez valent mieulx q les
autres et ne les peut on pas legere
ment arracher ne embler · mais ce
ste maniere est la plus penible et
en ceste maniere peuet ilz estre tres
bien platez entre les ciboules qui
sont ia come grosses Et quant on
aura arrache les ciboules on doit

sarcler les poireaulx et ilz viennet
hors prouffittablemet · et quat on
les cueillira on en laissera les au
cuns pour semeces car on peut bn
garder leurs semences par trois
ans quant elles sont pendues en
lieu secq · poireaulx sont chaulx
et secz ou tiers degre · ilz ne sot pas
de grant louenge quant a viande ·
car ilz font mal a lestomac et font
betositez et enfleures et si mordet
les nerfz pour leur ague saueur et
si ont de leur propriete de faire fu
mee noire et melencolieuse qui mo
te au chef et obscurist la veue et si
font songes horribles et paoureux
et pource sen doiuent garder et ab
stenir gens melencolieux et hors
du sens et coleriques et ceulx qui
ont opifacios au chef · Et ceulx qui
en bouldront menger doiuent me
ger pour celaine endiue et les sem
blables auecques laictues pour
attremper la chaleur diceulx poi
reaulx ou que on les parbouille ou
que on les laue deux ou trois foiz
auant quilz soyent mengez · Mais
quat a medicie poireaulx sont bos
car qui les mengue cruz ilz netto
pent les conduiz et charelz du pul
mon de toutes grosses humeurs
et euurent lopilacion du foye Le
ius des poireaulx auecqs vin aigre
et huile mys aux narilles si re
straint le sang qui en pst hor s et
estanche ceulx qui sont de froide na
ture Et qui les distille aux oreilles
pour douleur venue de froit et de hu
meur il guerist Qui met poireaux

cruz fur mozfure de ferpét par ma
niere deplaftre il y aidét · Qui les
cuit auecqs huile de fifanicle ou a-
uecq amandes. et les cófift et prent
ilz efchaufent a luxure. plini⁹ dit
q poireaulx broyez auecqs miel et
mis fur playes les guerift · et qui
en boit le ius auecqs vin il ofte la
douleur des bouges et qui les broie
et mect auecq fel il recloft tantoft
les playes ouuertes et guerift les
hurtez et relafche cóferme et cófo-
lide briefuemét les froiffures · Poi
reaulx mengez cruz valent alencó
tre dpureffe et aguillonnét lef mé
bres a luxure et chacent par leur
feule oudeur ferpés et fcorpiós. et
fi valent cótre douleur des dés et
occift les vers des dés · maiz ilz ob
fcuriffent la clarte des peulx et
griefuét lestomac et fót auoir foif
et éflambent et efchaufent le fang
qui en mégue trop · Et eft la femé
ce du poireau pl⁹ feche et de pl⁹ forte
action quil neft · et qui en donne a
boire trois dragmes ou deux de femée ilz reftraignét grandemét le
fang q len crache qui viét de la poi
ctrine ·

De pauot ·　　　　xcii·chap·

Pauot doit eftre feme en feptébre en lieux chaulx et fecs
et en lieux attrépez et froiz en ian-
uier feurier et mars et feptébre · et
le peult on femer auec autres her
bes et auec choulz. pauot eft froit
et fec ou premier degre et en eft de
deux manieres Lun blanc et lautre noir · Le blác eft froit et moifte
et le noir froit et fecq et fi moztifie
plus Sa feméce fe peut garder par
dix ans · Elle a vertu de faire dozmir adoulcir et de moztifier · Pour
faire dozmir on fera vng éplaftre
de la femée de chúne par foy ou de
deux auecq laict de féme et aubin
doeuf et fera mis étour les téples
Les fémes de falerne donét a leurs
enfans pouldre de pauot blác auec
qs leur propre laict et eft de la femé
ce et neft pas bonne celle du pauot
noir pource qlle moztifie trop · Con
tre chauldes apoftumes au cómen
cement et cótre efchaufemét de foie
la femée de pauot ou lerbe mefme
broiee et cófitte auecqs huile rofat
foit mife fur le mal · Cótre fecheref
fe de mébre cóme en ethique et en
autres telles maladies on cófira
pouldre de pauot blanc auecqs hui
le violat et en oindza len lefchine
du doz par tout a ce mefme et cótre
la fecpereffe du pis vault moult
dpapmauer qui en eft faict et prin
cipalement plinius macer et Dpa
fcozides dient que du ius des fueil
les de pauot et de leurs capitelz on
faict vng opian qui faict dozmir
ceulx qui font en fieure et le doibt
on donner par grant aduis et con-
fideracion pource quil faict grant
opilacion au chef et refroide et moz
tifie et par efpecial le noir ·

¶ De penœdan autrement fenoil
porchin   ꝟciii · chaꝑ ·

P Enœdan est ꝟne herbe aul
tremēt nōmee fenoil porchin
et est chaulde et seche · et ꝟault le
ꝟin de sa decoction côtre strangurie
dissintere et opilacion de rate et de
sope · Lerbe aussi cuitte en huile et
en ꝟin ēplastree sur le foie et la ra
tea molie leur durte · Côtre froides
humeurs es parties espirituelles
on donnera leaue de sa decoction et
de orge et se elles sôt moult froides
on donnera le ꝟin de sa decoction et
ius de reguelice ·

¶ De persil ·   ꝟciiii · chaꝑ ·

P Ersil doit estre seme en dece
bre en feurier et en mars et
en auril tout seul ou auecꝗs aul
tres herbes · et les peut on trâsplâ
ter tout au long de lan ainsi côme
len ꝟeult · La semēœ en peult estre
garde par ciq ans ꝑersil est chaud
et secq ou second degre et si est diu
retique et trenchât · Jl faict ꝟentir
lozine et les fleurs aux fēmes · et
si dissoult ꝟentositez et enfleures ·
par espâl sa semenœ · Galien dit q
qui en faict ēplastre sur pustules
rôgnes et morfees il nettope tres
grandemēt · et pource il aide moult
aux pdropiqs et a œulp qui ont fie
ure periodiq · et si assouage la dou
leur des reins · et de la ꝟessie · pource
quil euure les côduitz du corps et
les clarifie et aussi leurs ꝟoies et
attenuie les humeurs et les mect
hors en sueur et ꝟrine · Jl nettope

le sope et les plaies dicellui · et eu
ure lopilaciô et guerist leurs apo
stumes et par e spâl œlles qui sont
es reins · Jl dissoult la ꝟentosite &
passion colique · Qui le pile et mect
en la nature de fēme il leur fait ꝟe
nir leur tēps et larriere faiz quât
fēme a enfante · et si ꝟoute hors du
corps le fruit mort Et qui le donne
a ꝟoire a fēmes grosses il nettope
et mondifie le fruit de grosses hu
meurs et ꝟisqueuses ·

¶ De psilium   ꝟcꝟ · chaꝑ ·

P Silium est froit et moyste
ou quart degre · œst ꝟne her
be dont la semēœ a tel nom et doit
on mettre la semenœ en medicine ·
On la cueille en este et se garde par
deux ans · Elle a ꝟertu de refroidir
et amoistir · Quât la langue est se
che et arse en fieures aguez on me
tra la semēœ en ꝟng dlie drapeau
et sera lie et puis sera mis trēper
ꝟng peu en leaue · et quât on aura
rate la langue on la frottera et a
plantra len de œ q dit est · Côtre la
secheresse des parties espirituelles
et quât le ꝟentre est estraint en fie
ures agues on mettra psilium en
eaue et p sera laisse aucun pou · et
puis on gettera leaue et donnera
len le psiliū auecꝗs eaue froide On
le met aussi en sirop contre fieures
agues et en faict on grâde decoctiô
et quât la goute se tiēt ou ꝟaisseau
la qlle p tient legerement pour sa
ꝟiscosite il est lors ꝟon Côtre dissi
tere on le ꝟrule en aucū pot de terre

et mect on la pouldre en vng oeuf
mol ou en eaue rose qui mieulx
vault : et le donne len au malade
quant le mal luy est venu par les
entrailles denhault. mais quãt il
est des bopaulx dembas on met la
pouldre auecques anafafie et luy
baille len par dessoubz. Et aussi
vault ace vng emplastre faict de la
pouldre et au bin doeuf et vng peu
de vin aigre et deaue rose mise sur
la pennillere et les reins ou sur le
nõbzil quãt cest pour le deffault
denhault. Et contre le flux de sang
des narilles vault ce mesme ẽpla-
stre mis sur le front et sur les tem
ples ou ñ de ceste pouldre et du ius
de sanguinaire on luy mette dedẽs
les narilles a vng tueau ou autre
chose. Contre chauldes apostumes
on emplira vng sachet de la semen
ce de psiliũ et daucune autre herbe
et sera mis biẽ souuẽt dessus. Con
tre aspresse de cheueulx on lauera
la teste de la decoction de psiliũ. Il
garde le cãfre par sa froideur et hu
meur car le canfre est de trop subtille substance

¶ De plantain   xcvi·chaɓ·

Plantain qui est autrement
appelle langue de moutõ est
froit et sec. Les fueilles de plãtain
côsolident quãt elles sont seches et
aident tresbiẽ a rancle et rongnes.
et ny est riẽs meilleur côe dit Spa
scorides. Et est merueille ñ se len
boit le ius de trois racines de plan
tain auec trois onces de vin il gue

rist aucũesffoiz de tierceine Et se len
en boit le ius de quatre racines a-
uecq quatre onces de vin il guerist
aucuneffoiz de quartaine. Et aussi
dit Spascorides quil guerist de playes de chiẽs eragez. Il aide aux p-
dropiqs et vault côtre venin. et occist son ius les vers ou vẽtre. et si
guerist treffort flux de vẽtre. et re
strainct le tẽps aux fẽmes. et ref-
fiert lenfleure de apostume et la de
gaste au cõmencemẽt. ¶ Il guerist
les genciues quãt elles sõt enflees
et pleines de sang. et si les nettoye
et restrainct·

¶ De polipode·   xcvii·chaɓ·

Polipode est chaude ou quart
degre. et seche ou second. Au
cuns diẽt quil est chauld et sec ou
secõd degre. Cest vne herbe sembla
ble a feuchiere et croist soubz le che
sne sur murs et sur pierres et lap
pelle len cõmunement feuchiere de
chesne. Et est la meilleure celle qui
croist sur le chesne. La racie cueille
et auciement nettoye. et sechee au
soleil par vng iour se garde en grãt
vertu par deux ans. Et celle qui ap
pert seche par dedẽs quãt on la bri
se est de nulle valeur. Elle a vertu
dissolutiue cõsumptiue et purgati
ue. et principalement elle purge le
fleume et la melẽcolie et par espãl
de lestomac et des entrailles et est
vng peu laxatiue. Et dueõs sauoir
ñ en la decoctiõ de polipodiũ on doit
mettre aucũe chose de ventosite côe
est anis fenoil et cõmin car polipodiũ mue seulemẽt les humeurs en
                              t·iii·

ventofite.Auffi nous vfons de polipodiũ en apozimes et cõfitures ·
et en eaue et brouet de gelines et
dautres chars · et en donne len la
pouldze pour lafcher·Elle vault a
quotidienne et tierceine qui procede
de cole voirrine ou citrine·Elle diffoult auffi lopilaciõ du foye venãt
de groffes humeurs vifqueufes ·
et fi vault contre fieure quartaine
et fi pzouffitte a ceulx qui ont mal
aux boiaux et a colique et qui ont
fleumes mufcillagineux et aux
eftrailles·Elle vault contre quoti-
diẽne et paffion de boiaulx et a lopi
cie et douleur des artelx · et pour
garder fante on en vfe ainfi · On
caffe et bzope du polipodiũ vne once ou deux au plus fe il eft moult
laxatif et le cuira len en eaue a-
uecqs pzunes et violetes · et p ab-
foupte len de la femẽce de fenoil et
de anis en grant quãtite · et puis fe
ra nettemẽt coule et en dõnera len
au malade au matin et au foir ·

De paftinaque · xcviii·chaP·

Paftinaque eft femee en dece
bze iãuier feurier et mars
en terre graffe et hault foffopee deliee et bñ laboure·et en eft de deux
manieres lune fauuage et lautre
frãche·et eft chũne de dur nourriffe
mẽt·et fi nourrift moins q nauetz
Elle a vng pou de acuite · et pource
elle eft externuant et faict dpafro-
me·et faict venir lozine et le tẽps
aux femmes et fi a aucune vertu

deflamaciõ·et pource elle aide a lu
xure·et qui lacouftume elle ẽgen-
dze mauuaiz fang et pource cõuiẽt
a ceulx qui en veulent vfer par me
fure qlle foit deux foiz trempee et
pbouillie en eaue · et q ces eaues
foiẽt gettees·et puis aps qlle foit
parcuitte en la tierce · La fauuage
paftinaque eft appellee daucus afi
ninus·et la franche daucus creti-
cus·Selõ pfaac leur racie eft chau
de ou milieu du fecõd degre·et moi
fte ou milieu du pmier degre·Maiz
felon les autres les fueilles et les
fleurs en font chauldes et feches
ou tiers degre·et peut on mettre en
medicine lune pour lautre pource
qlles font ainfi cõme dune vertu.
Maiz la frãche vault le mieulx Il
eft vne paftinaque rouge q len peut
mẽger crue et cuitte·et eft trefbon
ne a mettre en cõpofte auecqs na-
uez·et eft belle pour fa couleur rou
ge · et eft femee cõme les autres pa
ftinaques·Elle a vertu medicinable felon les fueilles et les fleurs
et pou ou neant felon la racine·et
la doit on cueillir quant elle flozift
et getter hozs les racines et puis
fecher en lombze les fueilles et les
fleurs · et fe peult garder par vng
an Elle a vertu diffolutiue de cõfu
mer et datraire de fes pzopzes qua
litez·et eft diuretique de fa fubtile
fubftãce·Cõtre froide reume on fe
ra vng fachet de la pouldze de cefte
herbe qui fera mis tout chault fuz
la tefte du paciẽt pour la douleur de
leftomac qui procede de vẽtofite ou

& froidure. Et côtre strangurie dif
sintere colique et passion de boiaux
on donnera le vin de sa decoction et
puis q̃ grant quantite de lerbe soit
mise en vin et cuicte en huile et mi
se sur le lieu doulant. Contre strãgurie dissintere et le mal de la pier
re. on donnera le vin de sa decoctõ
de sa semence et saxifrage. Contre
opilacion de rate et de fope de froide
cause et p̃zropisie on fera vng sirop
de sa decoction et du ius de fenoil.
Contre durete et opilacion de fope
et de rate. on prendra de ceste herbe
en grant quãtite et la mettra len
en vin et en huile et p̃ fera laissee
trêper par dix iours et au dixziesme on la cuira tant q̃lle soit toute
ramenee en huile et puis que lezbe
soit bien espreinte et le demourant
coule. et apzes ce que ceste couleure
soit mise au feu et que on mette la
cire dedés et que on en face vng oig
nemêt le quel bauldra contre les
choses dessusdictes et contre telles
apostumes.

¶ De pourcelaine. pícx. chap.

Pourcelaine en quelq̃ temps
quelle soit semee elle vient
quant la chaleur vient. Et par especial on la peut semer en auril en
may et en iuing par soy ou meslee
aueçs aultres herbes. Elle vient
tresbiê entre choulz et être oignons
et poireaulx et si peut bien être semee être les vignes. touteffoiz elle
desire terre trop grasse pour mieux
venir. Et ou elle aura este semee

vne foiz elle reuiêdza chũn an tref
bien et par especial se en ce lieu elle
est venue a parfaicte meurete. trop
grant secheresse la griefue grande
ment se on ne luy aide par souuent
arrouser. et afin quelle ne face poit
de souche elle doit estre mise es vm
bzes des arbzes et en motes pleines derbes. Et en est de deux manie
res de pourcelaie. Lũe qui a moult
larges fueilles que len appelle rõmaine ou biuêtaine. et est moult
moiste et mal sauoureuse. Et lautre est cômune et a petites fueilles
et est ceste moins moiste et de meil
leure saueur. Se elle est semee entre herbes espesses elle ne pourra
faire belles souches et ne se pourra dilater ¶ Pourcelaine est froide
ou tiers degre et moiste ou secõd.
quãt elle est verte elle est de grant
vertu. et seche de moidze. Elle a ver
tu de adoulcir et est linitiue amoi-
tissant et refroidissant. Cest tresbõ
ne viãde a gens qui sont en fieure
cuicte et crue. A ventre estoupe on
la cuira en eaue aueçs pzunes et
puis le paciêt mêgera les pzunes
et pourcelaine et buura leaue. Et
peut on biê propzemêt mettre pour
celaine auec choses diuretiq̃s elle a
aucũe põticite et pource elle côfozte
lestomac et les êtrailles et si vault
côtre plaies nuisãs es reins et en
la vessie. et si vault aussi a flux de
sang et restrainct de q̃lcõque part q̃
il viêgne Elle oste la douleur et la
chaleur de la teste et du front quãt
on en oingt le chef le frõt et les têt-
t. iii.

ples La franche vault côtre diffintere et aide aux gens qui ont coleri
ques egeftions · Auicenne dit q̃ pourcelaine a vertu de defraciner ver-
rues et les arracher quãt elles en
font frotees et ofte laffure des dés
affeez et retrãche le defir de luxure
mais touteffoiz en côplexiõ chaulde et feche elle p̃ adioufte.

¶ De papire dicte papir · ¶ C · chap̃ ·

Papire eft appellee papir côe
mixture de pir c̃eft adire nou꞉
reture de feu pource que quant elle
eft feche c̃eft chofe bien propice pour
nourrir feu en lampes · Ceft vne
herbe tres pleine par dehors et par
dens · elle a vne moelle tres blanche et eft legere comme efpurge et
naift en lieux pleins deaue et lappelle len cõmunement ionc · On le
feche et lefcorce len mais il doit demourer vng peu de lefcorce dun cofte pour fouftenir la moele droicte ·
Et de tãt quil p̃ demeure moins def
corce de tant c̃t elle plus cleremẽt
en la lampe et fi en eft plus legere
ment enflambee · on en faict en aucuns lieux vaiffeaulx et nefz com
me a menphi et en inde · ainfi q̃ plinius dit · et auffi lyftoire dalixan-
dre · et auffi faict on chartres de pa
pire pour efcripre lectres · et auffi
en faict on corbillons et plufieurs
autres chofes pour le cõmun et hu
main vfage · on en lie les voiles
des nefz · et fi en faict len aucunes
robes q̃ plinius dit que fa moelle
vault moult pour traire et mettre

hors leaue des oreilles car elle la
boit de fa nature et la traict a foy.
Et pource on retraict eaue de vin a
papire ·

¶ De poulieul. ¶ Ci · chap̃ ·

Poulieul eft chauld et fec
ou tiers degre · On le cueille
quant il eft en fleur et le feche len
en lombre · et fe peult garder vng
an · Les fueilles et les fleurs valent en medicie fans la tige et les
branches Il a vertu de diffouldre
et de cõfumer · Lerbe de poulieul et
les fleurs bien cuictez fãs eaue de
dens vng pot et mifes en vng fachet et puis affifez fur le chef bien
chaudemẽt gueriffẽt de reume froi
de · Vng gargarifme faict de vin ai
gre et de la decoction de poulieul et
de figues feches vault contre froide toux qui vient de glueufes humeurs et pleines deaue · Le vin de
la decoction de poulieul vault côtre
douleur de leftomac et des eftraillz
caufees de froit ou de vent · Et auffi vault a ce lemplaftre fait de poulieul cuit en vin et mis deffus ·
Auffi vne eftuue faicte de leaue de
la decoctiõ de poulieul feche lumeur
de la marris et la reftraict · et pour
ce en vfent fort les fẽmes de falerne.

¶ De raues et nauetz · ¶ Cii · chap̃ ·

Raues c̃eft adire nauetz qui
viennent en tous airs ha
bitables et requierẽt terre diffoul
te et graffe et tellement diffoulte

qͥlle foit pres que ramenee en poul
dͥre afin que ilz p viennent mieulx
On les feme par telle maniere·on
mefle la femẽæ auec pouldͥre afin
quilz ne foyent trop efpez femez·et
les peut on femer dͥ la fin dͥ iuillet
au mops dͥaouft et encores oultre
et par tout le mois dͥaouft en lieux
chaulx et fecs et par efpecial quãt
la terre aura efte par auant moil
lee dͥ plupe fe on les feme au lar
gé ilz en feront plus grãs· et pour
æ ou les plantes feront venues ef
peffes dͥ rainæaulx quãt ilz p au
ront prins aucune foræe et grãdͥeur
on en oftera les aucuns et feront
trãfplantez en autres lieux vuidͥz
ou on les oftera par les farcler fou
uẽt· et font mouft aidͥez par les dͥf
tourner dͥerbes ¶ On les feme en
chãps nudͥz· et fi peuẽt eftre femez
en eftoubles fe elles ont efte tres
biẽ arees·et que la femẽæ foit cou
uerte dͥ terre a vne heræ ou dͥaucũ
autre inftrument afin qͥlle ne fopt
pas trop parfond plungee en terre
Auffi les peut on trefbiẽ femer en
tre le pannic tart et en la fecõdͥe far
clacion dͥiæulx· et quant le pannic
fera leue on les farclera·Ilz fe dͥe
lictẽt en plain champ et leur grief
uent grãdͥement les vmbres·Et fe
il eft fechereffe dͥ temps tant q on
ne les puiffe femer en temps pro
piæ on les pourra biẽ femer efpes
en aucun lieu vmbrage et arrou
fable comme choulz· Et quant les
plantes feront grandͥes et la terre
biẽ arroufee dͥ plupe on les p pour

ra trãfplanter vers la fin dͥaouft
et iufques a mp feptembre en ter
re bien labouræe·On les cueille en
octobre et æulx qui ferõt les plus
beaulx on leur oftera leurs fueil
fes et les plantera len afin que ilz
faæt femenæ en efte prouchain
venant · On faict compofte dͥ na
uez auecques eaue afin que on les
ait pour potaige en lpuer et en ca
refme enfupuans · et eft faicte en
telle maniere·on laue trefbien les
nauez et puis on les cõpofe et met
on cruz en vng pot dͥ terre ou au
tre vaiffeau feul a feul et en chũn
pot dͥ terre on femera et en chũne
pieæ du fel mefle auecques femen
æ dͥ fenoil et dͥ fature ou dͥ fel fãs
plus et ala fin feront pouldͥres et
feront ainfi laiffez par hupt iours
et puis on p mettra dͥ leaue froidͥe
tant quilz ferõt couuers et par ain
fi feront gardͥz tout au long dͥ lan
On en faict auffi compofte auecqs
vin aigre raphane mõftardͥe et fel
par telle maniere · pour la quanti
te dͥ deux cõmuns feaulx on pren
dͥra vne liure de raphane et plus fe
on la veult faire forte et vne liure
dͥ monftardͥe et dͥempe liure dͥ grai
ne dͥ fenoil et trois liures dͥe miel
et vne dͥ fel et fera trenchee la ra
phane tout du long dͥelieement et
fera pilee menuement et p feront
meflez la femenæ et le fel et puis
on fõdͥra le miel et fera dͥmefle a
uecqs mõftardͥe et dͥftzẽpe dͥ trefbõ
vin aigre enuirõ dͥ la moittie dͥun
feau et puis des nauetz et napes

f·iiii·

raiz et racines rouges et pastina-
ques pommes et poires qui veult
bien apoint cuites et tresbiē refroi
dies et bien trenchees et puis fera
len lit et fondement et semera len
par dessus du rafan auecqs les se-
menees et le sel mise touteffoiz par
deuāt mōstarde a equalite Et puis
on ẽra vng aultre lit et puis on
mettra la monstarde et les semen
ces et tousiours ainsi iusques a ce
que le vaissel soit plein · et seront
ainsi gardez. Selon psaac le nauet
est chauld ou second degre et nourrist plus q̄ les autres herbes maiz
touteffoiz il est de dure digestion ·
Il fait char molle et enfle pour sa
ventosite et enfleure · il reueille a
luxure· et se on le cuit en eaue et
puis que on gette celle eaue et qui
soit recuit en autre eaue on luy at
trempera la durte de sa substance
et donnera moyen nourrissement
entre bon et mauuaiz mais se il
nest bien cuit il est a peine digere·
Il fait ventosite et opilacion es cō
duiz et pource il est bon cuit deux
foiz Et quant il sera ainsi cuit on
gettera ces deux eaues et sera par
cuit auecques bonne char et gras
se·et sans ce ilz sont bons a poda
gres se ilz lauēt leurs piez au ius

De rafan   ciiii·chap·

Rafan nest point seme car il
na point de semence maiz len
plante la courōne fresche toute ou
la moitie ou len fera petites pieces
des racines et seront plantez en no
uembre decembre ianuier feurier
ou mars Il veult terre parfondé-
ment fossopee dissoulte grasse et
bien labouree sicōme les aultres
herbes dont nous voulons auoir
longues racines et grosses Nous
vsons de rafan principalemēt a fai
re compofte de nauetz· Le rafan est
chauld et secq ou second degre · La
racine verte apartient a medicine·
et seche aussi et plus la verte que
la seche· La racine a vertu incifiue
et dissolutiue· On en fait bon oyi
mel par telle maniere · On broye
auctement les racines et les laiffe
len deux iours ou trois en vin
aigre et puis p met on la tierce par
tie de miel· Tel oyimel vault alen
contre de cartaine et de cotidienne
se elle ne vient de fleume sale· Se il
pa en lestomac froides humeurs
indigerees on dōnera a mēger les
escorces des racines de rafan qui so
pent touillees en miel et vin aigre
iusques a tant q̄ le pacient en soit
saoul et puis si boiue de leaue chau
de et mette ses doiz en sa bouche ou
vne plume mouillee en huile il fe
ra vomir· Contre la durte du fope
et de la rate on emplaftrera lerbe
cuitte en vin et en huile et qui lem
plaftre fur la penniftere elle vault
contre ftrangurie et la diffouft· Et
a rafan telle pzopziete que qui en
met vne piece fur escozpiō il meurt
Et pource dit democritus que qui a
la main frotee de la femence de ra
fan meure il peut traicter et ma-

nier serpens sans soy greuer · Hermes auffi dit en ses alchimiques
que se le ius de rafan est messe a-
uecques le ius des bers de terre
caffez broietz et espreins par bng
drap et len trempe bng coufteau
dague ou aultre ferrement dedens
il trenchera et percera fer cõe plõb
Et si dit auffi que se len a trouue
bng hõme hors du sens ou enrage
il peut recouurer sante par rafan
pisse et brope et le ius tire et biã lie
ensemble sur la teste ⸿ Et deuons
sauoir que le rafan est ennemy et
aduersaire des bignes et que se on
le met pres elles sen refupent par
le difcord de leur nature si cõme Pa
ladi⁹ qui fut moult expert laboureur des champs tesmoingne et af
ferme.

⸿ De raps   ciiii · chap·

Raps est bne herbe dont la ra
cine a tel nom et seficupst
quant il pa affez nuees au ciel cõ-
biã quil biengne en tout air · Raps
aime terre graffe et deliee longuement foupe et parfond foffopee et
redoubte terre glaireuse · On le feme en la fin de iuing et ou mois de
iuiffet en lieux atrepez et en aoust
et feptẽbre en lieux chaulx et fecs
On doit femer les raps a grant ef
pace et hault foffopee · et bient le
mieulx en lieux graueleux et la
feme len apres nouuelle plupe fe
nest par aucũe aduẽture on le puis
se azzoufer et ce qui en est feme doit
estre tãtost couuert a bng petit far

clet leyer · On ne doit point mettre
de fiens deffus pource que de ce elle
est faicte plus graffe · Elle biẽt pl⁹
fouefue quant elle est arrousee de
eaue falee fouuẽt on pense que les
raps qui font les plus doulces fõt
de femini genre et qui ont les fueil
les plus larges et bertes a plaifã
ce Et pource nous cueiffirõs les fe
mences de ceulx cp· il femble qffes
deuroient benir plus grandes fon
leur oftoit toutes leurs fueilles et
que on leur laiffaft le chou tenue
et tout feul et les cueuure len fou
uent de terre et pource peuent estre
trefbien plantees en foffes afin q
la terre puift mieulx estre affem-
blee autour de elles Et se len beult
les aigres faire deuenir doulx on
moiftera les femences en miel et
tremperõt dedens bng iour et bne
nupt. Raps est chaulx et feche ou
fecond degre et nourrift moins que
le nauet pource que fon acuitte est
plus forte que du nauet cuict · La
nourreture en est groffe et dure en
leftomac et pource nuift ala digeftion et nuift aux peulx aux dens
et a toutes plapes et douleurs
quãt on la prent en fourme de biã
de · Mais qui la prent en fourme de
medicine elle aide car elle purge les
reins et la beffie et les laue de grof
fes humeurs et fait bien briner ·
Et qui la mẽgue crue elle brife les
pierres et qui la mengue cuitte el
le bault ála toux de froide cause ·
et qui la mengue en fourme de biã
de elle engẽdre torciõs et douleurs

et enfle et griefue et faict mal a le
stomac sicôme le tesmoigne ce que
elle faict toutes puantes pourries
par especial auant la Biande · car la
raps que len prêt a ieun eslieue la
Biande et defend quelle ne defcêde
au lieu ou elle doit estre cuicte · et
pource elle est cause de dure digestiô
et faict Bomir et par especial ceulx
qui ont Bêtofitez en lestomac maiz
qui la prent auecqs Biande elle ne
fait pas tât de mal ne tât deBêtofi
tez môter êhault · et pour sa grief
uete elle defcêd aual et enuope la
Biande au lieu de sa decoction et la
digere sicôme il appartient · et pour
ce ceulx qui Beulent Bomir la doi
uent prendre auant la Biande · elle
a Bertu pareille a rasan et Bault
a telles choses et la dône len en au
telle maniere · mais elle nest pas si
Bertueufe côme rasan ·

¶De rue · cB · chap̄ ·

Rue est semee en aoust · maiz
elle Bient mieulx qui en plâ
te les raicêaulx arrachez dicelle et
qui encliné le sômet dauctins rain
ceaulx en terre il se enracine tâtost
et se seche a peine ceste herbe · Plini'
dit q rue het froit puer et humeur
de pluge · si sesiouist en secq temps
¶Elle se Beult nourrir de cêdres
ou de terres de tuille seche · Rue ap
me tant sec quelle p croist mieulx
que ailleurs · On la trâsplante en
printemps ou en septembre et lors
on la doit souuent arrouser se elle
na pluie et qui la laisse fleurir elle
en seche pluftoft · Quât elle tuiesl
list herbe deuient Bops qui ne cueu
ure chûn an deux foiz les raicêaux
de terre iufqs aux fueilles et quât
elle est endurcie et faict Bois elle ne
faict pas bien raicêaulx qui ne la
trenche empres la racine car lors
p reuiêdroit nouueaulx raicêaulx
qui luy ramene la iennesse¶Rue
est chaulde et seche ou secôd degre
et en est de deux maieres Lune frâ
che · lautre sauuage que len appel
le pigamus ou pigamû · Les fueil
les et semences appartiennent en
medicine · La semence en peut estre
gardee par cinq ans et les fueilles
seches par Bng an Elle aBertu diu
retique diffolutiue et côfumptiue ·
Contre mal de chef appellé cephalea
on gettera dedâs le nez Bng peu de
ius et le pacient estât au baing car
il tire le fleume et nettoie le cer
ueau et ace Bault le Bin de sa decoc
tion · Contre defaulte de Beue pour
fumofite colique on mettra rue en
Bng Baiffeau de Bin et en Bfera la
personne de ce Bin · Qui mesle rue
auecqs eaue rose et la met sur les
peulx lipeux ou pleins de fang elle
les guerist et nettoie merueilleu
fement · Côtre douleur de dês rue
cuicte en Bin et emplaftree sur le
mal Bault · Ou aultrement · pnes
lun de ses durs raincêaulx des pl'
durs et lardez en aucune maniere
au feu et en faitez cautere en la cô
cauite de la dent et il p aide grand
ment ¶Contre la froiduce de lesto
mac et sa paralisie et des aultres

membres aussi on donnera le vin
de sa decoction auecques castor· Cô
tre opilacion de rate et de foye et de
strangurie et dissintere·on donne
ra le vin de sa decoctiô cestassauoir
de rue et du fenoil ou sa pouldze a
uecques ius de fenoil· Item côtre
strangurie et dissintere rue cuicte
en vin et en huile et eplastree sur
le pennil elle vault·côtre tenasmô
de froide cause on cuist rue en vin
et en pzêt on la fumee par aual en
eucarsme ou que len chauffe bon
vin et quil soit gette sur la rue et
que le malade en recoiue la fumee
aual par vng embost·pour rappel
ler le têps aux femes et tirer horf
lenfant mort et la secondine cestaf
sauoir larriere faiz·on donnera tri
fera magna auecqs le ius de rue
tout seul prins par la bouche ou
gette en la nature par vng passoire
ou les tendzons de rue fris en hui
le et puis mis par dessoubz·Contre
blecure de coup ou froisseure sans
plape·on cuira rue en vng test sâs
autre liqueur et puis sera mise def
sus·Contre la lippe et rougeur de
loeul·on confira pouldze de cômin
en ius de rue et puis moistera len
dedens cocton et sera mis sur les
yeulx·Rue aussi beue vault côtre
venin beu et côtre morsures de bes
tes venimeuses et aussi faict elle
qui lemplastre sur le mal·Et no
tez que se aucun estoit enuirône de
rue de toutes pars q il pourroit seu
rement aller ou basilique·plinius
dpascozides et côstantin dient que

quant la moustelle a acôbatre con
tre le serpent quelle mengue de la
rue et que quant elle est garnie de
loudeur et de la vertu de rue elle af
sault seurement le dit serpent cest
assauoir le basilique et loccist·Les
bestereaulx sen fupêt des iardins
pour loudeur de la rue quant elle p
est et pource on la seme bien et pro
prement es lieux ou il pa fenoil a
che et telles autres bônes herbes·
Ceulx qui sôt oingts de ius de rue
ne serôt ia poings de guespes ne def
corpions ne dautres bestes veni
meuses

De ruble· 〔〕〕Cvi·chap·

R Vble desire terre dissoulte et
grasse afin quelle viengne
bien combien quelle vienne bien
en terre moyennement grasse qui
doit estre soupe a houes et picques
bien en parfond en octobze et en no
uembze et ou mois de feurier sui
uant ou de mars et dauril·elle se
ra semee biê espessa comme ble ou
speaultre et en faict on petites ai
res côme en iardins ou quaternu
tez comme len seme le forment·Et
doibt on couurir la semence a vng
seul rasteau et quât on la houera
et fera les petites aires on la de
stournera de toutes herbes et raci
nes et par especial de la menue her
be qui vient aux iardins·et toutes
foiz fil p vient aucunes herbes on
les ostera et les rôgnera len et sur
fouira len a quelque petit instru
ment et aux mains et puis quant

les semences serôt noires en aoust
on les cueillera auecqs toute lerbe et seront sechees et tresbien gar
dees ala fumee. Et aps en octobre
ou en nouembre on foupra les fos
ses et les aires · et de celle terre on
couurira vng peu les raies et puis
leste ensuiuant on les trenchera et
nettopera touteffoiz q les herbes
p viendrôt · et puis arriere on cueil
lera les semences en aoust côe dit
est · et aussi qui bouldra on pourra cueillir les racines de la ruble
en fouissant tout doulcemêt la ter
re soubz icelle racine petit a petit ·
et puis les secher au soleil maiz il
vauldroit mieulx les laisser iusques a lannee ensuiuant dedens la
terre afin qlles fussent plus grosses et meilleures en cauant de rechief les fossez et couurât les aires
côme dit est · et quant les racines
seront seches on les battra de tro-
cles afin que on les rompe et deliure mieulx de la terre et de la poul
dre et soyent fuictes cleres et qui
en bouldra faire pouldre encore
vauldra mieulx ·

f/ De reguelice ·　◖ C Bii · chap ·

R Eguelice est la racine dune
herbe qui demande terre biê
diffoulte · et par espâl fablon afin
quelle p puisse getter abondance de
racines grâdes et longues et se on
les replante elles se reprennêt lege
remêt et bourionent largemêt au
tour delles Et crop q qui prendroit
sa tige et sa haste et la plaieroit et

mettroit en terre tant côme elle se
roit tendre qlle se couertiroit en ra
cine côme faict mente rue et herbe
vert · Reguelice est chaulde et moi
ste attrempeement et doit on eslire
celle qui nest pas trop grosse ne trop
menue et qui est iaune dedés et nest
pas pouldreuse · La blâche et la noi
re ne valent riês · Le ius dicelle est
dautelle vertu et encore de plus for
te et est faict par telle maiere · quât
elle est verte on la pile bien fort et
faict on boullir en eaue et la cuit
on iusques a tant quelle soit pres
degastee et puis on lespreit ce vault
contre tous les vices de la poictrine · La dcoctiô en eaue vault côtre
pleupomonie et pleuresie · et vault
le vin de sa dcoction côtre la toux
ace vault aussi lelectuaire faict du
ius dicelle et de miel · Item reguelice maschee mengee et tenue sur
la lâgue adoulcist la soif et les af-
presses de la bouche et de la langue
et aussi de la gorge ·

◖ De satprion　◖ C Biii · chap ·

S Atprion sicôme len dit est a-
che sauuage et est chaude et
seche ou tiers degre · Elle a vertu
datraire les parties qui sôt de loig
dont ses genitellis côfites auecqs
miel si reueillent et esmeuuêt a lu
pure · et si le feront encores mieulx
et plus qui en fera confiture de dates et piscaces auecqs miel et auffi le ius de ce que dit est qui est pris
auecques miel vault a ceulx qui
ont artetique ·

¶ De saffran　　　Cciv·chap·

Saffran est de deux manieres dont lun est sauuage qui est seme côme les aultres herbes et est de peu de prouffit et faict haulte souche et moult de cosses esquelles il naist. et quant le saffran appert on le cueille au soleil leuât·Et lautre est bon et frâc que len ne seme point pource quil ne faict pôit de semence·mais on cueille les oignôs qui sont en terre ou moys dauril ou de may et les laisse len en ung monceau par huit iours pour meu rir et apres on les nettoye et seche en lieux chaulx·mais non pas au soleil afin quilz ne sy cuisent quât ilz sont meurs· et les côgnoist on quant les fueilles sont seches et les garde lê iusqs au mois daoust sur aucune chose hault ou en ung solier et sans toucher a terre· et lors doiuent estre desseurez lun de lautre· On les plante auecques leurs racines en terre biê aree ou bien foupe et loing lung de lautre due paulme et parfôd en terre trois doiz·et est le meilleur temps de les planter du milieu daoust iusques au milieu de septêbre et les y laisse len deux ou trois ans · et chûn an ou mois dauril se les fueilles sont seches pour lors et en may et en iuing se lerbe naist es aires on la lie et treffoille len la terre au dess° par tout de deux doiz en parfond·et que len ne touche pôit aux oignôs Et qui bouldra on raira la terre

enuiron la fin daoust et en septem bre · et ainsi laire sera nettopee de toutes aultres berdures et ordures·et puis quant les fleurs naistront on les cueillera et seche len le saffran a petit feu et lent et le garde len apres en aucun lieu biê clos·Quant deux ou trois ans seront passez on ostera les oignons pres de la terre ou mois dauril et puis apres en sera faict ce qui est dit et seront plantez côme dessus est dit·Saffran beult terre croieu se ou mopenne et le peult on tres biê planter ou il y aura eu oignôs apres ce quilz seront ostez · Et de uôs sauoir que le saffran nest pôit moult bleu des umbres Maiz les souriz le griefuent moult et beult auoir fosses entre les aires bñ par fondes pour estre defendu de leaue qui y pourroit descendre· car il la doubte· et aussi leaue defend q les souriz ny aillent pource q les souriz et taulpes menguent boulentiers les oignons·¶ Saffran est chauld et secq ou second degre et at trempe en ses qualitez·et pource il conforte et bault grâdement côtre feblesse destomac et default de cuer il oste la rougeur de loeul qui biêt de sang ou de tache qui le brope a uecques roses ou mopeux doeufz et les met sur loeul côme dpascori des le dit· et qui boit saffrâ au ma tin si le garde et preserue de gloutô nie et dpuresse·et aussi la decoction faicte de saffran ne seuffre pointâ on sen pure·et si dit quil guerist de

mozſure de ſerpent et & praignes
et & poinctures de ſcozpions

¶ De ſurmontain ou ſalmõtain
Cp·chap·

SVrmõtain qui eſt dit ſilers
ou ſileſeos eſt chaulð et ſecq
ou ſecond ðegre·on peult garðer ſa
ſemencœ trois ans et eſt miſe la ſe
mencœ en medicine la quelle a ver
tu ðiuretique ðiſſolutiue conſum
ptiue et attraictiue·Côtre aſme de
froiðe cauſe on buuera le vin ðe ſa
ðcoction auecques figues ſeches
ou on ðonnera la poulðze ðicœllui a
uecques figues ſeches roſties·Cô
tre opilacion ðe ſope ðe reins et ðe
veſſie ſtrangurie et diſſintere len
buura le vin ðe ſa ðcoction

¶ De ſtaſizagre.   ¶ Cpi·chap·

STaſizagre eſt chaulð et ſe
che ou tiers ðegre·et eſt la ſe
mencœ dune herbe ainſi appellee et
eſt ðe grant vertu·et pourcœ lappel
le len purge chief car elle purge ðe
fleume et le ſeche·ðefenð ð reume
et nettope leſtomac. Le vin ð ſa ðe
coction et ðe roſe en gueriſt qui le
gargariſe·Contre rongne et poup
on feza vng oignemêt ð ſa poulðze
et ð vin aigre·et ſi vault côtre pa
raliſie qui ſen oingt La poulðze pzi
ſe auecques miel ſi occiſt tue et ðe
ſtruit tous les vers ðu cozps·

¶ De ſquille.   ¶ Cpii·chap·

SQuille eſt chaulð et ſeche ou
ſecond ðgre·cœſt vne herbe
qui eſt ſemblable a oignons La ra
cine qui eſt côe oignons ſi eſt meil
leure en medicine que les fueilles
ſe on la treuue ſeule elle eſt moztel
le·Elle a vertu ðiuretique ðont el
le vault ala ðigeſtion ð la matie
re tant en quotidienne q en quar
taine·et ſi vault contre opilacion
ð ſope et contre la ðouleur ðes ho
paulp et ðes êtrailles ſelon pſaac
La maniere ðen vſer côtre cœ qui eſt
dit ſi eſt telle·On ðiuiſe la ſquille
par le milieu et oſte len ðu ððns
autant ðe coſtes côme par ðehozs
et en ſera garð autant ou milieu
et ſeront gettees cœlles ðe ðehozs
pourcœ quelles ſont venimeuſes et
moult chaulðes et auſſi ſeront get
tees cœlles ð ððns pourcœ quelles
ſont moztelles pour ſa trop grant
froiðure ðicœlles·mais les mopen
nes ſont attrêpees cuictes ou four
et êuelopees ðe paſte·et puis ſeront
recuictes en vin aigre et apzes ſe
ront coulees et en cœlle couleuz p
mettra len ðu miel·et ſe len veult
que lopimel ſoit faict plus fozt len
ne le cuira point en la paſte mais
ſeulement en vin aigre·Ce vault
contre toute ðouleur ð par ðhozs
pzocœðant ð froiðe cauſe·

¶ De ſeneue.   ¶ Cpiii·chap·

SEneue eſt ſeme auant lpuer
et apzes et ðeſire tezze graſſe
et qui le ſeme clez il en eſt meilleuz
et ſil eſt ſeme trop eſpes on en peut
bien oſter aucunes plantes et les
trãſplanter ailleurs·et eſt vne her

se tellement multipliant q̃ ou elle
a este une foiz semee a peine se pour
ra extirper ne le lieu en estre deli-
ure·car le lieu ou la semẽce chet a
terre elle verdist tantost·Elle est se
che et moyste ou milieu du quart
degre·La semence et non lerbe est
gardee par cinq ans·elle a vertu de
dissouldre et de consumer et attrai
re et de attenuier·Contre paralisie
de langue la semence maschee et te
nue soubz la langue vault·contre
paralisie des autres membres on
mettra seneue en ung sachet et sera cuiten vin et puis mis sur le
lieu doulant·et par especial au cõmencemẽt de la maladie·La pouldre gettee es narilles fait esternuer et nettoye le cerueau des super-
fluitez·Cõtre vieil asme de visquse
humeur on donnera le vin de sa de
coction et de figues seches Cõtre o-
pilaciõ de foye et de rate et une maniere de pẽopisie appellee lentho-
fleumatique on cuira seneue en ea
ue auecq̃s racies de fenoil et en la
decoction coulee on metra du miel
et le buura len Contre la durte de
la rate on mettra lerbe biẽ broice
auecques saing de porc par dessus
la fomentacion Cestassauoir lestu
ue faicte de la decoction de seneue
faict venir le temps aux fẽmes·
Lerbe de seneue cuicte en vin et em
plastree vault contre dissintere et
strangurie·Le vin de la decoction
de la semenceauecques dragant se
che lumeur de la luette et du cerueau et des toes et y met on le dra

gant afin quil ne arde trop fort et
quil ne lescorche·Pitagoras loue
seneue sur toutes autres herbes
et plinius dit quelle attenuie gros
ses et visqueuses humeurs et les
purge·Elle guerist les poinctures
des serpens et scorpions qui y adiouxte vin aigre·Elle surmonte le
venin des champignõs venimeux
Elle oste et adoulcist la douleur des
dens Elle tresperce le cerueau et le
purge merueilleusemẽt·Elle brise
la pierre·elle a puissãce sur le tẽps
des fẽmes·elle donne appetit et con
forte lestomac·elle aide contre epi-
lence·elle guerist les pẽopiques·
elle reueille en litargie et leur aide
grandment·Elle nettoye les cheueux et les gãrde de cheoir Elle oste
les tins et les ennuyeux sons des
oreilles·elle destorche la saliue des
peulx·elle aide aux paralitiques
pource quelle euure les cõduiz·el-
le dissoult lumeur greuant les
nerfz et la degaste·Et si dit q̃ sa plꝰ
grande vertu est en la semence et
plus quelle nest parsen lerbe·

De stucium ou petit choul aigre
Cpiiii·chap·

Stuciũ ou petit choul aigre
est tout ung·Il est chauld
et secq ou second degre·La semence
le ius et les fueilles valent en me
dicine·Contre paralisie de langue
on masche la semence et la tiẽt on
lõguemẽt en sa bouche·et se la pa
ralisie est en autre partie du corpe
les fueilles cuictes en vin seront

mifes deffus. Contre lptargie on
foufflera la pouldze de la femence
par dedens les narilles · on fera decoction de femence de ftucium bien
bzope et de ius de la rue fauuage
en fozt vin aigre. et de ce on frottera les parties de la tefte par derriere · mais quelle foit raize par auât
On cuira les fueilles en vin et fen
eftuuera len par deffoubz et frottera len Ce vault a ftrâgurie et diffintere et faict venir le temps aup
femes Qui faict vne emplaftre des
fueilles cuictes en vin et en huile
et les mect fur le penil il faict biê
vriner ·

De fcozdium autremêt ail fau
uage. Cp.v.chap.

Cozdium autremêt ail fau
uage eft chauld et fecq ou
tiers degre. La feule fleur en vault
pour medicine. Leaue ou le vin de
fa decoction nettoie les parties efpi-
rituelles de fleume · et fi vault contre douleur deftomac et des entrailles caufees de froit et diffoult ftrâgurie et diffintere.

De fperage. Cp. vi. chap.

Perage eft chaulde ou tiers
degre. Les bzâches les fueilles et la femence mife en potage a-
uecques char fans eaue valent côtre opilacion de rate et de fope et côtre ftrangurie et diffintere et côtre
douleur deftomac et de boiaulp. Ce
fte decoction eft bône et auffi le vin
de fa decoction vault aup chofes

deffufdictes

De finzimbze. Cp.vii.chap.

Inzimbze eft chauld et fecq
ou tierf degze et en eft de deup
manieres Lun franc et lautre fauuage que len appelle calament. Il
a vertu diuretique diffolutiue et
confumptiue. Contre le vice du pis
on fera bzouet de farine dozge et de
eaue et y adiouptera len de la pouldze de finzimbze et le donneza len au
pacient. Côtre reume froide on cuira en vng vaiffeau les fueilles
fans autre liqueur et les mettra
len ainfi rofties en vng fachet et feront lpees fur la tefte au pacient.
Le vin de fa decoction vault contre
douleur deftomac et des bopaulp
caufee de froit · et contre opilaciô de
fope et de rate · et fi euure les conduiz de lozine. Lerbe cuicte en vin
emplaftree fur leftomac le guerift
de la douleur venue de ventofite et
purge le temps des femes et nettoie · et leftuue qui en eft faite leur
aide a concœuoir ·

De fauge. Cp.viii.chap.

Auge eft plantee de plantes
ou de iennes rainceaulp en
octobze en nouembze et mieulp en
mars. Elle eft chaulde ou pzemier
degze et feche ou fecond Les feules
fueilles appartiennent a medicine
vertes et feches · et les garde len
par vng an Et en pa lune franche
et lautre fauuage · et lappelle len
empatozium · La franche degafte

mieulx et côforte que la sauuage.
et la sauuage est plus dparozetiq̃.
Le vin & la decoctiõ de sauge est bon
contre paralisie et epilence qui la
mect sur la partie paralitiq̃ quant
elle est cuicte en vin elle p vault
moult. Lestuue et laueure faicte de
leaue de sa decoction vault contre
strãgurie et dissintere . et nettoye
la marris et si est tres bonne en
saulses

¶ De scabieuse.   ❧ Cpix·chap·

Scabieuse est chaude et seche
ou secõd degre · Elle ne vault
riens seche. Le ius de scabieuse hui
le et vin aigre boullus ẽsẽble ius-
q̃s atãt q̃ ce sera espes côme oigne
ment vauldza a rongne. Le baing
de leaue de sa decoctiõ et de tapse bar
bu vault côtre alopicie. Et le ius
aussi vault ace. et tue les vers ou
cozps. et qui le gette en lozeille aue
cq̃s huile il les nettoye. La fumee
du vin de sa decoction vault contre
emozzoïdes. dont est dit. Vrbanus
per se nõ nouit Vim scabiose. Que
purgat pect⁹ quod dpzemit egra se
nectus. Rũpit apostema pectꝰes Vir
tute supma. Cest adire q̃ scabieuse
purge le piz malade de vieillesse.
Elle ront apostumes en les gettãt
hozs par sa vertu souueraine.

¶ De senacions autremẽt cresson
deaue.   ❧ Cxx·chap·

Senacions q̃ len appelle aultrement cresson deaue sont
chauldes et seches ou secõd degre
Qui les mengue en eaue cuictes
ou auecq̃s char elles nettoient les

parties espirituelles · Lestuue et la
ueure & sa decoction en eaue salee
et huile cômune vault a douleur
dentrailles et strangurie et dissintere · Et aussi p valent elles cuictes
en vin et emplastrees dessus.

¶ De serpentine autrement colubzine ou dzagontee·❧ Cxxi·chap·

Serpentine colubzine et dza-
gõtee sont tout vng. Et lap
pelle len ainsi pource q̃lle a la tige
en maniere de serpent. et ainsi cou
louree. Elle est chaulde et seche ou
tiers degre · On detrenche sa racine
par menues pieces et la seche len
et en fait on pouldre. et la passe len
par vng dzap et puis on la côfit a-
uecq̃s eaue rose et la seche len au
soleil. et apzes on en oingt sa face
auecq eaue zose ou on la fzote sans
eaue rose et rend la face clere et bel
le et resplendissant · et oste le dzap
de la face Se len côfist ceste pouldze
auecques sauon et on en met sur
vne fistule elle croist le pertuis et
le dilate tant que len en peut bien
traire vng os ou plꝰ bzisez ou pour
riz se ilz p sont. La pouldze aussi cô
fitte auecq chaulx viue et fozt vin
aigre vault moult a chancre dont
la tierce partie doit estre de chaulx
Dpascozides dit q̃ ceste herbe encha
ce serpẽs par son oudeur. et q̃ le ser
pent ne bleccra ia le cozps qui sera
oingt de son ius

¶ De serpil autrement petit poulieul.   ❧ Cxxii·chap·
v·i·

Serpil autrement petit poulieul eſt chaulð et ſecq ou ſe conð ðgre· et en eſt ðe ðeux manieres· Lun franc et lautre ſauuage· Le franc eſpanð ſes rainœaulx par terre · et le ſauuage croiſt en long et enhault· Les fleurs et les fueilles Balent en meðicie qui les cuiſt en Bng ruðe pot a ſecq· et les mect en Bng ſac ilz Balent côtre reume froiðe qui les mect ſur la teſte · Le Bin ðe la ðecortiõ ðe ſerpil et ðu ius ðe regueliœ Bault contre toux et ðouleur ðeſtomac cauſee ðe Bentoſite· Le Bin ðe ſa ðecortion et ðe anis Bault a ðouleur ðeſtomac Leſtuue et laueure ðe ſa ðecortion Bault a ſtrangurie diſſintere et nettope la marris· et ſi leſchauffe et confozte Le Bin ðe ſa ðecortion rechauffe leſtomac et auſſi le fope et la rate granðement·

¶ De ſatuœe autremêt ſerriette ¶ Cypiii·chaꝑ·

Satuœe en ſerriette eſt chauðe et ſeche ou ſecôð ðgre· on la ſeme en feurier et en mars toute ſeule ou meſlee auecꝗs aultœs herbes qui Beult· potage faict ou boullie faicte ðe farine et ðeaue et ðe la poulðze ðe ſatuœe nettope les parties eſpirituelles · et autant Bault aœ la poulðze confite· Dyaſcoziðes ðit que luſage ðe ſatuœe eſt moult bon et conuenable pour garðer ſante· et la pzent on en Biã ðe· Albumaſar ðit que ſa propziete eſt ðe bouter hozs Benin enfleuœes et tozcions et ðe ðigeœer la Blãðe et ðe bouter hozs les ſuperfluitez ðe leſtomac et ðe faire Briner et faire Benir le temps aux fêmes· et ſi aguiſe la Beue empiree par males humeurs·

¶ De touſiours Biue autrement iombarbe· ¶ Cypiiii·chaꝑ·

Touſiours Biue aultrement iombarðe ou iombarbe qui eſt en tout temps Biue eſt froiðe ou ſeconð ðegre et ſeche ou pmier Elle eſt ðe grant Bertu Berte· et ðe nulle quant elle eſt ſeche· et a Bertu ðe œ froiðir· plagelles mouilleez auecꝗs ſon ius et Bin aigre ou Berius ëplaſtrez ſur le fope Balent moult a le refroiðir contre chaleurs· et côtre ðouleurs ðe chaulðes cauſes· Auſſi lerbe bzopee et miſe ðeſſus a poſtumes au cômenœmêt les guerift en reboutant la matiere·combien quelle griefue ðepuis en leſpeſſiſſant· Contre arſure ðe feu ou ðeaue on fera oingnement ðu ius ðe iombarðe et ðe huile roſat et ðe cire mais on ne luy ðoit point mettre ðes quatre pzemiers iours ain cois p ðoit on mettre choſe pour la faire fumer et euapozer· Et pourœ on loingt pmier ðe ſauon et apzes ðuðit oingnement· Contre ffux ðe ſang par le nez qui Bient ðeebulicion ðe ſang ðe fope côme ont iennes gês en eſte· plagelles moifteez ou ius ðe iombarðe et eaue roſe miſe ſur le front leſchaufe·

De tretait autrement herbe iu
daique.   xxv·chap·

Etrait est herbe iudaique et
est chaulde et seche ou tiers
degre·Le vin de sa decoction procure
digestion et guerist de douleur de le
stomac et des entrailles causees de
ventositez·Crespes faitz de farine
et de ceste herbe et deaue confortent
la chaleur naturelle et font bien
vriner Lemplastre faict de ceste her
be cuicte en eaue dissoult strangu-
rie·Et lestuue et laueure dicelle ou
leaue de sa decoction eschauffe la
marris aux femes et la nettope·

De tapse·   Cxxvi·chap·
Tapse est chaulde et seche ou
tiers degre·et la garde len
par trois ans·on la treuue en aza
bie en inde et en calabre et la mect
on en medicines vomitiues·et la
doit on sagement broier··Et si la d
uient quil en vienne enfleure pour
ce on frottera le lieu ducun drap
moille en vin aigre·ou len oindra
la partie enflee doingnemet nome
popileon auec bon vin aigre Tapse
est bonne pour quaymans pource
q qui la brope elle faict estler la fa
ce et le corps come dun mesel et le
guerist on auecqs ius de iombarde
come dessus est dit.

De tapse barbe·Cxxvii·chap·

Tavse barbe est chaulde et se
che Lestuue et la laueure du
vin de sa decoction vault cotre les
emorroides·aussi p vaulzroit se le

patient sen torchoit quat il aura e
ste a selle Leaue de sa decoctio vault
contre tenasmon et aussi contre le
flux de ventre

De thimus dont la fleur est epi
thimum   Cxxviii·chap·

Thimus dont la fleur est epi-
thimu est vne herbe moult
aromatique·et est la fleur moult
medicinable car elle a vertu de pur
ger la melecolie et fleume et pour
ce elle vault cotre quartaine et cotre maladie melencolieuse·et pour
ce on en acue les medicies et agui
se·et ne la doit on point donner seu
le·car de sa nature elle cause since-
pe et faict estrecir les parties espirit
tuelles dentour le cueur·

De violette·   Cxxix·chap·

Violette est froide et moiste·
on en faict sucre et huile vio
lat quant elle est verte·mais on
fait le sirop des vertes et des sechez
mais cellui qui est faict de vertes
est plus vertueux·Le sucre violat
est faict en telle maiere come le ro
sat·Le sirop est ainsi faict·on cuict
ainsi les violettes en eaue et puis
on coule tout·et de celle couleure
et sucre on faict le sirop mais qui
le feroit du ius et de sucre esemble
il en vaulzroit mieulx·Luile vio
lat est ainsi faicte·on cuira des vio
lettes en huile et la couleure sera
huile violat·Elle vault aux discra
zies par le trauail de tout le corps
                              v·ii·

Qui la prent par dedens et en oingt
son foye elle oste la chaleur · qui en
oingt son front et les temples elle
oste la douleur de chaulde cause et
la chaleur · Les Violetes ont vertu
adoulcissant applaniāt et amoitis-
sāt · et si refroident et laschēt · maiz
elles laschent peu · Elles purgent
principalemēt la cole rouge · Elles
valent a fieures tierceines et contre
la desattrempance de foie en cha
leur · et contre opilacion de foye et
iaunice · et contre deffault dappetit
cause de cole · Violetes qui sont bro
pees et mises sur chauldes apostu
mes au cōmencement y aident et
aussi faict lerbe · La fomentacion
faicte de leaue de la decoction de celle
herbe sur les piez et le front en ma
ladies agues faict venir le sōmeil
et fain de dormir · Le sirop violat
doit estre plus cuit q̄ le rosat · autrement il seroit tantost corrompu

¶ De verge de pastour · Cxxix ·
chap̄ ·

Verge de pastour est chardon
sauuage et est froide et seche
Les fueilles en appartiennēt seule
ment a medicines vertes et seches
mais les vertes sont de greigneur
vertu que les seches Elles ont ver
tu restrainctiue de rebouter ens et
refroidir · Lemplastre de la pouldre
et de vin aigre et aubin doeuf mis
sur le pennil et les reins vault cōtre flux deventre · Aussi la pouldre
prinse en vng oeuf mol vault ad ce
Et aussi vault auecqs ius de plan

tain et a cours de temps de femes
Et auecq ce vault leaue de sa decoc
tion et lestuue et la laueure · Qui
la brope elle vault a chauldes ap-
stumes au cōmencement · cōme a
herisipule et les semblables Qui
lemplastre sur la teste raize elle
vault contre frenesie et douleur de
chef de cause chaude Elle est moult
consolidatiue de plaies nouuelles
Les opseaulx quierent les semences et vers qui sont es chardons se
chez sur la racine et chantēt quāt
on leur donne · psidorus dit que la
racie cuicte en eaue amenuise cou-
uoitise aux buueurs · Cestup char
don est tres prouffittable ala mar
ris et aide aux femes a conceuoir
filz ·

¶ De voluble · Cxxxi · chap̄ ·

Voluble est vne herbe qui se
enuelope enuiron les plantes qui lup sont prouchaines · et
est vng peu chaulde mais elle est
moult seche · cōme le demonstre ce
quelle se tuerd ainsi · et en est vne
espece que on appelle la corde des p
ures · et est ceste terrestre et pleine
deaue · et pour sa terrestre nature
elle est cōstrictiue et pour son aquo
site elle est mōdificatiue et nettoye
et adoulcist · et sont les fueilles cō-
solidatiues de grās plaies · et na
pareille a elle en cest effect · On les
cuit en vin et les ēplastre len dess
auecqs vin aigre Elles valent aus
si cōtre arsure de feu · Et en est aus
si vne aultre espece q̄ len appelle le

grãt voluble dõt son laict arrache le poil et tue les poulx·

De Bitriole· ❡ Cxxpii·chap·

Vitriole autrement dicte paritaire est vne herbe chaulde et seche ou tiers degre·Et lappelle len vitriole pource que les verres en sont bien nettopez · Elle est de grant vertu quant elle est verte· mais seche elle ne vault riens Elle a vertu dpaſozetique et eptenuatiue· Côtre froidure destomac et des entrailles et la douleur qui p est et contre strangurie et dissintere· paritaire chaufee bien en vng pot de terre sans autre humeur sera mise sur le lieu doulant·ou que on la cuise en vin blanc vng pou vert ou aigre ou auecqz du bran Contre strangurie et dissintere on la cuira en eaue salee et huile et sera eplastree sur la penniſſere· Cuicte et mengee elle vault moult contre douleur destomac de froidure ou de vent·Qui la casse aucunemẽt et la chauſe auecqes vin et bran elle appetiſſe enfleures ·

De psope· ❡ Cxxpiii·chap·

Psope est chaulde et seche ou tiers degre·Elle a vertu es fleurs et aux fueilles · et non pas selon les racines· diuretique diſſolutiue consumptiue et attraictiue Contre froid toup vault le vin de sa decortiõ et de figues seches · Itẽ le vin de sa decortiõ et de semence de fenoil oste la douleur de lestomac et des etrailles Lestuue faite de la decortion de psope nettope la marris des superfluitez et torches Auſ ſi faict vng suppoſitoire de la pouldze et de huile muſcallin · La pouldze dpsope ou lerbe chaufee en vng teſt et mise soubz la teſte en vng ſachet vault contre reume froide et contre la luette cheute · Contre la reume de la luette on fera gargariſme devi aigre ou psope sera cuite·❡ Item lerbe cuicte en vin oste la douleur qui vient de vẽtoſitez·

De pringe aultrement salemonde· ❡ Cxxviiii·chap·

Pringes et salemõde est tout vng·Elle est moult espineuse et de les racines on faict zingembze en telle maniere · Prenez deux slures de miel et vne ſlure de pringes bien nettopez et puis en mouuant et remuant on mectra vne once ou deux de zingbze et la moitie dpoiure seulemẽt par telle maniere· On lauera tout pmeremẽt les pringes et sera gette le bops qui est dedens et puis on les cuira tres bien et apzes serõt trenchees bien menuement et le miel mis sur le feu et bien estuue on mettra dedens pringes et le zingembze et le poiure· Et selon aucuns on np mect que zingẽbze ou poiure · et le faict on boullir iusques a tant q̃ tout soyt souffisamment espes·

B·iii·

Et se en la fin de la decoction on y adioupte pouldre de semence et tou que et de pinei ce sera tresbon pour esmouuoir a luxure et pour faire leuer le membre.

¶ De preos aultrement dicte iagleau ou flambe. ¶ Cxxv B. chap

Preos autremet dit iagleau ou roseau a les fueilles semblables a espeez et a la fleur de couleur de pourpre ou blanche · car pris a la couleur de pourpre · et preos la blanche · Elles sont dune mesme vertu · Nous ne vsons que de la racine · et la cueille len en la fin de printemps · et la secheren · et se peut garder par deux ans · Elle est chaulde et seche ou second degre et a vertu diuretique et dissoult et euure · Cotre le vice des parties espirituelles et contre opilacion de fope et de rate des reins et de la vessie et toutes douleurs venans de ventositez · Le vin de sa decoction y aide la pouldre qui en est faicte megue moult doulcement la char superflue · pour le drap et tape des peux on fera vng coliue de la pouldre auecques eaue rose ·

¶ Cy fine le sizieme liure des prouffitz champestres et ruraulx ·

Cy comence le septieme liure des prouffitz champestres et ruraulx de maistre pierre des crescens · Le quel contiet deux parties

¶ En la premiere et pmier chapitre est traicte coment les prez furent creez et quel air quelle terre et quelle eaue et quelle place ilz requierent

¶ Le secod chapitre coment les prez sont procurez faitz et renouuellez.

¶ Le tiers chapitre commet on doit cueillir le foing et le garder et quel prouffit en peut venir.

¶ En la secode partie et quatriesme chapitre est traicte des bops et foreftz qui viennent de leur propre nature ·

¶ Le ciquiesme et derrenier chapitre des bois qui par art sont faitz et ordonnez.

¶ Premierement pour quoy les prez furent creez · et quel air · quelle terre · quelle eaue · quelle place ilz requierent et desirent ·i· chap·

Oſtre ſeigneur crea
les prez par ſa bon-
te afin que la terre
qui eſtoit nue fuſt
veſtue et aournee et
que les herbes qui
en venroient fuſſent conuenable
nourreture aux gés et aux beſtes
en leur verdure · et auſſi quant elles ſeroient ſeches · Et eſt aſſauoir
quil naiſt es prez diuers genres et
diuerſes eſpeces dherbes ſelon la
diuerſite des humeurs côtenue en
la plaine et ſuperfice de la terre · Et
ce a fait la treſſage maiſtreſſe nature et oeuure pour la diuerſite des
beſtes nourrir · leſqlles ont diuers
apetiz · Les prez requierent air attrempe et que il ſoit prouchain ou

voiſin a froidure et humeur · car
ſe il y a ſuperflue froidure il y aura par durable nege et gelee qui é-
peſchera la generacion des herbes
Et ſe il y a trop ſuperflue chalſeur
elle les degaſteroit qui ne les ar-
rouſeroit trop ſouuent (Ilz deſirent terre graſſe pour auoir grant
foiſon dherbes mais touteffoiz ſe
la terre neſt pas trop graſſe elles
en ſeront plus ſauoureuſes et de
meilleure odeur et plus deliees ·
Et celle eſt trop maiſgre il ny vendra point de herbes · car celle terre
eſt ainſi côme terre ſalee ou amere
qui ne ſe peut veſtir pour ſa feble-
ſe et malice (Entre les eaues la
meilleure eſt pour prez celle de pluie
quant elle deſcen d chaude auecques

ɞ. iiii ·

tonnerre et efpart·Et leaue fubtille dauril et de may et generalemēt
toute celle qui vient du ciel en efte
eft bonne aux prez·mais quelle ne
foit gelee et trop froide cōme celle
qui vient de grefle fondue · Leaue
qui eft bonne a prez ceft eaue de ma
recz qui eft clere chaulde et graffe·
et puis apres de fleuues·Et la derniere eft eaue de fontaine·et de tant
cōme elle feflōgne plus de fa fource
et de fon cōmencement elle vault
mieulx pource qlle eft moins froide
prez defirēt fiege bas ou il y ait cōtinuellemēt humeur eclofe·mais
fe le lieu eft fi parfōd quil y ait cō-
tinuelle eaue courant par la fuper
fice et la plaine de la terre le lieu ne
peult riens valloir pour qlconque
bōne herbe quil y ait au pre·mais
fe tournera a nature de marecz ou
de paluz et ny croiftra que iones et
autres chofes appellees en lōbart
puerie et quadreffe et en francois
lefche et rofeaulx·et aultres herbes de paluz groffes et pleines deaue et fans faueur et qui ne valent
riens pour les beftes Et fe les prez
font fi hault affiz q on ne les puiffe
arroufer ilz fecheront legerement
fe ilz ne fōt en haultes mōtaignes
et froides·car en telz lieux combiē
quil y vienne peu dherbe touteffoiz
font elles deliees et fauoureufes et
de bonne oudeur·Le fiege du pre eft
fouuerain qui a deffʒ lup ruiffeau
courant dont on le puiffe arroufer
touteffoiz que len veult·

¶ Cōment on procure les prez et
ment on les fait et renouuelle
ii·chaʒ·

Cōbien que ce foit clere cho
fe que les herbes viennēt de
leur nature en toutes terres ou le
foleil peut fuffifāmēt getter et efpandre fes raps touteffoiz on les
peult auffi faire venir par oeuure
de main en lieux champeftrez ou de
bois et autres lieux·Et premieremēt on extirpera le lieu en feptem
bre et octobre et fera deliure de tous
empefchemēs et nō pas tant feule
ment defpines de rōces et de gettōs
mais de toutes herbes larges dures et fermes·et puis quāt il fera
nettoye laboure et remue par plufieurs aracōs et les pierres oftees
et les mottes caffees on les fume
ra en la lune eftant en crefcent·et
y mettra len du fiens frez·et quil
foit trefbiē garde du marchis et de
foulement de beftes·et par efpecial
quāt il deuient moifte afin q la ter
re en demeure viue et egale·Et fe
vous faictes prez en champs gaigna
bles on fera la place toute pareille
et egalle·et ferōt les motes caffees
hault et bas·et y peut on femer et
efpandre femence de vece auecques
femence de foing·et fi y peut on efpandre femēce de nauetz·On ne les
arroufera point tant que la terre
foit dure afin q la force de lumeur
entrefluāt ne corrōpe la groe moif
ferme·mais qui vouldroit en aucune annee auoir prez et en aultre
blez il fe peut faire en terre mefgue

par arrousement et getter au chãp
eaue trouble et remplir les fosses
de terre nouuele et faire la terre du
champ egale. Et ainsi se peuët faire tresbons prez sans quelconques
semences dherbe mais se ilz sont
ainsi laissez quatre ou cinq ans on
y pourra semer du formment. et seroit bon q̃ de deux ans en deux ans
on changast le formẽt qui y seroit
seme. mais qui Bouldroit faire Bn-
ne annee formment et lautre pre il se
feroit bien par telle maniere a get
ter de leaue au champ quãt on aura oste le formment et le chaulme et
le laisser ainsi le demourãt de leste
et en autompne se lair est secq. Et
lannee ensupuant quant le foing
sera fauche il fault la terre rompre tailler et arer deux foiz ou troiz
et puis la semer. Mais quant on
Beult auoir le grain len ne le doit
arer fors q̃ en la fin daoust quant
on en aura traicte lherbe. et lors
rompre la terre et larer et retriser
et semer et il y Bient lors bon forment. Aucũs les sement chũn an
et touteffoiz ilz cueillent lherbe du
pre quant le formment est encore au
champ. Et si tost quil est traict get
tent eaue au chãp. et Bault mieulx
clere que trouble et le gardent des
bestes et puis si taillent le grain
auecq̃s lestouble et le donnẽt aux
bestes en lpuer et elles menguent
lherbe et font littiere des estoubles
et ainsi en font du fiens. et quant
on en a taille lherbe et lestouble on
aire le champ Bne foiz ou deux ou

trois et puis on y seme du formmẽt
ou aultre ble. On procure les prez
quant on oste tous empeschemens
touteffoiz quilz y Biennẽt et naiscẽt
et aussi les herbes qui ny sont pas
cõuenables tãtost apres quil y au
ra fort pleu et q̃ la terre sera moillee pource quelles se pourront arracher lors legeremẽt. et prouffitte moult aux prez quant on les fu
me en puer de fiens nouueau pour
faire les herbes plantureuses. et
encores plus se si tost quilz seront
fauchez on les arrouse tres fort
deux ou trois foiz et lors ilz fructifieront fort. mais quant ilz seront
Bielz ilz seront couuers de mousse
et pour oster la mousse paladi⁹ dit
de Brap que on y doit souuent getter de la cẽdre. et se le lieu est fait
tout brehaingne on le airera plusieurs foiz et puis on le Bnira et se
ra len la terre egale. et ainsi se fõt
prez.

¶ Cõment on cueille le foing et
gard et du prouffit qui en Bient.
iii. chap.

S Eles herbes sont Benues a
leur croissance naturelle on
les fauchera par espãl quãt leurs
fleurs seront en leur beaulte parfaicte et auant quelles sechent et
ch ent. car se on les fauche auãt q̃
le foing soit meur il nen sera pas
si bõ apes pource q̃ il sera tousiours
plein deaue et ne sera pas bon pour
nourrir les bestes ne ferme Biande
pour les beufz et cheuaulx de la-

bour · et se il est trop meur et q̃ la
chaleur et humeur soyt degastee il
sera mal sade et abhomiable nour
reture aux bestes · On doibt secher
le foing en teps beau et serain tãt
cõme len a esperance q̃ la challeur
et la secheresse de lair doiue durer ·
Et quãt il est fauche on le doit laif
ser au pre par vng ou deux iours a
uant quil soit assemble et puis on
lassemblera et respandra selon la
maniere du secher · et aps sera le
ue et aporte soubz le tec · et qui nau
ra tect ou le mettre en couuert en
mullons bie pparez q̃ leaue np en
tre · Et se la pluye suruiet quãt il
est nouuellement fauche es prez a
uant quil soit en mullon il nen est
queres blece · mais cõme dit pala
dius on le doit retourner ala pluie
auãt que la partie denhault soit se
che pose ore quil soit ia retourne et
emoncelle ou qui ne le fust pas · et
se la pluye suruient apres ce que il
sera retourne il sera destruit et ne
uauldra riẽs · Le prouffit du foing
est quil soit garde par tout lan et si
le peut on bie garder par deux ans
bon pour nourrir beufz cheuaulx
et aultres bestes qui seuffrent la
bour pour nous et noz necessitez et
les en peut on aider en temps de ne
ges quãt ilz ne peuet auoir aultre
nourreture · Et se le foing est delpe
branchu et de bõne oudeur uaudra
pour toutes viandes es bestes en
chauld teps et en froit et leur suf
fira bie Et se le foing est gros et de
palus ou trop meur ou trop tard

fauche il ne sera pas souffisãt pour
les bestes de grant labour qui ne
leur secourra dauciue autre pastu
re ou viande · ou q̃ ce soyt par teps
si froit et m auuaiz q̃ les bestes ne
puissent labourer · car hors tout
leur est bon ·

¶ Cy cõmence la seconde partie de
ce septiesme liure cõment les bois
et forestz uiẽnent de leur propre na
ture. iiii · chap̃.

Premieremẽt ie dy que les
bois et forestz uiẽnent de
leur propre nature ou quilz
sont instituez par art et industries
de gens · Ceulx qui uiẽnent de leur
nature si naissent de la semence et
humeur contenue en la marris de
la terre qui par la vertu du ciel sail
lent hors enhault ou elles se dres
sent en souches de diuerses plãtes
selon la diuersite de lhumeur et de
la semence et des lieux ou ilz crois
sent · Et viẽt aussi sans laide dhõ
me quant la semence darbre prou
chain chiet a terre ou que les opse
aulx les aportent ou que les riue
res les amainent · Es haultes mõ
taignes croissent cõmunement fo
restz et tresgrans pins et sapins
foulx chastaigniers chesnes œdres
et telz arbres · Es lieux bas pleins
de paluz naisscẽt naturelemẽt saulx
peupliers aulnes cannes sauua
ges et telles plantes · Et pareille
mẽt en plusieurs lieux uiẽnent

de leur nature plusieurs espines et
de diuerses manieres pômiers pru
niers forbes oliuiers et telz arbzef
et de tant côme la terre sera plus
grasse· & tant serôt les arbzes pl⁹
haulx et plus beaulx mais en ter
re mesgre et salee ou amere il nai
stra espines et petiz arbzes tortuz
espineux rongneux et hideux· Et se
ront œs bois et forestz procurez en
diuerses manieres·car ou il y au
ra chastaigniers pômiers periers
pruniers et telz arbzes qui porte
ront fruit on doit eptirper et expur
ger toutes les espines ronœs et e-
stranges plantes et seront les arbzes portâs fruitz faitz plus clers
par œ et seront trenchez aux plus
haulx lieux ou les bestes ne pour
ropêt attaidre et serôt entez de gref
fes nobles et franches des autres
arbzes selon la doctrine cy deuant
donnee ou secôd liure·ou chapitre
des entes et incisiôs Et les autres
bois qui sont occupez des arbzes ef
pineux et aultres et il pa beaulx
arbzes et nobles côuenables pour
ouurer et faire edifiœs on ostera
les espines et se les beaulx arbzes
sont trop espes on ostera les mois
suffisans et seront laissez les meil
leurs plus au cler afin quilz aiêt
plus de nourreture · Et les forestz
ou il ny a bois que pour ardoir se
ront laissez fors tant que on ostera
les espines et buissons et de chân
cinq ans ou six ans au moins on
les taillera pour faire fagotz·

Des bois qui par art sont faitz

et ordonnez·   8·chap·

Qvi veult planter ou semer
bois il doit premieremêt cô
siderer la nature et le siege de la ter
re ou il veult planter ou semer·et
la planter ou semer telz arbzes cô
me la nature du siege et la terre le
desirent et requierent · touteffoiz q
il en soit ala voulente du seigneur
Et se œst en haulte montaigne ou
en valee dicelle et la terre y est de
liee elle receura tresbiê les plâtes
et les semenœs des chastaigners
et les doit on mettre loing lun de
lautre quarâte piez atout le mois
et se la terre est cropeuse ou pleine
de pierres il est bon dy mettre chef
ne rouer et ferre· Et se œst en mon
taignes chauldes loing de haultes
montaignes agmandiers y serôt
tresbien · et se les lieux sont tres
gras ilz receupuront tresbien pommiers periers et pruniers · et en
lieux chaulx seront bien oliuiers
figuiers et pommiers grenates
mais es froitz et a.trempez lieux
seront bien auelaines couldziers
coigniers et neffliers · et es lieux
bas et moistes ou la terre est dissoulte les saulx y serôt biê et aulnes et peupliers · Et se le lieu est
cropeux il est bon dy mettre ourmes et fresnes opl⁹ et rouer mais
se œst lieu de mer et graueleux côme brehaingne il veult pins et sa
pins·et en lieux de chaulx climatz
palmiers masles et femelles et
sont telles choses instituees de plâ

tes apportees daiſſeurs ou de ſemē
ces gettees ou plantees ala main
en lieux conuenables et neſt pas
a oußlier q̃ il conuiēt mettre deux
chaſtaigners quarante piez loing
lun de lautre afin quilz ſe puiſſent
ßien dilater en ßrāches et faire laz
gement fruit et autant en fault il
entre deux cheſnes et a rouer et cer
re il conuient ßingt piez de diſtance
et ſcoze mois il ſuffiroit · ces trois
manieres darßzes portent glends
qui eſt treſßonne ßiande pour pour
ceaulx · mais pommiers et periers
requierent ßingt ou trente · et oliuiers figuiers pōmiers de grenate
noiſelliers de coulßze coigniers et
neſſliers en aurōt iuſques de douze ou a ßingt piez · Saulx pour cau
ſe des perches ou de lieurez ou pour
matiere de edifier ſerōt pmieremēt
plātees a diſtāce de dix piez et puis
ſecōdemēt il ſuffira de deux de trois
ou de quatre piez de diſtance pource
que leur croiſſance eſt par enßault
et non pas en large · Les peupliers
et oliuiers pource quilz ne ſe eſpan
dent pas mouſt en largeur et croiſ
ſēt ēhault il ne les fault pas mettre trop clers mais pource que al-
ßarus eſt meilleur ſil eſt gros en
la ſouche pour les aiz qui en ſont
faictz qui ſont conuenables a pluſieurs choſes et qui ſeſtēd aſſez en
rainceaulx il eſt ßon de lup donner
diſtance de ßingt piez ou plus · et
ceulx qui ont groſſe eſcoze et qui
naiſſent mouſt legerement peuent
eſtre mis aſſez eſpes afin quilz fa-

cēt tiges et raīceaulx ſußtilz lōges
et deliez · Oliue oplus et freſne peuent ßien eſtre mis eſpes et largeſ
car telz arbzes ſont ßranches ſuß-
tilles longues et groſſes pour diuerſes oeuures · Le pin et le palmier ſeront loing lun de lautre leſ
pace de trente piez ¶ Et eſt aſſauoir
que de chūn des arbzes deſſuſditz
nous auons aſſez dit ou cinquieſ-
me liure cōment on les doit mettre es champs Et par ce peut on ſa
uoir cōment on peut faire ßois et
fozeſtz ſi ßueille ſuffire ce que dit
en eſt.

¶ Cp fine le ſeptieſme liure ·
des prouffitz champeſtres
et ruzaulx.

La table du huitiesme liure.

Cy cõmence le huitiesme liure
des proufitz champestres
et ruraulx de maistre pierre
des crescens. Ou quel est traictie
des bergers iardins et choses deli
tables. et des arbres des herbes et
de leurs fruiz et cõment ilz doiuẽt
estre demenez par art. Le quel con
tient huyt chapitres
¶ Le premier chapitre traicte des pe
tiz bergers des herbes
¶ Le second traicte des bergers des
moyennes personnes
¶ Le tiers traicte des bergers des
royaulx et des autres nobles puis
sans et riches seigneurs.
¶ Le quart traicte des choses qui
peuent estre faictes pour la delecta
tion es garnisons des cours et des
bergers.
¶ Le quint des choses que len peut
faire es lieux champestres pour de
lectacion
¶ Le siziesme des choses qui donnẽt
delectacion enuiron leurs vignes
et leur fruit.
¶ Le septiesme des choses qui aduiẽ
nent enuiron les arbres qui don
nent et croissent delectacion
¶ Et le huptiesme des delectacions
des iardins et des herbes

¶ Et premierement des petiz ber
gers & herbes

Ntre les Bergers
ten treuue aucūs
qui sont faitz seu-
lement de herbes
et aulcuns de ar-
bres tāt seulemēt
et aucūs de tous les deux. Ceulx

qui sont faitz de herbes seulemēt
desirent terre mesgre et ferme a-
fin quil p bienne herbe subtille
et cheuelue et belle qui face delec-
tació aux peulx · Or cōuient donc
que le lieu q̄ len beult appareiller pour faire berger soit bñ pur

ge et nettoie de herbes et de racines
auoultres et grandes qui est tres
forte chose a faire se les racines ne
sont pmieremēt tresbiē arrachees
des fosses et le lieu bien aplanie et
que len p gette de leaue tres chaul
de et boustāt par tout et largemēt
afin que les demourans des racines et des semences qui seront encores dedens terre ne puissent germez. et puis que le lieu soit tout rē
plp de mottes tres maisgres et de
subtil genre. et que ces mottes sopent tresbien et fort serrees et con
fermees a mailletz de bois et q̄ ler
be soit foullee es piez iusques atāt
quil nen apere point. Et de lors en
auant elle pstra hors petit a petit
par maniere de cheueulp et couure
ront la plaine de la terre en manie
re dun drapvert. Se len peut il est
bon que le verger soit quarre. et se
il est si grant quil suffise on plantera alenuiron herbes aromatiqs
et de souefue oudeur cōme basilicon
sauge psope mariozaine sarriette
mente et leurs semblables. et auf
si autres pour auoir des fleurs cōme rosiers violettes lps flambes
et telles autres herbes et que ētre
ces choses et les motes il pait vng
siege bien ordonne a plaisance et de
belles mottes. et en la partie cōtre
le soleil audessus des sieges on plā
tera des arbres cōme vignes qui se
ront ploiez par telle maniere q̄ les
fueilles facent vmbre sur le siege
pour plaisāce et pour garder le preau
de secher car on quiert plus en telz

arbres lombre que le prouffit du
fruict. et pource nest besoing de le
foupr au pie ne de fumer la terre.
Et si doit on biē garder que arbres
np soient trop espes et que il np en
ait trop pource que lair en pourroit
estre cozrompu et le deffault de air
nuist ala sante. Et pource tout ver
ger demande franc air. et trop grāt
vmbre engēdre maladies. Et auf
si on np doit point mettre mauuaiz
arbres cōme nopers et les sembla
bles. mais doulp arbres et aroma
tiqs en fleurs et plaisans en vmbre cōme sont vignes pōmiers periers pzuniers pōmiers de grenate
lauriers cppres et les semblables
Apres les mottes il p aura grant
compaignie herbes medicinables
et diuerses et de noble oudeur. car
elles prouffittent et aident et non
pas seulement pour loudeur mais
aussi pource que elles delectent la
veue pour la diuersite des couleurs
et pource on p doit mettre de la rue
en plusieurs lieux c̄r elle est de bel
le verdure et chasse les bestes venimeuses. pour sa force et pour son
amertume. on ne mettra nulz arbres ou milieu des mottes. mais
la plaine et la superficie du pre demourra frāche a lair pur car lair
en est plus sain. et aussi il np aura
ms toilles dareignies & brāche en
branche qui peuent empescher la
purte de lair et de nuper aup passās
qui aultrement p pourroyent estre
Et sil se pouoit faire vne fontaine
courant parmp belle et pure elle p

feroit bñ seãt et ßoneroit grãt plai
sance·Le Berger ßoit auoir regarß
beau et ouuert par ßeuers oziẽt et
galerne pource q̃ lair en est pl⁹ pur
et q̃ les Bentz en sont plus plaisãs
et sera clos Bers midp et occißent
pource que les Bentz en sont mal
sains troublez et nõ purs et com
bien que le Bent ße galerne ẽpesche
les fruitz touteffoiz il garße mer
ueilleusement les esperiz et la san
te·Et len quiert cõmunement es
iarßins plus la plaisãce ßelectaciõ
et sante que le fruit ne autre prouf
fit·

    Des Bergers ßes mopẽnes per
sonnes·   ij·chap·

Nvl ne ßoubte q̃ selon lestat
ßes personnes et leur puissã
ce et ßignite lespace ße la terre pour
faire leurs iarßins ßoit estre mesu
ree quãt il pa suffisant lieu cõme
ße ßeup ße trois ße quatre arpẽs ou
ße plus· et puis on lë ßoit œinßze ße
fossez entour et ße ßaies ßespines et
ße rosiers et p̃r ßessus on fera Bne
ßaie ße pommiers ße grenates en
lieux chaulp· et en lieux froitz ße
noisetiers ße prunelliers et coing
ners et apzes on larrousera et sou
pra ße toutes pars et puis on sig
neza le lieu ou les arbzes sezõt plã
tez a ligne· cestassauoir Bne renge
ße põmiers Bne autre ße periers et
ße palmiers en lieux chaulp· et ci
trõs aussi ße meuriers ße œrisiers
ße põmiers et telz nobles arbzes cõ
me figuiers coulßziers coigniers
et ßaultres sẽblables chũ selon

son ozßze et quil p ait ßistance ẽtre
les ozßzes ße Bingt piez ßu moins
et ße quarante au plus selon laßo
lente ßu seigneur· Les grans ßoi
uent auoir Bingt piez ße ßistance et
les petiz ßip· et pourra len ẽtre les
arbzes planter ße laßigne noble et
ße ßiuerses manieres qui ßonnera
plaisance et fera fruit· On soupra
les ozßzes et appliquera len afin q̃
les arbzes et les Bignes p̃ Biennẽt
mieulp· et feront toutes les espa
œs ßeputees es pzez et ostera len
souuent ßu lieu les ßerbes gran
ßes et estranges et les sechera len
ßeup foiz en lan afin que les pzez
ßu Berger sopent plus beaulp et
aussi on plantera et fourmera les
arbzes cõme ßit est ou cinquiesme
liure et p̃ fera len treilles et tour
nelles es lieux plus conuenables
en manieres ße maisons tentes et
pauillons·

    ¶De Bergers ropaulp et ßes au
tres nobles puissans et riches·
                           iij·chap·

Et pource que les riches per
sonnes et suffisans ont po
uoir pour leur richesse et suffisan
œ il appartient a leur appetit ße fai
re satiffactiõ ẽtiere et ne leuz fault
riens si non art et science pour biẽ
ozßonner · et pource iẽ Bueil par
ler aucunemẽt· Et ßp que Berger
plaisant et ßelectable ßoit estre fait
compose et ozßonne en la maniere
qui sẽsuit On essliza Bng lieu plain
et non pas en paluz ne empesche q̃
les Bens np puissent a plein souf

fler et quil y ait ou puiffe auoir ð-
ne fontaine courant par les lieux
ðicelluy . et que ce lieu foit ð vingt
tournaulx ou ð plus . felon la voulente ðu feigneur . et quil foit ceint
ð haulx murs bien aplain et que
len y plante en la partie par ðuerf
galerne vng bois ð ðiuers arbres
ou les beftes fauuages fe retrai-
ront . et par ðeuers miðy on fera
vng palais moult beau ou le roy
et la royne ou aultre feigneur ou
ðame ðemourront quant ilz voul-
ðzont efcheuer ennuys et griefues
occupacions et.prēðze ðu bon tēps
ou foulas . car ð telle partie il fera
vmbze au iarðin en efte . et aurōt
les feneftres regart attrempe fur
leðit iarðin et nō pas greue ð larðeur ðu foleil . et la feront faitz et
ozðonnez les eftres ðu iarðin ðef-
fufðit . et y aura viuiers pour nour
rir poiffons ð ðiuerfes manieres
¶Il y aura auffi lieures connins
cerfs cheureulx et telles beftes fau
uages qui ne font pas ð propre . Et
fur aucuns arbres pres ðu palais
on fera grans cages comme mai-
fons qui auront tect et parois ð
fil ðarchal bien lye et tres efpes
ou il y aura faylans perðzix ron-
cignolz merles lynotes charðōne-
retz tarins ferins et telz opfeaulx
plaifans et bien chantans . Et fi y
aura ozðres ðu verger ðu palays
ðaucuns arbres iufques au bois
et non pas ðu trauers afin que
plus legeremēt on puiffe veoir ðu
ðit palais toutes les contenances

ðes beftes qui feront ððens le verger
ger . Et fi face len auffi au verger
vng palais a chābres et ðes tours
qui foyent tous ðarbres feulemēt
ou le roy la royne ou aultres fei-
gneurs et ðames puiffent eftre
fans pluyes en temps ioyeux . Ce
palaiz pourra bien eftre faict par
telle maniere . On mefurera toutes les efpaces ðes chambres et
aultres places . et au lieu ou les
parois ðoiuent eftre on plātera ðes
arbres poztans fruit . Qui voul-
ðza quilz croiffent legerement cōme cerifiers pommiers et coulðzi-
ers . ou pour le mieulx on y plantera oliuiers faulx et peupliers
tant par paliz comme par entes et
perches . on pzocurera leur naiffan
ce par plufieurs annees et feront
fozmez comme tectz et parois . Et
pourra len faire pluftoft et plus le
gere.ment le palays et la maifon
ð perches et lyens et tout ēuiron
y planter vignes ðont tout leðifice
fera couuert . Et auffi pourra len
faire en ce verger tentes belles et
grandes et puiftons ð lieures feches . et puis les couurir ðarbres
vers et ð vignes . et auffi eft ce v-
ne grant beaulte et grant plaifan
ce ðauoir en vng verger ðiuerfes
entes et merueilleufes et en vng
arbze plufieurs et ðiuers fruitz
par enter . et ce pourra bien eftre
faict par vng ðiligent laboureur
qui en trouuera la ðoctrine en ce li
ure Pous ðeuone auffi fauoir que
toutes manieres ðarbres et ð her

herbes doiuent estre mises en vng
tel verger distincteement et bien
deeurees lune de lautre tellement
que len np puisse trouuer deffault
et ne coutent pas aussi q le roy ou
autre seigneur si delecte tousiours
mais quant il aura fait ces grás
et grosses besognes et aura fait sa
tiffacion a ses gés lors il se pourra venir rafreschir en remerciant
dieu et glozifiant le souuerain seigneur qui est cause acteur comen-
cemét et fin de toute bonnes delectacions

¶ Des choses qui peuét estre faic
tes pour la delectacion et garnison
des cours et des vergers ·

iiii · chaß.

SE les seigneurs veulent en
uiron les cobes et les cours
ou entour les vergers garnisons
darbres vers séblans a garnison
de mur ou de plachier auecq tours
ou bastilles par telle maniere · On
plantera saulx ou peupliers en par
fond au sômet des riues qui cein-
dront le lieu et quilz soiét tresbien
nectoiees et deliurees de toutes espines et vielz arbzes se la terre leuz
est compent ou ourmes bien espes
se ilz ayment celle terre et soyent
par vng pie ou moins menez a droi
te ligne · Et quát ilz seront tresbié
parcreuz on les coupera pres de ter
re · et lannee ensupuant· la lignie
et les gectons qui en vendront seront espes par lieux de quatre doiz
et auecques pieux et perches ilz se
ront menez tout droit enhault ius

ques ace que ilz soyent haulcez de
hupt ou dix piez · Et quant ilz seront parcreuz en celle haultesse on
les trenchera · mais au lieu de la
garnison par cinq piez ou enuiron
on plantera semblables branches
au temps des premieres en la distance de dix piez·Et quant elles se
ront en la haultesse dessusdicte on
les coupera et auecques laide des
perches par deuers les prochaines
plantes et aussi par deuers celles
de dehors on les plyera et celles de
dehors aussi seront ployees vers
elles Et en sera ainsi fait par chun
an tant de fois que len ait faict ain
si côme vng planchier si fort et tel
lement que les gens puissent aller
et demourer par dessus · et puis on
laissera croistre les parties de dehors et les ordonnera len en maniere de murs et seront mis sur la
lee · Et se pourront bié tailler chun
an en haultesse conuenable auecques formes dappuyes mises sur
les murs et les entretenir en telle
maniere· Et entour celle garnison
aux angles et coingnes et autres
lieux se on veult on pourra planter quatre arbzes et les ordonner
tout droit enhault et les trenchera
len de dix piez et replopera len par
deuers soymesmes alaide de perches et les mectra len en telle maniere et facon côme se on vouloit
faire soliers · et ecores les leuera
len ehault et formera par telle ma
niere· Et finablement on les plopera par dessus parforme de cou-

uerture et de tect de maisons On e-
stablira sur la porte Bne belle mai
son et quāt ceste maison sera le so
lier des arbres dessusditz · Et aussi
pourra len faire maisōs es cours
ou es iardins a colombes Bertes
qui seront ia plantees toutes gros
ses et trefz fichez dessus et serōt cou
uertes de cānes ou de feurres maiz
toutesuoies q̄ aucuns rainceaulx
de chūne dicelles colombes apaire
clerement par dess' le tect et le tout
qui deffend celle colombe de secher
et garderont merueilleusement la
maisō de lardeur deste.

¶ Des choses que len peult faire
es lieux champestres pour delectacion ·   B·chap.

LE beau siege des champs ap
porte grant delectaciō mais
quil ny ait poit de difformite de plu
sieurs petiz Bergers · mais Bne
grāt quātite ramenee en Bng lieu
sans interualles estranges qui a-
pent droiz termes et Boisinages ·
Et pource le seigneur les doit procu
rer pres de ses champs et Bendre a
ses Boisins ou eschanger les parties loingtaines superflues et tor
tueuses diceulx et son champ rati
fier et adrecier auecq cellup de son
Boisin et cindre tout le lieu de fossez et de haies despines Bertes et
darbres conuenables meslez ensē
ble par distāce egalle · et formier petiz fossez et colatoires droiz par dessus qui sont necessaires es plaines

selon la possibilite · en gardāt touf
iours le prouffit des champs car
le prouffit doit aller tousiours a-
uant la delectaciō es champs · com
bien q̄ es iardins il soit le cōtraire
Et pource es chāps ceulx qui donnēt plus grāt plāte de biés sōt les
meilleurs et les plus prouffittables · Et doit on procurer a son pouoir q̄ aucun ruisseau deaue puisse
courir par les champs pour les ar
rouser quant temps sera · et les de
stourner quāt len Bouldra Et auf
si on formera chemins cōuenables
aux grans et larges champs par
lesquelz le seigneur pourra aller a
pie ou a cheual · et les laboureurs
aussi auecq̄s leurs Beufz chariotz
et charues · et par toutes les parties diceulx champs · car toutes
ces chosez auecques le prouffit qui
en Bient donnent grant delectacion

¶ Des choses qui donnent delecta
ciō enuiron les Bignes et leurs
fruitz.   Bi·chap.

CEst grant delectacion au seigneur dauoir belles Bignes
soit en plain ou en petites montaignes qui soient assises cōtre orient
et qui portent grappes de diuerses
maieres de raisins Et pource le sei
gneur doit bien entendre ala planter en cōuenable siege et lieu gras
et la former en arbres et en treilles
Mais en lieux maigres la dispo-
ser par droicte ordōnance ēpres la
terre · et p mettre de plusieurs ma
                          y·ii.

nieres de bignes et p faire de mer
ueilleufes entes et les efprouuer
ainfi cõe ilz ont efte efprouuees de
plufieurs fages · et par efpecial de
Paladius qui en donne la doctrine
Dont lune des manieres eft de plã
ter bng fep de bigne empzes bng ce
rifier ou autre arbze · et quant elle
fera biẽ repzinfe on percera larbze
dune tariere et boutera len la bi
gne parmp le trou et puis on eftou
pera trefbien le trou de boe ou dau
tre chofe de tous les coftez afin que
le foleil ou plupe ou bent ne fi bou
te qui les empefche a ioindze ẽfem
ble · et quãt la bigne fera tãt grof
fe quelle emplira le trou de larbze
et tellemẽt q̃ tout fera biẽ bnp en
femble on coupera la bigne empz
la racine de larbze afin q̃ de lozs en
auant elle ait fa fubftance et nour
riffement de larbze · et ainfi la gra
pe fera meure au tẽps que le fruit
de larbze fera meur · Et deuez fa
uoir que il fault ofter du cep de ce
qui fera dedens le trou de larbze la
pmiere efcozce qui eft feche afin q̃
elle ne lempefche a fouder · Il eft
bne maniere de faire grapes de fa
ueur de tpriaq ou de girofle de muf
quete ou laxatiue ou daultre fa
ueur en qualite et faueur qui fe
faict ainfi · Le farmẽt que len doit
planter fera trenche en bne partie
et oftera len la moelle et en lieu de
la moelle on mettra thpriaque ou
mufquete ou pouldze de girofle ou
fcamõnee ou daultres telles chofez
et puis quil foit trefbien eftrainct

et ainfi mis en terre · et quant la
grape bendza elle empoztera lou
deur et la bertu telle cõe ce qui au
ra efte mis dedens · mais fe le far
ment eft trãfplante ailleurs il per
dza celle faueur et bertu · et pource
il fauldza recõmencer ce faict de tp
riaque ou des autres chofes et les
renter · mais ie crop bien que plus
bzief ce pourra eftre faict fe len cõ
mence a retrêcher au cõmencemẽt
quãt les grapes cõmencent a meu
rir · et que lozs on p mette la medi
cine et quil foit lieL Il eft bne bel
le efpece de bigne qui na nulz pepis
es raifins · et eft faicte des grecz cõ
me dit paladius par la maniere
qui fenfupt · On regardera combiẽ
le farment eft couuert en terre · et
autant on en fendza · et oftera len
toute la moelle et la labouteza len
diligẽment et puis on reioindza le
mẽbze arriere de la partie diuifee
et feront liez trefbien et fozt et les
remettra len en terre · Et dict que
len doit faire le lien de pupire · ceft a
dire de ce mol ionc qui eft es marez
que len nõme papier et les doit on
mettre en terre moifte et mettre
diligemment le farment reioinct
entre la boulte de fquille et la le
plonger car ilz dict pour brap que
toutes chofes femees et mifes en
terre fe repzennẽt legerement pour
laide de cefte chofe · Et les aultres
pour le tẽps quilz taillent bignes
cauent bng farment poztant fruit
de la bigne taillee en celle bigne
du hault quilz peuent en oftant

la moelle et ne le diuisent point · et
le lpent a rainceaulx fichez que ilz
ne se puissent retourner · Et par des
sus copon ou tenapcon q̃ les grecz
nõment ainsi en la partie cauee ilz
font suffusion d̃eaue par auant ramenee et resolue en graisse de sape
cõme vin doulx · et puis apres huit
iours ilz le renouuellent · et ainsi
font tousiours iusques atant que
la vigne sera nouueaulx raiceaux
pour faire porter vignes raisins
blancs et noirs les grecz lentẽt en
telle maniere · De vignes blãches
et noires sont pres lune de lautre
quant on taillera les sarmens de
lune et d̃ lautre conioingts ensem
ble les oeilles des sarmens diuisez
par telle maniere que on les puisse
ramener a pareille vnite et puis
les lper d̃ gros ioncs qui crescent
en eaue que len appelle papiers et
les estraidre bñ fort et les couurir
d̃ terre mole et moiste · et par aucuns iours trois ou quatre on les
arrousera par aual et les fera len
egaulx iusques atant que le germe d̃ nouuelle fueille en saille · Et
des lors de ce germe ainsi ente on
pourra faire plusieurs sarmens ·
¶Ong expert et sage hõme masser
ma quil auoit ente sarmẽs blãcs
et noirs en vne vigne d̃mourans
les sõmetz des bourions continuez
en ostant et leuant tant seulemẽt
la petite escorce du milieu des bou-
ions et que ilz estoient tresbien reprins · Cecp se peut tresbien faire
q̃ len prendra deux gettons et ioin-

dra len leurs deux oeilletz diuisez
et les liera len tresbien ainsi cõme
se ce fust vng seul getton ainsi ête
ou q̃ len prẽgne deux oeilletz diuisez et les roingne len auecq̃s vne
petite quãtite du bois · et les ente
len en lieu d̃ getton Belle chose est
aussi d̃auoir vin de diuerses couleurs et de diuerses saueurs · Et
pource le seigneur sauance d̃ tueil-
lir aucũes grapes pour auoir vin
vert et agu · et puis on en cueille
aucũes bñ meures pour auoir vin
fort · Et aucũes trop meures pour
auoir vin doulx · et aussi d̃ diuerses couleurs faictes par art d̃aul-
tres couleurs adiouptees sãs corrompre la saueur · On le fait aussi
d̃strãges saueurs par choses adiouptees qui dõnẽt saueurs et ou
d̃urs plaisans · Et se faict ce en pre
nant vne partie du moust et le met
tre sur le feu et p mettre les choses
sauoureuses et odorãs et les laisser cuire en ce moust afin q̃ le vin
en prengne la ber · u et loudeur · et
puis le mettre en vng baisseau ou
il p aura autel vin ou autre bon
vin et tresbiẽ mesler tout ensẽble
Bon est aussi d̃auoir vin medicina
ble du quel on vsera pour secourir
a aucune maladie se elle viẽt et se
peut faire legeremẽt en meslant a
auecq vin aucũes medicies siples
ou cõpsees quilz aiẽt vertu d̃ aidez ala maladie · et selõ diũses ma
ladies serõt mises diuerses medic
nes Et aussi le seigneur doit procu
rez q̃ il ait beriuf et vi aigre et sape

œst a ssauoir bin doulp et bnes paf
fes œst adire grapes fecches et telles chofes qui font faictes par la
maniere quil eft dit et contenu ou
quatriefme liure · car œft grãt biẽ
quant len treuue toft œ dont on a
befoing pour foy et pour fes amis
Se len mect bne ienne grappe en
bng petit baiffeau de boirre auãt
que la fleur en chee on dit quelle de
uiendra bng feul grain

¶ Des chofes qui aduiennẽt enuirõ les arbres qui donnent delectacion ·   Bii · chap ·

C Eft bne moult grant delectacion au feigneur quil ait
en fon lieu copie de bons et beaulp
arbres de diuerfes manieres · Et
pource il peut et doit procurer de nobles arbres en to⁹ lieux ou il peut
dont il puiffe auoir et cueillir bonf
et beaulp fruitz · et les planter et
enter en œs lieux · et les affeoir en
bonne ordre non pas a la bolee cõme len faict cõmunement · Aincois
mecte len les grans loing a loing
pour eulp eftendre et que trop grãt
bmbre nempefche leur fruit a benir · et les arbres de petite quantite
pl⁹ pres a pres et les former tout
felon œ qui appartient a leur nature · Len doit mettre les greigneurs
arbres a la partie de feptẽtrion et
occident · et les moindres deuers midy et orient · On deura faire entes
merueilleufes a œulp qui en effa-
pent et font lexperiment cõme len
peut enter en bng troncq mefmes

põmiers coingners poiriers neffliers forbes et telz arbres · On ente
auffi põmiers en faulp et en peupliers · et bigne en oliuier et en meurier · et fe len ente pefchier en efpine
fagine on p cueille neffles pl⁹ grãf
et meilleurs que les autres · Et fe
len ioingt pefchers et agmandiers
enfemble en telle maniere que les
oeilles foiẽt ioingtz et entez en prunier le fruit aura la char de pefcher
et les noyaulp aurõt la faueur et
la nature dagmandes On peut enter meurier en ourme mais il deuient moult grant fans prouffit ·
Marcialis afferme q̃ len fait graif
qui fõt blans en põmes grenates
fe en argille et crope on mect la
quarte partie de plaftre et puis que
on mette de œfte terre a la racie par
trois ans · et fi dit auffi q̃ len faict
leurs põmes de merueilleufe grandeur fe len coeuure bng pot de terre entour larbre de grenate et on
cloft dedens œ pot le rainœau auec-
q̃s la fleur afin qui nen faille horf
et quil foit lie a bng pieu et q̃ le pot
foit couuert contre leaue quant œ
bendra en autompne on trouuera
la põme du grof du pot Et dit pour
brap q̃ œ peut eftre trefbiẽ en map
et en iuing · Varron le declaire autrement · et dit que fe les põmes
grenates non meures quãt elles
tiennent encore a leurs rainœulp
font mifes en bng pot fans fons
œlles qui auront efte mifes en contre la terre et couuertes par deuers
le rainœau tellement que lefperit

& par dehors ne les esuente seront
non pas seulement gardees entieres mais seront plus grosses que
larbre ne les aura oncques mais
portees. pour faire vng figuier por
ter diuers fruitz on prendra deux
rainceaulx de figuiers lun de blan
che figue et lautre de noire. et puis
les ioindra len ensemble et tuerdra
et liera et estraindra len si fort que
ilz soient côtraintz de mesler leurs
germes et soient bien couuers fumez et vniz de humeurs ou ilz se
prendront a germer oeillez on les
liera par aucune connexion et lors
le germe donra deux couleurs par
quop on cognoistra la vnion et la
diuision. pour garder roses vertes
auant quelles se monstrêt on les
enclorra en vne canne verte qui se
ra trenchie et puis on laisse reioin-
dre la fente et apres on taillera la
canne ou temps que len vouldra
auoir roses vertes. Aucuns les met
tent en vng pot de terre gros et fort
bien garnies et les enfouissent en
terre bien couuertes et ainsi les gar
dent. pour faire venir cerises sans
nopaulx. marcialis dit que se len
taille le cerisier tendre de deux piez
et que on le fende iusques en la racine et que len oste la mouelle de
chûne partie a vng cousteau ou a
autre instrument et puis que on
reioingne les parties ensemble et
que elles soient bien liees et fort et
ointes de fiens ou de terre glaire
par le sommet de la coupeure et des
fentes et il sera consolide apres lan

en lautre trace. et apres on lentera
dun getton qui naura point encores porte de frupt et celluy portera
cerises sans os et sans nopaulx.
Se len trenche vng petit rainceau
de cerisier et que len oste la moelle
par dessus et q len mette de la sca-
mônee en lieu de celle moelle il por
tera cerises qui lascheront le ventre. Et se on y met du musc le frupt emportera loudeur. et ainsi des
autres choses. ou se len y mect de
lazur ou aultre couleur ce fruit en
emportera la couleur. Les grecz af
ferment pour vray que vng peschier naistra escript se on enfoupst
en terre les os et par sept iours a-
pres la ou ilz se cômenceront a mô
strer on les ouurira et ostera len
les nopaulx et la on escripra de cy
nabre et puis tantost on les refe-
ra dedens leurs os et les renfoup
ra len tresbien ioinctz. Se len plan
te vng peschier en vng saulx pres
lun de lautre et apres on encline
le saulx en manière darc et que il
soit percie au milieu et que on met
te au trou du peschier la plante. et
puis que le demourât du trou soit
tresbñ estoupe de cire de terre glai
re ou de boe. et que on y assemble
de la terre largemêt iusqs au lieu
du trou. et apres vng an ou deux
passez le bois du saulx ou du peschier sera ioingt et mis a vng des
soubz larc du saulx on trenchera
le peschier et sera nourri tout de lu
meur du saulx le fruit vêdra sãs
nopaulx.

¶Des delectacions des iardins et des herbes   viii · chap ·

Pource que cest grãt delectacion au seigneur dauoir iardin bien dispose laboure et ordõne par art il doit procurer dauoir iardin en terre grasse et deliee ou il y ait fõtaine ou ruisseau courãt par certaine espace se faire se peut pour larrouser en este · Et la doit auoir de toutes maieres derbes tãt pour menger cõme pour medicine selon ce que nature le requiert · et q il en face aires bien fourmees et propor ciõnees a cordes du lõg et du large cõe il est plainement dit et declaire ou sixiesme liure · Et la doit auoir tousiours largement siens afin q il nenupe a regarder pour la maisgreur et secheresse et pour y prẽdre plus grãde delectacion il y doit faire mettre choses nouuelles et non acoustumees · car on y peult bien faire aucunes choses naturelles qui semblent estre bie miraculeuses a aucunes gens · car qui prendroit crote de chieure et la perceroit subtillement dune alesne et mettroit dedens semencees de laictues de cresson de eruque de raiz et enueloperoit la crote de fies et la metroit en terre tresbiẽ labouree et la plãteroit en vne ropere petite et courte le rasan se tourneroit en racines et les semencees enhault et la laictue sourt auecques et ainsi tout se lieue et sault hors en gardãt la saueur de toutes · Se lẽ gette plu-

sieurs semencees de poireaulx assẽblez et liez ẽsemble et puis mises ainsi en terre il en naistra de toutes vng grãt poireau · Apres se lẽ met au chief du poireau la semence de nauet sans fer et que il soit plante lẽ dit q il croist merueilleusemẽt ou plusieurs semencees mises en vng estroit pertuis tout cela croistra en vng tresgrant poireau · Se lẽ met eaue en vng vaisseau patent et ouuert soubz vne cocombre citrule ou courge deux paulmes dessus elles seront faictes telles · Aucuns sont ainsi cõme albert lentẽd qui entent la fleur de concombres qui est trenchie auecques le chef de sa vigne dedens vne canne dont ilz ont par deuãt percie tous les neux et la vient vne concombre de merueilleuse longueur et trop estẽdue Elle craint tant luile q qui la met pres elle se ploiera cõme vng arc et touteffoiz quil tonne de paour elle est conuertie · Qui vouldroit enclorre la fleur de cõcombre en vng vaisseau de terre daucune diuerse fourme et la lper illec ainsi quelle est tenãt en sa vigne le fruit se formera en semblable fourme soit de hõme ou de beste · telle cõme la forme du vaisseau luy aura donnee ¶Toutes ces choses afferme Gargilius marcialis · Et si afferme vne merueilleuse besongne de azimo · et dit quil a maintenãt fleurs de couleur de pourpre maintenant blanches maintenant rosees · et se lẽ seme souuent de celle semence elle se

conuertist vne foiz en poulieul vne
aultre foiz en sinzimbre. Hermes
dit que quãt les courges sõt plantees en cõdzes des os humains ou
selon exemplaire en chars des os
humains plantez et arrousez duile quelle saict fruict le neufuiesme
iour. Et est vne chose bien merueil
leuse que les semenæs qui sont au
vaisseau de la courge et les grains
qui sont au sõmet denhault font lõ
gues courges et gresles. et ceulx
qui sont au milieu les sõt grosses
et ceulx qui sõt au bout daual les
font larges.

Cy fine le huitiesme liure
des prouffitz champestres
et ruraulx.

Apromence le neufuiesme liure des prouffitz chãpestres
et ruraulx de maistre pierce
des crescens ou quel est traictie du
prouffit qui vient de toutes les be
stes que len nourrist pour le bien
cõmun et aussi des volailles et des
mousches a miel. Le quel contient
Cent et cinq chapitres. Dont le pre
mier chapitre recite ce dont traictent
les huit liures precedens. et apres
traicte des cheuaulx en general.

La Table.

¶ Cy fine la table ꝭu neufuiesme liure ·

¶ Le pꝛemier chapitre recite ce ꝭont traictent les huit liures pꝛeceꝭens ·

Des prouffitz campestres et ruraulx·

Es liures q̃ nous
auons cy deuant
ordonnez appert
assez des chãps
et des Vignes des
arbres et des iar
dins des prez des bois et de tout

leur prouffit et des choses qui ap-
partiennẽt a delectacion tant en
Vergers cõme en merueilles de
herbes et darbres faictes par art.
Mais en ce neufuiesme liure no⁹
traicterons des bestes qui sont
nourries es Villes pour prouffit

et delectaciõ·et afin que lancienne-
te ne Bienne en ignozance nous de-
nous sauoir que si cõe dit Varron
le tresnoble philosophie·Que au p̃-
mier temps anciennemẽt ilz esto-
pent bestes et hõmes qui Biuoient
naturellemẽt des choses que la ter
re appoztoit de sa nature sans la-
bour·Apzes ilz descendirent de ceste
Bie en la seconde et labourerẽt les
champs et les pastures et se pzin-
drent a labourer pour auoir pzouf
fit des champs et des fruitz et plãter arbzes tailler et labourer et
cueillir les fruitz et pzendze bestes
et lier et enclozze et les adoulcir et
apziuoiser·Et commencerent aux
moutons et aux bzebis pour le leger labour et le pzouffit·pource q̃
ce sont doulces bestes et tresnoble
Biande a hõme et a fẽme·tant en
char cõme en lait fozmages et lai
nes a Bestir et le cuir a chaulcer·
Et puis se pzindzent aux aultres
bestes apziuoiser qui leur semble-
rent bonnes et pzouffittables aux
gens Et encoze ce non obstant en
est il plusieurs sauuages en diuers lieux·car on dit que en frise
il ya grãs assemblees de ouailles
en samocrate chieures·en ptalie
moult de pozcs sauuages·Chaiscũ
sæt que en dardane mede et trace a
plusieurs beufz sauuages asnes
sauuages en fusie et cassine·et che
uaulx sauuages oultre les espai-
gnes·¶Je Bueil doncqs dire des
bestes a nourrir que ie saurap et q̃
iay peu sauoir tãt de la doctrine des

anciens sages cõme de lexperience
de ceulx de maintenant·et pource q̃
plusieurs ne sont pas certains en
plusieurs choses et les sages et les
moins sages sont faitz plus sages
et certains par experiẽce·ie laisse-
rap aux sages et par espãl a ceulx
qui sont expers en telles choses la
complissemẽt de cest oeuure·car cõ
me dit le philosophe·Experience a
faict lart·et par especial lexperien
ce a qui naturelle raison est adioin
cte·Et pource que entre les bestes
le cheual est plus noble et le plus
necessaire tant a rope a pzinces et
seigneurs en temps de bataille de
paix·cõme a pzelatz deglise et a au
tres ie dirap plus a plain des cheuaulx et apzes des autres ensemble aux quelz plusieurs choses ap
partenans aux cheuaulx pourrõt
estre appliquees pour la semblãce
de leur nature·

¶ De laage des cheuaulx et des
iumens · ii·chap̃.

Ceulx qui Beulent auoir cõ
paignie et nõbze de cheuaulx
et iumẽs ne doiuẽt ignozer ne met
tre en oubly de regarder le temps
et laage et regarder quilz ne soient
point de moindze aage que de trois
ans·ne plus Bielz que de dix·On
cõgnoist laage des cheuaulx et p̃
que de toutes bestes qui ont les on
gles diuisez et qui mesmes sõt bestes coznues cõme dit Varrõ et pa
ladius q̃ le cheual en trente mois
pzemiers perd ses dentz du milieu

deux deff⁹ et deux deſſoubz · Et quãt
ilz cõmencent a venir au quart an
ilz en gectẽt autant des plus prou
chaines et les premiers perduz re
uiennẽt Et quant le quint an com
mence ilz en perdent auſſi quattre
autres deux deff ⁹ et deux deſſoubz
des prochaines · leſqͤles quãt elles
renaiſcent elles ſe cõmencent a em
plir au ſiziesme an · Au ſeptieſme
an ilz les ont toutes acomplies et
apportees · Et quant ilz ſont plus
vieulx ilz renient a demonſtrer de
quel daze ilz ſont fors que tant q̃
quant les dentz ſõt faictes brochez
et ploiez et les ſourciz chanuz et le
coſte deſſoubz · œſt adire vne conca
uite · car quant œs choſes apperẽt
len dit que ilz ont ſeze ans ¶ Vng
ſage hõme expert de noſtre temps
dit que le cheual a douze dentz · œſt
aſſauoir ſix deſſus et ſix deſſoubz
qui ſont toutes par deuant par leſ
quelles len cõgnoiſt laage des che
uaulx et le temps · et puis ilz ont
les eſcalognes et puis ilz ont mol
lieres et peut eſtre q̃ le cheual en a
pluſieurs · et lors les dentz ſõt do
bles et ſi peut eſtre q̃ le cheual get
te aucunes de ſes dentz et quͤelles
ne renaiſcent pl⁹ et œ ne nuiſt point
au cheual fors q̃ ala paſture · pour
œ que ilz naiſcent des dentz deuãt
et par œ ilz ſeroiẽt de moindre priz
mais ilz maſchent par les molle
res · Les pͣmieres dentz q̃ ilz muͤt
ſont deux dentz de deſſus et deux de
deſſoubz que len appelle premiers
mors et lors on lappelle poulain

de pͣmier mors · Et dit on que œ
faict au pͣmier an · et puis il m   e
les quatre autres dentz prochaines
deux deſſus et deux deſſoubz que len
appelle moyennes · et œ eſt le ſecõd
mors et lappelle len du ſecõd morz
Et puis il mue les autres quatre
dentz deux deſſus et deux deſſoubz
que len appelle quarrees · et œ eſt
le troiziſme mors et lors on lap
pelle cheual · Et quant le poulain
naiſt il naiſt auecques ranches et
puis luy viennent eſcalongnes et
aucuneffoiz œs eſcalongnes luy
naiſcent ſi tres longz que ilz empeſ
chent le cheual a moudre ſa prou
uende et auſſi a egreſſer · Et pource
les mareſchaulx leur retaillent œ
cy · Et quãt le poulain eſt fait che
ual les dentz luy ſõt faictes mois
eſtrainctes et plus au large et les
teſtes des dentz deuiennent noires
et ſe eſlongnent et ſeront chanulz
par aucuns ans Et quant ilz com
mencent a euieillir la couleur des
dentz deuiẽt blanche et ſe treſpaſſe
a couleur de miel et puis ſont blan
ches cõme couleur de poiure et de
uiennent plus longues · et toutes
foiz aduient il aucuneffoiz que ſãs
vielleſſe le cheual a de ſa nature lõ
gues dentz · et pource aucuns ron
gnẽt les dentz aulx vielz cheuaulx
pour ſembler iennes

¶ De la forme des bõnes iumens
pour cõceuoir et cõment on les doit
tenir et ordonner ·   iii · chap ·

Il cõuient œ dit Varron que
la forme ſoit moyenne · car

elles ne doiuēt poit estre trop estroi
tes ne menues par le col et doiuēt
auoir les ventres larges. Les che
uaulx que len veult ozdōner pour
aller aux iumens doiuent estre de
plain et grans corps et beaulx et
de noble forme sans default de bon
ne poictrine couenable pour maistre
aux prez et par especial en herbe en
establez et en craiches du foing sec
quāt les iumens aurōt polene on
leur donnera deux foiz le iour de for
ge. et quant au cōmencement que
on veult que le cheual laffaille on
doit entendre que il laffaille si que
le poulain naisse estre lequinocce de
printēps. cestassauoir de mŗ mars
iusques au solstice qui est en mŗ
iuing. afin quelle poulaine en bon
temps ou il y ait assez derbes et q̄
la mere ait abondance de laict. car
les membres du poulain en serōt
plus grans et naistrera le poulain
a douze mois Et ceulx qui naissēt
en aultre temps sot de petit prouf
fit. Len doit mener le cheual ala iu
ment deux foiz le iour au matin et
au vespre. Mais quant la iument
est liee on les enuoie plus hastiue
mēt car les cheuaulx meutz de ar
deur frustrent et pour neant ne get
tent point semence. et les iumens
monstrent quelles en ont assez eu
par ce quelles se defendent. Mais se
il ŗa aucun ēnuŗ de saillir len prēt
le mopau de squille et le brope len
auecques eaue iusqs a lespesseur
de miel et puis len touche de cela la
nature de la iumēt et puis de ce len

touche les naches du cheual. Len
doit aussi sauoir que le cheual doit
estre ēgendre de scalion que len ap
pelle en cōmun langage garagnū
et en francois biē diligēment gar
der quil nayt point ou cōme neant
este cheuaulche et du moindre la
bour que len pourra. car de tant q̄
il couuoiste plus la iument de tāt
il gette plus de semēce et plus for
te. et sera le poulain ēgendre plus
grant et meilleur au ventre de sa
mere. et doit on biē garder la mere
quant elle aura conceu que elle ne
soit trop grasse ne trop mesgre car
de trop grāt gresse se pert par dedēs
le lieu du poulain et se restraint si
que ses mēbres ne se peuent bien
dilater ne eslargir. Et quant elle
est trop mesgre elle ne peult biē ne
assez nourrir son poulain si en de
uient mesgre et chetif. Comme dit
Palladius la iument preins ne doit
point estre effozcee ne contrainte ne
souffrir faŗn ne soŗf ne estre mise
en lieu trop estroit. Len doit soubz
mettre les nobles et belles iumēs
et qui nourrissent les masses de
de uŗ ans en deux ans afin q̄ elles
donnent grant foison de laict pur a
leurs poulains. Les aultres pe
uent souuēt aller au plaisir si que
le cheual a missaire doit estre de cīq
ans au moins et la femelle concœ
ura dzoittemēt a deux ans. Et se
elle passe dix ans selon vng liure
la lignie en vauldra mieulx. et se
lon lautre liure la lignie qui en
venrra sera paresseuse et lente.

Varron dit que il côuient que les
iumens preins ne labourent point
ne demeuuent en lieux froiz pource
que le froit leur griefue pour lors
grandement Et pource len doit gar
der es establez quil ny ait humeur
sur la terre et que les hups soient
cloz et les fenestres fermees et entre leurs mengoueres on mettra
longs bois pour les diuiser q̃lles
ne se entrebatent . et si dit que len
ne doit pas emplyr de viande la iument preins ne laisser aussi auoir
faim .

¶ De la natiuite du cheual et côment on le doit tenir quât il est ne
iiii.chap.

SE le temps q̃ la iumêt poulaine est venu il est bon que
le poulain naisce en lieux pierreux
et motteux pource que de ce les ongles luy en sont plus durs quant
le lieu est dur et pierreux et de ce q̃
il est motteux les cuisses luy en
sôt meilleures pour le labour dal
ler hault et bas . Et quant il sera
ne il supura sa mere par bonnes
pastures par deux ans sans plus
pource que des lors il côence de sa
nature a soy esmouuoir saller a
iument et se il alloit asa mere ou a
aultre iument il en vauldroit pis
et en pourroit estre blece en aucûe
partie de soy Et se il pouoit estre par
trois ans en pasture sans sa mere
et sans aultre iument il luy prouf
fitteroit moult grandemêt au sau
uement de ses cuisses et de tout son
corps. Quât les poulains sôt faitz

de cinq mois et ilz retournêt a lesta
ble on leur dônera farine dorge mo
lue auecqs le bran et si mengeuêt
voulentiers autre chose nee en ter
re on lup doit donner côme dit Var
ron . Quant ilz seront dun an on
leur donnera orge et bran iusques
atant quilz serôt ablatez et ne les
doit on point oster du laict auant
deux ans . et tant que ilz seront a-
uecques leurs meres on les doit
toucher des mains afin que quât
ilz seront seprez de leurs meres
ilz ne se espouantent . Et pour ceste
cause tsec on pêdra freins a leurs
colz afin que les cheuaulx en leur
iennesse se acoustument a veoir la
face des gens et a oyr la noise des
freins

¶ De la maniere de prendre les
poulains et de les apriuoiser .
v.chap.

Quant le poulain est de deux
ans on le doit lier doulcemêt
a vng gros pas de forte laine pour
ce que la laine est rᵉus molle et plᵒ
souefue que lpn ne chanure. On le
liera en temps doulx et vmbraige
car qui le lieroit en chault il se es
mouueroit trop pour la defacoustu
mance et se pourroit blecer . quant
il sera prins et lye on le mettra a-
uecques aucun cheual priue pour
lapriuoiser . Varron dit que le cheual en vault mieulx sil est apriuoi
se quant il a trois ans acompliz
des le q̃l têps on lui dônera farine
la qlle est necessaire chose a purger
la poictrine du cheual et le doit on
p·i·

faire par dix iours et quil ne mengeusse autre Viande. Des le Vnzief
me iour iusques au quatorziesme
et dix iours oultre on lui donnera
de forge petit a petit et puis moyen
nemēt essuper et estre hors de lesta
ble. et sil a sue on le doit oingdre de
huille. et se le temps est froit len sera du feu en lestable. Pour lapriuoiser on luy fera double retegnal
aultremēt dit cheuetre de fort cuir
et quil en soit lye ala basse men-
goire afin que par sa cruaute il ne
se blesse aux cuisses ou en aucūes
parties de son corps. et le laissera
len acompaigne daucūs cheuaulx
priuez laplaniera len doulcemēt de
la main et le touchera len souuēt
iusques atant quil sera doubte de
son maistre ne aussi on ne luy doit
faire nul grief mais doulcement a
planoier et aucuneffoiz lauer les
piez et fraper de la main sur la plā
te cōme se len le ferrast et luy doit
on mettre deux ou trois foiz le iour
Vng enfant deJus Vne heure en
seant Vne heure sur le Vētre ou au
cune autre chose.

¶ De la garde des cheuaulx.
                                    Vi·chap·

L en donnera telle garde au che
    ual Vng cheuetre fait de fort
cuir et mol que len mettra en la te
ste et au col du cheual et luy liera
len les deux piez de deuant daucun
lien de laine et sera lye en lun des
piez de derriere afin que il ne puisse
aller. Et ce est faict afin de luy gar
der la sante de ces cuisses. Le lieu

du cheual sera tenu bῆ net de nuit
et de iour. on luy fera lyttiere de
paille de gros foin iusques au genoul et au bien matin on luy oste
ra et luy essupera len le dos les
cuisses et tous les mēbres a Vne
touaille et puis on le mettra a lea
ue petit a petit. touteffoiz len ten
ra le cheual tāt au matin comme
au soir en leaue iusques aux genoulx lespace de trois heures ou ē-
uiron et que leaue soit froide soit de
mer ou eaue doulce pource que telles eaues naturellement sechent
les cuisses du cheual tant pour la
froidure de la doulce cōme pour la
secheresse de la mer. et en sont les
humeurs deffendues a descēdre
aux cuisses lesquelles humeurs
sont causes de leurs maladies. Et
quant il retourne en lestable il ny
entrera point iusques atāt que on
luy aura essupe les cuisses et les
iambes pource que les fumees de
la chaleur leur feroit Venir gastes
et mauuaises humeurs en leurs
cuisses moillees. Cest chose prouffittable au cheual quil se acoustu
me a mēger a terre epres les piez
de deuant afin que il alonge son col
et quil lestende pour prendre sa Viā
de. car le col en est plus beau et pl⁹
prouffittable a Veoir et les cuisses
en ont plus grant croissance. Le ien
ne cheual doit menger foing herbe
orge auoine et speaultre et telles
choses. car le foing et lerbe pour
leur humeur ly croiscēt et essargis
sēt le Vētre et tout le corps et quāt

il sera de aage acomply il mengera mieste dozge dont il sera engres
se suffisaument et le treuue len en
char couenable pouz mieulx labou
rer·et le garde len quil ne soit trop
gras ne trop maisgre·car les humeurs lui descedzoiet de leger aux
cuisses et luy feroient maladies
qui souuent Biennet aux cuisses
des cheuaulx·par especial quat on
les faict trauailler soudainement
et se il estoit trop maisgre il seroit
plus feble et plus lait aVendze.
Quãt le cheual sera de parfait aage en pzintemps il mengera seulement des herbes pour soy purger
et non pas es iardins maiz dedens
son estable et q̃ il soit couuert dau
cune grosse flossoie de laine afin q̃
la froideur de lerbe ne le refroide et
face malade·Leaue pour abuuer
le cheual soit Bng peu salee et sou-
efuemẽt courant ou Bng pou trou
blee pource que telles eaues sont
chaudes et grosses plus nourris-
sans et couenables a leurs corps
car leaue froide et fort courant ne
les nourrist pas si Bie·Len doit fer
rer le cheual de fers ronds couena
bles et doulx et que les ongles en
soient bie enuironnez·car la doulceur et legerete du fer rẽdza le che
ual leger et expert a leuer les piez
et lestraincture fera les ongles pl⁹
grãs et pl⁹ fozs·Le cheual eschauf
fe ou suant ne doit boire ne mẽger
iusques atant quil soit couuert et
pourmene si q̃ sa chaleur et sueur
en soit hozs·Nous deuons sauoir q̃

desacoustũeemẽt cheuaucher tard
nuist au cheual·mais cheuaucher
au matin luy est bon·Le cheual
doit auoir couuerture de lin en este
pour les mouches·et en puer couuerture de laine pour le froit·Qui
Veult garder la sãte du cheual on
le doit saigner quatre foiz lan de la
Veine du col acoustumee·cestassa-
uoir en pzintemps en este en autõpne et en puer·Nous deuós sauoir
q̃ le cheual bien et diligẽment gar
de se on le cheuauche attrẽpeement
cõme il appartient peult demourer
en sa fozce iusques a laage deVingt
ans·

¶ De la doctrine et moziginacion
des cheuaulx·   Bii·chap·

On doit en la doctrine des che
uaulx pzemieremẽt bailler
Bng frein leger et doulx dõt le moz
dant soit oingt de miel ou dautre li
queur doulce·car le cheual len sou
stiendza plus Bolentiers pour sa
doulceur et repzendza Bne aultre
foiz·Et quãt il recura doulcemẽt
le frein on le menera par aucuns
iours au matin et au soyr par le
frein iusques atant que il suyue
doulcemẽt son maistre et puis aps
sans estrieu et sans selle on mon-
tera dessus le plus doulcemẽt que
len pourra en le menãt a petiz pas
doulcemẽt courãt a destre et a sene-
stre·et bon sera q̃ aucun hõme Voi
se a pie deuant et le cheual le suyue
et chũ iour on le cheuauchera en
lieu plain sans pierres et cailloux
p·ii·

en cõmencant du bien matin iuſques en mɥ tierce Quant il aura
eſte ainſi cheuauche leſpace dun
mois ſans ſelle on luɥ mettra la
ſelle doulcemẽt ſans noiſe et le con
duira len ainſi iuſqs au temps dɥ
uer · Quant le cheuaucheur ſera
monte ſur le cheual ne le face poit
aller iuſqs atant q̃ il aura mis ſa
robe apoint · car le cheual eſt plai-
ſant a ſon maiſtre · Quant le froit
tẽps ſera venu len doctrinera ainſi le cheual · Le cheuaucheur le fera troter au biẽ matin par terres
arees en le retournãt tant a deſtre
cõme a ſeneſtre par le frein et q̃ la
rene deſtre du frein ſoit plus courte dun poulce que la ſeneſtre · pour
ce q̃ il eſt plus enclin ala ſeneſtre ·
Et ſi luɥ ſemble bon il luɥ donnera plus fort frein pour le mieulɥ
tenir et le fera troter par terre aree
et non aree par terre plaine et mot
teuſe pour acouſtumer a leuer les
piez et les cuiſſes plus legeremẽt
et auſſi par lieuɥ de ſablon et pierres · et quant il ſaura bien troter
par tous ces lieuɥ il le menera le
galop par toutes ces places meſmes et le fera vng po u ſaillir lege
rement et ne ſera ecɥ q̃ vne fois
le iour · car ſil faiſoit trop galoper
le cheual deuiendroit trop retrogra
de · Et ſidoit le cheuaucheur garde r
au commencement du cours et en
courant et galopant q̃ il tiẽne les
renes du frein auɥ mains et bas
ſurle dos ſi q̃ quant le cheual beſ-
ſera le col quil encline la teſte tãt

q̃ la bouche ſe tourne vers la poictrine · car il en verra mieulɥ la
voɥe et ſen tournera plus legeremẽt de toutes pars et en ſera plus
aiſe a retenir ala main · Len doit cõ
ſiderer la durete et la moleſſe de la
gueule du cheual et ſelõc lui bail
ler frein conuenable dont il en eſt
moult de manieres · car les vngs
freinz ſõt durs et les autres molz
les aultres treſſors · les aultres
treſdurs · et les aultres moɥens ·
La forme de ceulɥ cɥ ie la leſſe auɥ
ouuriers qui bien le ſceuent · on le
doit ſouuẽt cheuaucher parmɥ la
cite et par eſpecial parmɥ les ruez
ou il ɥa feures et noiſes de mar-
teaulɥ · car de ce ilz perdẽt paour et
deuiẽnent hardiz · et ſe il a paour de
paſſer par telz lieuɥ on ne le dopt
pas poindre trop fort ne ferir deſpe-
rons mais le mener doulcement
pour luɥ acouſtumer · Et doiuent
ces choſes icɥ eſtre gardees ala doc
trine des cheuaulɥ iuſques atant
q̃ les dentz luɥ muent qui aduient
en laage de cinq ans · et quant les
dentz ſeront muees on leur extirpera et arrachera de la ioue de deſſoubz quatre dentz deuɥ dune partie et deuɥ dautre · et ſont ces deuɥ
appellees ſcaſions · car ilz ſont con
trairez au mors du frein et quant
elles ſeront arrachees on les laiſſera guerir et puis apres doulcement on luɥ mettra le frein et ne
doit eſtre la bouche du cheual ne
trop dure ne trop molle mais mopenne · Et deuons ſcauoir que de

ce que on arrache ces quatre dentz
le cheual en est plus gras et plus
amiable· et quant ces dentz seront
ainsi arrachez on le menera et cheuauchera len le galop en faisant pe
tiz saultz et en encontras cheuaulx
allans et venans pour le acoustumer de estrer et pssir en leurs com-
paignies· Et se len treuue frein conuenable au cheual on ne le deura
point muer afin que la bouche du
cheual nen baille pis· et quant le
cheual sera acoustume au frein
on luy apprendra a courir et le fera len courir bie matin chune sep-
maine vne foys par vope bie vnie
lespace du quart dune mille au co-
mencement· et puis apres on ly a-
coustumera a courir presque vne
mille ou plus sil plaist· Et deuons
sauoir q de tant que le cheual sera
plus souuet couru par mesure attrempee il en sera plus leger et pl°
ignel pour lusaige· touteffoiz il ad
uient le contraire q de souuet courir vng cheual il en est faict plus
cruel et se courouce qui le haste
trop et pert vne grant partie de son
acoustumance· Et deuons sauoir
puis q le cheual est acoustume de
soy afrener le cheuaucheur le doit
souuet faire galoper courir et sail
lir attrempeemet par mesure· car
trop grant repos le feroit pesant et
oublier sa coustume et sa bone doc
trine· Et ces choses dessusdictes a
partiennet a cheuaulx de cheuale-
rie· car aucuns sont deputez et trai
re ala charue· les aultres a somi-

ers· les aultres a pilliers· Et aucus veulent auoir leurs cheuaulx
doulx et debonnaires si les couiet
chastrer· car ilz en sont plus paisi-
bles·

¶ Pour sauoir cognoistre la beaul
te du cheual·   Viii·chap·

 On congnoist le beau cheual
quant il a le corps grant et
long· et tous les mebres bie respo
dans asa grandeur et en sa logueur
par proporcion et q la teste soit gref
le seche et couenablement longue·
la bouche grande et fendue·les na
rines enflees et grandes· les peulx
gros et no pas enfoncez· petites o-
reilles et esueillez·vng pou de cris
et plains·le col long et gresle vers
la teste·grosse poictrine et come ro-
de·court dos et plain·reins ronds
et gros·costes grosses come celles
dun beuf·le ventre long·les hanches longues et tedues·les fesses
longues et larges·la queue logue
a vng peu de poil· les croupes larges et bien charnuz·les geretz assez grans et secz·les faulx courtez
come vng cerf·les cuisses bie amples et velues· les ioinctures des
cuisses grosses et courtes coe vng
beuf· les ongles des piez grans et
durs et cauez ainsi come il appar-
tient·et que le cheual soit vng pou
plus hault en la partie derriere q
deuant ainsi come le cerf qui porte
le col esleue et soit gros empres la
poictrine· De la couleur du poil sot
diuerses opinions mais plusieurs
                                    p·iii·

diêt que le bapart est plus seur et
plus plaisant q̃ les autres et peut
on mieulx cõgnoistre la beaute du
cheual et la bonte quãt il est maif
gre que quant il est gras ·

¶Des signes de la bonte du cheual.   iẏ·chap̃·

LE cheual est tenu pour le
meilleur qui a grant veue
et voit moult loing et a forte regaz
dure et fortes oreilles et lõgue che
uelure forte poictrine et longue et
courte eschine et longues cuisses
et iambes par deuãt et courtes iã-
bes par derriere·& lie musel et sub
til bout de nez · souef poil et large
croupe·gros col et bien mengant·
Cheual qui a grans narines et en
flees et gros peulx nõ cõcauez est
cõmunement hardy Cheual qui a
grant bouche et maisgres ioues
long col et gresle vers la teste est
conuenable a enfrener · Cheual a
grosses costes comme vng beuf et
vêtre large et pendãt bas est bon
pour soustenir labour · Cheual a
grans geretz et estenduz et faulx
courtes qui aient regard aux geretz par dedens est leger et hatif en
aller·Cheual qui a cours geretz et
les faulx estenduz et courtes hanches doit biẽ aller par nature·Che
ual qui a les ioinctures des cuisses
naturellemẽt grosses et les mas-
choueres courtes cõe lebeuf est tenu pour fort · Cheual tenant a soy
le troncq de sa queue estroit entre
ses cuisses est fort et portant peine

de cõmun cours· mais il nest pas
leger · Cheual qui a les cuisses et
les ioinctures des cuisses assez ve
lues et a long poil en icelle partie
est de grãt labour maiz il nest pas
cõmunemẽt leger·Cheual qui a le
dos fort long et large et hanches
longues et estẽdues et plus hault
derriere que deuãt est cõmunemẽt
leger a courir sicõme on le treuue
en plusieurs ·

¶Des signes de la mauuaistie et
vice et du prouffit des cheuaulx·
            v·chap̃·

Cheual qui a grosses ioupe-
res et court col nest pas legeremẽt affrene a plaisir · Cheual
qui a tous les ongles blancs a pei
ne pourra auoir les piez durs Che
ual qui a les oreilles pendans et
grãdes et les peulx cauez sera lẽt
et pesant·et quant le hault du nez
est biẽ bas il ne peult respirer par
les narilles si en vault moins ·
Quãt le cheual voit de iour et non
de nupt si en vault moins et le cõ
gnoist on ace que se on le maine de
nupt a chose quil doubte de iour il
nen aura point de pour· et quant
il ne meult pas les piez de nupt cõ
me de iour · Se les peulx des cheuaulx sont blãcs ilz en sõt moins
prisez · car qui les mene ala nege
ou ala froidure ilz ne voient gout-
te· et qui les mene en lieu obscur
et en temps chauld ilz voient·Che
ual qui pend les oreilles derriere
en tous temps est de moindre pris
et moins prise pource quil est sourt

Cheual qui ne hanist ne ne fait noi
se de la bouche est sourt · Cheual
qui a le col dur et tousiours estendu et ne lieue point la teste quât il
va et ne met le col a destre ne a senestre nest point de pris Et est grât
peril a cellui qui le cheuauche pour
ce quil ne le peut tourner asa voulente et si ne vault riens pour armes · Cheual a qui les genoulx se
ployent en terre est de petit pris car
il va tres mauuaisement · Len ne
doit point tenir cheual de qui les iâ
bes tournêt deuant côme vng arc
car il est de petite value · Le cheual
de qui les iâbes de deuant semblêt
tousiours mouuoir est de mauuai
se nature · Cheual qui lieue la que
hault et bas est de mauuais vice ·
Cheual a qui on voit tousiours en
fleures sur le genoul perdra briefment son chemin · Se len voit en
fleure dure sur les piez de venant
dun cheual en sô labour il ne nuist
point · et vient que sil a enfleure du
re aux piez de deuât le maistre sera
seur qlle ne descendra autrement ·
Cheual qui a êtour les piez creueu
res et ne peut estre guerp est de moi
dre pris pource quil est de moindre
apparence · Cheual a qui le poil des
ioinctures des piez est reuerse côtre
môt nest point blecie en son labour
et a les ioinctures fortes · Cheual
qui meult les piez autrement que
les autres est blecie en son labour
et si en est de moindre pris · Cheual
qui fiert les piez de derriere lun a
lautre en allât il se griefue en son

labour · Cheual qui a les genitelles trop grans en est plus lait et
empesche a labour · Et se son mem
bre luy est tousiours pendât il en
est plus lait et non digne destre che
uauche de bon hôme · Aozsee cest a
dire blancheur au col au museau
ou sur les peulx faict le cheual pl'
lait a veoir · mais il nêpesche riês
a labourer · Il nest pas bon de oster
les flanches du cheual ·

¶ Des maladies des cheuaulx et
de leur cure ·   xi · chap ·

Nous auons veu deuant de
la bonte et beaulte des cheuaulx · Il côuient veoir des mala
dies qui leur viennêt tât par auê
ture côme par accident · Et pmiere
ment de celles qui viennêt par nature · lesqlles aucûeffoiz ou par de
fault ou par occasion aucue apetis
sent ou accroissent · côbien quil na
uient pas cômunement q elles cre
scent sicôme il aduiendroit q vng
cheual naistroit la ioue daual pl'
grant que celle denhault · ou quât
il naist auecq aucune superfluite
de char es piez ou ailleurs que on
appelle en cômun lâgaige murus
ou castum et en francois mur · La
quelle vient sans cuir · Et aduient
aucuneffoiz que il ya en vne partie du corps superfluitez de char · cô
me sont glâdes qui viennêt soubz
le cuir · Mais aucuneffoiz ilz ont
amenuisance par nature · cest assa
uoir quant vng cheual naist auec
ques vng oeil a vne ozeille ou vne
                                   p · iiii ·

narille plus petite que lautre · ou
quant il a vne hanche plus courte
que lautre · Et si est aussi appeticie
quant vng cheual naist et que il a
les cuisses bestournees tant deuãt
côe derriere · et aussi des ongles et
des piez qui sont aucuneffoiz tournez par nature aucuneffoiz il naist
auecques zardres aux geretz ga-
les aux cuisses pour cause du pere
et de la mere qui les ont ainsi · zardre est vne enfleure en maiere doeufz ou plus grandes ou plus peti
tes qui naist es iarrez tant dehors
côme dedens · Galle est vne petite e
fleure en maniere dune petite vessie de la grãdeur dune noix qui est
engẽdree entour les ioictures pres
des ongles · Combien q en ces maladies qui naissẽt au ventre de la
mere par deffault de nature len ne
puisse donner suffisant remede · tou
teffoiz en aucũes len y peut aucũe
ment aider · car quant il naist aucun cheual qui a aucũes maladies
en sa natiu̇te côme quant il a
les cuisses tortes par derriere si q
il frape vng pie en lautre on luy
aide en le cuisant de fer conuenable
en la partie de dedens les cuisses
pres des genitelles en luy faisant
de trauers trois lignes de chaiscũe
part des cuisses · et puis chũn iour
on le cheuauche côme il est acoustu
me · et lors vne cuisse se frote a lau
tre et de souuẽt toucher il sescorche
et pour celle cuicture côe dune plaie
le cheual len va plustost q deuant
pour les grans ardeurs quil sent ·

En ceste maniere faict on les cuisses de deuant en faisant celles cuictures · Quant les ongles ou les
piez sont boisteux on y face tel remede que le ferrer souuent pource
que en ce faisant souuent on mect
les ongles a point et les faict on
ronds par la force du fer et le bien
ordonnez · Il aduient aucuneffoiz q
le cheual se frape dun pie a lautre
pource que il est trop foible et trop
maisgre si les secoure len par les
oindre daucune gresse ·

¶ De la maladie du mur et de la
cure · vii · chaß·

Pour la maladie du mur
guerir len trenchera sage
ment la superfluite de la char qui
y est iusques au cuir · et puis se le
lieu nest neruu on le cuira couena
blement de fers ronds eschauffez ·
et se le lieu est neruu on y mettra
pouldre de reagal par dessus a pois
tel côme il appartendra · et quãt il
aura ronge la racine du mur toute hors len mettra dedens la plaie
vne estoupe moillee en aubi doeuf
et emplira len toute la plaie et la
remuera len chũn iour vne fops
iusques a trois iours · et de la en a
uant pour la côsolider hastiuemẽt
len prendra de la chaulx viue et au
tant de miel et les meslera len ensemble et mettra len en vng drapeau et lardra len a petit feu iusques atant quil deuienne charbon
et en fera len pouldre deliee et la
mettra len en la plaie auecq estou

pe eueſopee en la dicte plaie au ma
tin et auſoir iuſques atant que la
char ſoit conſolidee et q̃ touſiours
par deuãt la plaie ſoit lauee de fort
vin auſuemẽt eſchauſe cõme tiede
et ſe on auoit par aucun accident de
faulte de reagal len prendra de la
chaulx viue et la mettra len en
lieu auecq̃s arſenic ou orpiment
en pois pareil et en mettra lẽ trois
fois ou quatre iuſques atant q̃ la
racine du mur ſera ſuffiſaument
rongee. mais touteſfoiz q̃ la plaie
ſoit touſiours biẽ lauee de bon vin
aigre. car ceſte pouldre eſt moins
violente que lautre. et en ceſte pla
ce ne reuiendra point de poil. mais
pour le faire reuenir no⁹ le appren
drons cy apres.

¶ Des glandes et des eſcrouelles
et de la cure.   .viii.chap̃.

D Es aultres ſuperfluitez de
char qui naiſſẽt ẽtre le cuir
et la char que len appelle cõmune
ment glandes ou eſcrouelles ie diz
que len taillera le cuir au long ou
il ya aucune glande. et puis tout
entour on le deſcharnera es ongles
ou quant le cuir ſera trenche lẽ y
gettera de la pouldre de reagal et le
cuira len de fer chauſt. ou len y get
tera de la pouldre de chaulx viue
ſorpin et de tartaire. cõme iay dit
au chapitre de deuant. et de autelle
cure cõme iay eſcript. Et ſe pour la
dicte inciſion ou taille aucune voi
ne ſe prent a ſaigner on leſtraindra
en telle maniere. Len prẽdra deux

parties denoẽs et la tierce dalres
epatic et en fera len pouldre et meſ
ſera len auecques aubin doeuf et
poil de lieure et mettra len en la
voine. Ad ce meſmes vault poul
dre de plaſtre broyee auecq chaulx
et grains de raiſins. Ad ce vault
ſiente de cheuaulx freſche meſlee a
uecques crape et treſfort vin aigre
Et ne doit len point ces medicines
reſtraictiues oſter de deſſus la voi
ne iuſques au ſecond ou au tiers
iour. Et deuons ſauoir quil vault
mieulx deſcharner et deſtruire les
eſcrouelles et glandes deſſuſdictes
par ces pouldres apres le cuit tren
che au long q̃ par cuire ou extraire
aux mains ſe elles ſont en lieux
veneux ou nerueux.

¶ Des maladies acciẽtelles des
cheuaulx et de la cure. viii. chap̃.

N Ous auons dit par auãt des
maladies naturelles des
cheuaulx. il couient dire de celles
qui viennent par accident. Et pre
mier de celles qui viennent ala teſ
te et dedens le corps Secondement
de celles qui leur viennent ſur le
dos. Tiercemẽt des maladies qui
viennent es membres au deſſus
des piez. Quartement des bleſſeu
res des ongles et des piez.

¶ Du ver ou veruolage.
                              vb.chap̃.
C Eſte maladie aduiẽt au che
ual en la poictrine pres du
cuer et es cuiſſes et es flans pres

des geniteſſes & mauuaiſes humeurs chaulxes aſſēblees en aucunes glanxes quilz ont au piz et
es cuiſſes qui leur aduient en ces
placxes pour aucūe douleur accidē-
teſſe qui leur deſcenx es cuiſſes et
leur treſperce de groſſes rongnes
et aucuneffoiz pour occaſion de ce
Verme il aduient au corps du cheual par eſpecial en la teſte diuerſes groſſes rongnes et enfle la teſte · et aucuneffoiz par les nariſſes
font ſaiſſir humeurs ainſi comme
eaue · et lappeſſe len Veruolage · Ce
ſte maladie cy eſt cōgneue par lenfleure qui leur Vient des dictes humeurs en iceulx lieux et par les
rongnes que les dictes humeurs
font yſſir a force · Quant len Voit
les glanxes enfler ou croiſtre plus
que ilz nont acouſtume len ſaignera tantoſt le cheual & la Voine du
col empres la teſte et en chune partie du corps du piz & la poictrie des
cuiſſes et des Voines acouſtumeez
preſque iuſqs ala feblesse afin que
les humeurs ſuperflues ſoiēt Vuides Et puis len mettra conuenables latz es cuiſſes et au piz qui
cōtinueſſement attrairont les humeurs par la force et conuenable
Vertu des latz ou cpons · De teſſe
agitacion Vient douleur et pour cel
le yſſent les humeurs et poit ne de
ſcenxent aux cuiſſes · Ces ditz latz
ne doiuēt point eſtre eſmeuz iuſqs
a deux iours apres paſſez · et feront
eſmeuz chun iour au matin et au
ſoir · tant que deux iennes hōmes

ſoient trauaiſſez a chune foiz · et q̄
le cheual ait eſte par deuāt cheuauche grandemēt a petiz pas · et puis
len ne ceſſera point chaſcun iour de
trauaiſſer le cheual · et ſe garde len
quil ne menguſſe herbes et que il
mengue ſi pou dautre choſe q̄ force
lup demeure ſeulemēt et le face len
repoſer de nupt en lieu froit · Se la
glanxe ou le Ver napetiſſe par ceſte
cure aincois quil Viēne humeurs
ſuperflues qui lup enflent les iābes lors ces glanxes ou ceVer ſera
arrache par ceſte maniere · On trēchera le cuir et la char tout au lōg
iuſques atant q̄ on trouuera les
glanxes ou le Ver · et puis le fer de-
laiſſie on les arrachera ou deſcharnera aux mains · et quāt cela ſera
arrache que il ny demourra rien
on moiſtera Vne eſtoupe nette en
blāc boeuf et en yplira len la plaie
et puis la couldra len ſi que leſtou-
pe nen puiſſe ſaiſſir ne yſſir · Et ſe
la plaie eſt en la poictrine on fiera
Vne piece de drapeau deuant la poictrine pour le Vent · et puis len ne
remuera la plaie iuſqs au tiers
iour · et ſera moiſtie en huiſſe et en
aubin doeuf bien batu enſemble
mais auant que len ly mette on
lauera la plaie par deux foiz le iour
en bon Vin tiede · et ſe doit cōtinuer
par neuf iours · et mettra len dedās
la plaie eſtoupe enuelopee en teſſe
pouldre cōme iap dit au chapitre de
mur · et eſt faite de miel et de chaux
Viue · et Vſera len de ceſte pouldre
icy iuſques atant que la plaie ſoit

consolide·touteffoiz quelle soit bñ
remuee et le cheual chûn iour tra
uaillie côme iap dit dessus · mais
touteffois len ne doit point cheuau
cher le cheual iusqs au tiers iour
que le Ver sera arrache mais on le
cheuauchera chûn iour apres com
me iap dit · Vng aultre remede et
plus fort pour oster ce Verme est q̃
len treche le cuir au lõg et la char
iusques atant que len Vope le Ver
me et que len p mecte de la pouldre
de reagal bien brõpee et du cotton
et que len couse la playe afin que
le reagal nen puisse pssir· car cela
ronge fort le Verme en neuf iours
et puis len guerira la playe côme
iap dit dessus · Se pour ces choses
icy len ne peut restraidre ne secher
les humeurs q̃ elles ne descendent
aux cuisses en leur faisant pertuiz
ou petites Vecies ou rõgnes· lors
tantost on cuira en la teste ces ron
gnes a Vng fer chaud rond tout en
tierement en cuisant pmierement
la maistresse Vaine du piz au tra
uers qui tend du lieu du Ver aual
iusques aux piez · et puis les per
tuiz des cuisses cuitz côme iap dit
len gettera par dessus en icelle ron
gne chaulx Viue tant seulement
deux foiz le iour en dceurât la cuit
ture des trous· Et se de ce Ver la
cuisse demeure eflee on lup aidera
par telle maniere Len mettra san
sues entour les enfleures des cuif
ses mais toutesuoies la cuisse ou
lenfleure sera deuât raize·Et quât
les fansues auront tire et suffe le

sang tant côme ilz pourront on e-
plastrera toute la cuisse de Vin ai
gre et de croie meslee ensemble· ou
on lup mettra les cuisses en eaue
froide chûn iour lôguemêt au ma
tin et au soir·iusques atant q̃ les
cuisses seront deuenues grelles ·
¶ Contre le Veruolage et les hu
meurs descendens du chef·Len sai
gnera le cheual souffisaument de
deux Vaines des temples acoustu
mees ·et puis len mettra soubz la
gorge les latz ou cyons et les mo
uera len et le nourrira len et ten
dra en lieux froitz tout ainsi côme
iap dit au chapitre du Verme· Se
le Veruolage se retourne en emop
gram côme il aduient souuent on
lup donra chauldes besongnes et
aura la teste couuerte de drap de lin
ou de laine· et demourera en lieu
chauld pour soy reposer· Et q̃ len
ne le trauaille point·et que il men
geue ces choses côme foin et auoi
ne· car ceste maladie est froide·et
pou de cheuaulx en eschapent·

¶ De la maladie appellee âtiquoz
et de la cure.   xVi·chap·

IL aduient aucuneffoiz q̃ cel
le glande qui Vient entour le
cuer croist tant pour les humeurs
qui courent en maniere deaue non
descendans aux cuisses par quoy
laugmêtacion et inflacion est fai
cte apostume· la quelle pource que
elle est ps du cuer cruellemêt lup
est contraire·et ceste maladie com

munement est appellee antiquoʒ.
Quant la dicte glande est crue et
engroſſie côme ſoudainemêt en ar
ðeuʒ et enflambee plus qui nappaʒ
tient on larrachera tâtoſt ſans ðe
meure hoʒs ðe la poictrine côme il
eſt dit cp ðeſſus en la cure du ƀer
et pourœ quelle eſt pꝛouchaine ðu
euer on lextirpera ſagemêt a grât
ðiligence. Et ſe en œſte extirpacion
et ðeſcharnure aucûe ƀoine ſoit ou
uerte et en ſaille ſâg tantoſt on la
pꝛêðꝛa et leſtraiðꝛa len aux mais
et la liera len eſtroictemêt ðun fil
ðe ſope. Et ſe pour labondance ðu
ſang len ne pouoit pꝛêðꝛe la ƀoine
len mettra en la plape les medici
nes reſtrainctiues ðe ſang qui ſôt
ðeſſuſdictes au chapitꝛe ðes glâdes

¶ De la congnoiſſance ðe ſtrâguil
le.   ƥƀii·chaꝑ.

Lʒ ſont autres glandes en
tour la teſte ðu cheual qui
ſont ſoubʒ la goꝛge et auſſi qui paʒ
accidêt creſcêt pour les humeurs
ðu cheual refroidir qui ðeſcêðent
ðe la teſte ðont toute la goꝛge en eſt
enflee et les conðuiʒ ðe la laine qui
ƀiennêt par la goꝛge en ſont eſtou
pes ſi qui ne peult reſpirer. et œſte
maladie eſt appellee ſtranguillôɳ
La cure. Quât len regarð ſoudai
nement les dictes glandes croiſtꝛe
ou plus quil neſt acouſtume tan
toſt len mect ſoubʒ la goꝛge ðu che
ual ðes latʒ et puis apꝛes le maine
len ſuffiſaumêt au ſoir et au ma

tin· Len couuꝛera auſſi la teſte ðe
couuertuꝛe ðe laine et oinðꝛa len
la goꝛge pluſieurs foiʒ ðe ƀeurre
froiʒ par eſpecial le lieu ðe ſtrâguil
lon et le tenra len en lieu chaulð.
et ſe leſdictes glandes ne ſeſtreſſêt
et ðeſenflent par eſmouuoir les laʒ
len arrachera entierement et gue
rira len la plape· ſicôme iaƥ dit en
la cure ðu ƀerme· mais on ſe doit
auiſer a mettre le reagal· car qui
en mettroit trop il rongeroit trop
ðe char·

¶ Dune maladie appellee ƀiues
et ðe leur cure.   ƥƀiii·chaꝑ.

Lʒ ſont aucûes glandes qui
naiſcêt être le chef et le col
ſoubʒ chûne machillere qui creſcêt
auſſi ðe flux ðe reume ðeſcêðâs ðe
la teſte qui eſtoupent les côðuiʒ ðe
la goꝛge ſi que le cheual peut a pꝛi
ne boire ne menger· et eſt œſte ma
ladie appellee ƀiues· et qui np ſe
court tantoſt il meurt ſoudaine
ment· La cure. Quant len ƀoit les
dictes glandes croiſtꝛe et eſler ain
ſi côme oeufʒ qui eſtraingnêt les
conðuitʒ ðe la goꝛge on les cuira ð
la poincte ðun fer chaulð et trêche
ra len ðune lanœte ague· ou qui
mieulƥ ƀault en la maniere dicte
ðu ƀerme autant ðune partie que
ðautre ſil ſemble bon· et qui ne ſe
court ðeſdictes medicîes il ne peut
reſpirer et len conuient mourir·

¶ Des ðouleurs ðu cheual et ðe
la cure·   ƥiƥ·chaꝑ.

Douleurs viennent aux cheuaulx en maintes maieres
premierement de superfluite de
mauuaises humeurs · Secondemêt
de ventositez entrees es entrailles
humeurs glueuses qui y sont encloses · Tiercement de superflue re
tencion dozine qui enfle la vecie ·
Aucuneffoiz il aduient de trop boire eaue froide quant le cheual est
trop eschaufe · mais ce nauient pas
souuent · La cure · Len congnoist se
la douleur est dumeur ou de sang
a ce quil est tormente et se remuêt
les boyaulx sans enfleure et souuent se gette a terre et se gist et les
voines souflent plus quilz nont a
coustume · et tantost il le fauldra
saigner de la voine sagliere qui est
emprez la sangle et saigne le sang
de chûne partie et de quelconq part
du corps dôt len pourra traire sâg
si que le cheual vienne a grant feblesse de corps et puis on le menera par la main a petiz pas · et ne
boiue ne mengue iusques atant q
la douleur sera cassee Len congnoist
la douleur de vêtosite ace que il se
deult dedens le corps enfle pl⁹ quil
na acoustume et a les boyaulx en
flez et presque tout le corps len prê
dra vng tupau de câne le pl⁹ gros
que len pourra trouuer du lôg du
ne paulme oingt duille et mettra
len au cul du cheual la plusgrant
partie · et lautre partie sera liee a
la queue du cheual afin que il ne
puisse pstre · et puis hastiuemêt on
le cheuauchera en trotant ou che-

minant vers montaignes et se le
lieu est froit on le couurera de toile
ou de drap et ly frotera len les boyaulx biê fort aux mains oinctez
duille · et de ce le cheual seschaufera
et mettra hors le vent par le tuiau
et luy donnera len choses chaudes
a boire et a menger · car il buura
eaue ou sera cuict semence de commin et semêce de fenoil autât dun
côme dautre · et quât leaue sera re
froidie len y mettra de la fleur de
forment · et le laissera len tant a-
uoir soif quil vueille boire de ceste
eaue · et aussi on luy donnera choses chauldes a menger · et le têdra
len en lieu chault couuert et saine
Et se la douleur vient de superflui
te ou dorge ou de telle chose enflee
en lestomac ou au ventre du cheual sicôme on le apercoit ace quil
a le ventre dur et les boyaulx enflez len fera vne decoction de mau
ues et mercure et branche vrsine
fueilles de violiers paritaires et de
telles herbes laxatiues en eaue et
y adioustera len du miel du sel et
de luille et le fera len tiede · et le get
tera len au ventre du cheual par
le cul en maniere de cristere · dont le
tupau sera de grosse canne et le che
ual plus hault derriere que deuât ·
et quât il sera mis dedens le corps
on estoupera le cul afin q il ne puis
se pstir si tost · et puis deux cômiq
nons tendrôt vng baston rond biê
poly et en froteront le vêtre du che
ual tout au long en cômencant de
la partie de deuant iusqs ala partie

daual · et quant ilz auront bien fro
te le bentre du cheual tout au long
et oingt duisse ilz destouperont le cul
du cheual et cheuaucheront par mon
taignes côtre mont a petiz pas ius
ques atant quil aura gette hors
ce quil a eu au bêtre et des autres
choses bne grant partie et ainsi la
douleur cessera · Len congnoistra se
la douleur est causee de obtenir son
orine dont la becie est enflee · ace q̃
soubz le bêtre et en tous les lieux
du mêbre il semble bng pou enflee
et se gette a terre et lors len pren
dra du cresson paritaire et curtaine
et racine de sperage autât de lun cô
me de lautre · et les cuira len ensê
ble · et puis on mettra ces herbes
cuictes en bng sachet long et lar
ge · et ces choses chauldes serôt mi
ses entour les parties du membre
et le reschaufera len souuêt · Et se
ceste medicine ne le faict oriner on
fera tel experiment · On eschaufe
ra le mêbre du cheual aux mains
oingtes duisse et le fera len pstre
hors · et puis on bropera bng pou
de poiure et dail et le mettra len de
dens le pertuis du membre auecq
le petit dop · ou qui mieulx bault
des cuniees cuictes bng pou en hui
le seront mises dedens le trou du
membre · Et se cecy ne bault len
laissera franchement aller le che
ual par lestable auecqs bne iumêt
car ainsi il se prendra a pisser · Et sa
chez que ce remede de la iument est
proufittable a toute douleur de che
ual · car la boulente de saillir la iu

ment conforte grandement et enfor
ce la nature ·

¶ De infusion ou enfonture et de
la cure.   xx · chap̃ ·

Ceste maladie bient au che
ual de trop menger ou boire
a superfluite dont le sang se croist
trop et puis descend aux cuisses et
espand par les iambes et ne peult
aller · et si aduient de trop grant la
beur qui fait descendre le sang aux
cuisses et aux piez et lempesche a
aller · et aucuneffoiz les ongles en
cheêt qui ne les secourt · il leur bi
ent aussi pour douleur de trop grât
trauail et eschaufemêt qni sont de
scendre les humeurs es cuisses · et
ceste maladie est appellee êfonture
¶ La cure ¶ Quant le cheual cloche
dun pie de deux ou de pl⁹ et il meult
les cuisses griefment et en soy re
tournant il sen gaste ce sôt signes
que il est enfondu · Sil est gras et
de parfaict aage on luy donnera a
boire a son plaisir et puis des deux
têples et de châune cuisse il sera sai
gne aux boines acoustuees iusqs
ala feblesse du corps et ¶puis le che
ual sera mis hastiuement en eaue
froide courant · et la sera tenu ius
ques au bentre longuement et ne
buura ne mengera iusques atant
quil sera entierement guery · maiz
se le cheual est ienne ou mesgre on
ne luy donnera point a boire · maiz
on le tendra auecqs bng frein en
air froit tant quil soit contraint de
leuer la teste et le col tant quil le

pourra estendre. et puis len pren
dra pierres viues rondes de la gros
seur dun poing a suffisance et les
mettra len soubz les piez du che
ual côme se on luy en feist vne lyt
tiere. car pour lacoustumiere op
presse de ces pierres rondes les piez
et les cuisses du cheual se moue
ront dont les nerfz des cuisses indi
gnez pour les humeurs bouterôt
hozs la pesanteur du cheual. maiz
touteffoiz par deuant le cheual de
ura estre couuert dune toille moil
lee et ne buura ne mêgera ne sera
mene au soleil iusques atant quil
soit remis en son premier estat Et
sachez que ceste maladie nuist pou
ou neât aux iennes cheuaulx. car
leurs iambes en sont engrossies.

¶ De la maladie appellee pultine
ou bulsine et de la cure.

xxi. chap.

Ceste maladie est causee de
chaleur qui fond la gresse de
dens le corps qui estoupe les côduiz
du polmon tellement quil ne peut
auoir son alaine. et lappercoit on
car il souffle grandement des nari
nes et les bopaulx luy debatêt au
corps et est appellee pultine ou bul
sine. La cure. Len fera vng buura
ge de cloux de girofle de noix musq
tes zingembze galangal autât de
lun côme de lautre et en fera len
pouldze et pren dra len cômin et se
mence de fenoil autant de lun côme
de lautre bien pouldzez et mis en
bon vin et p adioustera len du saf

fren en bonne quantite et tant de
mopaulx doeufz côme est la quâ
tite des choses dessus dictes. et
mettra len ce buurage en vne cor
ne de beuf et aura le cheual la bou
che ouuerte artificiellement et la
bouche leuee côtre mont sans frein
si que len gettera ce buurage de
dens la gorge du cheual et luy ten
dra len la teste ainsi leuee par lespa
ce dune heure pour mieulx descen
dre ce buurage dedens ses bopaulx
et puis on le têdza par la main ou
on le cheuauchera a petiz pas afin
quil ne puisse getter hozs la medi
cine. et ne mengera dung iour ne
dune nupt afin q la medicie puisse
mieulx ouurer. et le iour dapzes il
mengera herbes fresches ou fueil
les de cannes ou de saulx ou de froi
des herbes pour attremper la cha
leur de celle medicine. et ainsi sera
le cheual guery se la maladie est
nouuelle. mais se la maladie est
vieille elle est incurable mais on
le peut bien essaier. Len cuira les
deux costez du cheual vers les bo
paulx et deux lignes lune sur lau
tre afin q par la contrainte du feu
le mouuemêt des bopaulx soit ap
petisse. ou on luy trenchera les na
rines au long pour mieulx auoir
son alaine ou en temps de vende
ges on luy donnera a menger des
raisins meurs.

¶ De la maladie appellee enfestu
re et de la cure. xxii. chap.

Aduient vne maladie au
cheual quant il est trop es

chauffe ou il a sue et on le met en lieu froit ou plein de vent si que par les conduiz de la sueur qui sõt cou uers ou par la bouche le vent etre dedens dont il sensuit que les nerfz se retraient et enflent vng peu et souffrent grans douleurs et ne peuent aller. Et est ceste maladie appellee enfestuœ. et la congnoist on a ce q le cheual semble auoir le cuir vng peu estendu par dehors si que a peine le peut on pincer au dos et semble estre empesche daller cõme sil fust enfondu. et lup pleurent les peulx. La cure. On le mettra tantost en lieu chauld et puis on eschauffera aucunes pierres viues au mieulx q on pourra et les met tra len a terre soubz le ventre du cheual qui ia par auant sera couuert dun drap de laine long et large tant que le cheual en sera tout couuert et plus. et le milieu de la couuerture sera sur le dos du cheual et les costez en pendront a terre et deup hõmes les tendront dun coste et dautre et gettera len de leaue chaulde petit a petit sur les pier res chauldes afin q la fumee monte au ventre du cheual par telle maniere quil soit tout plein de sueur. et lors on enuelopera le cheual du drap et sera sãgle et le laissera len en ce point iusques atant quil cessera a suer et puis on oingdra les cuisses du cheual de beurre ou hui le ou aultre gresse chun iour sou uenteffoiz et quil soit fiente tresbñ et souuent. ou aultrement. on cui

ra en eaue mille de formēt et fueil les dail de cendres et de maulues et de celle decoction si chaulde cõme il pourra souffrir len lup moiste ra les iambes et par especial les nerfz et le tendra len en lieu chauld et lup donnera len a menger vian des chauldes iusques atant queil soit en son premier estat.

¶ De la maladie de scalmate et de la cure. xviii. chap.

Ceste maladie seche les en traillez du cheual et lui fait le corps maisgre et faict pupr son fiens plus que le fiens de hõme. Et lup vient ceste maladie de longue maisgresse venant de peu de viand et de grant labour qui eschauffent et sechent les membres si quilz ne se peuent engressir ne prendre char et na cure de menger. La cure en ce ste maladie q len appelle scalmate est. Le corps du cheual sera amor ty et fera len vne decoction de fueil les de violetes de paritaire de maul ues de bran dorge. et ces choses biē cuictes on les coulera et en leaue on mettra du beurre en grãt quã tite et le pesant de sept caratz de cas sie fistule destrempee et a vng istru ment de clistere tel cõme dssus est dit on lup gettera eaue chaulde de dens le ventre par le cul et fera len tout ainsi comme dssus est dit au chapitre deuant. fors que len tendra ceste eaue dedens son ventre tãt cõme len pourra. et puis len fera

Vng buurage de moyaulx doeufz et safren et de huille violat bié baftu efemble avecqs vin blác et le mettra lé en vne corne de beuf et le gettera len en la bouche du cheual le vee tout en la maniere quil a efte dit au chapitre de deuant en parlát de pultine ¶ Vng autre epperimét eft q len mette le cheual tout feul en leftable et ne mengeuffe ne ne boiue de deux iours ne de trois. Et puis on lup donnera a méger lart ou char falee de porc afa volente. car pour fa fain le mégera volentiers. Et puis on lup donera de leaue chaulde tát cóe il vouldra. et puis on le cheuauchera petit a petit iufques atát que les chofes dictes lup foient pffues hors du ventre. et quant il fera vuide on lup donnera a menger formét cuict auecq vng peu de fel et feche au foleil ou aultrement deux foiz le iour auant quil boiue car grain nourrift le corps du cheual et en eft legerement engreffe.

¶ De la maladie appellee argaratus autrement trenchoifons et de la cure. xxiiii. chap.

Cefte maladie eft faite au ventre du cheual et lup fait torcions et ronge les boyaulx et lup faict mettre fiente hors clere cóme eaue et mal digeree. et ce aduient aucuneffoiz de menger ordure dorge ou telle chofe nó digeree. et aucuneffoiz de boire eaue froide fi toft quil a mége lorge fans point atté-

dre. et aucueffoiz pour haftiuemét courir ou galoper et le cheual boit tátoft de leaue a fon plaifir fi que pource leaue lui eft tormétee dedés les bepaulx aucueffoiz aduient de trop grant efleure de corps qui lui faict douleur. et pour ces caufes le cheual eft fi affebli quil ne fe peut fouftenir fur les cuiffes. La cure. Quát on voit q le cheual deux foiz ou trois gette fa fiente cóme eaue ou orge mal digeree on lup oftera tátoft le frein et la felle et le laiffera len aller franchemét par les paftures iufqs atant quil fera eftoupe ou reftraint. et ne lefmouuera len point pource que le mouuemét lup efmeult le ventre pour getter hors fa viande auát quelle foit digeree et le gardera len de boire tant cóme len pourra. car leaue lup eft contraire en cefte maladie et aucuneffoiz de cefte en eft enfó du et lors le guerira len ainfi cóme il eft dit au chapitre des enfondures.

¶ De cymoira ou morue et de fa cure. xxv. chap.

Il ya vne maladie qui aduient au cheual quant il eft refroidy de long temps et lup viét en la tefte. car reume lup defcend par les naries ainfi cóme eaue. et fi aduient aucuneffoiz de la maladie q len appelle veruolage dót aucueffoiz le cheual gette hors toute lumeur de fa tefte. La cure. Len mettra vne couuerture fur la tefte du

z.i.

cheual et le tēdꝛa lē en lieu chaud
et lup donnera len choſes chauldes
a mēger et lup pꝛouffitera mēger
cõtinuellemēt ꝗ paiſtre petites her
bes pourcꝛ ꝗ en les mengant il beſ
fera la teſte et la plus grãt partie
des humeurs lup cherront par le
neȝ·Auſſi lup bault ſe fumees de
pieſſes de dꝛapeaulp ou de fuſtaine
lup entrent par les narines au cer
ueau·car ce diſſoult les humeurs
coagulees et pꝛiſes de long temps
par auant·mais ceſte maladie eſt
aucuneſſoiȝ incurable·

⸿Du froit de la teſte et de la cure
　　　　　　　　　　ꝟbi·chap·

A Roidure de teſte faict grant
douleur au cheual et le faict
touſſir et eſtre ſourt et le griefue
en la gorge qui aduient legeremēt
quãt len met le cheual en leſtable
chaulde et puis ſoudainement on
le mene au bent froit et aucuneſ
foiȝ pour autres froidures et aul
tres occaſions il eſt contrainct de
touſſir et perd lappetit de boire et de
menger en grant partie· La cure·
Quant les peulp ſembleront bng
pou enſleȝ et gettãs lermes et les
oꝛeilles froides et le bent des nari
nes froit et ꝗ ſes bopaulp ſe mou
uerõt plus quilȝ nont acouſtume
et quilȝ mengeront et buuerõt mo
ins quilȝ ne ſouloient et quilȝ eſtez
nuront et touſſiront ſouuent ceſt ſi
gne de froidure de teſte · Et pourcꝛ
on cuira les glandes ꝗ len appelle
biulles ou biues qui ſont entour
le col et la teſte ſoubȝ les touperes

a bng fer chault et agu qui percera
ces glãdes et auſſi len cuira au mi
lieu du front afin ꝗ les froides hu
meurs qui ſeront eſchaufees par
dehoꝛs ſoiēt euapoꝛees·et auſſi len
mettra laȝ ou cpons ſoubȝ la goꝛ
ge pour dõner boye aup humeurs
de pſſir et ſi leur tiēdꝛa len couuer
ture de laine ſur la teſte et les fro
tera len entre les oꝛeilles de beurre
cõme il appartient· Acꝛ bault bne
piece de toille moillee en huille lau
rin miſe et liee au moꝛs du frein
et ꝗ le cheual boiue atout le frein
et auſſi feroit ſauigner lie au frein
Acꝛ bault la fumee du dꝛappeau
ars et mis par les narines·Acꝛ
bault foꝛment bien cuict mis en
bng ſac et lie en la teſte ſi chauld
cõme il pourra ſouffrir ſi ꝗ la bou
che et les narines miſes dedens le
ſac il en recoiue la fumee par les
narines et mēgeuſſe du grain tãt
cõme il bouldꝛa et lup pꝛouffitte
ra ſe ledit foꝛment eſt cuit auecꝗs
poulieul et ſauigner·⸿Auſſi lup
bault ſe la pieſſe eſt liee eſtroitte
ment en bng baſton et oingte de ſa
uon ſarraȝin·Et ſi cõme len pour
ra bonnemēt len le mettra doulce
ment dedēs les narines du cheual
il en eſternuera et gettera hoꝛs hu
meur clere cõme eaue·auſſi bault
acꝛ beurre meſle auecq huille lau
rin et mis es narines et le garde
len entierement des choſes froides
et le face lenbſer de choſes chaudes
et boiue eaue cuicte et chaulde cõe
dit eſt au chapitre des douleurs ·

⊏ De la maladie des peulx et de
la cure. xxviii.chap.

Il aduient aucuneffoiz q̃ de la
dicte maladie les humeurs
descendent sur les peulx et les font
plourer et troublent la veue et vie
net traces es peulx et rougeur et
chaline pour quoi le cheual ne peut
veoir côme il appartiet · La cure ·
Se les peulx gettent lermes on se
ra vng restraictif de oliban et ma
stic mis en pouldre auecq̃s aubis
doeufz et bien bastuz ensemble et
estêduz sur vne piece de linge de qua
tre doiz de large et longue q̃lle puis
se couurir le front les temples et
q̃ les cheueulz luy soient par deuât
raiz au lieu ou lê mettra le restrai
ctif et le laissera len la si longue
mêt q̃ les peulx cessent a plourer ·
Et quant on le vouldra lauer on
le lauera auecq̃s eaue chaulde ou
huille ou auecques aucunes aul
tres choses vertueuses bastus en
semble · Ace vault se len treche les
deux voines de châune temple a vng
fer chauld et se les peulx sot pleis
de chaline len mettra a quatre doiz
dessus les deux peulx deux oeufz e
stincellez et sel subtillement broye
sera soufle souuent par vne canne
dedens les peulx · Se il ya tape ou
drap dedens les peulx qui soit fraiz
ou vielz len prêdra os de seche et
grauelle de vin et sel autât de luy
côme de lautre et le soufflera len de
dens par vng tupau · Ace vault aus
si salnitrû auecq̃s la fiente de lai

zardes broye et le souffle len dedens
les peulx · maiz on se doit garder de
p en bouter trop qui ne griefue les
peulx · et se le drap est vielz on loin
dra premierement de gresse de geli
ne deux foiz.

⊏ Du cor et de la cure. xxviii.
chap ·

Apres les maladies qui vie
nent au cheual en la teste et
dedens le corps · nous dirons de cel
les qui luy viennêt empres le dos
dont lune est que le cheual est bleœ
au dos et la rompt le cuir en aucu
ne partie du dos · aucuneffoiz luy
caue iusques a los pour le grief de
la selle ou daultre poiz · et est œste
maladie appellee corue · La cure ·
Len mettra vne fueille de choul a
uecques gresse de porc broye sur le
mal · et dess⁹ œla on mettra la sel
le par dess⁹ œlle medicine pour la te
nir serree · et autât p vault droit sca
bieuse et gresse de porc · Ace vault cê
dre meslee auecques huille et mise
dessus · Ace vault aussi supe de che
minee et mise dessus auec aloes et
sel batu êsêble · Ace vault siête de
hôe fresche mise dess⁹ · Et deuôs sa
uoir q̃ œste corue est pl⁹ legeremêt
curee entierement se le cheual est
cheuauche · mais quil y ait dessus
aucûes de œs medicines · et quelle
soit souuêt renouuellee · Quât la
corue sera arrachee et desracinee on
prêdra estoupe et hacheza lê tresme
nuemêt et sera êuelopee de chaulx
et de miel comme il est dit au cha
pitre du verme · et emplira len
ʒ·ii·

le lieu· maiz deura estre lauee auec
la main la plape de vin aigre et bô
vin chaulð iusqs atant q̃ la plape
sera cõsofiðee· mais on se doit garðer q̃ on ne mette grant faiz sur le
ðoz ðu cheual iusqs atant que la
char de la plape sera reuenue a le-
qualite ðu cuir·

(] De la malaðie ðu polmon qui
vient au ðoz ðu cheual et de la cu-
re·   xxix·chap·

Vne autre malaðie est faicte
au ðoz ðu cheual qui lup en
fle et faict char pourrie pour cause
de mauuaise selle ou ðautre grant
poiz· car telle enfleure quãt elle est
enuieillie elle engenðre pourreture
Et quãt celle pourreture est tuieil
lie il vient vne ðurete de char corrompue emprez les os qui gette cõ
tinuellemẽt pourreture cõme eaue
et est ceste malaðie appellee bleœu
re de polmon· La cure· Ceste mala
ðie sera tout autour soupe et tren
chee et ðefracinee· et puis on mettra ðessus de lestoupe moise en au
bin ðoeuf et la laissera lẽ par trois
iours en la renouuellant chaiscun
iour· et puis on fera cõme il est ðit
au chapitre ðu corue· Mais on en
guerist mieulx auecqs poulðre de
reagal cõe il est ðit au chapitre ðu
verme· car il se guerist sãs arðoir
et ne sent pas le cheual si grãt dou
leur·

(] De la malaðie ðes espaules et
de la cure·   xxx·chap·

Il vient vne bleœure au ðoz
ðu cheual qui faict enfleu-

res au plus hault ðes espaules et
vne calosite de char entour les espaules surmontãt la superfice par
celle enfleure ðeuant ðicte qui lup
apparoit de ancienete·Et ce lup að
uient de trop grant opzession cõme
iap ðit· et est appellee spalaces· La
cure·On guerira ceste malaðie cõme il est ðit au chapitre de ðeuãt ðu
polmon·Et se les espaules ou esp
laces sont ðures on les amolliera
par guimauues et choulx bzoiez a
uecqs vielz oingt ðe porceau et alui
ne paritaire et bzanche Vrfine bien
bzoiees ensemble· et puis cuictes
en vng pot et mises ðessus et les
ðeura len ainsi ramollier auant q̃
len face la taille ou que on mette
le reagal·

(] De plusieurs autres malaðies
venans au ðoz ðu cheual· et de la
cure·   xxxi·chap·

Iez sõt plusieurs autres ble
œures au ðoz ðu cheual p̃
loppzession ðe mauuaises selles ou
ðaucun faiz sur les espaules · car
aucunefroiz pour le sang ou humeurs superflues ilz vienẽt vnes
petitez vecies pleines de sãg pourrp
qui rompent le cuir et la char au
ðoz·Et de ce viennent plapes grãs
ou petites qui sõt appellees lesiõs
ou bleœures· et de tant q̃lles sont
plus prez ðes os elles sõt pl̃ mau
uaises et pl̃ perilleuses · La cure·
Toutes lesiõs qui aðuiẽnt au ðoz
ont prez q̃ toutes leur cõmẽcemẽt
ðaucunes ẽfleures· Et pource que

len doit obuier et mettre remede au
comencement len doit tantost raire
la partie ou on doit lenfleure · et
puis faire vng emplastre de farine
de forment bien deliee et meslee a-
uecq aubin doeuf et mise sur vne
piesse de toile et estedue sur lenfleu
re · et ne lieue on pas leplastre trop
fort mais doulcement · et se aucune
pourreture y est assemblee len percera le cuir en la partie daual de
lenfleure dun fer chauld agu afin
que la pourreture en saille hors et
puis on loingdra souuent daucun
oignement cler · Aucuneffoiz sont
faictes romptures et escorcheures
sur le dos du cheual de loppression
du faiz come dessus est dit · ou pour
aucunes veroles ou escharbocles
engendrez de la superfluite du fang
lesqlles on doit tatost raire et poul-
drer de pouldre de chaulx viue auec
miel bzule · come iay dit au chapitre du mur mais on le doit auant
lauer de vin chauld ou de vin aigre
et se doibt on garder de la selle ou
dautre grief iusqs atant quil soit
guerp mais on doit sauoir que en
qlque lieu du dos que soyet telles
efleures on leur doit aider dun e-
plastre de farine de forment batue
auecq aubin doeuf come iay dit dessus · Et en toutes bleceures q len
veult consolider le p doit mettre ces
pouldzes cp · mirte secq pouldze de
gola legere ou vne piece de lin bzulee · ou vne piesse de cuir coroiee bzu
lee · ou pourreture de bois pourry
q len appelle carole · mais sur tou

tes les choses dessusdictes la poul
dze de chaulx et de miel p vault
merueilleusemet · mais auat que
on p mette ces pouldzes on doit la
uer la bleceure de vin chauld ou de
vin aigre · Et afin q le poil reuiene
apres la consolidacio de la char on
fera pouldze de coquilles de noix de
couldze ou de ppmacons bzulee et
batue auecqs huille q on p metra
souuent · Ace aussi vault papier de
cotton et mesmes cotton bzule bn
mesle auecqs huille · Et sachez que
sel mis souffisamet en eaue ou en
vin aigre qui mieulp vault est bo
contre toute enfleure venant sur le
dos ·

¶ Des maladies qui viennet aux
piez et aux cuisses des cheuaulx ·
Et premierement du mauferu.

vvvii · chap ·

Apres les maladies venans
au doz des cheuaulx dirons
de celles qui viennet aux cuisses et
aux piez · Et premieremet du mau
feru qui viet es forges du cheual
et p faict grat douleur et aux reis
aussi · en decirant les nerfz des fon-
ges et des reins sans cesser · Et ce
vient de superfluite de mauuaises
humeurs soudainemet et aucueffoiz de refoulures receues par deuat Et ce aduiet par trop grat faiz
mis sur le dos du cheual si q a pei
ne se peut il dzecier en la partie derriere ou deuers les cuissez Et est ce
ste maladie dite mauferu · La cure
En ceste maladie len raira tresbie

z · iii ·

les reins ou les longes du cheual
malade · et puis fera len vng restrainctif par telle maniere · On fon
dra poix et lestendra len sur vng
cuir ala mesure des longes ou des
reins et mettra len dessus bol armenic armoniac poix grecque galban oliban mastic sang de dragon
galles a pois egal autant de lun côe
de lautre et bropera len tout et sera ceste pouldre espandue suz la poix
dessusdicte vng peu eschaufee et lestendra len sur les reins ou les lôges du cheual et ne le bougera len
iusques atant quil se puisse legeremêt oster · Il pa vng autre restraictif meilleur ace · Len prendra con-
solde la grant bol armenic galban
armoniac poix grecque mastic oliban sang de dragon sang de cheual
fraiz ou seche au tant de mastic de
poix grecque et doliban côe de toutes les autres choses · et en fera lê
pouldre · et le mettra len auecques
aubins doeufz et bonne quâtite de
fleur de forment et tout mesle ensemble on lestendra sur vne forte
piesse de drap de laine · et fera len côme il est dit vne eplastre dessus · Le
dernier remede est q les reins et les
lôges du cheual malade soiêt cuiz
dun treschauld fer en faisant plusieurs lignes grosses et espesses
du long et du trauers en le tirant
dune partie des reins iusqs a lautre · car les eplastres dessusdictes
côsolidêt les reins et sechent les
humeurs et adoulcissent les nerfz
mais le feu dessech la char et si at

trait et estraint la maladie du cheual ·

¶ Des blesseures de la hanche et
de la cure ·   xxxiii · chap ·

Plusieurs foiz aduiêt que la
hanche est desseuree et hors
de son lieu naturel ainsi que le cheual chiet quât le pie lup fault · ou
quil est trop fort boute de trauers
ou les piez de deuât fôt liez ou ceulx
de derriere · La cure · Len mettra a-
stalata côuenable dessoubz la hanche blecee par demp pie afin q les
humeurs assemblees au lieu malade a pêt vope de pssir · et aux mains nettes lê espraidra le lieu malade tout autour pour faire pssir le
geremêt les humeurs · et puis on
fera vng restrainctif en telle maniere et facon · On prêdra poix grec
que oliban et mastic et vng peu de
sang de dragon et p aura autât de
poix grecque côe de toutes les aultres chosez et meslera len ces poul
dres auec qs la poix fondue tant q
tout sera fondu ensemble · Et sera
mis cest eplastre sur la hanche ble
cee auecq estoupes tresmenuemêt
hachees · Ace valent aussi epons a
mettre au lieu blecie lesqlz boutêt
hors côtinuellemêt les humeurs
qui p viennêt Le dernier remede est
q le lieu blecie de la hâche soit cupt
par droictes lignes tât au long cô
me au trauers pour estraindre les
humeurs ·

¶ De la bleceure de lesmule et de
la cure   xxxiiii · chap ·

Laduient aucuneffoiz en lespaule vne bleceure côme en la hanche et en lissue de longle du pie·qui est guerie en telle maniere côme il est dit de la hanche·

t/De la greueure de la poictrine et de la cure.   xxxv·chap·

Laduient aucûeffoiz q̃ le piz du cheual est greue de sang superflu ou de labour ou daucun faiz et tant que le cheual semble estre empesche par deuant en son alleure·La cure·Len le saignera suffisâment de la voine acoustumee d̃ chûne part du piz·et puis len lup mettra cpons dessoubz le piz dont il sera esmeu côme il est dit au chapitre du verme·et ne les ostera len iusques a quinze iours·

¶ De la maladie appellee zardze· et de la cure·   xxxvi·chap·

Combien quil ait este dit par auât dune maladie appellee zardze q̃lle viẽne naturellemêt au cheual·touteffoiz lup aduient elle aucûeffoiz par accidêt quant il est greue desmesureemẽt par trop fort cheuaucher par la feblesse et tendreur du cheual·maiz cecp aduiẽt pl⁹tost en cheual trop gras et trop charnu quât soudainement on le trauaille de cheuaucher·pource q̃ les humeurz superflues en sôt dissoultes et descendẽt aux cuisses si leur viẽt ceste zardze es iaretz comme dessus est dit·La cure·Quant le cheual a esfleure au iaret en maniere de noix ou plus grande ou dehors ou dedẽs on le cuira tantost

au long ou au trauers au lieu enfle·Et quât ces zardres serôt cuictes len mettra fiês d̃ beuf chault auecq̃s huille chaulde d̃ss⁹ la cuiture vne foiz et nô plus·et puis on liera les piez tant deuât côme derriere en telle maniere quil ne puisse toucher d̃ la bouche les cuictures ne d̃ q̃lconque pie froter ne soy escorcher a autre chose dure·car il se demengera grandement pour la cuicture et vouldra mordre le lieu cuict·Et fera len cecp diligẽment d̃ la cuicture iusq̃s a onze iours·Et quât le cuir sera oste et desseure des lignes des cuicturez la q̃lle chose aduient en neuf ou en dix iours len menera le cheual en leaue froide trefcourât du souuerain matin iusq̃s a mp tiera afin q̃ celle eaue touche et surmonte les cuictures dessusdictes·Et quant il sera hors d̃ leaue on mettra sur les lignes de la cuicture de la pouldre de terre biê deliee ou cendre de feuchiere·Et ainsi fera len au soir car on le mettra en leaue des leure de vespres iusques au soir·et puis p mettra len d̃ la pouldre côme dit est·et sera ce continue to⁹ les iours iusq̃s quil soit consolide·car leaue legere et froide d̃seche les humeurs et restrainct la rongne·Et dũez sauoir q̃ en toute cuitture len doit garder le cheual tellemêt quil ne se puisse mordre la cuicture ne froter ailleurs·car il se demengue tant quil se mordroit iusques d̃dẽs les os et les nerfz·

                        z·iiii

⸿ De lespauain et de la cure ·
xxxvii · chap ·

Ceſte maladie vient dedens au coſte du iaret et vng peu deſſus · elle faict enfleure encoſte la voine que on appelle fontenelle et traict humeurs continuellement par icelle voine dont le cheual ſe deult bié grandement quant il eſt trauaille · et eſt ceſte maladie appellee eſpauain et aduient tout ain ſi cóme zardre · La cure · Len le ſai gnera de la dicte voine tant ȝ par ſoy le ſang ſarreſte · et puis celle bo ce de leſpauain ſera cuicte au long et au trauers par lignes couena bles · et fera len cóme il eſt dit au chapitre de zardre ·

⸿ De la courue ou de la courbe et de la cure · xxxviii · chap ·

Ceſte maladie vient ſoubȝ le chef du iaret aup grás nerfȝ de derriere · et faict enflures par la longueur du nerf · et la continuel lemét en indignació et le blece · et pource que ce nerf ſouſtient ainſi có me tout le corps du cheual il eſt có traint de clocher Ceſte maladie ad uient quant le cheual eſt trop ien ne et mal ſagemét cheuauche · ou trop grandement charge · car pour la tendreur de ſon aage le nerf lup tourne · La cure · Quant ledit nerf ſi cómence du chef du iaret eſtant aual emprez les piez en la derriere partie de la cuiſſe ſe on voit que la courue enfle et engroiſſiſſe on cui ra tantoſt la groſſeur au long et

au trauers en deſcendant cóme deſ ſus eſt dit · et en oblique ſicóme le poil deſcend aual · afin que les cuit tures en ſoyent mieulp couuertes quilȝ ne ſeroient ſe ilȝ eſtoient fai tes au trauers · et bleceroiét plus le cheual au trauers pour le peril daucuns nerfȝ ·

⸿ De leſpinelle et de la cure ·
xxxix · chap ·

Ceſte maladie vient ſoubȝ le iaret en la ioincture de los aucuneffoiȝ des deux coſtez aucu neffoiȝ de lun · et faict vng ſuros aſa grandeur dune noip de couldre et griefue la ioincture tant que il fault que ſouuent le cheual cloche et vient bauteſle cauſe cóe la cour ue · La cure · Len cuira ces eſpinel les cóme deſſus eſt dit ·

⸿ De ſuros et de la cure ·
pl · chap ·

Il aduient es cuiſſes du che ual pluſieurs et diuers ſu ros ou quát il eſt morȝ ou feru au pie · ou quil frape aucune choſe du re de la cuiſſe · et ces choſes ne nui ſent pas tát cóme elles ſont laides Et aduiennent es aultres parties du corps cóme es cuiſſes · La cure · Tous ſuros viennét dune caloſi te de char dun heurt ou dun coup · Quant len apparcoura venir len raira celle caloſite et prendra len a lupne paritaire et branche vrſine ſeulement les fueilles tendres et les broera len éſemble auec viel oingt de porc et les cuira len et les plus chauldes que le cheual pour

ra ēdurer et les mettra len deſſus
piees · Ce remede eſt bon a toutes
enfleures des cuiſſes qui viennēt
daucun coup· A ceſte caloſite oſter
du tout racines de guimauues et
racies de lys et de tapſe barbu bro
pees auecqs vieulx oingt de porc
cuit et mis ſur vne piece de toile en
maiere deplaſtre renouuellee ſou
uent vault grandemēt· Xce vault
oignon roſty brope auecques vers
de terre et huille et cuit et puis miſ
chaulx chūn iour vne foiz De la ca
loſite eſt dure on la raira pmierement et la poindra len menu emēt
dune lancete ſans faire ſaigner· et
puis len prendra ſel et grauelle de
vin autant dun côme dautre· et
en ſera len poulbre deſiee et en met
tra len ſur la caloſite et la liera lē
eſtroit et laiſſera len aſi par trois
ou quatre iours et puis on le deſ-
liera et oingbra len le lieu de beurre fraiz ou dautre greſſe Xce vault
vng oeuf cuit tant quil ſoit dur et
nettope et mis chaulx ſur la caloſite raize et lie iuſqs a trois iours
et puis len le renouuellera pluſieurs foiz ſe il ſemble bon · Auſſi
vault ace fiente de chieure auec farine dorge et crope bien bropee en
fort vin aigre et mis ſur le mal en
maniere demplaſtre· Et ſe la caloſite ne deſcroiſt aincois ſe retourne
en ſuros on p remediera par côuenables cuittures côme dit eſt.

❡ De attinture ou nerfruxe et de
la cure.　　　　　　　vli·chap.

Vne maladie viēt au cheual
en la cuiſſe de deuant enflāt
et indignant le nerf en le faiſāt clo
cher· qui lup viēt aucūeffoiz quāt
il court ou quant il va et le pie de
derriere frape le nerf de la cuiſſe de
deuant· Et eſt appellee attinture·
La cure· Quant le dit nerf ſe enfle
on le ſaignera tantoſt de la voine
acouſtumee qui eſt vng pou deſſus
le genoul en la partie de dedens la
iambe· Et puis lup ſera ce remol-
litif qui vault contre lindignacion
des nerfz et enfleures· Prenez fenu
grec ſemence de lyn ſquille turben
tine racie de guimauue autāt dun
côme dautre et bropera len et meſ
lera len tout auecques oingt et le
boulbra len en le mouuāt ſouuēt
Et quant tout ce ſera bien cuit on
le mettra bien chaulx ſur le nerf
blecie tout au long et le liera len
dun large drapeau· et le renouuel
lera lē deux foiz le iour· Xce vault
auſſi oignon cuict en la braize ou
roſty mis auecqs vers terreſtres
et lymacons et beurre tout ce bien
cuit et meſle enſemble iuſques a
leſpeſſeur en le mouuant treſbien
en forme ſoignement· Et ce fait on
raira le poil et en oingbra len les
nerfz tout au lôg trois foiz le iour
Mais ſe latraction de la cuiſſe eſt
vieille on le ſaignera de la voine a
couſtumee qui eſt entre la ioincture et le pie ou coſte de dedens et puis
face len les medicines deſſuſdictes
Et ſe icelles medicines np valent
fors len raira tout entour le nerf

blecie· et fera len vng reſtraintif de
poulöze rouge et de aubin doeuf et
de farine cöme il eſt dit et enſeigne
au chapitre de malferu· et enuelopera len la cuiſſe malade de châure
ou lin auecq le reſtraintif· et y ſera iuſqs a neuf iours· Et apres on
oſtera doulcement ce reſtraintif de
la cuiſſe et oindza len le nerf daucune oingture· et ſe ces choſes ne
pzouffittent il ſera cöfozte par cui-
re·

¶De la maladie de ſcoztilate et de
la cure.   xliii·chap·

Il aduient aucüeffoiz que la
ioincture de la cuiſſe empzes
le pie eſt blecie du coup que le cheual fait a aucune choſe dure ou de
chopez en alant ou que le pie ſaſſiet
mal dzoit ſur terre· et eſt ceſte maladie appellee ſcoztilate· La cure·
Len fera bzouet de bzan de fozment
de fozt vin aigre et de ſuif de mouton bien meſle enſéble· et fera len
tout boullir iuſques atant que il
ſera eſpes en remuant treſbien et
le mettra len ſur le lieu blecie le
plus chauld que le cheual le pourra endurer· et fera bié lie dune pie
ce de toille et renouuellee chün iour
deuy foiz ou plus· Se la ioincture
enflee a indignacion de nerfz len ſe
ra emplaſtre de fenugrec de ſemence de lin et de ſquille cöme dit eſt au
chapitre deuant· Mais ſe pour loca
ſiö de la ſcoztilature los eſt remue
de ſon lieu on leuera le pie du cheual par cöpaignons· et le pie blecie

clochât liera len ala queue du che-
ual· et puis on le menera ala mai
en lieux motteux· car par la neceſ
ſite de loppzeſſiö de la ioincture vers
terre celluy os deſioingt ſe remet-
tza en ſon lieu ou il doit eſtre· maiz
on y doit auant mettre le remollifi-
tif que iay dit· Il aduient aucunef
foiz q vng os ſe deſioinct tellement
de lautre que on ne le peult reioindze a ſon lieu · ou ceſt a trop grant
peine· tant que la ioincture en eſt
fozt enflee dune enfleure moult du
re· la qlle il conuient cuire· Et doit
on ſauoir que de toutes les cures
deſſuſdictes la cuicture eſt le derrenier remede·

¶ De bleceure deſpine ou daucun
bois et de la cure   xliiii·chap·

Aucuneffoiz aduient que vne
eſpine ou autre bois étre en
la ioincture du pie ou du genoul ou
en aucune partie de la cuiſſe et demeure dedens la char ſi q la plape
ou toute la cuiſſe ſen enfle· et par
eſpecial ſi touche le nerf· et cöuient
que le cheual cloche· La cure· On
raira ſur la plape et étour et met
tra len troiſ teſtes de laizardes vng
pou bzopees deſſus la plape· et la
liera len dune pieſſe de dzapeau· A
ce valent racines de roſiers et raci
nes de diptan bzopees et miſes deſſus ¶ce auſſi valent lymacons
bzoiez auecqs beurre cuitz et mis
deſſus· Leſqlles choſes tirent mer-
ueilleuſement bois ou eſpine hozs
de la char· Et deuons ſauoir que a

toutes ẽfleures molles et nouuelles qui par aucun coup nõ pas par
nature est es genoulx ou aux ioinctures ou en aucune aultre partie
des cuisses vault assez mixtiõ qui
se faict ainsi· prenez de paritaire a-
lupne branche vrsine les tendrõs
et les broyez et meslez tresbien a-
uecqs vielz oingt puis les faictes
tresbiẽ boullir en les remuant et
quant ilz seront tresbiẽ cuictz les
mectez et liez le plus chault que le
cheual le pourra souffrir sur le lieu
blecie·

¶ Des galles et de la cure·

xliiii·chap·

Il aduient aucũeffoiz galles
au cheual sur les ioictures
par nature aucũeffoiz par accidẽt
poʒ la fumosite du fies & lestable
et aux cuisses moillees dõt les humeurs se dissoluent· et aucũeffoiz
elles viennẽt au cheual de trop che
uaucher·La cure·Aucuns veulent
guerir galles en trenchant dune
lancete le cuir et lors les galles en
yssent et y mettent du reagal de-
dens· et ce est mal faict pource q̃ le
lieu est trop neruu et pource la dou
leur en vient si grãt q̃ humeurs
si assemblent· et pource il vault
mieulx que on mette le cheual au
soir et au matin en eaue fort courant tres froide iusqs aux genoux
et que il y soit tant que les galles
se appetissẽt pour la froidure de lea
ue·et puis on fera es ioictures du
cheual au lõg et en oblique ce qui
est dit dessus·

¶ Des grappes et de la cure·

xlv·chap·

Aucuneffoiz il viẽt grappes
aux ioinctures des cuisses
qui rompent entour les piez en la
partie de derriere qui trẽchẽt le cuir
et la char au trauers et aucũeffoiz
au long et gettent souuẽt pourreture par les treches ainsi comme
eaue et tormentẽt moult le cheual
pour lardeur· et ce leur vient de la
superfluite des mauuaises humeurs descendans es cuisses· La
cure· Len ostera le poil du cheual
par telle maniere·Len prendra de
chaulx viue trois partiez et la quar
te dorpimẽt et mettra len en eaue
chaulde et meslera len tresbien et
cuira len tout ensemble tant que
qui y mettra vne plume elle se plu
mera tantost et lors lauera len la
maladie de ceste eaue tant chaulde
cõme le cheual la pourra souffrir
et y mettra len ceste medicine en
loignãt·et puis assez tost apres cõ
me par lespace dune heure on laue
ra la place des grapes deaue chau
de afin que le poil chee·et apres on
lauera le lieu de decoction de mauues et de bran et liera len les mau
ues et le bran sur les grapes et la
on le laissera du matin iusqs au
soir et puis len fera vng oignemẽt
de cire et de suif de mouton et de poix
raisine autant dun cõme daultre
et bouldra len tout ensemble en le
bien mouuant et en oingdra len
les grappes deux foiz le iour a vne
plume de geline et vsera len de cest

oignement iusques atant que les
fendaces serôt côsolidees et se gardera tousiours de toutes ordures
et deaue. Et quât elles seront côsolidees on les lpera et lup trenchera len la maistresse voine denhault
de la cuisse par dedens côme iap dit
au chapitre de lespauain Et quant
il aura assez saigne len cuira les
grappes et puis on les guerira côme iap dit dessus. mais touteffoiz
la maladie des grappes est a grât
peine bien parfaictement guerie.

¶ Des creuaces et de la cure.
xlvi·chap·

SEmblablemêt aduient vne
maladie aux cheuaulx en-
tre la ioicture de la cuisse et longle
qui rompent le cuir et la char en
maniere de rongne et aucuneffoiz
gettent pourreture et pour lardeur
font souuent grant doleur au cheual et ce aduient souuent de la fumosite de lestable au cheual qui a
les cuisses moillees. La cure. On
le guerira côme iap dit au chapitre
de deuant forz tant que la maistres
se voine ne sera point bleçee et que
len ne cuira point les creuaces.
Mais se il adiouxte a psent q quât
le poil sera oste len vsera de cest oig
nement que on fera ainsi. Len prêdra de la supe de la cheminee et ver
deramo et dorpin et autant de miel
cler côme de toutes icelles choses
et broperast len tout ensemble et le
cuira len iusques a lespesseur en
le remuant et meslera len auecqs

vng petit de chaulx et en fera len
oignemêt et loingdra len deux foiz
le iour sur les creuaces par auant
bien lauees de vin blanc tiede en
les gardant tousiours de ordure cô
me il est dit. Cest oignemêt consolide merueilleusemêt et restrainct
les creuaces. Ace vault aussi frotter souuent les creuaces dozine den
fant et froter bien fort. Ace vault
aussi le tenir longuement en eaue
de mer. ¶ Il ya vne autre maniere
de creuaces longues et grandes du
trauers au boulet entre la char vi
ue et longle qui est pire que les au
tres et griefue moult au cheual et
qui nest guerie doignemêt ne dautre medicine. forz que de cuictures
Et pource on cuira icelles creuaces
en leurs extremitez a vng fer rôd
et la cuira len en la teste tout en-
tieremêt. car par le benefice du feu
icelles creuaces peuêt bien estre ap
petissees et ne peuent croistre.

¶ Du chancre et de la cure.
xlvii·chap·

CHancre est entour les ioinctures des cuisses epres les
piez. et aucuneffoiz es autres parties des cuisses ou du corps et viêt
daucune plape qui sera faicte par
auant et apres oubliee par neglige
ce quant le cheual a aucune plape
en la dicte ioicture et on le cheuau
che par ordures ou eaues. La cure
On le guerist par telle maniere en
qlconque part du corps que il soit
len prêt du ius daffodillez en grât

quantite et le bat on et meult a-
uecques deux parties de chaulx Biue et la tierce partie dozpiment bié
delie brote· et puis on le met en Bng
pot de terre bien estoupe que fumee
ne air nen puisse pssir· et le fait on
tant boullir et cuire que tout Bien
ne en pouldze et de ceste pouldze on
mect au mal pour le moztifier et
quant il est moztifie len guerist le
mal auecques aubin doeufz et au
tres choses côme il est dit dessus·
Touteffoiz on doit tousiouzs lauez
le mal du chancre de Bin aigre· Et
soet len quant le chancre est mozti
fie se la playe senfle tout ètour· A
ce Bault fiente dôme mise en poul
dze et mis auecqs grauelle de Bin
arse en pareille mesure et aussi gra
uelle de Bin arse auecques sel menu bien meslez· Il est Bng aultre
remede et meilleur pour moztifier
chancre· Ail bien broye auecqs poi
ure et pitre et Bng peu de Bielz oigt
de porc len mettra ce en la plaie du
chácre et le liera len tresbié estroit
et le changera len deux foiz le iour
iusques atant que le chancre soyt
moztifie et puis on le guerira com
me il est dit· Et sont ces medicines
deuant dictes bonnes en lieux ner
ueux et en arteres empeschees cest
adire es conduiz des parties espiri
tuelles· car en telz lieux lé ne doit
point Bser de cuictures· maiz on ne
doit point doubter de faire cuicture
en lieux charnuz aicois telles cuic
tures sont meilleures cures et pl⁹
legeres·

Des fistules et de la cure·

xl·Biii·chap·

LE la playe du chancre ou le
chancre mesme nest guerp
mais senuieillist il se côuertist en
fistules qui est plus forte a guerir
mais touteffoiz on la guerist aucuneffoiz a pouldze daffodilles en
y meslant autant de chaulx Biue
et dozpin bien pouldzez pour le fai
re plus fort et le mesler len auec
ques ius dail et dongnôs et de pebles en pareille mesure et les boul
dza len en cler miel et Bin aigre et
le remuera len iusques atant que
ce sera oignement et de ce len mettra en la fistule deux foiz le iour·
touteffoiz par auant bien lauee de
Bin aigre· Ace mesme on prendza
ozpin Berdrain chaulx Biue en
poiz egal et atrament et piretre a-
uecques miel et Bin aigre et le cui
ra len aucunemèt en le mouuant
tousiours et côe magdaleons len
mettra tous les iours deux foiz en
la fistule iusques atant quelle sera moztifiee· toutesfoiz que tousiours soit lauee par auant de Bin
aigre· Il en pa Bng autre plus Bio
lant q tous ceulx icp· Reagal bien
pouldze et tresbien broye et remue
auecques saliue de hôme mis par
mesure dedens la fistule· et doit on
quant elle se moztifie pource quelle
enfle et rougist· et quant elle sera
moztifiee la playe sera guerie com
me il est dit desaultresplayes· Et
se la fistule est en lieux charnuz lé
fera tout entierement côe il est dit

en la cure du chancre·

¶ De la maladie qui est appellee
malpizon   xlix ·chap·

Une autre maladie est q̃ len
appelle malpizon qui vient pro
premēt es buletes des ongles qui
empesche le cheual a aller cōe fait
linfusion· et vient aucuneffoiz en
vng pie aucuneffoiz en plusieurs
ou en tous qui ne le guerist hasti
uement· et si faict aucuneffoiz ve
nir rancle et rongne en la langue
du cheual et ce aduient legeremēt
de mauuaises humeurs descendās
au lieu· et souuent proced̃ de la fu
mosite de lestable quāt les piez ne
sont pas secs et nettoiez des ordu
res quant il y entre· La cure· pre
mieremēt len doit appareiller les
ongles du cheual malade iusques
ace que ilz serōt bien deliez et aps
on les cuira a vng instrument de
fer au boulet du pie pres au vif de
longle et ainsi cōme se il estoit pres
que aneanty afin que icelluy bou
let se puisse euaporer de toutes parz
et aps le cheual sera saigne de cha
scune part du boulet afin q̃ les hu
meurs qui si estoient conuerties se
puissent vuider ou que il soit perce
dun fer poictu tout oultre des deux
costez et que on le garde tousiours
deaue et dordure· Et aussi ne le doit
on point trauailler et puis on fera
vng brouet de bran et de vin aigre
et le bouldra len ēsēble en le mou
uant cōtinuellemēt et lestraindra
len tant chauld q̃ le cheual le pour
ra souffrir sur vne piece de toille bñ

blanche et le mettra len sur le pie
blece du cheual et le changera len
deux foiz le iour et le gardera len q̃
il ne mengeusse point derbe et aussi
de toutes aultres choses bien pou
iusques atant quil sera guery car
les herbes et les aultres choses
traient les humeurs

¶ De la furine et de la cure·
                              l·chap·

Il ya vne autre maniere de
maladie que len appelle fu
rina· et est ētre la toincture du pie
et le pie sur la courōne pres de lem
plastre qui vient de aucun coup du
ne chose dure et aloccasion daucūs
laz mis au pie mal apoint· et se on
ne le guerist tantost elle se tourne
en suros qui deuient tresdur quāt
il se enieillist et aucuneffoiz sestēd
generalement sur la couronne du
pie· La cure· Soit vieille ou nouuel
le on luy aidera cōme iay dit des su
ros· ceste maladie empesche gran
demēt le cheual a aller pource q̃ le
lieu ou elle se fiert est plein de nerfz
et de voines ētrelassees tout ētour

¶ Des maladies des piez et des on
gles Et premierement de la mala
die de spte·   li·chap·

Apres la maladie des bleceu
res des membres du cheual
et des cuisses· Ie diray des ongles
et des piez· et premierement de spte
qui est faicte en longle du pie ius
ques au tupau de dedens trēchant
par le milieu et aucuneffoiz ilcom

mence des la courône du pie et tend
par le long daual iusques a lextre
mite de longle ou du pie et gette au
cuneffoiz sang vif par la trenche et
la fente · et si aduient aussi aucun
neffoiz pour la tendzeur du cheual
ienne quant il se blece a ferir ou a
heurter a aucune chose dure ou tu
pau qui est tendre si cloche le che
ual quant on le cheuauche souuet
La cure. Len querra la racine de la
spte vers le tupau en coste la cou
ronne du pie dedes le vif et le mozt
de longle et sera trenche par dessus
iusques atant quil comence a sai
gner. et puis on pzendza vng serpet
et gettera len la teste et la queue
et trechera len le cozps en menues
piesses et les cuira len auecqs hui
le comune en aucun vaisseau tant
que la char du serpent soit fondue
en huille et desseuree des os et de ce
len fera oignement et oingdza len
deux foiz le iour les racies de la sp
te cest adire oignement bie chauld
iusques atant q la spte soit amoz
tie et lôgle soit ramenee a son bon
estat et quil soit garde deaue et doz
dure et aussi de menger herbes ·

¶ De la maladie appellee supposte et de la cure.　　　　lii·chap·

Supposte est vne maladie en
tre la char viue et longle et
fait rompture de char illec et se elle
senuieillist elle se tourne en chãcre
et aduiet que vng pie de cheual est
mis sur lautre pie· La cure· Si tost

côme on voit plapes pour celle occasion len trenchera ala roesne tãt
de longle entour la plape que lôgle
ne touchera ne prendza poit la char
viue ·car si lestraignoit la plaie ne
se pourroit côsolider· et quãt on au
ra trêche longle tout autour et la
ue la plape de vin chauld ou vin
aigre on guerira et consolidera la
plape côme iap dit par deuant et q
elle soit tousiours garee dozdure
et deaue toucher iusques atant ql
le sera consolidee·et si par aucue ne
gligence elle tourne en chancre on
la guerist côme iap dit au chapitre
de chancre·Et se elle se tourne en fi
stule on la guerira côme iap dit de
la fistule·

¶ De la spumecture aultrement
spontacture des ongles ·

　　　　　　　　　　liii·chap·

IL aduient aucuneffoiz q linfu-
sio du cheual qui nest pas
encozes guerie descend aux piez des
soubz les ongles· La cure· Se elle
est fresche on lup secourra ainsi.
Lextremite de longle de la partie de
deuant sera cauee tout au fons a
vne roesne petite iusques atant q
la maistresse voine qui tend la soit
rôpue dela roesne et le sang en psse
pzesque ala feblesse du cheual · et
se il semble bon on fera ainsi es
autres piez clochans· et apzes la
saignee on emplira la plape de sel
menu et puis len mettra la dessus
vne estoupe moillee en vin aigre et
puis on le liera dun dzapeau sans
oster iusqs au second iour et puis

on guerira la playe de pouldze de galles ou de mirte et lentisque en le lauant de vin aigre deux foiz le iour et puis y mettra len de celle pouldze. et fault quil soit gard doz dure et deaue iusques ala guerison

¶ De la desoleure des ongles et de leur cure. iiii.chap.

SE les humeurs venãs aux piez du cheual pour locasiõ de lenfõture dessusdicte venãt aux ongles sont enuieilliz par deffault de garde et de cure il cõuient desoler les piez clochans afin que les humeurs la encloses et le sang en puissent. La cure. Si treche len doncqz la sole dessoubz longle ãtour lextremite de longle a vne roesne et puis on le extirpera a force par dehors et mettra len en la playe vne estoupe bien moillee en aubin doeuf et fera le pie tresbien lie tout entour de drapeaux et laisse iusques a len demain. et puis on lauera bien de fort vin aigre chauld la playe et lemplira len de sel menu et de grauelle de vin en pouldze et bien meslee. et mettra len dessus vne estoupe moillee en vin aigre et le lpera len dun drapeau et le laissera len iusqs au tiers iour. et puis on le lauera deux foiz le iour et mettra len dedens de la pouldze de galles ou de mirte et lentisque qui consolident la char et restraignent les humeurs et que tousiours par auant la playe soit lauee de vin aigre et

fera len ceste cure iusques atant q la char soit consolide en le gardãt tousiours deaue et dozdure. Vng autre oignement pa pour y mettre apres que len aura mis le sel et la grauelle de vin qui consolident la char et defendent les humeurs a venir. Len prendra pouldze de mastic et de poix grecque et vng pou de sãg de dzagon et meslera len tout auecques cyre fõdue nouuelle et autãt de suif de mouton et bouldza lê tout ensemble et en fera len oignement et en vsera len en le mettant vng peu chaulx. Et sont plusieurs maladies ou il fault dessoller les ongles du cheual. et est bõne ceste cure a tous pour amoistir les õgles des cheuaulx afin quilz soient mieulx preparez. Len prendra mauue paritaire bzan et suif et bouldza len tout ensemble en le mouuant continuellement et oingdza len de cest oignement les ongles des cheuaulx et les liera len de drapeaux

¶ De la mutacion des ongles . v.chap.

Aucuneffoiz aduiẽt que pour la paresse du mareschal les humeurs descendues aux piez du cheual sont encloses la dedens et tant y demeurent que longle se deceure par dedes du tuiau et quiert vope et sen p ssir. Il aduient aussi aucuneffoiz que soudainemẽt lõgle se deceure et chiet pour la fureur de plusieurs humeurs qui sont descendues a longle . et aucuneffoiz

longle se diuise petit a petit du tupau et en naist Bng nouuel suiuãt
lõgle deœure pour peu de humeuze
La cure. On leur secourt ainsi. len
trenche tantost de la roesne le Bielz
ongle tout entour ou il se ioint au
nouuel si que le Biel ongle dur né-
pesche point le nouueau ne le bleœ
tant soyt peu. et puis len penдza
deuy parties de suif de mouton et
la tierœ de cire et Soulдza len tout
ensemble en le remuãt et p adioustant Bng peu duille et en fera len
oignement et en oingдza len mais
quil soit Bng pou chaulд deuy foiz
le iour longle nouueau. Et notez
que œst oignement Bault a faire
renaistre et croistre les ongles et
les fault tousiours garder deaue
et dozдure. Longle qui est soudainement deœure du tupau et chet est
selon lopinion cõmune non cura-
ble. Touteffoiz len p peult espzou-
uer œste cure. Len pzeдza poiy gzec
que oliban mastic Bolamen sang
de дzagon galban en poiy egal et
en fera len pouldze bien deliee auecques deuy parties de suif de moutõ
et la tierœ partie de cire et le cuira
len en le mouuant tousiours et
p̃is on p mettra Bne pieœ de toisle
de lin fort et la moistera len deдns
et de œste toisle on fera Bng chapeau ou soulier en maniere de tupau ou le tupau sera mis et deuy
foiz le iour len traira le chapeau
et lauera len le tupau de treffozt
Bin aigre tiede et puis apzes on le
remettra au chapeau. et doit on

Bien garder que le tupau ne touche
ou soyt bleœ daucune chose dure
tant soit peu. Et pourœ que lozs le
cheual ne se peut Bien tenir дzoyt
on lup fera littiere de longue paille sur quoy il se repposera a son plai
sir. et aussi pourœ quil ennuperoit
au cheual de tousiours gesir len
penдza Bne pieœ de Bien fozte toille ou on lenfozœra de œngles et sera tresbiẽ lie au chef a Boutz de coz
de et la moistie du cozps iusques
auy piz sera mise soubz le cheual
et puis on liera et attachera len
les cozдes enhault auy pistiers tel
lement que le cheual en sera leue
et soustenu et telement soit leue
que il touche des piez a terre. Et no
tez que de tel art peult on aiдer au
cheual touteffoiz que pour empeschemens il ne se peut soustenir en
estant.

De diuerses encloeures et de
leur cure.   le Bi. chaρ.

LE cheual est aucuneffoiz en-
cloe si que le tuiau en est en
tierement bleœ par deдns. aucuneffoiz il pa Bne encloeure qui passe entre le tupau et longle et bleœ
moins le tupau de deдns que lau
tre. aucuneffoiz pa Bne encloeure
qui ne bleœ point le tupau en riẽs
mais œste attaint le Bif de longle
elle bleœ. La pzemiere est perilleuse
au pie car elle bleœ le tupau qui
est ainsi cõme le tẽдzon de los fait
en maiere dõgle qui nourrist lõgle

Z.i.

et tient en foy les racines de l'ongle. La cure. Se le tupau de l'ongle
eft entierement blece on luy aidera
par deffoler l'ogle et fe il eft ung peu
blece on le defcouurera a ung iftru
ment de fer en l'ongle feulemēt entour la plape et auffi tout entour
la blecœure on oftera de l'ouzgle et
taillera tout hozs fi que la blecœure fera attainte et defcouuerte bien
apoint. Et quāt elle fera defcouuer
te l'en attenuira l'ongle feulement
empzes la blecœure et tant quil y
ait efpace entre la blecœure fi q l'ongle ne touche ala blecœure. et ce fait
l'en ēplira la plaie deftoupes moillees en aubins d'œufz. et puis on
guerira la plape a fel menu et fozt
vin aigre et poulþze de galle et de
mirt ou lentifque ficôme il eft dit
au chapitre de deuāt. maiz fe le clou
eft paffe entre le tupau et l'ongle il
ya moins de peril pource que le tupau neft point blece fozs que de cofte. et le guerift on ainfi l'en defcou
uera l'enclocœure iufqs au vif pzemieremēt en trenchāt l'ongle tout
au long en efclarciffant entour et
vers la plape bien apoint l'en taillera l'ongle pzes de la blecœure tout
entour afin quelle ne fe adherde a
la plape en quelq maniere que ce
foit. et quāt l'enclocœure fera defcouuerte on lauera la plaie de treffozt
vin aigre et l'emplira l'en de fel me
nu et le couurera lē deftoupez moil
leez en vin aigre et le liera l'en d'un
dzapeau en faifant ainfi deux foiz
le tour ficôe il eft dit deffus. Et la

tierce maniere eft qui point ne blece le cheual ou le tupau mais touche le vif de l'ongle et le blece. L'en fe
ra du tout ainfi côme il eft dit en
la feconde efpece en y adiouftāt tou
teffoiz que l'enclocœure fera defcouuerte bien apoint. Le dehozs de l'ongle fera trêche iufqs ala blecœure
du clou fi qui ny apere riens de lai
dure ou autre chofe ozde qui foit re
tenue dedens la blecœure en qlconque maniere. Et notez que toutes
les autres enclocœures qui ne touchent ou blecēt le tupau dedens
peuent eftre legeremēt curees. Cô-
fidœrez pzemieremēt les blecœures
et les curera l'en ainfi. Pzenez fuif
ou cire ou huille ou autre chofe ver
tueufe chaulx et fel menu ou poul
dze de grauelle bien bzopee et mettez en la plaie. Autāt y vault fupe
bien bzopee auecques huille. auffi
faict aubin d'œuf bzope auecq vin
aigre et huille. Et notez que a toutes enclocœures et blecœures de piez
qui viennēt a l'ocafion de clou ou de
bops ou d'autres chofes entrans
au vif de l'ongle auant que l'en tou
che l'ongle ou le pie afin que l'en en
quiere l'enclocœure côe il appartient
l'en fera bzoper du bzan du fuif et
des mauues et le bouldza l'en tout
enfemble iufques a l'efpeffeur de
oignemēt et le mettra l'en fur ung
dzap et le pl⁹ chauld que l'en pourra on le mettra fur le pie blece et
liera l'en tresbn du matī iufqs au
foir et du foir iufqs au matin car
ce mitigue la douleur et atrêpe les

pores et côduitz de longle et amoitist pour mieulx tailler longle · et aps soit taille longle et soit garde tousiours deaue et dardeure de cheuaucher ¶ Il aduient aucueffoiz q par lignozance du mire lencloeure nest pas bien attaincte ne bië guerie et tant quil pa pourreture eclose dedens longle et rompt la char pour pstre hors par dessus le pie si p vient vne playe gettant pourreture · la quelle playe doit estre guerie côme il est dit dessus en ce mesme chap · mais touteffoiz il fault de rechief enquerir lencloeure et bn attaindre iufqs au vif côme il est dit des autres encloeures.

¶ De la maladie appellee fic et en latin appellee ficus et de la cure. l'vii·chap.

Il aduient aucuneffoiz q le pie du cheual est blece soubz longle au milieu de la solle de fer ou dautre chose dure qui entre iufqs au tupau dont le tupau est blece · et de ceste blecure quant longle nest trenche tout ëtour côme il doit estre il vient du tupau vne superfluite de char qui passe la superficæ de la solle en maniere de figue · et pource est appellee fic·La cure·Len trechera pmieremët de longle qui est entour la playe tant en prfôd que il p ait suffisant espace ëtre la solle du pie et du fic · et puis len trechera le fic iufques ala superficæ de la solle et le sanz fera tant estâche par vne esponge marine qui fera ppee sur le pie ou le fic est afin que

ledit fic soit ronge Et apres on guerira et curera len la blecure sicôme il est dit des autres blecures · Et en deffault desponge len prëdra pouldre de afodilles ou autre chose cozrosiue excepte reagal · car il est trop violant · et doit on garder q on ny face point de cuicture·car on pourropt blecer le tupau pour fa tendreur tellement que longle se diuiferoit et partiroit de luy.

¶ Des generaulx signes des maladies des cheuaulx. l'viii·chap.

Cheual clochant du pie de deuant se il ne prent la terre fors que de la poincte du pie si seuffre en longle·Cheual clochant se il ne plope les pastures il est blece aux ioictures · Se le cheual cloche dedens et en retournant a dextre ou a senestre il est faict plus clochant il a douleur es espaules · Se vng cheual cloche par derriere en le retournât il cloche plus fort il a douleur es hâches · Se vng cheual portant le dos bas vers terre fait en son pssue menus pas et espes il est blece en la poictrine · Se vng cheual cloche par deuant et quât il repose et mect le pie auant lautre clochant et ne se souftiët sur ce pie clochant il seuffre en la cuisse ou en lespaule · Se vng cheual clochant par derriere et en son aller ne plope point bien la ioincture il a mal a la ioincture ¶ Se le cheual qui a douleurs des le corps a côtinuel

x.ii.

lement froides oreilles 'et narilles
et les peulx enfoncez et cócauez on
le iuge demp̃ vif · Se vng cheual
qui a ãtiquoz met hoꝛs vent froit
par les narilles et a les peulx touſ
iours plouⱥns il est iugie comme
moꝛt · Cheual qui a la maladie de
cymoire ou de verme volatif au
chief et met hoꝛs par les narilles
humeurs cóme eaue froide et graſ
se a peine en eschapera · Se vng che
ual a la maladie de aragaiaci et y
met hoꝛs par derriere fiente ſi clere
et eschaufee que y ne luy demeure
riés au ventre · et ꝗ la maladie ne
cesse poit par effuſió il mourra pro
chainemẽt Se vng cheual qui a la
maladie de niulles ſoudainemẽt ſe
remet tout a ſuer generalemẽt et
les mẽbꝛes luy faillent et treblẽt
tous il ne peult par semblãt escha
per · Se vng cheual a la maladie
de froit et il a la teste enflee et gros
peulx et la teste pendant biẽ bas
et les boutz des oreilles pendãs et
froides et auſſi les narilles il nen
eschapera ia ſe ce neſt a grant peine
Se vng cheual qui a leſtrãguillon
a grant peine met hoꝛs ſon eſperit
au ſon du nez et de la goꝛge et a la
goꝛge toute enflee foꝛt eſt quil en
eſchape ·

❡ Des mules et muletz ·
              liŷ · chaṕ ·

SE perſóne veult auoir mu
les il doit ꝗrir iumẽt de grãt
coꝛps bel et noble de fermes mem
bꝛes et bons et de plaiſãt foꝛme et
doit plus cóſiderer la foꝛme ꝗ la le

gerete et daage dẽtre quatre et diŷ
ans · Les mules et muletz ſót en
gẽdꝛeez de aſne en iumẽt ou de che
ual en aſneſſe et nen eſt nulz meil
leurs ꝗ ceulx de laſne en la iumẽt
Laſne donc a miſſaire pour la iu
mẽt ſaillir doit eſtre de grant coꝛps
et gꝛos et ferme en muſcules eſtꝛoiz
et foꝛs mẽbꝛez noir en couleur mu
rin ou rouge · Et cellui qui poꝛte di
uerſe couleur es oreilles ou es pau
pieres il muera pluſieurs foiz la
couleur de ſa lignee · On ne le doit
point pꝛendꝛe plꝰ ienne que de trois
ans ne plꝰ vieulz de diŷ · maiz entre
deuŷ · Se vng aſne eſt enupe dau
cũe iument ꝗ on luy móſtre on lui
móſtrera vne aſneſſe iuſꝗs atãt ꝗ
ardeur le ſurmótera · et loꝛs quãt
il ſera foꝛt eſchauffe il naura pas
en deſpit la iumẽt car nature le ſur
mótera · On cógnoiſt laage du mu
let ainſi cóme laage du cheual · Se
ilz naiſcẽt et demeurent en montaignes ilz auꝛót treſdurs ongles
et ſe ilz naiſcẽt en lieux de paludz
ou en lieux huileux ilz auꝛót molz
ongles · Et pource ſe ilz naiſcẽt en
telz lieux on les doit ſeparer de la
mere et mettre paiſtre en mõtaignes foꝛtes et aſpres pour endurcir
leurs ongles · et pour acouſtumer
la durte ilz demeurẽt au ventre de
leurs meres douze mois ainſi cõe
les cheuaulx · et les gueriſt on cõe
les cheuaulx ·

❡ Des aſnes ·
              lŷ · chaṕ ·

QVi veult auoir bons aſnes
il doit pꝛimierement regarder

q̃ lasne et lasnesse soiēt de bon aage
et fermes de tous leurs mēbres et
de grant et puissant corps et de bon
semoir et de lieu dont les tresbons
seulent venir. Il en est de deux ma
nieres Lune sauuage. et ceste est en
frise et lycaonie ou il en ya grant
bergerie. Et les autres sont priuez
cōme moult en ya en lombardie
et ptalie. pour saillir. le sauuage
quāt il est apriuoise est le meilleur
car il est legerement apriuoise. Le
masle et la femelle qui naissent sē
blables a leurs peres et a leurs
meres sont bons et les doit on esli
re. On les nourrist de farine et de
bran dorge On les couple pour sail
lir ensemble auant my iuin afin
quilz facent leur fruict en tel tēps
lan ensuiuāt. cestassauoir a douze
mois. et pors on doit soubzlager
les preings de labour. ou aultre
mēt le fruict en vaul droit pis. On
ne doit poīt soubzlager les masles
de labour. pource q̃ pour repos ilz
en sont plus presceux On les doit
paistre presque ainsi cōme cheuaux
Quāt les poulains sont nez on ne
les doit point oster de la mere auāt
vng an. et lan dapres on les souf
frera auecq elles la nupt. et est bō
de les lyer de legers cheuestres ou
daultres doulces choses ¶ Et au
tiers an on les apriuoisera et les
duira len a telles euures cōme on
vouldra quilz seruent. car aucūs
ne les veulent auoir q̃ pour porter
fardeaux et charges. les aultres
pour traire. les autres pour porter

gens. et les aultres pour arer terres legeres. Aucunes maladies
leur viennēt cōme aux cheuaulx
et aussi on les en guerist cōme che
uaulx.

¶ Des beufz taureaux et vaches
lvi. chap.

On treuue quatre aages en
lespece de bouerie. Le p̃mier
aage est de veaulx. Le second des ie
niaux Le tiers des beufz Et le quart
des vielz beufz. Qui veult acheter
bouerie et granche de beufz doit cō
siderer que ce soiēt vaches bōnes a
porter fruict. et daage accomply nō
pas imparfait. et biē composees de
corps. et tellemēt que tous les mē
bres soiēt gros et sentre respōdēt de
haulte forme de lōg corps de large
vētre et lōg et large frōt les peux
noirs et grās belles cornes et par
espal noires les oreilles velues
grās mēgoeres ouuertes narilles
la teste vers le col grasse et longue
larges espaules cuisses courtes et
noires lōgue queue iusq̃s au talō
a cheueulx crespes au bout droitz
genoulx cours ōgles et pareilz et
le cuir doulx au tast et non pas as
pre ne dur mais bien gros par es
pecial noir et apres rouge et apres
bapart et apres blanc car cestuy
cy est tresmol et le premier tresdur
et les aultres sont moyens daage
de trois ans. car de trois ans ius
ques a dix le fruict est le meilleur
¶ Len congnoist les bons taure
aulx a ces signes. Que ilz soient
haulx et de bien grans et beaulx

a. iii.

mêbres de moyen aage. et mieulx
vault quil soit ienne que il decli
nast a vieillesse de face torue petites
cornes. grosse et lourde teste. Vêtre
soubz estroit et q̃ ceulx qui en bien
nêt respondent ala face de leurs pa
rens. Et doit on sauoir de q̃lles con
trees ilz sôt. car il ya regard pour
ce quilz viennêt meilleurs dune cô
tree q̃ dautre. côme on voit par ex
perience

¶ Côme len doit tenir taureaulx
et vaches   lxvii. chap̃.

En doit appareiller a ces bestes en puer lieux pleis deaues ou êmps eaues. et en este mô
taignes froides et obscures. par es
pâl pource quilz se saoulêt mieulx
de iennes boutz darbres et darbu-
stes et de lerbe qui y napst entre
eulx. combiê q̃ les portâs et la por
ture entour fleuues pour le lieu
plaisant y paiscêt. Touteffoiz les
portures doiuêt estre aidees deaue
vng pou plus tiede. car ainsi côme
dit paladius on les trouuera pl^9
prouffittables ou leaue de la pluie
faict aucuns marecz tiedz. Les e-
stables leur sont bônes qui sont de
pierres de sablon ou de terre glai
reuse pauees en pendât et declinât
aucunemêt. afin q̃ lumeur se vui
de vers la partie opposite du midy
pour les forz ventz dont vient la
glace aux quelz on doit resister par
aucun êpeschement. Et les doit on
garder quilz ne soient feruz daucu
ne angoisse ou de froit. Et pource q̃

mouches et petites bestes leur fôt
souuêt moleste soubz la queue on
les doit esclorre de haies et de murs
On leur doit mettre du feurre et
des fueillez soubz eulx afin q̃ ilz se
reposent mieulx. on les doit mener
a leaue deux foiz le iour en este. et
vne foiz en yuer quât elles comen
cent a veeller. comme il aduiêt au
mois dauril. Len gardera empres
leurs estables les pastures êtieres
lesq̃lles elles pourront gouster au
retourner afin q̃lles puissent suffi
re au truage du labour et du lait
car elles sont enuiees pour le tra
uail de veeller. et doit on bien gar
der q̃ le lieu ou on les recoit ne soyt
froit. car froit et faim les faict mes
gres. Et ne doiuent poît les veaux
allaictans coucher la nupt auecq
leurs meres. mais on leur maine
leurs veaulx au matin pour les
allaicter. et aussi quant elles re
uiennent de pasture. Le custode et la
garde doit estre diligêt que len oste
les vieilles et les brehengnes. Et
que on y mecte des nouuelles en
lieu et ordonne les brehengnes au
labour et ala charue. Et saucune
vache a perdu son veau on lui bail
lera aucun aultre veau a qui la
mere ne donne pas assez de laict.

¶ Quât et côment les taureaux
doiuent estre menez pour saillir les
vaches   lxviii. chap̃.

Varrô dit q̃ len deuroit gardez
pour le fruit ce qui sensuyt.

Len doit garder les vaches auant
q on les mette a saillir qlles ne se
plent de buurages ne de viandes.
car on dit qlles en concoiuent veau
mesgre. Et au contraire des taureaulx. Car par deux mois on leur
donera herbez miltez et foins pour
estre plus beaulx. et les esslognera
len des femelles. Et aps au mois
de map on les mettra auec les vaches en la bouuerie et par tout le
mois de iuin et au comencemet de
iuillet selon paladius afin q celles
qui lors concoiuent si veellent en
doulx teps apres. car les vaches
portent neuf mois. On ne doit poit
coupler le taureau ala vache auat
laage de deux ans. afin q elle veelle
de trois ans. Et encores vauldroit
mieulx qui lup mettroit au tiers
an afin qlles portassent au quart
Les grecz affermet q se len veult
que vache concoiue masles on doit
lier la senestre genitelle du taurel
quat il doit saillir. et se len veult
auoir femelle on lup lpe le dextre.
pource q la semece du dextre engen
dre masles. et du senestre les femelles. Les taureaulx qui doiuent
saillir doiuet par aucune teps fai
re abstinence et estre gardez et dete-
nuz. afin q apres ilz soyet plus ar
dans et la matiere mieulx digeree
et p voisent plus voulentiers. Il
suffit auoir deux taureaulx pour
soixante vaches selon varron.
Mais paladius dit quil en coutient
a quinze vaches vng taureau. De
en la contree ou les vaches sont il

pa bonne pasture et platureuse on
peut chun an mener la vache au
taureau. Et sil npa bonne et grat
pasture de deux ans en deux ans. et
par especial se elles ne labouret en
aucune oeuure.

¶ Comet on doit tenir les veaulx
et coment on les doit apriuoiser.
lvviii. chap.

Q Vant les veaulx serot creuz
on leuera les meres en les
nourrissant de verte pasture en le
stable et en la crache. et si leur doit
on mettre et estendre pierres presq
en toutes leurs establez. et autres
telles choses. afin que les ongles
ne leur pourrissent. Les veaulx pai
sent auecqs leurs meres en lequi
noce dautompne. cest en septebre.
Il ne les coutient point chastrer ius
ques aps deux ans. car a peine le
pourroient ilz porter auat. et ceulx
qui sot chastrez aps sot trop durs
a menger. Selon paladius on les
chastre ainsi. On les lpe et gette pa
a terre et prent or les genitelles a
toute la peau en estraignant aux
mains le plº q len peult dune con-
gnie ou doloire ardant ou dun pro
pre fer forme en forme de cousteau
On leur taille a vng coup pour leur
faire moins de douleur et art on
les peaulx et les voines par quop
la plape et trace sot gardees & trop
saigner et leur oigt on les plaies de
cedre de sarmet et descume dargét
et les garde pe de boire et leur done
pe peu a meger et aps trois iours

X. iiii.

on leur donne tendzõs darbzes les
boutz et les sõmetz de lerbe vert ·
On leur guerira leur plape ainsi.
Len pzendza poix clere et y mettra
len œndze de farmẽt et vng pou de
huille et les en oingdza len bien
doulcement · et ie croy que cest bon
par especial quant on les chastre
sans fer ardant · mais qui les cha
strera a fer ardant ceste cure ny est
pas necessaire · Aux beaulx mala
des on donnera bran de forment fa
rine dozge et herbe tẽdze et buurõt
au matin et les curera len au ves
pze · Len appziuoifera les beufz de
trois ans en la fin de mars et au
cõmencemẽt dauril · car on ne les
pzut appziuoifer aps cinq ans pour
ce que la durte de laage leur est cõ
traire · On les domestiquera tãtost
par la teste · et quant ilz font ten
dzes par les trapre fouuent de la
main ilz fe adoulciffent · Mais les
nouueaulx beufz deuront auoir e
stable a plus large efpace · On les
menera a lestable et fe leur afpre
te est trop grãt on les lpera par
vng iour et vne nupt et les fera ie
ieuner · et lozs par doulz appeaulx
et doulces parolles et chofes plai
fans le bouuier vendza a eulx nõ
pas de cofte ne par derriere maiz par
dzoit au front · et les touchera aux
narines et au dos en telle maniere
aue le beuf ne lattouche de la cozne
ne du pie · car fe il cõmence ce mal
il le tendza et le vouldza enfuir ·
Aucuns font qui fe iouent auecqs
eulx et leur apzennẽt a pozter au

cuns faiffeaulx · et cest quant on
les veult mettre ala charue · Et
les doit on pmierement epœrciter
a terre remuer ou a fablon arer ·
afin que le nouueau labour ne caf
fe leurs colz qui font écoze tendzes
Ceulx q tu vouldzas faire traire
et exerciter ala charrete feront ain
fi acouftumez · Pzemieremẽt a me
ner chariot ou il ny aura rien et fe
tu peulz tu les meneras par rues
et par chafteaulx ou il y aura au
cunes noifes · Et le beuf que tu fe
ras aller a deftre tu le feras auffi
aller a feneftre et ainfi fe repofera ·
Etou la tezze fera doulce tu ny me
tras pas fozs beufz mais vaches
et afnes pour traire et a leger cha
riot auffi et ala meule de luifle auf
fi legerement · La plus legere ma
niere de les dompter est de mettre
vng beuf afpze auecq vng doulx et
fozt · car ainfi le mal fera cõtraint
a faire toutes offices · Se aps la
dompture il fe couche et ne fe acou
ftume pas a traire ala charue on
ne le doit ne poindze ne batre mais
lup lper bien fozt les piez de dons
lpens quil ne pourra aller ne efter
ne paiftre · et cela fait on le trauail
lera par fain et par foif · et par ce il
fe defacouftumera et fera guerp de
ce vice ·

¶ Des beufz et quelz on les doit
acheter · cõment on les doit garder
et aquoy on congnoift leur aage.
                          lv v · chap ·

En doit confiderer es beufz q
len veult acheter les fignes

qui sensuiuent · que ilz soient nou
ueaulx et apent gros membres
quarrez et grans de ferme corps de
muscules esleuez par tout · de grãs
oreilles & large frõt et crespe gros
peulx et noirs fortes cornes et sãs
petitesse daucũe couruete · Larges
narines et camuses · courte teste et
assemblee · larges espaules · grant
ventre · grant poictrine · estẽduz co
stez · les longes lees · le dos droit et
plain · cuisses fermes et neruues ·
cours ongles · grãt queue longue
et poillue au bout · et que le poil du
corps soit espes dru et court · de rou
ge couleur et fusque · et le meilleur
est de acheter beufz de lieux prou
chains qui ne soyent point greuez
de diuersitez de aer ne de soleil · Et se
on ne le peut faire q̃ on le prengne
donc̃s de lieu semblable au pays
ou on est · On doit prẽdre garde sur
toutes choses que les beufz q̃ len
mettra a arer ensemble soyent de
pareille force afin q̃ le fort ne grief
ue le feble · Len cõsiderera en leurs
meurs quilz soient argutz et debõ
naires et que ilz craignent ce q̃ on
leur monstrera par crier et par ba
tre · quilz desirent bien a menger se
lon le labour quilz feront · Et se le
pais le seuffre il nest meilleure viã
de que la pasture vert · Et ou il ny
aura point de abondance de pasture
on leur dõnera a menger selon le
labour quilz feront · Len tẽdra les
beufz en telles estables cõme il est
dit dessus des vaches · ainsi closes
et pauees afin q̃ les ongles ne leurs

despecẽt · et quilz puissent estre defẽ
dus de vers de mouches et dautres
bestelletes · On cõgnoist leur aage
a ce quilz muẽt les dentz de deuant
apres lan accomplp deuant dix ou
huyt mops Et puis aps six mois
ilz muent les dentz prochaines et
iusques a trois ans ilz les muent
toutes · Et adonc sont ilz en bon e
stat et perseuerẽt iusques a dix ou
douze ans · et viuent iusq̃s a qua
torze ou seze ans · et tant cõme ilz
sont en estat ilz ont les dentz bien
egaulx et lõgues Et quãt ilz vieil
lissent ilz leur appetissent et deuien
nent noires ·

¶ Des maladies des beufz et de
leur cure. lxvi · chap·

Oult de maladies aduien
nent aux beufz qui leur sõt
fort mauuaises · Dõt lune est en la
teste quant le reume sp multiplie
et lappelle len en langaige latin
gutta roisba · et vient de trop men
ger et trop boire et par especial der
bes froides · et aussi de trop grãt re
pos et dair trop moiste · et la cong
noist len ace que leur visage senfle
et les peulx et en meurent souuẽt
se on ne les guerist car tantost on
les faict saigner de la voine qui est
soubz la langue · car ainsi comme
deux glandes ou coropes qui sõt la
doiuẽt estre saignees en plusieurs
lieux de la poicte dun cousteau biẽ
trenchãt si que en saille beaucoup
de sang · et leur faict on vne fumi
gaciõ dẽnens qui leur entre es na

rines ¶ Vne aultre maladie leur
vient. cestassauoir fieure et est de
trop grãt labour. Varron dit que
les causes des maladies es beufz
sont ceulx cy. pource que ilz labourent par trop chaud ou par trop froit
ou quilz labourent trop ou quilz la
bourent pou. ou qui leur donne aps
le labour a menger tantost sans
moyen ou a boire. Et congnoit on
quant ilz ont fieure ace quilz sont
chaulx au tast. et par especial en
la langue et es oreilles. et que leur
alaine est chaulde et espesse Si leur
doit on secourir par froit gouuerne-
ment. et que on les tienne en lieu
froit sans point de labour. et quilz
soiet enuironnez de fueilles de saulx
et froides herbes et orge cuicte bie
refroidie et la farine. et leur donne
le a boire eaue ou il pait cuit fueil
les de saulx et froides herbes et orge. et que elle soit bien refroidie. et
se ilz sont trop rempliz on les fera
saigner et leur donnera len a boire
eaues ou auront este cuictes pommes aigres et vertes et prunes et
mengussent des prunes. Selo Var
ron ceste maladie est guerie ainsi.
On les mouille deaue et oingt len
duille et de vin tiede. et les soustiet
on de viandes et gette len dedens aucunes choses. et quant ilz auront
soif on leur donera a boire de leaue
froide. et se cecy ne prouffitte on les
saignera par espal de la teste ¶ Ilz
ont vne autre maladie qui est opilacion et enfleure de rate et ne sot
pas legeremet gueris et languis-

sent longuement. et les cognoit on
ace quilz bufflent toussent par especial quant ilz trotent. Item les
beufz sont enflez aucuneffoiz de co
stipacion ou de ventosite engendree
en leurs ventres. et lappercoit on
ace que se on les frappe des mains
ou du doy sur les flanches qui sot
emprez les hanches de derriere ilz
sonnet come vng tabour. Et ce ap
percoit on ala veue. car ilz sont en
flez et ont grant douleur. et aucuneffoiz se gettent a terre et gisent
voulentiers. On les guerist a vng
clistere ou vne cãne come il est par
auant declaire et dit au traicte des
maladiez et douleurs des cheuaux
ou ala main dun enfant oingte de
huille boutee dedens le cul qui en
tirera la fiente. ou len treschera la
voine de la queue a vng cousteau
bie trenchãt. par quatre doiz loing
du cul par dessoubz ¶ Apres ilz sot
bleciez aucuneffoiz au col par trop
grant opzession daucune incoueua
ble lpeure ou par especial quãt la
plupe chiet sur le col. et aucueffoiz
y est faicte rompture de cuir et de
char pour les humeurs illec assem
blees. et les guerist on par medicines cosolidatiues de char qui sont
venir le cuir. come il est dit dessus
en la cure des cheuaulx en plusieurs lieux. et auecq autres choses dot les mareschaulx des beufz
vsent. et mesmes doignemet. aps
ilz sont aucueffoiz bleciez despines
et de choses agues et dures poignans qui leur entre dauanture es

piez dõt il leur fault clocher·et les en guerist on quant on leur traict hors ce qui leur est entre es piez ou ailleurs·et prent on des racines de Tiptan bien broyees et les lye len dessus a vng drappeau·ou on les guerist dautres medicines couena bles a bleceures despines escriptes au traicte des cheuaulx ¶ Il leur vient plusieurs autres maladies mucees et aucunes apertes cõme sont trauail et lasseure qui vien nent de trop grãt labour et de trop grant chaleur·Et lappercoit on a ce quilz menguent pas ainsi cõe ilz ont acoustume·et gisẽt voulen tiers et traient hors la lãgue pour trop grant challeur·et apperçeuẽt ceulx qui les ont veuz sains quilz sont grãdemẽt muez·Len cõgnoist beufz qui sont fors·et legers ace q̃ ilz se meuuent legeremẽt si tost cõ me on les·touche ou poingt et ont grans membres et oreilles leuees ¶ On congnoist generalement les beaulx et fors beufz ace quilz ont les membres gros et bien respon dans ensemble ¶ Plusieurs aul tres maladies aduiennent aux beufz q̃ les mareschaulx des beufz scaiuent congnoistre et guerir·par especial ceulx qui en sont expers· mais iap mps lopaulmẽt cestes que iap sceues de vray·

¶ Des diuersitez des beufz et des vaches·et de leur prouffit·

Lx vii·chap.

Lz sont aucuns beufz noirs grans·et fors·et ainsi cõme

sauuages·que len appelle bubles ou busles·qui ne sont pas bien ha billes ala charue ne a traire·maiz ilz traiẽt par terre grãs faisseaux et les y acoustume len liez par art daucunes chaines et demeurẽt bñ voulentiers en eaue·Leurs cuirs ne sont pas bons cõme des autres combien que ilz soyent bien gros· et en est la char moult melãcolieu se et pource elle ne vault neant et si nest point de bonne saueur·Et cõ bien q̃ crue elle soit belle touteffoiz quant elle est cuicte elle est laide· Ilz sont vngz autres beufz desq̃lz nous vsons cõmunement dont lef vngz sont plus grãs qui sõt bons et conuiennent en lieux plaine· Les autres sont moindres·qui la bourent en mõtaignes·Et les au tres sont moiẽs en grãdeur et peti tesse·qui sõt bons et conuiennẽt en ces deux lieux·Les auciis sõt moi dres dont les chars sont de comple xion attrẽpee·et pource ilz donnent bonne nourreture a corps humain et force·et sante·Les auytres sont de aage parfaict qui sont deputez a labour pour leur force·et sõt leurs cuirs tresbons a faire semelles a soulez·et leur char est moiẽnemẽt melencolieuse·et nest bonne fors a gẽs qui ont fort estomac et chault et a ceulx qui sont fort et pesant la bour·Il est daultres beufz vieil lars qui sont paresceux a labourez et de moindre prouffit que les aul tres dessusdictz·et est leur char me lencolieuse et mal digerable·maiz

le cuir est tresbon par espâl quant
ifz sont gros. Les cornes des beufz
sont bonnes a faire pignes et les
os a faire manches et petiz couste-
aulx et leur siente est bonne a fumer champs et arbres. et estouper
greniers et autres plusieurs vais
seaulx. Des vaches les vnes sont
grandes ou moiènes que les gens
tiennêt pour le prouffit des veaulx
et de leurs nourretures et sont bô
nes a traire chars et charues et
sont la char et le cuir semblables
aux beufz. mais leur laict côbien
que il soit bon á menger et a faire
formages si ne leur doit on pas
pource oster mais laisser pour nour
rir leurs veaulx et pour croistre et
enforcer. Les autres vaches sôt pe
tites que len garde seulemêt pour
auoir laict et formages. et pource
quant les veaulx ont quize iours
on les tue et les mêgue len car la
char en est bien attrempee et tres
bien digerable et prouffittable a
gens de petit labour. et le laict et
les formages sont bons a vser cô
bien que ifz ne soient pas si trespar
faictemêt bons côme ceulx de brebis. On doit eslire les vaches qui
ne soient mie trop petites et qlles
aient grans mamelles.

¶ Des ouailles moutons et brebis quelz on doit acheter et eslire.
et de la côgnoissance de leur sante et
maladie.   lx viii · chap
En côgnoist les ouailles bô
nes a leurs aages se elles

ne sont trop vieilles. car les vnes
ne peuent encore faire fruict. et les
aultres iamaiz fruict ne feront.
mais toutesffoiz valent mieulx cel
les dont on attent esperâce de fruit
q celles dôt on attent la mort. On
les congnoist aussi ala forme. car
la brebis doit auoir grant corps et
beaucoup ou assez de laine et molle
de haulte toison et espesse en tout
le corps. par especial êtour le chief
le col et le vêtre. humbles cuisses
et longue queue. Et si les côgnoist
len quât elles seulent faire beaux
aigneaulx et corpulens. Leur sâte
et leur maladie est côgneue quant
on leur euure les peulx. car se les
boines sont rouges et subtilles el
les sont saines. et se elles sont blâ
ches ou rouges et grosses elles sôt
malades. Se on les prent par la
peau du col et on ne les trait auât
que a force elles sont saines. et se
on les traict legeremêt elles sont
malades. Qui les prent ala main
par leschine pres des hâches et les
straint se elles ne se ploient point
elles sont saines et fortes. et se el
les ploient elles sont malades. Se
elles vont hardiment par la voye
elles sont saines et se elles vont a
meschef les testes basses elles sôt
malades.

¶ Côment on doit tenir les ouail
les nouzrir et faire paistre et en qlz
lieux.   lxix · chap·

On leur doit pouruoir princi
palemêt si que par t out lan

elles soient repeues estroictement de
dens et dehors en estable conuenable
et non pas Venteuse qui regarde
mieulx a orient que a midy · Ou qlz
les soient la terre sera ionchee de
puille ou destrain ou dautres Ber-
gettes et doit estre en descendant pour
mieulx faire purger de leur orine et
des aultres humeurs car cella ne
corrompt point seulement leurs laines aincois leur pourrist leurs ongles et les fait deuenir rongneuses
et leur fault renouueller leurs lit-
tieres de aultres puilles pour mieulx reposer et plus nettement et
estre plus nettes · car elles en paiscent plus Voulentiers ¶ On fera
aux malades et a celles qui ont aigneaulx places secretes pource qlz
les soient diuisees des aultres · et
ces choses sont gardees par les bergiers car aux bestes qui paiscent
aux champs les pasteurs portent
auec eulx greffz ou raiz ou ilz leur
font places solitaires et aultres
choses pour leurs Vsages car elles
seulent paistre loing lune de laultre
et en diuers lieux ¶ Les pastures
prouffittables aux Brebis sont es
nouuelletez ou en prez assises quant
ilz sont secz mais les paludz leurs
sont nuisibles et Boys sauuages
si dommagent leurs laines · Espesse
conspersion de sel mise auecq leurs
pastures et meslee ou souuent gettee en leurs channops leur doit
oster lennuy de bestial · car par puez
sil ya deffault de foin ou de puilles
on leur donnera de la Vece legere et

les Vergetes de ourme ou de fresne
a tout les fueilles · et en temps deste
on les mistra au point du iour ala
tendreur des herbes quant la rousee sera dessus · Ala quarte heure
du iour ou la quinte quant elle se
eschaufera on leur donnera a Boire
de leaue courant de puis ou de fontaines · Quant le chauld Vendra
on les mettra en lombre dun arbre fueillu ou en aucune Valee · Et
quant la chaleur du temps fauldra
et la terre samoistira par la rousee
du Vespre on les ramenera ala pasture · et doit len pouruoir q elles
ne soient saoulees de abondance de
pasture et doiuent paistre loing de choses qui appetissent la laine et tre-
chent le corps · Es iours chieninis
et en fort este on les doit faire paistre en lieux ou leurs testes soient
gardez du soleil · En yuer et en prin
temps on ne les doit point mener
paistre par temps de gelees et bruy-
nes car lerbe bruyneuse leur fait a
uoir maladies · et si leur doit on donner a Boire seulement Vne foiz ·
Quant les moisons seront faictes
on les tiendra aux estubles · Et ce
leur est prouffit pour deux causes
car elles mengeront les espis qui
seront sus et casseront le chaume
et si fumeront la terre dont les Blez
Bauldront mieulx lannee ensuiuant
Et quant laube du iour leuera len
traiera le laict hastiuement afin q
ilz ne perdent leurs pastures acoustumees · Et quant le chauld du
iour sera Venu on les ramenera q

lardeur du soleil ou le bent ne les
griefue. Au bespze on les ramene
ra arriere· et soient tant dehozs ɋl
les puissent recouuer la pasture
quilz ont laissee par le chaulo du
iour·Et quãt on les ramenera on
doit garder ɋlles ne soiët chauloes
et se le tẽps est trop chault on les
menera es pastures pzouchaines
pour retournez plustost a ombzage
et ne les laisse poit le pasteur mal
apoint assembler en temps de grãt
chaleur·mais soient tousiours es
pandues par mesure·Et quãt elles
biennent chauloes on ne les doit
pas traire·et quant laube du iour
apperra tous aigneaulx serõt me
nez la ou ilz feront si longuement
que ilz faurõt aller eulx mesmes
et lozs on les menera en lieux froiz
et ombzages ou ilz seront gardez
diligẽment· Quant on boirra au
mati les toilles des praignes char
gees deaues on ne les laissera poit
paistre et se la chaleur bient et la
plupe en est cheue on ne les laisse
ra point gesir a'ncois les menera
len en montaignes ou le bent les
soufflera et fera len aller et benir
et les doit on garder derbes sur les
quelles le grauois fera benu · Et
dit le sage pasteur que au mois da
uril & may de iuin et de iuillet on
ne les doit pas laisser moult men
ger quilz ne soyent trop grasses ·
mais le mois de septembze octobze
et nouembze & emmy tierce on les
doit laisser paistre trestout le iour
pour les engresser afin quilz puis

sent mieulx passer lpuer· Au tẽps
dautompne les febles et chestiues
seront bedues afin que le froit p
uer ne les face mourir·

¶Quant et cõment les moutõs
doiuent aller aux bzebis et cõbien
de temps les bzebis poztent et ɋlz
doiuent estre les moutons et quã
tes bzebis suffisent a ong mouton
lɣɣ·chap.

LA premiere couple des mou
tons et bzebis doit estre au
mois dauril afin que le temps dp
uer trouue les aigneaulx nourriz
et si peult estre faicte au mops de
iuin et si est elle faicte au mops de
iuillet afin que ceulx qui sont nez
auant lpuer biuent· La seconde cou
ple est apzes my octobze afin ɋ les
aigneaulx entour le cõmencement
de pzintemps naiscent quãt les her
bes croiscent·Aristote afferme que
se len beult quelles poztent aigne
aulx masles on les gardera au
temps de la couple par telle manie
re quilz aient la face et leur alaine
contre septentrion· et doiuent pai
stre en tenant tousiours leur face
contre cellup bent · Et se on beult
auoir fumelles on mettra leur fa
ce contre le bent de midp et paistrõt
en tel regard·Aucuns font qui tie
nẽt les moutõs de aller deux mois
a leur fumelle afin que plus grãt
boulente leur en biengne·Les au
tres les laissent a leur boulente
pour auoir des aigneaulx tout au
long de lan·Tant cõme ilz faillent

on ne leur doit point changer leaue
car sicõme dit Varron leur laine
en seroit diuersifiee et le ventre des
brebis en seroit corrompu Et quãt
toutes les fumelles auront cõceu
on leur ostera les moutõs·car silz
leur faisoient moleste ilz les greue
roient·On ne doit point faire saillir
les brebis auãt quelles ayẽt deux
ans ·car le fruit ne seroit pas bon
et elles en vauldroiẽt pis· Les bre
bis sont preings cent et cinquante
iours·et porce les doit on faire sail
lir en tel tẽps q les aigneaulx nai
scent entour la fin dautõpne quãt
lair est vng peu attrempe et lerbe
cõmence a venir par la venue de la
plupe·On doit eslire moutõs tres
blãcz au pais ou les brebis sõt blã
ches et a molles laines·et ne consi
dere len pas seulement la beaulte
du corps mais aussi la laine sil ya
diuerses couleurs et taches·car se
il ya diuerses couleurs et taches
les aigneaulx vendront et auront
diuerses couleurs·Se elle est noire
elle fera aigneaulx noirs·et de blã
ches elle naistra aucuneffoiz dau
tre couleur·Maiz de noire il nauiẽt
iamaiz blanc sicõme dit Columel
la nous eslirons moutons haulx
grãs et longz a vng grãt et beau
ventre et de laine blanche biẽ cou
uert a tresgrande queue cornes toz
ses qui senclinent au musel et les
oreilles couuertes de laine de large
poictrine et quelle ait cuisses et es
paulles plantureuses et liez de toi
son bien assemblee de large frõt et

de grans genitelles de pmier aage
quil peut viure prouffittablement
iusqs a huyt ans· La femelle doit
auoir deux ans auant quelle aille
au masle et porte iusques a ciq ou
six ans maiz elle laisse a porter au
septiesme an· Len cõgnoist la bõte
du mouton ala beaulte de sa lig
nee quãt il faict beaulx aigneaulx
et grãs·vng mouton suffit a cent
brebis et autant de cẽtz cõme il y
a de brebis autant p doit auoir de
moutons sicõme dit Varron

¶ Quant on doit tõdre les ouail
les et quant et cõment on les doit
signer.   xxvi·chap·

On doit tondre les brebis au
mois dauril en lieux chaux
et les tardis aigneaulx seront sig
nez·mais en lieux attrempez on
fera la tonsure au mois de may et
par especial quant elles cõmence
ront a suer qui est dẽp mars ius
ques a my iuin cõme dit Varron
Tu aideras aux brebis tondues
en ceste maniere·Tu prendras le
ius de lupins cuictz et lpe de vin
vielz et lpe duille vieille et mesle
ras tout ẽsemble et en oingdra lẽ
les brebis tondues·Et aps trois
iours se la mer est pres tu les la
ueras en la riue·et se elle nest pres
tu prendras de leaue de la plupe ou
dautre eaue et la cuira len auecqs
du sel et en lauera len le corps des
brebis pour en oster loingture· et
aussi sera guerie pour toute lãnee
et ne sera poit rõgneuse et en aura

plus grant laine et plus molle.
maiz par trois iours en lan on les
oindra duille et de vin apres ce quil
aurôt este lauees · pour les serpês
qui voulentiers se muffent soubz
leurs creufchez len ardra souuent
cedre ou galban ou cheueulx de fême ou corne de cerf · Se aucune brebis a mal pour mal tondre on lup
oindra le lieu de poix clere Aucuns
les tondent deux foiz lan côme en
espaigne et font toutes tonsures î-
parfaictes ·

¶ De la côgnoiffance de laage des
brebis.   lxxii · chap ·

L Es dentz des brebis fôt muez apres an et demp ceftaffa
uoir les deux de deuant et puis aps
fix mois ou enuiron les deux prochaines se muent et puis aps tou
tes les autres fi que elles font ega
les a trops ans ou a quattre ou a
plus et font reputez iennes iusqs
ace quelles foient inegalles · mais
quant elles se defchauffent corrom
pent et appetiffent elles fôt vieilles
Elles font en bon eftat iufques a
huit ou dix · ans fe elles ont bônes
pftures · mais fe elles en ont deffault elles enuieilliffent toft ·

¶ Quant et comment on les doit
traire et faire les formages et gar
der ·   lxxiii · chap ·

O N doit traire les brebis deux
foiz le iour iufques ala fait
michel · et puis apres vne foiz · On
peult traire le laict afin que elles
ne foiêt trop graffes · car on les en

uope auecqs les moutons pour e-
fire faillies afin que elles ne facêt
leur fruit en temps difcôuenable ·
mais quant elles auront efte faillies on les egreffera par tout lefte
On les traiera haftiuemêt au poit
du iour afin q on les maine piftre
a bonne heure · Toutes perfonnes
doiuent faire filence tant côme on
trait les brebis fors le maiftre qui
ne die que chofes plaifans et côuenables · nous prenôs le laict pour
faire formages et le coagulons de
laict coagule de laigneau ou de che
urel de prefure ou de fleur daigre
chardon ou de laict de chieure · et en
doit len ofter le laict mefgre par la
côtraincte daucun poix · et quât le
formage fe prendra a endurcir on
le mettra en lieu froit et obfcur et
quant il fera preffe deffoubz aucun
poix pour eftre pl9 ferme on y mettra du fel bñ broie roftp en le poul
drant · et apres aucuns iours pour
le faire plus ferme on le mettra en
vne forme et lefpraindra le n merueilleufement · Et les gardera len
quilz ne touchent lun a lautre · et
qui les mettra en lieux clos hors
du vent ilz en feront plus gras et
plus têdres ¶ Les deffaulx du for
mage font fil eft trop fecq ou trop
fiftuleux · et ce lup aduient quant
il eft peu efpraingt ou trop falle ou
ars de la chaleur du foleil · Aucûs
quant ilz font formages frecz prê-
nent nopaulx de pin vers et les
broient et mettent auecqs le laict
et les côioignêt enfemble · Les au-

tres prennent fleurs & thimus que
mouches a miel aiment et les bro
pent bien fort et les coulent plusieurs foiz auecqs le laict. Quelq̃
saueur q̃ len vouldra donner au for
mage soit de poiure ou daultre pp-
ment on le pourra ainsi adiouster

¶ Des maladies des brebis et de
leurs cures.   lxxiiii. chap̃.

Il naist aulx brebis vne bosse soubz la gueule de flux du
meurs descendens de la teste et y est
la peau percee et en chiet petit a petit cõme eaue et par ce en sont bien
gueries. Elles seuffrent aussi enfleures & rate et leur aduient en
may et en auril pour labondance
du gros sang et bisqueux sont il
leur aduist souuent q̃lles en meu
rent soudainement et leur prouffit
te de leur mettre vng estoc de deux
bois dedes les narilles et faire que
il en saille beaucoup de sang et aucunes en sont gueries et les aultres non. Elles ont aucuneffoiz fie
ures que len cõgnoist et guerist cõ
me il est dict au traicte des beufz
et aussi elles ont plusieurs autres
maladies que les sages bergiers
gueriffent et congnoissent si men
attens a eulx.

¶ Cõment on doit tenir et gouuer
ner les aigneaulx.   lxxv. chap̃.

Quant les aigneaulx sõt nez
on leur donne a chune sep-
maine du mois du sel et des la en
chune quizaine en tous temps. Et

quãt ilz seront separez et seurez des
meres on les tondra hastiuement
pour les poulx et pource que ilz en
croisceent mieulx et chune sepmai-
ne on leur donnera du sel. Entour
la natiuite nostre seigneur on les
ioingt a leurs meres cõme palady
dit. Varron dit q̃ quãt les brebis
cõmencent a aigneller les bergers
les mettent en estables sequestres
toutes propres. et quãt ilz ont aigneaulx nouuellemẽt ilz sont mis
au feu et les y tiẽt len deux iours
ou trois iusq̃s atant quilz cõgnoi-
scent leurs meres et se saoulent de
pasture. et apres quant les meres
vont paistre auecq les aultres on
retiẽt les aigneaux a part. et quãt
leurs meres reuiennent aux vespres les aigneaulx les tetẽt et au
soir on les met a part q̃ les meres
ne les foulent. et au biẽ matin on
les leur baille pour allaicter auãt
q̃ les meres aillẽt es chãps et ain
si le fait on par dix iours. Et quãt
ilz seront passez on fichera pieulx en
terre et les y liera len doulcement
daucune chose doulce et loing lun
de lautre afin que ilz ne se blecent
aux mẽbres en courant toute iour
Silz ne vont ala mamelle de la me
re on les ostera et oingdra len les
baulieures de beurre ou de gresse
& truye et touillera len les baulie
ures de laict en aucũs iours. et a-
pres on leur offrera vece molue ou
herbe tẽdre auãt q̃ on les mene pai
stre. et quant ilz retourneront on
les nourrira en telle maiere iusq̃

B.i.

atant quilz ſoient de quatre mois
En œ temps la on traira les brebis quant les aigneaux ſerõt bou
tez hors des meres et deura len me
tre grant diligence que elles ne ſe
enuieilliſſent dardant deſir ſi les de
ura len adoulcir et pacifier par oin
gture et nourreture et par bonte de
paſture et les garder de froit & chauld et de grant trauail · Et quant
par ou bliance de laict ilz ne vouldront plus de leurs meres on les
contraindra daller au tropeau pai
ſtre auecques les aultres.

¶ Du prouffit des aigneaulx bre
bis et moutons.　lppvi·chap·

Le prouffit deſ brebis eſt grãt
car de leur poil len faict belles robes et bõnes a toutes gens
et de tant que le poil eſt plus delie
de tant il eſt meilleur et plus cher
De la peau auecqs le poil on faict
pelicons fourrures de robes en p-
uer · et des peaulx pelees len faict
ſouliers et parcʒemin · Le laict eſt
bon a menger et de tant q̃ il eſt pl°
fraiz il vault mieulx · et de tant q̃
il eſt plus eſpes nourriſt il mieulx
Le formage qui en eſt fait eſt bien
nourriſſãt a corps humai et de tãt
quil eſt plus fraiz il vault mieulx
et œllui qui eſt trop ſale ou trop vif
queux ou trop briſãt neſt pas bon
cõme dit raſis · mais œllui eſt bon
qui tient le mopen · Et le laict cler
qui vient quant on faict le forma
ge faict bien aller a chãbre et pur-

ge la cole · La char du beſtial eſt de
vne ſaueur non delectable et trop
moiſte et non conuenable fors que
par aucune aduẽture a rudes villains et femmes qui ſont acouſtu
mees et qui trauaillent cõtinuelle
ment · mais la char des aigneaux
oſtez du laict eſt bonne et cõuenable · et la char des chaſtrez eſt treſbõne et nourriſt treſbien ſe ilz ſont
dun an ſicõme dit Auicenne · mais
ſe elle paſſe ſon aage elle en empire
& tant q̃lle eſt plus vieille eſt elle
pire et plus dure a digerer · les peaulx et la laine des aigneaulx ſõt
treſbonnes et meilleures que des
meres ·

¶ Des cheures boucz et cheureaux
leſquelz on doit eſlire et cõment on
les doit tenir et par quel temps elles portent et de leur aage de leur
ſante et prouffit · ¶ lpp vii·chap·

Qui veult faire bergerie de
cheures il doit aduiſer laa
ge et eſlire œlles qui puiſſent ia por
ter fruict · et de œlle la nouuelle
vault mieulx q̃ la vieille · On doit
veoir la forme quelle ſoit ferme et
grant de corps leger le poil eſpes et
ait deux queues & barbes ſoubz le
mẽton cõme deux mamellõs car
œulx icy ſõt les plus plãtureuſes
quelles aient grans mamelles et
aſſez laict et gras · Le bouc doit a-
uoir teſte barbe comme iap dit et
long goſier court front et plain o-
reilles peſantes et plopees petite
teſte cheueleure eſpeſſe clere et lon
gue · ¶ Il ne doit point aller a che-

ures auant quil ait ung an · Il ne
dure point pl⁹ de six ans · Les meil
leures sont celles qui cheurettent
deux foiz lan · les masles qui en
viennent sont les meilleurs pour
faire boucz ¶Chaton escript en fi-
scelle de scurate auoir cheures lesquelles saillent dune pierre plus
de soixante piez · Les meilleures estables a ces bestes sont celles qui
ont regard au soleil leuant dyuer
et ou il ny a pierres espandues · Et a
fin que le lieu soit mois moiste et
moins oyt on y espandra vergetes
dessus quelles ne touillent · Ces bestes se veulent tenir et paistre com
me font les brebis · mais elles ont
de leurs natures propres que elles
se delectent plus en bois et en aulnois q en prez et tresdiligemment
paissent fruiz aigres et menguent
et rongent en beaulx iardins les
boutz des arbres et les descharpis-
sent · et pource les appelle len chieures · et a loccasion du fons len
seult excepter que le laboureur qui
garde le lieu ny laisse pas paistre
chieures · Apres autompne on met
tra les boucz auecqs les chieures
Celle qui aura conceu apres quattre mois retourne en printemps ·
Quant les chieures sont faictes
de trois mois on les soubzmet et
comencent a estre auecqs les aultres ¶On tient la compaignie des
chieures assez grade ou il en ya en
tout cinquante · pource q chieures
sont sottes et dissolues · et sespan-
dent ca et la · Aucueffoiz elles se as

semblent et sen vont en ung lieu
cōe les brebis · A dix chieures suffit ung bouc · on ne doit poit garder
chieure oultre huyt ans · car leur
nature deuient brehengne de longue
duree · Nul ne promette chieures
saines car sicomme dit Varron iamaiz elles ne sōt sans fieures · Il
aduient aucueffoiz que elles se blecent en leurs corps quant elles se
cōbatent de leurs cornes · et aucuef
foiz quant elles paissent en espines
si les doit on guerir cōme il est dit
quant aux cures des playes des
cheuaulx en plusieurs lieux ¶ Le
prouffit des chieures est principalement en la peau et au laict et aux
cheureaulx · car de leurs peaulx on
faict tresbons gans souliers et selles a cheuaulx · Leur laict est tres
conuenable a corps humain par es
pecial quāt il nest pas prins ne coagule et que il a de la gresse et de la
cresme · Le formage qui en est faict
nest pas si bon cōme cellup de brebis · La char est trop seche et dure a
digerer et si ne vault riens · Mais
la char des iennes cheureaulx est
tresbonne prouffittable et delectable · et par especial des cheureaulx
de laict · de leur cuir est faict tres
bon parchemin et noble chaulsse-
ment a gens delicieux ·

¶Des trupes verotz et coches ·
lesquelles on doit eslire et coment
on les doit tenir et par quel temps
elles sont preings et de leur aage
sante et prouffit ·

B·ii·

℔χ viii · chap ·

Es verotz doiuēt estre esleuz de grās et puissans corps · et valent mieulχ ronds que longs grās de ventre et destomac · court groing · chief et frōt espes de glādes dune couleur mieulχ q̃ de deux ou de plusieurs dun an ou de pou plus quil puisse saillir les femelles ius q̃s a quatre ans · Nous deuons eslire les truyes q̃lles aient larges costez et grant ventre pour porter les faitz Les autres choses sōt pareilles auχ verotz · maiz en cōtrees froides le poil doit estre noir et espez et es cōtrees attrēpees elles viennent telles quelles peuent venir · Elles sōt de bōnes progenieez quāt elles ont grant nōbre de petiz porcel lez · Ceste maiere de beste peut estre en tous lieuχ · mais elles valent mieulχ en lieuχ moistes et de pa luz q̃ en lieuχ secz par especial en bois ou il ya abondance darbres sauuages portās fruiz de diuerses maieres qui di, rēt en diuers tēps et en sont nourriz en lieuχ herbes et si sont nourriz de racines de cannes et de ioncz · maiz quāt les nour retures faillēt en yuer on leur dō ne pasture de gland de chastaignes de feues dorge et de telles choses car ces choses ne engressent pas tant seulement mais donnēt bonne saueur de char · Ilz demandent en leste bōne pasture biē matin auāt q̃ le chault cōmēce · Ilz vont au lieu ombrageuχ apres midy · par especial en lieu ou il ya eaue et puis

quāt le chault est adoulcy ilz vont arriere paistre · Au temps diuer ilz ne demādent poit plustost a paistre q̃ la bruine soit euanoye et glace desgelee · Les truyes ne doiuēt poit estre encloses en maniere des aultres bestes mais nous ferons aires dessoubz les porches ou chūne mere sera enclose qui seront declo ses par dessus si q̃ le pasteur regar de les pourcelles et les puisse nom brer et aider en les soustrapans se les meres leur font oppressions · et si regardera que chūne nourrice ses propres porceletz · et cōme dit Colu mella vne truye nen doit poit nour rir plus hault de huit · et selon ce q̃ dit Paladius il doit suffire de siχ q̃ elle ne se griefue combiē quelle en puisse bien plus nourrir · Varron dit quelle peut tant porter de porce letz quelle a de mamelles · et se elle emporte plus cest trop · et se elle em porte moins elle est de pou de fruict dont vint ce mot tresanci en escript que la truye de enee lauin cochōna trente porcelletz blancz · Elle peult nourrir huyt petiz porcelles pmie rement · maiz quant ilz sont creuz le maistre de la porcherie en oste la moistie pource que la truye ne don neroit pas assez laict et les pourcel letz nen enforceroient point · Les ve rotz doiuēt estre desseurez deux mo ys des truyes auant q̃ on les met te a saillir les truyes · Le meilleur tēps de les y mettre est des kalen des de feurier iusq̃s au douziesme iouz de mars · car ainsi la truye pour

celera en este pource q͑lle porte qua
tre mois et lors elle cochône quât
la terre est pleine de pasture. On ne
les doit point mettre au masle a-
uant vng an et mieulx vault de
vingtz mois ou de deux ans et quât
elles auront comence on dit q elles
porteront iusqs au septiesme an.
quant elles vont au masle elles se
retournêt voulentiers en la boue
car ce lieu lup est reups comme le
baing est a fême. Et quant toutes
auront conceu on leur ostera les
verotz. Les verotz de huyt mois
peuent engedrer et iusqs a quatre
ans et lors ilz ont perdu leur force
La truie seult croistre en gresse ius
ques atant q͑lle ne se peult soustenir en estant ne aller. car on racon
te en lupitâne q il y eust vne truie
occise qui fust trouuee du poiz de
de cinq centz septante cinq liures.
et auoit ceste trupe le lart gras et
espes dun pie et de trois dois si côe
dit varron. Et il adiouste q il fut
en archadie vne trupe si grasse q
nullement ne se pouoit leuer maiz
plus car vne souris auoit fait son
nyd dedens elle et y auoit faict ses
petiz soziseaulx. La coche se monstre bonne et plantureuse quant ce
q͑lle a ala pmiere portee elle maintient aux autres portees. Les poz-
chiers laissent les cochons deux
mois apres les meres et quât ilz
peuêt paistre ilz les desseurêt. Les
poscz nez en liuer sôt mesgrez pouz
le froit et pource les meres les laif
sent pource q͑lles ont peu de laict et

q les cochôs les mordêt. Elles di-
uisêt lan en deux parties. car elles
portent quatre mois et allaictent
deux mois et puis se reprennent a
porter. Il leur côuiêt faire vne aire
haulte de trois piez et vng peu pl⁹
large. et si hault q͑lle ne puisse pf-
sir quant elle est preingz. La maniere dela haultesse est quil y ait
vne fosse et q le pozchier puisse regarder tout entour q͑lle ne griefue
les cochons. Il y aura vng hups
en laire dont le seul daual sera
hault dun pie et due paulme. afin
que les petiz pourcellez ne puissent
passer. Toutes foiz q le pozchier ne
toiera laire il y doit mettre du gra
uois ou autre chose qui succera lu
meur. Quât la trupe aura pour-
celle on lup dônera plus de viâdes
q deuât pour auoir plus de laict et
leur seult lt dôner deux liures dor
ge trepee en eaue au soir et au ma
tin se elles nôt autre chose que on
leur baille. Les coches deurôt boire
deux foiz le iour afᵑ q elles apent
pl⁹ de laict. Quât les poscz seront
boutez hoes de la mamelle se le pays laminiftre on leur donnera le
marc de la vêdenge Quât elles ont
cochône on ne oste point la mere de
dix iouss hoss laire foss q poz boire
et quant les dix iouss seront passez
on les laisse aller paistre en aucun
lieu pzochai pour souuêt retournez
a allaicter leurs cochôs et quât ilz
serôt parcreuz ilz suiuront la mere
ala pasture et au retouz on les me-
tza hoss de leur mere et les pai-
B.iii.

stra len a part · Les porchiers doiuent acoustumer les nourrisses
des pourceaulx et les pourceaulx
aussi que ilz facent tout au son du
cornet Premieremēt quāt ilz serōt
enclos et le porchier cornera q̄ tantost on euure lups afin quilz puis
sent pstre au lieu ou lorge est espā
due tout au long car ilz en gastēt
moins q̄ a les mettre en mōceaux
et plusieurs p̄viennēt plus legere
ment. Et aussi quāt ilz sont acoustumez a venir au cornet ilz ne se
perdent pas si tost au bois et sen re
tournent mieulx. On chastre biē
apoint les verotz dun an et ne les
doit on poit chastrer pl⁹ iennes q̄ de
six mois · et la ilz muent le nom de
ver et les appelle len mapolles ·
De la sāte des trupes ie dirap vne
chose pour cause d̄ exēple · Quant
les cochons allaictent se la trupe
ne leur peut suppediter son laict il
lup fault donner formēt casse · car
il amollie le ventre · ou d̄ lorge en
eaue pour lup faire mēger. A cent
trupes il cōuiēt dix vers · Le prouf
fit des pourceaux est q̄ leurs chars
fresches sont bonnes a menger et
leur lart est tresbon a appareiller
et a apointer toutes viādes · et aus
si leurs gresses valent a oindre les
souliers · Et nō pas seulement ace
mais a faire plusieurs oignemēs
a diuerses maladies · Vng aultre
prouffit pa encores · cest q̄ qui les
met es vignes quāt la vēdenge est
cueillie et auāt q̄ les vignes se prē
nent a getter ilz les deliurēt derbes

et les fossoient cōme laboureurs ·

Des chiens lesquelz on doit eli
re cōment on les doit tenir et d̄seig
ner et du prouffit qui en vient ·
lxxix · chap̄.

LE chien est la garde des bestes qui lup sont baillees a
defendre comme sont brebis et chie
ures q̄ les loups menguent voulentiers · et pource on leur baille
chiēs pour les defendre · mais trupes et vers se defendent biē. Ilz
sont deux maieres d̄ chiēs · lun ap
partenāt a venaisō sauuage · et les
autres pour cause d̄ garder qui ap
partiennēt aux pasteurs · d̄squlz iap
intēciō de parler ala forme d̄ cest
art. Premieremēt on les doit pren
dre daage cōuenable · car les iēnes
chiēs ne les vieulz mastins ne peuent defendre ne eulx ne les brebis
et souuēt les loups les mēguent ·
Leur face doit estre d̄ belle forme et
d̄ grādeur suffisant · les peulx tirant sur le noir · narilles cōuenables · les leures sur le noir ou sur
le rouge · le mēton souspsse a deux
dens qui en naissent a destre et a se
nestre · et que telles sopent dessus
apparens et droictes plus que bro
chees ne tortes · et les dentz agues
qui sont dessoubz les baulieures ·
La teste et oreilles grādes et plates
et plopees · gros chief et gros col ·
les entreneux des dois largez grāt
piez et haulx · les dois biē decernez
les ongles durs et cours · le corps
biē forme leschine ne trop camuse

ne trop courte· la queue grosse de
fozt aboimēt quil baye grāt gueu
le de couleur approchant au lyon·
Les femelles ne doiuent pas auoir
grant teste· On se doit garder de a-
cheter chiens pour bergers qui sopēt benuz & brapiers ne de veneurs
car les vngs sont trop paillars a
defendze les bestes et les autres se
ilz voient vng lieure ou vng cerf
ilz y fuproit tantost et laisseront
les bestes· Et pource il vault mieulx les acheter de bergers qui les
ont introduiz· ou de chien cōmun
qui nest point introduit car le chiē
est legerement apzis· On les doit
mistre de pain auecq les brebis a-
fin quilz ne laisset les brebis pour
aller menger ailleurs· On les gaz-
dera de mēger de la char des brebis
moztes afin que ilz ne se acoustu-
mēt a en mēger· mais on leur dōnera os bien rongez car les dentz
lup en affermiēt et en ont meilleu
re gueulse et plus ouuerte· et sont
faitz plus mauuaiz et plus aigref
po² la saueur de la moelle· Ilz mē-
geröt de iour ou les bestes paistrōt
et au vespre et de nuit ilz seront en
lestable ou les bestes seront· Les
chiēnes poztēt trois mois et quāt
elles auront cheelle se il y en a plusieurs on eslira ceulx q̄ len veult
garder et gettera len les aultres·
car de tant que il y en aura moins
ilz seront mieulx nourriz· On leur
mettra dessoubz elles aucunes choses molles en leur lyt pour les
mieulx introduire· ¶ Les chiens a

pres huyt iours cōmencent a veoir
et demeurent auecqs leurs meres
par lespace de deux moys sans de-
partir ne desseurer· plusieurs les
traist hozs en vng lieu et les at-
tainent fozt pour les faire plus aigres a fozment batailler· Et aussi
il leur acoustume a les lper pmie
remēt de liens doulx· et se ilz seffoz-
cent de les ronger on les doit tātost
batre et les esbahir pour oster la
coustume· Aucuns sont qui leur
oignēt les oreilles de noix grecqs
biē bzopees et entre les dois pour
ce q̄ les mouches et les pucez et tel
les bestes y seulent estre· et se on
ne leur faict ilz sont rögneux et es-
cozchez·On leur met coliers de fer
sur vng cuir au col et les poictes
des fers sont dehozs q̄ les bestez ne
les naurent·selon q̄ les contrees
sont plaines de bois et loing de vil-
les·Et selon ce q̄ il ya plus de males bestes il fault pl⁹ de chiens au
moins a garder le bestial· car empres villes il suffit de deux bons
chiens vng masle et vne femelle·
pource quilz se tiennēt plus voulē-
tiers ensemble· et si est lun pl⁹ aigre pour cause de lautre· et se lun
est malade lautre tiendza son lieu
et les acoustumeza len a dozmir de
iour et a veiller de nuit et seront en
clos·

¶ Des pasteurs q̄lz et combiē ilz
doiuēt estre et cōment ilz se doiuēt
auoir et maintenir· iiii·xx·chap·

Garder grans bestes sont ne
cessaires hōmes daage par-

fait · et enfans sont suffisans pour
les petites bestes · Il couient plus
fors hômes a garder petites bestez
es montaignes et es costieres qui
ne fait ala plaine terre dont on retourne tous les iours ala ville ·
Et en montaignes bon est dauoir
iennes gens garnis de fondes · et de
cela se peuent defendre et valletôs
et filles · Les bestes paistront enfêble cômunement de iour et au con
traire elles sen vont de nuit chûne
en son lieu · Toutes doiuent estre
soubz vng maistre de bestial et cestuy cy doit estre plus ancien et pl°
sage · et les aultres luy doiuent o-
beir afin quil ne faille es labeurs
pour sa vieillesse · car les vieilles
gens ne les tendres enfans ne sou
stiennent pas legerement lasprete
des montaignes ne des vallees · cô
me il appartient a pasteurs de brebis et de chieures qui montêt vou
lentiers en roches et en boys · La
forme des pasteurs est quilz soient
fermes espers legers et deliures de
leurs membres · car ilz nont pas
tant seulemêt a suiure les bestes
mais les garder de mauuaises be
stes et pillars · et quilz puissêt por
ter le faiz qui leur est enioingt et
courir et getter de la fonde · car cha
scun nest pas conuenable a faire ce
mestier · Il appartient au maistre
de pourueoir quil suiuent tous instrumens necessaires au bestial et
es pasteurs · par especial au liure
de lôme et ala medicine des bestes
Ala quelle chose ilz doiuent auoir

iumens a batz du seigneur · cheuaulx mules ou asnes pour porter
leurs necessitez ceulx qui sont au
bois et es aulnois pour paistre les
bestes doiuent auoir femmes qui
suiuent le bestial et portent la viã
de aux bergers · Le maistre du bestail nest point couenable se il ne se
congnoist en lettres pource quil ne
scairoit bien rendre raison ne faire
son côpte autrement · Le nôbre des
pasteurs doit estre selô la multitu
de et nature des bestes et la diuersite des lieux des pastures des mar
chans des aigneaux et de ceulx qui
font les formages afin quil ny ait
riens qui ne soit ordonne ·

¶ Des garênes et de la place aux
lieures et autres sauuagines et de
la maniere de les enclorre ·
iiij^xx · i · chap ·

O En doit enclorre lieures cheureux cerfz sengliers et cô-
ninlz et telles bestes sauuages
qui ne sont pas de prope et en faire
vne garenne · Mais la garde de ces
bestes icy est legerement secue · si
men passe briefment · · Ilz doiuent
estre enuironnez en prenant vng
grant lieu ou vng petit au plaisir
du seigneur · selon sa possibilite et
de telle maniere que les murs soyent si haulx et si espes que nulle
autre beste ny puisse entrer ne sail
lir par dessus · Il y doit auoir tainy
eres buissons et herbes ou les lieures se puissent musser · et arbres
et rainceaulx estenduz pour empes

cher la force et violence de laigle · et
se tu y metz lieures masles et femelles le lieu en sera tantost plein
pource que tantost quilz ont faōne
ilz vont au masle et ont les ventres
pleins · Qui vouldra congnoistre le
masle de la femelle Archadius dit
quil fault regarder es parties de
nature · car le masle na que vng
pertuis et la femelle en a deux · cecy est certain (Ilz sont trois manieres de lieures · Lun dytalie qui
a piez bas deuant et haulx derriere
et dos gris le ventre blanc lōgues
oreilles · Et dit on que ce lieure cōcoit quant il est preings · En france
outre les mons et en macedone ilz
sont petiz · En espaigne et en ytalie
moyens · On en treuue en france
qui sont blancz · La tierce maniere
est que en espaigne en prouence et
es prouchaines parties de lombardie il naist vng lieure semblable
au nostre · que len appelle cōnin · Il
est dit lieure pour leger pie · et si est
dit cōnin pource quil fait cōnins en
terre et rainieres pour soy musser
en champs et en boys · Cest chose
certaine que sengliers cheureux et
cerfz peuent demourer en champs
enclos auecq les lieures · Varron
recite que vne foiz cōme il estoit en
vng lieu appelle le champ laurēs
ou il auoit vng noble hostel en bn
hault lieu pour soy esbatre et pour
souper et y estoit vng grant boys
qui tenoit bien cinquāte iournees
de long et de large · et bien enuiron
ne et seinct de murs il dit faire par

maistrise que len appella vng hō-
me qui venoit auecq vne guiterne
qui passoit par la et luy cōmanda
len de chāter · adonc il souffla d'vne
vne bucine et soudainemēt il vint
tout entour de luy et des autres si
grāt multitude de cerfz de sągliers
et daultres bestes a quatre piez q
cestoit merueilles et delectable cho
se a veoir · Le prouffit de la garenne
est grant et tresplaisant · car d'vn
pou de bestes encloses en viēt grāt
nombre en pou de temps · dont les
chars sont bonnes a menger · et si
les a len legerement · et en sōt les
peaulx bōnes pour fourrer robes
et faire conropes ·

¶ Des piscines fossez et poissons
enclos · iiii·vp·ii·chap·

Qvi veult auoir piscine il doit
premierement choisir lieu con
uenable ou il y ait tousiours eaue
Ilz sont aucunes piscines grādes
et les autres petites et les autres
moyēnes · Et encores de ces piscies
les vnes sont de fōtaines les autres destangs les autres de mer et
les autres deaue doulce courant ·
Se elles sont petites il les fauldra
garnir enuiron de bois ou de pierre
taillee et bien ioincte et cymentee
afin que lodrie ou aultre beste nui
sible ny puisse entrer et que cordes
ou glus soiēt estēdus dessus pour
espouenter les opseaulx de prope·
et que on y mette tel poisson cōme
leaue le requiert selon la region
car les vngs poissons sont voulen

tiers en eaues de fontaines ou de
fleuues· Les aultres en estangs
ou en Viuiers· et les autres en ea
ue de mer· Se la petite piscie est par
fonde et leaue de fõtaine ou de riuie
re y entre les poissõs y pourront
proprement Viure· & ceulx qui sont
es parties de lombardie en sardine
et barbie et autres petiz poissons
y pourront bien estre mis· mais se
leaue est de lac ou estãg ou il y ait
boue au fons tenches et anguilles
sy delecteront cõme pourœaulx en
boue· et tous autres petiz poissons
mais quelle ne soit corrompue de
infection· Len ne doit point mettre
lutz en petites piscines pourœ que
ilz mengeroient trop de poissons cõ
bien que il mengue Voulentiers
raines qui sont contraires aux pe
tiz poissons· mais on les peut bien
mettre en grãt piscine· Se la pisci
ne est de mer ou venue deaue de mer
tous poissons de mer y peuent estre
gardez· Se len Veult auoir grãt pi
scine il la fault faire dun grãt lac
ou plusieurs eoꝛes sassemblent
de pluye et de fontaines ou de riuie
res qui y courent ou par auenture
deaue de mer cõme il aduiẽt en plu
sieurs lieux· Se il aduient que lea
ue psse du lac ou de estang par au
cun pertuiz on lestoupera et clozra
len tellement que lyssue des pois
sons en sera empeschee et leaue nõ
Et se elle est deaue doulœ on ppour
ra mettre et garder toutes manie
res de poissons grãs et petiz qui Vi
uẽt en telle eaue· et auec poissõs de

mer qui se delectẽt en eaue dou lœ
qui en icelle piscine pourront Viure
et estre gardez· Se elle est deaue de
mer on y mettra toutes manieꝛes
de poissons de mer se elle est trespar
fonde se le poisson nest trop grãt cõ
me baleine qui ne peut estre cõpri
se ailleurs que en la mer·Et se la
piscine est de moienne grandeur on
peut sauoir quelz poissons il y doit
auoir par les choses deuant dictes
Le prouffit de la piscine est grãt car
dun peu de poissõs enclos il en Viẽt
plusieurs en brief temps· dont les
Vngs seront Venduz et les autres
gardez·

⁌ De mons· iiiixx·iii·chaȝ·

¶ A Ȝpꝛes les bestes a quatre piez
que on seult nourrir et des
poissõs aussi·il cõuient dire des be
stes a deux piez et des aultres Vo
lailles·Et premieremẽt des mons
qui sont plus nobles que les aul
tres pour cause de beaulte· et les
peut on legeremẽt nourrir sicõme
dit paladius se pillars ou mau
uaises bestes ne les emblent ilz se
Vont esbatant par my les champs
et si paissent et y aprennent leurs
poulez Aux Vespres ilz montẽt sur
treshaulx arbꝛes · Il leur cõuient
Vne cure pourœ que quant ilz cou
uent on les doit garder du regnart
ilz sont bñ nourriz en petites psles
Il suffit a Vng masle dauoir cinq
femelles sicõme dit Varron·mais
a plaisãœ bon est dauoir plusieurs
masles pour leur grant beaulte·

Les masles sont persecucions aux
oeufz et a leurs poules iusques a
tant que la creste leur vient·Des
les pres de feurier ilz se comencent
a eschaufer et se on leur gette des
seues vng peu greilletes ilz en sont
esmeuz a luxure·et se on leur don
ne chūne quinte iournee tiedes·Le
masle demonstre que il veult sa fe
melle quant il fait la roe de sa que

Se on mect les oeufz des paons
soubz les gelines les meres come
bien epcusees de couuer feront pou
cins trois foiz lan·Dōt les pmiers
comunement sont de cinq oeufz·les
secondz de quattre· et les tiers de
trois ou de deux·Mais les gelines
solent esleuees ace faire au pmier
cressent de la lune·et leur mette sē
par neuf iours neuf oeufz soubz el
les cinq de paon et quatre de leur
nature·au dixziesme iour on ostera de la geline ceulx qui sont de sa
nature et p mettra len autāt dau
tres oeufz frecz de geline et ainsi se
ra len iusques atāt que les oeufz
de paon ayent este trente iours et
les autres de gelines se esclorront
auecques· et aucunesfoiz retourne
ra on les oeufz de paon ala main
dun coste sur lautre en signant la
partie couuee que on ne faille a bn
tourner·et querra len grans gelines car les petites np suffiropent
pas·On leur fera leur npd soubz
le tect dœure des autres et hault
esleue de terre·si que serpent ne au
tre beste np puisse aller comme dit
Varron Ilz aurōt leur npd beau

et net deuant ou ilz vourront menger en tēps·car ces opseaulx veulent leur lieu estre bien net et pur
ge· Et aura leur pasteur vng baston ou vng balay pour oster leur
fiente· Se on les veult transporter
quant ilz seront nez il suffira a v-
ne nourrice de auoir quinze pouletz
On les nourrira aux premiers
iours de farie dorge moillee en vin
ou cuicte et refroidie en forme de
brouet· Et puis len y mettra poireaulx ou formage fraiz et bien es
praingt car le laict mesgre leur est
contraire·On leur donne aussi sau
terelles a qui on a oste les piez et
ainsi les paist on iusqs avng mois
et puis on leur donne orge toute co
mune·Et au vingtciquiesme iour
apres que ilz sont nez on les mai
ne en aucun champ seur pour pai
stre auecques leurs nourrices et a
signe certain on les appelle ala vil
le· On ostera la maladie de la pepie qui leur vient par le remede dōt
on guerist les gelines· Il pa grāt
peril a eulx quāt la creste leur vient pource quilz soufrent telle dou
leur cōe les enfans quāt les dentz
leur viennent· Le prouffit de eulx
est car la char est assez bonne maiz
elle est dure a digerer·Les plumes
des masles sont tresbelles et pour
ce elles sont propices a faire chap-
peaulx et paremens pour pucelles

Des faisans· iiijᵛᵖ·iiij·chap·
A la nourreture des faisans
on doit prēdre des nouueaux

de vng an car les vielz ne peuent
faire grãt lignee · On baillera les
mafles aux femelles au moys de
mars ou au mois dauril et baille
ra len a deux femelles vng mafle
La geline ne porte que vne foiz lan
et faict bien vingt oeufz par ordre
Vne geline en couuera bien quize
de faifans et aucuns aultres des
fiens En les mettant au nyd no⁹
regarderons de la lune et des iours
ce qui eft dit des autres · Le trẽtief
me iour ilz fe efclorront · et par qui
ze iours aps lefcloeure on les pai
ftra de farine dorge cuite doulcemẽt
refroidie et apres de forment et fau
terellez et des oeufz de formis · quãt
elles feront faines on les gardera
deaue · Et fe ilz ont la pepie on bro
pera des aulx auecq poiure clere et
leur en frottera len le bec bien di
ligẽment et fouuent · ou on leur o
ftera comme on faict aux gelines
leur char eft trefbonne et trefdeli
cieufe ·

¶ Des oues et oyfons · iiiixx · & · B.
                                    chaȝ.

Es oues et les oyfons ap
ment eaue et herbe et fans
ce ne peuent eftre · Loue eft cõtraire
a lieux femez · car elle mengue ler
be ronge et corrompt par fa fiente.
Elles donnent plumes que nous
cueillons en autompne et en prin
temps il fuffit a vng mafle trois
femelles ¶ Se eaue courant leur
fault les marecz fuffiront · et fe il
npa herbes nous femerons trifoil
fenugrec et petites laictues et au

tres herbes dont ilȝ fe nourriront
les blanches font les mieulx por
tãs · les noires et les vertes mo
ins · car elles font tranfportees de
eftrange terre en franche terre · El
les entendent a porter du premier
iour de mars iufques en iuing · Il
fuffit que loue ait quize oeufz · El
les couuent trente iours mais il
vauldroit mieulx que les gelines
couuaffent leurs oeufz pource que
elles en pondroiẽt plus · on les me
nera pondre en aucũe aire de loftel
pource que quant elle aura fait v
ne foiz elle fy acouftumera · Et fe
tu bailles les oeufz de loue a cou
uer ala geline tu y mettras de lor
tie afin que elle ne les griefue · On
les paiftra es premiers iours de fe
mence de pauot en loftel et puis a
pres on les pourra mener dehors
en lieux fans orties pource que ilz
ont paour de lieux poignans et par
efpecial es prez es eaues et aux pa
luz · On leur fera aire fur terre ou
ilz ne deuront point mener plus de
vingt oifons · et fi gardera len que
les oeufz napent poit dumeur ain
cois apent fuerre blanc et mol ou
de la paille ou dauftre chofe afin ꝗ
les mouftelles ou aultres beftes
ne les puiffent aller nupre cõe dit
Varron · Ilz font graffes quatre
foiz en lan car ilz ẽgreffẽt mieulx
iennes que vieilles · et font plus tẽ
dres · On leur dõnera de la bouffie
trois foiz le iour · Elles font de grã
de euacuacion et pource on les re
ftraindra et les ẽclorra len en lieu

obscur et chauld et ainsi les plus
grandes seront grasses au second
mois·car les petites sont souuent
grasses au frentiesme iour· et est
le meilleur que on leur donne leur
saoul de mil· Entre les viandes des
oysons on peut menger tout potage cōme pois et feues ·On les doit
garder des loups et des regnars·
car ilz les pillent voulentiers· Le
prouffit des oyes si est car la char
de leurs pouletz est tresbonne vian
de quant ilz sōt aagez au dessoubz
de quatre mois et les aiment plu-
sieurs·Leur duuet est tresbō pour
les lietz et les plumes dures sont
bonnes pour escripre et pour espen-
ner sayetes et biretons.

¶ Des canes et canars ·
    iiii.xx.vi ·chap·

Es canes sont de la nature
des oyes et sont nourzies en
caues cōme oyes et menguēt vou
lentiers vne herbe appellee anaite
qui croist en eaue· elles prennent
mouchetes vers et telles chestiuez
bestelettes et les menguent voulē
tiers· Le prouffit est par especial en
plumes et en char·car on les men
gue voulentiers elles et leurs pou
letz·combien que leurs chars sopēt mal digerables et visqueuses.

¶ Des gelines coqs et pouletz et
cōment on les doit garder·
    iiii.xx.vii ·chap·

Qui veult auoir bon gelinier
il doit eslire gelines bonnes
et bien pōnans et de plumes rouges ·apennes noires quilz aiēt les
dois nompers a grās ongles gros
se teste la creste brieue et large elles car telles sōt mieulx disposees
a pondze ¶ Les coqs doiuent estre
grans et haulx et de bonne poictri
ne rouge creste court bec plain et
agu les peulx hardiz et noirs a
pisse rouge le col de diuerses couleurs ou sur lor les cuisses courtes blanches velues les ongles
grans queue a plusieurs pennes
souuent chantant voulentiers ba
taillant et quilz naiēt pour de bestes qui viennent aux gelines ain
cois se combatāt pour leurs geli
nes garder· Se tu en veulx nourrir
deux centz tu dois appareiller vng
lieu bien enuirōne ou il y ait deux
caues cest adire deux maisons toin
ctes qui aient regard a orient de
dix piez de long et presque autāt de
large et vng peu moins de hault
chune partie ait vne fenestre de trois
piez et vng peu plus hault lune q
lautre bien estoupees de vergetes
dosier si q elles volent et nen puis
sent yssir ne bestes p ētrer qui les
puissent greuer ¶ Entre ces deux
chābres aura vng hups par quoy
le maistre pra de lun a lautre et p
aura abondāce de perches pour les
toucher et encontre les perches au
ra lieu ou elles pourront pondze et
vng aultre lieu enuirōne ou elles
pourront pondze ou ventroiller·Et
le lieu ou elles deuront couuer sera ferme et les poules dedens· et
quant elles aurōt ponnu on ostera

Le fuerre et p mettra len du fraitz
afin que les bestes qui nuisēt aux
gelines np biennēt cōme puces ou
autres bestes. Jl suffit a bne geline binztcinq oeufz mais paladi°
dit q̃ les fēmes nen baillent q̃ diy
hupt ou diyneuf · On dit q̃ en aucunes contrees il ya hommes qui
chaufent fours si attrempeement
et pareillemēt ala chaleur de la ge
line couuant et mettent de petites
plumes par mp le four et mistte
oeufz dedens la plume et a bingt
iours de la ilz sescloent et biennēt
hozs les poulcins. Les gelines pon
nent prouffittablemēt despuis
mars iusques en mp septembze.
et pource les oeufz qui sont ponnuz
auant ou apzes ne doiuent point e-
stre mis a couuer· et qui les bouls
dza mettre couuer il les bauldza
mieulx bailler a bieilles gelines
que a poullettes qui napent ne bec
ne ongles aguz· car les gelines doi
uent plus estre occupees a cōceuoir
et a pondze q̃ a couuer· Celles sont
bonnes a pondze dun an ou de deux
len les doit enclozze quant elles pō
nent iour et nuit fozs au matin et
au soir quant ilz doiuent menger
et doit aller la personne sagement
entour les oeufz et les retourner
pour eschaufer autant dun coste cō
me dautre et beoir se les oeufz sōt
bons et pleins. Et ten peuv aduer
tir par ce se tu mets loeuf dedens
leaue et il nage il est buid · et se il
est plein il ba au fons. Et aussi le
peult on beoir au iour· car se il est
cler il est buid. Les oeufz longs et
aguz sont les masles · et les rondz
les femelles. On les doit mettre
couuer en nombze nomper· Se bne
geline a peu de pouletz quāt ilz sōt
esclos et lautre en a trop on les par
tira et nen doit point auoir bne pl°
de trente· Les pmiers quize iours
on donnera de la pouldze aux poul
cins que la terre dure ne les blece
auecq̃s millet et telz menuz grais
leur sōt bons et leur est bon le for
ment quant ilz le peuent prendze.
mais cest delectable biāde pour les
gelines · Le grain de dzoe leur est
tresbō. Marc de bigne ne leur bault
rien et en duiennēt bzehengnes·
Ozge demie cuicte les faict souuēt
pondze et auoir gros oeufz cōe dit
paladius· Len doit laisser aller au
soleil les petiz poulcins et au fumier pour eulx bentroiller car ilz
en seront plus fozs. Et quant ilz
auront leur plumes on les acou-
stumera a suiure bne ou deux gelines afin que les autres se occu-
pent plus a pondze que a mēger et
les doit on mettre couuer ala nou
uelle lune pource que celles qui y
sont auāt mises si fōt pou de prouf
fit pzesque iusques a bingt iours
Len ardza cozne de cerf entour les
gelines que serpens np aillent car
la fumee de celle cozne si tue les ser
pens. Len doit prendze garde que re
gnars np aillent · Len les doit enclozze de nupt de tous costez quelles
ne saillent point dehozs de nupt car
les regnars par leurs malices les

regardent quelq̄ part quelles ail
lent afin q̄ les gelines apercoiuent
les peulx du regnart lupsans cõ
me deux chandelles et aussi les me
nassent de leurs queues cõme dun
baston afin quelles aient si grant
paour quelles cheent et quilz les
pzennent et sen aillent atout· Les
escoufles et plusieurs opseaulx de
pzope et par espãl laigle les aguet
te et pzent· et pource len doit tẽdze
cozdes aux vignes et espines es li
eux ou elles hãtent de iour· Et doit
on pzendze les regnars a engin et
les escoufles ala glux ou au lacz·
¶La pepie seult venir aux gelines
qui leur enueloppe la langue dune
petite peau blanche· on loste legere
ment aux ongles et la touche len
de œndzes· et quant elle est netopee
on la touille daulx bzoiez ou len p
met vne doulce pelee et bzoiee auec
ques huille et si leur prouffitte sta
fizagre sil est mis souuent en leur
viande se elles menguffent amers
lupins soubz leurs peulx les gra
ins p viennẽt sicõme dit paladius
Et se on ne leur oste tantost et legte
remẽt a leguille et doulcement les
petites peaulx couuertes ilz leurs
estaignẽt la veue· Jl dit pour vray
q̃lles en font gueries qui leur oigt
paz dehozs du ius de pozcelaine et de
laict de fẽme ou de sel armoniaque
mesle auecq̄s miel et cõmin autãt
dun cõme dautre· Elles font auffi
moult greuees de poux par especial
quant elles couuẽt· et les guerist
len de stafizagre bzopee auecq̄s vin

et eaue damers luppins se il tref
percœ le secret des plumes et des pã
nes· Le prouffit des gelines est q̃l
les pönent oeufz qui nourriffent
grandement et foudainemẽt en v̄
sons en plufieurs viandes et les
peut on tresbiẽ garder longuemẽt
se on les pouldze de sel menu ou
qui les met en sel de bacõ par troie
heures et puis que on les laue et
mette len en bzan ou en milles ou
selon œ que aucuns dient qui les
tiendza toufiours en sel·¶Jtem les
poulcins en naiffẽt qui font tref
bonnes viandes tant cõme ilz font
iennes et tẽdzes· et qui les chaftre
ilz font faitz chapons qui font les
meilleurs pour engreffer de tous
les aultres pouletz et de meilleur
nourriffement· La char auffi des
gelines est tresbonne viande tãt cõ
me elles font iennes et graffes et
les plumes font bonnes a faire
couftes.

¶Des colombiers et quelz ilz doi
uent eftre·   iiii·xx·viii·chap̃·

C Olombiers peuẽt eftre faitz
en deux manieres par espãl
fur colombes es paroiz de bois ẽui
ronnez de paroiz en maniere de muz
de pierres fur vne tour de gros muz
edifiee· et en ch̃une tour peut auoiz
np̄bz ou trouz pour faire leurs
oeufz· mais mieulx vault de mur
que œlle qui est faicte de bois· Et
vault mieulx auoir les trouz de
dens que dehozs· pource que quant
ilz fõt dehozs le fiens qui est de tref

grant prouffit est perdu et les opseaulx de proye si en menguent legeremēt les pigons si fera len dōc-
ques vne tour large de pierres et
de mur et non pas trop haulte plei
ne de pertuis de toutes pars ou les
coulombs puissent entrer et pssir
et au dessoubz y aura vne espace de
souef mur sans troux afin q̃ mou-
stelles ne ratz ne autres bestes ne
puissent monter aux troux· Et au
dessus de la tour aura vng grant
trou rond ou vne fenestre quarree
par ou les coulombs pront ou vē-
ront pource que ilz viennēt voulen
tiers au soleil et se la fenestre denhault est brisee len fermera des
troux de coulōbs par dehors estroiz
et larges dedens· et apment plus-
cher les coulōbs faire leurs npdz
en mur que en bois·combien que
aucuns veulent le contraire· car
aucuns veulent couuer en appert
et les autres mussez· Et doiuēt e-
stre œulx daual haulx et loing du
siens de deux piez et demp et y est ne
cessaire vng maistre tref au long
et vng au trauers du coulombier
par plusieurs parties pour reposer
les coulombs quāt il pleut ou nei
ge ou quāt il fait trop grāt chaud
On nettoiera bien souuent le coulombier hors et ens · car ilz se delectent en nettes maisons cōe font
les gens et ainsi ne laisseront pas
le lieu legerement· Et deuez sauoir
que chūne paire veult auoir deux
ou trops npdz du moins · car ilz
multiplient aucūeffoiz tant quilz

remplissent les troux et le solier et
les trefz·

¶ Cōment les nouueaulx coulō-
biers doiuent estre premierement
garniz et peuplez de coulombs.

iiiixx·ty·chaß

On doit mettre premieremēt
es nouueaulx coulombiers
coulombs nō pas vielz·car ilz sen
pstropent et retourneroient a leur
propre lieu·maiz doit on mettre iēnes pigons qui apent leurs plumes parfaictes ou presque parfaic
tes · Et œulx cy les meilleurs sōt
cendrins et les aultres noirs et
brunz ainsi les appelle len pour lef
plumes· œulx icy demeurēt plustost au coulombier que les blancz
car les opseaulx de proye voyēt les
blancz de trop loing si les viennēt
menger¶ On les y doit mettre du
mois daoust de septēbre ou de iuillet pource q̃ adonc treuuent ilz pl⁹
de grain aux champs pres de leurs
coulombiers quilz ne feroient en
mars en auril ou en may· Quāt
ilz y seront mis on les tiendra enclos par quize iours quilz npssent
et mieulx· On les laissera a mesgrir et puis quant ilz seront eclos
on leur donnera diligēment a mēger par aucuns iours et a boire et
apres ledit temps on ouurera la fe
nestre en temps trouble ou doulx
mais il vauldroit mieulx en tēps
pluuieux pource que lors pstropēt
et nō pas trop loing et si sen retour
neroient bien tost·

¶ Cőment on doit tenir les coulombs pour plus voulentiers demourer et bien en fructifier. iiijᵛᵛ·ẏ·chaṗ

Coulombs qui naiſcent au coulőbier ou qui y ſont mis petiz ne ſen departět pas voulětiers mais aucüeffoiz vont aux autres coulőbiers ou ilz treuuět la viăde quăt ilz nen ont point en leur coulőbier ne nen treuuent aux chăps et puis aṗs quant ilz ne treuuent viandes ilz ſen retournent a leur pzopze lieu et pource eſt il bő de leur faire bon et beau coulombier et de leur dőner de la viăde en tẽps quilz nen treuuět poit cõe quăt il a gele ſur terre en auril et en may quăt les terres ſont arees et pluſieurs en pa qui měguſſět leurs pzopzes fruitz. La viande conuenable aux coulőbs eſt forment feues vec ozge et mil et telz grains quilz men guět voulentiers. A cent paires de coulőbs ſuffiſt la huitieſme partie dun cozbillon de grain· et quant il ny a riês aux champs on leur donra au double et leur donra len largemět a boire au coulőbier toutes foiz quilz en auront meſtier ou en aucüe autre part aſſez pzes du coulőbier ou ilz puiſſent boire· et pour ce choſe neceſſaire eſt de faire coulőbiers pzes deaue ou ilz ſe puiſſět lauer et boire quant ilz vouldzőt ſi cõe dit varron· Il eſt bon de leur dőner de toutes manieres de grais pour veoir le ql ilz aimerőt mieux et de ceulx on leur dőnera pour les

mieulx retenir au coulőbier· paladius dit q̃ ilz főt aſſez fruitz et ſouuět qui leur dőne ozge roſtie ou feues· Et ſi dit q̃ ilz ne demandět riê autre choſe en eſte· et ny a qui tăt les engreſſe cőe formět et mil trěpez en vin doulx ou en bochet·car ilz en aimět le lieu et y amaineut les autres et quant on leur donne la viăde on la leur doit dőner au veſpze et leſ laiſſer pourchaſſer au long du iour aux champs· et quăt il a nege ou greſſe on leur dőne au matin·

¶ De loffice de celluy qui garde leſ coulombs· iiijᵛᵛ·xi·chaṗ·

Cellui qui garde les coulőbs doit oſter le fiens et le pozter aux chams pour fumer les terres et doit querir les bleœz et bouter hozs les mozs ſil en pa aucune ěnupeux qui batent les autres il les oſtera et mettra a part pouz vědze les vngs et měger les autres ¶ On les doit garder des oiſeaux de pzope par mettre aucunes verges gluees entour· paladius dit quilz főt ſeurs des mouſtelles ſe len get te ětre eulx vielz őgles dont les beſtes főt chauſſees· et ſi dit q̃bon eſt pzědze pluſieurs rainœaulx de rue et les eſpandze en pluſieurs lieux et les doit on bñ gazdez de ſopnes et dautres beſtes qui les měguět et auſſi des oiſeaux de pzope de iour et de nuit et ſi doit on tenir le lieu cloz les hups et les feneſtres par eſpăl

C·i·

& nupt · Se iľ opt noiſe au coulom
ƀier ƀe nupt iľ ƀoit êtrer ſeuremêt
et ľaiſſer aľľer ľes couľõƀes · car iľz
retournerõt ƀiê apres · et ſi ƀoit prê
ƀre ľes opſeauľy et ľes ƀeſtes ſe iľ
peut · Iľ en pa aucuns qui ont ƀe
roľes êtour ľes peuľy et ľes aueu
gľent ſi ľes ƀoit on ƀenƀre ou men
ger · iľz meuœnt autuneffoiz par
ƀieiľľeſſe pourœ quiľz ne ƀurêt paſ
paſſe huyt ans · La garƀe ƀoit êtrer
ſouuent au couľõƀier et ľes ſiffľer
et ľeur porter touſiours ƀng peu ƀe
ƀianƀe pour ľes apꝛiuoiſer · Iľ ƀoit
auoir ƀaiſſeau ƀe terre ou iľ p ait
touſiours ƀe ľeaue et que iľ ſoit ſi
couuert que nuľľe orƀuœ np puiſſe
cheoir pour ľa tenir pľus nete ·

¶ Du pꝛoufit ƀes couľombs ·
     iii ·pii·chaꝗ·

 Barron ƀit quiľ neſt riês pľ⁹
pľâtureuy ne pľus fructifi
ant ꝗ couľombs car en quarante
iours ľa femeľľe cõcoit pond et cou
ue et nourriſt ſes pouľetz · ainſi fait
eľľe tout au ľong ƀe ľan foꝛs ƀng
peu en puer · Les couľõƀes naiſœnt
ƀeuy a ƀeuy et apꝛs ſiy mois iľz pe
uêt põƀre et nõ auât · et põnet qua
tre cinq ou ſiy foiz ľ'ânee quant iľz
ont aſſez ƀianƀe · et ſe iľz en ont pou
iľz ne ponnêt ꝗ trois · La char ƀes
pigons eſt treſbonne et ƀeľectaƀľe ·
Leur fiens eſt treſbon pour fumer
terres et pľâtes en toutes pars ƀe
ľan · Sachez ꝗ trois paires ƀe cou
ľombs fôt en ƀne ânee ƀng coꝛbil
ľon ƀe fiens · et ƀe tât quiľz menguſ

ſent pľus ƀe tât font iľz pľus ƀe fi
ens pourœ ꝗ iľz ſe tiennêt pľus au
couľõƀier · Iľ pa ƀng autre pꝛouf
fit ꝗ ľen ƀit cõmunemêt ꝗ en auľ
cunes pꝛouiœs on ľeur ľie ľettres
ſouƀz ľaiľe ou en ľa queue et ľes
chaſſe ľen hoꝛs ƀu ľieu et iľz ſen re
tournêt atout ľes ľettres au ľieu
ľa ou on ľes ƀeuľt euoier · Paľa
ƀius racõte mais ie ne ſcap ſe cêſt
ƀerite ꝗ qui ľeuz ƀõne cõmunemêt
a mêger cõmin ou qui ľeur oingt
ľes aeľľes en ƀne partie ƀe ƀaſiľiꝗ
et ƀe ƀaume iľz amenêt ľes autres
couľombs au couľombier ·

¶ Des teurtereľľes et pour oꝛƀon
ner ľeur ľieu · iiii ·piii·chaꝗ·

En fera tout ainſi ƀes turte
reľľes cõme iľ eſt ƀit ƀes cou
ľombs et ľeur ƀõnera ľen a mêger
ƀu foꝛment ſerq et aurõt ƀng ľieu
appareiľľe ou iľz pourront pꝛopre
mêt menger · et ľeur purgera ľen
ľeur ľieu et poꝛtera ľen ľe fiês auy
champs car iľ engreſſe grâƀement
ľes terres · Et pourœ ꝗ[ſ]es põnent
ľargement ľes opſeľľeurs ƀe ľõƀar
ƀie et par eſpâľ ƀe cꝛemône en pren
nêt aľa raiz grât nõƀze et ľes met
têt en aucũes caiges et ľeur ƀõnêt
ƀe ľeaue et ƀu miľ tant cõe iľz ƀeu
ľent et ľes engreſſent tât quiľz en
ont aucuneffoiz ƀien cinq œns ·

¶ Des eſtourneauľy merľes per
ƀziy et caiľľes et cõmêt on ľes ƀoit
nourrir et maintenir pour poꝛter
fruit ·   iiii ·piiii·chaꝗ·

Qi ƀeuft egreſſer teľz opſe
auy ou autres faœ ƀng ľieu

')'

clos de tuilles et de raiz grãt selon
le nombze des opseaulx quil veult
enclozze. Il côuient que sur le tect
il p ait vng tupau par le quel on
puisse essuier legeremẽt leaue. car
se leaue p est tzop espãdue elle trou
bleroit toute celle qui seroit pour
boire. si venra par vng tupau que
les opseaulx ne si touillẽt de leaue
Il p aura peu defenestres et si p
aura vng hups tout seul si petit q̃
a peine p ẽtrera le maistre et ne les
verra len point et si ne verrõt point
les herbes ne les arbzes de par de
hozs car ilz amesgriroient pour la
mour quilz ont ala verdure. Ilz
auront seulemẽt de la lumiere au
tant quilz en pourront veoir pour
boire et mẽger. Et les gardera len
de ratz de souris de mousteltes et
dautres bestes et p aura dedens
maintes perchetes pour les iucher
On leur donnera a mẽger soupes
de figues et de farine meslee ensem
ble. pour les estourneaulx et les
autres len leur donra tel grain cô
me il leur appartiẽt et quãt on les
vouldza oster on leur donra a mẽ
ger plus q̃ deuant et les ostera len
si q̃ les autres ne sespouentẽt point
Ceulx qui serõt gras serõt bẽduz
et ceulx qui serõt mesgres serõt re
boutez en leurs caiges.

¶ Du siege des mouches a miel et
du lieu côuenable. iiii⁰ v. chap.

Paladi⁹ dit q̃ len doit asseoir
le vaisseau des mouches a
miel en vne partie du iardin secre
te et loing de vent et chaulde. pour

ce q̃ ce leur ẽpesche a appozter leur
pasture a lostel côe dit Virgille et
nõ pas loing de maisons afin q̃ lar
rons ne gens ne bestes np aillẽt
trop et q̃ il p ait abondãce de fleurs
q̃ elles cueildzont es herbes et ar
bzes et q̃ il p ait des arbzes dispofez
deuers septentriõ. et quil p ait fon
taines ou riuiere assez pzes. Varrõ
dit q̃ les soiẽt pzes de la ville de leuz
seigneur . et quil np ait pas noises
ne fõ dpmages qui est appelle echo
car ce son icp les ẽchasse. Elles doi
uent estre en lieu attrempe ne trop
froit ne trop chaulds. et pzopement
ou soleil viẽt en puer. et pas de lieu
ou elles treuuent pasture et pure
eaue. Virgille dit quil est bon quil
p ait arbzes fueilluz. et ẽtour lea
ue qui sera la quil p ait des saulx
plantez largemẽt de grãs pierres
et de grãs cailloux largemẽt ou el
les serõt côe sur pontz et espãdzont
leurs aelles au soleil. paladi⁹ dit
q̃ les apupes ou soustenues doiuẽt
estre de trois piez de hault et biẽ en
duites et aplaniez pour lesardes
et aultres mauuaises bestes qui
ont de coustume p repairer. Et dess⁹
ces soustenãs on mettra les vais
seaulx tellemẽt q̃ la pluye ne les
pourra percer. et p aura distance de
lun a lautre. et np doiuent point al
ler bzebis ne aussi chteures pour
les fleurs que menguent les mou
ches ne les vaches quelles ne ga
ftẽt la rousee et defoulent lerbe. Et
si np doiuent point estre steltions
ne lesardes ne airondes ne telz op-

seaulp nuifans qui les aguettēt et
leur nuifent·Auffi np doiuent poit
eftre nulles ozdures oudeurs mau
uaifes ou autres chofes mal odo-
rans·

¶ Quelz les Vaiffeaulp a mou
ches doiuent eftre· iiiᵛᵛ Vi·chap·

Es meilleurs Vaiffeaulp
pour mouches a miel com
me dit paladius par efpecial font
formez dune efcozce de fuber car elle ne fe creue ne pour chauld ne po²
froit·et fi les peut on faire de feru-
les · Et fe cela fault on les peult
faire dofier de faulp ou de bois dun
arbze caue·mais ceulp font les pires qui fe gelent en puer et efchau
fēt en efte· Touteffoiz il fault tref
petite entree par ou elles entrent q̄
le froit dpuer ne le chauld defte np
entre et ne les blece· Len fera bne
haulte parop encõtre les pl⁹ haulp
et froiz bentz·Les entrees ferōt en
contre le foleil dpuer et p en doit a
uoir feulemēt en bne efcoze deup
ou trois de telle grãdeur que il np
puiffe entrer par ou elles entrent q̄
le cozps de la mouche et nulle aultre befte pour les greuer·Et que fe
on les guette dun trou ꝗlles puiffent pffir par lautre·et bon eft que
ilz foient eftroiz·car cõe dit Virgille le froit gele le miel et la chaleur
le fond · et les mouches doubtent
to⁹ les deup et le chauld et le froit
Mais la plufgrãt partie des gens
de maintenãt font bng grãt trou
en la mopenne partie du Vaiffeau
Et doiuent eftre grans Vaiffeaulp

pour la grãt quãtite des mouches
et petiz pour la petite quãtite · Ilz
doiuent eftre haulp dun pie et demp et larges ala moitie·Vng tref
eppert et fage hõme me afferma q̄
les Vaiffeaulp qui font quarretz
faitz de tables balent mieulp q̄ ne
font les ronds et bault mieulp q̄
ilz pendent bng peu deuãt q̄ quilz
fuffent tous dzoiz· et pourroit on
mettre lun fur lautre·et ces Vaiffeaulp doiuēt auoir fons de chũn
chief·tellemēt q̄ on les puiffe ofter
quãt meftier en fera pour leuer le
miel·Le fons de deuant aura deup
petiz pertuis · et celluy de derriere
bng par aual par ou les mouches
entreront et pftront · Et fi me dit
auffi que elles labourent mieulp
quãt le Vaiffeau eft obfcur par dedes qui fignifie q̄ les troup doiuēt
eftre petiz et les creuaces bið eftou
pees et fcellees·et les mouches le
nous apzennēt·car nous trouuõs
q̄ en puer les creuaces font eftou-
pees de cire pour la greigneur partie · et demeure tant feulemēt le pe
tit trou a leur fozme·

¶ Cõment les mouches a miel
naiffent· iiiᵛᵛ Vii·chap·

Es mouches naifcēt bne par
tie de leurs femblables et b-
ne partie des beufz fauuages dõt
le cozps eft pourp cõe dit Varron
mais ilfe taift de la maniere· Et
Virgille en parle et dit que maiftre
archadi⁹ en fut le pmier trouueur
et trouua la maiere telle·On eflit
bng eftroit lieu cloz de parop a bne

estroicte couuerture de tuille et q̃ il
p ait quatre fenestres obliques· et
lors on quiert vng veau de deux
ans et lup estoupe len a force les
narilles et la on le bat et tue len de
coups tant que les entrailles lup
rompent des coups et se dissoluent
parmp la peau entiere· et ainsi le
mettent en ce lieu clos en lup met
tant sur les costez pieces de rain-
ceaulx· cestassauoir de thimus et
casses fresches· Cecp est faict quãt
les fleurs et germes pmierement
se prennẽt a donner oudeur auãt q̃
les prez cõmencẽt a verdir et auãt
q̃ lairon̄de vienne et souspende son
np̃d· Adonc lumeur de ce veau qui
est tiede seschaufe et cree mouches
qui pmieremẽt apparẽt sans piez
et tantost se meslent en tremblãt
des aelles et se lieuent en lair· Et
ainsi sõt neez et formees mouches·

¶ Quelles mouches on doit ache
ter quãt et cõmẽt on les doit trouuer et emporter· iiiiᵛᵖ viii·chap̃·

Entre les mouches a miel les
petites vaires et rõdes sont
les meilleures cõe dit Varrõ· Qui
les veult acheter il doit cõsiderer q̃
elles soiẽt bõnes· et se elles sõt saines ou malades Les signes de leur
sante sont quãt elles sõt souuẽt en
lexamẽ et se elles sõt polies· et se
leuure q̃lles font est egale ou lege-
re· Les signes de celles qui moins
valent sont quãt elles sõt velues
horribles et pleines de pouldre· On
doit cõsiderer se les vaisseaulx q̃ on

veult acheter sõt pleins· et le peut
on sauoir ala noise q̃lles font et a
leurs allees et venues sil pa grãt
nõbre ou non· Len doit regarder le
tẽps et le lieu quon les veult trãs
porter· car il vault mieulx en prin
tẽps q̃ en puer· pource q̃ en puer el
les sen fupent et sõt fortes a acou
stumer se elles ne trouuẽt bõne pa
sture· Il vault mieulx les trãspor
ter pres q̃ loing q̃ elles ne se esbap
sent destrãge terre· Et qui les voul
dra porter loing si les porte de nupt
a son col· et ne les euurera len ne
asserra iusq̃s a lendemain au ves-
pre· nous cõsiderons q̃ ap̃s trois
iours elles ne pssent pas toutes
hors les portes car aisi on pseroit
q̃lles sen voulsissent fouir· mais
touteffoiz elles demourrõt biẽ en
celup lieu en touillant la gueule
des vaisseaulx de fiẽte daucũ veau
pmier ne· cõe dit paladi⁹ au mois
dauril no⁹ querõs les mouches es
lieux ouuers et esguettõs pmiere
mẽt se elles sont pres ou loing· et
touillerons vng petit vaisseau de
terre rouge clere et gardrons les
fõtaines ou les eaues prouchaines
et adonc tout bellement dun festu
touille en celle terre toucherons le
dos des mouches qui buurõt et se
elles se retournẽt tãtost que nous
les aurons touchees de celle terre
cest signe que elles sont pres heber
gees· et se elles demeurent longue
ment cest signe que elles sont loing
Se elles sont pres tu p vẽdras tã
tost· et selles sont loing tu p ven-
C·iii·

dzas par telle maniere · Tu trêche
ras ßng entreneu de canne auecq̃s
ses articles et le ouureras au coste · et la tu mettras · ßng pou de
miel et le laisseras empres la fontaine · la les mouches se bouterõt
pour louðeur du miel · et puis tu
estouperas le pertuis du poulæ et
puis tu en laisseras ßne aller et
restouperas encores et suiuras la
mouche tant cõme tu pourras · et
quant tu en auras perðu la ßeue
tu lairras lautre aller · et la suiuras par telle maniere ainsi lune
apzes lautre iusques atãt que tu
trouueras le lieu · Aucuns entour
leaue mettẽt du miel en ßng ßais
seau du quel quant les mouches
auront goutte de leaue et de œ miel
elles pront et ßendzõt et en rame-
neront des autres · et par œs allẽez
et ßenues on trouuera leurs pla-
œs ·

¶ Cõmẽt on ðoit tenir et pzocurer les mouches a miel · iiii ᵖᵖ · iŷ ·
chaṗ ·

LE gouuerneur qui entretiẽt
les ßaisseaulx ðoit par son
sens faire que ẽtour le lieu il ŷ ait
abonðance ðe fleurs en arbzes her
bes et en arbustes cõe ozigan thimus serriette serpil ßiolettes ia-
cictus qui est ðit flãße ou iagleau
saffran et aultres herbes ðe souef
oudeur et ðe belles fleurs es arbu
stes et ait roses liz rõmarin et per
re · Et quil ŷ ait arbzes · comme al
manðiers peschiers põmiers poiriers et autres arbzes ou il nŷ ait

nulle amertume ðe fleurs ne ðe ius
Entre les arbzes sauuages sont
chesnes qui poztent glandz robura
bixus et therebintus lentiscus œ-
dzus tilia timus · si en soiẽt ostees
Les pmieres fõt miel doulx et les
ðernieres lup ðonnẽt saueur ðe ßil
lain miel · si cõe ðit Palaðius · par
especial les choses qui ðoiuẽt estre
semees que les mouches suiuent
ßoulentiers cõme ðit ßarron · Et
sõt œs choses qui sensuiuẽt · roses
serpilles ache sauge pauot seues lẽ
tilles pois ozigan ozimũ capzũ ci-
tisum qui est trespzouffitable aux
foztes mouches car il commenœ a
florir ðepuis la mŷ mars et est en
fleur iusq̃s en la fin ðe septẽbze A-
che ßault a garðer leur sãte · et thi-
mᵘ a faire le miel · Il leur fault a-
uoir ðe leaue clere pres qui ne coure
point · ou se elle court en autre lieu
elle ne soit pas pfonðe outre ðeu ŷ
ou trois ðois · et ou il ŷ ait ðes testz
ðe potz et pierres pour eulŷ asseoir
quant elles buuront · Et ðoit on a-
uoir ðiligenœ q̃lles ðoiuẽt pour a-
uoir miel pur et ßon Et pourœ que
aucueffoiz la tẽpeste ðe gelees et ðe
plupes ðe ßent ou ðe froit les epes-
che a aller loing on leur ðoit appareiller pastures q̃lles ne soient con
traintes ðe menger leur miel · et
pourœ len pzent figues grasses enuirõ la quãtite ðe ðix liures et les
cuist on en six quartes ðeaue et les
met on empzes elles comme soupes · les autres mettẽt bochet et
eaue ensemble en ßaisseaulx pres

selles et de la laine pure et nette
dedens par la quelle elles succent au
cuneffoiz et boiuent et les gard de
cheoir en leaue. et a chun vaisseau
de mouches en a vng. Les autres
pillent ensemble figues grasses et
grapes de raisins seches. et les pai
strisent en eaue et en font soupes
et leur baillent en yuer et en prin
temps et en este trois foiz le mois
Quant vient le printemps le mai
stre les doit regarder et les fumigez
doulcemēt et leur nettoyer leurs
vaisseaulx dordure et getter hors
les vers. Len doit prendre garde q
il ny ait plusieurs roys en vng
vaissel car ilz seroiēt mutillez lun
pour lautre. et y auroit noise. Il
est deux manieres de ducz comme
dient Menecrates et Virgille. car
lun est noir et lautre de couleur di
uerse qui est le meilleur. Si doit le
maistre tuer le noir qui veult gre
uer les mouches et guerroyer. et
musser ou enchasser lautre roy ou
estranger pour paix auoir sicōme
dit Virgille. Paladius dit que au
mois de may les mouches cōmen
cēt a multiplier et dedens les entre
mitez des vaisseaulx les pl9 grās
mouches y sont crees. et aucuns
cuidēt et diēt que ce sont les roys
maiz les grecz les appellent œstres
et cōmandent que on les tue pour
ce quilz troublent toute la cōpaig
nie. Et aucuneffoiz y viennēt papil
lons q le doit tuer. Entour le mois
de nouēbre on doit nettoier les vais
seaulx de toutes ordures car on ne

les ose ouurir ne mouuoir de tout
lyuer. mais en vng iour cōuena
ble et serain on les nettoiera dau
cunes pennes de grās oyseaulx ou
de telles choses Et se les mais ny
peuent attaidre on les ouurera en
les nettoyant et estoupera len tou
tes les creuaces qui seront par de
hors de boue de terre et de fiente de
beufz meslez ensemble. et puis se
rōt mises par dessus des genestres
ou dautres couuertures en forme
dun porche pour les deffendre de
pluye de froit et de tempeste. Le bon
maistre doit congnoistre en septem
bre les vielz vaisseaulx et plains
et vendre les chetifz qui nont rien
faict leste et les doit on vendre ou
tuer et en faire du miel et cire en
la maniere qui sera dit apres. Le
maistre sicōe dient les eypers doit
tenir en este les vaisseaulx auecqs
deliees pieces de planches vng peu
estroictes que les mouches puis
sent aller et venir et que les lesar
des ny puissent en'rer et que elles
soient tresbiē estoupees en yuer de
terre et de fiente de beufz meslees en
semble. Item se elles sont trop
desnuees de miel si que len peut bn
apperceuoir en regardant par des
soubz ou en aultre maniere com
me par le pois ou par vng pertuys
faict au milieu par le quel on leur
donnera a menger avne verge net
te mise en miel ou vng poulet ro
sty ou aultre char. Apres se le vais
seau est gras on le laissera en y
uer sur son siege. et se il est mesgre

C.iiii.

on le mettra en la maison en aucun lieu obscur bien ozdonne et que les souriz ny aillent·

¶ Des maladies des mouches et de ce qui leur nupt et de la cure· iͤ·chap·

En doit garder cóme dit Varron que les fortes mouches ne blecent les febles car leur fruit en seroit appetisse pource que les febles quant le roy est mozt sont assaillies de ceulx qui sont soubz laultre roy· et pource len gettera de la musse de cane amiella sur elles car par ce elles se tendzont non pas tát seulement en paix aincois se entre lecheront et aidront et appliqront ensemble pour loudeur quilz sentiront et se elles sen uont trop souuent du uaisseau et que lune partie en chee on leur fera suffumigacion pres et leur mettra len bónes herbes et souef flairant cóme ache et thimus On les doit garder quelles ne perissent ou pour chauld ou pour froit q soudainemét la pluie ne le froit ne les prennent quát elles mistrót la quelle chose nauiét pas souuét qlles en soient deceuez car quát elles sentent les gouttes deaue elles se couchent et mettent enuers·On les retiendza en aucú uaisseau et les mettra len soubz le couuert en aucú lieu tiede et gettera len sur elles cendze tiede et plͧ chauldͤ q tiede et heurtera len doucement le uaisseau sans toucher de la main · et mettra len au soleil

leurs uaisseaulx afin quelles retournent dedens·Se il en ya aucunes maladés la quelle chose on apperçoit a telz signes cóme dit Virgile quelles ont aultre couleur et la face diffozmee par hozzible mesgreur·Les cozps des moztes serót gettez hozs et les aultres assemblees pendzót par les piez hozs ou ens ou toutes les autres bataille ront dedés leurs maisons ou elles feront toutes faillies par fain et par froidure deuiennét paresceuses Ilz font grant et fozt son et rouét comme le uent et resonnét dedens les bois quant il uente·et cóme la mer sescrie quant les undes refluent·ou cóme le feu bzupt dedens la foznaise quát elle est close·Et lozs on ardza galban et loudeur leur traira par la fumee · et leur donne ra on du miel en cannes· et leur pzouffittera se on y mesle loudeur de galles bzolees·ou roses seches· ou pieces de char rosties·ou uempl se ou cetropiu ou thimus ou cétau ree ou la racine dune herbe qne les uillains appellent amella· et q on la mette en bon uin odozát en uaisseaulx aux fenestres des mouchef ¶ Ceste herbe est congneue car elle croist es pzez·et esslieue une souche cóme une fourest· et espand grant nombze de fueilles tout entour la fleur et est de couleur doz et la saueur en est aspze ala bouche·Nous chasserons les lesardes comme dit Palladius et les autres bestes qui leur sont contraires et espouente-

rons les oiseaulx·¶ Jl seult adue
nir une maladie aux mouches par
especial en mars·car aps les ieu
nes dpuer elles se prennent aux
fleurs de titimal et de oylme amez
et les menguent trop ardamment
pource que ce sõt les fleurs qui pre
mierement uiennêt·dont elles ont
le uêtre si lasche que elles en meu
rent tantost se elles nen ont reme
de·si leur donnera len grains de põ
mes grenates broiez auecqs fort
uin et ung peu eschaufe·et puis on
les mettra en aucun uaissel deuãt
elles· Et se elles sêblent hozzibles
et cõtraictes de cozps et ne sont noi
se et que elles apportêt souuêt les
cozps des moztes adonc on mettra
du miel cuict auecques pouldze de
galles et leur donnera len en tu
paulx faitz de cannes car sela des
peche par deuant toutes choses que
les parties du miel pourries ou
les cires uuides lesquelles la com
paignie des mouches ne pourra em
plir pource qͤlles sont trop peu len
ostera tousiours a petit ferrement
subtillemêt les mouches moztes
afin que les autres ne laissêt leuz
uaisseau· Se pour abondance de
fleurs elles pensent tant du miel
que elles ne facent point de lignee
et il y ait trop de miel on leur estou
pera leurs troux quelles ne pssent
point par trois iours·si se mettrõt
a faire lignee Entour les kalê des
dauril on leuz nettoieza leurs uais
seaulx en ostant toutes les ozdu
res du temps dpuer· les uers et

les praignes dont le miel est corrõ
pu· et les papillõs qui de leur chieu
re p sont des uers· La maniere de
tuer et occire les papillons selõ pa
ladius est que on mette ung uais
seau darain hault et estroit et le
laissera len au uespze être les uais
seaulx· et au milieu du fons met
tra len de la lumiere clere et tous
les papillons sassembleront la et
uoleront entour la lumiere et le
uaisseau estroit si les contraindza
de mourir par le feu prouchain· et
lozs on mettra de la fiente de beuf
seche qui est conuenable au salut
des mouches·et ceste purgacion ep
sera faicte souuent iusqs au têps
dautompne· Ces choses icy fera le
maistre des uaisseaulx qui doit e
stre chaste et sobze et se doit abste
nir de baings et de uiandes aigres
et de toutes saulces et doit estre net
de toutes mauuaises oudeurs

¶Des meurs de la doctrine et de
la uie des mouches·¶ C·i·chap·

Les mouches ne sont pas so
litaires par nature cõe sont
les aigles aincois sont cõme les
hõmes car elles ont compaignie en
semble en ouurer et edifiez et est en
eulx raison et art·elles paiscent de
hozs et font euures dedens point ne
se assient en lieu ozt ne qui flaire
mal· et se aucuneffoiz elles se re
tournent en ung lieu elles supuêt
leur roy qͤlque part que il aille et
le soulaigent quãt il est trauaille

et s'il ne peut Boler elles le suppor-
tent et monstrent qu'elles le Beulent
garder elles heent les parecœuses
et ne sont point opseuses elles Bou
tent hors a force les mouches fus-
tes car elles ne leur aident point et
si menguent leur miel et pource Ung
peu de bonnes mouches poursuy-
uent et enchassent Ung grant nom
bre de ces mauuaises mouches· el
les estoupent toutes les partiez par
quoy le Bent Bient aux Baisseaux
fors que le droit huys elles Biuent
toutes côme en Ung ost car a certaines heures les Unes dorment et
les autres Beillent et ouurent· et
puis celles qui ont dormy si Bont
ouurer et les aultres Bont dormir
côe laboureurs Elles ont certains
gouuerneurs et ducz et les suiuent
ala Boix côme aBne trompete· car
elles ont entre eulx signe de batail
le et de paix· De pômes grenates et
de frazon elles prennent seule Bian
de et de l'arbre dolluier prennent le
miel· mais il n'est pas bon·double
mystere leur Bient de la feue et de la
che et de la courge et brasique· c'est
assauoir cire et Biande· de la pom-
me et poire sauuage et puot Biennent cire et miel· de la noix grecque
Bient triple mystere et aussi de l'ap-
sanne c'estassauoir Biande miel et
cire· Des autres fleurs elles prennent
si que diuerses choses Balent
a diuerses oeuures et aulcunes a
plusieurs· Elles font d'aucunes cho
ses miel cler sicôme de fleurs de cy
ches et d'autres choses le fôt espes

côme de rômarin· Aussi d'une chose
ilz font miel qui n'est pas souef côme de figues et d'aultre bon côme
de cerise· et d'autre tresbon côme de
thimus sicôme dit Varron et Bir-
gille dit qu'elles font nobles sattes
et ordonnent royaumes de cires· sou
uenteffoiz aussi elles se ordonnent
et mettent en dures batailles et fôt
Ung ost plus grant que leur force
tant ont grant amour aux fleurs
et grant gloire de faire miel· car cô
bien qu'elles soient de courte Bie pour
ce que elles ne Biuent point oultre
sept ans · touteffoiz leur lignaige
de meure immortel·

¶ Quant et pour quoy la côpaig
nie des mouches pst et côment on
scet quant elles doiuent pssir.
C. ii. chap.

La compaignie des mouches
seult pssir ainsi comme dit
Varron quât les mouches dernie-
res neez sont en grant prosperite et
bon nombre et Beulent euoier leur
signee en labour côme iadiz firent
les sabins pour la multitude de
leurs enfans · Deux signes Bont
par deuant quant elles Beulent pssir et Boler es tours de deuant· par
especial au Bespre il en ya moult
deuant le trou assemblees côe Une
grape entretenans les Unes aux
autres· Lautre signe est que quât
elles Beulent Boller ou qu'elles ont
ia cômence elles sonnet tresfort côme fôt cheualiers en Ung ost quât
les chasteaulx se meuuent· Celles
qui sôt pssues les premieres Bollêt

tretout entour en attendãt les au
tres iuſques atant quelles ſoyent
toutes hozs. Virgille eſcript que el
les pſſent aucuneffoiz en bataille
car quant il ya deux roys il vient
treſgrãt diſcozd être eulx et leurs
gẽs et lappercoit on car on oit grãt
ſon en la tour côe ſe ce fuſſent trô
pes quant elles cômencent a aſſë
bler et flamboient de pennes et a-
guiſent leurs dars et appareillent
leurs aguillons et ſe ozdonnent de
bzas et de eſles et ſe aſſemblent et
meſlent ëtour leur roy et appellẽt
leurs ennemys a grans cryz adõc
ques ſen vont et ſentrefrappent et
ſe meſlent et ya grant ſon et les
vaincues cheent plus dzuz ꝗ greſ
le et glandz quãt on les fiert. Les
roys par le milieu des batailles
batailent enſemble dun grãt cou
rage et la elles reſplendiſſent et ne
departira la bataille iuſques atãt
que lun aura vaincu lautre et ꝗ il
ſera contrainct de ſen fuyr et tour
ner le dos. Ces mouuemens de cou
rage et ces batailles ſe repoſẽt par
getter vng pou de pouldze. et quãt
tu auras apaiſe les deux oſtz tu oc
ciras le pire afin quil ne face plus
guerre et mettras le meilleur en
ſa ſalle. car ilz en ſont deux manie
res. Le meilleur eſt de couleur doz
et lautre hozzible. Virgille auſſi
dit que elles pſſẽt aucueffoiz pour
vaine delectacion et le ſœt on ace ꝗ
elles ſe iouent en voulant par lair
et le peut on legerement ẽpeſcher.
car on doit oſter les aelles au roy

afin quil ne puiſſe voler hault. pa
ladius eſcript que on appercoit la
fuyte du roy aduenir ou len ſœt
lyſſue delles quant par deux iours
ou trois par auant elles ſe aſſem
blent plus aigrement et murmu
rent et le ſœt on a y mettre ſouuẽt
lozeille.

¶ Côment leur compaignie ſera
encloſe et cueillie. ¶ C. iii. chap̃.

Quant le maiſtre des mou
ches voit la compaignie pſ
fir et demourer en lair il doit tan
toſt getter ſur elles de la pouldze
et faire daucũe choſe vne forte noi
ſe et vng fort ſon afin quelles aiẽt
pour et naillent pas loing mais
quelles ſe remettent en aucũ lieu
pzouchain et quant il verra ou el
les ſe veulent mettre il pzẽdza des
herbes et aucuns rainceaulx der
bes ou elles ſe delectẽt et les fiera
len a vne perche et les mettra len
la afin quelles ſy aſſient. et quãt
elles feront toutes venues il les
mettra a terre et le vaiſſeau deſ
ſus elles ou elles entrerõt et puis
les mettra au veſpze en leur pzo
pze lieu ou elles deuront demourer
ou le mettra en ce lieu ou elles ſõt
aſſiſes ou quelles entrerõt par ſoy
ou par aucune fumee. Et quãt el
les y feront toutes entrees on les
mettra ſoubz vng banc perce lar
gement et deſſus ce banc il y aura
vng nouueau vaiſſeau treſbien
purge et bien arrouſe de vin de treſ
grant oudeur et dun peu de miel

tresbien frote qui sera mis dessus
et que le fons denhault du Bais
seau soit oste de dessus afin quelles
entrent par soy ou par la fumee en
la nouuelle maison et ainsi elles
seront mises au soir en leur lieu et
se elles sont ia assises sur vng rai
œau il sera tresche souesmēt a vng
cousteau bien trenchant et oste de
la et vng vaisseau mis dessus tout
nouueau cōme iap dit · ou len fera
cōme iap dit de la perche des herbes
et des rainœaulx · Et se on ne les
peut toutes auoir a vne foiz si le fa
œ len a plusieurs · et se le roy est
dune part toutes les autres le sui
uront · Et se elles sont boutees en
aucun trou dun arbre se larbre est
petit on le coupera doulœmēt com
me iap dit du rainœau · ou len me
tra vng vaisseau encoste ou par au
cun trou que on fera nouuellemēt
on mettra de la fumee soubz elles
afin que elles sen aillent au vais
seau et entrent cōme iap dit · ou on
les boutera hors du tout des ar
bres et fera len · ōme iap dit de œl
les qui de leur bonne voulente sen
vont et se pendent aux rainœaulx
ou autre lieu et sur lesquelles on
met nouueau vaisseau · et se elles
se mettent en aucun lieu disconue
nable dōt on ne les puisse auoir on
les escourra a longues perches et
fera len cheoir a terre afin quelles
entrent en aucun lieu &u · et doibt
estre le maistre net de toutes ordu
res et de male oudeur et doit en to⁹
temps auoir nouueaux vaisseaux

tous prestz pour les recœuoir car les
nouuelles vagans se elles ne sont
gardees sen fuiront pour neant · se
elles pssent elles demeurent vng
iour ou deux ou elles vont si les
doit on recœuoir tantost en nouue
aulx vaisseaux · si en &ura le mai
stre estre diligent iusques ala huiti
esme ou neufuiesme heure par es
pecial en iuing · et quant il apparœ
ura quelles veulent fuyr pource ꝗ
elles ne sen fuiēt pas cōmunemēt
apres œs heures il sen prēdra gar
de · Apres quant elles pront en la
guerre se elles se asseent en aucun
rainœau ou autre lieu on les poul
drera de pouldre ou dautre chose si
quelles soient contrainctes de eulx
en aller · et se elles se arrestent en
semble paisiblement œst signe que
elles nont que vng roy ou quelles
sont reconciliees par accord · Et sil
y en a deux ou plusieurs compaig
nies de mouches on oindra sa main
de miel ou dache et sefforœra len de
prendre les roys qui sont vng peu
plus grans et plus longz que les
autres mouchez et ont pl⁹ droittes
cuisses et nont pas plus grās ael
les · ilz sont plus beaulx et pl⁹ lup
sans et plus doulx sans poil fors
que au front ou ilz sont plus pleis
et ont ainsi cōme cheueulx au ven
tre dont ilz ne vsent point a faire
playe · Ilz sont aucunes autres ve
lues et noires lesquelles il coulēt
desendre et mettre a mort et lais
ser les plus belles · et se elles vont
souuent euaguer on leur arrache

ra leurs aeſtes·car ainſi il ne ſen
fuira nulles·Se il nen naiſt nulles
en deux ou trois Vaiſſeaulx ou en
pluſieurs on en pourra mettre plu
ſieurs en Vng qui ſeront mouilletz
Zaucune doulce liqueur et les tien
dra len encloſes en leur mettant de
la Viande de miel deuant elles et
leur laiſſe len petiz pertuiz pour re
ſpirer· Se tu Veulx rapareiller V-
ne compaignie de Vaiſſeaulx dont
les mouches ſen ſont en allees par
aucune peſtilence tu cõſideteras es
autres abondans la cire et les entrees des Vaiſſeaulx et du miel et
les extremitez qui ont petites mou
ches et ou tu trouueras le ſigne
du roy a naiſtre auecques ſa lignee la tu mettras ton Vaiſſeau·
Le ſigne de ce roy aduenir eſt q̃ entre les autres troux qui ont poules on en treuue Vng plus grant
et plus long qui apperra abondãt
et ceſtuy eſt le roy On les doit trãſ
porter quãt ilz heent les couuercles
et cõme meurs a naiſtre ſeffozcẽt
de leuer les teſtes·car ſe tu les lie-
ues auãt q̃lles ſoiẽt meures elles
mourrõt· et ſe elles ſe eſſieuẽt ſoudainement elles ſont eſpouentees
de la cõmocion de lair lozs elles re
tournent a leur Vaiſſeau nouueau
oingt de herbes acouſtumees et de
miel·on les traira ala main et leſ
mettra on la·et quant elles aurõt
repẽſe en ce meſme lieu on les p aſ
ſerra au Veſpze·

¶ Quant et cõment on peut prẽ
dze le miel des mouches·

¶ C·iiii·chap̃·

AV mois de tuing ſelon Pala
di⁹ les Vaiſſeaulx des mou
ches ſerõt chaſtrez qui ſerõt meurſ
et cõuenables a recõmẽcer le miel
cõme len ſaura par pluſieurs ſig-
nes· Premieremẽt ſilz ſont pleins
on opt Vng doulx murmure deſie
car ſe les ſieges ſõt Vuidz les Voix
en ſonnent plus hault cõme il eſt
des edifices caues·et pource quant
il ya grãt ſon et murmure trouee
on les doit laiſſer·apzes quant les
mouches troublent de grant Voulente les mouches fuſques ceſt ſig
ne q̃ le miel eſt meur·Selon Varron ſe elles ſont Vng moutel ceſt
ſigne de bien bon miel·Apzes ſe les
troux des Vaiſſeaulx ſõt eſtoupez
ceſt ſigne que tout eſt plein de miel
Len chaſtrera les Vaiſſeaulx aux
heures du matin quant les opſeaux ſeront peſans et endozmiz et
ne ſont pas eſueillez de chaleur et p
met on de la fumee de galban et de
ſecq fiens de Veuf que len eſmeut
en Vng Vaiſſeau a ſecz charbons
et le Vaiſſeau ſoit ainſi figure quil
ait Vne bouche eſtroicte par ẽhault
pour metre hozs la fumee·et quãt
les mouches ſe departiront len prẽ
dza le miel· et pour miſture de la
cõpaignie on laiſſera la quinte par
tie et oſtera len par auant toutes
les ozdures des Vaiſſeaulx et les
choſes qui riẽs ne Valẽt·Au mois
doctobze on les chaſtrera en celle
maniere meſmes et ſuppoſe quil y
ait grant abondance de miel ſi en

laiſſera len la moitie pour ſpuer et
ſil appert quil nͥ ait que la moitie
on nen oſtera riens mais Varron
eſcript que ſilz eſtoient ozes pleins
ſi nen doit on oſter que la tierce par
tie et laiſſer le remenant pour ſp
uer·mais Virgille dit que ſe on ſe
doubte de fozt puer que len nen doit
riens oſter·Les maiſtres eppers
de noſtre temps dient pour Bzap q̃
on ne doit prendze le miel que Bne
foiz lan et eſt entre la fin daouſt et
la mͥ ſeptͤbze mais la cire eſt coz
rompue·Le miel que len doit oſter
ſoit pou ou beaucoup on doit auoir
regart ala quãtite du miel qui eſt
au Baiſſeau ala multitude et ala
paucite et nen doit on pzit oſter oult
tre la quarte partie·La maniere de
prendze des Baiſſeaulp eſtans eſt q̃
len cloe Bng trou ou pluſieurs der
bes ſi que les mouches ne ſen puiſ
ſent pſſir et par dehozs len fera fu
mee de paille ou de dzap moille afin
que les mouches mͦtent enhault
et plopera len le Baiſſeau et tren
chera len les bͥſongnes de dedͤs
aBng trenchant couſteau mouille
ſouuent en leaue afin q̃ la cire nͥ
tiͤgne et que les mouches qui ſͦt
demourans ne ſoient blecͤez·Et ſe
le Baiſſeau eſt giſant les mouches
ſeront couuertes par la derriere toi
cte a celle de deſſus pource que il eſt
pͥmier remplͥ de miel et dernıere
ment elles emplent la partie de de
uãt et la demeurent toutes et fozs
on peut ſeuremͤt ouurir la partie
de derriere·car il eſt faict pour ou

urir legerement·et loeuure et le
miel oſte on remetra le fͦs en ſon
lieu·Et quant les mouches appar
ceuront que ce lieu la ſera Buide el
les prͦt toutes pour le remplir et
puis ſen retourneront toutes au
lieu de deuant·et ce ſœt len quãt le
lieu eſt Buid·

De faire le miel et la cire·

CB·chap·

Le miel et la cire de loeuure
des mouches eſt faict en tel
le maniere auãt que len eſpzeigne
loeuure et la cire on oſteza ce qui ſe
ra cozzompu et les mouches qui
auront lignee·car elles donroient
mauuaiſe ſaueur·Quant elles ſe
ront caſſees on les mettra aBng
Baiſſeau et les laiſſera len ainſi de
gouter tout par ſop doulcement ou
on mettra aucun Baiſſeau de pois
ou charge deſſus et ce qui en degou
tera ſera treſbeau miel cru et puiſ
on cuira le miel auecq̃s la cire ſi
cͦme il ſera dit cp apzes·mais a
uecques les mouches caſſees et
tuees on les faict en telle maniere
on pzendza au mois de ſeptembze
les Bielz Baiſſeaulp qui a lan pze
cedent nont point faict de lignee et
les mettra len ſur fumee et flam
be de paille Bng peu afin que les
mouches ſen fupͤt ͤhault et bzu
lent leurs aelles et puis retourne
ra len le couuecle du Baiſſeau ſur
tezze aBne doloire·et trenchera len
les baſtons quilz ont au Baiſſel
et caſſera les mouches le miel et
la cire·et puis on retou rnera le

Vaisseau et le couurera len et tout couuert on lostera et le mettra len sur vne planche daucun bois tres net. et auecqes celle dolloire on fera descendre le miel et la cire en vng bon vaisseau et fort. et puis lespraidra len par vne maniere desprain dre aucune chose de fors prens ou entre fors aiz mis en deux estraig nans. liez en la teste daual ou en aucune conche mise par dessus vng ais et bon pois et pesãt par dessus celle estraincture ou entre deux ba stons que deux hõmes tendront et le tiers tendra et estraidra bñ fort la partie de dessus la cachette et ce qui en pst est miel cru. et qui dou blera plusieurs foiz la cachette le miel en sera mieulx espraingt. et puis ce qui sera demeure en la cas que sera mis en la chaudiere sur feu lent et leschaufera len a petite challeur et tẽdra len la main tous iours au vaisseau et ouurera et espradra len la cire et la fera len deliee et menue iusques atant que le miel sera fondu entierement et non pas la cire. Et quant le miel par sa chaleur cõmenceera vng pe tit a poingdre on mettra tout en casque et lespraindra len cõme iap dit. Et ny a pas grant dõmage se on ne lespraint trop fort et que au cun miel demeure mesle auecques la cire car la cire vault mieulx q̃ le miel et ce qui en degoustera est appelle miel cuit. et doit estre mis en vaisselez ouuers par aucun iou de iours. Apres on le purgera par

dessus et quant il sera biẽ refroidp de sa chaleur ce sera pl° noble miel que cellup qui est auant la seconde expression legerement faicte. La ci re qui demourra en la casche aps le decours du miel fil pa mouches ou nõ sera mise en vng bassin net ou il p aura de leaue tant ou plus que la cire en sera tenue au feu et p demourra iusques atant quelle soit fondue en la mouuant tous iours dun baston et la mettra len grosse dedens la chasse. et lesprain dra len fortement afin quelle chee en vng seau ou en vng bassin ou il p ait eau et demeure la iusques atant que elle soit tresbien conge lee. et lors on la lauera et la netto pera len de toute ordure qui est en tre leaue et la cire. et la gardera lẽ Et se on la veult faire encore plus belle on la fondra deores sans ea ues. et la mettra len en vng vais seau. vng peu moiste deaue de telle forme cõme len voudra et gette ra len tout. ce qui demourra en la casque et la lauera len en eaue chaude et la mettra len ala fumee et ainsi elle durera tresgrãdement

¶ De tout le prouffit des mouches
a miel.   ¶ C.v. chap.

Il pa grãt prouffit aux mou ches se elles ont lieu cõuena ble et on les maintient sagemẽt. car dun petit vaisseau on en fera plusieurs grans en peu de temps se elles ne font empeschees de pesti

lence & temps · car elles faonnent
une foiz ou deux lan · et en aucun
an trois foiz · et si gettent grät nö
bre et sont a petiz despens · et sans
labour · combien quil y faille cure
Et quät elles seront parcreues on
pourra vëdre les vieilles de cinq ou
de six ans qui auront laisse le faö
ne et en aura len grant prix · car el
les auront moult de cire · et pour
ra len garder les nouuelles · Les
mouches font cire qui peult seruir
a dieu aux rops et aux prelatz et
a toutes personnes et iour et nupt
deuant dieu · et si uault grant ar
gent · Elles font miel en grät quä
tite qui est chose moult prouffita
ble en viandes et en medicines plu
sieurs ¶Pour monstrer le prouffit
Varron raconte ą deux cheualiers
freres estoyent en espaigne aux
quelz leur pere laissa aucuns petiz
domiciles et ung petit champ cöme
dune iournee · si firent emps leurs
maisons vaisseaulx de mouches
et ung iardin et tout entour mi
rent vaisseaulx et remplirent tout
le lieu et lespace de la semence de thi
mus et de citisus et de ache · Ceulx
icy en partissant par egal nen rece
uoiët point moins de dix mille sex
tiers de miel tous frays papez ·

¶ Cy fine le neufuiesme liure.

¶Cy cömence le dixziesme li
ure des prouffitz chämpestres
et ruraulx de maistre pierre
des crescens · ou quel est traictie cö
ment on doit prendre les opseaulx
de prope et autres et les bestes sau
uages et poissons · et des diuers et
subtilz engins qui söt ace necessai
res · Et aussi comment on doit dom
pter gouuerner et affaicter lesditz
opseaulx de prope et en voler · Le ší
liure contient · xpix · chapitres · Döt
le premier parle des opseaulx de
prope en general ·

¶ Cy fine la Table · ꝺu ꝺixiesme liure

Nos anciens peres et sages cõsideras que plusieurs opseaux volans par lair pzenoyent les autres ilz trauail lerẽt par cautelles a apziuoiser au cuns opseaux sauuages. afin que ce quilz ne pouoiẽt pzendze par eulz ilz pzinsent par laide des autres · Le pzemier cõe len dit fut le rop dan cus qui par laide de dieu sçeut la na ture des espuiers austours et fau cons · et les apziuoiser et enseigner ala pzope · et guerir leurs mala dies · sur quop plusieurs aultres p ont adiouyte depuis ·

Des espreuiers.   ii · chap ·

LEspreuier est vng opseau bñ cõgneu · et est sa nature ꝗ il vit de pzope et mengue autres op seaulp · et pource il va tousiours tout seul · car il ne veult point a uoir de cõpignie a sa pzope · Il pzẽt sa pzope bas vers terre afin ꝗ les opseaulp quil veult piller ne le vo pẽt · Les opseaux quil guette pour pzẽdze naturellemẽt le cõgnoissent et si tost quilz le voient ilz pipẽt et sen vont musser tãt cõe ilz peuent

Cest oyseau est de grant et forte
volee au cōmencement de son vol.
mais apres il vole lentement. Et
pource sil ne prent tantost sa prope
il laisse tout et se assiet sur vne arbre. et est souuent si indigne que a
peine veult retourner a son maistre. Les espreuiers fōt leurs nyds
en haultes montaignes sauuagez
cōme on treuue. Et les meilleurs
sont cōme len dit qui naissēt en la
mōtaigne de brucque en sclauonie
Ilz naissēt bons cōme len dit es
mons pres de Veronne et tridēt.
De ceulx icy aucuns sont petiz que
len appelle espreuiers. et les autres
sont grans q̄ len appelle austours
et sont de vng mesme genre. cōme
sont corbeaulx et gays. et le grant
chien et le petit. et cōme on voit en
plusieurs bestes. Et ceulx icy les
vngs sont les plus grans et sont
les femelles. et sont bien fors. et
les autres sōt moindres et les appelle len mouchetz et sont masles
et sont de peu de prouffit.

¶ De la beaulte des espreuiers et
de la cōgnoissance de leur bonte.
iii. chap.

EN congnoist la beaulte des
espreuiers quāt ilz sōt grās
et cours. et quilz ayent petites testes. les piez et les espaulez grosses
et amples. les iābes grosses grās
piez et estenduz. la couleur noire
aux pennes. Et la bonte est que
cellui qui est extrait du nid et yssu
nouuellemēt est bon et reuiēt vou-

lētiers a son maistre. Et cellui qui
suyt sa mere de brāche en brāche
est le meilleur. et est appelle rama-
ge. Et celluy qui a vole et prins de
puis auant quil ait mue ses pennes en cruaulte nest pas si bon. et
est appelle sor. Mais celluy qui est
prins apres tel temps a peine sera
il ia voulentiers en compaignie de
gens. et sil demeure il est bon. car
il a este acoustume ala prope. et de
tant cōme il est plus courageux et
de meilleures meurs de tant est il
iugie a meilleur des maistres qui
sy congnoissent.

¶ Cōment on nourrist les espreuiers apriuoise et enseigne. et q̄lz
oyseaulx ilz prennēt et cōment ilz
sont muez. iiii. chap.

LEs espreuiers nyais et les
ramages sont nourriz de bō
nes chars et doyseaulx. et leur dō
ne len plusieurs foiz le iour a chas
cune heure vng peu. afin quilz ap
mēt mieulx leur maistre. On leuz
peut aussi donner oeulz cassez bien
bastuz et gettez en eaue bouillant
et bien tribouille au doy. et ainsi
faict on aux sors. mais quant ilz
sont tresbien priuez on ne les paist
q̄ vne foiz le iour apres tierce. aps
quilz ont accomply leur digestion
et non pas auant. qui est aperceu
des maistres par la gorge vuide. et
se la viāde nest descēdue de la gorge
iusqs a lendemain autāt les laisse
ra len sans menger. On leur peut

D. ii.

bien donner a menger deux foiz le
iour seulement se la viāde leur est
descendue. et touteffoiz que tu voir
ras se tu les pourras seurement
paistre. Se ce nestoit que lendemain
tu voulcisses aller voler. car lors
lespreuier doit estre affame. afin q̃
il prengne mieulx sa prope. et retourne plustost a son maistre On
lapriuoise bien de tenir longuemēt
et souuent sur la main. et par espe
cial a laube du iour bien matin
entre multitude de gens et en noise
de moulins et de feures et de telles
noises. Len introduit les npais et
les ramages car les aultres sont
ia introduitz en cruaulte. et les in
troduit len par telle maniere. On
les paistra a heure de nône de bônes
viandes et au iour ensuiuant on
les tiendra en lieu tres obscur ius
ques a nône et on les prēdra et por
tera au lieu de la chasse et ne les
laissera len pas premieremēt aller
aux ragaches ne a telz opseaulx
ne a perdrix car elles sont trop fortes. et se ilz ne l.s pouoient prēdre
et vaincre leur hardiesse en appe-
tisseroit. et pource on les laissera
aller a cailles et estourneaulx a
merles et a telz opseaulx. Et se on
veult quilz aillent prendre aucun
plus fort opseau on en aura vng
et luy ostera len plusieurs pennes
des aelles. et vne personne mucee
en vne fosse le tendra et le gettera
au deuant de lespreuier et lairra on
aller lespreuier a luy. Ilz prennēt
cailles perdrix et plusieurs autres

opseaulx côe merles estourneaulx
et mauluiz. Ilz se muent chūn an
car en mars ou en auril on les
met en vne caige bien grant spe-
cialemēt faicte pour eulx. et la sôt
au soleil chauld encoste les murs
qui ont regard au midy. et est la
mutaciô des plumes acomplie au
cômenœmēt daoust et a plusieurs
au milieu. et a aucuns ala fin et
aucuns ne lacomplissent point. Et
ad ce vault moult qui les paist de
bônes chars par especial doiseaulx
et de oeufz afin quilz soiēt biē gras
car ilz se muent tresbien. Aucuns
dient q̃ moult leur vault la chat
des laisardes de tortues et de telles
choses. et aucuns leur ostent les
pennes pour les faire venir nouuelles. touteffoiz plusieurs en ont
este deceuz.

¶ De lenseignement de lespreuier
et de la maniere de aprendre que il
ne laisse son maistre.

v. chap.

LE seigneur doit garder que
il ne blece son espreuier. et se
il le doit courroucer et que il ne se
vueille tenir sur main ne sur perche il le doit toucher et aplanier et
leuer. touteffoiz quil pendra et cô-
siderera a son pouoir les meurs et
la voulente de lopseau. et faire en
tout sa voulente. et le paisse tousiours sus sa main et ne luy contre
die en riens car lespreuier est de des
daigneuse nature Apres quant
il pra voler il ne le doit point laisser aller trop loing pource que quāt

il ne peult attaindre loifel il fen va
par indignacion et monte fur larbre. et ne veult retourner a fo mai
ftre. Le feigneur ne doit point trauailler fon efpreuier outre mefure
car il ne doit pas defirer fi grãt quã
tite de cailles ne aultres opfeaulx
que fon efpreuier en foit deftruit ou
courroucé. mais quãt il aura pris
ceulx que lefpreuier defire il doit e-
ftre content. et luy donner a menger de fa prope afin quil fente que
fa prope luy a vaultu. et que il foit
enflambe de voulentiers voler.

¶ Des maladies de lefpreuier et
de leurs cures.   Bi.chap.

Il aduient auaneffoiz q̃ lefpreuier fefchaufe oultre fa
nature et fa cõplexion. et tant quil
en eft en fieure. et lors il eft chaud
au taft. et appert trifte. Et aduient
aucuneffoiz de leurs feulz efperitz
éflambez de trop grant labour ou
dautre accident. Aucuneffoiz de humeurs pourries en aucune partie
de leur corps. et lors fe il eft mefgre on le miftra vng peu et fouuét
de char de pouletz de petiz opfeaulx
mais bon eft de le faire abftenir de
mõpaulx car ilz fõt trop chaulx
en complexion. Et luy doit on donner ces chars enelopees en chofes
naturellement froides. cõme font fe
menées de courges et de cucumeref
bropees ou mutillages de pfilium
et telz chofes vng pou cuictes en fi
rop violat ou en telles chofes. et

leur donne len et les mect on en
lieux froitz et obfcurs fur vne per
che bien enuelopee de drapeaux lin
ges bien mouillez en ius de froides
herbes. Aucuneffoiz lefpreuier eft
refroidp fi que il ne peut fa viande
digerer. et eft trifte et courroucé et
eft froit au taft et lup palift la cou
leur des peulx et eft decoloré. Et a-
donc quant le maiftre aura veu et
congneu en lup les chofes deffufdi
ctes il le doit tenir en lieu chauld
et porter fouefment en fa main et
aucuneffoiz que il lenuoie vng pou
voler. et apres il lup doit donner a
menger chars dopfeaulx et par efpecial de mõpaulx et de poulets
maflés et de pigons mis auecques
aucunes chofes chauldes cõme en
vin ou en eaue ou il p ait faulge
mente ou mariolaine poulieul ou
telles herbes. et foient enuelopees
en miel ou en pouldre de cõmin de
fenoil et danis. Et que on ne lup
donne riens iufques atant que fa
viande lup foit defcendue de la gorge. et fil eft mefgre que on lup dõne plus a menger et fouuent. et fe
il eft gras que on lup donne mois
et plus tard. et en chũne de ces ma
ladies on le doit miftre attrempee
ment iufques atant quil foit que
rp. et fe il ne digere pas bien fa viã
de et quil la retienne du tout les
maiftres expers dient que on pren
gne le cuer dune raine et que on le
lpe a vng fil et leur boute len en
la gueule a vne penne et puis q̃ on
tire le fil. et ainfi il mettra hors

D.iii.

ſa ſ3iande· Aucuneffoiz iꝉ aduiēt q̃
iꝉ3 ont pouly· et ꝉo2s on oingd2a ꝉa
perche ou ꝉe d2ap ou eꝉꝉe ſera enue-
ꝉopee & ius de mo2eꝉꝉe ou de aſſup-
ne· et ꝉe ꝉairra ꝉen ainſi du matin
iuſques a tierce au ſoꝉeiꝉ · Iꝉ ꝉeur
aduient aucūeffoiz quiꝉ3 ont ſ3ers
dedēs ꝉe co2ps· et ꝉo2s on ꝉeur doit
dōner ſur ꝉeurs ſ3iādes ius de fueiꝉ
ꝉes de peſchiers ou pouꝉd2e de ſanto
nicus et iꝉ ſera guerp· Et aucuneſ
foiz iꝉ3 ſont maꝉades de goutes es
articꝉes des aeꝉꝉes et de ꝉa cuiſſe· et
ꝉo2s on doit oſter de ſon ſang en ou
urant ꝟng petit ꝉa ꝟoine qui eſt de
ſouꝫ ꝉaeꝉꝉe ou ſouꝫ ꝉa cuiſſe ſe iꝉ
ya maꝉ Iꝉ eſchiet aucūeffoiz quiꝉ3
ſont poдagres qui ꝉeur ſ3ient de ꝉa
deſœndue des humeurs goutte a
goutte es neuγ des piez· et ꝉo2s on
ꝉes gueriſt en oignant ꝉes piez du
ꝉaict dune herbe q̃ ꝉen appeꝉꝉe ꝉaic-
teroꝉe· et en oignant ꝟng d2ap ꝉin-
ge que ꝉen mettra ſur ꝉa perche ꝉa
ou ꝉen ꝉe perchera iuſques atant q̃
ꝉa poдagre ſera rompue· et ꝉo2s on
oſtera ꝉe d2ap & oingd2a ꝉen ꝉa po
дagre de ſuif iuſques atant que iꝉ
ſoit guerp·

¶ Des auſtours· ſ3ii·chaꝑ·

Aꝟſtours ſont de ꝉa nature
aux eſp2euiers cõme iaγ dit
des eſp2euiers · On congnoiſt ꝉeur
ſ3eauꝉte et ꝉeur ſ3onte cõme des eſ-
p2euiers Et naiſœnt en mont3 et
en foureſt3· et ſont ap2iuoiſez nour
riz et enſeignez· et p2ennēt per д2iγ
faiſans et pꝉuſieurs teꝉ3 op3eauꝉγ

et p2ennent maꝉꝉars et canes et
oapes ſauuages co2neiꝉꝉes et p2eſ-
que tous op3eauꝉγ dont on ꝟſe· Et
cōnins et ꝉieures petiz et grans ꞇa
ſoit œ que iꝉ ne ꝉes puiſſe retenir q̃
a ꝉaide des chiens· Iꝉ3 fierent auſſi
ꝉes petiz cheureauγ et ꝉes empeſ-
chent ſi queꝉes chiens ꝉes puiſſent
p2end2e· Iꝉ3 ſont muez cõme ꝉes eſ
p2euiers ainſi nourriz et gardez·
mais touteffoiz iꝉ3 ſont de pꝉus fo2
te nature· et ſi ne ſont pas ſi ꝉegere
ment maꝉades ne ſi toſt mo2s· Et
ſi ny fauꝉt pas tant de peine cõme
aux eſp2euiers· et ſi ne ꝉaiſſent pas
ſi toſt ne ſi ꝉegerement ꝉeurs mai-
ſtres·

¶ Des fauꝉcons· ſ3iii·chaꝑ·

Fauꝉcon eſt ꝟng op3eau qui
ſ3it de p2ope· et ſen ꝟa tout
ſeuꝉ aꝉa p2ope pour ꝉa cauſe deſſuſ
dicte de ꝉeſp2euier· Ceſt op3eau ꝟoꝉe
merueiꝉꝉeuſement toſt au cōmen-
œmēt au miꝉieu et en ꝉa fin et ſen
monte enhauꝉt en roant et regar-
dāt tout auaꝉ· Et ou iꝉ ſ3oit ꝉe ma
ꝉart ꝉa cane ou ꝉopſon ou grue· iꝉ
ſe deſœnd cõe ſaiecte ꝉes aeꝉꝉes cꝉo-
ſes a ꝉoiſeau tout d2oit pour ꝉe deſ-
romp2e a ꝉongꝉe de derriere· Et ſe iꝉ
fauꝉt aꝉa toucher et eꝉꝉe fuit iꝉ ꝟoꝉe aꝑs et ſouuēt quāt ꝉopſeau ſen
fuit ſi ꝉoing q̃ iꝉ ne ꝉe peut p2ēd2e iꝉ
ſe couroux ſi fo2t et cõe tout enflā-
ſ3e ꝟoꝉe aꝑs ſi ꝉoing q̃ iꝉ perд ſon
maiſtre· Ceſt oiſeau eſt de treſgrāt
courage et de treſnoble ꝉignage· Les
fauꝉcōs ꝟindрēt p2mierement des

montaignes de gelboe qui sont es
parties de babilone·et de la vindzét
en sclauonie au pal nu Apres ilz se
sont espanduz par aucunes autres
montaignes ou ilz sont trouuez.

¶ De la diuersite des faulcons·
ix·chap·

Acuns faulcons sot grans
et les appelle len en frácois
par droit nom faulcons·Et les au
tres sont petiz q̃ len appelle esme
rillons· Des grans les vngs sont
noirs les autres blács en regard
et les aultres rouges qui viennét
de lun a lautre·cestassauoir quant
le masle de lun perd sa compaignie
et il va a vng autre·tous ses faul
cons sont femelles·et le tiers est le
masle· pource lappelle len tiercoz·
et en frácois tiercelet·pource quilz
naiscent trois ensémble en vne nyee
deux femelles et vng masle· et est
le masle de moindre vertu et force
que les femelles.
¶ De la beaute et noblesse des faul
cons· x·chap·

La beaute et noblesse des faul
cons est quilz ont la teste ró
de et le sómet de la teste plain et le
bec court et gros· les espaules am
ples· et les pennes des aelles sub
tilles·les cuisses longues et les iá
bes courtez et grosses· les piez no
irs grans et estenduz·Et le faul
con qui est de tel commencemét est
bon combié que aucuns sont laiz
et difformez qui sont tresbons· Et

pource la bonte et la hardiesse des
faulcons est seulement móstree et
cógneue par experiéce·et touteffoiz
la science du maistre sage et subtil
leur croist grandemét leur desir de
prendre les opseaulx·Et au cótrai
re lignorance des maistres les rap
pelle souuent du bon propos quilz
ont.
¶ Cómment faulcons sont nourriz
apriuoisez et enseignez.
xi·chap·

On ne doit pas tenir les faul
cons sur bois mais sur vne
ronde pierre vng pou longue car ilz
sen delectent plus de leur propre na
ture et de leur propre coustume.
Ceulx qui sont petiz doiuent estre
nourriz de char de pouletz ou che
ureaulx·par especial quant ilz com
menceront a prendre opseaulx on
leur donnera de la premiere prope q̃
ilz prendzót tant cóme il leur plai
ra de la secóde ou de la tierce· car ilz
prendzót pl⁹ voulentiers opseaulx
et en obeirót mieulx a leurs mai
stres et des lors on les restraindza
par telle maniere·Quant on voul
dra quilz prennent opseaulx on es
corchera vne geline et en fera len
quatre parc et les leur donra len
mouille en eaue et les mettra len
en lieu obscur iusques a laube du
iour·et puis on le chaufera au feu
et le portera len voler· seulement
tant comme ilz vouldront et desi
rerót aller ardámét ala proie et nó
pl⁹ afin quilz ne se énupét·car ain
si dmourrót ilz auecqs leurs mai
D·iiii·

stres en quelque part quilz aillent
Quant tu trouueras ton faulcon
hardy et de grãt desir de voler aux
opseaulx tu consideteras diligemm-
ment son estat sil est gras ou mes
gre · et en tel estat tu le maintien-
dras Car aucuns faulcous se portent mieulx quant ilz sont gras ·
Les aultres plusieurs et presq̃ to⁹
en lestat moyen · et les autres cõbien quilen est peu quant ilz sont
plus mesgres se portent mieulx ·
et œulx icy sont rouges cõmunement · Quant on les enuoye premierement aux opseaulx on com-
mencera a les enuoyer aux moindres et puis aux moyens et puis
aux plus grans · car ainsi en apre-
dront et nourriront leur hardiesse
et autremẽt ilz la perdroient · Len
dit que on leur donne hardiesse se
on les tient souuent sur la main
et on leur dõne a heure de tierce u-
ne cuisse de poulle et puis que on
leur mette deuant eulx vng bacin
plein deaue ou ilz se puissent baigner · Et puis apres ce que ilz seront
baignez que on les mette au soleil
pour secher · et puis q̃ on les mette
en aucun lieu obscur · et les y laissera len iusques a vespres · et puis
que on les tienne sur la main iusques au premier sõme · et que on
tienne la lumiere dune lãterne ou
dune chandelle deuant luy toute
nupt · et quant vendra leure mati-
nalle on larrousera de vin et le tẽ-
ra len au feu et a laube du iour on
le portera voler · Et se il prent au-

cun oyseau on lui en dõnera a mã-
ger tant cõme il vouldra · et se il
ne prent riens on lup donnera vne
aelle et dempe cuisse de geline et le
mettra len en lieu obscur · Quant
viendra en mp feurier on mettra
le faulcon en mue et lup donnera
len a menger de toutes chars iusques a vng mois et puis on mettra deuant lup vng bacin deaue ·
mais on lup donnera pmieremẽt
a mãger · Et qui verra q̃ il ne mue
point on oingdra la char q̃ on lup
donnera daucune chose cuicte et de
miel · Et se encores il nest mue on
prendra vne rapne et de cette rapne
on fera de la pouldre et mettra len
sur sa char et il muera · et doit on
bien garder q̃ on ne loste de la mue
auãt q̃ il ait toutes ses pẽnes acõ-
plies Et quãt il sera oste de la mue
on ne le mettra point ala chaleur ·
mais le plus on le tiendra sur la
main et le fera len voler et puis a
pres quinze iours il prent mallarz
et aguette grues herons et moult
de telz opseaulx · mais on dit q̃ sil
mẽgue le sang des angirõs il pert
tout son desir de prendre grues · et
sil en mengeut seulement la char
sans le sang len pense quil nen au
roit ia le vice ·

¶ Des maladies qui aduiennent
aux faulcons · vii · chap̃ ·

Telles maladies viennẽt es
faulcons cõme nous auons
dit de lespreuier et les cõgnoist õn
a tel signe et les guerist len par tel

le maniere. car tous les opſeauly
de pzope ſont pzeſque tous dune na
ture. et pourœ nen Bueil poit traic
ter. mais touteffoiz nous deuons
ſauoir que les faulcons ſont de pl⁹
forte nature que les eſpzeuiers et
ne meurent pas ſi legeremēt ne ne
ſont pas ſi toſt malades ſilz ne mē
guent auant que la Biande ſoit deſ
cœndue du goſier. Aucuns faulcõ
niers racontent pluſieurs manieres de gouuerner faulcons et diēt
que aultres maladies leur Biennent et leur cõuient autres cures
deſquelles par auenture aucunes
ſont Bzapes et eſpzouueees par plu
ſieurs experièœs· mais pluſieurs
choſes quilz dient nont point de rai
ſon et ſont plus apparens que exi-
ſtès et pourœ ſe aucūe choſe fault
icp les ſages luy mettront ·

¶Des eſmeriſſons · viii·chap.

Es eſmeriſſons ſont du lignaige et nature des faulcõs
et ſont ainſi cõme petiz faulcõnetz
cõe il appert par la forme du cozps
et de la couleur des plumes et locu
pacion que on p met et plus de plai
ſir que de pzouffit· Jlz pzennēt aloe
tes et les pourſuiuent par ſi grant
ardeur et de ſi grant courage q̃ ſou
uent ilz les ſuiuent dedēs les Billes et iuſques au feu ardãt ou en
Bng pups ou ſoubz les manteaux
des gens et ilz pzennent moineaux
et aultres petiz opſeauly ¶Je ne
Bueil plus dire de leur doctrine et

cure ·car on en peult aſſez ſcauoir
par œ que dit eſt·
¶Des gerfauly· viiii·chap·

Erfauly eſt Bng opſeau pl⁹
grant que le faulcon et eſt
de grãt Bertu et de grant puiſſan
œ et de merueilleuſe hardieſſe et
tant que on en a trouue aucuns de
ſi hardp eſperit quilz aſſailloyent
laigle· Jlz pzennent tous opſeaux
de q̃lconque grandeur quilz ſoyent
et ſont pzeſque de la nature des fau
cons· et pourœ la doctrine des faul
cons ſuffit pour nourrir et enſeig-
ner gerfauly ·

¶De laigle· v B·chap·

Aigle eſt auſſi opſeau de pzo
pe qui pour ſa forœ et hardieſſe eſt appelle le rop des oiſeaux
car tous les opſeauly le doubtent
et elle nen doubte point ¶Jlz ſont
de diuerſes eſpeœs daigles· car les
Bnes ſont treſgrandes les aultres
mopennes·et les autres petites ·
Et encozes les Bnes ſont plus nobles et ne Beulent menger que Bo
laille et autres beſtes qui Biuent
de terre·Et les autres ſont qui foz
lignent et ſont non nobles et men
guent chars nõ pas ſeulement Biues maiz moztes et poiſſons mors
et deſcendent ſur charongnes daſ-
nes et dautres beſtes·et œſtes icp
ſe declinent ala nature et Bilite des
couſles· Les aigles ſont apziuoi-
ſees quant elles ſont petites traic
tes hozs du npd·mais œ neſt pas
choſe ſeure de Bouloir appziuoiſer

elles qui ont este longuement en
leur sauuagine · car legeremēt par
leur force et hardiesse elles blecero
pent leur maistre au visage ou ail
leurs · on les apriuoise pour querir
tous grans opseaulx et afin quel
les prennēt lieures cōnins et che
ureux auecques laide des chiens ·
Et ceulx qui portent laigle chasser
doiuent estre fors car autremēt ilz
ne pourroient soustenir le faiz et tā
tost quil voit q̄ les chiens ont trou
ue la prope il doit laisser aller lai
gle bien enseigne et bien acoustu
me · car il volera tousiours dessus
les chiens · et si tost quil verra le
lieure ou la beste il descendra sou
dainemēt et la prendra · On le peut
nourrir de toutes chars et ne sont
pas de leger malades mais quant
elles auront prins le lieure on les
en paistra par plusieurs foiz afin
q̄lles le poursuiuent par plusieurs
foiz apres · Qui scaura le nyd de lai
gle si prenne vng poulet et soit bie
arme pour paour de laigle par espe
cial en la teste et quāt il aura prins
le poulet il pra lper en aucun aul
tre lieu ce poulet si crpra la · lors le
pere et la mere vendront et luy a
porteront lieures et cōnins sil y en
a nulz au pays et gelines et opsōs
lesquelz on pourra prēdre et auoir
qui vouldra · ilz aportēt aucūesfoiz
chatz et autres bestes · Et aduint
vne foiz au destroict de mutine que
ilz porierēt a leurs pouletz vne ge
line auecq̄s aucuns poulcins mu
cez entre les plumes de leur mere

qui furent pris sans blecer et apor
tez et nourriz en la ville ·

¶ Du guue et de la guuette ·
v̄i · chap ·

LE guue et la guuette sont de
vne mesme nature et sont
opseaulx mieulx voulans de nuit
que de iour · car ilz voient mieulx
de nupt que de iour pource quilz sōt
laiz et difformez et sont peu daul
tres oiseaulx Les autres opseaulx
sesmerueillent a les veoir pource q̄
toutes choses voient voulentiers
choses nouuelles · Les hōmes donc
ques voyans que les aultres op
seaulx voloient tard entour le gu
ue et la guuette par grant melen
colie si pour penserēt de faire engins
pour prendre les opseaulx qui vou
lentiers voient le guue et la guuet
te si aduiserent de prendre le guue
et la guuette et les nourrir nō pas
que ces opseaulx prennēt les aul
tres mais que par iceulx les hom
mes prennēt ala glux ou au raiz
les autres opseaulx qui les vien
nent veoir · Ilz viuēt de toutes ma
nieres de chars et par espāl de sou
ris de ratz et de chauues souris · Et
quant ilz aurōt bien menge a souf
fisance ilz ieuneront trois ou qua
tre iours et le guue ieune biē hupt
iours sans menger et sans grief ·
La femelle vault mieulx q̄ le mas
le ce de il est dit des autres oiseaulx
de prope · La guuette se tiēt mieulx
en aucun coulōbier ou en vng tel
lieu q̄ ailleurs · et se elle est tresbiē

apriuoisee elle prendza tresbien les
ratz et les souris qui seront en lostel · ilz menguffent laisardes et
rapnes et toutes choses qui ont
char ·

¶ Côment les opseaulp sot prins
aup retz ·   pViii · chap·

Les opseaulp sont prins aup
retz en plusieurs manieres
Lune maniere si est ala penthiere
côme sont les canes et la maniere
si est que empres Vng palus on fa
ce Vne fosse longue de Vingt piez ou
de quinze bras et large de dip ou de
douze ou toute plus grande se len
Veult et cauee tant quil p ait deaue
ue côme Vng espan et soit a deup te
stes longue et ague et en Vng an-
glet ait Vne fosse et en lautre Vng
pieu lôg et Vne caselle ou Vne mai
sonnete et entour la fosse de toutes
pars ait espaces plaines si grans
côme le large des retz et puis on fe
ra tout entour Rapes q̃ les loups
ou les regnars ou aultres bestes
np puissent entrer ne les opseaulp
estãs au lieu ne sen puissent foupr
En celle dicte fosse aura étour dou
ze ou seze anettes priuees et leur
gettera len milique en bonne quã
tite en leaue pour les priuees et
pour les sauuages · et soiét les pri
uees semblables aup sauuages ·
Entour la fosse pres des retz seront
fichez pieup de quatre perches qui
esleueront les retz et les pieup des
dessusdictes perches serôt fichez en
tre les espaces dessusdictes et sur

celle corde des petiz pieup serôt cueil
litz tous les retz et aussi to⁹ les ba
stons qui eslieuent les retz seront
tresbien couuers et ait deup granf
retz a chûne teste côioingtz côe les
retz de arolus que aucuns appellent couuerture · car quant on les
eslieue ilz se ioingnêt ensemble en
Rault côe la couuerture dune mai
son · Et la maniere de les leuer est
que empres la cuisette ait Vne longue fourche auerqs Vne perche et
au menu bout ait Vne corde ioincte
et au gros bout ait Vne grant Ru
che forte pleine de terre et daultre
chose fort pesant la quelle quãt on
Bouldza ala maniere de Vne bricole
le leuera les retz · La courront grã
des multitudes de anettes de nupt
quãt elles orront les priuees crier
et quant il p en aura assez de dsce
dues tu lieueras les retz et a Vne
perche tu fraperas doulcement les
retz et toutes les sauuages sen p-
rôt bouter au bout des rez qui sôt
sur ledit fosse estenduz et les pri
uees demourrôt en la penthiere et
apres tu ouuceras la teste du lieu
ou ilz entreront et legeremêt aup
dentz tu occiras ces anettes par la
teste si que en Vne heure on en prê
dza bien aucuneffoiz Vng millier·
Il pa Vng aultre engin pour pren
dze grues cpnes canes et oapes et
telz opseaulp et est tel · Len fichera
es riues des fleuues Vng arbze de
chûne part treshault ou deup lpez
ensemble pour estre plus hault et
p aura cheuillettes pour môter et

au sommet aura vne poulie ou la
cozde des retz sera mise de la quelle
la longueur sera selon le large du
fleuue et la distance des arbzes et
la largeur sera que quant elle sera haulte esleuee elle pendza iusqs
au milieu des arbzes · et apzes il p
aura hômes qui vendzont par la
glaire du fleuue de loing et chasse-
ront tous les opseaulx quilz trou
ueront et quant ilz voleront ilz ne
se departiront point de la splendeur
de leaue iusques atant quilz choir
ront es retz · Et loze on declinera
ces retz a toutes ces cozdes et alozs
les opseaulx serôt prins · Ceste ma
niere icp na point de lieu fozs quât
le temps est trouble et lait si est ob
scur·car autrement les opseaulx
sen fuiroient et voleroient hozs de
leaue· Il pa vng autre engin par
quop pzincipalement sont prinses
les oapes et les canes qui est tel·
Au temps dpuer quant il a gele et
aux champs des blez na que poul
dze len tend sur le ble en vne fosse
vne longue retz de quarante bzas
ou enuiron et large de quatre bzas
apzes tierce se on les veult prendze
au vespze·ou au soiz se on les veult
prendze au matin Ceste retz est sê
blable a vne parop maiz elle est dif
posee afin que par sop elle se esleue
violentement·car vng hôme ne la
pourroit leuer et quant toutes les
retz seront fermeez en terre elle se
ra cueillie tout sur la cozde·car elle
cô me les estaiges bzaces et la coz
de trapans sera tresbien couuerte

de herbes ou de pouldze· et aura en
vne fosse vng peu loing vng lieu
couuert ou vng hôme sera mis qui
leuera les retz · et au lieu des retz
ait deux ou trois oapes priuees sê
blables aux sauuages liez a deux
petiz pieux· et aussi deux escozchees
qui vouldza afin que les sauuages p viennent plus seuremêt· et
quant les sauuages seront depar-
ties en aucunes parties du champ
le compaignon musse pra de la par
tie côtraire vng chapeau en sa teste
tenant vne houe ou autre chose en
sa main et parlera en disant aucu
nes choses et fera semblant de la
bouer·car autremêt elles sen fup
roient· et ainsi cautement et sagement il les menera vers le lieu des
retz·Cecp est leger a faire en qlcon
que grant champ qui le scet caute
ment faire· et quât len verra que
elles seront es retz parle len seurement et die len a son compaignon
que il tire la retz mais pource que
cest opseau est tres cault et mali-
cieux len se doit gardr q len naisse
au lieu des retz · car elles apperce
uroient tantost q les piez des gens
auroiêt foule la rousee ou la bzup
ne et sen fuproient·Quât len têd
au soir len mettra aucûe chose sur
les pas · et les laissera len toute
nupt afin quelles napercoiuêt les
pas·mais quant len vouldza prê
dze au soir ceste cautelle nest point
necessaire· plusieurs ne gardent
point ceste cautelle si en prennent
moins et plus atart et ne prennêt

que les iennes et nõ pas les vieil-
les· Il pa vng autre engin a pzen
dze les canes empzes les eaues ou
il pa sablon et est vne telle retz cõ
me iap dit· mais elle est petite et
plus espesse et la tend cy en telle
maniere et la coeuure len de sablõ
et pa vng lieu pour la guette fait
daucunes choses et puis est couuert de sablon et pa vng petit trou
par ou la dicte guette peut veoir et
se garde que par œ tzou il ne face ne
vent ne alaine et la ne sont poit ne
œssaires stelions· mais par tout
lyuer on p mettra milique et vi-
naœs pour acoustu mer les opseaulx a venir au lieu et quant ilz p
seront acoustumez on p tendza les
retz et pourra on tresbiẽ garder le
lieu· et la vope de lentree lõgue ca
uee et la couurir de bzanches et de
sablõ par dess⁹· Ceste retz ou sẽbla
bles ou pl⁹ espesses peuẽt estre tref
bien tenduz en aires ou en aucũs
lieux pour pzendze coulombs per-
dziz cozbeaulx pies et telz petiz op
seaulx qui viuent de grains et les
pourra len acoustumer a p venir
pour p mettre grains et viandes
et quant ilz auront acoustume de
p venir on pourra tendze la retz et
la couurir de pouldze ou de paille· et
peut est re fait œst engin en tẽps
de nege et en tous autres tẽps bõ
ne viande sera feues ble ozge et tel
les choses En telle maiere en pour
ra len pzendze en temps deste quãt
le temps est secq se len tend la retz
empzes les eaues ¶Il pa vng au

tre engin ou on pzẽt coulõbs tour-
terelles et toutes manieres de op
seaulx de pzope· La maniere est tel
le· En deux retz assez longs et larges chũn le sœt et les appelle len
penneaulx et les peut on tendze en
pzez en champs et empzes vopes
et les tend on loing lun de lautre
selon la longueur des deux retz en
semble· et a en chũne deux bastõs
qui les eslieuent quant on tire la
cozde· Et sil pa vne cozde que lop
selleur tient la quelle est atachee a
vne autre cozde qui est ioincte aux
costez des retz par les deux boutz et
quãt on lasche la cozde les retz viẽ
nent lune contre lautre en assemblant et coeuurant la terre qui e-
stoit vuide ẽtre les deux retz et lau
tre partie des deux retz ne se bouge
de sa plaœ pource que il est attache
a pieux fichez en terre si ne faict q
soy tourner· Et en la plaœ vuide a
opseaulx liez par les piez qui vo
lent et quant les autres opseaulx
vendzont la on traira la cozde et
les pzendza on·¶Il pa vne aultre
maniere de retz ou on pzent plusieurs manieres dopseaulx par es
pecial quant il a nege· et lappelle
len arolus qui est de deux retz non
pas moult grandes mais foztes
et espesses et sont conioinctes en te
ste· et sont fichees en terre et pa di
stanœ es parties mopennes et ont
quattre cours bastons dont elles
sont esleuees enhault· quãt la coz
de est tiree et ne se flechissent point
vers terre· mais demeurent esle-

uees et tresbiē conioinctes ensemble auecques les retz par dessus en
maniere de couuerture & maison ·
Ceste retz auecq tous œs bastons
et œs cordes serõt tresbiē couuers
de feurre et a lespace du milieu aura du grain ou de la Biãde que les
opseaulx aiment et que len pense
qui soit agreable pour les faire Venir · quant lopselleur pVerra grãt
multitude dopseaulx il entrera en
Vne petite maisonnette close qui deura estre pres de la et tirera la corde soudainement et lattachera biē
fort aVng pieu de la maison et prēdra les opseaulx · Aussi prent on
tous opseaulx qui descendent sus
charongnes cõme escoufles aigles
et autres se toute la charongne ou
partie est au milieu des retz · et si y
prent on les regnars a y mettre V-
ne geline de nupt · et si sont autres
engins que len appelle prignees et
y prent on faulcons et espreuiers
qui y met des coulombs · et sont
œs retz si tresdeliees que on ne les
Voit point en lair · et sont atacheez
a deux perches aux lieux par ou lef
opseaulx ont acoustume de passer
et en coste met on le coulomb · Ilz
sont deux manieres de prignees car
lune est simple et si deliement our-
die q quant on la touche elle chiet
et enuelope lopseau · Il en est Vne
aultre triple de trois choses composee dont la mopenne est espesse et
grandement large · les deux de dehors sont tresdeliees et tant estroictes que quãt ilz sont esleuees pour

prēdre et atachees fort aux perchez
et estēdues la mopēne qui est molle et lasche et qui est esleuee sur la
corde de dessus et quant lopseau
y chiet il Vole oultre les deux deliees et estrenuelope en la mopenne
qui est molle lasche et espesse et pēd
en elle cõme en Vng sac ¶Ilz sont
Vnes autres retz a quoy len prent
les perdrix qui sont longues et estroites au milieu et ont Vne queue
longue en maniere de sac · en œste
maiere lopselleur qui chaœ de iour
porte deuant soy Vng drap rouge a
Vergette formee en maniere descu
et sen Voise par le champ regardãt
par deux troux et querant des perdrix · et quant il les a trouuees il
tend œs retz a lentour delles et les
fiche a pieux aVne corde attachee a
la corde des retz · et est la queue des
retz ouuerte a œrcle et senVa en tenant toustiours deuãt soy son escu
Vers les perdrix et les boute tout
douœmēt petit a petit en la queue
des retz et nõ pas seulemēt de pour
mais des piez mesmes se il en est
mestier Et quiVeult chaœr de nuit
il quiert le lieu au soir ou elles demeurent de nupt · et quant la nupt
obscure sera Venue il retournera a
œ lieu de nupt portant du feu et est
le feu en Vng Baisseau ainsi farme
que lõme nest point Veu et si Voyt
clerement entour soy toutes les es-
paœs et sen Va par Vne rape de cha
rue et sen retourne par lautre au
lieu ou il auoit laisse les perdrix
au soir · et quant il les aura Veues

il les couurera de retz q̃ il aura ou
uertes au bout de la perche formee
ala maniere apartenant a ce faict
ou sil a les retz deuant dittes il les
peut tendre entour elles et les bou
ter dedens et les prendre toutes. Il
ya vne aultre retz qui est appellee
expegatoire. et est assez grant par
quoy on prent perdrix cailles faisans et autres opseaulx a laide de
petiz chiens qui les quierent. et quãt
ilz les ont trouuees ilz sarestent et
ne vont point a elles qui ne les enchace. maiz regardent leur maistre
venãt derriere et remuent la queue
tellement que leur maistre apercoit
bien que les opseaulx sont deuant
eulx vng petit. et lors luy et son cõ
paignon tirent les retz et coeuurent
les opseaulx et les chiens et ainsi
les prennent. Il ya vne aultre petite retz au bout dune perche apa-
reillee si quelle est ouuerte dõt vng
homme seul vse et en coeuure les op
seaulx que le chien a trouuez com
me il est dit deuant. Et de ceste retz
vse le a prendre cailles a vng court
caillet. & qui le son est semblable
en toutes choses ala voix de la femelle et quãt le masle loit il y vient
forment courãt. et ainsi il gette la
retz dessus et les coeuure et les prent.

¶Coment on prent les opseaulx
aux laqs.   viiii. chap.
On fait vng laqs pour prendre legerement opseaulx de
prope en telle maniere. Len fichera
vng fort archet au lieu pres ou ha
bitẽt ces opseaux ou par ou ilz pas
sent. et sera fiche aux deux boutz
tresbien, plope empres le quel dune
ne partie sera fichee vne vergette
en la quelle sera attachee vne sou
ris par la queue dedens la fente ou
vne piece de char morte spee ou vne
raine. et de lautre partie celle perche sera boutee en terre et aura au
bout vng laqs et vne petite corde
auecqs vng stechet du quel la per
che plopee fermera a larchet a la
petite trenche qui est faite en la te
ste de la verge qui tient la souris.
Et quãt lopseau touchera a la sou
ris pour lemporter la perche se des-
liera de larchet et se leuera en hault
auecqs lopseau qui sera prins par
les piez. Len faict aussi plusieurs
laqs de queue de cheual texus a v-
ne corde de ce mesme poil qui sõt tẽ
duz es fosses et formẽt es rupeies
ou dautres blez. atachez a vne cor
de esleuee de terre selon la haultesse
de lopseau. et pendre ces laqs vng
peu en declinant et seront ouuers
si que lopseau pa, ssant puisse mettre la teste dedens et se prennent par
le col. Et en ceste maniere sont prin
ses perdrix et cailles et faisãs aux
sentes des bois. Et opseaulx de riuieres empres les cannes ou les
laqs sont tenduz et coulombs et
autres opseaulx qui les tend pres
de leur nyd. et en feues et en faseo
les prent on bien coulombs et teur
tereles a petiz laqs que on appelle
scalles. La maniere de ce laqs est q̃
es boutz dun petit baston de la lon

gueur dun pie seront fichees deux
deliees vergettes du hault dun es
pan et au milieu sera fichee vne es
pine de deux ou de trois doiz dehault
longue · cette scallete sera appropriee
ala riue dune riuiere ou il y aura
vne fossete tellemēt que lespine gi
se en terre en la fosse et les verge
tes soyent dessus esleuees encoste ·
et la sera mis vng laqs fiche a
vng petit pieu fiche en terre qui le
gerement ouuert soit oste des ver
getes et en lespine on fichera vne se
ue mole ou vng faseol seullement
vng grain que loiseau prendra au
bec et quāt il leuera la teste il trai
ra le laqs sur son col et sera plo
pee la scallette auecqs les verget
tes · et quant il le sentira il aura
mour et leuera la teste et se prēdra
par le col.

Cōment on prent les opseaulx
ala glux. xix · chap ·

LEs opseaulx sont prins ala
glux en moult de manieres
On glue delizes verges de ioncs ou
de oulmes et soient de telle quanti
te cōme les opseaulx le requierent
que on veult prendre · Et doit on at
tremper la glux en telle maniere ·
On la lauera en leaue attrempee
ment chaulde et la remuera len
aux mains bien moillez en la net
toyant dordures · et puis on y met
tra vng peu dhuille doliue quelle
ne soit trop dure · et puis on enue
lopera vergettes si quil en demeu
re la tierce partie sans gluer pour
tenir aux mains · et se le temps est

si froit que la glux soit gelee on la
trempera a huille de noix et en so
pent les verges gluees et les at
tachera len doulcement a grans
perches qui seront lyees a rainc
aulx darbres vers · par especial de
chesne · Ou a ces perches on atta
chera verges longuetes ou tien
dront les petiz gluons ou qui voul
dra len mettra et fichera len grās
perches dedens terre et au milieu
il y aura caiges dosiers et oiseaux
dedens de diuerses maieres qui ap
pelleront les autres et puis les oy
seaulx se asserront et seront gluez
et cherront a terre et le maistre les
prendra ¶ Item a grans verges
gluees on prent grans opseaulx
par especial corbeaux et corneilles
par laide du guue ou de la guuette
en telle maniere · Aux lieux ou telz
opseaulx ont acoustume a estre ou
a passer len trenchera aucun rain
ceau dun arbre qui sera loing dau
tres arbres · mais aulcuns rain
ceaulx y seront laissez sans fueilles
ou aucūes perchetes seront mises
par dess et la doulcemēt serōt atta
cheez aucūes grās vergettes glu
ees et a terre lē mettra vng guuet
ou vne guuete · cest adire vng chat
huant en aucun lieu vng petit ap
parēt pour estre mieulx veu des au
tres oiseaux et la les oiseaux vole
rōt tout ētour et quāt ilz serōt tra
uaillez ilz se asserrōt sur ces verge
tes et seglueront et cherrōt a terre
et loiseleur les tuera a vne perche
et non aux mais quilz ne le blecēt

Item len prent faulcons et espreuiers et oiseaulx de prope ala glux par telle maiere. Len fiche deux ou trois verges en terre bien gluees vng peu loing lune de lautre et plãtees lune contre lautre et au milieu delle est lie vng opseau cõme vne souriz pour escouffles et autrez opseaulx et quant ilz serõt venus ilz se prendront. Aussi prent on mõ npaulx et telz opseaulx grans et petiz qui met verges gluees en lieu ou ilz ont acoustume de venir ou a menger. aussi prẽt on a cordes glu ees les opseaulx qui menguẽt les figues et raisins et aultres fruitz des arbres au tẽps quilz sont bõs Aussi a longues cordes gluees prẽt on opseaulx appellez estourneaulx lesquelz volent a grant nombre ẽsemble quant on en a vng que len tient lie en vne corde engluee par le pie et puis le laisse lẽ aller aux autres opseaulx de riuieres par cordes gluees que on mect au soir en leaue ou les oiseaulx seulent repairer. mais il fault que la glux soit confite afin quelle se puisse garder de leaue.

¶ Cõment on prent les opseaulx a larbaleste et a larc et autres manieres. xx. chap.

Chascun scet que len prẽt opseaulx auecq arbalestes et arcz sur arbres sur maisons sur terre et en tous lieux. mais il ya plusieurs cauteles que chũn ne scet pas. car larchier ou larbalestrier

doit auoir saietes doubles forcheez en la partie de deuant quãt il vouldra prendre oapes ou autres grãs opseaulx par tout bič agues quilz trenchent laelle ou le col que elles toucheront car la seule percure cõmune de la saiette ne blecceroit pas tant lopsel q̃ il demourast la. maiz sen proit percre et blecie combien q̃ par auenture elle en mourroit ailleurs en la fin ¶ Et si doit prendre son regard a lune non pas a laueture. mais singulierement a celle qui sera čtre deux ou de plus. Aps qui veult traire aux coulombs ou a aultres opseaulx sur arbres il doit auoir materas gros en la teste de deuant. et que ilz soyent dun mesmè poix. et quant il vouldra traize il doit signer le lieu au pie ou il est et noter le coulomb ou lautre opseau et lors traire. et sil assene bien il a son entête et ainsi il pourra trouuer son materas. Et se il note ces deux lieux et il fault et perd sa saiette il la trouuera bien par en traire vne autre dautel poix et du lieu ou lup et lopseau estoiẽt Et doit tenir sa main seneste tresferme et auoir tresbõne arbaleste ou arc et droicte saiette dun pareil poix On peut aussi prẽdre opseaux par autres manieres cõme est au brail a vne guuete a quoy len prẽt petiz opseaulx et chũn le scet Et nõ pas tant seulemẽt les prẽt on ala guuete maiz a vne teste de chat car les opseaux y affuyent et nõ seulemẽt au brail ou il ya deux verges

E.i.

mais a vne verge engluee· Et non
pas seulement sur les arbres vers
mais en quelcõque partie de la vope ou du champ· se lopselleur porte
sur soy vng leger instrumẽt de ver
gettes dont il se musse· Et nest poit
de necessite que les opseaulx soient
esueillez ne excitez de la seule voix
de la fueille de larbre ou de la bouche cõme len faict cõmunement·
car au son de la semence de pauot
enclose en sa selle ou en aucune au
tre chose semblable ilz peuẽt estre
excitez et appellez et de quelcõques
voix estranges ilz sont esueillez et
sen esmerueillent· Item apres on
les prent au brail des villains dõt
vsent les villains de noire nupt et
obscure· Ilz ont vng brandon alu
me que lun deulx porte empres les
hayes vertes ou les opseaulx dor
ment et quant les opseaulx sont
esueillez ilz viennent ala clarte du
feu et puis ilz frappent des bastõs
dessus qui sont de perches courtes
qui ont au bout cõme pelles tiuu-
es dosiers· Apres on prent iennes
opseaulx par especial les monny-
aulx a vne nasse ou britheole qui
est vne canne faicte de ioncs· de la
quelle ilz ne sœuent retourner · Et
pareillement on les prent en troup
et en coulombiers a vne mousteĺ-
le apriuoisee q̃ on laisse aller a vng
trou· On les prent aussi a vne plã-
che appareillee et par espãl en tẽps
de nege· et sera ordonnee quelle cher
ra quant les opseaulx seront en-
trez dessoubz· et la dessoubz aura

couenables grains pour menger ·
Et aussi aura des grains dhore se
mez par maniere de filletz pour les
traire ala planche · Et si les prent
on au scarpel en vallees ou les op
seaulx dmeurent · Scarpel est vng
instrument faict de deux arcs tres
biẽ plope et vng peu allongnez · en
tre lesqlz on mect derriere vng peu
de fru̾ct dun arbre appelle cocque
sẽblable en tout a cerises· Et quãt
ilz le veulent prẽdre ilz sestrãglẽt
par le col· Mais la forme de cest engin et de plusieurs autres ne se peuent pas clerement monstrer par
lescripture cõme a l'œiĺ] Item on
les prent en temps de neges a vng
engin appelle cubaculus · qui est
vng instrument faict de vergettes
et caue dedens en la partie de derriere a vng huisset agu qui gist en ter
re couuert de paille · et se esslieue a
vng lyẽ fiche en terre et frappe par
derriere lopseau qui entre ala viãde qui est dedens· la quelle il ne peut
prendre par ailleurs pource quil est
couuert de terre de toutes pars· A-
pres on prẽt le corbeau a vng tres
delectable engin et la corneille aus
si quant on en peut auoir vne viue
car on la ferme en terre en gesant
a lenuers a deux petiz pieux cours
liez au cõmencement des aelles et
elle crie fort et sefforee de sen voler
et les aultres prouchaines courent pour luy aider desquelles elle
en prent vne au bec et es ongles
si que on la peult aller prendre· et
ainsi faict on des ppes cõme len dit

ꝗ les oyseaux qui ont mẽge grain
ou mil qui ait este trempe en lpe de
bon vin et ius de segue et puis se
che ne peuent voler apres · et les
peut on prendre ala main ·

¶ De la prinse des bestes sauuages · Et premierement cõment on
les prent aux chiens
ꝟ ᵖ xxi · chaꝗ·

ⁱ En prent par especial lieures
aux chiens· et est chose neces
faire dauoir chiens pour les trouuer que on appelle brachez · qui de
tant sont meilleurs comme ilz ont
plus subtille oudeur · et si sont necessaires grans chiens et legers a
la course· et pour les apprẽdre ala
chace et les enseigner a son office est
de leur donner a mẽger de leur proie
quilz ont prinse· Et premierement
cheureaux et cerfz a laide des grãs
retz · Et si prennent regnars combien quilz soient subtilz ala chasse
Et si prennent cõnins quãt ilz sont
loingz des tesnieres · et si en prent
on sangliers et loups mais cest a
laide des veneurs ·car a peine ꝑ ose
ropent ilz aller tous seulz se ce ne-
stoyent grans mastins treffors et
hardiz· Mais a prẽdre les sangliers
il cõuient et est bon que le veneur
ait vng espieu de fer fort bien trenchant et croise· le quel quãt il voit
ledit sanglier venir de mauuais
cuer a lup il fiche en terre fermement son espieu et adresse la poincte au sanglier · et quant ledit sanglier en est aucunemẽt blecie il ne

peut aproucher au veneur ·et puis
les chiens lassaillent et le tuent et
les veneurs aussi · On prent aussi
les cerfz quant ilz sont feruz dune
saiecte ou dun espieu et ilz senfuiẽt
et vng petit chien bien enseigne les
suyt par la bope du sang iusques
atant que il le treuue mort ou demy vif· Et si prent on a chiens les
herissons et plusieurs aultres bestes ·

¶ Cõment on prẽt les bestes sau
uages aux retz. xxii · chaꝗ·

Oɳ prent es retz cerfz et regnars cõme iap dit dessus en
parlant des retz que on appelle aro
lus· et si ꝑ prent on lieures et plusieurs aultres bestes aussi se ilz ꝑ
entrent ·

¶ Cõment on les prent aux lacz
ala caige ou geole de fer ·
xxiii·chaꝗ·

Oɳ prent aux lacz aucuesfoiz
ꝑpons· et si prẽt on regnars
et lieures quant ilz se boutent par
aucuns pertuis en lieux cloz· et ce
cy est en deux manieres·Lune quil
ꝑ ait vng las courant bien attache et vne perche proppee si forte qˀl-
le puisse esleuer hault la beste prin
se par le col· et la soustenir pendue
Lautre que empres le laqs il ꝑ ait
vng fort cheuestre estraingnant le
col de la beste et lempeschant que
elle ne rouge le laqs ¶ Les regnars et les loups sont prins espe-
ciallement en vne geole de fer qui
E·ii·

entour foy a plufieurs aguillons
agus · et tout entour foy vng anel
pres du lieu ou ilz font attachees
tour · au quel ya vne piece de char
attachee Et font toutes ces chofes
try muffees en terre fors q̃ la char
et quãt le loup tiẽdra la char aux
dentz et la tirera laneau esfieuera
les aguillons entour la tefte au
col du loup qui de tant que il trait
pluffort a foy pour fen aller · de tãt
feftrainct il plus et fe retient · Il
ya vne aultre cage par quoy len
prent principalement loups et toutes beftes fauuages par les cuiffes et par les piez qui font muffeez
au chemins qui font de telle forme
que on ne les pourroit bien defcrip-
re qui ne les verroit a loeil · et pour
ce qui les vouldra fcauoir aprenne
les de ceulx qui en vfent cõme iay
voulu veoir ·

¶ Cõment on les prent a foffes.
ryiiii · chap̃.

En prent a foffes par efpecial loups en telle maniere ·
On fait vne foffe large cõme vng
grant puys fi parfonde que il nen
puiffe yffir · on la coeuure dun rõd
greil qui ne coeuure pas toute la
foffe mais prefque toute · Soubz le
greil au milieu eft liee vne ftange
plus longue que le greil et ronde et
au milieu vne oape liee ou vng a-
gnel et tout le lieu eft couuert de
paille Lors le loup qui vient et
veult prendre la befte fi chiet de foy
mefmes en la foffe auecq̃s le greil

foudainement renuerfe · On prent
auffi ala foffe grant nombre de fã-
gliers en telle maniere · En lieux
ou fangliers repairent len feme en
vng petit champ de la milique que
aucuns cppellent fagine · et entour
le champ on faict vne forte hape
liee de lieures darbres · et laiffe len
en vne partie vne entree ouuerte
et au contraire la hape eft baffe en
cofte empres la quelle par dehors
foit vne foffe affez parfonde · quant
celle fagine fera meure moult de
fangliers y venront par les lieux
ouuers entrans Et lors qui vouldra venir fi vienne feurement au
lieu · et mefmes fans armes et demeure au lieu de lentree et crie tãt
quil pourra et les fangliers ferõt
tous efbahys et efmourez pource
que ilz ne trouueront par ou yftre
fors par le lieu de la haie baffe fau-
dront par la treftous en la foffe q̃
ilz ne pouoyent veoir quant ilz ef-
topẽt par dedens · Apres pour loups
et regnars pourceaulx chiens et
telles beftes qui gaftent les vignes on fera en telle maniere · On
foupra vne foffe large de deux ef-
pans et longue de trois piez ou de
quatre et parfonde entour de fept
piez ou hupt · et bien muree tout
entour a vng fons bien poly fur
terre ferme · et empres bons murs
la ou ilz ont acouftume de paffer
tout cey fera couuert au trauers
de groffes herbes feches et puis a
pres la terre biẽ delpee · et fe lerbe
ne peult pas bñ fouftenir la terre

on mettra soubz deux deliez bastons
soy legerement brisans de trauers
et lerbe au long qui se couche au
milieu Et qui ne la vouldra faire
si parfonde que on mette tout entour la fosse stanges ou petites af-
fietes estroictes ou il y ait attache
dedes moult de cheuillez ou daguil
lons bien agus les poinctes vers
la fosse et ung pou ploees vers le
milieu · si que quant la beste enclo
se vouldra ystre hors quelle frap-
pera sa teste et ses peulx encontre
les aguillons · et tant se blessera q
il fauldra quelle se tienne en paix
et mourra la · Et se on la veult ta
tost tuer on fichera au fons aguil
lons bien trenchans les poinctes
cotre mot ou len y mettra de leaue
tant quelle nen pourra yssir ne la
longuemet viure · Ceste fosse peut
estre faicte en chune vope parfonde
seulement de quatre ou de cinq piez
a laide dune rebalche faicte de liez
de arbres sur une longue stangette
legerement tournant bien attachee a chun bout a ung crochet fort
fiche en terre au quel tourne icelle
rebalche · et soit dun coste fermee
loing de la fosse de ung demy pie · Et
lautre partie aux angles et au mi
lieu aura pierres pesantes adiouxx
tees Ceste cy sera esleuee come tou
te droicte du tout auecqs une four
chette · dont la partie de deuant soit
sur ung baston court qui soyt au
milieu de la fosse de trauers · sur
ung petit pieu de chascun bout qui
soit fiche dedes la riue de la fosse en

la partie de dessus · et mettra le sur
ce court baston une petite vergette
par le long de la fosse qui soustien-
dra lerbe et la terre tant seulemet
et face cheoir le court baston auecques la fourchette et la rebalche·
Ceste rebalche doit estre de iour sur
la fosse que la personne passant ne
chee dedens en allant · Se aucun
chien ou porc ou trupe chiet dedens
on le pourra extraire et mettre
horz a une eschielle qui aura eschiel
lons et degrez de ais ·

¶ Dautres manieres dengins a
prendre bestes sauuages ·
xxv · chap·

Elephans sont prins par telle maniere pource quilz nont
pas genoulx ilz ne se peuent gesir ·
et pource quant ilz veulent dormir
ilz sappuyent contre une arbre et
se reposent · Les veneurs trenchet
les arbres mais non pas tout oul
tre mais tellement que ilz se puissent encores soustenir · Et quat les
elephans si appuyent ilz cheent · et
les elephans trebuchent · et puis a
pres les veneurs les tuent ¶ Les
ours sont prins par telle maniere.
Ung homme arme darmes de fer
a teste couuerte de toutes pars a-
uecq ung seul cousteau agu au coste sen va en la forest ou en aucun
aultre lieu ou il treuue lours et
lors sen vient tantost et se adresse
a lhomme arme et lembrace · et lo
me arme lembrasse aussi et tout
E·iii·

bellement typre son cousteau et le
frappe tout droit au cuer et le tue·
Les regnars sont prins en leurs
caues en ceste maniere· Le Beneur
a Bng Baisseau de mouches quarre
mais plus long et moins large·
cestup est clos a Bng bout a aucun
peu de fil de fer· et de lautre coste il
pa Bng huisset dedens de la partie
denhault garny et prepare si q par
dedens il ne puisse estre esleue par
dessus et ne puisse pstre dehors en
descendent· ce petit huisset esleue des
sus demeure a Bne petite Bergete·
Cest instrumet est mis en la fosse
du regnart quant on scet par deuat
quil p doit estre· et la partie de luis-
set est mise en elle de la partie de la
fosse par dedes· et les autres entrees
de la fosse qui sot comunemet plusieurs sont tresbien closes et estou-
pees· et le regnard qui Beult pstre
entre au fons du Baisseau qui ne
se doubte en aucune maniere quil
doiue estre empesche des deliez filz·
et pource il traict a soy la Bergete
et lups qui chier lenclost· et quant
elle sen retourne elle le clost encores plus fort et le ferme· Et le Beneur touteffoiz quil Bient sil Beult
il tue le regnart dun fer agu· et se
il ne le Beult pas tuer mais garder
Bif pour le mostrer il le pourra faire et lemporter dedens lengin· ou se
il Beult quat il sera dedens lengin
il le mettra sur Bng pups ou sur
Bne grat tinne et le faict trebucher
dedens ¶ On prent ainsi les conins
Le Beneur sonne ou faict noise et

chasse les conins en leurs tesnieres cauees · car ilz sont poureux
et senfupent legerement en leurs
fosses· Le Beneur pret petites retz
ouuertes et les met deuant chun
trou· et puis par Bng des troux il
euoie Bng furet priue au museau
cloz de qlque petit frein quil ne se
puisse ouurir ne prendre les conins
ne les menger · et ne Beulent les
connins pstre hors se le furet qui
nest de gueres plusgrant de corps
que Bne moustelle et qui est propre
ennemy des conins ne les cotraint
de pssir hors· et ainsi ilz se boutent
aux petites retz et sont prins·

¶ De prendre les souris·

LEs souris sont prinses en
maintes manieres ¶ Lune
de chatz priuez· lautre a soucieres
debops· comme chun scet· lautre a
Bng aiz· et quant elles y touchent
y chiet sur elles· lautre a Bng arc
attache a Bne canne et a Bng clou
bien agu· et quant elles mordent
la Biande larc se destend et le clost
entre la teste· lautre quant Bng
Baisseau est amoitie plein deaue·
et par dessus leaue est toute couuer
te de speautre nageant· et la souris
ne Boit point leaue et descend dedens
et puis ne sen peut retourner· On
couurera Bng Baisseau de parchemin ou dune piece de cupr et puis
apres le trenchera len en croix par
le milieu et puis mettra len du
lard au milieu les souris y Bouls-

drôt aller si cherrôt dedens et la de
mourront · Len raconte que se ras
ou souris cheent en Ung Baisseau
sans eaue et ilz ne treuuent q mé
ger de rage de fain ilz mengeront
lun lautre · tât que il nen demour
ra que lun On le lairra aller quel
que part que il Bouldra et tous les
ratz quil trouuera il les mengera
On les tue aussi de reagal Brope et
mis en formage ou en autre Bian
de quilz menguent Boulentiers · et
que ilz ne treuuent poit deaue pour
Boire apres · On les prent aussi se
len met Ung Baston trenche par le
milieu au trauers dun Baisseau
sont ilz ne puissent pstre · et quil y
ait Une telle moitie que il se puisse
Bien soustenir · mais non pas les
ratz · et mettra len le nopau dune
noix au milieu · et quât il Bouldra
aller querir la noix il chezra dedes
Len prent aussi Une souris en met
tant Une noix dessoubz Une escuel
le · et que la noix soit Ung petit cas
see par le bout · et la partie cassee se
ra dedens et lautre au Bort · la sou
ris Bouldra menger la partie des
peœe et lescuelle cherra dessus ¶Il
est Une autre maniere la meilleu
re de toutes a prendre ratz grâs et
petiz · Prenez deux aiz biê aplaniez
dun Bras de lôg et larges de demp
pie et les ioingnez ésemble en distâ
ce de quatre dois ou peu moins · et
la partie daual aura deux petiz aiz
chûn enchassez lun decoste lautre ·
et dess9 œs petiz aiz fichez Ung gros
parchemin trêche au milieu de tra

uers · mais pres du milieu nô pas
affichee et tât restraincte qlle puis
se estre esleuee entre les aiz · afin q
se elle estoit difformee en descendât
qlle soit ramenee a sa forme · et les
deux aiz deuant ditz serôt côioingtz
par dessus aux testes · et sur elles
sera tenue Une assellete et au mi
lieu aura Ung clou reteurs pour
pêdre la Biâde · ou qui Bouldra on
ne la pêdra point · mais sera au mi
lieu des deux aiz empres le parche
min ainsi côme Une neffle perœe de
dens et Ung peu de lard épres et œ
la se puisse retourner tout entour
sans aucûe côtraincte · Cest edifi
ce peut estre mis sur to9 Baisseaux
dont Ung rat ne pourroit pstre hors
et par espâl en ble et autres grais
q ratz menguent Boulentiers · car
tous œulx qui Bendront menger
la Biâde tumberont dedens et ainsi
feront prins tous œulx qui y Ben
dront ·

¶De la prinse des poissons Et pre
mierement côme-t ilz sont prins
aux retz. xxBii·chap

Apres la riue de la mer on
prent plusieurs poissons es
retz que aucunes gens appellent
lescozcherie · Ces retz sont tres lon
gues et assez larges et espesses et
a Une cozde dun coste plômee et lau
tre ou il ya liege afin q les retz so
pêt droictes dedes leaue · Ces retz
sôt portees es nefz é la mer si q lun
des chiefz en demourra sur terre et
E·iiii·

lautre partie descendant cômune-
mêt en leaue et quât les pescheurs
seront allez si auant en la mer côme les retz seront longs ilz sen re-
tournerôt ala riue en maiere darc
et aucûs deulx demouzzôt au bout
de la retz sur terre lun deulx sen re
tourne dedens la nasselle dzoit au
milieu des retz par dehozs afin que
les poissons qui sôt pzins si ne sail
lent hozs des retz et il y aura pescheurs qui tireront les deux boutz
des retz a terre et aucuneffoiz en
pzennêt grant nombze · aucûeffoiz
pou · aucuneffoiz neant · On pzent
aucuneffoiz a vne petite retz deliee
atachee a deux perches que len get
te toute couuerte dedens la mer et
vng peu aps on le lieue auecques
des poissons · Aussi on pzent en fleu
ues et en aultres eaues larges
poissons a vne petite retz que plusieurs appellêt trauersaires et est
composee de trois choses · cestassauoir dun moien espes et de deux au
tres par dehozs cleres et deliees et
a dun coste plôб et de lautre pieces de lpege · et se elle est longue il y
a aucûes courgees seches pour la
tenir dzoite en leaue · et ceste retz se
ra lôgue ou courte selon q̃ leaue le
requiert · et le laisse lê en leaue par
long temps afin que les poissons
qui noent cheent dedens qui passe-
rôt les clers retz et se enueloperôt
aux espes côme font les oyseaulx
en larignee dessusdicte ¶Aussi les
pzent on semblablement a petites
eaues aux retz riuales · Riuale est

vne petite rez espesse atahee a deux
bastons que le pescheur tient auy
mais et la maine toute par myle-
aue et la clost pzes de la riue de lea
ue auecques les poissons · On les
pzent aussi pareillement a vne retz
que len appelle zacle et est vne retz
deliee et espesse qui a la fozme de pa
uillon et est plopee la cozde tout au
tour par aual · on la gette tout ensemble dedens leaue et la tient len
ainsi ouuerte côme dit est · et soudainement elle descend au fons de
leaue ou len la met et enclost tous
les poissons de lenuirô de leaue qui
sont dessoubz ladicte retz et lesditz
pescheurs la tirent et les boutz se
assemblent pour le poix du plomб
et attraict a soy tous les poissons
qui sont dedens · ¶Len en pzent aus
si en vng engin appelle negosse les
poissons · et est vne retz en maniere de riual a vne perche auecq deux
bastons bien liez · Le pescheur qui
est hozs de leaue gette ceste retz en
leaue deuant luy · et puis la lieue
et aucuneffois sans poissons et au
cuneffoiz la met on empzes les her
bes et les poissons muœz se boutent dedens la retz et les pzent on ·
Aucuneffoiz on en pzent plusieurs
en lieux estroitz deваlees a vne retz
que on appelle cogolaire · et est vne
grant retz longue fozte et espesse·
et est lentree vng trou rond et sen
va tousiours en estrecissant iusqs
ala queue qui est longue et a plusieurs receptacles ou poissons entrent legeremêt et nen peuêt ystre

Ceste retz est mise a deux grosses perches en tel estroit lieu. entour lefqlz retz pa fortes clostures des liens iufques ala riue ou les per-ches font liees. Ceste retz nupt et iour est ainsi la gueule tendue con-tre la venue de leaue. et aucuns iours apres les pefcheurs regar-dent ala queue et trouuent tant de poissons que merueilles. et par ef-pecial danguilles quant elles fot en amours et aultres plufieurs poissons. Auffi prent on poissons en lieux parfons et ouuers ou pri-cipalemet demeuret gras poissons a vne retz que on appelle degagne qui est grande et large. et la gette len au fons et la traict len au log et puis la traict auec les poissons Auffi en prent len es valees non parfondes mais elles font de grant largeur ou il pa poissons de diuer-fes manieres que len prent ainsi. Les pefcheurs ont petiz greilz en trefgrant nombre faitz de cannes de palus dõt qlles ilz cloient grãt ef-pace de ces valees nõ parfõdes a lai de des pieux et les laiffet etre deux petites efpaces ouuertes et ainfi les font en plufieurs lieux et p met-tent derriere des petiz rondz largez et ouuers par deuant et estroitz par derriere. et a la queue a plufieurs receptacles ou ilz peuent entrer et non pas pffir. et laiffe len ces retz iour et nupt. et ainsi cõe toufiours on les lieue auecq les poiffõs qui fen alloient efbatans par les lar-ges lieux Auffi fait on de telz greilz

aucuns tellement enuelopez q les poissons y entrent bien et ne fceuzt retourner mais on les tire a vne petite retz atachee a vne fourchete

Cõment on prent les poissons a huches et a cannes faictes dosiez xxviii. chap.

Auffi prent on les poissons en huches et cannes faictes dosiers et de lpens qui sont aucune-ment estroictes ala queue. et les mainet les pefchenrs en leaue par le fons en maniere de retz riuales et aucuneffoiz celles cãnes qui fõt plus legeres font menez a vne per-che par eaue trouble. et est le pef-cheur fur terre. Len faict aucuef-foiz naffes de ioncz larges a vne e-tree et estroicte dedns et large de-hors aulcuns iours et nuptz font laiffez en leaue par le poiz due pier-re ou daucune chofe et ont vne cor de et aucun lpen en la queue par quop on les traict hors mais il en en est de deux formes. Lune fi est moult large et ronde et au fons il pa crope molle et graine gettez a-uecqs aufquelz aucuns poiffons viennet voulentiers pour les mã-ger et nen fceuent pffir. Lautre for-me est toute estroite et lõgue maiz a lentree est mopennemet ouuerte et au milieu trefestroicte et la de-dns entrent les poissons non pas pour mãger maiz pour secretemet demourer. et puis ne fen fceuent re-tourner.

¶Côment on prent les poiffons
a lamecon ·   xxix·chap̄.

Én prent les poiffons a la
mecon en trois manieres ·
Lune fi eft que len met aucuns pe
tiz poiffons Bifz a lameffon par le
quel len prent les poiffons qui Bi
uent de prope qui tranfgloutiffent
lamecon et le poiffon tout enfem
ble et doit eftre ceft amecon darain
fozt et grât a Bne fozte cozde euefo
pe defil bñ pres de lamecon quil ne
rôge la cozde et le lie lê a Bng petit
feffel de paniers fere et le gette len
en leaue eftant auecq lamecon et
le poiffon Bif et la le laiffe len tou
te nuit Le poiffon prins ne fen peut
fouir loing ne muœr pour le feffel
qui lempefche et aifi au matin les
pefcheurs le prennent¶La feconde
maniere eft dune Berge deliee au
bout et plapant ou il pa Bne ligne
de fope de cheual blanc et amecone
au bour enuelopez de Biâdes·mais
Bne cautelle p doit eftre que len fa
che quelle Biande les poiffons Beu
lent·car ilz Barient bien leur appe
tit felon le diuers temps· Et fi eft
bon que aucuneffoiz pour la cau
telle des poiffons que len mette au
cuneffoiz la Biande au bout de la li
gne fans lamecon et puis les poif
fons p Bendzôt et la mengerôt·et
quant ilz ferôt acouftumez ilz pzê
dzont amecon et Biande et fe pzen
dzont eulp mefmes·La tierce ma
niere eft gardee en eaue parfonde·
car len prent Bng grant amecon et

fozt attache a Bne longue cozde et il
aura ainfi côe pie et demp de plomb
loing de la cozde pour defcendze au
fons et lôme eftant fur le pont le
gettera ala main trefdoulcement
et le laiffera aller au fons et têdza
le bout de la cozde a Bng dop · Et
quant il fentira que le poiffon au
ra prins la Biande il traira la cozde
pmierement fozt pour attacher la
mecon ala gozge du poiffon et puis
tout a lefir le traira iufques atât
quil le prenne ala main et nauiêt
pas fouuent que le poiffon foit pe
tit·car les grans feullement fi de
meurent au fons et aucueffoiz Bôt
par le milieu de leaue et aucueffoiz
enhault combien que ce ne foit pas
fouuent · On prent les poiffons a
fpardernes par efpecial tenches et
pa trois aguillons retournees cro
chues et liees enfemble· et fôt ioin
ctes a courtes cozdelettes et ne fôt
pas loing lune de lautre· et font at
tachees a Bne longue cozde et la p
met on efcreuices ou gros Bers ou
autre Biâde et les gette len au foir
eftendues en leaue et le lendemain
on treuue les tenches prinfes On
prent les poiffons ala chaulp Biue
fe on la met en Bng fac en eaue doz
mât en Bng petit lieu enclos deux
hômef remuerôt ce fac en leaue bñ
fozt tant que leaue fe troublera et
de ce les poiffons feront ainfi côme
aueuglez et Bendzont audeffus de
leaue·On prent auffi gros poiffôs
en foffes en eaue clere a foffines ·
et eft foffine Bng inftrument de fer

qui a plusieurs aguillons et chũn
est est barbele pour mieulx retenir
et sont en aucũe maniere loing lun
de lautre et sont attachez au bout
dune lance que le pescheur tiẽt qui
est en vne nasselle et sen va par lea
ue tout doulcement· et quãt il voit
vng poisson il len fiert bien fort et
lapozte auecques son fer·

¶ Cy fine le·x·liure·

Cy cõmence le vnziesme Liure
des prouffitz champestres
et rurauly de maistre pierre
des crescens Du quel il recite et de
claire en general les matieres des
rigles et traictez de tous les dix li
ures precedens· Et premierement
du premier liure qui contient huit
chapitres· Dont le pmier traicte de
la congnoissance du lieu habitable
en cõmun·

¶ Le second de la congnoissance de
lair·

¶ Le tiers de la congnoissance des
ventz·

¶ Le quart de la congnoissance des
eaues·

¶ Le quit de la cognoissance du sie
ge et du lieu habitable en cõmun
¶ Le vi· des combes et des maisõs
¶ Le vii· des pups et cisternes·
¶ Le viii· des matieres des maisõs

a pres sensuiuent les matieres
des rigles et traictez du second li
ure qui contient· vi·chapitres· Dõt
le premier traicte de la qualite des
terres et de la diuersite des chãps·
¶ Le second de arer fossoier et labou
rer·

¶ Le tiers des semailles·
¶ Le quart de leaue des plantes·
¶ Le quint de fumage et de limmu
tacion des plantes·
¶ Le vi· daucuns principes des plã
tes et de leurs operacions·
¶ Le vii· des parties des plantes·
¶ Le viii· de la plantacion et gene
racion des plantes·
¶ Le ix· des entes·
¶ Le x· de la medicine des arbres et
de la terre·
¶ Et le xi· des garnisons·

a pres sensuiuent les matieres
et rigles et traictez du tiers liure·
qui sont des greniers des grains
et aussi des semailles·

a pres sensuinent les matieres
des rigles et traictez du quart li
ure· qui cõtient sept chapitres· Dõt
le pmier traicte daucunes genera
les choses et cõmunes des vignes
¶ Le second de lelection des plãtes
de la vigne·
¶ Le tiers de laplãtaciõ de la vigne
¶ Le quart de lincision de lente de la
vigne·
¶ Le quint de tailler les vignes·
¶ Le vi· de fouyr les vignes·
¶ Et le vii· des grapes et du vin·
a pres sensuiuent les matieres
des rigles et traictez du quit liure

N Ous auons cy
deuant traicte de
toute loeuure des
champs · Mais
pource que la me
moire des persõ-
nes est briefue et courte et quelle

ne souffist pas pour retenir toutes les singularitez des besongnes il semble bon de declairer en
general les matieres des rigles
et des traictez et les mettre par
ordre selon le liure et par rigles
afin q̃ la cõgnoissance des hõmes

soit en la memoire des persônes
en general ·ꝉ Les labourages
du champ requierent force es ha
bitacions science et diligence des
oeuures Et pource doit on querir
principalement lieu couenable et
prouffittable pour sante et aussi
pᵦault moult la bonte de lair et
du ᵦent de leaue et le siege de la
terre · car ces choses demonstrent
le lieu habitable estre plâtureux
et sain sicôe il est dit · Les sages
hômes qui ᵦeulent acheter ma
noirs iardins et preaux doiuent
côsiderer par deuât toutes choses
la sante du lieu afin que en leur
marche et edifice de leur maison
la mônoie hastiuement ne leurs
tournent a dommage de leurs
corps et de leurs biens ·

ꝉ De la côgnoissance de lair ·
　　　　　ii · chaꝑ ·

L'Air est chauld et moiste et
nest de nulle cause change ·
Lair est bon quant il nest point
pourri ne trop fort en challeur ne
en autre qualite · mais est attrê
pe ou bien pres · Lair attrêpe et
cler est bon a sante dhôme et fait
ᵦenir plantes et bien fructifier ·
et celluy qui est plein de ᵦapeurs
empres mares et estâgs est tout
au côtraire · Tout air qui est tost
refroidy quant le soleil sen ᵦa et
tost eschaufe quant il reuient est
subtil et delie · Lair est le pire de
tous qui estrainct le cuer et qui
griefue a respirer · Les lieux frâcz

et loings de ᵦalees basses et bie
nestoiez de grosses nuees et de nu
pt et tiênent les corps des habi
tans en sante sont tresbons ·

ꝉ De la côgnoissance des ᵦentz ·
　　　　　iii · chaꝑ ·

ᵦEntz de midi a simplemêt
considerer sont chaulx et
moistes · Ceulx de septêtrion sôt
froitz · Ceulx dorient et doccident
sont attrempez · maiz en aucuns
lieux ceulx de midy sont froitz
quant le ᵦent passe par montaig
nes pleines de nege · Et ceulx de
septentrion sont chaulx ·

ꝉ De la côgnoissance des eaues
　　　　　iiii · chaꝑ ·

EAue est froide et moiste se
elle nest muee daucun ac
cident estrâge par dehors · Les ea
ues de fontaines de franche terre
ou il ny a qlconque force de estrâ
ge disposicion destrange qualite
surmontans sont les meilleures
des autres · Eaues pierreuses sôt
bonnes et ne se corrompêt pas le
geremêt de terre · Eaues des fleu
ues courans sont les meilleures
des autres se elles sont sur terre
franche et non pas puâte ne plei
ne dordure et quelles tendent en
orient et seslongnent grandemêt
de leurs sources sont les meilleu
res de toutes · et celle quiᵦa a sep
têtrion est bône · Celles qui ᵦont
a midy et occident ne sont pas bô
nes par especial quant les ᵦentz

les ont soufflees · Leaue est bône
ou les choses sont tost cuictes sil
ny a mauuaise oudeur ou saueur
des eaues semblables œlle qui est
la pl⁹ legere est la meilleure · Sub
limacion distillacion et decoction si
amendent les mauuaises eaues ·
Entre les bonnes eaues œlles sôt
a louer qui sont de plupe par espâl
quant elles viennent en este auec
ques tonnerre combien que pour
leur subtilite elles soyent corrom
pues legerement · Les eaues des
pups et des côduitz ne sont pas bô
nes en la composicion des fontai
nez et par especial œlle qui passe par
tupaulx de plomb. Eaues de ma
recz et de palus ou il ya sansues et
toutes eaues ou substance de me
taulx est meslee ne sont pas bônes
Eaues de glaces et de neges sont
grosses · Eaue attrempeement froi
de est la meilleure de toutes pour
saines gens car elle reueille lespe
rit et faict fort estomac · et la chau
de au contraire. Eaues salees font
les gens mesgres · et les sechent et
les troublent et font venir la pier
re et opilacions · Se on ne peut côg
noistre la bonte ou malice des ea
ues si regarde len ala disposicion
des voisins qui y demeurent ·

¶ De la cognoissance du siege du
lieu habitable en cômun.
　　　　　　B · chap ·

La chaleur et la froidure du
lieu et la disposicion de lhu
meur ou secheresse le hault ou le

parfonds la multitude des eaues ou
len peut veoir par leur bôte et ma
lice des voisinages montaignes de
mares ou de palus ou de mer la dis
posicion de la terre se elle est moiste
boeuse ou pleine dordures ou de pier
res minereuses si môstrent la qua
lite du siege · Les habitâs en lieux
chaulx ont les faces noires et les
cheueulx et les cuers paoureux et
enuieillissent tâtost En lieux froiz
les gens sôt plus hardiz et de meil
leure digestiô · et se la terre est moi
ste les gens sont gras charnuz tê
dres et blancz ¶ Ceulx qui demeu
rent en lieux secs ont leurs corps
et côplexiôs offusques · Ceulx qui
demeurent en haulx lieux habita
bles sôt sains et fors et font assez
labour et viuent longuement · Et
en lieux parfons tout au contraire
Ceulx qui habitent en lieux pier
reux ou lair est en puer treffroit et
treschauld en este les corps sont
durs et fors et ont fortes cheuellu
res ilz veillent grandement · ilz sôt
inobediês et de m. auuaises meurs
Ilz sont fors en batailles subtilz
et aguz en ars et en science · La cite
ouuerte en orient et close côtre occi
dent est saine de bon air · et œlle qui
est contraire ne vault riens · La dis
posicion des habitans en vng pais
monstre la disposicion de la terre se
lon sante et maladie.

¶ Des combes et des maisons ·
　　　　　　　　Vi · chap ·

La grandeur de la maison et
de la combe ou de la court se

ra faicte au champ selon la facul-
te du seigneur et le nombze du bestial et la quantite des fruitz qui p
seront apoztez. On les fera foztes
et seures garniz de fossez et de murz
ou despines pour les larrons. On
ne plantera nulz arbzes poztans
fruitz en la closture des combes a-
fin que lamour des fruitz ne face
despecer les hapes et np fera len poit
croistre les arbzes mais tous seront ozdonnez ala foze de la closture la seurte et la delectacion des seigneurs requiert foze et beaute es
Villes et aux maisons ou ilz habi-
tent·

¶ Des puys et cysternes.
Vii·chap.

Se il np a fontaines ou riuie
res es lieux ou len habite
len fera vng puis au mois daoust
ou de septembze en lieu couenable
loing de toute ozdure de fiens ou de
palus et de toutes pourretures.
Quant len faict venir leaue dailleurs len doit estre diligent de fozger le receptacle afin que la poure
veine si se procure suffisance deaue
Ou nous vserons de cisternes nous
mettrons anguilles et poissons de
eaues doulces qui pour leur mouuement remueront continuellemet
leaue et la garderont de cozrompze
Ou nous vserons deaues de fleuues cest bon dauoir petites cisternes a sablon qui les purget de leur
nature terrestre et les esclarcisset
et embellissent·

¶ Des matieres des maisons.
Viii·chap.

Les fondemens des maisons
doiuent estre plus larges q
les parois et doiuent estre parfondz
iusques ala terre parfode. Et si np
en a point il suffira de les mettre
en parfond tant come la quarte partie de la maiso sera haulte. La gra
uelle qui faict strideurs ou gresille
en la main quat on la tiet ou qui
ne laisse point dozdure en vng dzap
blanc net quant on la gette dessus
est noble et bonne pour massonner
en deux parties · en telle grauelle
on mettra la tierce partie de chaux
et se on y met autant dun comme
dautre ce sera treffozt cyment. En
grauois deaue se on y met la tierce partie de pouldze de tuille ou de
crape la fermete de loeuure si sera
merueilleuse. Les bois pour les e-
difices sont tresbons qui sont taillez et coupez en nouembze ou en de
cembze et par especial se on les tre
che premierement oultre la moelle et les laisse len par aucus iours
tous dzoitz sur la racine. Ceulx qui
sont prins en montaignes au regard de midy sont tresbons et de
grant duree ¶ La presence du seigneur faict grant prouffit ala terre
gaignable · car il a faict labourer
et qui laisse sa vigne sa vigne le
laissera. La gloutonnie des laboureurs et leur mauuaistie ne craignent rien fozs la poincte du seigne
et sa cautelle ·

Cy cõmencent les rigles de la matiere du second liure. Et pmierement de la qualite des terres et de la diuersite des champs.

i. chap̃.

La terre est merueilleusemẽt froide et seche. mais par aucunes choses estranges on la chãge bien. Len doit querir en terre se condite plantureusete et que les mottes ne soyent blãches ne nuds ne mesgres de sablon ne de mixtiõ daultre terre ne seule crape ne gra uelleuse ne pierreuse ne salee ne a mere ne huilleuse ne en vallee trop obscure. mais soit de grasses mottes presque mottes noires qui se puissent couurir de leur propre herbe et que ce que elle portera ne soyt rongneux ne turd ne trop sec de nature. La terre pour forment est bõ ne qui naturellemẽt porte hyebles iõcs grasses herbes roseaulx graf treffles buissõs gras prunes sau uages segue et mauues et telles herbes qui monstrent que la terre est bonne et plantureuse par la lar geur et gresse de leurs fueilles. Lã terre est bonne aux vignes qui est deliee et pouldreuse et qui gette les gettons beaulx et resplendissans et qui donnẽt longs et plantureux sarmens et qui ne sont ne febles ne mesgres ne chetifz ne lãgoreux ne torteux. Le siege de celle terre ne doit pas estre si plein qui face assẽ blee deaues dedens. ne si roide que toutes eaues senfluent. ne si tres

hault qui sente trop les tempe stes de froideur ou de chasleur maiz doit tenir le moyen en attrempan ce et mesure. En froides prouin ces le champ aura regard a ozient et a midy. et en chauldes a septen trion. La partie basse de la terre est grosse et froide. et celle denhault en la superfice et en la pleine mes gre deliee et chaulde. Et sont qua tre manieres de champs. Lun est satif et semable. Lautre est confite Lautre compaistre et lautre noua ble. Le satif est vng champ que len seme chun an qui est gras. Tout champ qui est chauld et moi ste et mol par dessus et bien euapo rable et leger a labourer et qui a porte grant fruict est bon. On doit eslire champ gras et delie qui soyt de pou de labour et de grant fruict. La tierce est la pire qui est seche et mesgre et froide. La terre seche et brehaingne par trop grant ardeur salee ou amere ne recoit point da mendement. Mais celle qui par trop grant humeur ne porte point est bien amendee par fosses que len faict a lenuiron. Les costieres des mõtaignes sont seches et mesgres et leurs vallees sont grasses et moistes pour lhumeur qui en de scẽd aual. et pource telz champs doiuent estre fossoyez par les costez afin q̃ la gresse demeure es fosses et si ne fault point fossoier les mot tes pource q̃ se les eaues venoient en trop grãt habondãce elles empor teroiẽt la terre remuee tout aual.

f. i.

auecques la femence·Le champ no
ual eſt cęluy qui eſt pzemieremēt
ramene au labourage ou qui retourne en ſa pzemiere vertu par le
repos dun an ou de pluſieurs·
Champ trop pouldzeux ſi neſt pas
bon pour planter·car la plante requiert lieu & ferme cōtinuite ou el
le ſe enracine et floriſt et fait fruit

¶ De arer ſoupr et labourer·
ii·chaꝑ·

Ilz ſont quatre pzouffitz venans de arer et foſſoper·cęſt
aſſauoir quant la terre en eſt ouuerte et faite egale le champ en eſt
meſle et en eſt aſſubtilſie·Len doit
garder que le champ boeux ne ſopt
are ne cęluy auſſi qui eſt trop ſecq
car len dit que la terre qui eſt trop
boeuſe traictee ne ſe peut demener
tout au long de lannee·et la ſeche
eſt trop labourieuſe et ne peut eſtre
faictz menue cōme elle doit·et ſe le
champ ſec & long temps eſt moiſte
pour aucune legere plupe qui eſt
cheue on le doit arer car on dit que
il eſt faict bzehaing par trois ans
Chāp fozt et glueux plein de mauuaiſes herbes demande quatre foiz
eſtre are·Champ plein qui a la terre nue et ſubtilſe eſt content deſtre
are tant que len vouldza·Chūne
airee ſi adiouſte au fruict aucune
choſe ſelon la pzopozcion de ſon nō-
bze et le pzouffit eſt plus grāt que
le labour·et ſe le labour eſt plus
grant que le pzouffit len doit tout
laiſſer·En lieux ſecs du champ lē

taiſſe plus meur·et en lieux vers
on taiſſe plus tard·Qui en airāt
laiſſent terre crue entre les foſſes
et les raps il fait pindice au fruit
et diffame la greſſe de la terre·car
vng peu de terre biē labouree apoz
te mieulx que trop grant abondāce de terre qui eſt delaiſſee·On pzen
dza garde que on ne laiſſe ētre les
riuieres en terre nō remuee et doit
on caſſer les mottes a mailletz·les
choſes de dedens ſe perdent qui ne la
boure celle de dehozs·Se le chāp eſt
pierreux len fera mōceaulx de pier
res en les cueillant et les mettra
lē hozs de la terre ſi en ſera le chāp
purge·et ꝑ pourra len arer ionce
herbetes et feuchieres·et les mau
uaiſes herbes ſerōt vaincues par
ſouuent arer au mois de iuing ou
par ſemer lupins ſont ramenez a
neant·

¶Des ſemailles· iii·chaꝑ·

En terre froide on fera haſtiue
mēt les ſemailles dautōne
afin q̄ les blez apēt aucūe fozce a-
uāt puer mais en chaulx et gras
lieux lē pourra biē attēdze afin q̄
les ſemēces ne ſopent greuees de
mauuaiſes herbes·Et le chāp trop
moiſte ſera ſeme en printēps au q̄l
par eſpāl len mettra feues et lin-
caz quāt len oſtera les racies lē en
traira les humeurs ſuperflues·
Toutes choſes ſemees en printēps
ſi ſerōt ſemees plus meuremēten
lieux chaulx et pl⁹ tardiuemēten
lieux froiz·La ſemee dautōne tout

au contraire. Les champs mesgres
seront semez plustost. et les gras
plus tart. Champs pleins deaues
seront semez plus hastiuement en
autompne. Se le champ tresgras
et plantureup nest seme vne foiz
ou pl⁹ chun an il lupurira en faisant diuerses herbes qui ne seront
pas legeremēt ostees. Ilz sōt deup
choses en chune semence. Cestassauoir la vertu formatiue que elle a
du ciel. et la substāce formelle qui
forme la figure en la plante et les
membres de la plante. Toute semaille doit estre faicte quant elle a
plusgrāt aide du ciel et ce est au p-
mier aage de la lune. car elle a lors
aide de chault et de moisteur et de la
lumiere du soleil qui viuifie et de
la lune auecques. Toute semaille qui est faicte quant le soleil va
du signe du moutō a lescreuice est
parfaicte. et les autōpnettes qui se
ront racines si seront remueez en
deue quantite de leur substāce. Cel
les aussi de printemps qui gerront
en la marris de la terre si bouriō-
nerōt lors et le soleil attrempe qui
leur aidera les fera germer et flo-
riront auant le temps de secq este.
Len gardera bien que len ne gette
semence oultre mesure au champ
et se on le faict le fruit en sera mes
gre et de petite suffisance. et doit on
prendre garde que les semēces que
len vouldra getter en terre ne sopent corrōpues. mais soient tresbō
nes et ne passent poit plus dun an
Toutes semēces et tous laboura-

ges doiuent estre bons et nobles et
commectz et gette en tes terres
celles que tu auras esprouuez. car
len ne doit point auoir esperance es
nouuelles especes de semence se el
les ne sont par auant esprouuees.
Les semences forlignent plustost
en lieux moistes ĝ en secqs. Toutes manieres de potages peuent e-
stre semez en lieux secs mais la se
ue seulement doibt estre semee en
terre moiste combien quelle puisse
estre en lieux attrempez. mais tou
teffoiz se la secheresse a este longue
elles se garderōt aussi bñ en chāps
cōme en garniers.

De leaue des plantes.
iiii. chap.

Eaue qui est meilleure pour
arrouser champs et meurir
les fiens est leaue de palus ou de
fossez qui est assemblee de pluies et
de rousees. Leaue de pluye aussi
vault aux plantes et de fontaines
quant le soleil les aura eschaufeez

De labourer et cultiuer les
champs et les plantes du fumage
et de limmutacion des plantes.
v. chap.

A substance de la plante qui
naist est changee et alteree
grandement de trop moiste et gras
fiens et de la pourreture et la saueur du fruit en est muee et epicee
et telle plante en est rēplie de super
flues fueilles et molz rainceaulp
f. ii.

sans prouffit · Tres bon fiens est
de tous opseaulx et de bestes a qua
tre piez qui est en bope de corrupciõ
et na pas encore perdue sa challeur
ne est seche · Le fiens chãge et mue
la nature de la plante plus que ne
faict la biande la beste qui en est
nourrie · La nature des plantes est
mieulx muee par fiens que par au
tre maniere · Terre moiste et froide
est tresbien amendee par ardeur et
tiges par leurs cẽdres et quãt len
gette le fiens sur le lieu le faict ten
dre et abonder en humeur · len es
pandra cendres en champs en lieu
de fiens · Le fiens qui aura este re
pose par vng an est prouffittable
et ne fera nulles herbes · mais cel
luy qui est plus vielz ne vault riẽs
Vielz fiens faict aux prez plantez
herbes · La purgacion de la mer se
elle est esleuee des eaues doulces et
meslees auecques aultres choses
vauldra fiẽs · Les champs doiuẽt
estre plus espes fumez en costieres
que en plain champ · et moins en
decours de la lune · et ne fera len
plus de monceaulx de fiẽs aux chãps
que len airera la iournee · On ne
doit pas fumer trop ẽsemble mais
plusieurs foiz petit a petit · Champ
plein deaue veult plus de fiens que
le sec · Se tu as deffault de fiens tu
mettras trop bien crope en lieux
sablonneux · et en lieux pleins de
crope et trop espes tu p mettras sa
blon · et en lieux froiz tu p metras
argille Ces choses prouffittẽt aux
blez et font belles vignes ou tu p

mettras et semeras lupis q quãt
ilz seront venus a cresance seront
retournez et remuez auecques la
terre · ¶La boe et le fons des paluz
fait le champ gras et plantureux
¶La meilleure nourreture des plã
tes est le fiens trempe en paluis · et
pourriz en humeur pourrie et mes
lee auecques couenables estrongs
¶Les champs des costieres doiuẽt
estre remuez es parties denhault
bien grandment et souuent · et au
milieu peu et a tart · et non point
es parties daual ·

¶Daucuns principes des plãtes
et de leurs operacions · vi · chap ·

Sept choses sont sans lesquel
les qlconque plante ne naist
Cestassauoir trois chaleurs du cer
cle du ciel du lieu et de la semence
Et trois humeurs de la matiere se
mable de la terre de la pluye qui p
chiet et lair contenãt · Les oeuures
de la plante sont de vser de nourre
ture croistre et engendrer · Le ven
tre des arbres est la terre ou ilz
laissent toutes leurs ordures et p
fichent leurs racines aual la ter
re afin que elles succent leur nour
reture comme de lestomac · car se
ilz les espandoyent enhault en la
plaine terre ilz secheroyent tantost
Cest chose certaine que les arbres
ne crescent pas tousiours tãt com
me les racines sont dedens terre
tenans · mais toutes choses ont
certain terme de leur grãdeur ẽtre

deux termes de tresgrant et tres
petit en son espece ¶ Les plantes
prennent leurs nourretures en suc
cant l'humeur par les conduitz de
liez euaporans et attrapans · et de
ce qui est esleue par dehors et traict
enhault par l'esperit ilz forment en
bourions tout ce que ilz engendrent
¶ Les plantes qui ont chauldes ra
cines cleres et euaporeuses attra
pent plus de nourreture que elles
ne peuent digerer · Et pource ilz fot
fruitz qui pourrissent voulentiers
qui n'en oste l'umeur superflue ·
Toutes plantes qui ont grant moel
le sont nourries par conduiz poreux
montans tout droit enhault ¶ La
multitude des racines vient de grat
abondace de nourreture et chaleur
du soleil qui touche l'arbre de tou
tes pars · qui esmeult le ius et le
trasporte aux extremitez · La char
ou la poulpe du fruit est cree et pro
duicte de nature afin que la seme
ce cheant en terre soit fumee conue
nablement et en viennent plustost
a conualescence · Les arbres aucues
foiz portent fruitz. mais les vngs
laissét a porter par defaulte de nouz
reture et pour la vertu qui est tou
te espuisee si ne peuent pas suffisa
ment nourrir le fruit et les rain
ceaulx se ilz ne se reposent en repre
nant leur vertu. Toute plante qui
naist de semence vient de sauuage
racine et passe par la souche et les
rainceaulx afin qu'elle acquiere la
vertu de tout l'arbre. et que il puis
se engendrer son semblable · Quat

Vne racine est trenchee plusieurs
en naissent souuent qui nourrisset
la plante en lieu delle · Se l'en tren
che aucun arbre vieil ou trop hasle
et vse il bourionnera laschement
et feblement · ou ne fera que her
bes ou champigneulx · Arbres sau
uages font plus de fruit mais ilz
sont moindres et plus aigres pour
la secheresse de la nourreture · Les
francs en font de moindre nombre
mais ilz sont plusgras meilleurs
et plus doulx pour la cause cotrai
re · Toute plante masle porte plus
tost que la femelle pour la chaleur
plus fort mouuant · et sont leurs
fueilles plus estroictes pour la se
cheresse du masle · Aucunes plan
tes empeschent les aultres en ge
neracion et en fruict comme cozil
lus et choulz empeschent la vigne
et la droe empesche le ble · et le nou
per empesche presque tous autres
pour la merueilleuse amertume
de luy · si p conuient bien prendre
garde ¶ Toute plante a necessite de
quatre choses · c'est assauoir de lu
meur seminalle terminee de lieu co
uenable d'eaue ou d'humeur attre
pee nourrissant et d'air proporcione
¶ Les plantes en chauld temps
cressent en l'ombre de la nupt et de
uiennent molles en la feruer du
soleil · Les plantes en puer assem
blent toute leur humeur es raci
nes · laquelle ilz espandet par les
rainceaulx en temps deste en les
croissant ¶ Toutes choses qui nai
ssent en la plaine de la terre vien-

nent ꝶ vapeurs par ꝶſſoubz mon
tãs en la ſuperfice ꝶ la terre · Les
fruitz ꝶs montaignes ſont plus
ſauoureux que ceulx ꝶs vallees ·
pource que la digeſtion eſt en eulx
mieulx accomplye ·

¶ Des parties ꝶs plantes ·
                      Vii · chap ·

LE ius eſt ung humeur at-
traict par les conduitz ꝶ la
racie et termine par la chaleur di
geſtiue ala ſemblance ꝶ la plante
pour nourrir les racines · et ſont ſe
blables ala bouche quant a traire
la nourreture · maiz pource quelles
gettẽt par vne infuſion la chaleur
viuifiant toute la plante elles ont
toute la ſemblance du cuer ¶ Les
moelles ſont es plantes côme la
nucha aux beſtes · Les neux ſont
crees en toutes plantes qui ont
moelle largement et qui ſont côca
ueez pour retenir la nourreture et
leſperit dont il les côuient viure et
croiſtre iuſques a tant quelles ſe
ront digerees côuenablement · Les
eſcozes ſont aux plantes côme le
cuir es beſtes · nõ pas ꝶ la couuerture ꝶs vaines mais ꝶ lhumeur
terreſtre hors boutee ala ſuperfice
ꝶ larbre egendree · La matiere ꝶs
fueilles eſt humeur eaueuſe non
pas bien digeree mais meſlee aucunemẽt auecques la lpe terreſtre
ꝶſquelles nature qui eſt ſage deffen
d ſon fruict ꝶ lardeur du ſoleil
ſuperflue · La matiere du fruict eſt
vne vapeur ſeche venteuſe pour per

petuer et tenir en duree leſpece ꝶs
plãtes · et eſt engendree ꝶ lame ve
getatiue · La ſubſtance ꝶs fleurs
eſt engendree ꝶ lumeur parfaictement digeree qui ſauance ꝶuant
le fruit par la ferueur bouillant ·

¶ De la plantacion et generacion
ꝶs plantes ·   Viii · chap ·

AUcuns arbres et autres plã
tes ſont egendrees plantees
Les autres ſont ꝶ ſemêce · Les autres par ſoy ꝶ la cômixtion ꝶs ele
mens et ꝶ la vertu du ciel / Les
rainceaulx qui viennent plantez
ſans racines ſilz ſont ꝶ ferme ſub
ſtance on les trenchera par aual
quât on les vouldra planter pour
traire plus diligemment la nourreture ¶ Larbre ꝶ qui la ſemence eſt
foible vient mieulx ꝶ rainceaulx
ou ꝶ racines que ꝶ ſemêces · et en
croiſt mieulx ¶ Plantes moiſtes
et pleines ꝶaues et molles en q̃lcõ
que maniere quelles ſoiẽt fichees
en terre ſe reprennẽt tãtoſt et font
racines · Quelcõques plãtes chau
ꝶs combien quelles ſoient dures
ſe leurs rainceaulx ſont fichez en
terre ilz reuiennẽt pource que leur
chaleur attraict fort leur nourreture ꝺ/Les rainceaulx ꝶarbres ꝶ
ferme ſubſtance vallent mieulx
pour planter quant ilz ſont arrachez que quât ilz ſont taillez · pour
ce que ilz ont les conduitz mieulx
ouuers pour attraire leur nourreture · et ceulx qui ſerõt ꝶ molle ſub

stance seront trenchez de trauers
et non pas entour ¶ Toutes plantes qui portent fruitz secs chaulx
et aromatiques sont plus proprement plantees en montaignes · Et
ceulx qui ont fruit ferme et moiste
sont mieulx en vallees plantees
ou semees ¶ Arbres qui ont petite
et foible semence peuent estre plan
tez de semences et de rainceaulx · et
viennent en conualescence · Mais il
ya plus grant peril en plantacion
de la semence · et si attent on trop ·
et si en vient plante sauuage · Mais
elle vient pluftost de rainceaulx et
si en vient franche se ilz sont prins
en arbre franc · Les arbres qui por
tent grant semence et forte viennent
mieulx de la semence que des bran
ches · Arbres qui ne portent point de
fruit viennent seulement des rain
ceaulx ou de plantes arrachees ·
Se le champ que len veult semer
nest bien asseur de bestes rongans
on nourrira en aucun lieu clos par
deux ans rainceaulx ou semences
en terre doulce deliee et dissoulte et
aucunement fumee · Et puis on les
transportera es lieux qui seront co
uenablement adce disposez · ¶ Tou
te plante nouuelle est aidee de sou
uent fouyr et de arrouser en temps
chaulx · On doit garder espaces en
tre les arbres et entre les vignes
selon la grandeur des arbres et la
coustume des terres bien approu
uee ¶ Toute plante en lieu sec ou en
declin doit estre plantee plus parfon
et en lieux bas moistes moins par

fons · Se len plante en terre croleu
se on y meslera du sablon · et en sa
blon on meslera crope · et en la mes
gre abondance de fiens · Quant on
transplantera vne plante de place
en autre on luy donnera autel re
gard du ciel comme elle auoit auant
Quant on mect vne plante en la
fosse on trenchera ce qui sera blecie
en la racine · Et doit on bien regar
der que la terre ne soyt trop molle
ne trop seche · et vauldra mieulx
prendre sur le sec que sur le mol ·
Mais es lieux arez et mouteux on
plantera auant puer et aux vallees
en printemps · et aux lieux bien at
trempez en chun dyceulx temps ·
Se len veult semer arbre on doit
eslire semences tresbonnes et en ta
uter on les mettra non pas plus de
quatre dois en parfond soubz terre
Et se le lieu est chauld et sec on les
pourra mettre en octobre · Les rai
ceaulx que len plante sans racies
sont mieulx plantez en mars q en
autre temps · pource q la verte hu
meur et le ius est ia feru en lescor
ce ou aussi en octobre quant lespe
rit viuifiant de la plante ne sest pas
encore reboute es racines · Le rain
ceau que len veult planter ne doit
point estre tuerd ne greue en riens
mais sil est de dure et ferme substa
ce bon sera de fendre la tige aual et
y mettre vne pierrete · Les rainceaux
q len doit planter doiuent estre bien
beaulx et resplendissans et pleins
de humeur et de beaux bourgos et
plusieurs oeilletz et tous ramenez a

f·iiii·

vne matiere· Se les rainceaulp q̃
len veult planter sont trop longs
on pourra couper les sômetz quât
on les mettra et laissera len conue
nable longueur côme en saulp vi
gne et oliuier et telz arbres·

⁋ Des entes·　　　　　iv·chap·

DE toutes entes les meilleu
res sont de enter semblable
en semblable·côme poirier en poi
rier·vigne en vigne · Il nest pas
bon de enter sur dur tronc car il ny
peut enuoier les veines radicales
mais bon est de cellup ou il ya peu
de durte et grant ius · Les gettôs
que len doit enter soient pleins de
ius et nouueaup a plusieurs bour
gons gros et espes et puis detren
chez en larbre de la partie dozient
mieulp que dautre part·La diuer
site des pômes et de poires et dau
tres fruitz vient de lente des arbres
dune espece·Lente es grans arbres
qui ont grosses escozæs et grasses
sera faicte entre ²e bois et la pmie
ré escozæ· et es dfiez len sendza le
tronc·Et combien que len puisse ê
ter en plusieurs temps toutesuoy
pes le meilleur temps est quât les
oistetz se pzennent a môstrer maiz
arbres qui fluent gôme doiuent e
stre entez auant que la gôme psse·
On ne peut enter au mozceau fozs
que quât lescozæ est desseuxe ia du
bois·Cest tresbien que le mozceau
trenchie dune part soit mis et que
le sômet de la verge soit laisse ius

ques atant que il appaire q̃ le moz
ceau soit repzins·⁋ La plante entee
pzent sa nourreture de la souche·et
tant que puis quelle est venue elle
seuffre peu ou neant que le tronc
bourgône ia par dssoubz les neuz
Toute ente de tant quelle est plus
bas elle vault mieulp car le fruit
en est plus franc et en vient mieup

⁋ De la medicine des arbres et de
la terre·　　　　　　v·chap·

SE len trêche ou fêd les raci
nes des vieulp arbres et len
met pierres en la fente elles trai
rôt mieulp leur nourreture·et au
cuneffoiz ceulp qui estoiêt brehaig
nes deuiennent plantureuses·Ien
nesse retourne aux plantes dueilt
lies par la trenche des raiceaulp se
ifz nestoient auant venuz ala der
niere vieillesse·Toute plante frâ
che qui la laisse a cultiuer deuient
sauuage·par especial se elle est en
sablon ou en grauois Et toute plâ
te sauuage deuient franche qui la
laboure·Le labour et lart dafran
chir larbre sauuage est en retour
ner fumer et arrouser attremper
et a mesuxer la terre ala nature de
larbre·et en retrenchant les super
fluitez et espines ·et a enter· Tou
teffoiz que le champ sera en male
dispositiô le sage laboureur le met
tra en bône·On extirpera en châp
noual qui le vouldza ramener a
point et arrachera len males her
bes sauuages et racines qui suc

 œnt lumeur de la terre et du chãp
Le champ noual eſt plãtureux par
pluſieurs ans et puis on mettra
du fiens ſe il doit demourer et eſtre
plantureux · ou ſe il neſtoit gras
on le doit laiſſer repoſer et par eſpe
cial quant auecques la ſubſtance
herbale et pleine de paille les plan
tes qui p ſõt ſemees ſont cueillies
ou arrachees auecques les racines
Quãt lumeur eſt attraicte par leſ
ſemences et les plantes auſſi leſpe
rit viuifiant du champ la terre en
eſt deſtruicte · Et quant elle ſe repo
ſe par œrtain temps il p retourne
de rechief pluſtoſt a lune et pl⁹ tart
a lautre · cõme ung champ eſt pluſ
gras que lautre · Toutes choſes
qui ſe parfont a labour et vertu
deſpendue ſe ilz ne ſe reuiennẽt par
entreprzis repos ilz ſe diſſoluent et
cozrompent · Se neceſſite contraint
deſperer aucune choſe de terre ſalee
on la ſemera ou plantera aps au
tompne afin ﬁ ſa malice ſoit oſtee
ou cozrigee par la pluye dpuer et
auſſi on p meſlera aucun pou de
terre doulœ ou de grauois de riuie
re ſe on p veult faire vergers ·

§ Des garniſons · vi · chaﬁ ·

En terre de crape qui tumbe
voulentiers les foſſes ſerõt
peu pendans mais en terre rouge
glaireuſe ou argilleuſe qui ne chiet
pas de leger len les fera plus pen
dans · En lieux ou garniſon eſt ne
œſſaire cõme en vignes ou autres

pluſieurs lieux on fera plãtes ſeu
lement deſpines · et ou il ny a pas
ſi grant neceſſite et lẽ na pas abõ
dance de bois pour ardoir et pour e
difier on les fera darbres tãt ſeu
lement · Quant on faict autũe plã
tation darbres ou deſpines pour
hayes on les coupera empres ter
re quant ilz auront deux ans pouz
bourionner et eſpeſſir les haies ·

⁊ Cy cõmencent les rigles de la
matiere du tiers liure qui ſõt des
garniers des grains et des ſemail
les t · chaﬁ ·

Greniers doiuent eſtre frois
venteux ſecs et loings de
toutes humeurs et punaiſies et
eſtables · et le midp leur doit eſtre
au contraire ⁊ Il neſt riens plus
prouffittable pour garder blez que
eſt le mettre bien ſec en greniers
et que aucuneſſotz on les change
de lieu en autre pour refroider ⁊ Le
lieu ou les formes ſet mis ne doit
pas eſtre trop violent en froit ne en
chauld · car pour œs deux cauſes
il ſe cozromp · Se len ſeme potages
trop tard on les doit auant trem
per en eaue de fiens pour les faire
germer pluſtoſt · Tout grain qui
naiſt en terre graſſe eſt plus gras
et plus nourriſſant et plus peſant
que œllup qui naiſt en terre meſ
gre ⁊ Formens et autres grains
ſe delectent en champ patent et ou
uert et les vmbres leur griefuent
⁊ Le forment forligne ſouuent en
lieux moiſtes et pleins deaue · et ſe

conuertist en auoine et en broe · Le
forment des costieres est plus fort
en grain mais il vient moins ala
mesure · Tous grains fors q̃ mi
let sont plus longuement gardez
ees gerbes que bastuz · Toutes cho
ses semees en temps deste deman
dent terre dissoulte et redoubtent
crape · mais la seule milique ne la
redoubte point ·

¶ Cy comencent les rigles de la
matiere du quart liure des Vignes
Et p̃mierement de aucunes choses
comunes ·   · i · chap̃

COmbien que len treuue
plusieurs diuersitez de vig
nes touteffoiz chũn doibt tenir la
coustume de son pais ou autremẽt
il aura deffault de laboureurs qui
les font · La vigne demande le ciel
de moyenne qualite et mieulx tiede
que froit · et sec q̃ pluuieux · et doub
te vent et tempeste ¶ Le vent de ga
lerne faict vignes plantureuses ·
et le vent de midi · les anoblist si est
doncques en nostre pouoir plus de
vin et meilleur ¶ Les champs por
tent plus largement de vin mais
les costieres le portent plus noble
¶ En lieux froiz on plãtera vignes
par deuers midi · et en lieux chaulx
par deuers septentrion · et en lieux
attrempez par deuers orient et occi
dent ¶ Les lieux muent souuent la
nature des vignes et pourra len ap
pareillera leurs especes selon leurs
comencemens On mettra en lieux

plains vignes qui soustiennent
ventz tempestes et brupnes · Et es
costieres vignes qui soustiennent
ventz et secheresses · et en champs
gras gresles vignes et plantureu
ses · et en lieux mesgres vignes
portans ferme boys · et en lieux
froitz et pleins de nuees celles qui
sauancent de porter auant puer ou
celles qui florissent plus seuremẽt
de durs raisins entre chalines · en
lieux venteux celles qui sont plus
tenans · en lieux chaulx celles qui
ont plus tendre grain et moiste ·
En lieu sec celles qui ne peuẽt por
ter plupest ¶ On doit eslire les vi
gnes qui par le tesmoing des vois
sins aiment les lieux contraires a
ceulx ou elles ne peuent durer · La
plaisant contree et seraine souffre
ra toutes manieres de vignes · Le
sage home aymera celles qui serõt
esprouuees · et les mettra en telz
lieux ou elles pourront ensuiure
celles dont elles sont leuees et prin
ses ¶ La terre pour mettre vigne
ne doit estre espesse ne dissoulte ne
trop chestiue ne trop fumee ne chã
pestre ne trop roiste ne seche huilleu
se salee ne amere · mais doit estre
et tenir le moien entre ces qualitez
et plus prouchaines ala haulte q̃
ala basse · Nous eslirons pour vig
nes rudes champs et par especial
sauuages · La pire de toutes est cel
le ou il y aura eu vignes vieilles
Et se il en est necessite on dissipera
p̃mierement les racines de la vieil
le vigne par plusieurs araisons et

diuers labourages· Tout le lieu que on deura plãter sera par auãt deliure de tous empeschemers afin que la terre fossopee soit apzes fou lee par souuent p marcher·

¶ De lelection des plantes de la Vigne· ii·chap·

Les plantes des Vignes qui sont trenchees en octobze ou en mars de la Vigne sõt meilleurez que toutes cestes qui sont cueillies en autres temps· Se tu veulx plã ter en terre bien mesgre Vigne ne pzent pas sarmens de trop grasse Vigne· Les sarmẽs que len veult plãter doiuent estre esleuz de Vigne mopenne de cinq ou de six oeilletz pssus hozs de la Vigne vieiste· Nos ne pzendzont point les sõmetz den hault par especial quant nos voul dzons planter la Vigne en arbzes mais encoze le getton qui vient du dur ne doit poit estre pzins pour poz tans fruit· Le certain signe est que la Vigne sopt plantureuse se dau cun dur lieu este auance le fruit et remplist les raiceaulx de fruit qui sourdent de tos coustez· On ne peut sauoir que la Vigne soit plantureu se pour vng seul an· mais pour quatre ans on congnoist la vrape nature et la noblesse des gettons· Le nouueau bzanchon qui na riẽs de vieil ou les neux sourdent espes doit estre esleu et pzins pour plãter

¶ Des rigles de la plantacion des

Vignes· iii·chapitre·

Se la terre est grasse on lais sera plus grans espaces en tre les Vignes· et se else est mesgre on la laissera moidze· car toutes Vignes ne se plantẽt pas dune ma niere· ne vng an ne oste pas lespe rance de la Vigne· Mieulx sera de planter Vigne en lieux eaueulx a pzes puer· et en lieux secs auãt p uer et les gettos en seront gouuer nez·

¶ De lincision et doleance de la Vigne· iiii·chap·

Le tronc de la Vigne que len veult enter doibt estre esleu ferme et fozt qui ait abondance de fozce pour nourrir lesperit et nait en sop quelque vieillesse ou autre iennesse afin que il ne seche¶ On entera la Vigne dessoubz terre ou empzes terre· car este se repzent a peine quant este est entee dessus ter re· Les gettõs doiuẽt estre fermes ronds et espes et auoir plusieurs oeilletz et deux ou trops neux en suffisant a lente· Quant la Vigne sera entee on la foupra tresbiẽ et sera defendue du soleil et du vent par aucune couuerture· Quant la chaleur du temps assault la Vig ne entee len p deura mettre au vef pze vng peu de doulce humeur petit a petit· quant le germe de la Vigne entee se pzẽt a croistre on le doit sou stenir daucune aide de eschallatz a fin q aucun mouuement ne le cas se pour sa tendzeur et iennesse·

¶ De tailler les Vignes · B · chap.

LEs Vignes doiuent estre tail
lees en lieux froitz apres y-
uer · et en lieux chaulx et en lieux
attrempez deuãt et apres si se peut
faire · On ostera les semences tozs
et feblez et neez en mauuaiz lieux
et en lieux plus gras et plus grof
len pourra estendre les vignes pl⁹
hault · et en lieux mesgres ou en
costierez plus bas · on deura laissez
le nõbre des sermēs plus ou mois
selon la vertu de la Vigne au soleil
Les vielz sarmens ou les fruiz du
premier an auront pendu serõt to⁹
retrenchez et les nouueaulx serõt
laissez fors q les chetifz et de nulle
valeur · Les Vignes de peu de frupt
ou il sourt assez de neuz seront es-
troict taillees · et celles qui auront
grans espaces entre leurs neuz se
ront taillees plus larges · On doit
considerer trois choses quant len
vouldra tailler · cestassauoir lesperance du fruict · la succession de la
matiere · et le lieu qui se garde · La
Vigne qui est plustost taillee bour-
tonne plustost et gette plus de sar-
mēs et plus grans · et celle qui est
plus tart taillee fait aucun cõtrai
re · car elle vient plus tart et faict
plus de fruit · On taillera la Vigne
plus estroit apres bonnes venden
ges · et apres petites vendnges pl⁹
large · Il prouffitte grãdemēt aux
Vignes et par especial aux nouuel
les quant on les a desfliees et len
retrenche les racines qui sont sãs

prouffit que elles gettēt en purfõs

¶ De fouyr les Vignes · Bi · chap.

ON doit fouyr les Vignes a-
uant que les oeilletz engros
sissent · car se loeillet de la Vigne est
ouuert et a regard au laboureur
on y perdra vne grosse esperance de
la vendenge · Cest certain que Vigne
flourye ne doit point estre touchee ·
On fouira la Vigne quant la terre
nest trop dure ne trop molle mais
quant elle est en moyenne dispoficion et pouldreuse · et doit on considerer que toute la terre soit egalement remuee et par especial ētour
les Vignes et emprez afin quil ny
demeure point de terre crue · la qlle
chose le diligent Vigneron confide-
rera ala Verge ·

¶ Des grappes et du Vin
Bii · chap.

SE les grappes grasses et cõ
me meures sõt desnuees par
les costez et les fueilles ostees et
puis cueillies par air serain et la
rousee seche le Vin sera bon et se
gardera bien · Grappes reluifans
et non pas grasses ne degastees feront plus fort Vin et trop meures
le feront doulx · trop Vertes le ferõt
Vert et agu · et pleines deaues le fe
ront eaueulx Grappes cueilliez au
croissant de la lune font Vin mois
gardable Le Vin est bleç de plusieurs causes et est trouble · cõme
de challeur et de froit de pmour de tõ
nerre de mouuēs de terre de esmou

uoir le Baisseau et de Bent de midp
et aucuneffoiz nest que Bng petit et
lozs que Bng peu de medicine contraire le guerist et aucuneffoiz est
grandement greue si lup conuient
plus forte medicine contraire · Et
aucuneffoiz lest tant que toute sa
challeur naturelle est entierement
estaincte· et lozs il ne se peult guerir · caz au mozt nulle medicie peut
estre donnee ·

℘ Cp cōmencent les rigles du cin
quiesme liure des arbzez et de leurf
labourages ·

Ombiē que aucuns arbzes
desirent air chault et aucūs
froit et plusieurs bien attrempe ·
et aucuns Beulent terre grasseet
les autres mesgre · touteffoiz tous
saccozdent en ce que tous Beulent
terre seche sur la pleine superfice et
moiste dedens ℒen descouurera et
deschauffera len les racines des arbzes en autompne et p mettra len
aucūe gresse qui sera attrēpee par
lesslup de la plupe et transpoztees
deuz racies couuertes · et se elle est
trop sablonneuse elle receuza bien
crape grasse · et se elle est trop crapeuse len p mettra du sablon · En
terres grasses on esleuera les tiges pl⁹ hault et en moiēne moins
hault · ℒes plantes des arbzes ne
seront point taillees du temps qē
les serōt plantees iusques a trois
ans apzes · ℒen przendza diligence
et cure des ladolescence des plantes

de les procurer iusques a leur deuz
croisœnce que la tige soit diuisee
en rainceaulp en Berges et en
petiz boutons poztans fruict · Et
quant il Bendza en perfection et ē-
uieillira len en trenchera toute la
secheresse et superfluite des rainceaulp que il ne peut pas bien sou-
steniz auecqs le fruit · Toute taille
darbze peut aucuneffoiz estre faite des le temps q̃ les fueilles cheēt
foze que lacuisement engele iusqs
atant que ilz cōmencent a getter il
cōuient attendze q̃ la bastardie nee
en lerbe ou ēpzes la souche ou les
racies sourdent np soit laissee maiz
du tout la tailler iusques aux rez
ℒes herbes qui sont contraires a
larbze pour la grādeur de leurs ra
cines doiuent estre ostees du tout ·
Se les arbzes poztent fruypct Ber-
meuz len percera leurs racines de
Bne tariere ou le tronc sur les racines et mettra len au trou Bng
coing de chesne · Quant arbzes lan
guissēt on les deschauffera et puis
p mettra len entour de la terre de
lautre dispoficion ·

℘ Cp cōmencent les rigles de la
matiere du sixziefme liure des iar
dins et des herbes Et pmierement
de lair de la terre et du siege cōuenable auz iardins   · i · chap̄ ·

ℒes iardins Beulent air frāc
et attrempe ou p appzochāt
car ilz redoubtēt lieuz de trop grāt
secheresse se on ne leur aide et arrou

femēt ou se ilz nont aide de la pluie
Aussi ilz ne peuuēt soustenir lieux
de froidure mortifiant · et si ne sont
ne de prouffit ne de plaisir en lieux
umbrages · Les iardins desirent
terre moyēnement delice et mieux
moiste que seche · Crape si est fort
enēmye aux iardins et aux iardi-
neurs · Herbes qui sōt nees en pri-
temps en terre qui est trop dissoul
te uiennent tresbien et beau mais
elles sechent en este · Le pre est tres
bñ assis qui a audessus de luy ruis
seau dont il puisse aucuneffoiz estre
arrouse par rapes couenables car
le iardin assis en la doulceur du
ciel et qui est arrouse de fontaines
a plaisir est presque frāc · et na mestier de semer ne de labourer · Iar
dins desirent terres tresgrasses et
y doit auoir en la plus haulte par
tie de soy aucū fumier de qui le ius
descēde de soy mesmes et le face plā
tureux · et de qui chūne partie du
iardin soit engressee chūn an une
foiz quāt on le deura semer ou plā
ter · Le iardin doit estre pres de la
maison · mais touteffoiz loing de
laire · car la pouldre des pailles per
ce les fueilles des herbes et les seche · et les griefue · Le siege du iar
din est biē cure de qui la pleine dou
cemēt eclinee est arrousee du cours
de leaue courant par certaines espaces ·

Du foupssement des iardins ·
ii · chap ·

Es parties des iardins serōt
ainsi diuisees q̃ celle ou lem

semera en autompne sera fossopee
en printemps et celles que nous se
merons entierement serōt foupes
en autompne afin que du benefice
du froit et du soleil ilz soiēt secheez
Et se on a souffrete de terrouer en
chūn temps de lan la terre qui est
egale entre humeur et secq pourra
estre foupe et tantost semee quant
on laira tresbien engressee · On fera le fossopage du iardin pmierement parfond et gros et puis sur
luy on estendra du fiens et apres
sera encore menuement soup et la
terre soupe auecques le fiens et ra
menee en pouldre tant cōe len pouz
ra ·

Des semailles des iardins ·
iii · chap ·

En lieux frois les semailles
dautompne seront faictes
plustost · et de printemps plus tard
mais en lieux chaulx celles dautompne seront faictes plus tard et
celles de printemps plustost · On
peut bien semer herbes toutes seu
les et ensemble afin que celles qui
seront semees seules demeurent et
celles qui seront meslees seront o-
stees et leuees sicōme on les voul
dra trāsplanter · Les herbes que
len doit trāsplanter seront semees
espaces · et celles q̃ on ne veult bou
ger serōt semees au large · On doit
regarder que les semences que len
veult semer ne soient corrompues
Et pource on doit eslire celles qui
ont farine blāche dedens et qui sōt
plus grosses et poisent le plus et

quelles ne apent plus de ung an · Il aduient souuent que les semenæs combien quelles soyent tresbōnes non obstant œ si ne biennēt ilz point a biē pour aucuns empesche mēs des cours du ciel · et si aduiēt souuent prouffit de getter diuerses semencæs ensemble · afin ý le tēps qui par auenture est cōtraire a aucune semēæ baille a lautre et que le champ ne demeure pas nu · La semenæ est bonne de toutes herbes quant la lune est en croissant · et si aduient souuēt que la semenæ ne bient pas a prouffit quāt on la gette en decours ¶ Toutes herbes ou la plus grant partie sont biē trāsplantees quāt elles seront ung peu creues et la terre nest pas trop seche,

¶ De laide des iardins ·

iiii · chap·

IL prouffitte grandemēt aux iardins se len en oste les hez bes nupsans touteffoiz que il en est mestier afin ýlles ne soustraiēt aux bonnes leurs nourretures · Entre les choses qui plus leurs nuisent œst que len aille par dessus quant la terre est molle · Se la terre est trop crapeuse len p meslera du sablon ou grant foyson de grefse et remuera len souuent la terre et se elle est trop sablonneuse len p meslera fiens et terre·

¶ De la cueillette des herbes des fleurs et des fruitz et racines. b·chap·

LEs herbes pour la biande doiuent estre cueillies quāt leurs fueilles sont benues a deue croissanæ ou pres · mais œlles po² mediciues seront cueillies quant elles auront entiere grādeur auāt que la couleur se change et que elles cheent · les semēæs serōt cueillies quant leur terme est benu et fiche et puis leur seche leur crue a quosite · On prendra les racines quant les fueilles serōt cheues ou quant elles cherront Len cueillera les fleurs quant elles seront entierement ouuertes auant que les pampes en cheent· Les fruitz serōt cueilliz quant ilz seront accompliz auant que ilz se disposent a cheoir ¶ Toutes choses que len cueildra au decours de la lune seront meilleures et plus durables que œlles que len cueist en croissant· et les choses cueillies en cler temps sont meilleures que les choses en tēps prouchain de plupes.

¶ Des bertus des herbes.

bi·chap·

HErbes sauuages sont plus fortes que les franches et si sont de moindre quantite cōmunement· Et des sauuages œlles des montaignes sont les meilleures et les plus fortes· et œlles dōt les lieux sont benteux et plus hauly sont les plus fortes et aussi œlles dont la couleur est plus teincte et la saueur pl⁹ apparente et coudeur plus forte seront les plus puissās

en leurs especes · La vertu des her
bes est affeblie comunement aps
deux ans ou trois·

¶ De la conservacion des herbes
des fleurs et des racines et des se
mences·   Vii · chap·

Erbes fleurs et semences
doiuét estre gardees en lieux
secs et obscurs et en facz et en vaif
seaulx bien estroictes feront gar
dees et par especial fleurs afin que
loudeur et la vertu ne se perdét par
exalacion·¶Racines se gardent le
mieulx en delie sablon ou grauois
se ce ne sont racines qui se doiuent
garder seches et qui mieulx se gar
deroient en lieux secs et obscurs·
Les semences des poireaulx et des
ciboulles et de aucunes autres her
bes se gardent mieulx en leurs cof
fes que ailleurs·

¶ Cy comencent les rigles de la
matiere du septiesme liure des prez
et boys· Et premierement ql air
terre eaue et siege les prez desirent
                          ·i·chap·

Rez desirent air attrempe en
approchant a froit et a moi
ste·car trop grant froidure empes
che la generacio des herbes et aus
si faict trop dhumeur et de secq et
trop de chauld art toute la verdure
¶ Il desire terre grasse pour auoir
assez herbes mais pour les auoir
sauoureuses ilz la veullent moien
ne et non pas trop mesgre· car ilz
la refusent·Ilz demandent eaue par

espal de pluyes et de marecz chaul
de et grasse·mais ilz sôt bleœz deau
ue gelee·maiz se il est bas il deura
auoir côtinuellement humeur en
close·mais celluy qui est trop par
fond nest couenable a aucunes bô
nes herbes mais a herbes de pa
lus sans saueur·

¶ Côment les prez sont faitz pro
curez et renouuellez·   ii·chap·

Ombien que prez viennent
côtinuellement par soy tou
teffoiz les faict on bien par oeuure
manuelle quât on extirpe les bois
et les lieux aigres ou aplanier les
châps arez et semez de vece de poul
dre et de semence de foyn·Len procu
re tresbien prez se len oste tous les
empeschemens qui y sont nez et nai
scét et les grossez herbes aussi qui
y sont sans prouffit sont ostees a
prez grans pluyes et bien desraci
nees· Ceulx qui plus souuét serôt
arrousez fructifieront plus et se
ront sciez ou faulchez en temps et
en saison ¶Les vieulx prez seront
nettoyez de la mouce· et ceulx qui
seront faitz brehaings seront plu
sieurs foiz arez et tantost seront se
mez·

¶Comment le foyn est cueilly et
garde et de son prouffit et des bois
                          iii·chap·

Oyn doit estre scie ou fauche
en temps secq et chauld ou
en serain quant on a esperance que
lair doibt estre chauld et durer· et

les herbes seront venues a leur
deue croissance · et auront acomply
leurs fleurs · et ne se prennêt pas
encore a secher · Foyn se garde bien
et a prouffit soubz le tect ou a lair
mais que leaue ny vienne · Foyn
est de grant prouffit · car les bestes
labourans et les vaches et brebis
en viuent au long de lan ·

¶ Cy cômencent les rigles de la
matiere du huptiesme liure · des
boys. i.chap ·

Boys viennêt naturellemêt
de diuers arbres · selon la di
uersite de la terre et du siege de lair
et aussi font ilz par labour de gens
Qui veult planter boys ou semer
il doit pmierement côsiderer le siege et la nature de la terre et de lair
ou il vouldra faire boys · Et y met
tre seulemêt les arbres qui seront
côuenables a cestuy lieu · et qui finablement plairôt au maistre · et
les mette loing ou pres côe les rai
ceaulx et racines le requerront et
sestendront ·

¶ De la diuersite des vergers. ii.chap ·

Des vergers les vngs sont
de herbes et les autres dar
bres · et aucuns de tous deux · Jar
dins de herbes desirent terre mes
gre et ferme afin q ilz donnet her
bes subtilles et qui plaisent fort a
la veue · Les vergers ou iardins
doiuêt auoir entour soy herbes de
noble oudeur de diuerses manieres

q ilz soyent bônes pour delectacion
et pour sentir garder et donner · car
toute souefue oudeur est plaisant a
lame · Jardis veulent vers midy
et occident bons arbres et peu · et de
lautre lieu apers et ouuers afin q
ilz nêpeschent point le bon air delectable · car lombre des mauuais
est nuisant · et trop de vmbre engen
dre maladies et empeschement de
sain air corrompt la sante · Les iar
dins doiuent estre faitz et conside-
rez au regard de la puissance et noblesse et richesse du seigneur · Chas
cun arbre es iardis des seigneurs
doit estre mis en son reng sans em
peschement ou admixtion dautres
arbres pour faire le lieu beau et de
lectable · Les grans arbres seront
mis es iardins en distâce de vingt
piez · et les petiz de dix en leur ordre
Et qui plus large le vouldra faire si le face · Arbres requierent en
leurs lignes fossoyeurs · excepte
les pommiers pour plus durer ·
mais entre vne ligne et lautre sôt
prez biê seans · On ne se seult pas
trop grandemen delecter a superfluite aux vergiers si non quant
on aura faict et accomply les choses necessaires · Dape bien verte et
belle êtour lhabitacion du champ
faict grant delectacion Il delecte
moult auoir grans champs et plâ
tureux qui aiêt droiz termes plai-
sâs et bñ ceintz de fossez côuenablez
et haulx tout entour · Et y ait arbres bôs · et soyêt par dedens aourne
nez et parez de chemins conuena-

G·i·

bles · et arbres et de fontaines et
de ruiffeaux courans ·

¶ Des chofes qui font faictes entour les vignes et leurs fruitz qui
donnent delectacion ·   iii · chap̃.

Grant delectacion eft dauoir
vignobles de diuerfes vignes beaulx et bien portans raifins
& diuerfes manieres · Aucunes chofes font efcriptes et recitees des an
ciens de plufieurs merueilles de
raifins qui ne font pas trouuees
vrayes a lexperience · mais toutef
foiz elles ne feront pas defpitees du
tout des fages opfeux · afin q̃ par
aucune auenture la diuerfite des
temps et des lieux ou lignozāce du
non expert ne decoiue celfui qui les
vouldra efprouuer · Il faict grant
plaifir dauoir vins de diuerfes cou
leurs et faueurs · qui neft pas fort
a faire · Et auffi vins mediciables
font prouffittables a ceulx qui me
ftier en ont ·

¶ Des chofes qui crefcent delecta
cion entour les arbres ·
                      iiii · chap̃.

Eft grant delectacion dauoir
en fon lieu copie de bons arbres de diuerfes manieres · fi en
doit bien penfer le feigneur de les y
faire adioupter et planter Il plaift
moult dauoir de diuerfes maieres
dentes · et auoir tout ce en belle ordre · et en vng preau diuerfes ares
de plufieurs fruitz · et doit garder q̃
les arbres ne foient tortuz boffus

ne rogneux · plufieurs manieres
de enter fe moftrent a ceulx qui ef-
preuuent plufieurs chofes · Se len
trenche vng rainceau dun arbre
portant fruit et on met en la trenche pouldre de chofes laxatiues ou
de quelconq̃ couleur au lieu de la
moelle et lencloft on bien le fruict
acquerra la vertu et la couleur de
la chofe enclofe ·

¶ Des delectacions des iardins
et des herbes ·   v · chap̃.

Il delecte moult dauoir vng
iardin bien difpofe et ordonne par bon art et bonne mefure · Si
y doit le feigneur penfer diligẽmẽt
de lauoir en lieu gras et delie ou il
y ait vne fontaine qui par certains
lieux euope fes rainceaux pour lar
roufer par tout au temps dechault
efte · et de y mettre toutes maieres
dherbes bonnes et medicinables ·
car ceft prouffit et plaifir ·

¶ Cy comencent les riglcs de la
matiere du neufuiefme liure de
nourrir les beftes aux champs ·

En lancien temps les gens
viuoient feulement des cho
fes que la terre apportoit fans labour · et apres fe prindrent a labou
rer des chofes naifcens des champs
labourez et cultiuez · et maintenāt
ilz en viuent et mefmes des fcien-
ces des efcriptures et de artz infi-
nitz · De toutes manieres de beftes
apriuoifees en treuue len qui font
encores fauuages ·

¶ Des cheuaulx et iumens .
i . chap .

Qvi veult acheter cheuaulx et iumens il luy conuient q̃ il côsidere laage. le lignage dont il est descendu . la forme la sante et la mauuaistie. et p̃ regarder bien. Lz̃ côgnoist laage des cheuaulx et de toutes bestes qui nont p̃it les on gles fendus . et des cornues aux dentz. et lp̃ sœt on plainemẽt . Les escalions doiuent estre ainsi gardez que ilz sopent peu cheuauchez ou neant. et ne sopent point aussi au trement trauaillez . et les mettra len deux foiz le iour auecques les iumens tant seulement se len en veult auoir beaulx poulains. Len doit garder les iumens preings nõ pas trop mesgres ne trop grasses et ne sopent point côtrainctes et ne seuffrent point de froit. et ne sopẽt point mises en lieux estroitz . Les nobles iumẽs qui nourrissẽt mal les doiuent auoir vng an de repos et aller au masle. lautre afin quel les donnent aux poulains copie de laict pur. Le cheual admissaire doit estre au moins de cinq ans. mais la fumelle concœura a deux ans . Len doit tenir le poulain principale mẽt en lieux môteux secs et pier reux. et supra sa mere ala pastu re deux ans seulement. Quant on vouldra dôpter et apriuoiser le pou lain on le touchera souefment en lestable et p̃ aura freins pendutz pour lacoustumer de ouvr les freis et de les veoir. On doibt tousiours

tenir les lieux des cheuaulx netz de iour. et de nupt on leur fera littie re iusqs aux genoulx pour reposer et au matin on leur ostera et leur torchera len le dos et tous les mẽ bres doulcemẽt Et puis on les me nera a leaue a petiz pas et les p̃ tiẽ dra len longuement iusqs aux ge noulx. Et au retour auât quilz en trent es estables on leur torchera les cuisses et essupera len tresbien et sechera. Quât le cheual sera acô plp̃ en char competant il p̃ sera te nu afin q̃ on le puisse plꝰ seuremẽt cheuaucher. car trop grant gresse engendre maladies . et trop grant mesgrete les faict estre febles ¶ Le cheual trop fort suant et trop fort eschaufe ne doit riẽs mẽger ne boi re iusqs a tant q̃ il aura este cou uert pourmene et deliure de sa su eur et chaleur. Bon est au cheual dauoir en tẽps chauld couuerture de toplle pour les mouches. et en tẽps froit de drap de laine pour le froit.
¶ De la doctrine et moriginacion des cheuaulx. ii . chap .

Qvi vouldra p̃mieremẽt en doctriner cheuaulx on leur dônera au premier vng frein leger et doulx de qui le mors soit oingt de miel ou daucune doulce liqueur et le maine len doulcemẽt ala main et puis le cheuauche len sans selle doulcemẽt et puis apres a selle par lieux plains souefment iusques a tant que il aura accoustume
G . ii .

& prendre doulcemēt le frain leger
et la felle et y aller et se mestier est
on le menera a pluffozt frain par
lieux et champs avez nouuellemēt
en temps froit · et le inftruira sen
a troter pmierement · et puis a ga
loper a petiz saulx · et le menera lē
par les rues ou il y aura ozfeures
et noifes et la le retenir doucemēt
et non pas afpzemēt iufqs a tant
que il nen ait poit de pzour · Quāt
le cheual sera biē fait au frain on
le accouftumera a courre · et fera
chūne fepmaine vne foiz bien ma
tin iufques ala quarte partie dun
mißer au pzemier · et puis apzs par
plus longue efpace.

¶ Des generalles cōgnoiffances
de la bonte et malice des cheuaulx
iiii · chap ·

Beau cheual a grāt cozps et
long · et ses mēbzes biē pzo
pozciōnez a fa grandeur et lōgueur
¶poil bapart rouge eft tenu le pzi
cipal de plufieurs ¶Cheual qui a
grādes narilles v qui font enflees
et qui a gros peulx eft hardy de fa
naturelle inclinacion · Cheual qui
a groffes coftes et grant cozps · le
ventre ample et pendāt derriere eft
iugie eftre de moult grāt labeur et
peine ¶ Cheual qui a grans iarrez
et bien eftenduz et les coftes alai
gres doit eftre leger et psnel · Che
ual qui a les ioictures des cuiffes
naturellemēt groffes et les efpau
les courtes doit eftre fozt · Cheual
qui a ētour les ioictures des cuif

fes poil long eft labourieux · Che
ual qui a les maxillieres groffes
et le col court neft pas legerement
enfrene bien apoint · Cheual qui a
tous les ongles blancs naura ia
durs piez · ¶Cheual qui a les o
reilles pēdantes et grandes et les
peulx cauez eft tardif ·¶Cheual a
qui les iambes de deuant fe fem
blēt mouuoir toufiourf eft de māu
uaifes meurs · Cheual mouuant
la queue hault et bas eft de mau
uaiz vice·

¶ Des maladies des cheuaulx.
vi ·chap ·

Maladies viennent aux che
uaulx en la tefte au ventre
au dos es cuiffes aux piez et aux
ongles aucuneffoiz de humeurs et
aucuneffoiz par negligēce et male
garde ·¶Douleurs viennent aux
cheuaulx par fuperfluite de mau
uaifes humeurs contenues aux
veines du fang · ou de vētofite qui
eft ētee au cozps du cheual efchau
fe par les pozes ouuers ou es en
trailles de vifqueufes humeurs
ou de trop menger dozge ou dautre
chofe femblable enflant · et en eft
leftomac ou le ventre enfle · ou de
trop tenir fon ozine qui enfle la ve
cie · A toutes ces chofes remede ge
neral eft que on laiffe le cheual a
uecques la iument franchemēt en
leftable aller et venir · Sel gette en
vin aigre fuffifāmēt vault moult
cōtre efleure cōmencant et venant
au doz · En plufieurs maladies de

cheuaulx la cuicture est le souuerain remede · mais on le doibt sur
toutes choses garder quil ne puisse
mordre la cuicture ne la frotter a
autre chose· car il se bleceroit pour
la mengeure et destruiroit nerfz et
chars et tout iusqs aux os · plusieurs signes sont a quoy on congnoist en qste partie le cheual seuf-
fre·et a quoy len peut prenostiquez
se il guerira ou se il mourra que ie
laisse pource que ilz sont escriptz de
uant au traictie des cheuaulx·

ꝙ Des beufz.   Vi·chap·

Ilz sont quatre degrez de laage des beufz · Le premier est
des veaulx· Le second est des geni-
ces· Le tiers est des bouettes·Et le
quart des beufz·Qui veult acheter aumail de beufz il doit au premier considerer que les vaches sopent bie couenables a porter fruiz
et mieulx daage parfaict que trop
iennes·et que elles sopent bien co-
posees et que tous leurs membres
sopent bons et gros et bien respon
dans ensemble· Len doit appareillez a aumail de beufz en puez lieux
pres de mer·et en este froiz obscurs
et moistes · Estableo de beufz doiuent estre semees de sablon ou gra
uois ou de pierres· et pendans aucunement pour en getter hors lhu
meur¡ Et contre la partie de la gla
ce on mettra aucuns obstacles ·
On gardera diligemment que elles
ne sopent trop estroictement ne fe-

rues ne fort chassees et courues ·
et que en este elles sopent tresbien
closes de bones hapes que elles ne
sopent esmeues ne enupees daucu
nes bestellettes Et leur donera len
assez feurre pour eulx reposer·On
les menra a leaue en temps deste
deux foiz le iour · et une foiz en p-
uer· On congnoist beufz fors et legers et sains quant si tost que on
les touche ilz se meuuent et quant
on les poingt aussi et ont gros me
bres et oreilles esleuees·On congnoist les beaulx et les fors en general se tous les membres sot gros
et bien respondans lun a lautre.

Des brebis et moutons·
Vii·chap·

On cognoist ouailles et moutons se ilz sont bos a laage se
ilz ne sont trop vielz ne trop purs
aigneaux et ala forme se elles ont
bon corps et abondat et assez laine
et molle et portet les peulx haulx
et serrez par tout le corps·La sante
delles est cognue se on leur oeuure
les peulx et les boines selles sont
rouges et subtilles elles sont sai-
nes· et se elles sont blaches et rou
ges et grosses elles sont malades
et aussi qui les epoigne par la peau
du col et les traict on a peine elles
sont saines ·et se legerement cest si
gne de maladie · et aussi se elles bot
hardiment sur terre elles sont saines · se elles p vont enuiz la teste
enclinee elles sont malades · Les
ouailles par tout lan doiuent estre

repeues broictement hors et ens.
Les estables pour oailles doiuent
estre hors de lieux beteux ou la ter
re sopt couuerte de feurre et vng
peu en declinant pour la netoper de
lumeur de lozine qui cozompt les
laines et pourrist les onglez. La pa
sture des oailles est bonne qui viét
des prez secqs ou des champs nou
ueaulx. mais celles qui viennent
de palus font mauuaises et celles
des bops font dommageables pour
lainez. mais souuent semer du sel
et assez oste lennup et la paresse def
oailles.

¶ Des mouches.   viii·chap.

Ouches croissent les vnes
des autres mouches. les au
tres dun ienne beau pourrp. Les
meilleures mouches font les peti
tes beretes et rondes. La sante des
mouches se mostre se elles fot sou
uent au labour et se elles font ref
plendissans et se loeuure que elles
font est amrable et leger. Le signe
des chestiues est quat elles fot hor
ribles belues et pouldzeuses.

¶ Cp comencent les rigles de la
matiere du dipziesme liure des en
gins a prédze les bestes sauuages

A nature des opseaulx de pzo
pe est q de leur nature elles
vollent seulles et peu ou neát vot
en compaignie pource qlles ne veu
lent point auoir cópaignie en leur
pzoie. Et par la nature des oiseaux

tous ceulx que ilz aguettét les có
gnoissent côme leurs énemps. et
les sentent et senfupét. et se muf
sent tant côme ilz peuent. De opse
aulx de pzope font nourris de bon
nes chars et a broictes heures on
ne leur faict iniure. et q on ne les
enuope point voler a opseaulx con
tre leur volente ilz se departent a
peine de leur seigneur. Et se le seig
neur nensupt la volente de lespre
uier ou de lopseau de pzoie ains lup
faict le contraire il le pert bié de le
ger. car ilz font de indignáte natu
re et se couroucent legerement. On
tiendza les faulcons en tel estat de
gresse côe ilz font aperceuz et trou
uez plus hardiz et mieulx pzenás
opseaulx. Tous opseaulx de pzope
font comme de vne nature. Len
pzent opseaux sauuages par op
aulx sauluages apziuoisiez côme
me par espuiers par austours par
faulcons par esmerissons par ger
faulx par aigles par la guue et la
guuette. Opseaulx fot pzins a retz
par diuerses manieres. côme les
anetes ala panetere et les grues
aux retz estédues sur la riuiere et
sur le fleuue signes et oapes et au
tres plusieurs opseaulx. Et aussi
a vne aultre retz oapes et canes
font pzinses aux champs pzes des
eaues. et les coulombs et teurte
relles et autres petiz opseaux aux
parois. et aussi a arol' fot pzins pe
tiz oiseaux de pzope. Et a vne lógue
retz pzent on les perdzix. Les opse
aulx fot pzis a diuers lacz mis en

terre ou sur terre· et entour les
arbres et leurs nyds· Len prent
presque tous oiseaulx ala gluy·cô
me avergettes· et lievres a liés
et cordes et cordelettes engluees
Tous opseaulx sont prins a arbalestes a arcs et en autres ma
nieres· Bestes sauuages sôt prin
ses a chiês a laqz a caioles a fos
ses et en autres manieres· poif
sons sont prins a retz & diuerfes
maieres · côme ala scorticaire en
la mer · au trauerfaire en fleuues en riuieres en viuiers et e-
stâgz· a riuales es petites eaues
et auy grans eaues ala nef · Et
auffi on les prent a vng linstru-
ment appelle zaclus· et lautre ne
goffa· Et auffi en vallees ala co
golaire et ala degagne· Et auffi
a greiffes et petites retz·et a cys
tes et caues·a lamecon et a fpa
ternes · et ala chauly ·

¶ Cy fine le ·xi ·liure

Cy cômence le douziefme liure des prouffitz champe-
stres et rurauy·& maistre
pierre des crescens ·Ou quel dit
que es liures praecedes il a dit a-
plain et de necessite largemêt et
espanduement de toutes les choses que len peut faire auy châps
et quil luy fêble bon et de prouf
fit den faire vng memozial par

maniere de recapitulacion côpen
dieuse· par la quelle quât le feigneur pra fur les châps quil fai-
che legeremêt quelle delectacion
et quel prouffit il y peut faire et
recuoir en chûn temps Et quât
il vouldra veoir bien au long la
maniere de faire toutes chofes il
la pourra trouuer et veoir au
cler et bien largement et par ordre es traictez deffus escriptz· Et
ordonne le dit maiftre pierre le dit
douziefme liure felon les douze
mois de lan· Le quel liure côtient
douze chapitres ·Dont le premier
parle des chofes qui font a faire
ou mois de ianuier·

G ·iiii·

En peult cõgnoi
ſtre par eſpã̈l au
mois de ianuier
en lieux chaulp
ðu lieu habita
ble ðe l'air ðes
ꝟentz ðes eaues ðe la terre et ðu

ſiege la bõte et la malice combiẽ
que en lieux attrẽpez on le puiſſe
mieulp ſauoir en aultres mois·
Auſſi en lieux chaulp l'en peult
treſbien edifier cours et maiſõs
et peut l'en treſbien trencher ar
bzes pour la matiere ðes mai;

fons·auffi peut len nouueaulx et
Biely eftrongs procurez et traire
aux champs et aux Bignes porter
et femer feues citrules et Beces·
et fe les champs ne font trop molz
on les peut pmierement trencher·
On peut en lieux chaulx fumer Bi
gnes et tailler et fi peut on mettre
forbiers et pefchiers noiers agmã
Biers pruniers trefbien au lieu fe
mer et êter nobles arbres qui por
tent gôme et faire iardins fur ter
re fe la terre neft trop moyfte· et
auffi en nouueaux prez peut on fe
mer Beces et autres femences der
bes et trêcher perches & fauly iôcz
et cannes pour les Bignes et Bois
et toutes manieres darbres tant
francs comme fauuages pour foy
chaufer·Len peult auffi a ce mois
faire tous Baiffeaulx pour Bfer
chars et charetes et toutes chofes
neceffaires a hoftel ĩfconque têps
quil face·et acheter toutes beftes
priuees et prendre les fauuages et
porter les mouches de lieu en aul
tre·

¶Des chofes a faire au mois de
feurier· ii·chap·

E feurier et es tous autres
mois peut on congnoiftre la
bonte et la malice du lieu habita
ble et es poffeffiõs de la maifon et
acheter toutes chofes que len doit
faire dedens ou entour loftel ce que
on pourra bien faire·On peut auf
fi porter aux champs fiens et aux
Bignes et aux iardins et es prez et

toutes chofes fumees et trencher
les champs et p femer feues Beaf
et autres potages formêt et feigle
et far et fpeaultre farcler et en de
ftournez leaue et en defriuez et bruf
ler feurre en eulx ¶Et en lieux
chaulx femer auoines et ciches·et
en lieux attrempez et froitz feues
citrules et Bece et robifles ou pois
En ce mois en lieux moiftes len
doit foupr et faire foffes ou labou
rages au lieu ou on doit planter Bi
gnes·Et en lieux haulx et fecs fa
ce len prouffittablemêt Bers la fin
plantacions et incifions dentes de
Bignes quant elles fe prennent a
germer ou a en faire aucun fem
blant et quelles pleurent non pas
clere eaue mais humeur efpece·
Len p faict auffi tailles de Bignes
trefbiê en lieux attrêpez et chaulx
fe nege treffozte et trop grant froit
ne lempefche·côme iay monftre au
quart liure des Bignes En ce mois
propremêt forme len Bignes et les
arbres fouftenans Bignes·En ce
mois doit on retailler les racines
des Bignes qui riens ne Ballent et
les fumer et les doit on releuer et
mettre efchallatz et les foupr en
lieux pres de mer·et fi peult on en
la fin de ce mops quant le Bent de
midp ne foufle point mais bife et
ĩ lair eft ferain trãfporter de Baif
feau en aultre les Bins febles et
les cuire pour garder de corrompre
et fi peult on en ce mois quant la
terre neft pas trop feche ne trop mo
le les plantes de tous arbres plan

G·B·

ter et les semences semer et transplanter et enter et par especial se le
ius est la feru es escozes et aussi
les arbzes tailler et former & toutes superffluitez deliurer Et les rai
ceaulx secs et toztus oster et planter rosiers et cannes et se la terre
est attrempee entre secq et mol on
doit faire iardins et terre arer et
foupr et de toutes bonnes herbes
semer et planter côe sont aulx arrousez anis annet ache alupne armoise auroine bette basilico chouz
oignons fenoil cabus reglisse laictues mente poireaulx muot persil
pastinaque espinoche seneue sarrie
te et escalongnes et aussi herbes
medicinables sauuages peult on
semer en iardins et ailleurs · et si
peut on en ce mois planter et pzocurer plantes et faire haies seches
& fiens et despines et dautres ma
tieres pour cou-s pour champes et
pour iardins · et si p peut on planter bois et faire forestz et saulfoiez
et dautres arbzes tant frans com
me sauuages et autres deletables
côme Bergers darbzes et de herbez
côme iap deuant dit au huictiesme
liure · Et aussi en ce mois bergeriez
et bouueries & cheuaulx dasnes
& bzebis et dautres bestes peuent
estre prouffittablemêt achetees et
pzocurees · et p peult on faire lieu
pour lieures et pour côninz · et pisci
nes côme iap dit au neufuiesme li
ure. Aussi mons oapes gelines et
coulombs se cômencent a eschauf-
fer vers la fin de ce mois et se pzen

nent a couuer côme iap dit · Et auf
si peut on en ce mois acheter mouches et les fumer plusieurs foiz et
deliurer de toutes pourretures et
les rops tuer · et les autres choses
côme iap dit en leur traicte · Et doit
on en ce mois pzocurer faulcons et
espzeuiers et vers la fin de ce mois
les mettre en mue Et si doit on pzê
dze bestes sauuages opseaulx et
poissons par les engins dessusditz ·

¶ Des choses que len doibt faire
au mois de mars · iii. chap.

En trenche tresbiê en mars
les champs en lieux attrêpez quant la superflue humeur est
degastee et la terre entre chauld et
moiste est dispose. On p seme auoi
ne et epche et chanuxe vers la fin
et feues en lieux froitz et en lieux
attrêpez et en lieux gras · et p sar
clera len ce qui aura este plante en
iâuier ou seme quât il sera de qua
tre fueilles et si p sarclera len et
nettopera on le forment lozge et
speaultre et si p seme len le mil et
le pannic et la miltique · et si p taille len et seme len les vignes êtour
le cômencement et relieue lên les
plantes et assemble len et renouuelle len · et aussi on mue les vins
& vaisseau en autre quât bisevête
et cuit on les febles pour mieulx
garder que ilz ne se tournent · On
les emple tresbiê et les met on en
la caue et les clost on afin que ilz
soupirent peu et quilz ne deuiennêt

aigres. Len peut planter trâsplan
ter et foupr entour tous arbres
et enter quilz ne gettent gôme. et
en ce mois on faict iardins coucô
bres et citrulz êtour la fin. et auf
fi feme len toutes les femences di
ctes au mois de feurier et curcubi
tes mellons et cucumeres entour
la fin. Len plâte la fauge en ce tps
en boutant les rainceaulx en ter
re. en lieux froiz len doit purger les
prez et les doit on garder en lieux
chaulx et attrempez. En ce mois
principalement doit on acheter che
uaulx iumês beufz et vaches be
rotz et coches et doit on faire berge
rie et meller masles et femelles et
apziuoifer cheuaux et beufz et dou
cement fuffumer mouches et ostez
les vers des vaisseaulx et toutes
ordures. En ce mois on doit met
tre efpreuiers et auftours en mue
dedens vne grant caige et les nour
rir de bonne char et si peult on pzen
dze en ce mois beftes et opfeaulx et
poiffons si ne font telz qui doiuent
feulement eftre pzins en têps froiz
et temps de nege.

¶ Des chofes a faire au mois da
uril.   iiii. chap.
Au mois dauril font trêchez
les châps gras et moiftes qui
tiennent longuement eaue et font
fecs arez la feconde foiz. On feme
cpches en lieux froiz et chanure et
miflique en lieux attrempez vers
le cômencement. On faict foffes de
vignes en lieux froiz et attrempez

Les vins qui ne font pas febles
peuent bien eftre trâfpoztez de vaif
feau en autre. En ce mois peut len
femer pômes dozenge et les p peut
on bié enter et le pefchier eftre def
oeille côme dit paladius. Len doit
en ce mois trefbien garder tous ar
bres et plantes que les beftes np
entrent. Len p feme bien courges
citrules cucumeres et melons a
che ozigan caparis ferpille laictuez
bettes ciuoz et arroches maiz q on
les puiffe arroufer. en lieux chaux
len tond les bzebis et les haftifz
aigneaux et les moutôs dont aux
bzebiz et cheuaux a afnes et leurs
femelles. On doit en ce mois dônez
a menger aux coulombs quât les
terres font arees pource q ilz treu
uêt peu aux châps. Selô paladi°
on p doit querir les mouches et bñ
nettoper les vaiffeaulx et tuer les
papillons qui abondent quant les
mauues flozissent. En ce mois cô
me es autres on peult pzendze be
ftes opfeaulx et poiffons.

¶ Des chofes a faire au mois de
map.   v. chap.
En ce mois de map les châps
qui fôt gras et ceulx qui lô
guement tiennêt eaue peuent eftre
trêchez et labourez quât ilz aurôt
pozte toutes leurs herbes et leurs
femences ne feront pas encozes en
meuretez fermes. et ceulx qui fôt
fecs peuent eftre arez la feconde foiz
en ce mois. les chofes qui font fe

mees font pres de flourir fi ne doiuent point eftre trèchees de perfon-
ne ne du laboureur·En ce mois fa-
feoles mil et pannic feront femez
en lieux froitz et moiftes· Et ficōme dit paladi⁹ lēn le doibt tailler
quant il eft veftu de fes fueilles et
les lieux fumer et les vignes fōt
cōtinuellemēt fouies et les efbour
iōne lēn· Len taille les oliuiers en
lieux trefgelez et moiftes et leur
ofte lēn la mouffe et rafe et arra-
che·Et fe lēn a feme aucuns lupis
pour fumer le champ on les retou-
nera ala charue· Et cōment il dit
en lieux chaulx lēn peut tranfplā-
ter le pefcher et larbre du cptre fera ente et le figuier auffi et difpofe
lēn larbre du palmier·Auffi les efpaces des iardins que lēn rempli-
ra de femences en autompne ferōt
ordōnees ou il les conuient foupr
pour les plantes · En ce mois lēn
feme coziande ache citrulz concom
bres courges melons chardons et
racines rue et les plantes des poireaulx feront trāfplantees et ar-
roufees et les choulz et les oignōs
et fi p feme lēn pourcellaine·mais
en ālconque temps quelle foit femee fi ne vient elle que en chauld
tps·Et en ce mois en lieux maris
et chaulx on retrenche les foingz
auant touteffoiz que ilz fe prēnent
a feches et fe il pleut ou a pleu et ilz
font moiftez on les cōuertira auāt
que la fouueraine partie foit feche
En ce mois on doit chaftrer les veaulx et tondre les brebis efpandre

et coaguler le laict et en faire formages Auffi on doit tuer les mauuaiz rops des mouches q̄ les grecz
appellent œftros qui naiffent en ce
temps es parties des oeuures du
miel et les papillons tuer · En ce
mois cōme aux autres mois defte
lēn peut prendre beftes opfeaux et
poiffons·
¶ Des chofes que lēn doit faire au
mois de iuing.   vi·chap·

Lēn apareillera faire au mois
de iuing et fera trefbien nettoie de tout feurre & fiēs & de poul-
dre·en ce mois lēn peut femer mil
et pannic et pmierement lēn moif-
fonne lorge et puis lacompliff on
ala fin du formēt es lieux chaux
et attrempez lēn commence·et es
lieux froitz ce qui a efte oublie et
delaiffe en may lēn fera en ce mois
Lēn fera champs et partrenchera
lēn et fera egaulx et oftera lēn les
herbes des vignes lēn cueildra la
vece et retrenchera lēn le fenugrec
pour pafture·lēn trēchera les moiffons des potages et arrachera lēn
les feues au decours de la lune et
bien efcouffe et refroidie fera mife
au garnier·lēn cueildra lupins en
ce mois · Les poires et les pōmes
quant ilz greueront les branches
feront ātrecueillies et par efpecial
les poires·En ce mois on peut enclozze vng rainceau de pōme grena
de en vng pot de terre et la pōme ve
uiendra ala grandeur du pot· Lēn
faict en ce mois cōme en iuillet ēte

que len appelle ẽplaftre en periers
põmiers oliuiers figuiers et es au
tres arbzes qui ont grant ius et
gras en lefcozce·En ce mois len fe
me les bourraches porcellaine et
plufieurs autres herbez,fe on leuz
peut aider & arroufer et fcie len et
fauche len les prez trefbien quant
la fleur eft parfaicte et non pas fe
che·En ce mois len chaftre les beaulx et faict on fozmages et tond
len les brebis en froides contrees·
lẽ p chaftre les vaiffeaux des mou
ches fe ilz ont affez miel·et fera lẽ
le miel et la cyre·En ce mois les
nouuelles mouches pffent hoza fi
doit le maiftre eftre diligẽment ex
pert que elles ne fen fupent·par ef
pecial iufqs ala huitiefme ou neuf
uiefme heure et toufiours doit a-
uoir nouueaulx vaiffeaulx preftz
et les recueillir et les affeoir en
leur lieu cõme iap deffus dit·

¶ Des chofes a faire au mois de
iuillet· vii·chap·

EN mois de iuillet les chãps
trenchez la feconde foiz ferõt
arez· En lieux attrempez les moif
fons des fozmens et des potages
qui ne font pas parfaictes ferõt a-
complies· Apzes on extirpera les
champs fauuages a pzouffit·et o-
ftera len les racines et faulfes her-
bes· On diffipera trefbien lherbe
et la feuchiere auãt que les iours
chiennins foyent venus·¶On fera
trefbien vers la fin nauetz et ra-

ues·Et deura len foupr au fopret
au matin les nouuelles vignes
quãt la chaleur fera cheute· et o-
ftera len les herbes et pouldzera
len la terre·En ce mois les arbzes
qui eftoiẽt en la moiffon les moiffons trenchees ilz feront abaftues
et pour la chaleur on affemblera
entour eulx de la terre·En ce mois
de iuillet en lieux moiftes on pour
ra defoeiller le figuier et enter le cy
tre ou le citron·Et peut on faire en
tes appellees a lemplaftre·Et fi p
peut on enter põmiers et poiriers
en lieux qui feront moiftes·Et fi
doit on cueillir les põmes vicieu-
fes et les pires et celles qui char-
gent trop larbze·Et fi peult on plã
ter la taille du citrõ fe on lup peut
aidier darroufement·En ce mois
on cueildza agmandes en lieux at-
trempez·Item en ce tẽps fait bon
laiffer aller les thozeaux aux va-
ches·et les moutons aux brebis·
Et femblablemẽt en ce mois vers
le cõmencement on trenchera tous
les prez defquelz les herbes ne feront pas encozes totalement meu-
res·

¶ Des chofes a faire au mops
daouft· viii·chap·

EN aouft les champs feront
arez la tierce foiz Len p peut
femer en fon cõmencement apzes
la pmiere plupe nauettes raiz et
raues et lupins pour ẽgraiffer ter
res et vignes·Et au cõmencemẽt
et deuant on arrachera le lin et le

chanure quant il cōmenœra a res
plendir & meure challeur · et en es
cozœra len les semenœs · et le bat
tra len se il plaist · et fera len les
autres oeuures · Enuers la fin du
mois on fera cueillir la milique
qui sera meure Et les figues serōt
cueillies et sechees · et les aultres
fruitz des arbres qui serōt meurs
serōt leuez et mis a part pour gar
der · En lieux froiz lē oste les fueil
les des Vignes · et en lieux chaulx
on leur faict Vmbre afin que le so
leil ne les griefue · et peut on faire
le Verius · Et Vers la fin on prepa
re toutes choses qui font neœssai
res por la Vēdenge en lieux chaulx
Aussi en œ mois on peult destruire
herbes et feuchieres par souuēt a
rer · On peut aussi en œ mois em
plasttrer les arbustes et enter poi
riers cōme dit Paladius On peut
semblablement en œ mois querir
eaues quant elles faillent · et es
prouuer a faire pups et conduitz de
eaues prouffittablement forger cō
me dit Paladius · et aussi apres la
my aoust len seme tresbien choulz
et quant ilz seront Vng petit creuz
on les trãsplantera ·

¶ Des choses a faire au mois de
septembre.   ix · chap ·

AV mois de septēbre len faict
bien proprement cysternes
conduitz a eaues et pupz · et tant q̃
le chãp gras gardera son humeur
il sera are la tierœ foiz et le mes

gre plain et moiste sera la seconde
foiz are et seme · Len fumera les
champs en œ mops et au champ
droit on semera plus cler · et en la
mōtaigne plus espes · par especial
au decours de la lune · Len seme en
œ mois en lieux huilleux mesgref
ou froitz ou obscurs entour lequi
nocœ le formēt speaultre quāt len
Voit le temps serain et continuel ·
Len ne seme point en lieux chaulx
lpn que len appelle cōmunement
neruum · Len cueille et met len en
champ en œ mois milique que au
cuns appellent sagine · et entour le
cōmenœment len seme es montai
gnes seches seigle · et entour la fin
de œ mois ensuiuant on le moissō
ne · et si seme len entour le cōmen
œmēt du mois lupins pour la ter
re egresser et se ilz ne croissent poit
on les retournera · et aussi fera len
se ilz croissent · On seme aussi en
tour la fin de œ mois en lieu bien
fume farage pour cause de pasture
en lieux attrempez Vers le cōmen
œmēt du mois on effueille les Vi
gnes · et apres le milieu du mops
on faict les Vēdenges et tout œ qui
y apartiēt · et seche len les grapes
q̃ len Veult garder et faict on le Vin
doulx de diuerses manieres · Len
y cueille les fruitz des arbres qui
se monstrent meurs et seme len le
pauot en lieux chaulx et secs · Les
iardins que len emplyra de semen
œs en printemps serōt faitz par es
paœs et fumez au decours de la lu
ne · Len seme trop biē choulz au cō

mencemēt et aulx anis et laictues
bettes · et racines y peuent estre semees en lieux secs · Et en ce mois
on peut faire prez nouueaulx quāt
on a par deuant extirpe les racines
espines et faulses herbes et arbres
par especial herbes a larges fueilles et fermes racies et oste la vieil
le mousse et les tres vieilles coupees et tres bien arees et lors faire
nouueaulx prez. En ce mois on cas
se les vieilles mouches et en faict
on miel et cyre En ce mois on prēt
tresbien cailles et perdrix a lespreuier ·

¶ Des choses que len doibt faire
au mois doctobre.　　　v · chap.

O]N fait tresbien en ce moys
puys et caue len fosses · en ce
mois len porte les fiēs aux chāps
et seme len tresbien en lieux attrē
pez formēt seigle et orge speaultre
far lupins et lyn. On y faict tresbien vendenges se elles ne sont fai
tes en septembre et par especial a
ceulx qui veulent auoir vin meur
et si les y confist on et change len
leur saueur. En ce moys ou il y a
qualite de chault et sec air ou il y a
chetifz et secs champs ou il y a costieres interruptes roistes et mesgres len peut bien mettre vignes
Apres de lieux secs chaux et mesgres chetifz sablonneux de toutes
choses conuenables des vignes fou
y mettre tailler et appareiller tout
est dit il ne leur fault fors que plu
pes qui leur aide contre leur mes-

greur et la secheresse du temps ·
En la fin de ce mois on deslacera la
vigne nouuelle pour retailler les
racines superflues · et se lvyer est
plaisāt on laissera vng peu les vignes ouuertes · et se il gele fort on
les couurera par auant · et se il fait
fort froit on y semera vng peu de
fiente de coulomb · En ce mois en
lieux chaux et ouuers len institue
oliuiers et leurs lieux et les lieux
semables sont faictz et toutes les
choses qui appartiēnent a oliuiers
En ce mois on purge les ruisseaux
et fossez · et si y plante len cerisiers
pōmiers poiriers et autres arbres
qui ne doubtent point le froit · et les
peut on trāsplanter et par especial
en lieux chaulx et secs. Sorbes et
agmandes sont mises es semoirs
et aussi nopaux de pyn En ce mois
len seme es iardis espinoches plātes chardons seneue maulues ciuoz mente pastinaque cōmin origā
et capparis et bettes en lieux secs
Palladius dit que le poireau seme
en printemps doit estre en ce mois
trāsplante afin quil croisse en sa te
ste et le souppst on entour cōtinuellemēt · En ce mois len oste le miel
aux mouches auecques loeuure
et la cyre corrompue.

¶ Des choses a faire au mois de
nouembre.　　　xi · chap.

A]U mois de nouēbre en lieux
chaulx len seme bien le formēt au cōmencemēt orge et seigle

et entour la fin feues en eftouble
non aree·et fi met len bien lpn et
lentille en ce mois·en tout ce mois
la poficiõ et affiete des vignes doit
eftre celebree en lieux chaulx et les
gettons en viendront plus droitz
Len deura en lieux froitz les nouuelles plantes des vignes et des
arbres foupr entour et ouurir et
dorenauant iufques atant que la
terre fera congelee·) vigne vieille
qui eft en montaigne fe elle eft en
trong etier deflacee elle fera touil-
lee de fiens et plus eftroictemēt en
tre le tiers ou le quart pie de terre
fera ferue dun coufteau en la tref-
uerte partie de lefcoze et plus fouuent fera boutee en terre afin que
p efpande fa matiere dont elle foyt
reparee·Maintenant la taille dautompne eft faicte aux vignes et es
arbres par efpecial quāt le temps
attrēpe p efmeut en celle partie ou
prouince·En ce mois len cueille les
oliues quāt elles font meures· et
taille len les oliuiers et retrenche
len les fõmetz qui fõt trop haulx
afin que larbze fe,pande par les co-
ftez·et auffi doit on faire en neffliers figuiers et coigniers·) En ce
mois len feme bien propremēt oliuiers et nopaulx de pefche et de ppn
en lieux chaulx·et nopaulx de pru
nes en tous lieux·et plāte len cha
ftaigniers en plante et en femence
·(En lieux chaulx nous mettons
plantes fauuages et aigres pour
enter pruniers poiriers põmes gre
nades citrõs neffliers figuiers foz

biers cerifiers meuriers· tailles
et femēces dagmādes·En ce mois
grans arbres font tranfportez en
lieux chaulx et fecs des lieux paf-
fez·les rainceaulx trenchez·et les
racies gardees faines·Et leur doit
on aider largement de fiens et den-
roufer·) En ce mois doit on tailler
les hops pour edifier quant la lune eft en decours·(En ce mois les
moutons vont aux brebis afin q
le fruit foit nourry en la venue de
printemps·Et auffi vont les boucz
aux chieures· En ce mois on prēt
diuerfes beftes fauuages·oifeaux
et poiffons·

(Des chofes a faire au moys de
decembre.   vii·chap·

AD mois de decembre on pour
ra femer feues qui naiffēt
apres puer feulement·Et fi co coupe len mefrien pour edifier prouffi
tablemēt·et pour faire autres oeu
ures·Len p retaille les bois fuper
flus des arbres et hapes vertes
pour ardoir·Len p coupe perches et
efchallatz pour vignes·Et fi y peut
on cueillir lyens et ioncs pour lier
vignes·et lyens dofiers pour faire
coz beilles cannes et aultres vaiffeaulx et faire hapes feches·) En
ce mois len prent beftes fauuages
a diuers engins· et par efpāl aux
chiens en temps de nege·Et auffi
prent on oyfeaulx par oyfeaulx a-
priuoifez·et a diuerfes manierec
de retz et a la gluz· Et pour finalle

côclusion nous prierôs dieu le souuerain seigneur q̃ par sa grace no⁹
soyons a sa glus et a ses retz pris
et mis en la nef sait pierre par gra
ce. Et apres portez a son treshault
throsne en paradis Alaide de sa tres
doulce mere la royne tresglorieuse
Et de monseigneur saint denis.
AMEN.

Cy fine ce present liure inti-
tule des prouffitz châpestres
et ruraulx Compile par mai
stre Pierre des crescens Sour
geois de boulongne la grasse
Et iprime a paris par Jehan
bon hôme libraire de l'uniuer
site de paris le .xv. iour docto
bre. Lan mil .CCCC.iiii⁹⁹
et six.

www.ingramcontent.com/pod-product-compliance
Lightning Source LLC
Chambersburg PA
CBHW031615210326
41599CB00021B/3192